空间技术与应用学术著作丛书

铟镓砷光电探测器及其焦平面阵列

龚海梅　李　雪　张永刚　著

科学出版社

北京

内 容 简 介

本书探讨了空间遥感方面航天载荷的发展及其对光电探测器件的基本要求，介绍了近红外/短波红外的特点及铟镓砷器件的应用特色，回顾了铟镓砷材料体系的前世今生及其发展历程，进而从光伏型光电探测器的基本原理和特性出发，结合实际工作中积累的诸多具体实例，详细讨论了铟镓砷光电探测器及焦平面阵列的材料生长技术、芯片工艺技术、封装及可靠性技术、焦平面读出电路技术及相关的材料和器件性能参数测试表征方法和技术等，以及此方面的光电探测新器件、新技术和新发展。

本书可供从事半导体光电探测材料、器件与组件研发及应用工作，特别是涉及近红外/短波红外铟镓砷方面的研究生、研究人员及工程技术人员阅读，也可作为其他涉及此领域人员的参考书。

图书在版编目(CIP)数据

铟镓砷光电探测器及其焦平面阵列 / 龚海梅，李雪，张永刚著. —北京：科学出版社，2022.7
(空间技术与应用学术著作丛书)
ISBN 978-7-03-072094-8

Ⅰ. ①铟… Ⅱ. ①龚… ②李… ③张… Ⅲ. ①光电探测器②红外焦平面列阵—红外探测器 Ⅳ. ①TN215

中国版本图书馆CIP数据核字(2022)第061654号

责任编辑：许　健　责任校对：谭宏宇
责任印制：黄晓鸣 / 封面设计：殷　靓

科学出版社 出版
北京东黄城根北街16号
邮政编码：100717
http://www.sciencep.com
南京展望文化发展有限公司排版
广东虎彩云印刷有限公司印刷
科学出版社发行　各地新华书店经销
*
2022年7月第　一　版　开本：787×1092　1/16　插页：3
2024年1月第五次印刷　印张：26
字数：600 000

定价：200.00元
(如有印装质量问题，我社负责调换)

序　言

FOREWORD

光电探测器及其焦平面阵列是空间光电载荷的一个关键的组成部分，而铟镓砷材料则在发展短波红外器件方面有着重要作用。该书论述的铟镓砷光电探测器及其焦平面阵列技术，反映了中国科学院上海技术物理研究所在此方面近廿年来的技术积累，也包括中国科学院上海微系统与信息技术研究所在外延材料方面的贡献。正是这些工作使我国在空间应用的铟镓砷器件上从无到有得到自主发展，并成功应用于多种航天载荷，包括天宫二号目标飞行器、风云系列气象卫星、嫦娥五号的月面着陆器以及祝融号火星车等，均取得了优异效果，拓展了一系列相关重要应用。

该书共分 11 章，从空间遥感及其对光电探测的需求谈起，介绍了短波红外波段的特点，论述了铟镓砷器件的特色及其发展过程，总结了光伏型光电探测器的基本特性及其相关表征方法，并就外延材料、光敏芯片、焦平面读出电路芯片、封装与可靠性技术、焦平面特性表征等关键技术进行了详细讨论，还介绍了此方面的一些最新发展，很好地总结了研究团队多年来的工作实践，并给出了从事此方面研究的有益经验。

本书的作者们长期从事光电探测材料、器件、焦平面及组件相关技术研究，在与光、机、电、热和航天载荷总体等各领域的科学家和工程技术人员的长期合作中积累了深厚的知识，使得他们对光电探测器的空间应用有了很深的理解。作者们工作认真，学术严谨，且具有丰富的工程实践经验。相信本书能为从事这方面工作的科技人员和学生提供宝贵的经验和知识。

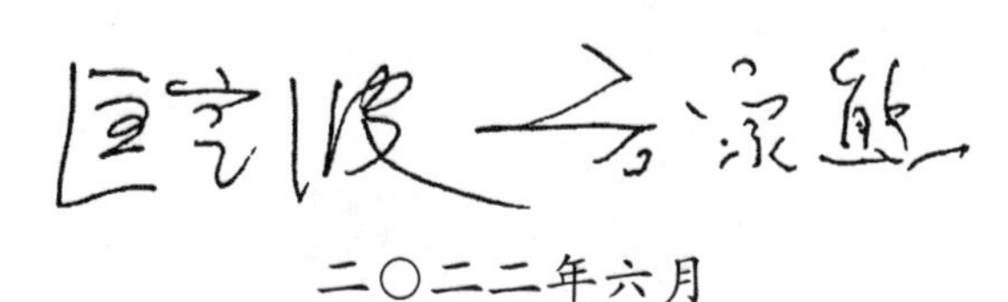

二〇二二年六月

前　言 PREFACE

三元系铟镓砷材料覆盖近红外/短波红外波段，是红外大花园中一朵绚丽的小花。铟镓砷光电探测器的发展缘起20世纪70年代兴起的光纤通信，其后此Ⅲ-Ⅴ族材料体系的优点和特色使其为航天遥感等方面的应用所青睐，近年来得到发扬光大。我国面向空间应用的铟镓砷光电探测器及焦平面器件的研究是在匡定波和方家熊两位院士的倡导下开展的，他们慧眼独具地指出了自主发展此种器件的必要性和紧迫性。研究工作始于2002年，在方家熊院士的部署下，中国科学院上海技术物理所和上海微系统与信息技术研究所合作，基于气态源分子束外延生长了材料并研制成器件，用于开展对航天遥感十分重要的器件噪声研究，次年又部署开展了波长延伸铟镓砷器件的探索并研制出器件。在前期研究的基础上，自2012年起此方面研究列入国家973计划项目等，在首席科学家龚海梅的组织下，集合国内优势科研力量开展系统研究，至2016年国产器件首次投入航天在轨应用。

铟镓砷光电探测器及焦平面器件的研制涉及面较广，包括材料、芯片工艺、焦平面混成以及封装等各个方面，还涉及众多相关的测试表征技术。刚刚涉及此方面工作的研究生、研究人员及工程技术人员，他们已经有了物理学、半导体及工程技术方面的相关背景，学习了半导体材料、半导体器件、光学及光电子学方面的教科书，有些也已经阅读了不少相关的科技文献，对将要从事的工作有了基本了解，但在进入实验室开展工作时，对具体繁杂的方法及涉及的众多技术细节有时仍会感到迷茫，这时如有一本较全面介绍此方面背景和技术且给出一些具体实例的书籍在手，无疑对“新手上路”会有很大帮助；对于希望了解此方面信息的半导体材料和器件研究及制备工艺人员，有时也会需要有一本可供随手翻阅的技术参考书。当然,此书也可在具体操作人员碰到问题时作为辅助手册翻阅,从中寻找启发。基于笔者在此方面的多年工作经验以及培训指导研究生过程中经常需要解答的问题,本书致力于将此方面的有用信息总结出来,包括而非忽略相关的技术细节,并尽量增加有利于理解相关方法及其本质的描述等,以期对实际工作有所帮助,这是本书的写作目的所在。

本书写作分成三个部分。第一部分(第1~3章)中探讨了空间遥感与光电探测的基本原理及其对器件的基本要求,以及此方面的航天载荷发展概况,并结合实例对近红外/短波红外的特点及铟镓砷器件在空间和传感等领域的应用特色进行了介绍,还回顾了此材料体系的前世今生以及发展历程。第二部分(第4~10章)从光伏型光电探测器的基本特性出发,对铟镓砷光电探测器及焦平面阵列的材料生长技术、芯片工艺技术、封装及可靠性技术以及焦平面的读出电路等进行了详细讨论,对相关的材料及单元和焦平面器件的性能参数测试表征方法进行了详细介绍,并结合实际工作中积累的具体实例做了详细说明。第三部分(第11章)介绍了相关的短波红外InGaAs光电探测新技术、新器件及新发展。

本书第1章和第8章由龚海梅执笔,第2~6章由张永刚执笔,第7章和第9~11章由李雪执笔,研究生刘雅歌和王红真承担了部分图文整理工作,鲍静娴联系了相关出版事宜。本书内容中涉及的相关工作是在同事和研究生们多年来的工作积累及支持和协助下完成的,并得到了国家973计划和自然科学基金等一系列项目的支持,在此一并表示感谢。

受笔者水平所限,书中难免有疏漏和不妥之处,恳请读者不吝指正。

龚海梅、李雪、张永刚

2022年3月于沪

目　录 CONTENTS

第1章 空间遥感与光电探测

1.1 引　　言

空间遥感(space remote sensing)亦称航天遥感,顾名思义就是利用探测仪器从太空在远距离和非接触的情况下感知目标,获取其反射、辐射或散射的电磁波信息,并进行提取、处理、分析与应用。正是由于此类仪器具有探测功能,因此也被称为有效载荷,一般搭载在卫星、飞船、空间站等航天器(亦称飞行器)上,并随之发射升空。

空间遥感技术是20世纪60年代初在航空遥感技术基础上发展起来的一门新兴技术,1972年7月23日美国发射第一颗陆地卫星(Landsat),标志着航天遥感时代的开始,经过半个多世纪的飞速发展,已成为一门实用的、先进的空间探测技术[1],在气象、海洋、国土、环境等民用领域,天文观测、探月及深空探测等科学领域,以及侦察、预警等军事领域都有十分广泛的应用[2]。其主要分类及典型应用将在本章1.2节详细叙述。

目前比较成熟地用于空间遥感的探测仪器主要有微波探测和光学探测两大类型。微波探测是一种主动探测,需要微波源(如行波管)产生微波信号,照射到目标上,通过测量从目标上反射的回波进行探测。用于探测微波的检测部件是接收天线,最基本原理是将收集的电磁波转化为高频电流,便于后端的电子学系统进行数据处理等,接收天线好比人的耳朵。光学探测一般是被动探测,将目标的辐射或反射等信息,通过相应波段的探测器进行接收,将光学信号转换为电信号,并由后端的电子学系统进行数据处理等,因此通常称为光电探测。光电探测器好比人的眼睛。

光电探测器是遥感仪器的重要组成部分,也是仪器研制的关键核心技术之一。正是由于遥感仪器的广泛应用,尤其是空间遥感应用的重要需求,光电探测技术得以迅速发展,同时随着科技的进步、各种新型光电材料及其新机理的发现,以及先进材料与器件制备工艺的不断涌现,光电探测器的功能和性能都有显著提升。针对空间遥感应用的要求,由于受到大气透射窗口的影响,遥感仪器内部用于透射、折射或反射的光学材料及光学薄膜材料的性质所限,结合光电探测器自身的特点,一般是按探测波段对光电探测器进行选择。目前应用较为普遍的光电探测器按照工作波段从短波长到长波长来分类的话,主要包括射线探测器、紫外探测器、可见光探测器、(近、短波、中波、长波、甚长波、远)红外探测器等。如果按照光电探测器的工作原理来分类的话,包括热探测器、光子型探测器和气体探测器[3]。如果按照光电探测器响应像元的元数及规格来分类,又包括单元探测器、多元探测器和焦平面(线列和面阵)探测器等,面阵探测器也称为成像型探测器。本章 1.3 节将详细介绍光电探测的原理、器件种类及其典型空间应用。

从仪器设计的角度,如何选择光电探测器,是一个重要且复杂的问题,需要综合考虑应用需求、光机电各部分的性能、探测器的现有能力与水平、资源约束(体积、重量、功耗)、寿命和可靠性以及成本等。但从技术角度,波段的考虑和仪器的功能是选择光电探测器最关键的要素。本章 1.4 节将简要归纳空间遥感对光电探测器的选择需要考虑的主要因素。

短波红外波段是指 1~3 μm 的红外波段,与 0.7~2.5 μm 的近红外波段有重叠,是大气透射的重要窗口之一,在该波段中很多物质具有独特的光谱特性。由于采用与磷化铟(InP)衬底晶格匹配外延生长的铟镓砷(InGaAs)材料制备的光电探测器,在 1~2.5 μm 波段具有量子效率高、灵敏度高、近室温工作、抗辐射性能好等优点[4-5],是为实现遥感仪器小型化、低功耗要求而极具竞争力的选择,因而在空间遥感领域备受关注。本章 1.5 节将重点介绍铟镓砷光电探测器及其空间应用。

由于空间遥感和光电探测涉及的面非常广,但其原理基本相同,因此除了一般性介绍时会尽量覆盖到全部波段或所有类型外,本章中以红外探测及空间遥感领域应用为典型进行阐述。

1.2 空间遥感及其应用

1.2.1 电磁波谱及其波段划分

电磁波的波谱范围非常广,波长最短的约百分之一埃(10^{-12} m),最长的可达数千米(10^3 m),或者频率最快的达万亿亿赫兹(10^{20} Hz),最慢的约 100 kHz(10^5 Hz),跨度在 15 个数量级以上,因此其特性差异很大,研究的手段和应用场景也十分丰富。一般地,电磁波谱划分为 γ 射线、X 射线、紫外线(UV)、可见光(VIS)、红外线、微波和无线电波七个大类[6],如图 1.2.1 所示。

表 1.2.1 给出了各频段电磁波产生的主要机理、关键特征、探测手段及其典型应用[3]。为便于表述,不同领域对各大类谱段划分的边界不是很严格,基本上都会有重叠,如紫外线的长波段在 400 nm,进入了可见光的短波段 380 nm。表中笔者试图按照每个波段专业研究人士各自的表述来划分,如无线电波是按照日常生活中认识来划分的,微波的波段是以微波研究或应用领域来定义的。可见光的波长范围是 380~780 nm,是按照人眼可以感知的电磁波谱部分来定义的,而实际上没有精确的范围,大部分人的眼睛可以感知的电磁波波长在 400~760 nm 之间,随着微电子技术的发展,用于探测可见光的 Si 探测器[电荷耦合器件(CCD)或互补金属氧化物半导体(CMOS)]的截止波长在1.1 μm,为了适应人眼感知的视觉效果或者仪器设计的需要,一般通过滤光技术使得 Si 探测器的光谱响应范围落在 400~900 nm,这个范围也称为可见光波段。

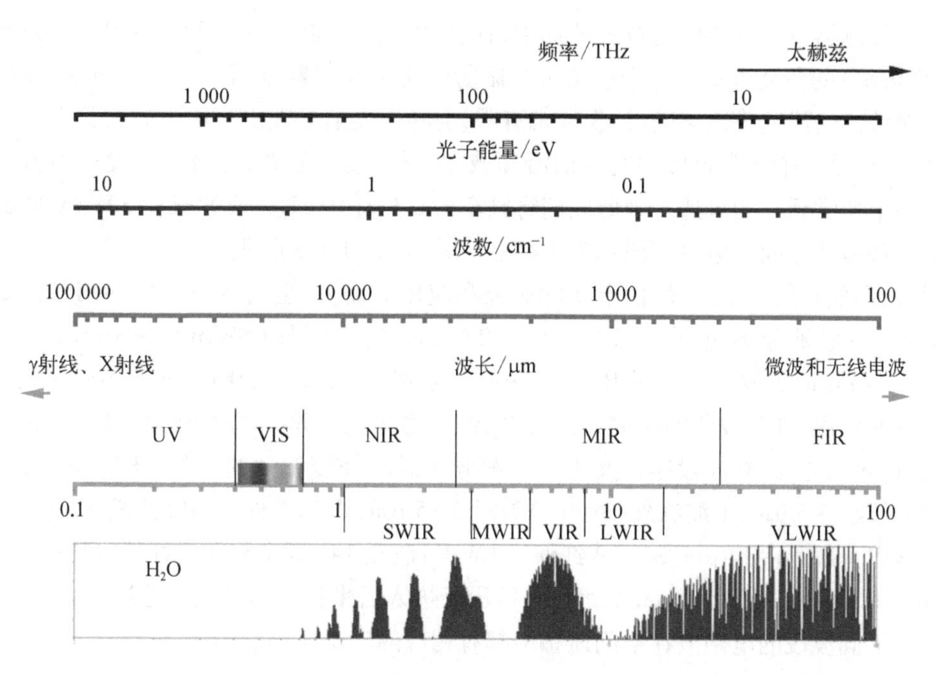

图 1.2.1 电磁波谱示意图，包括空间遥感领域和光谱学领域的两种常见波段划分和单位换算对应关系，下部为对数坐标下的水汽吸收光谱（彩图见书末）

表 1.2.1 电磁波谱的分类、主要特征及其应用

电磁波谱	γ 射线	X 射线	紫外线	可见光	红外线	微　波	无线电波
波长	<0.01 Å	0.01 Å ~ 10 nm	10 ~ 400 nm	380 ~ 780 nm	0.75 ~ 1 000 μm	1 mm ~ 1 m	3 mm ~ 3 km
频率/Hz	$>10^{20}$	$10^{16}\sim10^{20}$	$7.5\times10^{14}\sim10^{16}$	$(7.5\sim4.0)\times10^{14}$	$10^{12}\sim4.0\times10^{14}$	300 M ~ 30 G	100 k ~ 100 M
宏观产生机理	核反应	高速电子撞击固体	高流物体发光	光源	物体自身辐射	LC 电路	LC 电路
微观产生机理	原子核受激发	内层电子跃迁	电子跃迁	价电子跃迁	振动或转动跃迁	转动跃迁	原子核旋转跃迁
关键特征	穿透力最强	穿透力强	荧光效应	感光效应、视觉感知	热效应强	典型波粒二象性	波动性强，易衍射
主要用途	探测、医疗、宇宙科学	检查、探测、透视	日光灯、消毒	照明、照相	加热、遥感、成像、制导	通信、加热、成像	通信、导航、广播
主要探测手段	粒子辐射探测器	X 射线探测器	紫外探测器	可见光探测器、人眼	红外探测器	接收天线+检波器	接收天线+检波器

随着科技的发展和应用的需要，科学家通过研究会发现新的波段并加以冠名。如在 20 世纪 80 年代中期之前，在红外波段波长大于 30 μm（进入远红外波段）的研究受到光学领域

的光源和探测器方面的科学与技术的局限,而在微波波段频率高于 3 000 GHz(称为亚毫米波、超微波等)的研究也受到电子学领域的振荡电路和检测器方面的科学与技术的限制,人们对这个波段的研究难以突破,认识非常有限,但随后逐渐显现出该段电磁波具有许多新的独特的优点,是一个非常重要的交叉前沿领域,给科学技术创新、经济社会发展和国家安全提供了一个非常诱人的机遇。因此人们将频率为 0.1 到 10 THz(或波长在 30~3 000 μm)的位于红外和微波之间的电磁波段称为太赫兹(tera hertz,THz)波段。

另外,即使在同一个波段,由于实际研究和应用的需要,也会进行波段的细分。如在红外线波段,一般被分为近红外(NIR)0.7~2.5 μm、短波红外(SWIR)1~3 μm、中波红外(MWIR)3~5 μm、长波红外(LWIR)8~14 μm、远红外(FIR)25~1 000 μm 等不同区域。随着航天应用的发展,红外波段的研究十分活跃,综合考虑大气窗口的影响、技术的发展和应用的需要,迄今为止,红外波段通常又进一步细分为近红外短波端的 0.75~1.7 μm、短波红外(SWIR)波段 1~3 μm、中波红外(MWIR)波段 3~5 μm、水汽红外(VIR)波段 5~8 μm、长波红外(LWIR)波段 8~14 μm、甚长波红外(VLWIR)波段 14~20 μm 和远红外(FIR)波段 25~1 000 μm 等,而波长大于 30 μm 的远红外波段已进入后来被命名的太赫兹波段。

以上不同波段的电磁波在空间遥感中都有相应的广泛应用。

1.2.2 大气层及其透射窗口

空间遥感中最重要的应用是对地遥感,即通过空间与地面之间电磁波信号的传输和探测来实现对地物目标的感知。由于地球外围被一层很厚的大气层包围,电磁波信号要在大气中传播相当远的距离才能到达探测系统,因此需要考虑大气层对电磁波信号的影响。

大气层的厚度约 1 000 km,从地球表面向外可分为对流层(约 20 km 处)、平流层(约 50 km 处)、中间层(约 85 km 处)、热层(约 500 km 处)和外大气层(约 1 000 km 处),之外即进入星际空间。大气层随高度不同表现出不同的特点,空气密度随高度而减小,越高空气就越稀薄。大气层的成分主要有:氮气占 78.1%;氧气占 20.9%;氩气占 0.93%;还有少量的二氧化碳、稀有气体(氦气、氖气、氩气、氪气、氙气、氡气)和水蒸气等,这些都会对电磁波的传输产生反射、吸收和散射,其中吸收是影响传播的主要因素,而那些透射率高的波段称为大气窗口。遥感应用一般选择在大气窗口波段。

大气窗口主要包括可见光、红外、微波和无线电等不同的波段,如图 1.2.1 所示。遥感领域所采用的波段基本上也是依据大气窗口来划分或进一步细分的,图 1.2.2 给出了太阳光在海平面大气中通过 1 海里(约 1 852 m)水平路径的红外波段透过光谱的合成曲线,图中下面部分表示水蒸气、二氧化碳和臭氧分子所形成的吸收带[7]。常见的红外波段大气窗口有:0.95~1.05 μm、1.15~1.35 μm、1.5~1.8 μm、2.1~2.4 μm、3.3~4.2 μm、4.5~5.1 μm 和 8~13 μm。一般也粗略地划分为短波红外(1~3 μm)、中波红外(3~5 μm)和长波红外(8~14 μm)三个大气窗口波段。一般空间遥感应用的红外仪器或红外系统的工作波段大都在这三个窗口之内,但也有利用吸收带进行探测的情况。

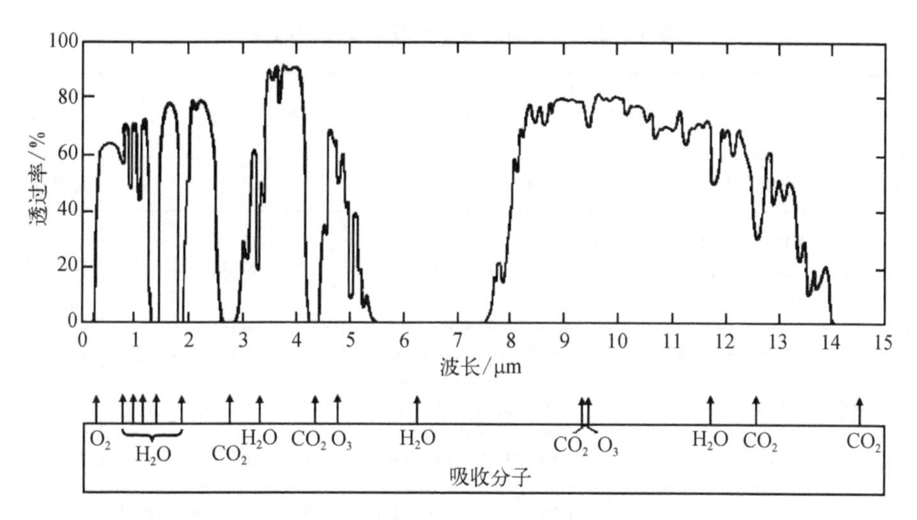

图 1.2.2　海平面大气的透射光谱和对应的主要分子吸收位置

1.2.3　空间遥感技术及其应用

空间遥感技术一般是按照应用领域来进行分类的，在民用领域包括气象卫星、海洋卫星、资源卫星、环境卫星等，在科学研究领域包括天文观测卫星和月球、太阳、火星、小行星等深空探测卫星，在军事领域包括侦察卫星、导弹预警卫星等。由于受到卫星及有效载荷的寿命限制，以及随着科学技术的不断发展和应用需求的不断提升，各国大都是按照各自的系列批次和代际的规律不断发展的。

尽管以美国 1972 年 7 月 23 日发射的第一颗陆地卫星为航天遥感时代开始的标志，实际上早在 1957 年 10 月 4 日苏联发射的世界上第一颗人造地球卫星上就搭载了一台辐射计数器[8]。1958 年 1 月 31 日发射的美国第一颗人造地球卫星也携带了气象仪器，早在 1960 年 4 月 1 日美国就首先发射了第一颗试验型气象卫星。1970 年 4 月 24 日发射的中国第一颗人造地球卫星搭载了热敏探测器，为我国后续空间遥感技术尤其是气象卫星的发展打下了良好的基础。因此气象卫星的发展在空间遥感技术领域发挥了重要的作用。

气象卫星的应用已经远远超出传统的天气预报，在生态环境、灾害监测以及海洋、农业、渔业、航空、航海等方面都有广泛的用途，是世界上应用最广的卫星系列之一，美国、苏联/俄罗斯、法国和中国等众多国家都发射了气象卫星。气象卫星包括极轨气象卫星（Polar Orbit Meteorological Satellite）和静止轨道气象卫星（Geostationary Meteorological Satellite）两大系列，极轨气象卫星的轨道与太阳同步，轨道高度在 650～1 500 km，亦称太阳同步轨道气象卫星，可以获取全球观测数据。静止轨道气象卫星是在赤道上空与地球同步，轨道高度约 3.6 万 km，相对地球是静止的，亦称地球同步轨道气象卫星，可以观测地球表面约三分之一的固定区域，对同一目标地区进行持续观测。

表 1.2.2 和表 1.2.3 分别列出了主要国家极轨气象卫星和静止轨道气象卫星的研制和应用概况[8]。

表 1.2.2 主要国家极轨气象卫星发展概况

国家/地区	代际	卫星代号	发射时间	数量	波段	主要应用
美国	第一代	TIROS-1~8、10	1960.4.1~1965.7.2	9	无线电	云图、地势
	第二代	TIROS-9, ESSA-1~9, TIROS-M, ITOS-B、E, NOAA-1~5	1965.1.22~1976.7.29	18	可见、红外	昼夜云图、大气
	第三代	TIROS-N, NOAA-6、B、7	1978.10.13~1981.6.23	4	可见、红外、微波	云图、地表、大气
	第四代	NOAA-8~14	1983.3.28~1994.12.30	7	可见、红外、紫外	云图、地表、大气
	第五代	NOAA-15~19	1998.5.13~2009.2.6	5	可见、红外、微波	大气、海洋、地表
	下一代	Suomi NPP, JPSS-1	2011.10.28, 2017.11.18	2	可见、红外、微波	全球气象、臭氧
	后续计划	JPSS-2~4	2022, 2027, 20xx	3	可见、红外、微波	全球气象、臭氧
苏联/俄罗斯	第一代	Meteor-1 (#1~#11、1~17、19~24、26、27)	1964.8.28~1977.4.5	36	可见、红外	地表热辐射、云层、大气
	第二代	Meteor-2(1~21)	1975.7.11~1993.8.21	21	可见、红外	地表热辐射、云层、大气
	第三代	Meteor-3(1a、1~6)	1984.11.27~1994.1.25	7	可见、红外、微波	云层、大气
	第四代	Meteor-3M(1、M1、M2、M2-1、M2-2)	2001.12.10~2019.7.5	5	可见、红外、微波	大气、海洋、冰
	后续计划	Meteor-M2(3~6)	2022~2025	4	可见、红外、微波	大气、海洋、冰
欧洲	第一代	Metop-A~C	2006.10.19~2018.11.7	3	可见、红外、微波	大气、海洋、地表、臭氧
	第二代(后续)	Metop-SG-A 1~3、-B 1~3	2023~2028	6	可见、红外、微波	大气、海洋、地表、臭氧
中国	第一代	FY-1A~FY-1D	1988.9.7~2002.5.15	4	可见、红外	云图、陆面、洋面
	第二代	FY-3A~FY-3E	2008.5.27~2021.7.5	5	可见、红外、微波、紫外	大气、云图、海洋、地表、臭氧
	后续计划	FY-3F~FY-3H	2022~20xx	3	可见、红外、微波、紫外	大气、云图、海洋、地表、臭氧

表 1.2.3 主要国家静止轨道气象卫星发展概况

国家/地区	代际	卫星代号	发射时间	数量	波段	主要应用
美国	第一代	SMS 1、2, GOES 1~3	1974.5.17~1978.6.16	5	可见、红外	昼夜云、大气
	第二代	GOES 4~6、G、7	1980.9.9~1987.2.26	5	可见、红外	云图、大气

续 表

国家/地区	代际	卫星代号	发射时间	数量	波段	主要应用
美国	第三代	GOES 8~12	1994.4.13~2001.7.23	5	可见、红外	云图、大气
	第四代	GOES 13~15	2006.5.24~2010.3.4	3	可见、红外、紫外	天气、云层、救援、地表、海洋
	第五代	GOES 16、17	2016.11.19、2018.3.1	2	可见、红外、紫外	天气、云图
	后续计划	GOES T、U	2021.12.7、2024	2	可见、红外、紫外	天气、云图、太阳耀斑
苏联/俄罗斯	第一代	Elektro 1	1994.10.31	1	可见、红外	云图
	第二代	Elektro-L 1~3	2011.1.20~2019.12.24	3	可见、红外	云图
	后续计划	Elektro-L 4、5	2022、202x	2	可见、红外	云图
欧洲	第一代	Meteosat 1~7	1977.11.23~1997.9.2	7	可见、红外	云图
	第二代	MSG 1~4	2002.8.28~2015.7.15	4	可见、红外	云图、大气
	第三代（后续）	MTG-I 1~4，MTG-S 1、2	2022~2031	6	可见、红外、紫外	云图、大气、闪电
日本	第一代	GMS 1~5	1977.7.14~1995.3.18	5	可见、红外	地球、大气、海洋
	第二代	MTSat 1、1R、2	1999.11.15~2006.2.18	3	可见、红外	气象、通信、导航等多用途
	第三代	Himawari 8、9	2014.10.7、2016.11.2	2	可见、红外	云图、大气
印度	第一代	Insat 1A~D	1982.4.10~1990.6.12	4	可见	气象、通信、电视广播
	第二代	Insat 2A、B、E	1992.7.9~1999.4.2	3	可见、近红外/短波红外	气象、通信、电视广播
	第三代	METSAT 1，Insat 3A、D、DR	2002.9.12~2016.9.8	4	可见、红外	云图、大气
	后续计划	Insat 3DS	2022	1	可见、红外	云图、大气
韩国	第一代	COMS 1，GEO-KOMPSAT 1、2	2010.6.26~2020.2.18	3	可见、红外	气象、海洋
中国	第一代	FY-2A~FY-2H	1997.6.10~2018.6.5	8	可见、红外	云图、地表
	第二代	FY-4A~4B	2016.12.11~2021.6.3	2	可见、红外	云图、地表、大气
	后续计划	FY-4C~4F	202x	4	可见、红外	云图、地表、大气

美国自1960年4月1日发射了世界上第一颗试验型气象卫星以来，截至2021年底已经发射了130颗气象卫星，其中包括专门用于民用气象的45颗极轨气象卫星和20颗静止气象卫星两大系列，分别经历了六代和五代的发展，其中1960.4.1～1965.7.2发射的第一代TIROS－1～8和TIROS－10共9颗为试验型极轨气象卫星，之后均为业务运行。表1.2.2中还不包括1966.12.7～1974.5.30发射的非气象专用的ATS 1～6系列的6颗中高轨卫星［静止轨道（GEO）和中轨道（MEO）］、1964.8.28～1978.10.24发射的第二代试验型极轨气象卫星雨云Nimbus 1～8系列的7颗低轨卫星，以及1962.5.24～2014.4.3发射的军事气象卫星DSAP和DMSP系列的11型共计52颗低轨卫星，之后美国的军民两个系列气象卫星进行了合并，称为国家极轨业务运行环境卫星系统（National Polar-orbiting Operational Environmental Satellite System, NPOESS），并于2011年10月28日成功发射了新一代极轨气象卫星系列预备计划（NPOESS Preparatory Project, NPP）的首发卫星。为纪念卫星气象学之父的美国威斯康星大学索米教授（Verner E. Suomi），于2012年1月24日将该卫星改名为索米国家极轨气象伙伴卫星（Suomi National Polar-orbiting Partnership, Suomi NPP）。

苏联/俄罗斯自1964年8月28日至2021年底，累计发射73颗气象卫星，包括69颗极轨气象卫星和4颗静止气象卫星两大系列，分别经历了四代和二代的发展。

欧洲是以欧洲空间局（European Space Agency, ESA，简称欧空局）为主体研制单位，自1977年11月23日以来，累计发射了14颗气象卫星，包括3颗极轨气象卫星和11颗静止气象卫星。

中国自1988年9月7日至2021年底，累计发射了19颗气象卫星，包括9颗极轨气象卫星和10颗静止气象卫星，是国际上第四个同时拥有极轨和静止轨道两大系列气象卫星的国家或组织，目前均已发展到第二代。

日本、印度和韩国分别于1977年7月14日、1982年4月10日和2010年6月26日发射了各自国家的第一颗气象卫星，截至2021年底分别发射了10颗、11颗和3颗，均为静止轨道气象卫星。

归纳一下主要国家/地区气象卫星的发展情况，主要有以下特点：

1） 一般是从试验卫星向业务运行卫星方向发展，有专门的试验气象卫星系列，也有结合气象、通信或其他应用的综合型试验或应用卫星；

2） 气象卫星的应用从军用和民用两大系列各自独立发展，到军民两用结合，再到军民两用合并的方向发展；

3） 卫星的代际发展，主要体现在有效载荷的功能、性能的不断提升，最终体现在仪器的空间分辨率、辐射分辨率、光谱分辨率、时间分辨率、定标精度或综合指标的提高；

4） 各个国家气象卫星的系统布局和综合应用，以及有效载荷的国际化合作的趋势在不断加强。

除气象卫星应用外，空间遥感技术在海洋、国土等诸多领域都有广泛的应用并得到长足发展。表1.2.4给出了各国在气象、海洋、国土、资源、环境、星际探测等领域涉及光电探测类仪器的最新发射的卫星所搭载的仪器的概况[8-9]。

表 1.2.4 各国空间光电遥感领域的最新主要卫星及载荷概况

领域	国家/地区	卫星代号	发射时间	波 段	主 要 载 荷	主 要 应 用
极轨气象	美国	JPSS-1	2017.11.18	可见、红外、微波	VIIRS、CrIS、ATMS 等 5 台	全球气象、臭氧
	俄罗斯	Meteor M2-2	2019.7.5	可见、红外、微波	MSU - MR、KMSS - 2、MTVZA-GY、IRFS-2 等 6 台	大气、海洋、冰
	欧洲	Metop-C	2018.11.7	可见、红外、微波	AVHRR/3、GOME - 2、HIRS/4、IASI 等 12 台	大气、海洋、地表、臭氧
	中国	FY-3E	2021.7.5	可见、红外	MERSI-LL、HIRAS-2 等 11 台	全球气象、大气、空间环境
静止气象	美国	GOES-17	2018.3.1	可见、红外、紫外	ABI、SEISS、EXIS、SUVI、GLM、MAG 等 6 台	天气、云图、太阳耀斑
	俄罗斯	Elektro-L3	2019.12.24	可见、红外	MSU-GS 等 4 台	云图
	欧洲	MSG-4	2015.7.15	可见、红外	SEVIRI、GERB	云图、大气
	日本	Himawari 9	2016.11.2	可见、红外	AHI、SEDA 等 3 台	云图、大气
	印度	Insat 3DR	2016.9.8	可见、红外	Imager、Sounder 等 4 台	云图、大气
	韩国	GEO-KOMPSAT 2B	2020.2.18	可见、红外	AMI、GOCI-Ⅱ、GEMS	气象、海洋
	中国	FY-4B	2021.6.3	可见、红外	AGRI、GIIRS、GHI 等 4 台	云图、地表、大气
资源环境	美国	Landsat 9	2021.9.27	可见、红外	OLI-2、TIRS-2	地质调查、海岸带、云观测
	美国	OCO-3	2019.5.4	短波、近红外	3 台光栅分光计	碳监测
	欧洲	Proba-V	2013.5.7	可见、近红外	VGT-P	全球植被
	欧洲	Sentinel 3B	2018.4.25	可见、近红外、短波红外、中长波红外	OLCI、SLSTR 等 3 台	地表、海洋、陆地植被监测
	俄罗斯	Kanopus-V-IK	2017.7.14	可见、中波红外	PSS、MSS、MSU - IK - SR 等 3 台	环境监测、农业、林业、陆地、海岸表面、森林防火
	德国	BIROS	2016.6.22	可见、中长波红外	FireBird、OSIRIS、AVANTI 等 3 台	森林防火、高温点监测
	德国	TUBIN	2021.6.30	长波红外	热红外对地观测载荷	地表温度
	意大利	PRISMA	2019.3.22	可见、短波红外	高光谱/全色相机	自然资源、大气特征
	加拿大	GHGSat C2	2021.1.24	可见近红外	WAF-P 成像光谱仪	温室气体监测
	日本	GCOM-C	2017.12.23	可见、短波、长波红外	SGLI	海洋、地表、植被、水汽、冰云
		GOSAT-2	2018.10.29	可见、短波、长波红外	TANSO-FTS-2、TANSO-CAI-2	温室气体

续 表

领域	国家/地区	卫星代号	发射时间	波　段	主要载荷	主要应用
资源环境	印度	Resourcesat - 2A	2016.12.7	可见、近红外	LISS - Ⅲ、LISS - Ⅳ、AWiFS 等 3 台	土地、水资源管理
	印度	Cartosat 3	2019.11.27	可见、短波红外、中波红外	PAN、Mx、MIR 等 3 台	国土测绘、高分成像
	中国	GF - 5(02)	2021.9.7	可见、中波红外	AHSI、VIMS 等 6 台	大气、陆地综合观测
	中国	ZY - 1 - 02E	2021.12.26	短波近红外	高光谱相机等 2 台	生态监理
	中国	HY - 1D	2020.6.10	可见、红外、紫外	海洋水色水温扫描仪、海岸带成像仪、紫外成像仪等 5 台	海洋环境监测预报预警
	中国	HJ - 2A/B	2020.9.27	可见、红外	高光谱成像仪、红外相机等 4 台	防灾减灾、环境保护
星际探测	美国	Mars 2020	2020.7.30	可见、短波红外、中长波红外	SuperCam、MEDA 等	火星矿物精细分析、火星表面热辐射
	欧洲、俄罗斯	ExoMars 2016	2016.3.14	可见、短波红外、中长波红外	ACS、NOMAD 等	火星大气痕量分析
	印度	Chandrayaan - 2	2019.7.22	近红外、中波红外	IIRS 等	月表矿物质、水分子研究
	中国	CE - 5	2020.11.24	可见、短波红外	月球矿物光谱仪等	月壤矿物成分分析
	中国	天问一号	2020.7.23	可见、短波红外	火星矿物光谱分析仪、火星表面成分探测仪等	火星表面元素与矿物成分科学探测

在极轨气象卫星系列中,美国目前在轨应用的最新一颗于 2017 年 11 月 18 日发射的联合极轨卫星系统(Joint Polar Satellite System, JPSS)的第一颗卫星 JPSS - 1 代表了国际上的最高水平,配置了多种先进仪器,包括微波探测仪(ATMS)、可见光红外成像辐射仪组件(VIIRS)、交叉跟踪红外探测器(CrIS)、臭氧监测和廓线装置(OMPS)以及云与地球辐射能量系统(CERES)等,虽然波段仍然包括可见、红外、微波等,但其功能与性能均有大幅提升,显著提高了卫星对地球大气、陆地和海洋的监测能力,在全球大气分析、气候研究、平面温度测量、大气温湿度探测、海洋动态研究、火山喷发观测、森林火灾探测、全球植被分析、搜救工作等领域都有十分重要的应用。俄罗斯最新发射的极轨气象卫星 Meteor M2 - 2 是第四代系列中的第 5 颗,于 2019 年 7 月 5 日发射成功,搭载了低分辨率多光谱扫描仪(MSU - MR)、红外傅里叶光谱仪 - 2(IRFS - 2)等 6 台仪器。欧洲(欧空局)发射的极轨气象卫星 Metop - C 是第一代 3 颗中的最后一颗,于 2018 年 11 月 7 日发射,卫星搭载了先进甚高分辨率辐射计(AVHRR/3,美国研制)、高分辨率红外垂直探测仪(HIRS/4,美国研制)、红外大气

探测干涉仪(IASI)等12台仪器。中国于2021年7月5日最新发射的风云三号E(FY-3E)是第二代极轨气象卫星中的第5颗,搭载了中分辨率光谱成像仪(微光型,MERSI-LL)、红外高光谱大气垂直探测仪(HIRAS)等11台仪器。

静止轨道气象卫星系列仍然是美国于2018年3月1日发射的GOES-17代表了国际上综合功能和性能的最高水平,卫星携带了先进基线成像仪(ABI)等6台仪器,ABI的空间分辨率、光谱分辨率、时间分辨率及辐射灵敏度等关键性能参数较前有大幅提升,观测能力大幅提高,为美国大陆和中尺度覆盖范围提供云和水分图像,用于监测、预报和恶劣天气预警。俄罗斯于2019年12月24日发射的Elektro-L3是第二代静止轨道气象卫星系列的第3颗,搭载多光谱扫描仪-地球静止(MSU-GS)等4台仪器。欧洲(欧空局)于2015年7月15日发射成功MSG-4,属第二代静止轨道气象卫星系列的第四颗,也是最后一颗,搭载了旋转增强型可见光和红外成像仪(SEVIRI)、地球同步地球辐射收支仪(GERB)等仪器。日本于2016年11月2日发射的向日葵9号(Himawari 9)是第三代静止轨道气象卫星系列的第二颗,搭载了高级向日葵成像仪(AHI)等仪器。印度于2016年9月8日发射的Insat-3DR是第三代系列的第四颗,搭载了成像仪、垂直探测仪等。韩国的第一代静止轨道气象卫星系列的第三颗GEO-KOMPSAT 2B于2020年2月18日发射,搭载了高级气象成像仪(AMI,采购美国的ABI的继承产品)等仪器。中国于2021年6月3日最新发射的风云四号B(FY-4B)是第二代静止轨道气象卫星中的第2颗,搭载了多通道扫描成像辐射计(AGRI)、干涉式大气垂直探测仪(GIIRS)、快速成像仪(GHI)等仪器,与FY-4A卫星一起实现双星组网,共同对大气和云进行高频次监测,广泛应用于数值天气预报、灾害天气预警、气候预测服务、生态环境监测、通信导航安全等领域。

表1.2.4中资源环境系列涵盖了陆地、海洋、大气、资源、环境等对地观测领域的卫星。其中,美国的陆地卫星计划(Landsat)最近的一颗Landsat 9于2021年9月27日发射,搭载了第二代陆地成像仪(Operational Land Imager 2,OLI-2)和热红外传感器(Thermal Infrared Sensor 2,TIRS-2)。与Landsat 8联合工作实现每8天覆盖全球的陆地资源的监测。美国于2019年5月2日发射的轨道碳观测卫星(OCO-3),与OCO-2协同工作,能够监测全球二氧化碳和其他温室气体排放。欧空局于2013年5月7日发射的Proba-V(Project for On-Board Autonomy-Vegetation)用于全球植被生长观测,搭载了一台继承了SPOT 4和SPOT 5并小型化的植被观测载荷(VGT-P)。欧空局于2018年4月25日发射的Sentinel 3B(哨兵3B)主要用于全球海洋、陆地植被和大气环境的监测,搭载了继承Envisat上中分辨率光谱成像仪(MERIS)的海洋陆地成像仪(OLCI)、继承先进跟踪扫描辐射计(AATSR)的海陆表面温度辐射计(SLSTR)等载荷。此外,俄罗斯、德国、意大利、加拿大、印度、日本等国近年来也都发射了各自的资源环境系列卫星,中国近两年发射了高分5号(02星)、资源一号02E、海洋一号D星、环境减灾2号A/B星,如表1.2.4所列。

星际探测是人类探索宇宙及进行空间资源开发与利用、空间科学与技术创新的重要研究手段。20世纪60年代至今,美国、苏联/俄罗斯、欧洲/ESA、日本、印度、中国等先后发射了100多个星际探测器,主要是月球探测,也有开展火星、金星、水星、木星、土星、海王星和天王星等各大行星的探测,所获得的研究成果极大地提高了人类对太阳系的认识。美国最近的一次火星探测任务是2020年7月30日发射的火星2020(Mars 2020),其中毅力号火星车(Perseverance)装载了SuperCam、MEDA等7种科学仪器,同时还携带了一架机智号(Ingenuity)无人直升机,配合毅力号对火星的耶泽罗撞击坑进行科学研究。欧空局和俄罗斯合作研制ExoMars 2016火星探测器于2016年3月14日发射,由轨道器和着陆器组成,携带了ACS、NOMAD等科学仪器。印度于2019年7月22日发射了月船2号(Chandrayaan-2)月球探测器,包括轨道飞行器、月球降落舱和登月机器人,主要任务是绕月观测和在月球南极着陆,收集水冰、岩石和土壤数据,9月7日距月球2.1 km时失联。中国于2020年11月24日成功发射探月工程嫦娥五号探测器,由轨道器、上升器、返回器和着陆器等组成,任务是地月采样返回,携带了月球矿物光谱仪等仪器,嫦娥五号探测器于12月1日成功落月,12月17日返回器携带月球样品着陆地球。2020年7月23日,中国首次火星探测任务"天问一号"探测器成功发射,"天问一号"探测器由轨道飞行器和火星车构成,携带了火星矿物光谱分析仪、火星表面成分探测仪等仪器,于2021年5月15日成功着陆于火星乌托邦平原南部预选着陆区,祝融号火星车执行巡视探测任务,我国首次火星探测任务着陆火星取得成功。

综上所述,空间遥感技术的发展及其广泛应用,均伴随着先进遥感仪器,尤其是光电探测技术的发展及其空间应用,卫星、仪器的代际发展也必将与诸多光电材料、器件的更新换代相同步。

1.3 光电探测及其空间应用

1.3.1 光电探测基本原理

对电磁波的探测方法一般有两大类,一类是从无线电技术发展而来的电学探测,另一类是从可见光探测发展过来的光学探测。

电学探测的检测部件是接收天线,将电磁波转化为高频电流,再通过后端的电子学系统进行数据处理获得目标的信息,用于该类探测的探测器(接收天线)就好比人的耳朵。其探测波段在低频的无线电波、微波、太赫兹波的低频端,对频率高于太赫兹波的高频端(1 THz频率以上)的频率,难以采用电学方法进行探测。该类方法在空间遥感领域主要用于通信(无线电波段和微波波段)和探测与成像(微波波段),而微波探测需要微波源(如行波管)产生微波信号,照射到目标上,再通过测量从目标上反射的回波进行探测,因此微波探测是一种主动探测。太赫兹波段的探测技术目前尚在发展过程中,未得到实际应用。

光学探测的检测部件是一种广义上的感光材料或器件,目标的辐射或反射等信息会改变材料的特性,最基本的原理是感光效应或光电效应,将受光信号影响改变后的材料特性被感知,或转换为电信号被后端的电子学系统进行数据处理并反演出来,用于该类探测的接收部件就好比人的眼睛,通常也称为光电探测器。因此光电探测一般是一种被动探测,也有采用辅助光源(如激光)照射目标,再通过测量从目标反射的回波进行探测的,大都用于测量目标的距离,这种情况就是主动探测。如果将主动探测和被动探测结合起来,可以同时获得目标的辐射特性和距离信息,称为主被动探测。光电探测的波段最成熟的是可见光波段,往长波方向延伸难度逐步增加,如红外波段的探测尚有较多手段,到远红外或太赫兹波段(如 100 μm 波长以上),光电探测技术也难以实现了。往短波方向延伸难度也逐渐增加,如紫外、X 射线、γ 射线等,由于其穿透力强、对人体的危害性强,对其探测的复杂性和难度也很大。在空间遥感领域的应用主要在紫外探测或成像、臭氧检测、宇宙辐射粒子的空间环境检测等。

光电探测涉及的学科和技术比较广,有较多的参考书籍或文章进行了专门的介绍,以红外探测及空间遥感领域应用为例,光电探测的基本原理如图 1.3.1 所示。光电探测就是把来自目标的辐射,通过具备接收、光电转换、电子学处理、数据传输等功能的光电探测仪器,在数据接收端进行进一步处理形成图像、量化分析、反演等到最终应用的过程。直接实现光电转换过程的部件是光电探测器。

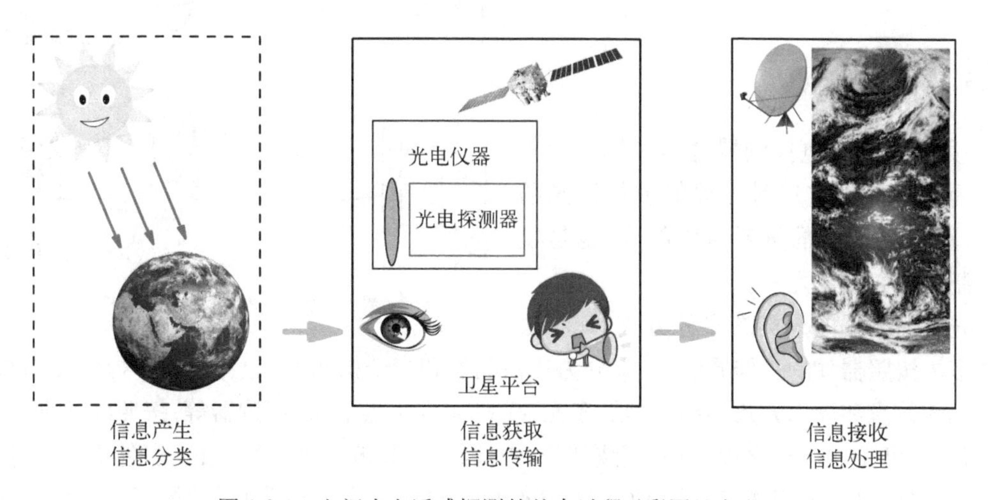

图 1.3.1　空间光电遥感探测的基本过程(彩图见书末)

1.3.2　典型光电探测仪器

光电探测技术的发展经历了从点目标探测、扫描成像、多光谱扫描成像到超光谱成像等不同阶段,随着探测器技术的不断发展和应用需求的不断提高,光电探测仪器的功能和性能得以不断提升和发展,一般情况下探测器的代际发展会带来仪器的跨代发展。

从系统原理的角度来分类,光电探测仪器主要分为对点目标的二维光机扫描、一维扫描和凝视成像三类,所采用的探测器分别是第一代的单元器件、第二代的多元线列器件到第三代的面阵器件,如图 1.3.2 所示。在空间遥感应用方面,采用单元器件、一维光机扫描、另一维利用卫星飞行方向可以实现二维成像,再加上摆动扫描和多轨重访实现更大区域的成像;或采用多元线列器件、卫星飞行方向扫描实现二维成像,再加上转台或摆动扫描实现更大区域成像;或采用面阵器件进行凝视成像,再通过扫描实现更大区域甚至覆盖全球的成像[10]。

按照需要探测的目标信息来分类,光电探测器可分为辐射探测类、光谱类、成像光谱类等。在空间遥感仪器中,辐射探测类仪器主要是测量目标在某些空间区域内的辐射能量,再反演出温度等目标特性，如探测仪、辐射计、成像仪等，仪器的关键参数是空间分辨率、辐射分辨率(温度分辨率或反照率)等；光谱类仪器主要是测量目标在较窄的光谱波段范围内的信号，如光谱分析仪、高光谱仪、超光谱仪、垂直探测仪等，仪器的关键参数是光谱分辨率等；成像光谱类仪器可以同时获得目标的空间和光谱信息，即具备图谱合一功能，如中分辨率成像光谱仪等，关键参数是空间分辨率、光谱分辨率、辐射分辨率等。

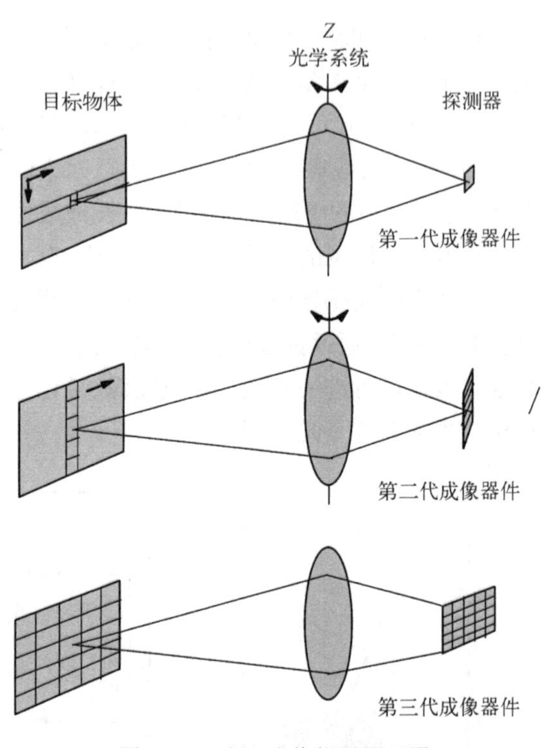

图 1.3.2 光电成像仪器原理图

1.3.3 光电探测器

顾名思义，光电探测器是通过把光信号转换为电信号来实现对光辐射进行探测的器件，是光电仪器的重要组成部分，也是仪器研制的核心技术之一。

光电探测器的分类有多种方式，其叫法也颇多。按照器件的工作原理不同，分为热探测器和光子探测器(也称量子型探测器)；按照光敏元的数量和读出方式，分为单元、多元、线列、面阵(焦平面)探测器等；按照波长划分，可分为紫外、可见、红外(含近红外、短波红外、中波红外、长波红外等)、双色、多色探测器等；按照材料来分，可分为 Si、GaN(含 AlGaN)、HgCdTe、InGaAs、Ⅱ类超晶格等；按照工作温度或制冷方式不同，分为非制冷、制冷型探测器(或焦平面)；等等。

热探测器(或热敏探测器)是基于敏感元件材料吸收了光辐射后温度升高，使得材料的某种物理量发生变化，根据其随温度变化的关系或其他办法转变成可以测量的电信号，与光子探测器相比，热探测器对波长无选择，一般不需要制冷，但灵敏度低、响应速度慢。光子探测器的工作原理主要是利用光电效应，光辐射直接引起光敏材料电学性质发生改变，属于波长选择性探测器，仅对具有足够能量的光子有响应，即存在一个长波限(通常称为截止波长)。在小于长波限工作时，光电信号随波长的增长而增大。超过长波限后，光信号迅速下降到零。光子探测器主要有光电导探测器和光伏探测器两种。光电导探测器的原理是由于能量大于探测器材料禁带宽度的辐射被吸收后产生电子-空穴对，使材料的电导发生变化。光伏探测器的基本部分是一个 pn 结光电二极管，当波长比截止波长短的光辐射被吸收后产生电子-空穴对，在空间电荷区电子和空穴被强电场分开并在外电路中产生光电流。

热敏探测器的主要优点是宽波段、室温工作，缺点是灵敏度低、响应速度慢(一般在毫秒量级)；光子型探测器的主要优点是灵敏度高(一般比热敏探测器高一个数量级以上)、响应速度快(一般在微秒量级或更快)，缺点是有特定光谱范围、大都工作在低温。

本书主要针对红外光电探测器。表 1.3.1 是红外探测器的分类及其典型探测器的主要特点[3]，表中 D_{pb}^{*} 表示 500 K 黑体测量下的黑体探测率，D_{p}^{*} 表示峰值探测率，超导纳米线单光子探测器以探测效率 η 表示。

表 1.3.1　红外探测器的主要分类及其特点

类型			基本原理	探测器	波段 /μm	工作温度 /K	探测率 D^{*} /(cm · $Hz^{1/2}$/W)
热敏探测器	热电偶		温差电	热电偶	取决于窗口和滤光片材料	~300	D^{*} ~6×10^{8}
	测辐射热计		电阻	测辐射热计			D^{*} ~6×10^{8}
	气体测温管		气压	高莱管			D^{*} ~1×10^{8}
	热释电		极化	PZT、TGS			D^{*} ~1×10^{9}
	MEMS		微位移	MEMS 传感器			D^{*} ~2×10^{8}
光子探测器	本征型	光导型	光电效应	PbS	1~3.6	~300	D_{pb}^{*} ~1×10^{9}
				PbSe	1.5~5.8	~300	D_{pb}^{*} ~1×10^{8}
				InSb	2~6	~213	D_{pb}^{*} ~2×10^{9}
				HgCdTe	2~16	~77	D_{pb}^{*} ~2×10^{10}
				QWIP	4~16	<77	D_{pb}^{*} ~1×10^{10}
		光伏型		Ge	0.8~1.8	~300	D_{p}^{*} ~1×10^{11}
				InGaAs	0.9~1.7	~300	D_{p}^{*} ~5×10^{12}
				Ex. InGaAs	1~2.5	~253	D_{p}^{*} ~2×10^{11}
				InAs	1~3.1	~77	D_{pb}^{*} ~1×10^{10}
				InSb	1~5.5	~77	D_{pb}^{*} ~2×10^{10}
				HgCdTe	2~16	~77	D_{pb}^{*} ~1×10^{10}
	非本征型			Ge：Au	1~10	~77	D_{pb}^{*} ~1×10^{11}
				Ge：Hg	2~14	~4.2	D_{pb}^{*} ~8×10^{9}
				Ge：Cu	2~30	~4.2	D_{pb}^{*} ~5×10^{9}
				Ge：Zn	2~40	~4.2	D_{pb}^{*} ~5×10^{9}
				Si：Ga	1~17	~4.2	D_{pb}^{*} ~5×10^{9}
				Si：As	1~23	~4.2	D_{pb}^{*} ~5×10^{9}
	超导纳米线单光子探测器(SNSPD)		超导	NbN、WSi	<1~>100	~2	η>80%

红外探测器的性能及其正确选型，将直接影响红外光电系统的功能、灵敏度和测量精度。图 1.3.3 是多种典型红外探测器的探测波长范围及其探测性能[11]。

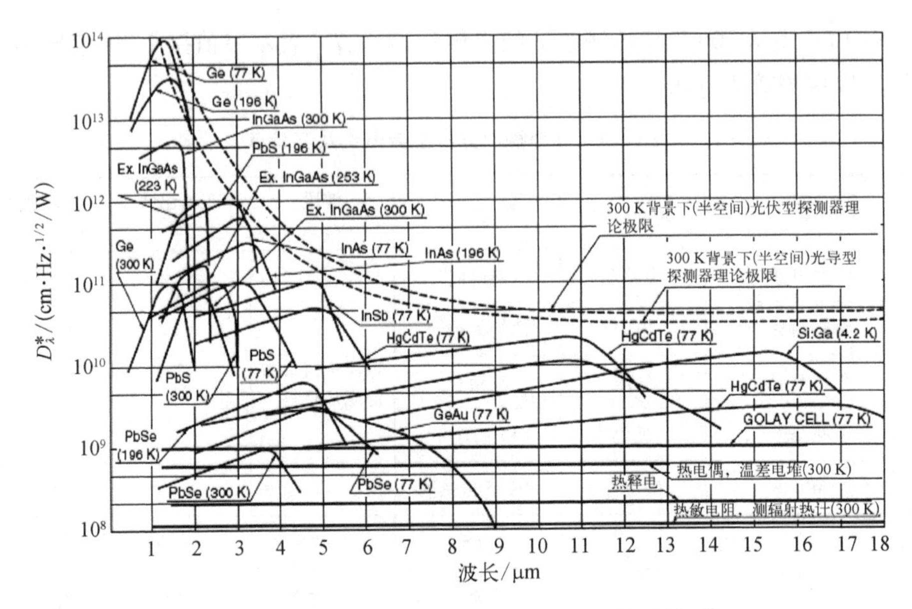

图 1.3.3 典型红外探测器的响应波长范围及其性能

1.3.4 红外探测器的空间应用

作为光电探测技术的重要方向之一，红外探测在空间遥感领域有越来越重要和更为广泛的应用需求，红外探测器也得以迅速发展，同时随着科学技术的进步，各种新型光电材料、新机理和先进材料与器件制备工艺不断涌现，红外探测器的功能和性能都有显著提升。

表 1.3.2 给出了在气象、海洋、国土、资源、环境、星际探测等领域最新发射的红外光电仪器及其波段应用的情况[8-9]。仪器类别按照探测类、光谱类、成像光谱类等划分。

表 1.3.2 最新发射的空间遥感应用光电仪器探测波长范围及其所用光电探测器概况

领域	国家/地区	卫星代号	发射时间	主要载荷	仪器类别	波段/波长范围/μm	所用光电探测器
极轨气象	美国	JPSS－1	2017.11.18	VIIRS	探测	1.23～12.485	HgCdTe
				CrIS	光谱	3.925～15.3	HgCdTe
	俄罗斯	Meteor M2－2	2019.7.5	MSU－MR	探测	1.6～12.5	HgCdTe(估计)
				IRFS－2	光谱	5.0～15	HgCdTe(估计)
	欧洲	Metop－C	2018.11.7	AVHRR/3	探测	1.58～1.64/3.55～3.93/10.3～12.5	InGaAs/InSb/HgCdTe
				HIRS/4	光谱	3.76～4.57/6.52～14.95	InSb/HgCdTe
				IASI	光谱	3.62～5/5～15.5	InSb/HgCdTe

续 表

领域	国家/地区	卫星代号	发射时间	主要载荷	仪器类别	波段/波长范围/μm	所用光电探测器
极轨气象	中国	FY－3E	2021.7.5	MERSI－LL	成像光谱	1.23～1.25/3.71～12.5	InGaAs/ HgCdTe
				HIRAS－2	光谱	3.92～15.39	HgCdTe
静止轨道气象	美国	GOES－17	2018.3.1	ABI	光谱	1.371～13.6	HgCdTe
	俄罗斯	Elektro－L 3	2019.12.24	MSU－GS	探测	3.5～12.5	HgCdTe(估计)
	欧洲	MSG 4	2015.7.15	SEVIRI	探测	1.50～1.78/3.48～14.4	InGaAs/HgCdTe
				GERB	探测	0.32～100	热电探测器
	日本	Himawari 9	2016.11.2	AHI	探测	1.6～13.4	HgCdTe
	印度	Insat 3DR	2016.9.8	Imager	探测	1.55～1.70/3.80～12.5	InGaAs/HgCdTe
				Sounder	光谱	3.74～4.57/6.51～14.71	InSb/HgCdTe
	韩国	GEO－KOMPSAT 2B	2020.2.18	AMI	光谱	1.38～13.31	HgCdTe
	中国	FY4－B	2021.6.3	AGRI	探测	1.371～1.64/2.10～13.6	InGaAs/HgCdTe
				GIIRS	光谱	4.44～14.3	HgCdTe
				GHI	探测	1.371～12.5	InGaAs/HgCdTe
资源环境	美国	Landsat 9	2021.9.27	OLI－2	探测	1.56～2.30	HgCdTe
				TIRS－2	探测	10.3～12.0	QWIP
	美国	OCO 3	2019.5.4	光栅分光计	光谱	1.61～2.06	HgCdTe
	欧洲	Proba－V	2013.7.5	VGT－P	光谱(估计)	1.480～1.760	InGaAs
		Sentinel 3B	2018.4.25	SLSTR	探测	1.367 5～12.5	HgCdTe
	俄罗斯	Kanopus－V－IK	2017.7.14	MSU－IK－SR	探测	3.5～4.5/8.4～9.4	HgCdTe(估计)
	德国	BIROS	2016.6.22	FireBird	探测	3.4～4.2/8.5～9.3	HgCdTe
	德国	TUBIN	2021.6.30	热红外对地观测载荷	探测	红外宽波段	测辐射热计
	意大利	PRISMA	2019.3.22	高光谱相机	光谱	0.920～2.505	HgCdTe
	加拿大	GHGSat C2	2021.1.24	WAF－P	成像光谱	1.6～1.7	InGaAs

续 表

领域	国家/地区	卫星代号	发射时间	主要载荷	仪器类别	波段/波长范围/μm	所用光电探测器
资源环境	日本	GCOM - C	2017.12.23	SGLI	探测	1.04~2.235/10.43~12.37	InGaAs/HgCdTe
		GOSAT - 2	2018.10.29	TANSO - FTS - 2	光谱	1.563~2.381/5.56~14.29	InGaAs/HgCdTe
				TANSO - CAI - 2	探测	1.585~1.675	InGaAs(估计)
	印度	Resourcesat - 2A	2016.12.7	LISS - Ⅲ	成像光谱	1.55~1.70	InGaAs
				AWiFS	探测	1.55~1.70	InGaAs
	印度	Cartosat 3	2019.11.27	MIR	探测		
	中国	GF - 5(02)	2021.9.7	AHSI	光谱	1.0~2.5	HgCdTe
				VIMS	成像光谱	1.55~12.5	HgCdTe
	中国	ZY - 1 - 02D	2019.9.12	高光谱相机	光谱	1.0~2.5	HgCdTe
	中国	HY - 1D	2020.6.10	COCTS	探测	10.3~12.5	HgCdTe
	中国	HJ2A/B	2020.9.27	高光谱成像仪	光谱	1~2.5?	HgCdTe
				红外相机	探测	1.19~12.5	InGaAs/HgCdTe
星际探测	美国	Mars 2020	2020.7.30	SuperCam	光谱	1.3~2.6	
				MEDA	探测	6.5~20	热电堆
	欧洲、俄罗斯	ExoMars 2016	2016.3.14	ACS	光谱	0.73~1.6/1.7~17	InGaAs/HgCdTe
				NOMAD	光谱	2.2~4.3	HgCdTe
	印度	Chandrayaan - 2	2019.7.22	IIRS	光谱	0.8~5	HgCdTe(估计)
	中国	嫦娥 CE - 5	2020.11.24	月球矿物光谱仪[12]	光谱	0.9~2.4	InGaAs
	中国	天问一号	2020.7.23	火星矿物光谱分析仪[13]	光谱	1~3.4	HgCdTe
				火星表面成分探测仪	光谱	0.85~2.4	InGaAs

从表 1.3.2 中可以看出,空间遥感对先进的红外光电仪器有广泛应用,探测类以提高空间分辨率、辐射分辨率、扩大规模为发展趋势,光谱类以提高光谱分辨率为发展趋势,成像光谱类两者兼顾。在长波红外波段,探测器以 HgCdTe 为主,少量采用热探测器或量子阱红外探测器(QWIP),中波红外以 HgCdTe 为主,也有采用 InSb 的,短波近红外的则多数采用 InGaAs,也有采用 HgCdTe。

1.4 空间遥感对光电探测器的需求

1.4.1 空间遥感应用的基本要求

空间遥感应用涉及从探测器材料、器件、组件、仪器、卫星平台到最终应用的技术链比较长，专业面非常广，需要考虑的因素非常多。

图1.4.1是典型空间遥感应用涉及的需求与技术链及其关联性示意图。一般地，需求链的应用端是遥感应用的最终用户，要求图像清晰、层次分明、色彩丰富、快速实时，而且还要不断提高定量化应用的水平，这就需要不断提高仪器的空间分辨率、辐射分辨率、光谱分辨率和时间分辨率，同时还必须保持和进一步提高仪器的信噪比，如空间分辨率由几百米提高到米级尺度，辐射分辨率由0.2 K提升到20 mK量级，光谱分辨率精度由十纳米提升到几纳米，时间分辨率从1小时提升到10秒水平，如果需要同时满足的话，探测器光敏元接收到的目标信号将极其微弱，遥感仪器的信噪比必须提升约7个数量级，可见仪器研制的难度很大。而仪器的信噪比（SNR）与探测器的探测率（D^*）成正比，因而需要探测器有更高的量子效率和更低的暗电流（或噪声），对材料的要求就需要更低缺陷密度、更高质量等。此外还有体积小、低功耗、高可靠性、长寿命等方面的要求。

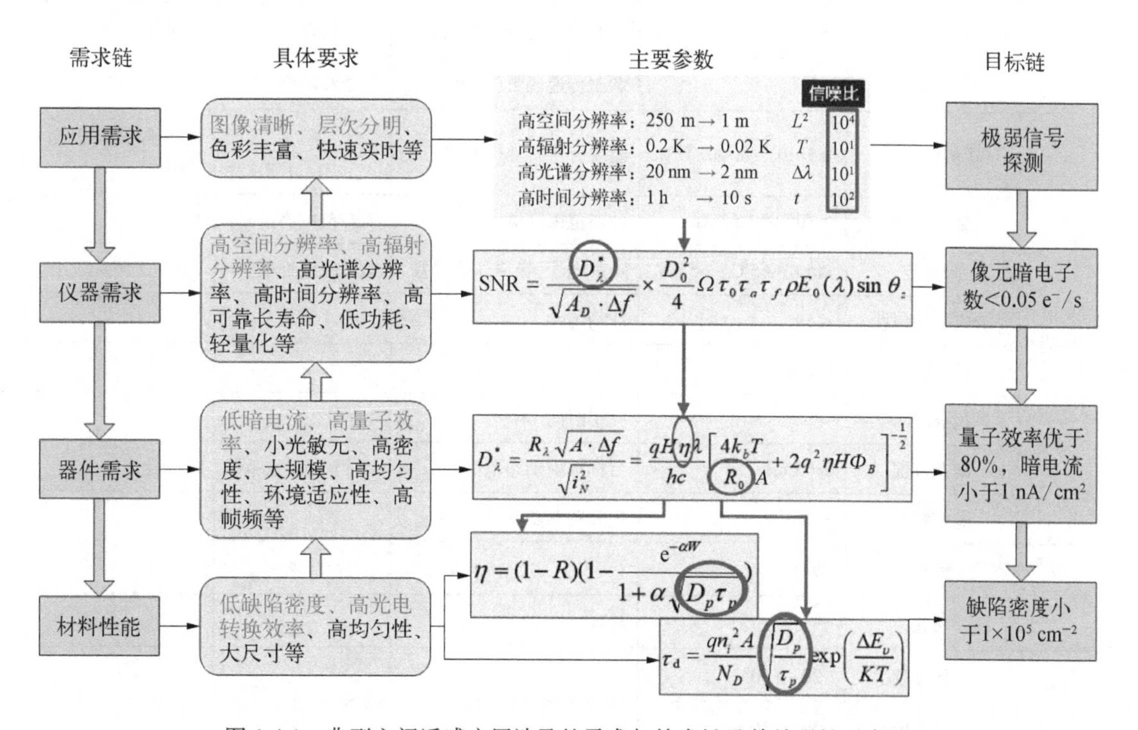

图1.4.1 典型空间遥感应用涉及的需求与技术链及其关联性示意图

1.4.2 红外探测器(焦平面)的主要参数

探测器的性能是系统设计和最终应用的关键和核心。一方面应用部门对航天遥感仪器提出越来越高的要求,推动着其核心部件光电探测器的规模、功能、性能以及可靠性等方面的不断发展;另一方面,光电探测器作为具有核心竞争力的关键传感技术,需要积极发展自身的技术和学科。

以某款典型的红外焦平面为例,其设计和研制时需要考虑的主要性能参数及其与系统和应用的关联性见表 1.4.1。

表 1.4.1 典型红外焦平面主要性能与系统及应用关联性

主要功能及性能		典型值	系统相关参数	应用相关参数	备注
类别	特性参数				
光学相关	F 数	—	FOV	幅宽	杜瓦封装
	规模	640×512	FOV	幅宽	
	像元尺寸	25 μm×25 μm	瞬时视场角	空间分辨率	
	中心距	25 μm			
	响应波长范围	0.9~1.7 μm	光谱范围	目标特性	
	光谱带宽	—	多光谱、高光谱、超光谱	目标特性	定量化
	串音	—	调制传递函数(MTF)	图像清晰度	
光电性能	峰值探测率	$\geqslant 5\times10^{12}\ \mathrm{cm\cdot Hz^{1/2}/W}$	温度分辨特性(NEDT)		或噪声等效辐照功率
	量子效率	≥70%@1.55 μm	动态范围高端	动态范围高端	响应率
	暗电流	≤5 fA@5℃, −5 mV	噪声电压、噪声等效温差	动态范围低端	
	响应非均匀性	≤5%	非均匀性		
	盲元率	≤1%			
	积分时间	—	驻留时间		
	动态范围	≥65 dB	目标辐射动态范围	目标辐射动态范围	非线性度
	满阱容量	—	饱和辐照功率		
电子学	帧频	120 Hz			
	功耗	—	功耗		
工作环境	工作温度	−20~+60℃			
	存储温度	−40~+70℃			

续　表

主要功能及性能		典 型 值	系统相关参数	应用相关参数	备　注
类别	特性参数				
机械接口	外形尺寸	32 mm×25.5 mm×7.9 mm	体积		
	封装形式	集成 TEC、金属管壳气密封装			或制冷机
可靠性	环境试验				标准或用户定义
	寿命				用户定义
	抗辐射				用户定义

从探测器设计和应用的角度考虑，除了常用性能参数之外，与系统应用直接相关的主要因素（或参数）如下。

1）辐射通量：辐射目标入射到探测器光敏元上能量（与目标温度相关，可折算到光敏元接收到的入射通量，也可用电子数表示）、能量动态范围（目标辐射的最低能量和最高能量，可用饱和电子数表示）、波长范围、入射光线的角度及其在窗口和焦面处的分布。

2）背景噪声：背景辐射（如杂散光等）影响探测器组件的噪声和动态范围。

3）频率特性：包括最高像元速率、帧周期、行周期等，特别是在焦平面器件高频应用中，确保每个像元的信号在一个积分和读出时间周期内，既保证一定的信噪比，又能够被后端电子学有足够的时间读取出来进行数据处理。

4）安全性：从探测器应用的角度，在使用过程中应关注可能涉及光、机、电、热等方面的安全性，包括：光，是否有强光或强辐射照射到光敏元上；机，是否有大的力或存在大的应力可能施加到探测器组件的薄弱部位，如窗口、密封处、焦面基板等；电，是否有大电流或电压的隐患、防静电措施、接插件防差错设计、避免带电插拔等；热，是否有剧烈的高低温冲击、控制降温速率等。

1.4.3　系统对红外探测器（焦平面）的要求

红外光电系统对红外探测器或红外焦平面的要求一般比较复杂，涉及面也比较广。实际应用系统对红外焦平面的一般要求及其与探测器参数的相关性的一个具体实例见表 1.4.2。

表 1.4.2　系统对红外焦平面的一般要求实例

主要功能性能		探测器参数及相关性	备　　注
类　别	特性参数		
目标特性	光谱特性	光谱响应范围、相对光谱响应、截止波长	短波、中波、长波、多波段探测器材料和器件
	动态范围	动态范围、饱和辐照功率、噪声等效辐照功率、非线性度、电荷容量	

续 表

主要功能性能		探测器参数及相关性	备　注
类　别	特性参数		
光学性能	仪器类型	辐射计、探测仪、光谱仪、成像仪、成像光谱仪	
	探测方式	扫描、推扫、凝视、摆扫	单元、多元、线列、面阵
	MTF	探测器 MTF、串音	
光电特性	NEDT	组件 NEDT、响应率、量子效率、填充因子、探测率、积分时间	
	响应均匀性	响应率不均匀性、死像元、过热像元、固定图形噪声	
其他	探测器选择方案	技术成熟度、可靠性、长寿命、资源(体积、功耗、成本)	

从表 1.4.2 可以看出,红外光电系统需要高空间分辨率、高辐射分辨率、高光谱分辨率、高时间分辨率、大幅宽、高可靠、长寿命,如穿轨方向探测器的像元数量直接决定了一定空间分辨率下的幅宽,沿轨方向探测器的像元数量直接影响系统灵敏度。从系统设计和应用的角度考虑,除了通常性能参数之外,与探测器直接相关的主要因素(或参数)包括以下几点:

1) 探测器波段,包括短波、中波、长波、多波段等,取决于探测器的材料和器件;

2) 探测器规模,根据仪器类型(如辐射计、探测仪等)、探测方式(如推扫、凝视等)、幅宽、空间分辨率等要求,选择单元、多元、线列或面阵(焦平面)探测器,发展趋势是千像素到万像素以上或 TDI 多线阵长线列焦平面,以及大面阵焦平面;

3) 辐射探测性能,包括探测率、噪声等效温差、均匀性、盲(闪)元率、动态范围、光学传函等;

4) 系统匹配性,包括探测器与光机系统(光学与结构)、机械安装、电子学系统、热控或温度传导等系统的匹配性;

5) 其他,如探测器的技术成熟度、可靠性长寿命、资源(体积、功耗、成本、研制周期)等方面的考虑。

1.5 铟镓砷光电探测器及其空间应用

1.5.1 铟镓砷光电探测器

短波红外波段一般是指波长在 1~3 μm 红外波段,在该波段探测材料主要包括碲镉汞(HgCdTe)、锑化铟(InSb)和铟镓砷(InGaAs)等。HgCdTe 材料属三元系 Ⅱ-Ⅵ族窄带半导体,可通过调整 CdTe 和 HgTe 两种材料的组分来调节能带,获得 1~30 μm 的连续响应波长,但是在短波红外波段工作温度一般需要在 150 K 以下,且大面积均匀性及工艺稳定性难度较大。InSb 材料属二元系Ⅲ-Ⅴ族窄带半导体,其探测波长在 1~5 μm 波段,工作温度一般低于 80 K。基于Ⅲ-Ⅴ族材料的短波近红外 InGaAs 探测器与上述两种材料的探测器相比,材料体系更加稳定,并且对工作温度的要求相对较低,加上始于 20 世纪 60 年代的光纤通信技术极大地推动了 InGaAs 材料及相关光电器件的发展。

$In_{1-x}Ga_xAs$ 是一种Ⅲ-Ⅴ族直接带隙半导体材料,随着组分 x 的改变,其探测截止波长可覆盖整个短波近红外波段。当 x 为 0.47 时,该材料能够与 InP 衬底的晶格完全匹配,从而实现高质量外延材料的生长,此时,对应的室温下禁带宽度为 0.75 eV,制备的探测器响应光谱范围为 1.0~1.7 μm。因此,一般业内常用的短波近红外探测器或光谱仪器的光谱响应范围指标定义为 1.0~1.7 μm 正是体现了该类材料在该波段性能的优势。此外,也可以通过减薄衬底等方式拓展到可见光波段,或者在材料中增加 In 组分来调控禁带宽度可使其响应波段延伸到约 2.6 μm。

短波近红外 InGaAs 探测器有以下几个优点:① InGaAs 探测器在常温下工作可获得较高的探测率,具有高信噪比、低功耗和长寿命等优点;② InGaAs 材料的生长工艺相对较成熟,大面积均匀性及稳定性好;③ 器件制备工艺可与传统的 Si 工艺兼容,有利于批量化、产品化。

随着技术和应用发展的需要,InGaAs 探测器经历了从单元器件到多元线列,以及线列焦平面,再到面阵焦平面探测器的发展,规模也从早期的千像素级发展到目前千万像素级的大规模面阵焦平面探测器,光敏元尺寸从几百微米缩小至五微米及以下。本书其他章节将对铟镓砷光电探测器及其焦平面阵列涉及的相关内容进行详细论述,这里就不再赘述,仅对国内外铟镓砷探测器空间应用的最新情况作一归纳。

1.5.2 铟镓砷探测器的空间应用

1~3 μm 短波红外波段是三个重要的大气透射窗口之一,由于很多物质在该波段具有独特的光谱特性,因此在空间对地遥感领域的许多方面,例如地质资源分布、土壤水分监测、大气成分分析、农作物估产等都有十分重要的作用。而由于铟镓砷(InGaAs)光电探测器在 1~2.5 μm 波段具有量子效率高、灵敏度高、近室温工作、抗辐射性能好等独特优点,是遥感仪器小型化、低功耗、长寿命极具竞争力的较优选择,因而是空间遥感领域先进光电仪器跨代发展的重要发展方向之一。自 20 世纪 80 年代中期起,国际上开始致力于空间遥感用短波近红外 InGaAs 器件的研究,目前已逐渐被应用于遥感卫星上。表 1.5.1 是国际上最近发射的空间应用 InGaAs 探测器的情况[8-9]。

公开报道的 InGaAs 探测器在空间遥感领域的最早应用是美国于 1998 年 5 月 13 日发射的第五代极轨气象卫星的首发星 NOAA - 15,其搭载的载荷是第三代甚高分辨率辐射计 AVHRR/3(The Advanced Very High Resolution Radiometer),其中第 3 通道在第二代 AVHRR/2 的基础上,新增了一个采用 InGaAs 的 1.58~1.64 μm 的短波近红外波段的 3a 通道,其中心波长为 1.6 μm,该波段对冰、雪的分辨能力较强,与中心波长为 3.7 μm 的 3b 通道(原先的第

表 1.5.1　最近发射的空间应用 InGaAs 探测器概况

领域	国家/地区	卫星代号	发射时间	载　荷	通道	波段/μm	元数	温度	备　注
极轨气象	美国	NOAA - 19	2009.2.6	AVHRR/3	3a	1.58~1.64	1	室温	NOAA - 15 ~ 18 同
	欧洲	Metop - C	2018.11.7	AVHRR/3	3a	1.58~1.64	1	室温	Metop - A、B 同
	中国	FY - 3E	2021.7.5	MERSI - LL	2	1.23~1.25	8	室温	
静止轨道气象	欧洲	MSG 4	2015.7.15	SEVIRI	3	1.50~1.78	3	室温	MSG 1~3 同
	印度	Insat 3DR	2016.9.8	Imager	SWIR	1.55~1.70	8×2	15℃	Insat 3D 同
	中国	FY - 4B	2021.6.3	AGRI	4	1.371~1.386	8×2	室温	FY - 4A 同
					5	1.58~1.64			
				GHI	5	1.371~1.386	1 024×2	室温	
					6	1.58~1.64			
资源环境	欧洲	Proba - V	2013.7.5	VGT - P	SWIR	1.480~1.760	1 024	室温	继承 SPOT 4、5
	加拿大	GHGSat C2	2021.1.24	WAF - P	SWIR	1.6~1.7	640×512	室温	GHGSat D、C1 同
	日本	GCOM - C	2017.12.23	SGLI	SWIR1	1.04~1.06		220 K	
					SWIR2	1.37~1.39			
					SWIR3	1.53~1.73			
					SWIR4	2.185~2.235			
		GOSAT - 2	2018.10.29	TANSO - FTS - 2	2	1.563~1.695			
					3	1.923~2.381			
				TANSO - CAI - 2	B5	1.585~1.675			
	印度	Resourcesat - 2A	2016.12.7	LISS - Ⅲ	B5	1.55~1.70	6000	室温	IRS - P6 同
				AWiFS	B5	1.55~1.70	6 000	室温	IRS - P6 同
	中国	HJ2A/B	2020.9.27	红外相机	4	1.19~1.29	800×2	室温	一箭双星
					5	1.55~1.68			
星际探测	欧洲	ExoMars 2016	2016.3.14	ACS	NIR	0.73 - 1.6	640×512	TEC	
	日本	SELENE	2007.9.14	MI	NIR	0.95~1.60	320×240	室温	
				SP	NIR1	0.9~1.7	128	室温	
					NIR2	1.7~2.6	128	220 K	3 级 TEC

续 表

领域	国家/地区	卫星代号	发射时间	载 荷	通道	波段/μm	元数	温度	备 注
星际探测	中国	CE－5	2020.11.24	月球矿物光谱仪	SWIR1 SWIR2	0.9～1.7 1.7～2.4	1 1	TEC TEC	
	中国	天问一号	2020.7.23	火星表面成分探测仪	SWIR1 SWIR2	0.85～1.7 1.7～2.4	1 1	TEC TEC	

3 通道)交替工作,3a 通道在白天工作,用于冰雪识别和气溶胶检测以及计算海面温度时矫正水气的影响,3b 通道因受太阳反射辐射干扰严重,适合于夜间工作。AVHRR/3 是后续 NOAA－16～19 四颗卫星和欧空局(ESA)第一代极轨气象卫星 Metop－A～C 三颗卫星的主载荷。欧空局(ESA)第二代静止气象卫星 MSG 1～4 上的自旋增强可见光与红外成像仪(Spinning Enhanced Visible and Infrared Imager, SEVIRI)采用了 3 元 InGaAs 探测器,工作在室温下的 1.50～1.78 μm 波段。印度的第三代静止气象卫星的后两颗卫星 Insat 3D 和 Insat 3DR 的成像仪上采用了 2 个交错排列的 8 元 InGaAs 探测器,工作在 15℃下的 1.55～1.70 μm 波段。中国于 2021 年 7 月 5 日发射的第二代极轨气象卫星 FY－3E 的中分辨率光谱成像仪(微光型,MERSI－LL)第二通道采用了 8 元 InGaAs 探测器,工作在室温下的 1.23～1.25 μm 波段。中国于 2021 年 6 月 3 日发射的第二代静止轨道气象卫星 FY－4B 的多通道扫描成像辐射计(AGRI)与 FY－4A 相同,其第 4、5 通道采用了 8×2 元集成在一个组件内的 InGaAs 探测器,工作在室温下的 1.371～1.386 μm 和 1.58～1.64 μm 波段,新增的快速成像仪(GHI)的第 5、6 通道采用了 1 024×2 元集成在一个组件内的 InGaAs 焦平面探测器,工作在室温下的 1.371～1.386 μm 和 1.58～1.64 μm 波段。

公开报道的国际上应用于空间的 InGaAs 长线列焦平面探测器,是法国 1998 年 3 月 24 日发射的 SPOT 4 卫星上高分辨率可见红外传感器(High-Resolution Visible and Infrared Sensor, HRVIR)和植被仪(Vegetation)两个载荷均采用了 3 000 元 InGaAs 短波红外线列焦平面,是由 10 个 300 元 InGaAs 小线列拼接而成,工作在室温下的 1.55～1.70 μm 波段,后续也应用于 2002 年 5 月 4 日发射的 SPOT 5 上。欧空局于 2013 年 5 月 7 日发射的 Proba－V (Project for On-Board Autonomy－Vegetation)卫星搭载的植被观测载荷(VGT－P)是小型化的 SPOT 4 和 SPOT 5 的继承产品。美国 NASA 在 2000 年发射的 EO－1 对地观测卫星的核心载荷大气校正仪(LAC)上装有 3 个 256×256 元 InGaAs 面阵焦平面,工作波段在热电制冷的 275 K 温度下的 0.89～1.60 μm 波段。印度在 1995 年发射的 IRS－1C 卫星搭载了 LISS－Ⅲ传感器,其短波红外波段采了 2 100 元的 InGaAs 线列探测器,由七个 300 元的 InGaAs 线列组成,工作在－10℃。印度 2003 年发射了环境卫星 IRS－P6,其两个载荷 LISS－Ⅲ和 AWiFS 的短波红外波段采用了 6 000 元的 InGaAs 线列探测器,响应波段为 1.55～1.70 μm。2016 年 12 月 7 日印度发射的资源卫星 Resourcesat－2A 继承了 LISS－Ⅲ和 AWiFS 两个载荷。中国 2020 年 9 月 27 日发射的环境减灾二号 A 星和 B 星上红外相机的第 4 和第 5 两个短波近红外通道采用了 800×2 元集成在一个组件内的 InGaAs 焦平面探测器。

空间遥感领域延伸波长 InGaAs 焦平面的首次应用,是 2002 年 3 月 1 日发射的欧空局(ESA)新一代的环境卫星(Envisat)上的有效载荷大气分布扫描成像大气吸收光谱仪(SCIAMACHY),其 6、7、8 通道各采用一个 1 024 元 InGaAs 焦平面探测器,工作波段分别为 1.0~1.75 μm、1.94~2.04 μm 和 2.265~2.380 μm,工作温度分别在 200 K、135 K 和 135 K。2003 年 9 月发射的欧空局月球探测卫星 SMART-1 的有效载荷 SIR 上采用了 256×256 元面阵延伸波长焦平面器件,响应波段 0.94~2.55 μm,采用二级热电制冷。2002 年日本发射的对地探测卫星 ADEOS-Ⅱ上的全球成像仪(Global Imager, GLI)采用了两个 InGaAs 焦平面,覆盖了 1.050~2.215 μm 的 6 个波段,工作在 220 K 温度。日本于 2017 年 12 月 23 日发射的全球变化观测任务-碳循环卫星(Global Change Observation Mission-Carbon Cycle, GCOM-C)的 SGLI (Second-generation Global Imager)继承了部分 GLI 技术,采用延伸波长 InGaAs 探测器覆盖 1.04~2.235 μm 四个短波波段。日本于 2018 年 10 月 29 日发射的温室气体探测卫星(Greenhouse gases Observing Satellite-2, GOSAT-2)的两个载荷均采用了 InGaAs 探测器。

星际探测方面 InGaAs 探测器的应用也十分广泛,欧空局与俄罗斯联合研制的火星探测卫星 ExoMars 2016 于 2016 年 3 月 14 日成功发射,搭载的 ACS(The Atmospheric Chemistry Suite)上采用了 640×512 元 InGaAs 面阵焦平面,工作波段在热电制冷温度下的 0.73~1.6 μm 波段。日本于 2007 年 9 月 14 日发射的月球观测卫星 SELENE 上两台载荷均采用了 InGaAs 焦平面探测器,其中多波段成像仪(Multiband Imager, MI)采用非制冷的 320×240 元的 InGaAs 面阵焦平面,工作在 0.95~1.60 μm 波段,光谱廓线仪(Spectral Profiler, SP)采用两个 128 元 InGaAs 线列焦平面,分别工作在常温的 0.9~1.7 μm 波段和 3 级 TEC 制冷工作在 220 K 的 1.7~2.6 μm 波段。中国于 2020 年 11 月 24 日发射的探月卫星 CE-5 的月球矿物光谱仪和 2020 年 7 月 23 日发射的火星探测卫星天问一号的火星表面成分探测仪上均采用了两个单元的 InGaAs 探测器[12, 13]。

1.6 小　结

光电探测技术在气象、海洋、国土、环境、天文观测、探月及深空探测、侦察、预警等民用及军事等领域具有十分重要而广泛的应用。本章从电磁波的波段、大气透射窗口出发,介绍了空间遥感技术的主要分类以及主要国家极轨气象卫星和静止轨道气象卫星方面的典型应用,从光电探测的基本原理出发,介绍了典型光电探测仪器与主要光电探测器的类型及其特点,并以红外探测器为例,给出了其在气象、海洋、国土、资源、环境、星际探测等领域最新发射的红外光电仪器及其波段应用的情况,分别从红外探测器的主要参数、系统对红外探测器的要求出发,分析了空间遥感对光电探测器的需求及功能性能间的关联性,最后介绍了在短波近红外波段有重要应用的铟镓砷光电探测器及其在空间遥感领域的最新应用情况。

参考文献

[1] 匡定波，方家熊．红外常用术语．上海：中国科学院上海技术物理研究所，2015.
[2] 陈世平．航天遥感科学技术的发展．航天器工程，2009，18(2)：1－7.
[3] 汤定元，糜正瑜，等．光电器件概论．上海：上海科学技术文献出版社，1989.
[4] Cohen A M J, Olsen G H. Room-temperature InGaAs camera for NIR imaging. Proc. of SPIE, 1993, 1946: 436－443.
[5] Joshi A M. Current status of InGaAs detector arrays for 1～3 μm. Proc. of SPIE, 1991, 1540: 596－605.
[6] 周书铨．红外辐射测量基础．上海：上海交通大学出版社，1991.
[7] 梅遂生，杨家德．光电子技术-信息装备的新秀．北京：国防工业出版社，1999.
[8] Gunter's Space Page. https://space.skyrocket.de[2021－10－30].
[9] The ESA Earth Observation Portal (eoPortal). https://directory.eoportal.org[2021－10－30].
[10] 周世椿．高级红外光电工程导论．北京：科学出版社，2014.
[11] 李永富．PIN 型 InGaAs 异质结短波红外探测器技术研究．上海：中国科学院上海技术物理研究所，2010.
[12] 何志平，李春来，吕刚，等．月球表面原位光谱探测技术研究与应用．红外与激光工程，2020，49(5)：54－61.
[13] 何志平，吴兵，徐睿，等．天问一号环绕器火星矿物光谱分析仪探测机理与仪器特性．中国科学：物理学、力学、天文学，2022，3：23－33.

第2章 近红外/短波红外特点及铟镓砷器件应用特色

2.1 引 言

前一章中讨论了空间遥感与光电探测的概况，也包括了 InGaAs 光电探测器及其焦平面阵列器件投入实际应用方面的情况。后续章节将开始涉及与 InGaAs 光电探测器及其焦平面阵列相关的一系列具体内容。本章侧重讨论此种器件的一系列具体应用场景，集中在波长为 1~3 μm 的短波红外（short-wave infrared, SWIR）遥感波段，或者光谱学上的 0.7~2.5 μm 近红外（near infrared, NIR）波段，按此划分方式两种波段有很大的重合部分，主要应用包括空间应用、光谱传感应用和其他应用等。应指出的是，这些应用之间本身也是密切关联的，或者说难以分清，常基于类似的机理；很多空间应用都是基于地面及航空等应用产生的，空间应用中发展起来的一系列相关技术也会逐步推广到其他各种应用领域中去；与此类似，基于 InGaAs 光电探测器及其焦平面阵列发展的某种实际功能也会体现在各种应用场景之中。因此，本章内容上的这种安排只是希望针对这个波段的特点和应用上的一些特别之处，尽可能全面地依据实际功能进行介绍。

2.2 空 间 应 用

空间应用几乎涉及所有的电磁辐射波段。作为对前一章的补充，本节再做一些展开。仅就航天对地遥感而言，其三个主要的波段，即 8~14 μm 的长波红外（long-wave infrared, LWIR）波段、3~5 μm 的中波红外（mid-wave infrared, MWIR）波段、处于其间的 5~8 μm 水汽红外（vapor infrared, VIR）波段和本章主要涉及的 SWIR 波段，都有重要的应用功能。LWIR 和 MWIR 波段主要与物体的热效应相关，例如近室温物体的黑体辐射峰值波长约在 10 μm，300℃物体的黑体辐射峰值波长可在约 4 μm，具体可参见图 4.3.9；碳氢化合物的燃烧也往往伴随着此波长附近的特征发射，因此也被称为发射红外波段或热红外波段，在这个温度区间 SWIR 波段范围的红外辐射很低，物体的特征主要依靠反射光来体现，因此也称反射红外波段。与热红外波段的探测和成像相比，SWIR 波段的探测和成像具有更加丰富的特征。LWIR、MWIR 和 SWIR 这三个波段在波长范围划分上有不连续衔接之处，这是因为地球大气层存在着很强的、在一定光谱范围上几乎是连续的水汽吸收波段，而所能使用的 LWIR、MWIR 和 SWIR 三个波段不得不落于大气层水汽吸收的三个透明窗口上，其间则被有强烈水汽吸收几乎不透明的区域隔开，例如 5~8 μm 的水汽红外(vapor infra-red, VIR)波段。从太空中看地球时，一方面可以通过这些几乎不透明的区域及其边缘处获得诸多大气活动(如云层、雨雪、台风等)的变化情况，以及大气层外的红外预警等；另一方面则可以透过其间的透明窗口来了解地面上和大气层中的其他重要信息，这些都是红外遥感的基本出发点。与其他波段相比，SWIR 波段的特征十分特殊，相较而言具有更加丰富的光谱资源可资利用。

表 2.2.1 中列出了地球大气中的主要气体成分和一些痕量气体成分及其大致浓度范围。由表 2.2.1 可见，除氮气和氧气(两者总含量达约 99%)之外，水汽的平均含量约在 0.8%，但其浓度并不固定而是有着极大的变化范围，可以从几乎为零(如日间沙漠)变化到几乎达饱和值约 3%(如江南黄梅天)，正是水汽的运动和变化造成了如此丰富的气象场景。大气中的其他成分含量相对较低，但也有着重要影响。例如，CO_2、CH_4 和 N_2O 在大气中的浓度差别较大，从 CO_2 的约 400 ppm* 到 N_2O(俗称笑气)的亚 ppm 水平，但对地球的温室效应都起到了显著的作用，是三种最重要的温室效应气体。CO_2 的浓度 20 世纪中期还约在 300 ppm 的水平，但增长很快，21 世纪中期则希望控制在 450 ppm 之内，因此已成为当前的热门议题和各方博弈的筹码。CH_4 和 N_2O 的浓度要显著低于 CO_2，但其影响仍可与 CO_2 相比拟，这也与其对太阳辐射的吸收特征和吸收强度相关。与 CO_2 相比，CH_4 和 N_2O 的吸收强度更大，吸收光谱范围也更宽，影响不可忽略。

表 2.2.1　地球大气中的主要气体成分和一些痕量气体成分及其大致浓度范围

	大气主要成分			大气痕量成分					
气体名称	N_2	O_2	H_2O	CO_2	CH_4	CO	N_2O	O_3	H_2CO
大致浓度	78%	21%	0.8%(0~3%)	400 ppm	1.7 ppm	0.4 ppm	0.3 ppm	30 ppb	1 ppb

注：1 ppb = 10^{-9}。

图 2.2.1 示出了 1~3 μm SWIR 波段上若干种与实际应用密切相关的气体的吸收特征，包括了水汽和三种温室效应气体，其光谱吸收数据基于 HITRAN (High-Resolution Transmission Molecular Absorption Database) 数据库[1]。由图 2.2.1 可见，SWIR 波段上包括了四个几乎连续的强水汽吸收带，其分布大致以 2.7 μm、1.9 μm、1.4 μm 和 1.1 μm 为中心向两侧拓展，其总体吸收强度向短波方向有逐渐减弱的趋势，其间则分布着四个几乎没有水汽吸收的透明窗口，SWIR 波段上如此丰富的变化和显著的衬度是其他波段上很少见的。在这几个水汽透明窗口中，前述三种温室效应气体都可以找到吸收明显且互相之间几乎无交叠的特征吸收带或吸收峰，这正是从空间对其进行测量和监控的必要条件。InGaAs 光电探测器及其焦平面阵列的响应波段正是位于 SWIR 波段之中，其功能和性能上又有诸多特点，这在后续章节中都将有详细涉及，因此在空间应用上获得了用武之地。

* 1 ppm = 10^{-6}。

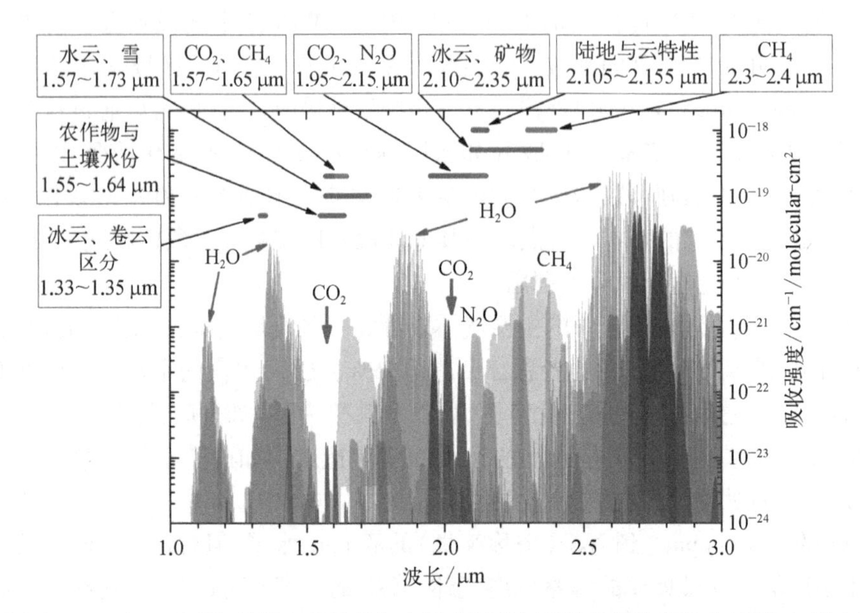

图 2.2.1　1~3 μm SWIR 波段上若干种与实际应用密切相关的气体的吸收特征，包括水汽和 CO_2、CH_4 及 N_2O 三种主要温室效应气体。SWIR 波段上的一些主要空间应用功能已标示在图中，主要涉及气象、资源和环境等方面（彩图见书末）

SWIR 波段的空间应用与其他波段类似，包括诸多相互关联的方面。SWIR 波段的空间对地成像应用，包括“常规”成像、特定的窄波段或单波长成像、多光谱/高光谱/超光谱成像等等，是其最重要的应用。图 2.2.1 中已示出了其中的一些典型应用，主要针对气象、资源和环境等方面。例如：采用长波截止波长约 1.7 μm 的晶格匹配 InGaAs 器件在 1.33~1.35 μm 范围进行窄波段成像，可用于卷云和冰云的探测和区分，这对航空和航天器等的气象保障十分重要；在 1.55~1.64 μm 波长范围进行成像可用于土壤和农作物的墒情调查和估产等；在更长一些的波长上可探测水云与雪。采用晶格失配的波长扩展 InGaAs 器件，可用于云特性探测和陆地特性及矿物调查等方面。目前的气象卫星云图都已包括 SWIR 波段以及其中的细分波段信息。由于光的偏振特性对大气粒子的形状、大小和组成等具有独特敏感性，一些地物目标也对偏振敏感，在器件上增加偏振探测功能可以对大气中的气溶胶和云粒子的尺寸大小、形状以及光学厚度等微观特性和云的关键参数开展定量化研究，对气象预报、气候预测和地物分辨都有很重要的价值。此外，2 μm 附近的波长对探测大气风场较为敏感，因此用此波长的快速多普勒频移激光相干雷达从太空中进行风剖面测量十分有效，这就需要使用此波长的高灵敏光电探测器；这个波长的测风雷达也有很重要的地面应用，例如用于机场附近的风切变观察。

在海洋和水体探测方面，SWIR 也是十分重要的波段，可用于对海洋水色和水质环境要素（如叶绿素浓度、悬浮泥沙含量、可溶性有机物等）进行调查，以及用于水温、污染物及浅海水深和水下地形探测，还可用于洋流和波浪监控等。例如：我国 2016 年发射的天宫二号目标飞行器上搭载的多角度宽谱段成像仪上就包含了 1.23~1.25 μm 和 1.63~1.65 μm 两个 SWIR 细分波段，使用了我国自行研制的晶格匹配 InGaAs 焦平面器件，对水体和陆地成像获得了良好效果。图 2.2.2 为天宫二号发射后获取的一幅 SWIR 波段图像,其位于红海苏伊士湾/亚喀巴湾地区附近。由图 2.2.2 可见,在此波段上水的吸收很强,因此水体显示为全黑的,陆地上不同的地标也有很好的衬度和细节,与可见光波段的成像差别很大,包含了诸多有用信息。此波段成像中陆地上的河流和港口等的水陆分界清晰,因而特别适用Ⅱ类水体的大气修正。各个波段的成像相辅相成有利于获得更加完整的信息,这也是航天遥感希望有尽量多的观察波段的原因。天宫二号目标飞行器运行约三年期间获得了大量成像数据,也验证了 InGaAs 器件的可靠性,其后受控离轨再入大气层。而在此之前,自 2012 年起此类国产器件在航空机载设备上进行了多年应用评估,表现良好。此后,2020 年发射的环境减灾二号 01 组 A、B 星也使用了相同的器件。

图 2.2.2　天宫二号获取的 SWIR 波段图像,位于红海苏伊士湾/亚喀巴湾地区,2016-10-10 17:08

在气象卫星方面,2016 年发射的风云四号 A 地球静止轨道气象卫星的多通道扫描成像辐射计载荷上包含了 1.36~1.39 μm 和 1.58~1.64 μm 两个 SWIR 细分波段,使用了晶格匹配 InGaAs 器件,成像效果较风云二号有了很大改观。图 2.2.3 为风云四号两个 SWIR 细分波段的成像照片,中央气象台目前仍在提供此卫星获取的云图等一系列产品(http://www.nmc.cn/publish/satellite/FY4A-infrared.htm),实时云图照片的间隔时间为 15 min。由图 2.2.3 可见,与可见光波段相比,红外波段图像上云的特征可显著增强,细节凸显,实际中还可以利用不同细分波段的信息对特定特征进行专门增强,例如不同种类的云层、水汽通量、风场和大气环流、沙尘暴、火山灰、雾霾以及林火烟雾等,因此其在天气及其他预报预警中有特殊作用。2021 年发射的风云四号 B 星上也携带了相同载荷,并使用了国产 InGaAs 长线列器件,效果良好,已获得了更高质量的图像。

此外,2019 年发射的资源一号 02D 星、2020 年发射的环境减灾二号 01 组 A/B 星,以及 2021 年发射的风云三号 E 极轨气象卫星等,也都使用了国产晶格匹配 InGaAs 器件,均取得了良好的效果。从光纤通信延续过来的自由空间光通信,包括传输速率达到百 GHz 量级的

图 2.2.3　风云四号的两个 SWIR 细分波段的成像照片。由其采集的实时卫星云图(间隔时间 15 min)可由中央气象台网站(http://www.nmc.cn/publish/satellite/FY4A-infrared.htm)上获得

星间和星地光通信链路接口等,也是 SWIR 波段的 InGaAs 探测器件的用武之地,并可以充分利用光纤通信方面深厚的技术积累。

由于大气层中水汽的普遍存在,在强水汽吸收波段上卫星对地成像只能看到一片“黑暗”的背景,但当有高温目标物体飞出大气层后,则凸显于此波段地球黑暗背景上目标就很容易被发现,据此可实现预警功能。常规针对较高温度目标及其碳氢羽焰的预警和寻的等一般倾向于在 MWIR 波段进行,但当目标物体的温度更高时,其黑体辐射峰值波长及主要能量分布也会进入 SWIR 波段,利用此特点可以进行更高温度目标的外空间预警。

短波红外 InGaAs 光电探测器件及其阵列 21 世纪初起已开始进入实际空间评估和应用。例如,其曾被用于欧洲空间局(ESA)2002 年发射的对地观察环境卫星 Envisat,安装于扫描成像大气吸收光谱仪(Scanning Imaging Absorption SpectroMeter for Atmospheric Cartography, SCIAMACHY),此载荷采用光栅光谱仪,包括了四种组分的 SWIR 波段 InGaAs 器件,分别覆盖 1000~1590 nm、1590~1770 nm、1940~2040 nm 和 2265~2380 nm 四个细分波段[2],并且利用其较长的实际在轨时间积累了有效辐照数据,分析了其衰退特点和综合抗辐照特性[3],主要涉及与 InP 晶格失配的波长扩展 InGaAs 阵列器件,以及作为参照的晶格匹配 InGaAs 阵列器件。在 Envisat 约 800 km 轨道高度上,经两年多的加电实际工作状态下连续测试,结果表明,相对于晶格匹配器件,当时的波长扩展器件其衰退效应还是较显著的,但将其完全归结于辐照效应尚缺乏可靠证据。在更早之前,用于光通信的晶格匹配 InGaAs 器件的辐照特性方面已有一些数据积累[4-6],表明常规 PIN 型器件其抗辐照性能是可以适合空间应用的。近期,NASA 等也曾针对长波截止波长为 2.2 μm 的 InGaAs 线列器件以及 GaAs 跨阻放大器等,模拟不同的轨道条件,采用 30 MeV 质子、1 GeV/n 氦离子、1 GeV/n 铁离子以及 662 keV Ce-137 伽马射线等,在多种剂量条件下不加电进行了系统的辐照评估[7],结果表明此种器件在模拟常规轨道辐照条件下运行功能正常,衰退很小。其后,这些器件于 2018 年 4 月被运送至轨道高度约 345 km 的国际空间站,在不加电条件下放置于空间站外部,进行了 13 个月的实际空间环境辐照考核,并于 2019 年 6 月运回地球进行测试[8]。测试结果表明此期间器件未出现明显衰退，探测器在室温0.1 V反向偏压下的暗电流仅增加约17%。这些验证了InGaAs波长扩展器件所具有的良好抗辐照特性，可以满足相关空间应用的基本要求。当然，载荷系统的整体抗辐照性能是与各个元器件的抗辐照特性相关的，且往往取决于特性较差的短板，对此也可以做有针对性的辐射加固。

温室效应气体的探测和监控是SWIR波段对地遥感的一个非常重要的应用方向。随着人类活动导致的温室效应气体排放增加，地球温升已对生物包括人类的生存环境产生了显著影响，且此影响呈现不断加剧的趋势。进入工业时代以来，CO_2的净总排放大约在3 000亿吨，而当前每年的排放已大于300亿吨，即现在10年的排放量已相当于过去200年的总排放量，在限制地球2℃温升的边界条件下，人类仅剩8 000亿吨的排放空间。为此，至2050年的中期目标已定为要将大气中CO_2的浓度控制在450 ppm之内，据此提出了碳达峰和碳中和的具体目标要求。从1997年的《京都议定书》、2009年的哥本哈根世界气候大会，到2016年的《巴黎协定》，以及近年此方面的众多国际会议等，各种力量就人类的生存、文明、文化、道德、经济竞争以及发展权利和生物多样性等各方面开展了激烈的政治博弈，而进行这些博弈的前提就是要具备可行、可靠且准确的测量监控手段，包括大范围的、长期的动态监控以及小范围局域的、即时的监控等各种方式和要求，如此方能获得话语权。前已述及，如图2.2.1所示，三种最重要的温室效应气体CO_2、CH_4和N_2O在SWIR波段的若干透明窗口中都具有基本不受水汽干扰的、互不重叠的且颇具特色的特征吸收，而与人类活动具有更加直观关联的碳排放，即对地球大气CO_2的监控，包括各种碳源和碳汇的调查等等，都已被提上了议事日程。对于空间对地遥感，针对特定的目标物质，能否找到具有特征的、吸收强度合适的，且不易受其他气体干扰的探测波长或波段，是确认方案可行性的前提，而在SWIR波段进行CO_2检测恰好能满足这样的条件。由图2.2.1可见，SWIR波段的两个细分大气窗口中分别有CO_2不易受干扰的两组特征吸收带，或者说两个可用的探测波段。对于某种气体，总的光吸收或对应的光反射衬度取决于该种气体的浓度、吸收长度(厚度、深度)以及光谱吸收强度三者的乘积。由于大气中CO_2的浓度相对还是较高的，考虑到大气层的总厚度，这两个探测波段都很合适。鉴于这两个探测波段在吸收强度上有较大差别，大致要相差两个数量级，进行同步测量就可以获取更多的信息。采用对某种气体吸收强度相差较大的两个波段同时进行探测时，对吸收较弱的波段可以透入较深，能反映低层大气及总体吸收的情况；对吸收较强的波段则透入较浅，侧重反映高层大气的情况。依据同一目标的强弱吸收测试数据进行反演，就有可能得出此种气体随高度或深度变化的情况，这种方法已成为对地环境监测等应用中的重要探测方式之一。

从外层空间对地球进行气体成分和浓度的遥感，由于具有广域大面积测量的要求，一般都是采取被动测量方式，即以太阳光本身作为方便可靠的测量光源，从空间测量大气层对太阳光的反射信号，此反射信号的光谱中包含了气体特征吸收所产生的具有不同深度的吸收线或吸收带，根据此反射谱即可得到相关气体的种类和浓度信息。由于要以太阳光作为测量光源，因此测量载荷常用极轨太阳同步轨道卫星搭载，与轨道高度约840 km的极轨气象卫星有相似之处。从地面看来，这样的卫星定期在白天的同一时刻过顶，卫星经一定时间(一般是几天后)即可获取全球数据，采用多颗卫星组网还可以缩短数据采样周期，有利于长期稳定的数据积累。当然，此类卫星为有更高的地面分辨率，也可采用更低一些的轨道，或采用非同步方式，前提是仍只能在白天利用太阳光进行观测。前述欧空局 2002 年发射的对地观察环境卫星 Envisat 的 SCIAMACHY 扫描成像大气吸收光谱仪可说是第一个具有温室效应气体观察能力的空间载荷，其包括了紫外、可见光波段以及 SWIR 中的 4 个细分波段，覆盖波长范围较宽，对前述三种温室效应气体都具有一定观察能力。由于大气中的 CO_2浓度约在数百 ppm，要对其变化情况进行监测则大致需要有 1 ppm 的分辨能力，而 SCIAMACHY 的分辨能力约在 4~6 ppm，尚无法取得可靠的数据，但其连续运行了约十年，完成了一系列功能和性能评估，其中也包括了多种 InGaAs 器件，为其后续的卫星应用积累了很多数据和经验。

为实现可靠的全球碳排放监测，需要进一步发展专门针对 CO_2监测的卫星，即“嗅碳”卫星，并使其具有更高的性能。例如，美国国家航空航天局（NASA）设计制造了专门用于 CO_2 监测的轨道碳观测卫星（Orbit Carbon Observatory, OCO）卫星，由于其只针对 CO_2进行监测，因此采用了甚窄带的光栅光谱系统以达到更高精度要求。图 2.2.4 示出了 OCO 系列卫星的细分测量谱段示意图。由图可见，对 CO_2而言，OCO 卫星只测量其位于大气窗口中的弱吸收和强吸收两个极窄波段。根据图 2.2.4 的 HITRAN 吸收光谱数据，弱吸收和强吸收两个波段的吸收谱线间隔分别约在 0.2~0.5 nm 和 0.4~0.7 nm，只分别需要约 15 nm 和 25 nm 的测量谱宽，实际使用的光谱仪其单个测量谱宽分别为 30 nm 和 40 nm。采用窄谱宽一方面可以提

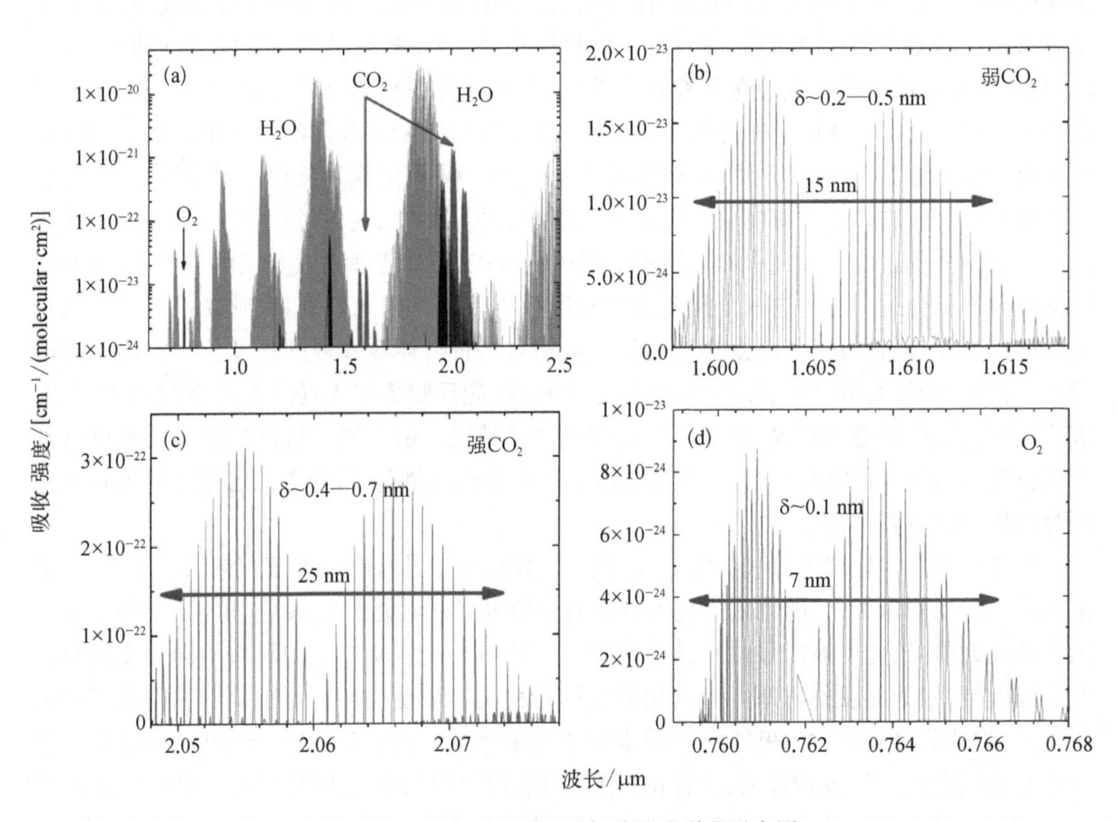

图 2.2.4　OCO 系列卫星的细分测量谱段示意图

高光谱分辨率，进行测量时可以分辨出单根吸收谱线而非其包络吸收带，有利于进行标定和数据解析；另一方面也可减少噪声，提高测量信噪比。在这两个 CO_2 的精细吸收波段中也是存在水汽吸收的，但其强度可比 CO_2 低约两个量级以上，根据表 2.2.1，水汽的最高浓度比 CO_2 高约两个量级，因此其影响尚较小，基本可以忽略。OCO 卫星还包含了 0.76 μm 附近带宽仅约 15 nm 的极窄测量波段，专门用于 O_2 测量，对其光谱分辨率要求也更高。O_2 的这个精细波段十分“干净”，没有水汽和 CO_2 的影响，加之 O_2 的浓度又高，虽然其吸收强度低一些但十分适合。相较于 CO_2，由于大气中的 O_2 浓度很高且是相当恒定的，基本不受地域影响，因此增加此波段的目的是用于测量时的精确定标和参比。在地面上，3 hPa 的气压变化或 25 m 的地形高度变化就可引起约 1 ppm 的平均二氧化碳摩尔分数波动，太阳光的反射受倾角和地貌等诸多因素影响本身也会有较大波动，因此校正和参比是必须的。以 O_2 作为校准气体时，由于其摩尔含量基本恒定，其反射强度与太阳光可直接关联，区域二氧化碳的平均摩尔分数 X_{CO_2} 就可以表示为二者强度的参比，即 $X_{CO_2} \propto [CO_2]/[O_2]$，其相关系数为 0.209 95，可由计算得到。因此，只要同时测得 CO_2 和 O_2 波段上的特征吸收深度或“光强”的相对值，即可由二者参比得出区域 CO_2 的柱浓度，从而消除可能引起绝对“光强”波动的一系列因素造成的影响。

2009 年，OCO－1 卫星发射升空后由于整流罩没打开未能进入预定轨道，此后不久坠入南极附近海域。为此，2014 年补发了其备份星 OCO－2 并成功入轨，OCO－2 采用了与 OCO 完全相同的方案。OCO－2 卫星运行于近极太阳同步轨道，轨道高度 705 km，并加入了地球观察卫星 A 列车（A-Train），成为其中的“午后星”之一。加入同一列车后，此列车上不同功能的卫星之间的过顶时间一般仅相差数分钟，其观察数据之间会具有很好的关联性，在互相参照和标定等方面会有很大优势。OCO－2 载荷质量 442 kg，在当地时间下午 13: 15 过顶，每隔 16 天重复收集一次当地数据。OCO－2 从 2015 年开始已公开发布数据，对公众提供几乎覆盖全球的 CO_2 柱浓度参数，但其对高纬度区域由于太阳照射角度过陡等原因，尚不能提供数据。其后，NASA 还利用 OCO－2 的备份和剩余部件组装了方案和功能相同的载荷，即 OCO－3，于 2019 年搭乘猎鹰 9 号火箭送往国际空间站，并安装在日本实验模块的外露设施上。由于国际空间站的轨道高度较低，轨迹也并不覆盖全球，因此 OCO－3 只是用于连续观察空间站上日出到日落间的 CO_2 变化，并利用其多种观察模式进行特定目标或特定目的的观察，包括在一天内对同一地区进行数次观测。例如，OCO－3 已被利用于观测特定大城市区域上空的 CO_2 浓度变化情况[9]，其 15 s 内观察到的大洛杉矶地区 CO_2 柱浓度在不同区域的变化可达约 6 ppm。不同卫星观察数据之间的比对和印证对获得可靠的数据和提高观察的精度是十分重要的，一系列 CO_2 观察卫星采集的数据可以用于互相参照。

日本宇宙航空研究开发机构（Japan Aerospace Exploration Agency, JAXA）也几乎同时发展了专门针对 CO_2 监测的卫星，但技术方案上略有不同。2009 年 JAXA 发射了温室气体观测卫星（Greenhouse Gases Observing Satellite, GOSAT），先于 NASA 获得成功。此卫星也称伊吹（Ibuki）号或呼吸号卫星，位于高度 666 km 的太阳同步轨道，采用了傅里叶变换光谱（FTS）而非光栅分光方案，其也包括了 SWIR 波段中覆盖 CO_2 弱吸收和强吸收的两个细分波段，以及针对 O_2 的近红外 NIR 波段，但波长覆盖范围要比 OCO 宽一些，可将 CH_4、CO 以及 H_2O 等的吸收特征都包括进去，因此已尝试用于 CO_2 和 CH_4 浓度解析等[10, 11]。GOSAT 受

FTS 干涉仪尺寸等的限制，光谱分辨率要差一些，在 1 000 km 的范围内对 CO_2和 CH_4的标称观测精度分别约在 4 ppm 和 34 ppb。GOSAT 还包含了热红外波段的云和气溶胶成像仪，用于校正云和气溶胶对 CO_2观测的影响。此卫星的改进型 GOSAT－2(Ibuki－2)也已于 2018 年发射，可望在 500 km 的范围内将 CO_2和 CH_4的观察精度分别提升至 0.5 ppm 和 5 ppb。2016 年我国首颗全球二氧化碳监测科学实验卫星 TanSat 在酒泉发射升空，工作于过顶当地时间为 13:30 的太阳同步低地球轨道(LEO)，其 SWIR 波段也采用了与 GOSAT 类似的 FTS 方案及细分波段，观测结果与 GOSAT 和 OCO－2 等进行了比对，除少数区域外吻合良好，并已开始公开发布数据[12]。据报道，TanSat 对 CO_2的反演分辨率达到了约 2 ppm。全球当前已有数颗专门用于 CO_2观测的卫星在轨并公开发布数据，不同卫星观察数据之间的相互比对、印证和标定等，对获得可靠的数据和提高观察精度是十分重要的。

欧空局当前也在发展宏大的对地观察哥白尼计划(Copernicus Program)，分工合作研制系列化的对地观察卫星，涉及了大气监测、海洋环境监测、陆地监测、气候变化、应急管理和安全六个服务领域，其中就包括研制专门用于 CO_2 观测的 OC2M 载荷，这将是继 ESA SCIAMACHY 载荷之后具有高精度 CO_2观测能力的载荷，仍将包含相似的 NIR 波段，用于 CO_2浓度和 O_2参比测量，旨在进一步减小目前观察上仍存在的不确定性，并将包括 NO_2测量用于与地面 CO_2的相关性比对。OC2M 计划于 2025 年发射，这将为欧盟提供具有独特性的独立信息来源，以评估各种政策措施的有效性，并跟踪其对欧洲减排目标的影响。专门用于二氧化碳监测的卫星及载荷的发展简况如表 2.2.2 所示，这些卫星大都位于高度 600～800 km 的类似极轨太阳同步轨道上，主要以扫描方式观察星下点的二氧化碳柱浓度，积累中长期数据，如 OCO 以约 16 天的周期回归同一地区，收集全球 233 轨数据。数颗此类卫星组网后可以缩短回归周期，可使观察数据更具有实时性，同时有利于互相参比，提高观测准确度和可靠性。

表 2.2.2　二氧化碳监测卫星及载荷发展简况

国家/地区	发射时间	卫星/载荷	方案/细分波段数	CO_2分辨率/ppm	其他可观测气体
欧洲/ESA	2002	Envisat/SCIAMACHY	光栅/4	4～6	O_2, O_3, CH_4, N_2O, NO_2, H_2O, SO_2, CO, HCHO, …
	2025	Copernicus P./OC2M	光栅/3	～0.7	O_2, CH_4, N_2O, NO_2, …
日本	2009	GOSAT－1(Ibuki－1)	FTS/4	约 4	O_2, O_3, CH_4, H_2O, …
	2018	GOSAT－2(Ibuki－2)	FTS/4	约 0.5	O_2, O_3, CH_4, H_2O, …
美国	2009(失败)	OCO－1	光栅/3	约 1	O_2
	2014	OCO－2	光栅/3	约 1	O_2
	2019	OCO－3 on ISS	光栅/3	约 1	O_2
中国	2016	TanSat	FTS/3	约 2	O_2

SWIR 波段在行星际深空探测，包括月球和火星探测等方面，也有重要的应用，其大致可包含两个方面：一是在相应轨道上对目标进行观测；二是采用着陆器着陆后进行“地面”探测，有时还涉及采样返回等。与对地观测不同，月球为真空环境，行星大气也与地球大气明显不同。例如，火星大气压力不到地球的百分之一，其主要成分是 CO_2，而 N_2、O_2和 H_2O 只是其痕量成分，其他有大气的行星及其卫星的情况也各不相同，因此对其进行探测，很多方面并不能沿用对地球观察的思路。从轨道上进行对地球的观测，首先考虑的是要避开水汽吸收的影响，或者有时是利用水汽吸收，因此经常涉及特定的、较窄的探测波段，行星际探测常没有或基本没有水汽等的影响，这样就可以根据需要采用更宽的、连续的探测波段。行星际探测的一个方向是寻找可能涉及原始生命痕迹的物质，如 CH_4和其他有机物等，探测时也会采用与对地遥感成像类似的方式。例如，NASA 2006 年发射的新地平线号探测器，就装备了 SWIR 波段的成像光谱仪，其 2015 年飞掠冥王星时在 1.58~1.83 μm 范围内的光谱探测和成像成功探测到了其地貌中的 CH_4雪线，观测中涉及了 1.67 μm、1.72 μm 和 1.79 μm 三个 CH_4吸收带[13]。此外，NASA 还宣布在冥王星上发现了流动的 CH_4冰川，探测时收集了 CH_4在 1.62~1.70 μm 范围的中等强度吸收带和 2.30~2.33 μm 强吸收带的图像，并以 1.97~2.05 μm 的零吸收带作为参比，利用这三个波段的信号进行的假彩色成像很直观地观察了 CH_4冰川及其运动情况。采样着陆器着陆后进行气体探测时，由于可能存在干扰的其他气体的吸收长度较短，即使浓度较高也不至于形成较大的干扰。例如，NASA 2011 年发射 2012 年登陆的好奇号火星车（Mars Rover Curiosity）就在更长一些的波长上进行了 CH_4等有机物的主动探测，即采样中红外激光器和探测器与钻探加热等结合，进行可调二极管激光器吸收光谱（tunable diode laser absorption spectroscopy, TDLAS）探测，并与气相质谱方法结合，已确认发现了火星表面的 CH_4和其他有机分子[14-16]，并观察到了其浓度的显著波动乃至“喷发”情况，其与仍处于近火轨道上的火星快车环绕器进行的协同观察也得到了相关结果。当然，从着陆器上进行探测的灵敏度会更高一些，也更加直接和可靠。此外，不同种类的岩石、矿物和土壤等在 SWIR 波段常具有特征反射光谱，在此波段成像时不同物质会有较高的衬度，因此行星际探测的环绕器和着陆器上一般会安排相应的观测仪器，探月探火项目也会有此方面的载荷。

我国此方面的航天项目也安排了此类载荷。例如，2013 年发射的嫦娥三号和 2018 年发射的嫦娥四号月球着陆器搭载的玉兔一号和玉兔二号月球车上，都安装了包含 0.9~2.4 μm 波段的红外成像光谱仪[17-29]，其中玉兔二号月面巡视器首次在月球背面着陆，根据此波段的光谱信息获取了月球背面的地质信息[19-21]，这些都验证了 InGaAs 器件在此方面应用的适用性。2020 年发射的嫦娥五号探测器释放的月面着陆器上也安装了包含 SWIR 波段的月球矿物光谱仪[19,22]，获取了良好的光谱数据，其上首次使用了我国自行研制的波长扩展 InGaAs 器件，其在此波段对月壤和月岩的原位反射谱测量对判定其成分和确认其中痕量水份等起到重要作用[19,23]；2020 年发射的天问一号火星探测器上也搭载了类似载荷，2021 年登陆火星的祝融号火星车上就安装了火星表面成分探测仪，其中也包括了 SWIR 波段的光谱仪[19,24]，其上使用了我国自行研制的波长扩展 InGaAs 器件，覆盖了 850~2 400 nm 波长范围，利用火星表面对太阳光的反射进行光谱成像，并成功获取了光谱数据，对确认火星岩石类型及其进一步分类很有帮助。我国面向空间应用的 InGaAs 光电探测器及焦平面器件经近二十年的发展,在外延材料生长、器件芯片研制、读出电路设计、焦平面混成、组件封装以及测试表征等方面已开展了深入系统的研究工作[25-27],形成了完整的研究链,为其进入实际应用奠定了坚实的基础,创造了必要条件。表 2.2.3 中列出了近年我国部分空间应用载荷中使用国产 InGaAs 器件的概况。

表 2.2.3　近年我国部分空间应用载荷中使用国产 InGaAs 器件的概况

应　用	发射时间	代　号	载　　荷	通道数	波长范围/μm	元数	温度
空间站	2016.9.15	TG-2	多角度宽谱段成像仪	2	1.23~1.25 1.63~1.65	800×2	常温
极轨气象卫星	2021.7.5	FY-3E	中分辨率光谱成像仪-微光型 MERSI-LL	1	1.23~1.25	8	常温
静止轨道气象卫星	2016.12.11	FY-4A	多通道扫描成像辐射计 AGRI	2	1.371~1.386 1.58~1.64	8×2	常温
			快速成像仪 GHI	2	1.371~1.386 1.58~1.64	1 024×2	常温
	2021.6.3	FY-4B	多通道扫描成像辐射计 AGRI	2	1.371~1.386 1.58~1.64	8×2	常温
			快速成像仪 GHI	2	1.371~1.386 1.58~1.64	1 024×2	常温
资源环境卫星	2020.9.27	HJ2A/B 双星	红外相机	2	1.19~1.29 1.55~1.68	800×2	常温
月球及行星际探测	2020.11.24	CE-5	月面着陆器-月球矿物光谱分析仪 LMS	2	0.90~1.45 1.40~2.45	1 1	TEC TEC
	2020.7.23	天问一号	祝融号火星车-火星表面成分探测仪 MarSCoDe SWIR	2	0.85~1.7 1.7~2.4	1 1	TEC TEC

好奇心支持着人类在更大的空间和时间尺度上进行不懈的探索。在地面上进行光学波段的天文观测要受到诸多因素的显著影响,包括云、雾霾、水汽吸收和人造光源干扰等,安置于外空间的望远镜就可避开这些问题,其常包括多个光学观察波段,而 SWIR 波段又是其中的重要波段。NASA 的哈勃空间望远镜(Hubble Space Telescope, HST) 1990 年由发现号航天飞机载入空间,其轨道高度约为 640 km。哈勃空间望远镜于 1997 年加装了 NIR 波段近红外照相机等设备,具备了此波段的天文成像能力。哈勃天文望远镜已运行三十余年,至今仍可从 NASA 网站和媒体上看到其发回的各种漂亮的天文照片。2003 年 NASA 又发射了以观测天体红外波段为主的斯皮策空间望远镜(Spitzer Space Telescope, SST),包括多个红外探测波段,波长范围在 3~180 μm,以期利用红外能穿透宇宙尘埃的特点,与 HST 结合起来探

测更远的空间。SST已于2020年退役,HST也面临退役,但其继任者詹姆斯·韦伯空间望远镜(James Webb Space Telescope, JWST)已最终完成了研制,将定轨于高度为1.5×10^6 km的地日第二拉格朗日点。由于其轨道高度高,无法像HST一样对其进行维护和更换升级部件,因此技术上要求更加苛刻,经多次延迟后已于2021年12月25日发射。JWST的主镜口径达6.5 m,约是HST的三倍,由多面子镜拼装而成,可望有比HST更优异的性能,由美国、欧盟和加拿大合作完成,其主要工作波段就是NIR,包括照相机和摄谱仪等。在激光干涉引力波探测方面,空间飞行器间可以提供比地球上长得多的干涉基线,而采用长波长探测可望有更好效果。此类NIR天文观测都要求更高性能以及更大规模的InGaAs器件,为其今后的发展提供了机遇。

2.3 光谱传感应用

前述空间应用其实大部分都与光谱传感相关,本节所指的光谱传感应用特指在地面上利用光谱信息进行物质的鉴别、检验、分类和筛选等,涉及的波长范围也不限于前述SWIR波段,常特指光谱领域的0.7~2.5 μm近红外NIR波段。此波段介于光谱领域0.4~0.7 μm可见光VIS波段和2.5~25 μm中红外MIR波段之间,诸多有机分子中能量较高的含氢基团化学键,如O—H、N—H和C—H等,其振动的和频和各级倍频吸收带常落于此波段中,因此包含了丰富的物质特征,可为从分子层面识别物质成分提供依据。此外,诸多岩石和矿物中包含的金属离子、羟基、碳酸根和水合分子的特征光谱也常落于近红外和可见光波段中,但具有不同的组合和叠加形式,此波段光谱对地物的化学成分和结构的细微变化非常敏感,地物细微的化学成分和结构的变化常导致吸收位置和吸收形态的变化,这也为其鉴别提供了前提,前述一些相关的空间应用,如月球和火星的矿物和土壤探测等,也正是基于这些光谱特征。地面或航空光谱传感应用还包括土壤墒情调查、农林作物长势调查和估产等,这些应用和水分子与叶绿素等的吸收相关,用空间或航空遥感以及地面或无人机调查等都可实现。

物质的光谱分析已是一个相当成熟的领域,实验室中常采用具有较高光谱分辨率的大中型光谱仪,如傅里叶变化光谱仪和光栅光谱仪(对物质鉴别有时也称分光光度计)等,也有一些标准物质的光谱数据库可资比对,并发展出了相关的化学计量学方法和检索软件等。一般而言,物质分子振动的基频常落于MIR波段,且具有较好的特异性,实验室物质鉴别也常在MIR波段上进行,而NIR波段已是其倍频或和频;此外,对于气态、液态和固态物质而言,随着其分子间间距的减小和耦合的增强,振动谱的宽度是不断展宽的,有从分立的吸收谱线向连续的吸收谱带过渡的趋势。因此,各种物质特别是液态和固态物质的NIR光谱常有严重的重叠,直接从原始光谱数据中提取物质成分和含量信息是较困难的,即光谱不易解析,因此NIR光谱区用于精细物质鉴别发展较晚,尚未完全成熟。SWIR/NIR波段InGaAs器件的发展,为此波段上小型和微型化光谱仪的开发提供了良好条件,这些小型和微型化的仪器在现场或在线检测方面具有独特的优势,各种人工智能算法的发展也为复杂光谱的解析提供了良好工具,因此近年来NIR波段用于物质鉴别、检验、分类和筛选等都有较快发展,应用场景不断增加,已有不少方面已开始进入实用阶段。

基于类似的原理,食品、饮料、化妆品、药品等都是 NIR 光谱传感的重点应用领域。例如,饮料中的糖类(如蔗糖、果糖和葡萄糖)、咖啡因、有机酸和醇类,乃至一些微量的风味物质,都在 NIR 波段有所表现;再如,水果和蔬菜中的酸度(有机酸、柠檬酸、苹果酸、琥珀酸)、糖度(葡萄糖、果糖、蔗糖、还原糖)、维生素(维生素 C、维生素 E、β 胡萝卜素等)、粗蛋白、膳食纤维、干重物、可溶性固形物,以及含水量、可溶性固形物和硝酸盐含量等也都已尝试在 NIR 波段进行检测;其他如粮食(面粉、豆类、食用油、面包饼干等)和动物食品(肉类、鱼类、蛋类等)含有的某些特定物质与此类似;在 NIR 波段已开展了茶叶中的茶多酚、咖啡碱、总氮、游离氨基酸、水分以及糖掺杂和产地、品质分类方面的研究,也取得了一定效果。此外,食品变质产物、有害的食品添加剂以及农药和抗生素的残留等也是检测的方向。由于在 NIR 波段上这些众多物质一般并不含有精细的吸收或反射光谱,这给基于 InGaAs 器件的小型和微型化低分辨率光谱仪提供了用武之地。

进行 NIR 波段的光谱检测或传感,小型或微型化的光谱仪、光谱采集光学和电子学部件以及相关的数据采集传输和分析软件等,都是其技术上的重要环节,而光谱检测器件是其中的关键。使用国产的 InGaAs 器件来实现这样应用面广泛的技术,则是其推广应用的必由之路。图 2.3.1 展示了一种基于国产 InGaAs 线列器件的 SWIR 波段微型化光谱传感节点的照片,包括耦合了线性渐变滤光片的光谱测量器件,其由晶格匹配 InGaAs 线列芯片与 Si 读出电路混合集成构成,配置了包含测量光源和采集光反射信号的光学部件、处理读出光谱信号的电子学部件、传输光谱数据的无线接口以及接收、处理和记录光谱数据的上位机等[28-31]。

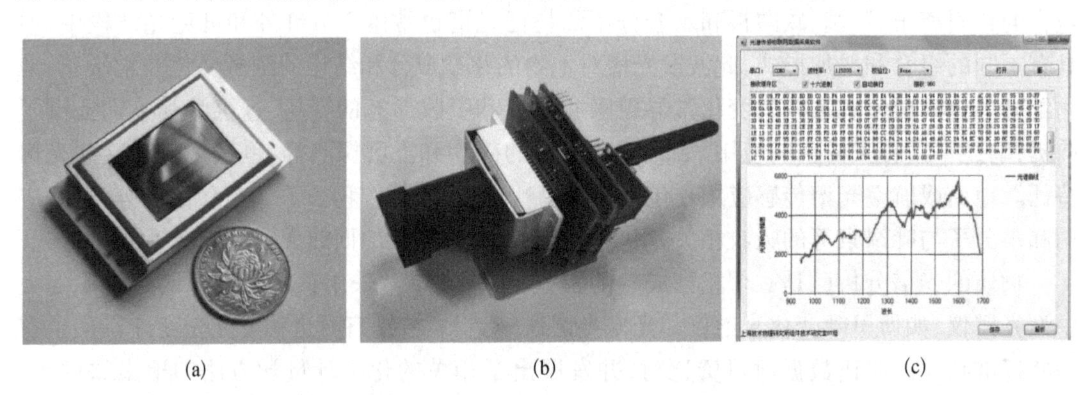

(a) (b) (c)

图 2.3.1 基于国产 InGaAs 线列器件的 SWIR 波段微型化光谱传感节点的照片:(a) 耦合了线性渐变滤光片的光谱测量器件,其由晶格匹配 InGaAs 线列芯片与 Si 读出电路混合集成构成;(b) 组装好的光谱传感节点,包含光谱测量器件、测量光源和采集光反射信号的光学部件、处理读出光谱信号的电子学部件以及传输光谱数据的无线接口;(c) 接收、处理和记录光谱数据的上位机上记录的光谱数据

虽然前述各种应用场景中所包含的众多物质在 NIR 波段上都会有相应的特征吸收,但其一方面谱宽较宽且不同物质的谱特征易于重叠,吸收强度上往往也差别很大;另一方面要从“基底”材料中检测出某种少量、微量乃至痕量的目标物质,则还有可能受到“基底”材料本身的显著影响,这是此类物质检测中存在的共同问题,在很大程度上影响了其可行性和可

靠性。简而言之,要对一致性很好的“基底”材料中的单一品种“杂质”进行定性及定量检测,只要“杂质”的特征光谱能够凸显于“基底”之上,即“基底”对其无严重干扰,那么定性及定量的检测都是可行的,但实际中很少有这种情况。实际中“基底”材料本身往往就是参差不齐的,有不同的来源及品质等;“杂质”又往往不止一种,相互之间难免有干扰,这些都给直观的直接检测方案带来很大困难。有时虽然可以采用特定方式进行萃取提纯等再进行检测,但这样就失去了 NIR 波段适用于现场或在线检测的特点和优点,难有较大推广应用价值。然而,对于实际中这类复杂的样品,其中的各种物质及其含量之间往往是相互关联的,形成的整体光谱也有可能具有某种潜在的、整体上的特征,如能通过大数据积累和机器学习,尝试采用人工智能的方法提取出这种特征,并从中找出与目标物的关联性,则检测仍有可能进行。例如,可以通过对茶叶的 NIR 波段反射光谱大量测试数据,通过神经网络算法提取模型,再用于实测光谱数据对其中的含糖量进行预测[32]。此类方法能否成功取决于相关参数之间是否具有已知的或未知的因果关系,其广泛有效性仍是存疑的,光谱数据也可能是冗余的。如能通过实测数据的分析、比对和大数据计算尝试等来确认方法的可行性,提炼出有效的较窄光谱区间,以及采用尽可能低但仍然有效的光谱分辨率等[33],则可显著改善数据采集效率,为其更加方便地应用创造条件。

2.4 其他应用

除前述空间应用和光谱传感应用,以及传统的光通信应用之外,InGaAs 器件还有其他众多应用,这些应用与物质的吸收或发射光谱或多或少也有些关系,因此在此一并做些简单介绍。图 2.4.1 示出了月光和夜天光的辐射光谱,表明晶格匹配的 InGaAs 焦平面器件在夜视成像方面有独特的应用。夜视可分为被动式和主动式两种,技术上也都经过了数代发展。简而言之,被动式夜视不采用人工照明,要依靠物体对夜间微弱自然光的反射来成像,用物体本身的辐射进行热成像则是另一种方式,这里先不予讨论。夜间的自然光主要包括月光、星光(如恒星光、黄道光、弥漫银河光等)、地球大气的散射光以及夜天光等,其中月光的强度相对最高,但与白天的日光相比其强度仍十分微弱。夜间的自然光其光谱如落于可见光至大约 1 μm 以下的 NIR 波段,Si CCD/CMOS 器件是可以对其成像的,但对器件的要求显著提高;采用光阴极、高压电子倍增器和荧光屏的组合也可以进行图像增强成像,也已有成熟设备。由图 2.4.1 可见,在可见光至大约 1 μm 以下的 NIR 波段,有月光时是可以采用前述这些器件进行被动夜视成像的,但如根本无月光,则此种夜视就成了无源之水。然而,即使在无月光时夜天光也依然存在。夜天光也称夜天辉光(nightglow)或气辉等,是夜空中呈现的暗弱弥漫光,其主要是由地球高层稀薄大气被高能粒子轰击产生的电离辉光以及光化学反应等引起的,当然也包括黄道光、弥漫银河光、恒星光和大气散射等。夜天光辐射具有连续的光谱,而在 NIR 波段能量特别集中,且不受月光的影响相当稳定,辐射波长大致集中在 1.4~1.8 μm,峰值位于约 1.6 μm。此种基于夜天光的被动夜视可称为特种夜视,由于其能量集中的波长范围恰好能够被晶格匹配的 InGaAs 器件很好地响应,显然具有很大的应用潜力。根据图 2.4.1 的辐射波长分布,夜天光的强度总体上也是较弱的,大致与上、下弦月时的月光相当。作为粗略的估计,如果一个 Si CCD/CMOS 器件在无任何人工照明条件下,能够利用上、下弦月时的月光进行较好的夜视成像,那么 InGaAs 器件的性能也要能够达到这样的水平。考虑到晶格匹配 InGaAs 材料的禁带宽度要明显小于 Si 材料,技术上也尚不如 Si 器件成熟,因此用于特种夜视对 InGaAs 焦平面器件的性能要求是相当苛刻的。

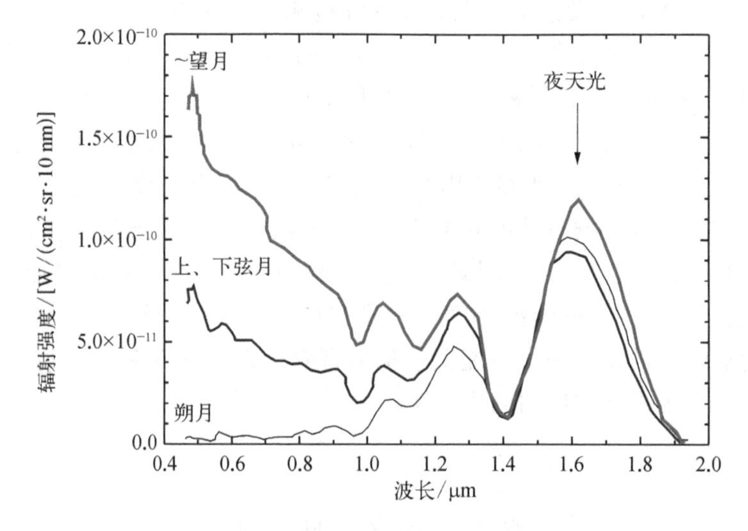

图 2.4.1　月光和夜天光的辐射光谱

采用主动夜视成像的方式,即辅以人工照明手段,可以适当降低对器件性能的要求。在利用 Si CCD/CMOS 器件或图像增强器件进行主动夜视成像时,一般是用波长约在 0.7~1.0 μm 的单色红外光源对目标进行照明,但这样存在两个主要问题:一是在采用相同的夜视装备条件下这个光源本身对另一方来说会是一个极好的目标;另一是由于照明光源一般是波长约在 800~950 nm 的发光二极管 LED 或激光二极管 LD 之类,当其功率较大时人眼是能够看到其发射出的较弱“红光”的,特别是在 850 nm 以下,易被人眼直接发现,且其对人眼损伤的阈值较低,存在人眼安全问题。当然,用光源一边照明一边观察也不太方便。如将主动夜视成像的波长移至截止波长约 1.7 μm 的晶格匹配 InGaAs 成像器件波段,同时采用较成熟和常用的 1.55 μm 半导体光源进行主动照明,则可最大限度地避免这些问题。1.55 μm 光源的人眼损伤阈值也要高得多,基本不存在人眼安全问题。目前用于测距和自动驾驶等方面的激光雷达主要使用 800~950 nm 波长范围的激光器和 Si 探测器,虽然器件性能较佳,但人眼安全问题仍使其激光功率受限,影响探测距离,如采用 1.55 μm 波长并使用晶格匹配 InGaAs 探测器,则可以显著加大脉冲激光功率。此外,截止波长长的器件仍可看到波长短的光源,反之则不然,这也体现了装备上的优势,可起到红外对抗的作用。当然,此时的主动夜视装备同时也能用于无月光条件下的被动夜视。在 NIR 波段进行成像利用的还是物体的反射光,其图像分辨率基本与可见光波段成像相当,明显优于图像弥散的热红外波段成像。根据图 2.2.1 NIR 波段的水汽吸收特征以及黑体辐射特性,其中存在若干水汽透明窗口,因此基于 InGaAs 器件的成像设备还具有透雾霾、透烟雾、对高温物体敏感等特点,在海港海岸线透雾观察、飞行着陆、森林火灾监控、安防和汽车防撞等诸多方面有很大的应用价值。此外，采用简单的发光元件（如 LED 等）就可以制作 NIR 波段的脉冲保密信标，或直接进行大尺寸的字符显示等，这样的信息可以用 NIR 波段相机直接观察到，可用于目标识别和进行简单的自由空间光通信等，而当对方未装备 NIR 波段设备时也就起到了红外对抗的作用。

短波红外的成像在其他一些方面会具有更加量大面广的应用。例如，由于一些人造材料（如塑料材料和化学纤维等）在短波红外波长中有独特的透射和反射方式，这将有助于区分在可见光下肉眼看起来类似的材料，使其在影像中呈现更具体的类型区别，或者透过在可见光波段不透明的塑料容器等观察检验其内部的液体及其种类等。以最常见的 PE/PVC/PET 三种塑料为例，NIR 图像中可以看出 PE 材料吸收较强，能够很明显地将 PE 材料区分出来。此类方法在材料鉴别和分类、含量检测和安全检查等方面都可应用。再如，一些水果内部的瘀伤会显著缩短其保质期，对品质有很大影响，此类瘀伤用肉眼或可见光相机并不能发现，但由于短波红外光能够穿透其表皮，因此用短波红外相机观察则一目了然。此外，水果的品质（如酸度、糖度等）也可能会在 NIR 波段有较直接的表现，可以用于对其进行分类等；短波红外成像还可用于硅太阳电池片的检测，在 NIR 波段上一些人眼不易或无法察觉的缺陷、隐形裂纹、微裂纹、电极坏点和光伏效应电致发光暗区等都可以被凸显出来；由于 NIR 光可透过 Si 片，因此也可用于其内部和背面缺陷的检测；通电的集成电路芯片等在其缺陷处有可能产生电致发光点及热点等，也可以用短波红外相机对其进行显微检查，在芯片筛选和失效分析方面起到作用。这里的短波红外成像主要是指基于截止波长约 1.7 μm 的晶格匹配 InGaAs 器件，其已较成熟且性能较佳；图 2.4.2 为一些采用国产晶格匹配 InGaAs 面阵芯片和读出电路混成封装而成的 NIR 成像组件的照片。当采用晶格失配结构使波长进一步扩展到更长波长后，还可以有更多的类似应用。在 NIR 波段也有许多无需采用面阵器件进行成像的实际应用。例如，利用传统的可见光波段色选机可以将大米中混入的黑色或灰色小石子或金属等有害杂物剔除，对豆类、谷物、芝麻和茶叶等也都可进行色选，只要其与异物在可见光波段有较大的衬度，就可设定合适的阈值将其剔除，此种技术用于物料筛选十分成功，已在粮食、食品和纺织等工业中广泛应用。然而，只在可见光波段进行色选还是会有一些杂物很难被发现或剔除，例如大米中混入的白色小石子、玻璃碎片、纸片和塑料颗粒等。如在色选机上增加 NIR 波段，由于很多种混入的杂质在 NIR 波段会有很高的衬度，例如对大

图 2.4.2　采用国产晶格匹配 InGaAs 面阵芯片和读出电路混成封装而成的 NIR 成像组件，从左至右分别为 320×256、640×512 和 1 280×1 024 单元组件

米与玻璃碎片的混合物进行 NIR 成像可明显看出，大米呈黑色而玻璃碎片呈白色，这就可以很好地解决这样的问题，大大提高分选质量。由于色选时被探测材料本身是运动的，顺序通过检测区，因此此类应用只需采用线列器件即可进行。以上这些方面的应用领域很广，难以一一列举，但往往不涉及完整的或精细的光谱采集。图 2.4.3 为一些采用国产晶格匹配 InGaAs 芯片和读出电路混成封装而成的 NIR 线列组件的照片，这样的组件除可用于空间外，还在国产色选机等方面得到批量应用，也已用于微型化的光谱仪等。

 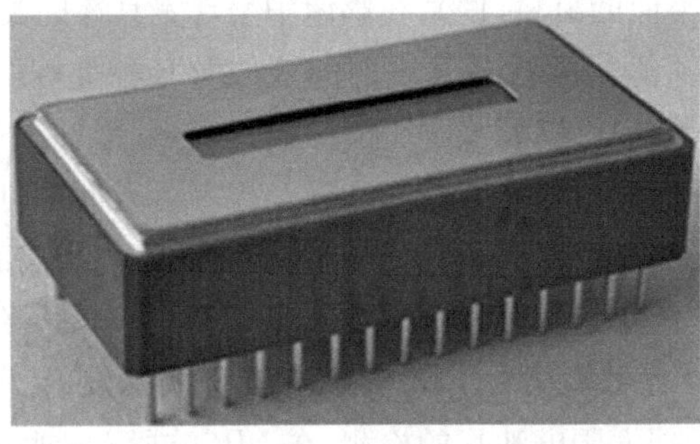 

图 2.4.3　采用国产晶格匹配 InGaAs 芯片和读出电路混成封装而成的 NIR 线列组件，从右至左分别为 512×2、800×2 和 1 024×2 单元组件

短波红外的另一个与实际生活密切相关且具有很大应用潜力的领域是生物化学和健康医疗，既包括光谱采集，也包括成像应用等。诸多生化物质，例如血液检查中常涉及的血糖、甘油三酯、总蛋白、白蛋白、胆固醇和尿素等，在 NIR 波段都有其特征吸收，特别是在 2 μm 以上的波长，如表 2.4.1 所示。采用 NIR 波段的光谱仪是有可能对其进行检测的，而光学非介入式无损检测也是人们所期望的，其存在的问题与前述光谱传感应用有相似之处，也就是样品问题。由表 2.4.1 可见，这些生化物质在 NIR 波段的特征波长范围比较集中，此类液态有机分子本身的光谱又较宽且经常互相重叠，而生化样品本身就是混杂样品，且具有很大的个体差异，要从其光谱测量结果中提取定性或定量信息，除改善采样方法和硬件性能外，在很大程度上将依赖于更加先进的人工智能算法等。其他生化和医疗应用中也常存在类似的情况。NIR 波段生物组织的吸收特性主要来自水、脂类和胶原蛋白等，水的吸收在 1 900 nm、1 450 nm 和 1 150 nm 附近，脂类在 1 700 nm、1 400 nm、2 100 nm 和 1 040 nm 附近，胶原蛋白在 1 500 nm 和 1 200 nm 附近，波长越长，其吸收和散射作用也越弱，因此与可见光相比其透入组织的深度也会越大，例如可以透过皮肤观察深部的血管和组织等情况。因此，NIR 波段的成像观察在医疗方面会有重要作用。例如，研究发现在整个 NIR 波段肿瘤组织要比周围正常组织有更强的吸收和散射，避开其中的水吸收区域进行较窄波段的成像，肿瘤组织和正常组织间将呈现很大的衬度，可以直接用于进行良性和恶性肿瘤的诊断，以及手术中的直观观察等。利用 NIR 波段的微区激光雷达进行血流探测以及 OCT 成像等，也都是很好的应用方向。此外，一些特定物质在 NIR 波段会有更窄一些的特征发光或吸收波长，例如组织中的活性氧在 1.3 μm 附近具有窄带特征吸收，组织中引入的某些靶向荧光物质在激发下也会产生 NIR 波段的窄带荧光发射，在 NIR 波段针对特定物质选择合适的单波长进行检测，将会具有更好的特异性，这些都有待深入开发利用。

表 2.4.1 血液中一些常见生化物质的正常浓度范围及其特征吸收波长

生化物质名称	正常浓度范围/(mg/dL)	特征吸收波长范围/nm
血糖(glucose)	65~105	2 063~2 353
甘油三酯(triglycerides)	48~189	1 635~1 800,2 035~2 375
总蛋白(total protein)	60~83	2 063~2 353,1 440,2 064
白蛋白(albumin)	32~48	2 063~2 353,2 178,2 206
胆固醇(cholesterol)	150~235	2 063~2 353,
尿素(urea)	7~18	1 324~1 800,2 304~2 370

2.5 小　结

本章以作者近二十年来在此方面的工作为基础,简单介绍了 InGaAs 光电探测器及其焦平面器件在 SWIR 或 NIR 波段的三类密切相关的应用,即空间应用、光谱传感应用以及其他应用,其中涉及两种虽然名称类似但特性上有较大差异的器件,即晶格匹配器件和波长扩展器件,希望通过这些介绍,读者能够获得对此种器件的初步了解,熟悉其现实的和潜在的应用场景,也为学习后续章节打下基础。

参考文献

[1] Rothman L S, Jacquemart D, Barbe A, et, al. The HITRAN 2004 molecular spectroscopic database. Journal of Quantitative Spectroscopy & Radiative Transfer, 2005, 96: 139-204.

[2] Hoogeveen R W M, van der A R J, Goede A P H. Extended wavelength InGaAs infrared (1.0~2.4 μm) detector arrays on SCIAMACHY for space-based spectrometry of the Earth atmosphere. Infrared Physics & Technology, 2001, 42(1): 1-16.

[3] Kleipool Q L, Jongma R T, Gloudemans A M S, et al. In-flight proton-induced radiation damage to SCIAMACHY's extended-wavelength InGaAs near-infrared detectors. Infrared Physics. & Technology, 2007, 50(1): 30-37.

[4] Berghmans F, van Uffe1en M, Nowodzinski' A, et al. High total dose irradiation experiments on fiber-optic components for fusion reactor environments. SPIE proceedings, 1999, 3872: 17-26.

[5] Bergmans F, Van Uffelen M, Nowodzinski A, et al. Radiation effects in optical communication devices. IEEE LEOS Annual Meeting, 2000.

[6] Becker H N, Johnston A H. Dark current degradation of near infrared avalanche photodiodes from proton irradiation APD. IEEE Trans. Nucl. Sci., 2004, 51(6): 3572-3578.

[7] Joshi A M, Datta S, Soni N, et al. Space qualification of 5 to 8 GHz bandwidth, uncooled, extended InGaAs 2.2 micron wavelength, linear optical receivers. Proc. SPIE, 2019, 11129: 111290L.

[8] Joshi A M, Datta S. Space flight of 2.2 micron wavelength, extended InGaAs optical receivers to the international space station. Proc. SPIE, 2020, 11388: 1138808.

[9] Kiel M, Eldering A, Roten D D, et al. Urban-focused satellite CO_2 observations from the Orbiting Carbon Observatory - 3: A first look at the Los Angeles megacity. Remote Sensing of Environment, 2021, 258: 112314.

[10] Oshio H, Yoshida Y, Matsunaga T, et al. Bias correction of the ratio of total column CH_4 to CO_2 retrieved from GOSAT spectra. Remote Sens., 2020, 12: 3155.

[11] Noël S, Reuter M, Michael Buchwitz M, et al. XCO_2 retrieval for GOSAT and GOSAT - 2 based on the FOCAL algorithm. Atmos. Meas. Tech., 2021, 14: 3837 - 3869.

[12] Yang D X, Liu Y, Feng L, et al. The first global carbon dioxide flux map derived from TanSat measurements. Advances in Atmospheric Science, 2021, 38(9): 1433 - 1443.

[13] Emran A, Chevrier V F C, Ahrens C. CH_4 snowline on the mountains of Pluto during NASA's New Horizons flyby. Proc. 51st Lunar and Planetary Science Conference, 2020: 1616.

[14] Voosen P. NASA Curiosity Rover hits organic pay dirt on Mars. Science, 2018, 360(6393): 1054 - 1055.

[15] Kate I L ten. Organic molecules on Mars. Science, 2018, 360(6393): 1068 - 1069.

[16] Eigenbrode J L, Summons R E, Steele A, et al. Organic matter preserved in 3-billion-year-old mudstones at Gale crater. Mars. Science, 2018, 360(6393): 1096 - 1101.

[17] 何志平,李春来,徐睿.红外成像光谱仪月面探测数据特性及场景效应.中国矿物岩石地球化学学会第17届学术年会论文集,2019: 1186.

[18] Li C L, Xu R, Lv G, et al. Detection and calibration characteristics of the visible and near-infrared imaging spectrometer in the Chang'e - 4. Rev. Sci. Instrum, 2019, 90: 103106.

[19] 桂裕华,李津宁,王梅竹,等.月球及火星探测任务中光谱技术研究与应用.红外与毫米波学报,2022, 41(1): 59 - 69.

[20] Li C L, Liu D W, Liu B, et al. Chang'e - 4 initial spectroscopic identification of lunar far-side mantle-derived materials. Nature, 2019, 569: 378 - 382.

[21] Lin H L, Xu R, Yang W, et al. In situ photometric experiment of Lunar regolith with visible and near-infrared imaging spectrometer on board the Yutu - 2 Lunar rover. Geophysical Research: Planets, 2020, 125: e2019JE006076.

[22] 蔡婷妮,李春来,何志平,等.基于地面试验的嫦娥五号月球矿物光谱分析仪数据质量分析.光谱学与光谱分析,2019,39(1): 257 - 262.

[23] Lin H L, Li S, Xu R, et al. In situ detection of water on the Moon by the Chang'e - 5 lander. Science Advances, 2022, 8: eabl9174.

[24] Xu W M, Liu X F, Yan Z X, et al. The MarSCoDe instrument suite on the Mars rover of China's Tianwen - 1 mission. Space Science Reviews, 2021, 217: 64.

[25] 龚海梅,邵秀梅,李向阳,等.航天先进红外探测器组件技术及应用.红外与激光工程,2012,41(12): 3129 - 3140.

[26] Zhang Y G, Gu Y, Shao X M, et al. Short-wave infrared InGaAs photodetectors and focal plane arrays. Chin. Phys. B, 2018, 27(12): 128102.

[27] 李雪,邵秀梅,李淘,等.短波红外 InGaAs 焦平面探测器研究进展.红外与激光工程,2020, 49(1): 0103006.

[28] 王绪泉,黄松垒,于月华,等.微型长波近红外物联网节点及实验研究.红外与毫米波学报,2018,37(1):42-46.

[29] 王绪泉,黄松垒,柯鹏瑜,等.集成滤光片型近红外光谱组件的时空域性能改善研究.光子学报,2021,50(4):0430001.

[30] 柯鹏瑜,刘梦璇,王绪泉,等.512×2 元 InGaAs 光谱传感物联网节点研制.红外与毫米波学报,2021,40(5):582-588.

[31] 王绪泉,王丽丽,方家熊. 近红外光谱传感物联网研究与应用进展.中国激光,2021,48(12):1210001.

[32] 刘梦璇,陈琦,王绪泉,等.基于 GA-BP 神经网络的茶叶蔗糖量检测模型研究.半导体光电,2021,42:879-884.

[33] Liu M X, Wu Q, Wang X Q, et al. Validity and redundancy of spectral data in the detection algorithm of sucrose-doped content on the tea leaves. Spectroscopy & Spectral Analysis, 2022, 42: accepted.

第3章 铟镓砷的前世今生

3.1 引　　言

前两章中讨论了航天遥感等应用及其对光电探测的需求，以及InGaAs光电探测器和焦平面阵列器件、组件在航天遥感等领域的应用情况，本章从半导体的发展开始，侧重介绍Ⅲ－Ⅴ族化合物半导体特别是InGaAs系材料的缘起及其基本特性，此材料体系与光通信发展的渊源关系，并与其他也可用于短波红外波段的材料体系进行简单比较。

三元系的铟镓砷是典型的Ⅲ－Ⅴ族化合物半导体材料。对此材料常按其In组分x写成$In_xGa_{1-x}As$的形式，或直接写出其组分的具体数值，有时也会忽略其组分值写成InGaAs，甚至简写成IGA，文中可根据具体情况判断，不再赘述。注意到也有一些文献中会按其Ga组分y写成类似$Ga_yIn_{1-y}As$的形式，或简写成GaInAs，据此可以自行判断，不影响理解，但计算与组分相关的参数时需要做相应换算。此外，对此三元系材料中文也有铟镓砷、镓铟砷、砷化铟镓、砷化镓铟及铟砷化镓等不同说法，可根据个人习惯，并不影响理解。

当人们发现或发明了某种材料、研究了其基本特性，并认为其符合某种要求后，在将这种材料推向实际应用的过程中，对其获得和提炼加工的难易程度是必须要考虑的问题。并且从长远来看，其能否推广并获得可持续发展最终是与这种材料在地球上或地壳中的丰度相关的。当然，一些丰度虽然不太低但较分散的材料，即缺乏矿藏的材料，使用上也会受限，半导体材料也是如此。并且，对于半导体材料，其使用的基本出发点是对高纯材料进行掺杂以调控其性质，因此用于实际器件时都会要求其本身具有极高的纯度。能否不太困难地进行初步提纯，并具备最终达到极高的纯度的方法，也是一个需要考虑的重要方面。表3.1.1中列出了一些元素的熔点、密度以及在地壳中的大致丰度，主要是针对本书中侧重的InGaAs系材料，包括相关的AlInAs材料和InP衬底材料等，也包括了Sb，本章中涉及的Ge和Si等半导体材料也已列入作为比较。为了有个数量概念便于获得基本印象，还同时列入了两种常见的贵金属材料白银和黄金。由于不同数据来源的差别较大，表中元素在地壳中的丰度值只是个大约数值。由表3.1.1可见，In和Ga这两种金属都是稀有金属，熔点很低，In在地壳中的丰度与白银基本相当但要略高一些，Ga则比In高两个量级。As虽然分布广泛，但其在地壳中的丰度并不像想象的那样高，只是与早期常用的元素半导体Ge相近；Sb的丰度则更低，但在我国相对丰富，将是潜在的战略资源。与此相比，Si 在地壳中的丰度达到 27%，是地壳中第二丰富的元素，可以说是取之不尽用之不竭；Al 的丰度也很高，P 则是地球上的常见元素，它们用于半导体材料都只取决于其提纯方法和成本。这里之所以提出元素在地壳中丰度上的考虑，是为了让读者对 InGaAs 乃至Ⅲ－Ⅴ族化合物半导体的发展有一个最根本的认识。涉及 Si 的电子工业在量大面广的应用驱动和极其雄厚的资本持续推动之下，已经有了极其充分的发展，可以说已经发展到登峰造极的程度，覆盖了所有可以覆盖的应用领域。与之相比，Ⅲ－Ⅴ族化合物半导体的体量显然不在一个数量级上。因此，Ⅲ－Ⅴ族化合物半导体的生存空间在于想 Si 之所不能想，为 Si 之所不能为，解决 Si 不能解决的问题，对此是要有充分认识的，这个思路也会贯穿到本书的其他内容。除此之外，考虑到永续发展，用尽可能少的稀有材料来完成所需的功能和达到相同的目的，将会是今后的长远发展方向。比方说，在 InGaAs 系材料方面，发展薄层外延材料并结合衬底剥离复用技术，乃至采用廉价的 Si 或其他衬底最终取代目前常用的较昂贵的 InP 衬底，也会是要提及的内容。

表 3.1.1　一些元素的熔点、密度以及在地壳中的大致丰度

元　素	Al	Ga	In	P	As	Sb	Ge	Si	Ag	Au
大致丰度/ppm	80 k	18	0.15	1 000	2	0.2	1.8	270 k	0.07	0.002
密度/(g/cm^3)	2.70	5.91	7.30	1.82	5.73	6.68	5.35	2.33	10.5	19.3
熔点/℃	660	29.8	157	升华	817	631	938	1 410	962	1 064

注：表中 P 的密度为白磷密度。

3.2　InGaAs 系材料的缘起钩沉

谈到 InGaAs 的缘起就要从元素和化合物半导体的发展说起。应该指出的是，化合物半导体的历史其实要比元素半导体更加久远，在元素半导体发展之前很久，诸多化合物半导体就已经有了许多实际的应用。例如，20 世纪初广泛使用的矿石无线电收音机就采用了方铅矿石加上金属触针构成的检波器，而方铅矿就是硫化铅（PbS）晶体，属Ⅳ－Ⅵ族化合物半导体；矿石检波器也有采用黄铁矿，即亚硫化铁（FeS_2）晶体的，其与金属触针形成的金半接触具有单向导电即整流作用；Ⅱ－Ⅵ族半导体的硫化镉（CdS）材料可以制成可见光波段的光敏电阻，并很早就应用于路灯控制和照相机测光等场合。这样的光敏电阻响应速度很慢，约在数十毫秒量级，整体性能不高，但由于其非常廉价，这样的器件在一些要求不高的场合至今仍有大量应用。应指出的是，在光电探测器方面，至今也仍在致力于改善此类材料的特性以提高其器件性能。例如，对直接带隙的 PbS 材料，其带隙约为 0.41 eV，响应可以从可见光覆盖到近红外波段，采用一些新结构，如量子点，或者仍基于较简单的材料制备方法但引入新机制，已可以显著提高此类光电探测器的性能。在半导体硅构成的固态二极管整流器广泛流行之前，半导体硒或氧化铜叠成的整流器也曾在早期电力系统上得到应用。当然，这些都是“二极管”,没有放大作用,那时的放大器还是要靠真空三极管来实现。

二战后的1947年底,美国贝尔实验室的布拉顿(Brattain)和巴丁(Bardeen)基于元素半导体锗制成了点接触晶体管,也就是半导体三极管[1-3],肖克莱(Shockley)等发展了pn结理论和并很快推出了pn结型三极管[4-5],三人因此共同获得了1956年的诺贝尔物理学奖。1953年贝尔实验室的John N. Shive还总结了被其统称为光晶体管的点接触型、pn结型及npn型晶体管在光电特性方面研究工作[6],这应该是关于本书主要涉及的光伏型光电探测器的最早相关报道了,使用的仍是元素半导体Ge。制作半导体器件要使用达到一定质量要求的晶体材料,虽然半导体二极管一般也是用晶体材料制成的,有时也可被称为晶体管,但晶体管一般情况下则是特指具有可控功能的半导体三极管。光电晶体管虽然可以只有两个电极,外形像二极管,但其仍是三极管结构,只是其中一个电极由光输入取代而已。好在这些说法的具体指向是可以根据上下文进行判断的。

1948年,欧洲西屋公司的Herbert F. Mataré和Heinrich Welker等独立制成了点接触锗三极管,并且在1949年实现了量产,致力于发展放大器和微波厘米波段的混频器等;1953年,用电池供电的微型晶体管收音机已在展览会上进行了展示;六十年后,A. V. Dormael在其回顾性的文章中对此段过程有过较详细的描述[7]。其后,1954年市场上已有这样的微型收音机(Regency TR－1型)出售,这在当时是极其时髦的玩意,其中采用了德州仪器生产的4只npn型晶体管,其时售价为49.95美元,约相当于现在的1 000美元。

二战后的日本在半导体研究方面紧随美国也发展迅速,在很多方面取得了较大进展,甚至在某些方面有所超越,且更加侧重技术上的发展。例如,日本东北大学的Junichi Nishizawa(西泽润一)1950年开发出pin结构的二极管,后来又很早提出了采用半导体激光和光纤进行光通信的方案并进行实验验证。据说他较注重专利而忽略论文,因此与诺贝尔奖无缘。最早的锗点接触式三极管后来也有了很大发展,出现了合金、扩散等结构。Hiroshi Wada(和田弘)等早期从锗原料开始,致力发展锗合金晶体管的制造工艺并将其推向实用[8],也为其后发展晶体管电子计算机打下了基础。1955年日本索尼公司也推出了TR－52型晶体管收音机,其中就采用了索尼自己制造的晶体管。

我国半导体的发展始于20世纪50年代。1956年半导体科学技术的发展被列为重点,成立了半导体专门化培训班,在培养人才和进行开创性研究工作两个方面进行了突击。应该说当时与国际上的差距并不大,个别领域甚至很接近。其中,中科院半导体所的前辈们开展了开拓性的工作,王守武等1957年已经自行拉出了锗单晶并研制出锗合金结三极管,王守觉1958年又学习了当时苏联的手工工艺制成了锗合金扩散高频三极管,用于替代真空管发展电子计算机,早期的晶体管计算机就是由这样的三极管搭建的[9],国内20世纪70年代也还在用手工方法批量生产这种三极管[10]。国内1958年在上海生产出了便携式的晶体管收音机,但使用的还是进口晶体管,至1962年晶体管收音机全面实现了国产化[9]。

苏联的半导体研究起步更早。由于其体制原因,其许多研究工作多年中都不被允许发表,俄文期刊在交流方面也存在一定障碍,因此很多早期原始文献已很难追踪。V. I. Stafeev在其一篇庆祝晶体管发明六十年的纪念文章中回顾了苏联在此方面的早期发展[11],其中就提及20世纪二三十年代列宁格勒(现圣彼得堡)的O. V. Losev等已在半导体方面开展了系统研究，具体包括：研究了 SiC 半导体点接触器件的整流特性以及其中的发光现象，这种发光被称为洛谢夫光(Losev Light)；研究了 PbS 等半导体材料的光电导效应，用这种材料发展出了高灵敏度的红外光敏电阻，这种器件在二战中被广泛使用，至今还在导弹红外寻的及火箭发射探测等方面有应用。约飞物理技术研究所的 B. T. Kolomiets 曾因研发 PbS 光敏电阻获得 1951 年的斯大林奖。20 世纪三四十年代，苏联的科学家们在半导体理论和实验方面的工作也相当深入，包括金属与不同导电类型半导体的接触特性(肖特基势垒)及 n-p 结。据说在 20 世纪 50 年代初期也就是点接触三极管刚出现时，苏联的科学家们已在研究关于 GaAs MESFET 器件的问题了，而这种器件 1966 年才由美国加利福尼亚理工学院的 C. A. Mead 正式报道[12]。其时点接触式锗二极管在雷达微波探测方面有重要作用，但靠金属触针压接的器件可靠性太差，难以实际应用，且当时锗单晶材料也难以获得。为此，他们曾专门组织了锗单晶生产和致力发展了高可靠的金属接触方法，使得微波探测器达到了实用要求，此项工作也曾获 1951 年的斯大林奖。苏联有很多研究所从事半导体方面的研发，其中以位于莫斯科的列别捷夫(源于物理学家 ПётрНиколаевичЛебедев，Pyotr Nikolaevich Lebedev，1866.3.8~1912.3.14)物理研究所和位于列宁格勒(圣彼得堡)的约飞(源于物理学家 А · Ф · Иоффе，A. F. Ioffe，1880.10.29~1960.10.14)物理技术研究所最为著名，其均属于苏联科学院。约飞物理技术研究所积累的半导体材料参数数据库在半导体界非常著名，至今仍在被广泛使用[13]。在注意到《纽约时报》1948 年 7 月报道贝尔实验室已经制成锗点接触半导体三极管后，1949 年初苏联也开始了锗点接触三极管方面的研究，列别捷夫研究所等于 1951 年底完成了这项研究，并于 1954 年初据此发展出了低频放大器。约飞物理技术研究所 1955 年还报道了结型半导体光电二极管。苏联在理论方面的研究水准一直为人称道，其早期在半导体激光理论研究方面相当领先，随着 1960 年激光器的发明就给出了半导体激光器方面的理论预测，指出了获得受激发射的途径。1962 年，美国麻省理工学院林肯实验室的 T. M. Quist 与 R. J. Keyes、GE 公司的 R. H. Hall 和 IBM 公司的 G. Lasher 等都报道了在液氮温度下工作的 GaAs 同质结红外半导体激光器[14-16]，GE 公司还报道了进入可见光波段的 GaAsP 同质结激光器[17]，从技术上实现了其理论预测，使之成为Ⅲ-Ⅴ族化合物半导体的重要发展方向之一。20 世纪 70 年代初约飞物理技术研究所的 R. F. Kazarinov 和 R. A. Suris 结合 L. Esaki 和 R. Tsu(朱兆祥)提出的超晶格结构，发展了半导体的子带间跃迁理论，并指出其可以用于发展不受带隙限制的级联结构半导体激光器，特别是在更长的波长上[18]，但由于受到技术方面的限制，主要是当时的外延生长技术还难以满足要求，尚无法研制这样的激光器。随着技术的进步，这在 1994 年由美国贝尔实验室的 J. Faist 等报道的量子级联激光器上得以实现[19]，使中红外乃至远红外(含 THz)波段的半导体激光光源成为现实。

Ⅲ-Ⅴ族化合物半导体中，说到三元系的 InGaAs 就不得不特别提到二元系的 GaAs 和 InAs。实际上，GaAs 等Ⅲ-Ⅴ族半导体材料是与元素半导体 Ge 和 Si 基本同时发展起来的，甚至更早些。例如，1952 年起德国西门子的 H. Welker 就已报道了其在Ⅲ-Ⅴ族化合物材料方面的较系统工作[20, 21]，深入讨论了Ⅲ-Ⅴ族材料的半导体特性，指出了其与Ⅳ族元素半导体的相似性及差别之处。而在此之前，其在Ⅲ-Ⅴ族半导体材料的晶体生长方面已有不少工作，包括 1951 年生长了二元系 AlSb 和 InSb 晶体并研究了其半导体特性，2009 年

A. V. Dormael在其回顾性文章中对其研究过程有详细介绍[22]。苏联约飞物理技术研究所的 N. A. Goryunova 等基于其研究 1950 年合成了二元系(InSb 等)Ⅲ-Ⅴ族材料并预测了其特性[11],其后又发展到三元和四元系材料,这是早于 H. Welker 的文章报道[20, 21]的,也已得到确认。

发展Ⅲ-Ⅴ族半导体材料的Ⅲ主族元素可包括 B、Al、Ga、In、Ti 五种,其中 Al、Ga、In、Ti 是金属,B 是非金属;Ⅳ主族元素可包括 N、P、As、Sb、Bi 五种,其中 N、P、As 是非金属,Sb、Bi 是金属。这十种元素中 Ti 和 Bi 较少涉及,主要是前八种,两两组合共可构成 16 种二元系材料,也称二元系合金。近年来含 Bi 的Ⅲ-Ⅴ族半导体材料也引起了关注,并且也涉及短波红外光电探测器[23],这已是后话。1954 年 G. A. Wolff、P. H. Keck 和 J. D. Broder 在美国物理学会年会的化学物理专题会议上就报道了Ⅲ-Ⅴ族磷化物、砷化物及锑化物单晶生长方面的工作,其采用熔体生长法生长出了 GaP、GaAs、GaSb、InP、InAs、InSb 和 AlSb 单晶[24]。基于前期工作,1956 年 H. Welker 和 H. Weiss 总结了对这些材料的特性进行的理论研究和预测工作,以及对其中一些在当时认为较重要和较现实的材料的实验工作[25],包括其理化性质、相图分析、晶体生长方法以及电学、光学和磁学特性研究等,主要涉及锑化物 AlSb、GaSb、InSb 和砷化物 AlAs、GaAs、InAs 等二元系材料。整个Ⅲ-Ⅴ族二元系半导体材料的发展过程和态势可以十分粗略地用表 3.2.1 作为示意,基本是以 GaAs 为中心扩展向四周扩展,Ⅲ-N 化合物近 20 年来也已发展起来,进入了实用阶段,Ⅲ-Bi 化合物则还在初始阶段。B 系材料和 Ti 系材料由于其本身特性的限制,还只有极少探索性的工作。

表 3.2.1 Ⅲ-Ⅴ族半导体的发展过程和态势

Ⅲ-Vs	B	Al	Ga	In	Ti
N	BN	AlN	GaN	InN	TiN
P	BP	AlP	GaP	InP	TiP
As	BAs	AlAs	GaAs	InAs	TiAs
Sb	BSb	AlSb	GaSb	InSb	TiSb
Bi	BBi	AlBi	GaBi	InBi	TiBi

在元素半导体 Ge 上实现点接触三极管后,人们也曾尝试将其移植到化合物半导体上。进入 20 世纪 50 年代,采用化合物半导体发展三极管已经兴起[26]。1950 年 H. A. Gebbie 等曾报道了点接触 PbS 上的三极管作用[27],这应该是化合物半导体三极管的最早记录了,虽然这样的三极管由于 PbS 的带隙太窄难以获得实际应用。1953 年 H. Welker 宣称其在 InP 上也观察到了三极管作用[21],但曾遭到 D. A. Jenny 的质疑[28]。1958 年普林斯顿 RCA 实验室的 D. A. Jenny 报道了其采用 Zn 合金表面扩散方法制作的结型 InP 三极管并测量了其电流增益和放大特性,这应该是Ⅲ-Ⅴ族半导体三极管的首次正式报道[26]。文中还同时报道了采用 GaAs 材料的三极管及其性能,其中还引入了宽禁带的 GaP 作为发射区以提高其电流发射效率,这应该是关于异质结双极晶体管 HBT 的首次报道。文中对化合物半导体用于三极管的理论分析和预测至今看来还是成立的。至 1966 年,美国加州理工学院的 C. A. Mead报道在 GaAs 材料上制作的肖特基势垒场效应晶体管,即 MESFET 这种单极型的电子器件[12]。由于这种类型的器件主要利用电子作为单一多数载流子,避免了少子扩散作用,可以更好地利用Ⅲ-Ⅴ族化合物材料的高电子迁移率,这在其后充分展示了Ⅲ-Ⅴ族材料在微波电子器件方面的优势和潜力。

在二元系的Ⅲ-Ⅴ族半导体材料得到一定发展后，出于理论及应用方面的考虑，人们自然会想到发展三元系乃至多元系材料，但能否进入实际应用显然要取决于当时的技术发展状况。二元系的Ⅲ-Ⅴ族半导体材料可以是直接带隙也可以是间接带隙，但在固定温度下都具有固定的带隙，这个带隙有可能满足某些应用要求，而在某些特定应用场合则往往不能满足要求，特别是对于光电应用。例如，直接带隙的二元系 GaAs 材料在室温下的禁带宽度约为 1.43 eV，对应的带隙波长约为 870 nm，如用其构成发光器件，如激光器，作为增益介质，这就对应了其固定的发射波长；用其构成探测器件，如光电二极管，就对应其固定的长波截止波长。这样的器件虽然已有不少应用，例如当今常用的红外遥控器中的发光二极管，但对许多场合并不适合。再如，直接带隙的二元系 InAs 材料在室温下的禁带宽度约为 0.36 eV，对应的带隙波长约为 3.5 μm，由于其带隙较窄，在室温下难以直接制成发光器件，用作室温探测器件也很勉强，但其电子迁移率要显著高于禁带较宽的 GaAs 材料，约高五倍，这是人们希望利用的。将这两种二元系材料组合构成三元系的 InGaAs，则有可能解决这些问题。为此，人们很早就进行过三元系 InGaAs 体单晶的直接生长，也尝试过多种方法。1970 年 J. W. Wagner就已报道过这方面研究[29]，20 世纪 90 年代日本富士实验室也有不少这方面的工作[30]，并尝试将其用于光通信波段激光器的衬底材料[31]；国内 20 世纪 80 年代也曾有过这方面工作[32]。由于三元系 InGaAs 材料中包含两种特性差异较大的Ⅲ族金属 In 和 Ga，因此生长出均匀高质量的体单晶并非易事。并且，用体单晶材料直接制作器件也会受到很多限制，自由度很小，实际上往往并不是直接用于制作器件，而是用做外延生长的衬底。注意到特定组分的 InGaAs 可以有更合适的二元系衬底材料，In 组分为 0.53 的 $In_{0.53}Ga_{0.47}As$ 可以与二元系的 InP 衬底达到完全晶格匹配，其时光通信技术又在兴起，正需要这样的器件，因此在 InP 衬底上用外延方法制作 $In_{0.53}Ga_{0.47}As$ 器件得到了人们的青睐，并由此获得了很大的成功，逐渐成为技术发展的主流，这就是三元系 InGaAs 材料的缘起。

3.3 InGaAs 系材料的基本特性

前面和这里提到的 InGaAs 系材料，除了指三元系 $In_xGa_{1-x}As$ 材料本身之外，还包括了本书中构成 InGaAs 光电探测器和焦平面器件结构所需的一些材料，如三元系的 $In_xAl_{1-x}As$ 和 In_yAs_yP 材料，实际上也还应该包括四元系的 InGaAsP 和 InAlGaAs 材料等，其共同点是可以看成是以 InAs 为基础与其他二元系组合形成的合金，包括了磷化物和砷化物，但不包括锑化物（将其单列），也不包括氮化物。为简明起见这里对四元系材料就不做专门的论述了，只在必要的地方有所提及。

对Ⅲ-Ⅴ族半导体的基本特性及相关材料参数的研究在材料生长探索的早期就已开始。例如，美国无线电公司（RCA）的 M. S. Abrahams 等 1959 年报道了其对 InGaAs 三元系合金的理化特性和半导体特性的实验和理论研究，包括全组分范围的熔点、迁移率及热导率等[33]。表 3.3.1 中列出了二元系 InAs、GaAs、AlAs、InP 和 GaP 在 300 K 下的一些主要材料参数。这些都是很典型的Ⅲ-Ⅴ族半导体材料。结合表 3.2.1 考察构成这些化合物的元素，并按其在周期表中的位置和原子半径,其构成半导体材料后主要材料参数和基本特性是符合一定顺序规律的。例如,从上到下二元系材料的禁带宽度有减小的趋势,晶格常数有增大的趋势,从左到右也是如此,其他一些参数也有类似情况,但也会有个别"例外"。例如,AlAs的晶格常数要比 GaAs 稍稍大一点但十分接近,失配小于 0.2%,这也就是在 GaAs 衬底上生长全组分范围的 $Al_xGa_{1-x}As$ 材料时基本无需考虑晶格匹配问题的前提;同样,Ⅱ-Ⅵ族的 CdTe 和 HgTe 也与此相似。表 3.3.1 所列五种二元系材料中,AlAs 和 GaP 是间接带隙材料,其X能谷的带隙最小,以其作为其禁带宽度,InAs、GaAs 和 InP 则都是直接带隙材料。由两种直接带隙的二元系材料构成的三元系材料当然还是直接带隙材料,由两种间接带隙的二元系材料构成的三元系材料则仍然是间接带隙材料,而由一种直接带隙二元系材料和一种间接带隙二元系材料构成的三元系材料,则只在一定组分范围内是直接带隙材料。Ⅲ-Ⅴ族二元系材料种类较多,也有着不同的禁带宽度,本身已可以满足不少应用要求,且单晶生长中其组成的两种元素有"自我牵引"的作用,较小偏离化学配比即Ⅲ:Ⅴ=1:1,这对单晶合成是十分有利的,因此Ⅲ-Ⅴ族材料都是从二元系发展起来的,器件一般也是从二元系起步。但是,二元系材料本身会有一些根本性的限制。例如,特定晶体结构的二元系材料,其禁带宽度显然是固定的,无法调节,这就无法满足需要改变禁带宽度的一些特定应用要求,如调节工作波长等;再如,特定晶体结构的二元系材料,其晶格常数也是固定的无法调节,因此除个别本身比较接近的二元系之外,不同二元系材料也难以相互直接通过外延生长组合来满足特定的结构和功能。这些限制因素本身也是发展多元系材料的基本推动力。

表 3.3.1　Ⅲ-Ⅴ族二元系 InAs、GaAs、AlAs、InP 和 GaP 在 300 K 下的主要材料参数

参　数	InAs	GaAs	AlAs	InP	GaP
晶格常数/Å	6.058 3	5.653 25	5.661 1	5.868 7	5.450 5
禁带宽度/eV	0.36	1.42	3.099(Γ)	1.34	2.26(X)
线胀系数/(10^{-6}/K)	4.52	5.73	5.2	4.60	4.65
熔点/℃	942	1 240	1 740	1 060	1 457
密度/(g/cm^3)	5.68	5.317	3.76	4.81	4.14
红外折射率 n	3.51	3.299	2.86	3.10	3.02
高频介电常数	12.3	10.89	8.16	9.61	9.11
静态介电常数	15.15	12.9	10.06	12.5	11.1
热阻率/(cm·K/W)	3.70	1.82	1.10	1.47	0.91

从表 3.3.1 可见,InP 的晶格常数介于 InAs 和 GaAs 之间,也介于 InAs 和 AlAs 之间,由于晶格常数与组分间的线性关系,由 InAs 和 GaAs 以及 InAs 和 AlAs 构成的三元系 InGaAs 或 InAlAs 在特定组分下是可以和 InP 达到晶格匹配的,这就是这两种三元系为人

们所青睐的前提。三元系 $In_xGa_{1-x}As$ 可以看成是二元系 InAs 和 GaAs 组成的合金。由于 InAs 和 GaAs 是直接带隙材料,因此 $In_xGa_{1-x}As$ 在整个组分范围内也都是直接带隙材料。根据其 In 组分的不同,室温下 $In_xGa_{1-x}As$ 的禁带宽度可以在 0.36~1.42 eV 间变化,当 In 组分为 0.53 时,$In_{0.53}Ga_{0.47}As$ 恰好可与二元系 InP 晶格匹配。同样,三元系 $In_xAl_{1-x}As$ 是二元系 InAs 和 AlAs 的合金,当其 In 组分为 0.52 时,$In_{0.52}Al_{0.48}As$ 恰好可与二元系的 InP 晶格匹配,但由于 AlAs 是间接带隙材料,因此 $In_xAl_{1-x}As$ 材料当 Al 组分较高时也会成为间接带隙材料,而 $In_{0.52}Al_{0.48}As$ 则尚为直接带隙材料。三元系 In_yAs_yP 是二元系 InAs 和 InP 的合金,在整个组分范围内也是直接带隙材料,但其晶格常数随 In 组分单调增加,且没有能够与 InP 衬底晶格匹配的组分,因此实际中只是用做波长扩展 InGaAs 光电探测器及焦平面结构的缓冲层或帽层材料。表 3.3.2 给出了三元系 $In_xGa_{1-x}As$、$In_xAl_{1-x}As$ 和 $InAs_yP_{1-y}$ 及其与 InP 匹配特定组分的 $In_{0.53}Ga_{0.47}As$ 和 $In_{0.52}Al_{0.48}As$ 在 300 K 下的一些主要材料参数,包括晶格常数、禁带宽度以及一些电学、光学和热学常数[13]。对三元系 $In_xAl_{1-x}As$ 材料,由于其是直接带隙的 InAs 和间接带隙的 AlAs 组合,在高 Al 组分下有可能进入间接带隙区域,但在所关心的 $x \geqslant 0.52$ 区域均为直接带隙,因此表中所列禁带宽度均为其直接带隙数据。

对照表 3.3.1 和表 3.3.2 可以看出,三元系的材料参数是和构成此三元系的二元系材料参数相关的,符合一定规律。简而言之,参数和组分的关系一类是线性的,一类是非线性的包含二次项。具有线性关系的材料参数有晶格常数、线胀系数、密度、折射率和高频介电常数等,其和组分间的关系符合维加德定律(Vegard's law),即可采用 Vegard 方法计算,也就是三元系的材料参数等于构成其二元系的材料参数按组分值的线性插值。对于四元系和其他多元系也是一样。以晶格常数 a 为例,考虑 A、B 两种Ⅲ族元素和 C、D 两种Ⅴ族元素,其可构成 AC、AD、BC、BD 四种二元系材料。用这些二元系材料构成三元系或四元系材料时其晶格常数可由(3.3.1)和(3.3.2)式计算:

$$a_{A_xB_{1-x}C} = xa_{AC} + (1-x)a_{BC} \tag{3.3.1}$$

$$a_{A_xB_{1-x}C_yD_{1-y}} = xya_{AC} + (1-x)ya_{BC} + x(1-y)a_{AD} + (1-x)(1-y)a_{BD} \tag{3.3.2}$$

表 3.3.2　三元系 $In_xGa_{1-x}As$、$In_xAl_{1-x}As$ 和 $InAs_yP_{1-y}$ 在 300 K 下的主要材料参数

参　　数	$In_{0.53}Ga_{0.47}As$	$In_xGa_{1-x}As$	$In_{0.52}Al_{0.48}As$	$In_xAl_{1-x}As$	$InAs_yP_{1-y}$
晶格常数/Å	5.868 7	$5.653\,3+0.405x$	5.868 7	$5.661\,1+0.397\,2x$	$5.868\,7+0.189\,6x$
禁带宽度/eV	0.74	$1.42-1.49x+0.43x^2$	1.50	$3.1-3.44x+0.7x^2(\Gamma)$	$1.34-0.88x+0.1x^2$
线胀系数/(10^{-6}/K)	5.66	$5.73-1.21x$	4.846	$5.2-0.68x$	$4.6-0.08y$
密度/(g/cm^3)	5.51	$5.317+0.363x$	4.758	$3.76+1.92x$	$4.81+0.87y$
红外折射率 n	3.41	$3.30+0.21x$	3.20	$2.86+0.65x$	$3.1+0.4y$

续 表

参　　数	$In_{0.53}Ga_{0.47}As$	$In_xGa_{1-x}As$	$In_{0.52}Al_{0.48}As$	$In_xAl_{1-x}As$	$InAs_yP_{1-y}$
高频介电常数	11.6	$10.9+1.4x$	10.3	$8.16+4.14x$	$9.61+2.69y$
热阻率/(cm·K/W)	22	$1.82+80.68x-78.8x^2$	66	$1.1+82.6x-80x^2$	$1.47+82.23y-80y^2$

同样，当引入第三种Ⅴ族元素E时也可以构成只含一种Ⅲ族元素但有三种Ⅴ族元素的 $AC_{1-x-y}D_xE_y$ 四元系（或者类似的含三种Ⅲ族元素一种Ⅴ族元素的四元系），这种情况也被称为赝三元，相当于三种二元系AC、AD和AE的合金，这时其晶格常数类线性参数同样可以写成：

$$a_{AC_{1-x-y}D_xE_y} = (1-x-y)a_{AC} + xa_{AD} + ya_{AE} \tag{3.3.3}$$

其他按此类推。多元系材料的德拜温度和弹性模量等参数也符合维加德定律，但对熔点参数则可能会有"低熔合金"效应，只是近似符合。

包含二次项（即非线性项）的材料参数有禁带宽度和热阻率（热导率的倒数）等，这些参数基本都与材料能带结构的非线性相关。这些材料参数 P 表观上可以看成是一个线性项（或称理想晶体项）P_{id} 和一个非线性（或称扰动项）项 P_p 的叠加，即

$$P = P_{id} + P_p \tag{3.3.4}$$

其中线性项 P_{id} 仍可用二元系的参数按(3.3.1)、(3.3.2)和(3.3.3)式的方式线性插值计算，对于非线性项则半经验地引入一个与组分值成比例的弯曲参数 c（也称弯曲因子 c）来计算，这被称为埃伯利斯近似(Abeles approximation)。例如，对于三元系 $A_xB_{1-x}C$，其禁带宽度 E_g 可以写成：

$$E_{gA_xB_{1-x}C} = xE_{gAB} + (1-x)E_{gAC} - x(1-x)c \tag{3.3.5}$$

其中 c 就是对于ABC这种三元系的禁带宽度 E_g 的弯曲参数。由于大多数情况下能带是向下弯曲的，也就是 c 实际为负值但仍将其记为正值，因此弯曲项的前面为负号，如(3.3.5)式所示。对于每种Ⅲ-Ⅴ族三元系化合物，都应有相应的弯曲参数，表3.3.3中列出了主要Ⅲ-Ⅴ族三元系材料的能带弯曲参数。这些弯曲参数有些是根据实验测量获得的，也有些是通过理论计算分析估计的，此方面已有专门文献进行过综述[34]，并尽可能收集了相关数据。同样，对于 $A_xB_{1-x}C_yD_{1-y}$ 这种四元系化合物，可以将其看成是ABC、ABD、ACD、BCD这四种三元系材料的组合，其禁带宽度的计算也由两项组成，前面线性项仍按(3.3.2)式的方法进行，非线性项则可通过这四种对应的三元系材料的弯曲参数进行插值获得，即

$$\begin{aligned} E_{gA_xB_{1-x}C_yD_{1-y}} = &\left[xyE_{gAC} + (1-x)yE_{gBC} + x(1-y)E_{gAD} + (1-x)(1-y)E_{gBD}\right] \\ &- \left[x(1-x)yc_{ABC} + x(1-x)(1-y)c_{ABD} + xy(1-y)c_{ACD} + (1-x)y(1-y)c_{BCD}\right] \end{aligned} \tag{3.3.6}$$

对于其他类型的四元系也可都按此方法进行近似计算。某种三元系材料参数弯曲参数的量纲也就是这种材料参数本身的量纲,即禁带宽度弯曲参数的量纲就是 eV。对表 3.3.3 中列出的主要Ⅲ-Ⅴ族三元系材料的能带弯曲参数的数值,注意到由于其基于不同的测量分析方法及具有不同的误差,这些能带弯曲参数的可能范围是较大的,因此很多还只能作为参考。对于大多数多元系(这里主要是三元系)材料而言,禁带宽度的能带弯曲参数是正值,正的弯曲参数说明禁带宽度与组分关系曲线相对于直线(线性关系)而言是下凹的。表 3.3.3 中列出的数值中只有 AlInP 三元系在直接带隙范围内的能带弯曲可能为负值。相对于二元系材料的禁带宽度本身而言,有些三元系材料的能带弯曲数值一般不太大,甚至接近于零(如 InAsP),可以看成是个较小的修正项,因此在很多场合下如只用线性项进行估算误差也并不大,但弯曲确实存在。

表 3.3.3　主要Ⅲ-Ⅴ族三元系材料的能带弯曲参数

$A^{III}B^{V}C^{V}$	c/eV	$A^{III}B^{III}C^{V}$	c/eV
AlAsP	0.22(X)	AlGaP	0.13(X)
AlAsSb	0.8	AlInP	-0.48(Γ)
AlPSb	2.7	GaInP	0.65
GaAsP	0.19	AlGaAs	0.27(Γ)
GaAsSb	1.43	AlInAs	0.70(Γ)
GaPSb	2.7	GaInAs	0.477
InAsP	0.10	AlGaSb	0.48(Γ)
InAsSb	0.67	AlInSb	0.43
InPSb	1.9	GaInSb	0.415

应指出的是,也有个别三元系材料的能带弯曲参数相对而言特别大,例如比较典型的 InAsSb 材料,其能带弯曲参数达到约 0.67 eV,远大于构成这种三元系的两种直接带隙的窄禁带材料 InAs 和 InSb 的带隙。这也就是说,三元系 InAsSb 材料在某些组分范围其带隙甚至会明显低于 InSb 的带隙,即两种中波红外材料 InAs 和 InSb 的三元合金可以进入长波红外波段,这在实际中是可以充分利用的。图 3.3.1 为根据上面数据得出的一些Ⅲ-Ⅴ族三元系的禁带宽度与组分 x 间的关系曲线,包括本书主要涉及的 $In_xGa_{1-x}As$、$In_xAl_{1-x}As$ 和 $InAs_xP_{1-x}$ 以及上面提及的 $InAs_xSb_{1-x}$,其中已包括了能带弯曲,$In_xAl_{1-x}As$ 为其直接带隙范围。此外,还有 AlPSb 和 GaPSb 等三元系的能带弯曲也是较大的,其全组分范围均为间接带隙材料,但较少涉及。

除禁带宽度外,多元系的另一个具有显著弯曲效应的材料参数为热导率,也就是热阻率的倒数,反映材料的导热性能。材料的热导率对于发热较大的器件(如激光器和功率电子器件)性能的影响非常显著[35, 36],对于光电探测器类本身发热很小的器件性能影响则较小,但

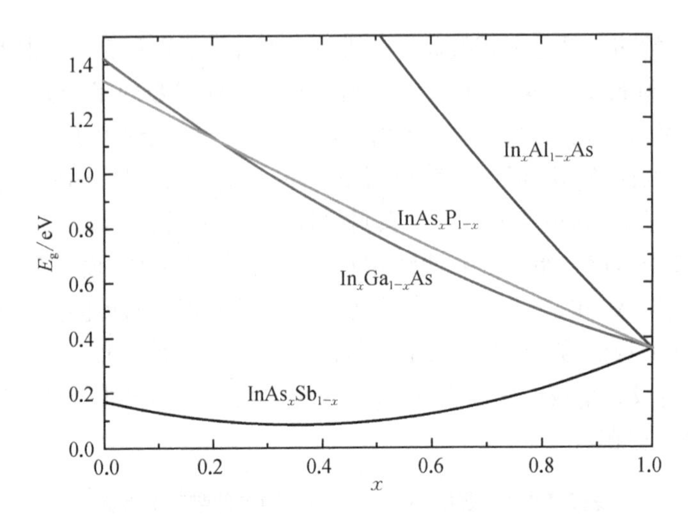

图 3.3.1　300 K 下三元系 $In_xGa_{1-x}As$、$In_xAl_{1-x}As$（直接带隙）、$InAs_xP_{1-x}$及 $InAs_xSb_{1-x}$的禁带宽度与组分 x 间的关系

与器件和组件的致冷和控温等也会有一定关系。简而言之，材料的热导率与其构成元素的质量及其晶体有序程度有一定关系。对于Ⅲ-Ⅴ族半导体而言，一般来说对于二元系材料其构成元素的原子量小则其热导率会高，例如 AlAs>GaAs>InAs、InP>InAs>InSb，且总体上看Ⅲ-N>Ⅲ-P>Ⅲ-As>Ⅲ-Sb，含 Al 材料的热导率也明显比不含 Al 的材料高一些[37-39]。与二元系材料相比，多元系材料的热导率会有显著变化。例如，二元系材料的热导率有可能会显著高于其构成的三元系材料，特别是与三元系的中间组分范围相比，甚至会高一个量级以上[37]；其他影响热导率的因素还有超晶格结构、异质界面以及工作温度区间等；引入超晶格结构会增加大量的异质界面，从而引起材料热阻的显著增加，影响器件的热特性。注意到元素半导体的热导率也与其原子量相关，例如，金刚石具有极高的热导率，Si 的热导率也较高，Ge 的热导率则不到 Si 的一半，但其总体上与化合物的差别已不大，如 Ge 与 GaAs 的热导率就较接近。

对于三元系和四元系材料，其热阻率参数也可采用前述线性项（理想晶体项）与非线性项（扰动项）叠加的方法来描述，即 $r = r_{id} + r_p$，即需引入相应的弯曲参数。三元系材料的热阻率可以根据二元系材料的热阻率计算，例如对于 $In_xGa_{1-x}As$ 可以写成：

$$r_{In_xGa_{1-x}As} = xr_{InAs} + (1 - x)r_{GaAs} + x(1 - x)c \tag{3.3.7}$$

其中 c 是三元系 InGaAs 热阻率的弯曲参数（bending parameters），与热阻率同量纲，对 $In_xGa_{1-x}As$ 约为 78.8 cm · K/W。与前面的能带弯曲相比，这里热阻率是向上弯曲的，即弯曲系数 c 本身是正值，所以式(3.3.7)中弯曲项前是正号。这里之所以针对热阻率而非热导率做计算，是因为其便于进行求和。热导率表观上则是向下弯曲的。对照表 3.3.1 中的二元系参数可以看到，这个热阻率的弯曲参数要比二元系的热阻率本身高许多。例如，据此计算 $In_{0.53}Ga_{0.47}As$的热阻率要达到 22 cm · K/W，远高于 InAs 和 GaAs 的热阻率值 3.7 cm · K/W 和 1.82 cm · K/W。同样，四元系材料的热阻率也可以根据二元系材料的热阻率及其所构成三元系的弯曲参数计算，一些Ⅲ-Ⅴ族三元系的热阻率弯曲参数已收集在文献[35]中。例如，对于$In_xGa_{1-x}As_yP_{1-y}$可以写成：

$$\begin{aligned} r_{In_xGa_{1-x}As_yP_{1-y}} = & [xyr_{InAs} + (1-x)yr_{GaAs} + x(1-y)r_{InP} + (1-x)(1-y)r_{GaP}] \\ & + [x(1-x)yc_{InGaAs} + x(1-x)(1-y)c_{InGaP} + xy(1-y)c_{InAsP} \\ & + (1-x)y(1-y)c_{GaAsP}] \end{aligned} \quad (3.3.8)$$

表3.3.4中列出了所关注的三种三元系$In_xGa_{1-x}As$、$In_xAl_{1-x}As$和$InAs_yP_{1-y}$的带隙和热阻率的弯曲参数。根据热阻率的弯曲参数和前面二元系数据计算得到的$In_xGa_{1-x}As$、$In_xAl_{1-x}As$及$InAs_xP_{1-x}$的热阻率及其倒数热导率与组分x间的关系如图3.3.2所示。由图可见，$In_xGa_{1-x}As$和$In_xAl_{1-x}As$这两种材料的热导率及其随组分变化趋势十分接近，而$InAs_xP_{1-x}$中由于含有P弯曲参数比较小，其热导率要明显高一些。三元系热阻率及热导率的弯曲效应是十分显著的，在中间部分很大的组分区域范围内，三元系的热导率都是要显著低于构成此三元系的二元系材料热导率的，其他多元系材料也都具有类似特点。

表3.3.4　三元系$In_xGa_{1-x}As$、$In_xAl_{1-x}As$和$InAs_yP_{1-y}$的带隙和热阻率弯曲参数

参　　数	$In_xGa_{1-x}As$	$In_xAl_{1-x}As$	$InAs_yP_{1-y}$
能带弯曲参数c/eV	0.477	0.70(Γ)	0.10
热阻率弯曲参数/(cm·K/W)	78.8	80	34

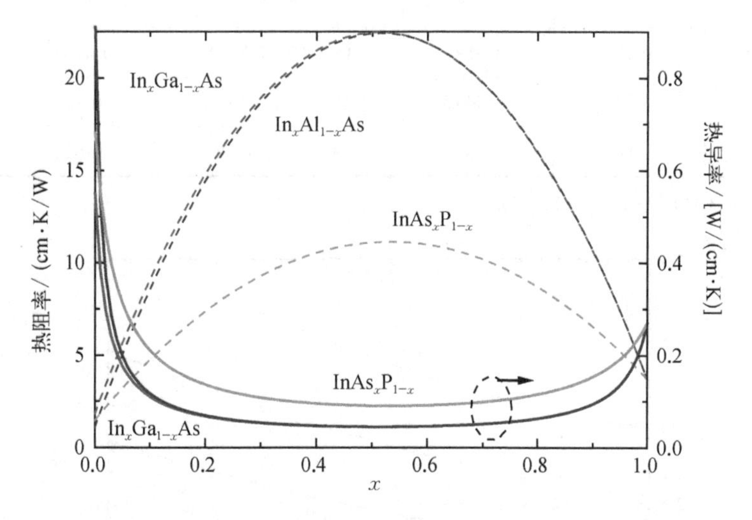

图3.3.2　三元系$In_xGa_{1-x}As$、In_xAl_{1-x}lAs及$InAs_xP_{1-x}$的热阻率(虚线/左)及其倒数热导率(实线/右)与组分x间的关系

关于材料参数另一个需要关注的是其随温度的变化，即温度系数。一般来说材料参数都会随温度有一个缓慢变化，这对在固定或较小的温度范围的应用不会产生显著影响，但对某些应用和某些参数则是必须考虑温度效应的。例如，就禁带宽度而言，其温度系数虽然不大，但由于半导体材料禁带宽度直接与其制作的光电探测器的长波端截止波长直接相关，因

此在很大温度范围内设计光电探测器就必须考虑其影响。半导体材料的禁带宽度一般具有负的温度系数，即随温度升高禁带宽度 E_g 会有所降低[13, 34, 40]，对其常用包含两个拟合常数 α 和 β 的简单公式(3.3.9)进行描述：

$$E_g(T) = E_g(T = 0\ \mathrm{K}) - [\alpha T^2/(T + \beta)] \tag{3.3.9}$$

基于实际测量数据以及一些理论分析，半导体材料禁带宽度的温度特性是可以用(3.3.9)式较好地进行描述的，表 3.3.5 中列出了 Ⅲ－Ⅴ族二元系 InAs、GaAs、AlAs、InP、GaP 禁带宽度的温度特性参数，包括了本书中主要关注的二元系材料，但其也只是一个经验拟合公式。其中描述间接带隙 GaP 材料的直接带隙Γ能谷宽度所用表达式也标注在表 3.3.5 之下。应用此公式首先需要知道此种材料在 0 K 下的禁带宽度(常由计算或外推得到)，常数 α 和 β 也需从实验数据通过拟合得到。根据这些数据结合前面的计算方法和讨论，就可以计算出Ⅲ－Ⅴ族二元系和多元系材料的禁带宽度随温度变化情况。图 3.3.3 示出了不同 In 组分的三元系 $In_xGa_{1-x}As$ 材料其禁带宽度及对应的带隙波长随温度的变化，计算都是基于前面所列数据。由图 3.3.3 可见，从带隙波长考虑，对与 InP 晶格匹配的 In 组分 0.53 之上材料(即波长延伸 InGaAs 材料)，随 In 组分的增加带隙波长并非线性增加，且对某一组分而言其带隙波长的温度系数也是非线性的，特别是对高 In 组分材料，这是设计和模拟器件性能时需要注意的。

表 3.3.5　Ⅲ－Ⅴ族二元系 InAs、GaAs、AlAs、InP、GaP 禁带宽度的温度特性参数

参　数	InAs	GaAs	AlAs	InP	GaP *
$E_g(T=0\ \mathrm{K})$/eV	0.417	1.519	3.099(Γ), 2.24(X)	1.423 6	2.35(X)
α/(meV/K)	0.276	0.540 5	0.885(Γ), 0.70(X)	0.363	0.577(X)
β/K	93	204	530(Γ), 530(X)	162	372(X)

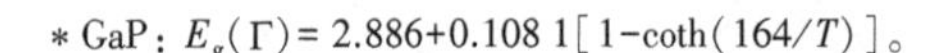
* GaP：$E_g(\Gamma) = 2.886+0.108\,1[1-\coth(164/T)]$。

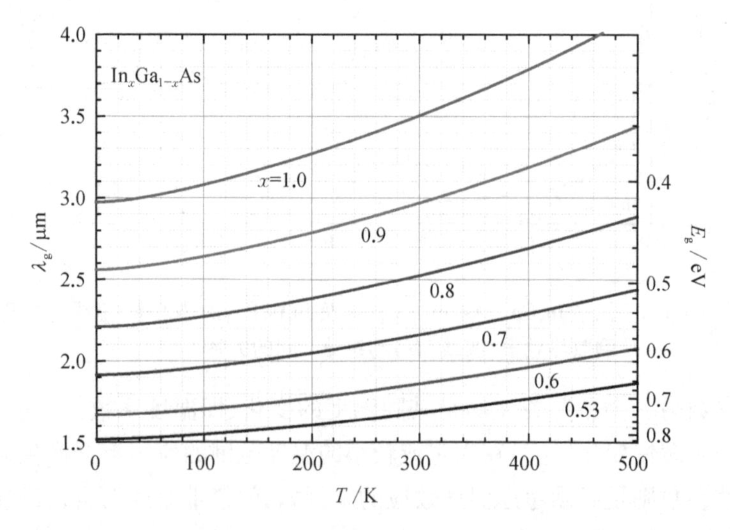

图 3.3.3　不同 In 组分的三元系 $In_xGa_{1-x}As$ 材料其禁带宽度 E_g 及对应的带隙波长 λ_g 随温度的变化

图3.3.4和图3.3.5给出了两种典型的Ⅲ-Ⅴ族四元系材料 $In_xGa_{1-x}As_yP_{1-y}$ 和 $Al_zGa_xIn_yAs$ 的晶格常数和禁带宽度与材料组分间的关系，类似于正方形和正三角形的所谓四元或三元相图。这两种四元系都与本书关注的内容有很直接的关系。从图3.3.4可见，包含四种元素的四元系 $In_xGa_{1-x}As_yP_{1-y}$ 可看成是InAs、GaAs、InP和GaP四种二元系的合金，其中前三种是直接带隙，GaP是间接带隙，所以左下角会出现一小块间接带隙（阴影）区域。图中的虚线为等晶格常数线，可以看到一方面这些等晶格常数线都是直线，另一方面也都是平行等间距分布的，这实际也体现了前面讨论的晶格常数与材料组分间的线性关系。图中的粗实线为等禁带宽度线，可以看到这些等禁带宽度线一方面并非直线，另一方面也都不平行，且不是等间距分布，这实际也体现了前面讨论的禁带宽度与材料组分间的非线性关系，以及多元系的能带弯曲。源自右下角InP点的那根实线即与InP的晶格常数相等，由于其特殊性特别画成了细实线，沿着这根线上的所有InGaAsP四元系材料都与InP晶格匹配。同时应指出，从图3.3.4左上角的GaAs点出发沿着等晶格常数线斜向下可以达到 $In_{0.51}Ga_{0.49}P$ 这个三元系点，这条线上的InGaAsP四元系材料都与GaAs晶格匹配，但其禁带宽度都比GaAs大，在半导体激光器方面有不少应用。以GaAs为衬底的三元系GaInP和二元系GaAs组合已是Ⅲ-Ⅴ族HBT电子器件的优选，三元系AlInP和GaInP的组合用于波长更短的紫外和可见波段的光电探测器也有很好效果[40-42]。

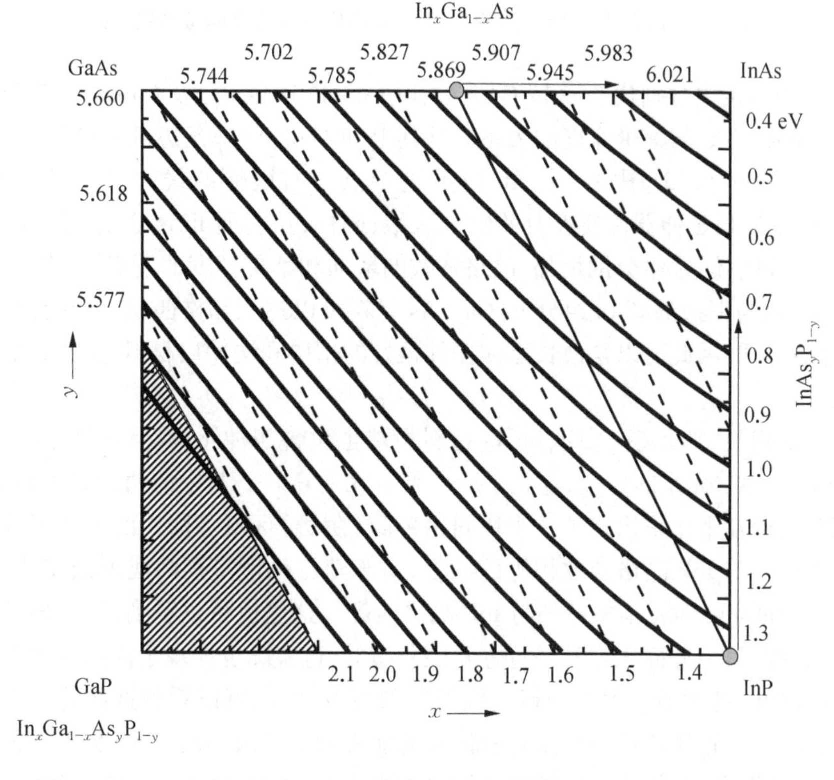

图3.3.4 300 K下四元系 $In_xGa_{1-x}As_yP_{1-y}$ 材料的晶格常数（虚线）和禁带宽度（实线）与其组分的关系，左下角阴影区域为其间接带隙区域

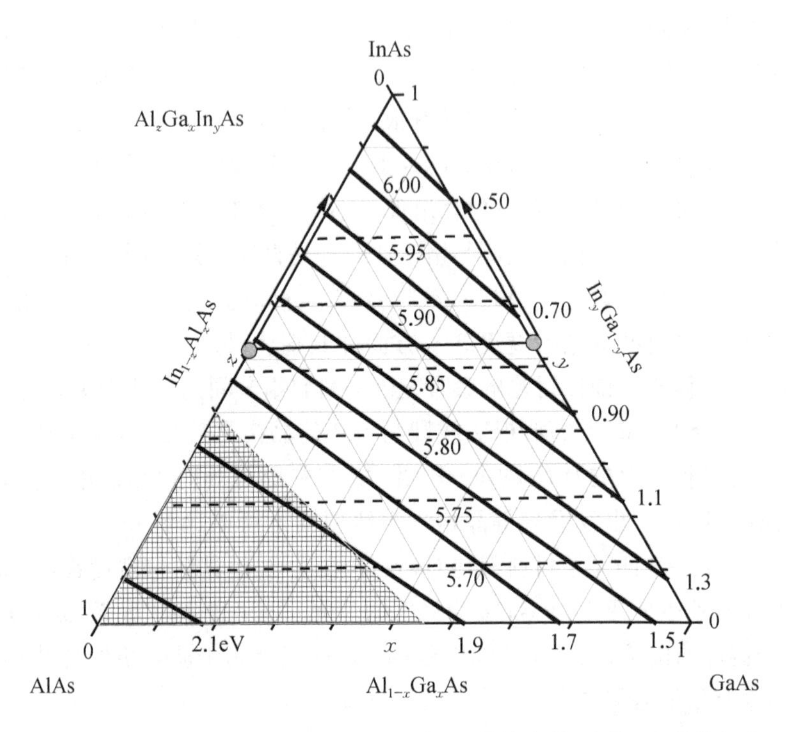

图 3.3.5　300 K 下四元系 $Al_zGa_xIn_yAs$ 材料的晶格常数(虚线)和禁带宽度(实线)与其组分的关系,左下角阴影区域为其间接带隙区域

图 3.3.4 的四条边分别代表了 $In_xGa_{1-x}As$、$In_xGa_{1-x}P$、$InAs_yP_{1-y}$ 及 $GaAs_yP_{1-y}$ 四种三元系材料,反映了其晶格常数与禁带宽度的关系。从其上 $In_xGa_{1-x}As$ 那条边可以找到与 InP 晶格匹配那个组分点在 $x=0.53$,图中已标出;沿着这个点向右延伸的线则指向了高 In 组分的 $In_xGa_{1-x}As$,这是波长延伸器件要涉及的组分区域;同样,从右面 $InAs_yP_{1-y}$ 这条边下面的 InP 点向上延伸的线则随 As 组分的增加、晶格常数的增加和禁带宽度的下降,指向了高 In 组分的 $In_xGa_{1-x}As$,这与上边的高 In 组分 $In_xGa_{1-x}As$ 材料可以达到晶格匹配,但在晶格匹配时其禁带宽度更宽一些,因此可以是波长延伸器件很好的帽层和缓冲层材料,这些在后面章节中还会提及。

从图 3.3.5 可见,四元系 $Al_zGa_xIn_yAs$ 材料虽然也包含四种元素,但其只能看成是 InAs、GaAs 和 AlAs 三种二元系的合金,这就是所谓赝三元的意思。其中前两种是直接带隙,AlAs 是间接带隙,所以左下角也出现了一小块间接带隙(阴影)区域。图中的虚线仍为等晶格常数线,其中增加了与 InP 晶格常数相等的一根,由于其特殊性特别画成了细实线,沿着这根线上的所有 AlInGaAs 四元系材料都与 InP 晶格匹配。这里也可以看到,一方面这些等晶格常数线都是直线,另一方面也都是平行等间距分布的,这实际也体现了前面讨论的晶格常数与材料组分间的线性关系。图中的粗实线为等禁带宽度线,可以看到这些等禁带宽度线表观上基本上是直线,这说明此四元系材料体系的能带弯曲参数相对较小;另一方面也都有些不平行且不等间距分布,体现了禁带宽度与材料组分间的非线性关系。图 3.3.5 的三条边分别代表了 $In_yGa_{1-y}As$、$In_{1-z}Al_zAs$ 及 $Al_{1-x}Ga_xAs$ 三种三元系材料,反映了其晶格常数与禁带宽度的关系。从其右面 $In_yGa_{1-y}As$ 那条斜边可以找到与 InP 晶格匹配那个组分点在 $y=0.53$，图中已标出；沿着这个点向上延伸的线则指向了高 In 组分的 $In_yGa_{1-y}As$，这仍是波长延伸器件要涉及的组分区域。同样，从左面 $In_{1-z}Al_zAs$ 这条斜边也可以找到与 InP 晶格匹配的点 $z=0.48$，图中也已标出。注意到这里等晶格常数线基本在水平方向，说明 InGaAs 和这两种材料在相同 In 组分下晶格常数也是基本相同的，从其与等禁带宽度线的交点可以看到 InAlAs 的禁带宽度要明显大于 InGaAs，因此 InAlAs 也可以是波长延伸 InGaAs 器件很好的帽层和缓冲层材料，这些在后面章节中也还会提及。

从本质上说半导体的材料参数可以分成两大类：一类是天生的或“本征”的，不易受外部条件（如掺杂及其种类、结晶质量和缺陷等）干扰，即使对其有影响也微乎其微，例如晶格常数和密度，包括禁带宽度等，前面表中所列大都是这些参数，其由材料的本性决定；另一类则是后天的或“非本征”的，会随外部条件变化有较大波动，例如与输运相关的载流子有效质量、迁移率、扩散长度、寿命等，受杂质种类和数量、所处晶格位置、晶格完整性以及缺陷等因素的影响都很大，综合其在不同温度区间的散射机制得到的总体效果也会有较大差别。即使对同一样品，测量方法的不同也会导致得到的结果有一定差别，因此对这些参数而言难以有很确定的数值，即所谓只有更高没有最高，因此前面的材料参数表中也都未列入。当然，对这些参数也会有一些总体上定性的判断和了解。例如，在室温下，禁带宽度较窄的 InAs 材料，其电子迁移率要比禁带宽度较宽的 GaAs 材料大约高五倍，因此 InGaAs 的载流子迁移率会随材料组分有较大变化，禁带更窄的材料的迁移率会更高；而直接带隙的 GaAs 材料则要比间接带隙的 Si 材料大约高五倍，虽然 GaAs 的带隙比 Si 还宽一些，说明载流子的迁移率与材料的能带结构是有很大关系的，甚至比禁带宽度的影响还要大。因此，器件设计和模拟中如用到这些参数是需要做综合分析的，除依据实际测量值外，对文献书籍中列出的数据要详细考察其具体细节，如样品类型、测量方法、测量温度以及具体掺杂条件和结晶质量等，再给出综合判断。

除此之外，对于一些研究历史较长、其后又有广泛应用的材料，从书籍或文献中能追踪获取所需的材料参数的可能性就较大，数据也会更可靠，但对一些研究历史较短应用尚少的材料，则数据缺乏，即使能找到其可靠性也会存疑，甚至可能根本找不到，这就需要自己进行测量分析。例如，与 InP 晶格匹配的三元系 $In_{0.53}Ga_{0.47}As$ 材料，其可供参考的数据已较多，但高 In 组分 InGaAs 材料的参数还很缺乏。设计模拟高 In 组分 InGaAs 光电探测器需要有其光吸收系数与波长及温度关系的数据，就需要自行测量[43]。对于此类光吸收测量，获得可靠数据的关键在于设计合理的样品结构并有尽量“全同”的参考样品，设计合理的测试、参比和标定方案。图 3.3.6 为用于光吸收测试的两组样品的结构，其中 A 为测试样品，B 为参考样品[44]。图 3.3.7 为获得的在室温及 77 K 下的测量结果。对于与 InP 晶格匹配的 $In_{0.53}Ga_{0.47}As$ 材料，其结果与文献报道符合较好[45]，而对 In 组分为 $x=0.8$ 的 $In_{0.53}Ga_{0.47}As$ 材料，则填补了空白。将获得的特定高 In 组分材料的光吸收数据与晶格匹配材料的数据进行比对，还可以对吸收边及吸收系数与组分的关系有一个较精确的估计，比对室温和 77 K 的数据也可对其随温度变化趋势有较准确的判断，这对设计模拟器件性能很有帮助[44]。

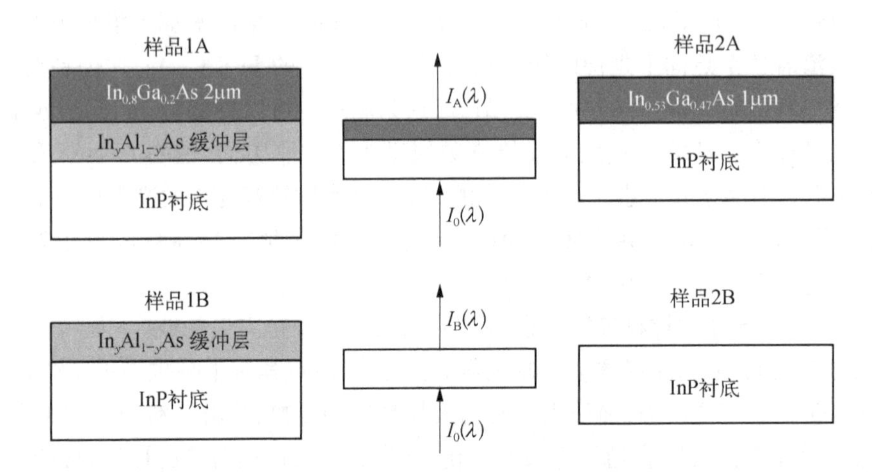

图 3.3.6 用于测试三元系 $In_xGa_{1-x}As_y$ 材料光吸收系数的测试样品 A 及参考样品 B 的外延结构及测试光路示意图,其中包括与 InP 晶格匹配及高 In 组分两组样品[44]

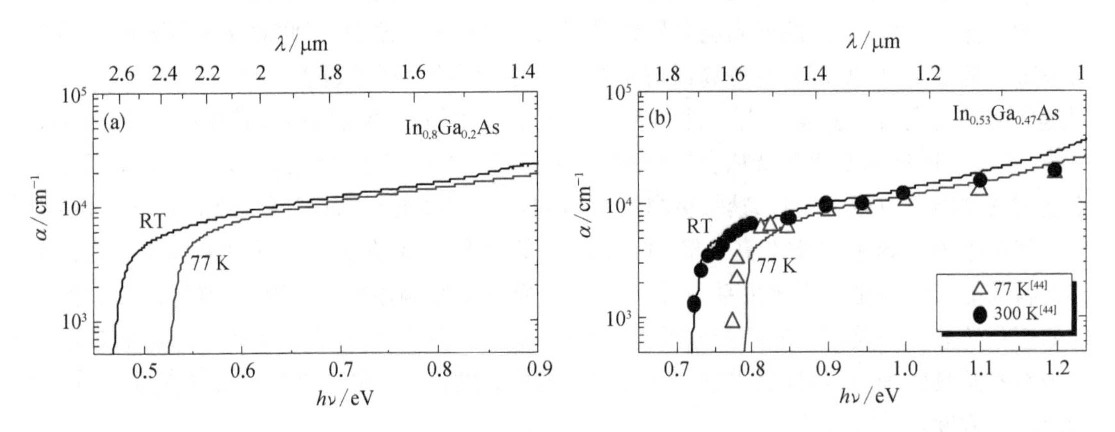

图 3.3.7 采用 FTIR 方法测得的与 InP 晶格匹配及高 In 组分三元系 $In_xGa_{1-x}As_y$ 材料在室温与 77 K 下的光吸收系数与波长的关系[44],其中也标出了文献[45]中的晶格匹配样品数据

再如,对于高 In 组分 $In_xGa_{1-x}As_y$ 三元系材料的一些输运参数,这是器件设计模拟中都需要的,但由于此类材料研究尚少,且与 InP 衬底有较大的失配,一般无法在其上直接生长,因此即使一些简单的材料参数(如载流子迁移率)也难以直接测量,数据缺乏。同时,一些参数的测量与所用的测量方法以及样品本身也有较大关系,对于某种材料即使一些表观条件基本相同,受材料生长设备和工艺的影响以及背景杂质种类和浓度等的影响,所得参数也可能有较大差异,需要分析比较。为此已针对材料特性和测量要求专门设计生长了测试所用样品,对 $x=0.83$ 的高 In 组分 $In_xGa_{1-x}As_y$ 三元系材料的霍尔迁移率、少子扩散长度、寿命和吸收系数等进行了测试分析,采用了变温霍尔、微波反射光电导、傅里叶变换光吸收及光荧光等方法,并涉及了较大的掺杂浓度和温度范围,从而填补了数据空白[46],使对此类光电探测器的设计和模拟有了基本依据。在这些测量中也基于相同设备同时生长了 $x=0.53$ 的晶格匹配 $In_xGa_{1-x}As_y$ 三元系材料样品,并采用了相同的方法进行测量。由于晶格匹配样品已有一些文献数据可以比对,这样的方式对评估测量方法本身和数据的可靠性会有帮助。

3.4 InGaAs与光纤通信的渊源

以与二元系InP衬底晶格匹配的三元系$In_{0.53}Ga_{0.47}As$材料为代表的一系列InP基材料,包括前面已讨论过的$In_xGa_{1-x}As_yP_{1-y}$和$Al_zGa_xIn_yAs$四元系材料,与光纤通信技术的发展有着深刻的渊源。1966年K. C. Kao(高锟)等分析了光导纤维中的光损耗机制[47],包括吸收和各种散射等,指出了利用光纤进行信息传输的可能性和技术途径。当时最好的玻璃材料体吸收尚在200 dB/km量级,其指出如将其中二价铁离子等金属杂质的浓度控制到1 ppm以下,则光纤的吸收损耗可降低一个量级到20 dB/km以下,这时利用光纤传输信息就具有了实用价值。据此,1970年美国康宁(Corning)公司制成了损耗低至20 dB/km的石英光纤;1976年日本电报电话(NTT)公司已将光纤损耗降低至0.47 dB/km,光纤通信进入快速发展阶段。高锟因此与威拉德·博尔、乔治·史密斯一起获得2009年诺贝尔物理学奖。除作为传输介质的光纤外,发展光纤通信的另两个关键元器件是半导体光源(包括发光二极管LED和激光二极管LD)和光电探测器;后来在此基础上进一步发展出的半导体光调制器和半导体光放大器等也属此类器件。前已提及,1962年已出现了在液氮温度下工作的GaAs同质结半导体激光器[14-16],其后很快发展出GaAs/GaAlAs异质结半导体激光器LD以及发光二极管LED,性能上有很大提高,能够在室温下连续波工作,即达到所谓RT-CW状态,初步解决了光源的实用性问题。Ⅲ-Ⅴ族的GaAs/GaAlAs体系以GaAs(或含少量Al)为发光介质,其发光波长约在850 nm,同时以禁带更宽、折射率更低的三元系GaAlAs材料作为载流子和光的限制约束材料,使得其与同质pn结相比发光性能大为改善,在此体系上制作的LED性能也不错。其时,Si材料以及Si光电探测器已经有了充分发展,且其最佳探测波长恰好能够覆盖850 nm,与GaAs/GaAlAs LED或LD形成了绝配。这样三驾马车已在路上,发展光纤通信水到渠成。

在充分注意到杂质对石英光纤损耗的影响之后,相关材料提纯技术有了稳步提高。当制作石英光纤的原材料中的杂质以及光纤加工过程可能引入的杂质,主要是前述二价铁离子等金属杂质,以及原料和加工过程中微量水汽引入的氢氧根离子的浓度,通过一系列措施都降到足够低以后,其他散射机制(如瑞丽散射)在光纤损耗中就开始起主导作用。由于光纤材料本身固有的分子水平上的一些不均匀性引起的瑞丽散射与波长的倒数有四次方关系,这也就是说增加工作波长就可以大大降低瑞丽散射损耗。除此之外,制作光纤的石英材料的色散也与其工作波长相关,折射率随波长变化的主要成分与波长倒数有三次方关系[48]。随着光通信速率的提高,色散的影响会越来越大,这也就是说增加工作波长有利于提高光通信的速率。所有这些就构成了驱动光纤通信向更长波方向发展的动力。研究表明在各种综合作用下,石英光纤在1.31 μm的波长上可以达到色散最小甚至接近于零,达到所谓零色散条件,且这时的光纤损耗仍相对较小;在1.55 μm的波长上可以达到损耗最低,这时色散也不太大,这也就是后来普遍采用的两个光通信波长。由于在这两个波长附近损耗和色散都具有可接受的数值,后来的波分复用技术也都是围绕着这两个中心波长展开的。

为与前期的 850 nm 波长相区别,在光通信领域中 1.31 μm 和 1.55 μm 这两个波长就都被称为长波长(long-wavelength),有时还细分为零色散波长与低损耗波长;与其相对 850 nm 的波长则被称为短波长(short-wavelength),这也就是所谓短波长光通信和长波长光通信。应注意到这与航天遥感领域的短波红外(short-wave infrared, 1~3 μm)、中波红外(mid-wave infrared, 3~5 μm)和长波红外(long-wave infrared, 8~14 μm)等是不同的概念,不能混淆[48]。

为发展长波长光通信就需要用长波长的光源与光电探测器,这就使本书所关注的Ⅲ-Ⅴ族 InGaAs 系材料有了重要的用武之地。由于发展光电器件的 InGaAs 系材料主要是采用外延方法生长在 InP 衬底上的,因此这些材料常被统称为 InP 基材料或磷化铟基材料。对于光电探测器而言,与 InP 衬底完全晶格匹配的三元系 $In_{0.53}Ga_{0.47}As$ 的室温长波端截止波长约在 1.7 μm,恰好能同时覆盖住长波长光通信的两个波长,且其为直接带隙具有较高的吸收系数和载流子迁移率,因此自然成为优选材料。注意到早期发展长波长光通信时也采用过 Ge 光电探测器,其长波端室温截止波长约在 1.8 μm,比 $In_{0.53}Ga_{0.47}As$ 要长一些,也能覆盖长波长光通信的两个波长,但其为间接带隙材料,吸收系数和载流子迁移率都较低,使得器件性能方面受到一些限制,随着Ⅲ-Ⅴ族材料的发展后来在光通信系统中也就不再使用了,只是用于光功率计等方面。

为发展长波长光通信用的高性能光电探测器,1977 年美国贝尔实验室的 T. P. Pearsall 等报道了采用液相外延 LPE 方法在 InP 衬底上生长晶格匹配的 $In_{0.53}Ga_{0.47}As$ 材料[49],其后又很快基于此研制出同质结的 $In_{0.53}Ga_{0.47}As$ 光电二极管[50],打开了 InGaAs 光电探测器在长波长光纤通信领域的应用之门。其后 $In_{0.53}Ga_{0.47}As$ 光电二极管有了快速发展,器件也过渡到异质结构使得性能上有进一步提高,终于成为长波长光通信中光电探测器的不二之选。20 世纪 80 年代初期我国的光纤通信技术也开始蓬勃发展,前期还都是基于自主技术,在石英光纤、半导体光源器件、光电探测器件以及光通信系统方面齐头并进,并逐步由早期的短波长的 GaAs/GaAlAs 体系过渡到长波长的 InP/InGaAs(P)体系,至 80 年代中期已开始进入实用阶段。在长波长光电子器件方面,除分立器件外 20 世纪 80 年代末已开始了单片集成光发射器和光接收器的探索,实现了基于 InP 基材料和 LPE 方法的单片集成 HBT-LED 光发射器[51]和单片集成的 PIN-JFET 光接收器[52],开发了所需的低温开管 Zn 扩散掺杂[53]和 Be 离子注入掺杂[54, 55]等工艺技术。

对于Ⅲ-Ⅴ族化合物半导体而言,如前所述由于其本身种类繁多性质各异,Ⅲ族和Ⅴ族元素又有各种不同的组合,仅从实用的角度出发和降低技术难度上考虑,一般而言应该是能用二元系则不用三元系,能用三元系则不用四元系;或者说二元系解决不了的再用三元系,三元系解决不了的再用四元系,需要时甚至可以引入更多的元素,如采用五元系。这主要是因为:对于Ⅲ-Ⅴ族化合物半导体而言,其Ⅲ族元素和Ⅴ族元素的原子应该严格满足 1∶1 的化学计量比,而多元系其组分中的两种及以上Ⅲ族元素之间必然会有竞争关系,两种及以上Ⅴ族元素之间同样也会有竞争关系,这样每增加一种组分元素都会提高外延生长中的精确控制上的难度。对光电探测器而言,材料设计中尽可能要求其为直接带隙材料以减小所需吸收层厚度,且其带隙波长与工作波长应尽量接近但要稍长一些,这样才可以充分发挥材料的性能。对于长波长光纤通信的两个波长，InP 基材料中并无二元系材料可以直接满足要求，可以同时覆盖 1.31 μm 和 1.55 μm 两个波长，满足要求的三元系中显然以 $In_{0.53}Ga_{0.47}As$ 为最佳，且用于在这两个波长附近继续扩展的波分复用也无问题。如只针对 1.31 μm 工作波长，如前所述 InP 基材料中也可有比 $In_{0.53}Ga_{0.47}As$ 禁带稍宽一点的四元系 InGaAsP 或 InAlGaAs 材料，“理论上”用其制作的光电探测器应该有比三元系 $In_{0.53}Ga_{0.47}As$ 更好的性能，早期也确实有这方面的尝试，但一方面也许材料生长方面难度的增加限制了其性能的提高，另一方面只针对一个工作波长显然也对应用发展不利，这是其后专注发展以 $In_{0.53}Ga_{0.47}As$ 作为光吸收有源层的光电探测器，并使其在光纤通信应用方面得到充分发展的根本原因。对于波长更短一些但 Si 光电探测器又较难覆盖的非光纤通信应用，例如针对在激光测距和激光雷达等方面有较多应用的 1 064 nm 波长，对多元系的带隙进行裁剪以期器件性能达到更优则是可行的。在 1 064 nm 波长上具有性能优异的半导体激光泵浦固体或光纤激光器，但对此波长 Si 光电探测器由于带隙的限制性能上已严重下降，$In_{0.53}Ga_{0.47}As$ 光电探测器虽然也可以探测这个波长，但由于材料带隙较窄影响到器件性能，这时如采用 InP 基的晶格匹配 InGaAsP 或 AlGaInAs 四元系材料，并将其带隙波长设置在比工作波长略长一些，如 1.2 μm 左右，则有望获得比 $In_{0.53}Ga_{0.47}As$ 光电探测器更佳的性能[56-58]，也包括此波长上高灵敏探测所需的具有雪崩增益的 APD 器件[59]。

在光纤通信技术发展的早期，由于当时半导体激光器的输出功率较小，用光纤放大器或半导体光放大器进行光放大也还未发展，且光纤通信的速率较低，这时对光电探测器的主要要求是其具有高灵敏度，即更高的量子效率和更低的暗电流，特别是对长距离的光通信。例如，早期基于海底越洋光缆的光通信就对光电探测器在灵敏度方面有极苛刻的要求，需要采用本身具有增益的雪崩型光电探测器。由于对常规结构正常设计的器件改善其量子效率的余地并不大，这时降低暗电流以减小噪声就成为首先需要考虑的。其后由于半导体激光器的发展和光纤放大器等的采用，对光电探测器灵敏度方面的要求有所降低，且伴随着对光通信速率要求的持续大幅度提高，10 Gbit/s 及以上的光通信系统已成为常态，光电探测器的响应速度就成为要考虑的最重要参数，这时光电探测器常需在较高偏压下工作使耗尽层充分展开，以减小器件结区的电容，量子效率和暗电流则降为其次。表 3.4.1 中列出了 InGaAs 光电探测器的一些不同应用领域对其在主要参数要求上有所差异的大致情况，可供参考。一般而言，各种应用对光电探测器的量子效率或响应度都会有一个基本要求，对其他参数的情况也是一样，但在不同应用中首要的关注点是会有所差异的。对于航天光谱遥感和成像类应用，因为多涉及弱光信号，但工作速度较慢，所以对其暗电流及噪声特性往往有苛刻要求，光电探测器也常在零偏压下工作；而针对此类应用，基于直接带隙高迁移率材料的量子型光电探测器的响应速度已足够高，因此对其响应速度常可不做要求。当然，随着超高帧频成像和超短脉冲探测等方面应用的发展，也会对其响应速度提出较高要求。随着光通信技术的发展，针对此应用的 InGaAs 光电探测器已得到充分发展并进入成熟阶段，但将其直接用于航天遥感等领域有时并不合适，这就需要利用已有的研究基础继续开展工作，以适应各种特殊要求。

表 3.4.1 不同应用领域对 InGaAs 光电探测器在主要参数要求上的排序及其差异

	光纤通信	航天遥感	仪器仪表	激光雷达
响应速度	★★★★	★	★	★★★
量子效率	★★★	★★★	★★	★★
暗电流/噪声	★★	★★★★	★★★	★★★★
动态范围	★	★★	★★★★	★

Si 材料在微电子领域取得的巨大成功在很大程度上与其可以制备具有极高质量的热氧化层有紧密关系。在相当高的温度下将 Si 本身氧化形成的 SiO_2非常致密,绝缘性能优异,与 Si 本体间又有良好的界面,是优秀的介质材料,在隔离、钝化等方面的作用显著。更重要的是,金属通过 SiO_2与 Si 之间形成的 MOS 结构产生的场效应是比早期点接触和结型三极管更加重要的晶体管结构,增强型与耗尽型互补的 CMOS 构型已成为现代微电子学的最重要基石。Si 的带隙覆盖可见光波段,虽然是间接带隙,但由于发展成熟,除有特殊要求外在可见光波段光电探测方面无出其右,与电子器件可天然地进行单片集成构成可见光波段的成像器件,如较早的 CCD 成像器件和其后的 CMOS/CIS 成像器件,在数码相机等一系列应用方面已是主流,几无竞争对手。Si 的光电响应在长波端(红端)可进入近红外约 1 μm,往短波端(蓝端)则可进入紫外波段,都已发展得很成熟。可同时在 Si 材料上制作电子器件和光电探测器件,即进行单片集成,这是 Si 材料的天然优势。

在化合物特别是Ⅲ-Ⅴ族半导体材料发展起来后,人们也自然想到将在 Si 器件方面取得巨大成功的 MOS 结构引入,但一直不太成功,最根本的限制在于很难制备像 Si 材料上的热氧化 SiO_2那样优秀的“天然”介质材料,而非理想的介质层与半导体构成的界面、表面及体内的各种可能的能态会引起能带钉扎效应,这使得依靠场效应的电子器件难以实现,但人们一直未放弃这方面的努力。近年来随着技术的进步,这个根本性的困难已有所克服,例如利用超高真空系统将Ⅲ-Ⅴ族材料的生长和高可控介质膜沉积(如原子层沉积 ALD)系统原位结合起来的组合系统,可以在材料生长完成后不脱离超高真空环境立即进行介质膜沉积,这样已可以制成无钉扎的 MIS 结构,以充分利用化合物材料的高迁移率特性。前已提及,早期人们也将金属和半导体接触能形成肖特基势垒的特性应用到化合物的电子器件方面,最典型的是采用 GaAs 材料的 MESFET 器件[12]。GaAs 的带隙较宽,与金属形成的肖特基势垒有足够的高度,因此其后在发展单极型的微波器件及其集成方面取得了成功。利用金半接触肖特基势垒构成二极管也可以像结型器件一样进行光电探测,且由于其是多子器件,可以有很高的响应速度。在其他化合物半导体材料(如 InGaAs)发展起来之后,人们也想到利用其金半肖特基势垒构成电子器件及光电探测器件,但由于 $In_{0.53}Ga_{0.47}As$ 的带隙只有 GaAs 的约一半,肖特基势垒高度不够高,难以直接利用。在 $In_{0.53}Ga_{0.47}As$ 材料之上生长禁带更宽一些的薄层材料,可以对其起到肖特基势垒增强的作用。例如,可以采用掺 Fe 的半绝缘 InP[60]

或高阻 $In_{0.52}Al_{0.48}As$[61, 62]对其进行势垒增强,构成针对光通信应用的超高速 $In_{0.53}Ga_{0.47}As$ 光电探测器,取得了良好效果。此思路也可拓展到航天遥感和激光雷达等方面应用,并可利用其独特的器件结构来实现特殊的功能。前已提及,在同一化合物材料体系上同时制作电子器件和光电器件,即进行单片集成,是人们一直努力的目标。直接带隙的化合物材料不仅可以用于光电探测器件,也可以用于发光器件,且都可以覆盖宽广的波段范围,这是化合物半导体材料的主要优势。具体对于光通信而言,在同一个材料体系上既实现发光,又实现光探测,同时还能实现电驱动输出以及电信号的放大和处理,再包括光信号的传输和处理,进而实现不同类型的光子和电子器件的单片集成以及光子集成,一直是人们所期望的;而基于InGaAs 系材料也就是 InP 基材料恰好有可能在光纤通信波段上实现这样的目标,因此这方面的研究延续至今并仍在发展之中,包括采用 Si 基复合衬底等。同样,在航天遥感等应用领域也必然会有这方面的要求,FPA 器件中与 Si 基电路的混合集成已是当前主流,而发展单片集成则有可能成为今后的发展方向。

3.5 InGaAs 与其他材料体系的比较

前已述及,三元系 InGaAs 材料可以看成是两种直接带隙的二元系材料 InAs 和 GaAs 的合金,其室温下带隙的覆盖范围是从 InAs 的 0.36 eV 到 GaAs 的 1.43 eV, 对应的带隙波长范围约在 3.44 μm 到 0.87 μm。对光电探测器而言,这既包括了长波长光通信的两个特定波长,也包括了航天遥感方面的整个短波红外 1~3 μm 波段。对于基于半导体材料的常规量子型光电探测器而言,其光电响应光谱在长波端(红端)的下降比较陡峭,其截止波长恰好与带隙波长基本吻合,在截止波长以上器件的确是完全截止了,没有响应;在短波端(蓝端)则会有不同情况。从“理论”上说,光电探测器的光谱响应往短波端下降得比较缓慢,实际上并没有一个严格的截止波长,只是人为规定其响应下降到50%、10%甚至5%时为其截止波长。在截止波长以下,光电响应只是继续缓慢下降,但仍会有响应,并不完全截止,在对灵敏度要求不高的场合仍可应用。对于设计合理的具有宽禁带窗口层结构或衬底背进光结构的一类光电探测器,表观上短波端进入窗口或衬底材料的不透明区后,响应下降也会变得十分陡峭,甚至达到完全截止,但这只是由于窗口层或衬底的“滤光”作用,采用薄窗口层或减薄去除衬底等方法是可以改善其在短波端的响应的。因此,考虑某种用于光电探测器的具有较高吸收系数的直接带隙半导体材料,首先是考察其带隙波长,然后再分析相关技术及设计问题。对于面向短波红外航天遥感应用的光电探测而言,除Ⅲ-Ⅴ族的三元系 InGaAs 材料外,还有两种材料体系是必须提及的[63, 64]:一种是Ⅱ-Ⅵ族的碲镉汞(HgCdTe,MCT)体系,另一种是Ⅲ-Ⅴ族中的锑化物体系。从“理论”上说这些都是用于光电探测的优秀材料体系,且主要应用于红外波段,近期还有利用 HgTe 胶体量子点结构制作 SWIR 波段扩展波长光电探测器的报道[65]。前面曾提到过的一些较“古老”的材料(如 PbS 等)虽然也涉及这些探测波段,近年来也仍在发展中[66, 67],但受性能方面的限制,尚不在光纤通信和航天遥感等要求较高的应用考虑之列。

三元系的 HgCdTe 可以看成是二元系材料 CdTe 和 HgTe 的合金[68]。CdTe 是典型的Ⅱ-Ⅵ族直接带隙半导体材料，禁带较宽，约为 1.6 eV；HgTe 则已经是半金属材料，禁带宽度为负，约为-0.3 eV。因此，三元系的 $Hg_xCd_{1-x}Te$ 半导体的带隙可以在 0~1.6 eV 的宽广范围内调节，从而覆盖近乎整个红外波段，当然也包括了短波红外波段。两种二元系材料 CdTe 和 HgTe 的晶格常数十分相近，失配仅在约 0.3%，因此各种 $Hg_xCd_{1-x}Te$ 材料的不同组分之间可基本无需考虑晶格失配问题，同时也有 CdTe 或 CdZnTe 等作为良好的衬底材料。基于 $Hg_xCd_{1-x}Te$体系材料发展红外光电探测器已有很长历史，在应用的强力推动下发展得也很成功[68, 69]，但其主要受到两个方面的限制：其一是这种三元系材料中含有结合较弱的 Hg—Te 键，这对材料的理化性质产生了较大影响，特别是对含 Hg 量较高的材料。较弱的 Hg—Te 键限制了材料的理化特性，使其稳定性变差，材料的熔点也低，因此对应的材料生长和器件工艺加工的温度也都较低，有时甚至会要求限制在 100℃以下，因此生长和加工条件都很苛刻，影响到结果，对器件的工作环境及其可靠性等也都需要有特别的关注。材料较弱的理化特性也会影响到器件的抗辐照性能，而航天遥感等应用场合则会对这些方面有较高的要求。其二是相对而言，CdTe 或 CdZnTe 衬底本身的价格也很高，大尺寸的衬底尚难以获得，这给其发展带来了一定的限制。近年来采用 GaAs 乃至 Si 取代 CdTe 或 CdZnTe 作为外延衬底已取得了很大成功，部分抵消了这方面的限制。一般而言，由于共价键和离子键成分的消长，Ⅳ族半导体材料的理化性质要优于Ⅲ-Ⅴ族材料，而Ⅲ-Ⅴ族材料则要优于Ⅱ-Ⅵ族材料。这也就是说，仅从应用角度考虑，基本的思路是能用Ⅳ族材料解决的问题就尽量不用Ⅲ-Ⅴ族材料，能用Ⅲ-Ⅴ族材料解决的问题就不用Ⅱ-Ⅵ族材料。Ⅱ-Ⅵ族的 $Hg_xCd_{1-x}Te$ 材料体系在红外探测领域得到如此的重视和发展，说明这种材料在特性上是有其独到之处的，其较高的红外吸收系数、宽广的波长覆盖范围和在较大组分范围内带隙的低温度系数都是人们所期望的。

Ⅲ-Ⅴ族含锑的材料体系也可以很好地覆盖短波红外波段。与前述 InGaAs 系材料（包含 AlInGaAs 和 InGaAsP 四元系）相比拟，锑化物体系也可以有 InAsPSb 和 InGaAsSb 两个主要的四元系，且这两个四元系也恰好覆盖短波红外波段。与 InP 基的 AlInGaAs 四元系相似，InAs 或 GaSb 基的 InAsPSb 四元系属 $AC_{1-x-y}D_xE_y$类赝三元材料，但其包含三种Ⅴ族元素而非三种Ⅲ族元素，可看成是 InAs、InP 和 InSb 三种直接带隙二元系的合金，因此其在全组分范围内也都是直接带隙材料。以 InAs 作为衬底时，室温下晶格匹配 InAsPSb 四元系的带隙覆盖范围是从 InAs 的 0.36 eV 到大约 0.7 eV，也很适合短波红外波段，短波端带隙也与 $In_{0.53}Ga_{0.47}As$相近，但对于平衡外延，如 LPE，材料的互溶隙会对组分范围有一定影响。国内 20 世纪 90 年代初就已开始采用 LPE 方法研制基于此材料体系短波红外波段光电探测器[70, 71]。同样，InGaAsSb 和 InP 基的 InGaAsP 一样是典型的 $A_xB_{1-x}C_yD_{1-y}$类四元化合物，可看成由 InAs、InSb、GaAs 和 GaSb 这四种二元系的合金，且这四种二元系都是直接带隙，因此其在全组分范围内也都是直接带隙。巧合的是，以 GaSb 作为衬底时，室温下晶格匹配 InGaAsSb 四元系的带隙覆盖范围是从富 InAs 角的 0.283 eV 到 GaSb 的 0.73 eV，也很适合短波红外波段，且二元系 GaSb 的带隙与 $In_{0.53}Ga_{0.47}As$ 本身就很接近。国内 20 世纪 90 年代中期也已开始采用 MBE 方法研制基于此材料体系光电探测器[72]。

注意到锑化物体系中两种二元系 InAs 和 GaSb 本身的晶格常数也相当接近,GaSb 的晶格常数为 6.096 Å,与 InAs 相比二者间的失配仅约 0.6%。因此,在这个晶格常数附近的一系列材料有时也被统称为 6.1 Å 族材料。这也就是说,从晶格匹配的角度出发,能用 GaSb 作为衬底生长的材料组分,同样也可以用 InAs 作为衬底进行生长,这是锑化物材料体系的一个重要特点。当然,对光电探测器材料而言,晶格匹配只是其中一个因素,除此之外也还要考虑到衬底材料对探测器结构的影响。以基于Ⅲ-Ⅴ族锑化物材料的光电探测器为例:在正面进光的情况下,由于光路可不经过衬底材料,衬底这方面对器件没有影响。然而,在背面进光条件下,由于光路经过衬底材料,其影响则是必须要考虑的。对于焦平面类器件特别是面阵器件,在很多情况下基本无法采用正面进光结构,这就会造成很大限制。具体说来,如以 GaSb 作为衬底,由于其带隙约为 0.73 eV,对应约 1.7 μm 的带隙波长,这也就是说在1.7 μm 的波长以下衬底是不透明的,如采用背面进光结构,这就决定了器件在短波长(蓝端)方向的探测波长极限,无法要求器件在更宽的光谱范围工作。采用特殊工艺减薄或去除衬底虽然有可能减小其影响,但会显著增加工艺难度。如以 InAs 作为衬底,由于其带隙仅为 0.36 eV,对应约 3.4 μm 的带隙波长,这也就是说在整个短波红外波段其衬底都是不透明的,背面进光结构就根本无法采用了,这也就是将锑化物材料用于焦平面器件时大都用 GaSb 作为衬底的根本原因。对于激光器结构,虽然边发光器件的输出光并不从衬底面透出,但衬底对光可能有较强的吸收作用也是不能忽略的。当然,如将这个材料体系用于中波红外或长波红外波段,就可基本不考虑衬底吸收的影响,但对自由载流子吸收除外;这方面基于锑化物Ⅱ类超晶格光电探测器和焦平面已有很多工作[73]。此外,锑化物中也包括一些含 Al 的体系,如 AlGaAsSb 和 AlInAsSb 等,由于含 Al 的二元系 AlAs 和 AlSb 都是间接带隙,因此其构成的多元系会涉及间接带隙区域,这里就不详细讨论了。

就此看来,除衬底可能对焦平面器件的探测波长范围有影响外,从“理论”上讲,Ⅲ-Ⅴ族锑化物体系用于短波红外光电探测尚不存在根本性的限制,但从技术上看也还主要存在两个方面的困难:一方面受锑化物材料理化性质的影响,含锑的材料在工艺处理方面会有一定困难。例如,湿法刻蚀时易形成络合物难以去除,干法刻蚀过程中的中间产物和残留物也不易汽化去除,都需要有特殊的工艺措施,包括衬底抛光和外延生长等表面处理方面有一定困难;材料生长方面也存在一些技术上的困难,包括 MBE 等方法生长中锑源较难控制等。另一方面,GaSb 衬底价格较高,也还远不如 InP 衬底成熟,InAs 衬底价格虽不高但本身较脆弱,且存在不透明的问题使其用于 FPA 受到限制。

综上所述,一方面得益于光纤通信技术的出现使得 InP 基 InGaAs 系材料有了良好的前期发展,积累了很好的基础,使得其用于航天遥感等领域能够得到相对较快的发展;另一方面,鉴于Ⅱ-Ⅵ族 MCT 体系和Ⅲ-Ⅴ族锑化物体系尚存在的一些技术上的困难和限制,这些使得在短波红外波段其“理论”上的优势尚不能完全补偿技术上的困难,引起的问题可能导致其综合性能上的下降。此外,Si 材料在波长方面有根本性的限制,也难以进入短波红外波段;而采用三元系 $In_xGa_{1-x}As$ 为光吸收材料发展面向航天遥感应用的光电探测器和焦平面器件则为人们所青睐,得以较快地发展起来。

3.6 小　结

本章首先展望了Ⅲ-Ⅴ族化合物半导体的发展前景，然后从二战后半导体三极管的出现甚至更早开始，简单介绍了化合物半导体的发展沿革，引入了构成InGaAs系材料的一些相关二元系材料的基本特性，在此基础上侧重讨论了InGaAs三元系材料的特性和特点，以及一些基本材料参数的计算，并探讨了面向航天遥感的InGaAs光电探测器及焦平面器件与光纤通信技术发展的渊源，进而对同样适用于短波红外波段的Ⅱ-Ⅵ族的HgCgTe材料、Ⅲ-Ⅴ族的锑化物材料与Ⅲ-Ⅴ族的InGaAs系材料这三个材料体系进行了综合比较分析，为后续章节做好一些铺垫。

参 考 文 献

[1] Bardeen J, Brattain W H. The transistor, a semi-conductor triode. Physical Review, 1948, 74: 230-231.

[2] Brattain W H, Bardeen J. Nature of the forward current in Germanium point contacts. Physical Review, 1948, 74: 231-232.

[3] Bardeen J, Brattain W H. Physical principles Involved in transistor action. Physical Review, 1949, 75: 1208.

[4] Shockley W, Pearson G L. Modulation of conductance of thin films of semi-conductors by surface charges. Physical. Review, 1948, 74: 232-233.

[5] Shockley W. The theory of p-n junctions in semiconductors and p-n junction transistors. Bell System Technical Journal, 1949, 28: 435-489.

[6] Shive J N. The properties of Germanium phototransistors. J. O. S. A, 1953, 43(4): 239-244.

[7] van Dormael A. Biography of Herbert Mataré. IEEE Annals of the History of Computing, 2010, 32(2): 72-79.

[8] Choi H, Kita C. Hiroshi Wada: Pioneering electronics and computer technologies in postwar Japan. IEEE Annals of the History of Computing, 2008, 30(3): 84-89.

[9] 张永刚.80年代前沪上电子厂.http://blog.sciencenet.cn/home.php? mod=space&uid=68158&do=blog&id=1210583[2021-10-16].

[10] 张永刚.忆手工做晶体管.http://blog.sciencenet.cn/blog-68158-1060065.html[2021-10-16].

[11] Stafeev V I. Initial stages of the development of semiconductor electronics in the soviet union (60 Years from the invention of the transistor). Semiconductors, 2010, 44(5): 551-557.

[12] Mead C A. Schottky barrier gate field effect transistor. Proc. IEEE, 1966, 54(2): 307-308.

[13] Semiconductors on NSM.http://www.ioffe.ru/SVA/NSM/Semicond/[2021-10-16].

[14] Quist T M, Rediker R H, Keyes R J, et al. Semiconductor maser of GaAs. Appl. Phys. Lett, 1962, 1(4): 91-92.

[15] Hall R N, Fenner G E, Kingsley J D, et al. Coherent light emission from GaAs junctions. Phys. Rev. Lett, 1962, 9(9): 366-368.

[16] Nathan M, Dumke W P, Frederick G B H, et al. Stimulated emission of radiation from GaAs p-n junctions.

Appl. Phys. Lett, 1962, 1(3): 62-64.

[17] Holonyak N Jr, Bevacqua S F. Cohherent (visible) light emission from Ga($As_{1-x}P_x$) junctions. Appl. Phys. Lett, 1962, 1(4): 82-83.

[18] Kazarinov R F, Suris R A. Possibility of the amplification of electromagnetic waves in a semi-conductor with a superlattice. Soviet Physics, Semi-Conductors, 1971, 5(4): 707-709.

[19] Faist J, Capasso F, Sivco D L, et al. Quantum Cascade Laser. Science, 1994, 264: 553-556.

[20] Welker H. Über neue halbleitende Verbindungen. Z. Naturforsch, 1952, 7a: 744-749.

[21] Welker H. Über neue halbleitende Verbindungen Ⅱ. Z. Naturforsch, 1953, 8a: 248-251.

[22] Dormael A V. Welker H. IEEE Annals of the History of Computing, 2009, 31(3): 68-73.

[23] Gu Y, Richards R, David J P R, et al. Dilute Bismide photodetectors, chapter 13 in Bismuth-containing alloys and nanostructures//Wang S M, Lu P F. Springer Series in Materials Science. Singapore: Springer. 2019, 285: 299-318.

[24] Wolff G A, Keck P H, Broder J D. Preparation and properties of Ⅲ-Ⅴ compounds. Phys. Rev, 1954, 94: 753-754.

[25] Welker H, Weiss H. Group Ⅲ-Group Ⅴ compounds. Solid State Physics, 1956, 3: 1-78.

[26] Jenny D A. The status of transistor research in compound semiconductors. Proc. IRE, 1958, 46(6): 959-968.

[27] Gebbie H A, Banbury P C, Hogarth C A. Crystal diode and triode action in lead sulphide. Proc. Phys. Soc, 1950, 63B: 371.

[28] Jenny D A. Notizen: Bemerkung zu einen von H. Welker gefundenen 'transistor effect' in indium phosphide. Z. Naturforsch, 1955, 10a: 1032-1033.

[29] Wagner J W. Preparation and properties of bulk $In_{1-x}Ga_xAs$ alloys. J. Electrochem. Soc., 1970, 117(9): 1193-1196.

[30] Kusunoki T, Takenaka C, Nakajima K. LEC growth of InGaAs bulk crystal fed with a GaAs source. J. Crystal Growth, 1991, 122: 33-38.

[31] Nishijima Y, Nakajima K, Otsubo K, et al. InGaAs bulk crystal growth for high T_0 semiconductor lasers. 10th Intern. Conf. on Indium Phosphide and Related Materials, 1998, Tsukuba: 45-48.

[32] 唐炳荣,沈浩流,吴宏业,等.$Ga_xIn_{1-x}As$ 单晶的制备及其电学特性.固体电子学研究与进展,1981, 1(1): 72-76.

[33] Abrahams M S, Braunstein R, Rossi F D. Thermal, electrical and optical properties of (In,Ga)As alloys. J. Phys. Chem. Solids, 1959, 10(2-3): 204-210.

[34] Vurgaftman I, Meyer J R, Ram-Mohan L R. Band parameters for Ⅲ-Ⅴ compound semiconductors and their alloys. J. Appl. Phys, 2001, 89(11): 5815-5875.

[35] Zhu C, Zhang Y G, Li A Z, et al. Heat management of MBE-grown antimonide lasers J. Crystal Growth, 2005, 278: 173-177.

[36] Zhu C, Zhang Y G, Li A Z, et al. Comparison of thermal characteristics of antimonide and phosphide MQW lasers. Semicond. Sci. & Technol, 2005, 20: 563-567.

[37] Zhu C, Zhang Y G, Li A Z. Thermal conductivities of Ⅲ-Ⅴ antimonides. Chin. J. Semicon. Photon. & Technol, 2004, 10(3): 208-212.

[38] Adachi S. Lattice thermal resistivity of Ⅲ-Ⅴ compound alloys. J. Appl. Phys, 1983, 54(4): 1844-1848.

[39] Nakwaski W. Thermal conductivity of binary, ternary, and quaternary Ⅲ-Ⅴ compounds. J. Appl. Phys, 1988, 64 (1): 159-166.

[40] Pässler R. Temperature dependence of fundamental band gaps in group Ⅳ, Ⅲ-Ⅴ, and Ⅱ-Ⅵ materials via a two-oscillator model. J. Appl. Phys, 2001, 89(11): 6235-6240.

[41] Zhang Y G, Gu Y, Zhu C, et al. AlInP-GaInP-GaAs UV-enhanced photovoltaic detectors grown by gas source MBE. IEEE Photon. Technol. Lett, 2005,17(6): 1265-1267.

[42] Zhang Y G, Li C, Gu Y, et al. GaInP-AlInP-GaAs blue photovoltaic detectors with narrow response wavelength width. IEEE Photon. Technol. Lett, 2010, 22(12): 944-946.

[43] Zhang Y G, Gu Y. Al(Ga)InP-GaAs photodiodes tailored for specific wavelength range. Ilgu Yun. InTech, 2012: 261-287.

[44] Zhou L, Zhang Y G, Gu Y, et al. Absorption coefficients of $In_{0.8}Ga_{0.2}As$ at room temperature and 77 K. J. Alloys and Compounds, 2013, 576: 336-340.

[45] Bacher F R, Blakemore J S, Ebner J T, et al. Optical-absorption coefficient of $In_{1-x}Ga_xAs$/InP. Phys. Rev. B, 1988, 37(5): 2551-2557.

[46] Ma Y J, Gu Y, Zhang Y G, et al. Carrier scattering and relaxation dynamics in n-type $In_{0.83}Ga_{0.17}As$ as a function of temperature and doping density. Journal of Materials Chemistry C, 2015, 3(12): 2872-2880.

[47] Kao K C, Hockham G A. Dielectric-fibre surface waveguides for optical frequencies. Proc. lEE, 1966, 113(7): 1151-1158.

[48] 张永刚,顾溢,马英杰.半导体光谱测试方法与技术.北京:科学出版社,2016.

[49] Pearsall T P, Hopson R W. Growth and characterization of lattice-matched epitaxial films of $Ga_xIn_{1-x}As$/lnP by liquid-phase epitaxy. J. Appl. Phys, 1977, 48(10): 4407-4409.

[50] Pearsall T P. Growth and characterization of lattice-matched epitaxial films of $Ga_xIn_{1-x}As$/InP by liquid-phase epitaxy. J. Electron. Mater, 1978, 7(1): 133-146.

[51] Li W D, Fu X M, Pan H Z. Quasi-planar integration of an InGaAsP/InP double collection region HBT and an edge-emitting LED with Mn doped active layer. Chin. J. Electronics, 1988, 5(4): 318-321.

[52] 张永刚,富小妹,潘慧珍.单片集成 InGaAsPIN-JFET 光接收器的设计与研制.半导体学报,1989, 10(2): 148-152.

[53] 李维旦,潘慧珍.InP/InGaAs(P)材料中的低温开管 Zn 扩散.电子科学学刊,1987,9(6): 571-575.

[54] 张永刚,富小妹,潘慧珍,等.InGaAs 中 Be 离子注入的研究.半导体学报,1988,9(3): 328-331.

[55] Zhang Y G, Fu X M, Pan H Z. Study on ion co-implantation of Be and P into InP and its annealing behavior. Chin. J. Semiconductors, 1989, 10(3): 323-326.

[56] Wang K, Gu Y, Fang X, et al. Properties of lattice matched quaternary InAlGaAs on InP substrate grown by gas source MBE. J. Infrared Millim. Waves, 2012, 31(5): 385-388.

[57] Zhou L, Gu Y, Zhang Y G, et al. Performance of gas source MBE grown InAlGaAs photovoltaic detectors tailored to 1.4 μm. J. Crystal Growth, 2013, 378: 579-582.

[58] Xi S P, Gu Y, Zhang Y G, et al. InGaAsP/InP photodetectors targeting on 1.06 μm wavelength detection. Infrared Physics & Technology, 2016, 75: 65-69.

[59] Ma Y J, Zhang Y G, Gu Y, et al. Electron-initiated low noise 1064 nm InGaAsP/InAlAs avalanche photodetectors. Opt. Express, 2018, 26(2): 1028-1037.

[60] 张永刚,单宏坤,周平,等.掺铁 InP 肖特基势垒增强 InGaAs MSM 光电探测器.光子学报,1995,24(3):

223 - 225.
[61] 张永刚,陈建新,任尧成,等.InAlAs/InGaAs MSM 光电探测器.功能材料与器件学报,1995,1(1):49 - 52.
[62] Zhang Y G, Li A Z, Chen J X. Improved performance of InAlAs-InGaAs-InP MSM photodetectors with graded superlattice structure grown by gas source MBE. IEEE Photon. Technol. Lett, 1996, 8(6): 830 - 832.
[63] Zhang Y G, Gu Y. Gas source MBE grown wavelength extending InGaAs photodetectors. chapter 17 in Advances in Photodiodes. Betta G F D. InTech, 2011: 349 - 376.
[64] Zhang Y G, Gu Y, Shao X M, et al. Short-wave infrared InGaAs photodetectors and focal plane arrays. Chin. Phys. B, 2018, 27(12): 128102.
[65] Ackerman M M, Chen M L, Guyot-Sionnest P. HgTe colloidal quantum dot photodiodes for extended short-wave infrared detection. Appl. Phys. Lett, 2020, 116: 083502.
[66] Georgitzikis E, Malinowski P E, Li Y L, et al. Integration of PbS quantum dot photodiodes on silicon for NIR imaging. IEEE Sensors Journal, 2020, 20(13): 6841 - 6848.
[67] Liu S L, Fei G T, Xu S H, et al. High-performance visible-near IR photodetectors based on high-quality Sn^{2+} - sensitized PbS films. Journal of Alloys and Compounds, 2021, 883: 160860.
[68] 褚君浩.窄禁带半导体物理学.北京:科学出版社,2005.
[69] Rogalski A. Infrared detectors. 2nd. Boca Raton: CRC Press, 2011.
[70] Zhang Y G, Zhou P, Chen H Y, et al. LPE growth of InAsPSb on InAs: Melt composition, lattice mismatch and surface morphology. Chin. J. Rare Metals, 1990, 9(1): 46 - 51.
[71] 张永刚,周平,单宏坤,等.InAsPSb/InAs 中红外光电探测器.半导体学报,1992,13(10):623 - 628.
[72] Li A Z, Zhong J Q, Zheng Y L, et al. Molecular beam epitaxial growth, characterization and performance of high-detectivity GaInAsSb/GaSb PIN detectors operating at 2.0 to 2.6 μm. J. Cryst. Growth, 1995, 150: 1375 - 1378.
[73] Henini M, Razeghi M. Handbook of infrared detection technology. Amsterdam: Elsevier Science Ltd., 2002.

第4章 光伏型光电探测器的基本特性及表征

4.1 引　言

本章开始讨论光伏型光电探测器的一些基本特性及其相关表征方法,以便为后续章节打下基础。有关光电探测器的专著及教科书较多[1-6],对各种光电探测器也有不同的分类方法和特性描述方式,主要是根据其工作机理和应用领域,以及其表观性质。本章拟从简明实用的角度出发,针对本书所涉及器件的主要相关特性参数进行尽量简洁的描述,虽然不可避免地要引入一些公式,但会尽量忽略繁复的推导过程而只采用最简单的形式,侧重物理本质并方便理解,同时给出一些图算和数值实例,以便能有数量和数值上的概念。应该指出的是,本章这样的安排只是便于对相关参数进行大致的分类和描述,一些特性参数显然也会涉及若干方面,归并到某一类并不一定合理,也非定论。

光电探测器用于将电磁辐射能转换成电能。按其具体工作机理,光电探测器大致可分为热探测器和量子型探测器(也称光子型探测器)。热探测器可将包含各种波长的电磁辐射能(即热辐射能)通过某种热电效应转换成电能,而量子型探测器则将特定能量或某个能量范围的光子(即光量子)转换成载流子(电子及/或空穴),从而形成电流或电压。这样的定义仅从字面上看已有不够严密之处,但用于描述某种具体的光电探测器尚不至于引起误解。严格来说,这二者也会有交叉。例如,一些低温超导探测器对探测波长几乎没有选择作用,表观上可以看成是热探测器,但实际上也还存在一个探测光量子的最小能量阈值,从这个角度出发仍可以看成是量子型探测器。

基于半导体材料的光电探测器按其工作机理,绝大部分都是量子型探测器,本书所关注的 InGaAs 光电探测器和焦平面器件也不例外。量子型探测器也可大致分为两类:光导型和光伏型。光导型器件的光电导(也即电阻)随输入光强变化,其工作时必须有外加偏置,这样输出电信号的能量可以看成是来自外加偏置,器件本身则可看成是一个电阻受光强调制的“无源器件”;光伏型器件产生的光电流或光电压输出随着输入的光强变化,工作时可以无需外加偏置,这样输出电信号的能量可看成是来自输入光的能量,器件本身可看成是一个可以直接进行能量转换的“有源器件”,太阳能电池或光电池就是最典型的光伏型器件。当然对光伏型器件有时也会加上偏置来改善其某方面的特性,如提高响应速度。光伏型器件的结构中都存在半导体“结”,如简单的 pn 结或肖特基结、pin 结,以及更复杂的结,其中有内建电场的存在,这是进行能量转换的基础。在某种半导体材料发展的早期,往往由于其时材料质量受限,尚不能制作出良好的结,但这时已可利用其光电导效应制作光导型器件投入应用,进而研究其相关特性;其后随着材料质量的提高和工艺技术的进步,可以制作出良好的结,光伏型器件才会发展起来。因此,基于某种半导体材料的光导型器件往往要早于光伏型器件。一般而言,光伏型器件的综合性能是要明显优于光导型器件的,但光导型器件的制作难度要明显低于光伏型器件,成本也较低,且在不少场合已可以满足应用要求。因此,对某种半导体材料而言,即使光伏型器件已经发展起来了,光导型器件也还会依然存在。同时,也有一些半导体材料难以发展成光伏型器件。例如,一些禁带特别宽的材料难以解决 p 型掺杂问题,无法形成 pn 结,肖特基结也难以制作;也有一些半导体材料甚至还只是无定形结构,难以形成单晶或多晶,因此也难以成结,这样的材料就只能尝试制作光导型器件了。

在材料本身已发展得较成熟的前提下,应用中会更注重器件性能,因此本书所关注的光电探测器和焦平面器件主要是光伏型器件。光伏型器件也有两种工作模式:光伏模式和光导模式。光伏型器件工作于光伏模式是指对光电探测器不加偏置,或者在电路中基本处于零偏置状态,其在光照下产生的光电流或光电压直接输出用于放大或处理;光伏型器件工作于光导模式则是指对光伏型光电探测器施加一定的反向偏置,或者使其在电路中处于较大反偏状态,这时在光照下通过光电探测器的电流(相当于偏置电流)会有相应变化,即类似于产生了光电导效应,这在某种程度上可以等效成一个光导型探测器的响应,由偏置电路通过对光电流进行取样即可输出电信号。这里光伏型器件工作于光导模式的概念应该注意与前面讨论的光导型器件加以区分。对光伏型器件施加一定的偏压使其工作于光导模式,最基本的出发点是要使其结区在反向偏压下充分耗尽,以利减小结电容,从而提高其响应速度,这在后面会进一步讨论。对于由光电探测器阵列芯片与读出电路混合集成而成的焦平面器件,考虑其特性和表征其性能时往往已无法将阵列芯片与读出电路区分开,例如引出其响应信号需经由读出电路,且需按一定的时序对各个像元顺序进行,除特别制作测试结构外难以完全沿用单元器件的方法,测试表征方面需要有特殊考虑;关于焦平面器件的特性及表征等相关问题将在后续章节进行介绍和讨论。

4.2 静态特性

直流特性可归并于光电探测器的静态特性。光伏型光电探测器的电流电压 $I-V$ 特性等一般在直流状态下就可以进行测试表征,因此习惯上称其为光电探测器的直流特性;光响应特性(包括响应度和量子效率等)、响应光谱以及抗辐照特性等也可在光电探测器处于直流状态下进行测试表征,故将其归于本节。显然,这些参数在交流状态下也是可以进行测试表征的,且在某些条件下还必须在交流状态下进行测试,因此这样的分类也只是个习惯。

4.2.1 $I-V$ 特性

光电探测器的电流电压 $I-V$ 特性是其最基本的直流特性。本书涉及的光电探测器主要是包含 pn 结的光伏型器件,无光照时就相当于一个具有整流特性的结型二极管,与 pin 结构特性也十分类似。与前一章已述及在半导体发展早期的结型二极管光电探测器在结构和特性上是基本相同的[7]。早在 20 世纪 40 年代末,这样类型的器件其 $I-V$ 特性在肖克莱最早的 pn 结理论中就用扩散模型进行了详细分析[8],并一直沿用至今,即其特性可用被称为肖克莱方程(Shockley's Equation)的(4.2.1)式进行描述:

$$I = I_s\left[\exp\left(\frac{qV}{kT}\right) - 1\right] \tag{4.2.1}$$

其中,I_s为此二极管的反向饱和电流;T 为温度;k 和 q 为波尔兹曼常数和电子电荷(后不赘述)。根据(4.2.1)式,将二极管的电流和电压分别以 I_s和 kT/q 为归一化单位绘出的 $I-V$ 特性如图 4.2.1 所示,包括较大偏压范围和零偏压附近的情况,其中虚线为一阻值为 kT/qI_s的电阻的 $I-V$ 特性。对于 pin 结构同样也可以用这个方程描述。就以光电信号转换为目的的光伏型光电探测器而言,应该说纯粹的 pn 结构或 pin 结构是不存在的,实际的器件大都介于这两种结构之间,一般 pin 结构器件的量子效率及响应速度相对于 pn 结构会更佳。

由图 4.2.1 可见,这样的二极管具有典型的整流特性。应注意到肖克莱方程用于描述 $I-V$ 特性是过原点的,也就是当电压为零时电流也为零,这符合因果律及实际情况;对于光伏型光电探测器而言,这就是未考虑光照下的情况,也未考虑背景辐射的影响,因此相当于其暗态特性,涉及的电流就是暗电流。肖克莱根据扩散模型得到的 $I-V$ 特性已在很大程度上客观地描述了器件的实际情况。图 4.2.1 中的电压单位为 kT/q,据此有助于理解器件的实际特性。在室温 300 K 下 kT/q 的数值约为 26 mV,150 K 下约为 13 mV。

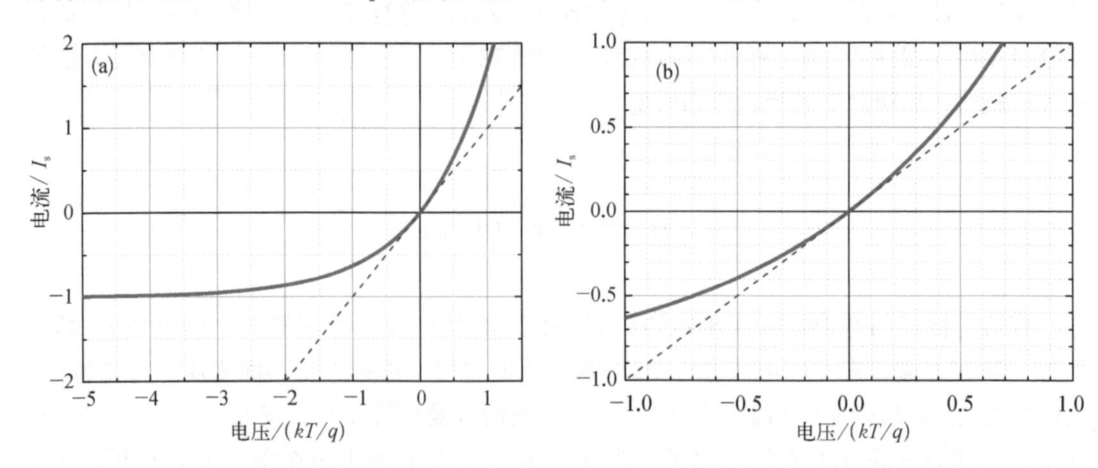

图 4.2.1 根据肖克莱方程(4.2.1)得到的 pn 结型二极管的 $I-V$ 特性,其电流和电压分别以 I_s和 kT/q 为归一化单位,其中虚线为一阻值为 kT/qI_s的电阻的 $I-V$ 特性。(a) 较大范围偏压;(b) 零偏压附近

反向饱和电流则是一个与材料特性相关的量，除正比于器件面积外，可看成主要与材料的禁带宽度 E_g 呈指数相关，认为其正比于 $\exp(-E_g/kT)$，其绝对数值与工艺技术也有一定关系。图4.2.1中通过原点的虚线为一阻值为 kT/qI_s 的电阻的 $I-V$ 特性，其阻值被定义为二极管在零偏压下的微分电阻，简称为零偏电阻 R_0。R_0 是光伏型光电探测器零偏附近 $I-V$ 特性的良好近似。同时，R_0 也是在实际应用中需关注的光电探测器与其后连接的放大器的重要接口参数，且与连接后整个系统的性能直接相关。对于实际器件，R_0 也是一个可测量参数，只需对实际测得的 $I-V$ 特性微分后取倒数，直接读取其过零点时的数值即可得到；在微电流区域测量时如噪声过大，也可根据其趋势进行内插近似估计。据此，肖克莱方程也可以改写成：

$$I = \frac{kT}{qR_0}\left[\exp\left(\frac{qV}{kT}\right) - 1\right] \tag{4.2.2}$$

肖克莱方程中只考虑了电流的扩散分量。根据图4.2.1(a)，在稍大的反向偏压(一般大于 $3kT/q$)下反向电流即已逐步趋于饱和，这当然只是一种理想状态。对于实际器件，反向电流还会有其他分量，如产生-复合电流、隧穿电流和其他漏电因素等，高反偏压下还会有雪崩效应，这些因素会削弱反向偏压，增加后反向电流趋于饱和的趋势。对于航天遥感等小信号应用，人们往往更关心光电探测器在零偏压及其附近的 $I-V$ 特性，这时的 $I-V$ 特性在正反向稍显非对称，且随偏压降低逐步趋向于一个阻值为 R_0 的电阻的特性。例如，在室温下，当偏置电压在±5 mV乃至±10 mV之内时，其 $I-V$ 特性都与 R_0 的 $I-V$ 特性很接近，如图4.2.1(b)所示。

在低偏压下，电流的产生-复合和隧穿等分量表观上也是可以用电阻的特性来近似的，这样低偏压下的各电流分量相当于若干电阻的并联，可等效成一个总体的表观零偏电阻，这样光电探测器在低偏压下表观上的 $I-V$ 特性仍可用(4.2.2)式进行描述，无需顾忌扩散模型的限制。根据这样的考虑，依然采用肖克莱方程的形式，就可以对pn结型二极管在甚低偏压下的电流特性进行粗略的估算，这也可反映光伏型光电探测器在零偏附近的暗电流特性。例如，对某光伏型光电探测器，如测得其在-10 mV偏置下的暗电流是10 nA，那么在-1 mV偏置下可以期望其暗电流下降约一个量级至1~2 nA，而在-100 mV偏置下则其暗电流将增加约3倍至30 nA左右。

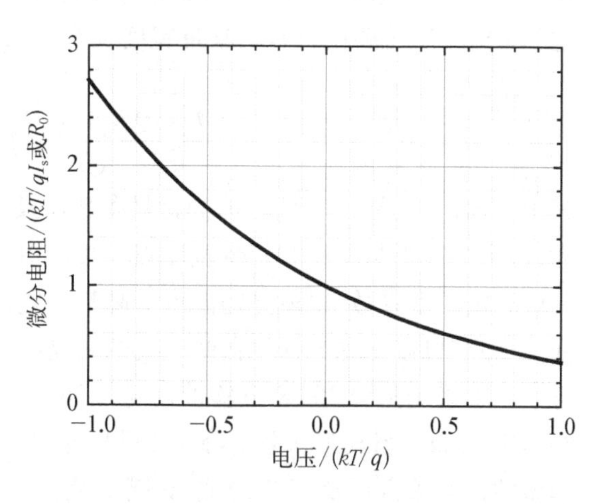

图4.2.2 根据肖克莱方程(4.2.1)得到的pn结型二极管的微分电阻特性，其偏置电压和微分电阻分别以 kT/q 和 R_0(或 kT/qI_s)为归一化单位

根据式(4.2.2)和图4.2.1得到的二极管的微分电阻特性如图4.2.2所示，其中仍采用 kT/q 为电压的归一化单位，电流则采用 kT/qI_s 或 R_0 为归一化单位。由图4.2.2可见，pn结型二极管的微分电阻随偏压会有较明显的

变化,零偏压下归一化微分电阻为1,也就是其阻值为R_0。在零偏压附近,正偏压时微分电阻下降,负偏压下微分电阻增加。实际应用中常会要求光伏型光电探测器在工作状态下的微分电阻尽量高一些,以方便与外电路互联,同时又要求有尽量小的暗电流,以及考虑到光电流响应的线性度,这样就要求器件尽可能接近零偏压工作,但为抵消外电路失调电压非均匀性等方面的影响,实际偏置可稍偏向负偏压一侧,即宁负勿正。例如,假设与光电探测器阵列相连的读出电路的输入级失调电压在1 mV量级,其非均匀性也在1 mV之内,则对光电探测器施加10 mV的反向偏压将足以抑制读出电路失调电压的非均匀性,这对暗电流相对较小的器件,例如晶格匹配的InGaAs器件是合适的,且与零偏相比微分电阻可增加约50%;同时应注意到,对暗电流相对较大的器件,如截止波长较长的扩展波长InGaAs器件,10 mV的反向偏压就显得过高了,如为抑制1 mV量级的失调电压及其非均匀性,对光电探测器施加的反向偏压也应该控制在1 mV量级(如−2 mV),在此情况下有望获得最佳的综合性能,这就对偏置的精确控制和抑制波动提出了较高要求。对这样的光电探测器及其焦平面器件,为进一步提高系统性能,除改善芯片本身的性能之外,进一步减小读出电路的失调电压及其非均匀性,同时提高偏置电压的控制精度,使得器件能工作在更接近零偏的状态,则应是努力的方向。

对于光电探测器,人们还会关注其暗电流的温度特性及其变化趋势,以及不同禁带宽度(长波端截止波长)材料的暗电流变化趋势,以下分别讨论。式(4.2.1)的肖克莱方程由前后两项构成,这两项都与温度相关。对与偏置电压相关的后一项($e^{qV/kT}-1$),如电压以kT/q为归一化单位,则可将其温度特性归并到归一化单位kT/q中去。此项中电压是在指数项上,在反向偏压下考虑到符号此项是趋于饱和的,温度引起的反向电流变化在低温下会更明显一些,但差别并不是太大,这从图4.2.1也可以看出。例如:在室温300 K下如施加26 mV的反向偏压,第二项将达到饱和值的约64%;在低温150 K下如施加相同的反向偏压,则第二项将达到饱和值的约86%。因此,在反向偏压下第二项是与温度弱相关的。前已述及,前一饱和电流I_s项主要由材料的禁带宽度及本身的性质决定,可表达为

$$I_s = C\exp\left(-\frac{E_g}{kT}\right) \propto \exp\left(-\frac{E_g}{kT}\right) \tag{4.2.3}$$

其中,常数C主要由一些具体的材料参数以及工艺技术决定,与温度和禁带宽度等关系不太大,而指数项则与温度和禁带宽度强相关。由于半导体材料的禁带宽度本身也与温度相关,一般为负温度系数,也就是随温度升高禁带宽度相应减小,这使得此项的温度效应进一步加强。据此,可以对光电探测器暗电流的温度特性有定量的了解。这里可以看一个数值实例:对于一个采用室温300 K下禁带宽度为780 meV的材料制作的光电探测器,其长波截止波长约为1.6 μm。当其工作温度降至150 K时,如不考虑禁带宽度的温度系数,则根据基于扩散模型的肖克莱方程及(4.2.3)式,其暗电流将下降e^{30}倍(约13个数量级)。如再考虑到禁带宽度的温度系数,例如对$In_{0.53}Ga_{0.47}As$材料,根据图3.3.3,当温度从300 K降至150 K时其禁带宽度增加约49 meV,暗电流将进一步下降一个量级以上,也就是平均来说温度每下降约10 K,暗电流就会约下降10倍。这当然只是基于扩散模型的理想情况,实际尚有其他因素

的较大影响,但也说明了暗电流与温度的强相关性。再例如,对于一个采用室温 300 K 下禁带宽度为 520 meV 的材料制作的光电探测器,其长波截止波长约为 2.4 μm。当其工作温度降至 150 K 时,如不考虑禁带宽度的温度系数,则根据基于扩散模型的肖克莱方程及(4.2.3)式,其暗电流将下降 e^{20} 倍(约 8 个数量级)。如再考虑到禁带宽度的温度系数,例如对 $In_{0.8}Ga_{0.2}As$ 材料,根据图 3.3.3,当温度从 300 K 降至 150 K 时其禁带宽度增加约 42 meV,这样暗电流也将进一步下降一个量级,也就是平均来说温度每下降约 17 K 暗电流就会下降 10 倍。从以上分析可以看出,禁带宽度更宽的材料制作的光伏型光电探测器其暗电流随温度下降的相对幅度会更显著。实际中考虑到诸多暗电流机制的影响,可以在(4.2.3)式中引入一个表征各种暗电流机制以及工艺缺陷的综合影响的因子,以 m 表示,用以从表观上近似描述暗电流的温度特性,即:

$$I_s = C\exp\left(-\frac{E_g}{mkT}\right) \propto \exp\left(-\frac{E_g}{mkT}\right) \tag{4.2.4}$$

因子 m 可以称为是饱和电流的理想因子,以与其他理想因子相区别;对于理想的扩散机制有 $m=1$;对于其他机制则 $m>1$,甚至可以是 2 或者更大。对于实际器件,从表观上综合看,当然也是 $m>1$,数值越大则其他机制的影响越大。对于采用与 InP 晶格失配的高 In 组分 $In_xGa_{1-x}As$材料制作的波长扩展光电探测器,在近室温区 m 的值一般在 1.5~2 左右,因此也粗略地认为在此范围温度每下降约 30 K,暗电流就下降 10 倍;在更低的温度区间 m 则有进一步加大的趋势,使得暗电流随温度的下降趋于缓慢直至“饱和”,这些都已得到实验和分析的证实[9-12]。

从以上分析也可看出,材料的禁带宽度是影响光伏型光电探测器暗电流的另一重要因素。简单来说,采用长波端截止波长更长(即禁带宽度更窄)的材料制作的光电探测器,会天然地具有更大的暗电流,这是由材料的本性决定的。按(4.2.3)式即 $m=1$ 估算,在相同的测试条件下,室温 300 K 下截止波长为 2.4 μm 的器件其暗电流要比截止波长为 1.6 μm 的器件高 e^{10}倍,约 4 个数量级;在 150 K 低温下截止波长为 2.4 μm 的器件其暗电流则要比截止波长为 1.6 μm 的器件高 e^{20}倍,约 8 个数量级;同样,按(4.2.4)式 $m=2$ 估算,在相同的测试条件下,室温 300 K 下截止波长为 2.4 μm 的器件其暗电流要比截止波长为 1.6 μm 的器件高 e^5 倍,约 2 个数量级;在 150 K 低温下截止波长为 2.4 μm 的器件其暗电流则要比截止波长为 1.6 μm 的器件高 e^{10}倍,约 4 个数量级;实际情况应该介于这二者之间。总而言之,这些都说明暗电流对器件的截止波长是非常敏感的。对于 $In_xGa_{1-x}As$ 材料而言,这也就是说器件的暗电流对材料组分的波动是非常敏感的,组分的均匀性会特别影响到焦平面器件性能的均匀性,对此方面已有详细分析[13, 14]。这同时也说明,长波端截止波长不相同的光电探测器,对其暗电流无法进行简单的直接比较。例如,对于波长扩展的 $In_xGa_{1-x}As$ 光电探测器,就必须在考虑实际工作温度的前提下采用一定的规则,方可对其综合性能进行评估[15, 16],后面将对此作进一步说明。

对基于扩散电流机制的肖克莱方程,当实际电流中包含其他机制时,也会仍沿用(4.2.1)式的形式,但引入另一个理想因子 n 来从表观上描述实际的电流电压 $I-V$ 特性,即

$$I = I_s\left[\exp\left(\frac{qV}{nkT}\right) - 1\right] \tag{4.2.5}$$

这里 n 可称为 $I-V$ 特性的理想因子，用以表征 $I-V$ 特性偏离理想情况的程度，图 4.2.3 绘出了 $n=1$ 和 $n=2$ 时的情况，仍采用归一化单位。微分电阻的变化也已绘出。由图可见，当 $n>1$ 时正向电流的上升趋缓，反向电流趋于饱和值也趋缓。器件的归一化微分电阻也有相应变化，在零偏附近有所增加，$n=2$ 时比 $n=1$ 时增加一倍。

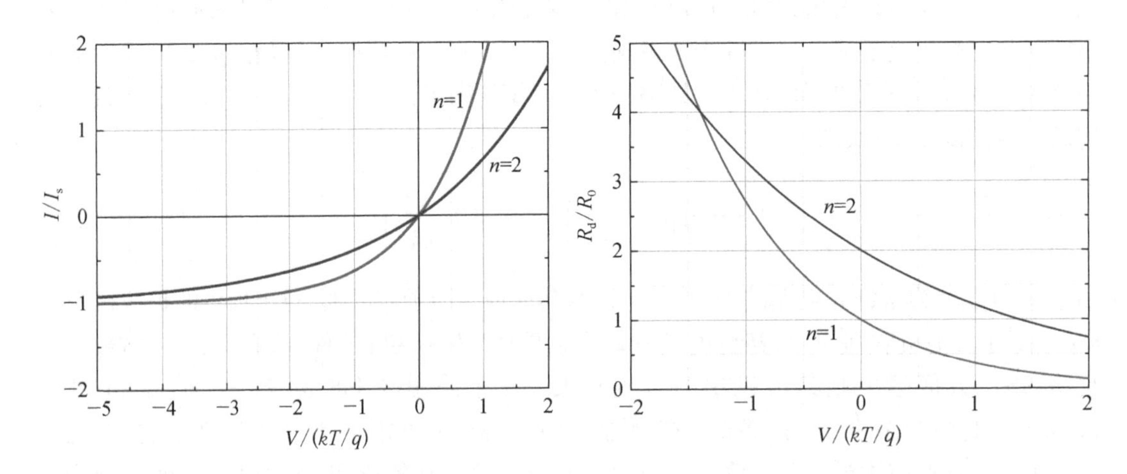

图 4.2.3　$I-V$ 特性的理想因子 $n=1$ 和 $n=2$ 时的归一化电流电压特性和微分电阻特性

注意到两个理想因子 m 和 n 本质上是有一定关联的，但并不等同，应当有所区别。实际上，$I-V$ 特性中还应考虑串联电阻 R_s 和并联电阻 R_{sh} 的影响，串联电阻 R_s 可反映器件结构和工艺中的体电阻和电极接触电阻等产生的影响，并联电阻 R_{sh} 则可反映一些内部和外部的“漏电”因素造成的影响，这样器件的 $I-V$ 特性可表示为

$$I = I_s\left[\exp\left(\frac{q(V+IR_s)}{nkT}\right) - 1\right] + \frac{(V+IR_s)}{R_{sh}} \tag{4.2.6}$$

这时电压电流已非简单的解析关系，要严格表征器件的 $I-V$ 特性时需要对(4.2.6)式进行数值求解。一般而言，对于设计和制作工艺正常的器件，其串联电阻 R_s 相对较小，并联电阻 R_{sh} 则相对很大，定性或半定量分析器件特性时可不考虑其影响。为有一个更加直观的印象，图 4.2.4 中给出了考虑理想因子 m 和 n 的综合影响后，在零偏附近的暗态 $I-V$ 特性示意图，为有具体数量概念其中电压已以 mV 为单位，电流仍以 I_s 为归一化单位。其中图示了 m 和 n 分别为 1 和 2 的情况，相对反向饱和电流以材料的禁带宽度为 780 meV 为例，未考虑其温度系数。

对于光伏型光电探测器，在有光输入的情况下需要在其 $I-V$ 特性中引入一个光电流 I_{ph} 项，其在固定光功率输入时是个常数项，这样沿用前面的公式其电流电压关系可表示为

$$I = I_s\left[\exp\left(\frac{q(V+IR_s)}{nkT}\right) - 1\right] + \frac{(V+IR_s)}{R_{sh}} - I_{ph} \approx I_s\left[\exp\left(\frac{qV}{kT}\right) - 1\right] - I_{ph} \tag{4.2.7}$$

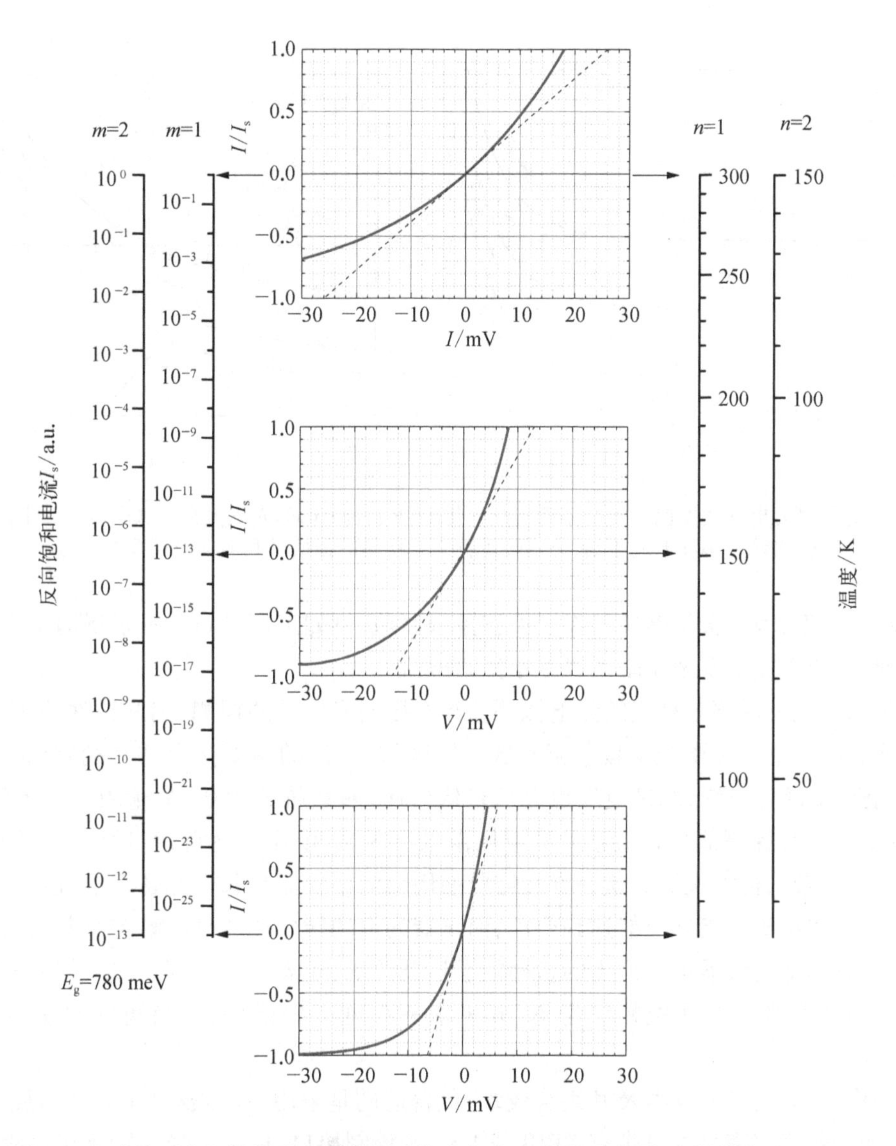

图 4.2.4 光伏型光电探测器在零偏附近的暗态 $I-V$ 特性示意图，电压单位为 mV，电流为归一化单位 I_s，其中图示了理想因子 m 和 n 分别为 1 和 2 的情况，相对反向饱和电流 I_s 以材料的禁带宽度为 780 meV 为例，未考虑其温度系数

用作定性描述采用后部近似公式即可。图 4.2.5 绘出了包含光电流项的归一化 $I-V$ 特性，4.2.5(a)中光电流在饱和电流的数十倍以上，4.2.5(b)中光电流则与饱和电流相当，分别表示输入光功率的强信号和弱信号情况。在光伏型光电探测器光响应的线性区域，光电流 I_{ph} 正比于输入光功率，且涉及光电探测器的其他一系列重要参数，后面会进一步讨论。对于典型的光伏型器件，如太阳电池或光电池，为抽取输出电功率，器件是工作于图 4.2.5 中的第四象限区域的，电压为零时的输出电流为其短路电流 I_{SC}，电流为零时的输出电压为其开路电压 V_{OC}，其工作点会设置为有较高的输出电压，从而取得最大的电压电流乘积即最大输出电功率；对于光电探测应用，其目的是做光电转换得到满足要求的电信号输出，而非获取尽量

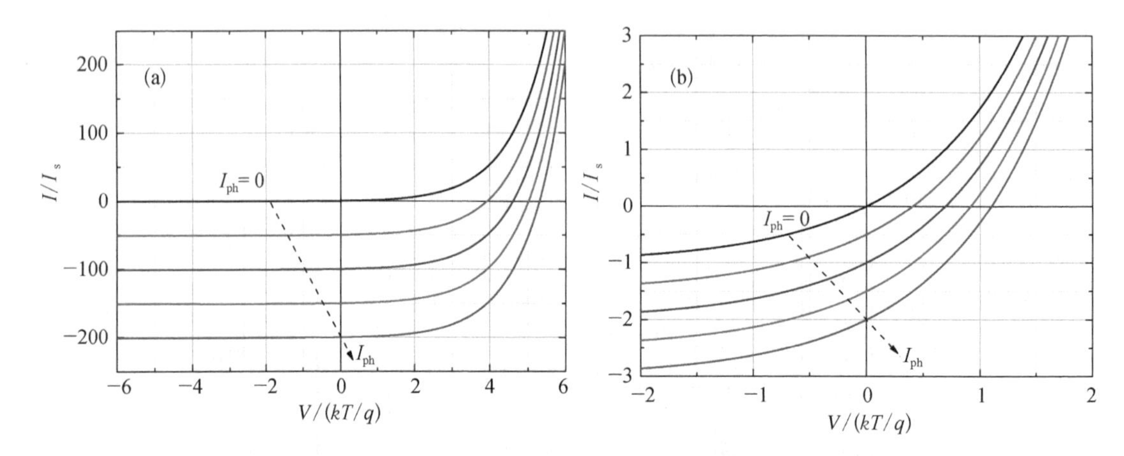

图 4.2.5 光伏型光电探测器包含光电流项的归一化 $I-V$ 特性：(a) 光电流在饱和电流的数十倍以上、(b) 光电流与饱和电流相当,分别表示输入光功率的强信号和弱信号情况

大的电输出功率,因此会使器件工作于第三象限区域,例如工作时施加一定反向偏压以提高其工作速度,或工作于零偏压附近以减小其暗电流。

由于用于航天遥感等领域的光电探测器涉及极弱光信号的探测,因此器件的 $I-V$ 等特性的测量表征中也必然要涉及微电流和低电压区域,器件的暗电流会低至纳安(nA)、皮安(pA)乃至飞安(fA)量级,测试电压也会从毫伏(mV)量级推至 100 μV 量级甚至更低,对特殊器件(如雪崩型探测器),还会涉及高电压微电流区域,电压可达百伏量级,这就给器件特性的精确表征带来很大挑战。这一方面需要使用的测量仪器具备在此量级下进行测量的能力,也就是仪器本身的指标要能达到要求,而仪器列出的指标往往是在特定苛刻的条件下获得的;另一方面即使仪器本身列出的指标能够达到要求,还需要在外部连接、样品安置、测试环境乃至测试策略等方面做精细考虑,并采取一系列必要措施,方有可能尽量接近仪器指标。

可用作 $I-V$ 测量的仪器及其组合较多,最普通的是采用电流表/电压表/电源组合做手动测量,如为数字仪表且本身带有 GPIB 或 USB 等控制接口,还可以通过计算机编程控制完成测量参数设置和自动测量;现在已有数字源表,可完成电流表/电压表/电源组合的全部功能,并已可达到较高指标;当前更常见的是采用半导体参数分析仪,是一种组合仪表,可以选配不同规格的源-测控单元(source monitor unit, SMU)模块等,以实现不同的量程和分辨率,还包括直流、交流和脉冲等测量模式。目前随着仪器技术的进步,在 $I-V$ 特性测量方面,一些较高档测量设备其本身标称的电流量程已可低至 10 pA 量级,电流分辨率可达 1 fA 量级,加配放大模块后可再降低一个量级,甚至标称达到 10 aA 水平,常用设备的标称电流分辨率一般也已可达 10 fA 量级;电压分辨率一般也可达 1 μV 量级,低的可达 10 nV 量级;然而,要在实际使用中实现这样的指标绝非易事。首先,仪器的标称性能参数一般只能在十分苛刻的规定条件下才能实现。例如,对于涉及微电流的测量,其给出的标称指标一般是指其在仪器测量接口处(所有连接电缆等全部断开)可能实现的指标,这样的指标还需在特定的测试条件(如足够长的积分时间、良好的电磁屏蔽等)才能实现,此外还需有严格的温湿度指标,当环境湿度过高时一些设备甚至会无法开机。这也就是说,当接入实际测量系统后仪器的标称指标是无法实现的,能够实现的指标一般都会有数量级上的降低。对涉及10 fA/1 V的测量,其阻抗已高达100 TΩ量级,这时消除可能的漏电因素,如样品台及探针和引线等的沾污、环境湿度的影响等,已是成败关键,这对于裸芯片测试,以及涉及低温及变温测试需要采用杜瓦封装等,就显得尤为重要;在处理良好的常规探针台上进行裸片测试,一般只能涉及nA和mV量级的电流电压。采用绝缘良好的金属管壳封装,在仪器厂家配置的屏蔽测试盒中对器件进行常温测试,方有可能接近仪器的标称指标。此外,静电的影响及其对同轴电缆的充放电等因素也都会对测试产生显著影响,当阻抗足够高后,此充放电过程不受控且会显得十分缓慢,引入较大的不确定性和噪声,一个典型的表现是测试微电流时,包有绝缘外皮的连接电缆间相对位置的移动、摩擦和手指接触等都有可能引起测量数据的跳动,因此要求高时会将所有连接电缆都加以固定,测试过程中也避免人员动作;高压静电还会引起芯片击穿,因此为整个测量系统提供静电泄露通路和防静电保护也都是必需的。环境中和市电的电磁干扰等也会对小信号测试造成明显影响,接地和屏蔽措施也都是必要的,指标要求高时甚至要在屏蔽室中进行测试。对涉及极低电压的测试,不同金属接头连接的温差接触电势也有可能带来显著误差。为此,测试中采用四线制开尔文连接,可以在一定程度上改善测量结果。在测量系统中增加一个保护端,例如用所谓三同轴电缆进行连接,将其中间屏蔽层接到保护端上,可以有效地消除绝缘漏电对测量造成的影响,这已成为现代仪器的标准配置。此外,做消静电和清洁处理、选用具有内导电石墨涂层的低噪声抗静电同轴电缆及绝缘良好的连接器、改善接地加强屏蔽乃至在屏蔽房中进行操作以及采用适当的测试策略(如选用合适的测量参数进行积分累加去除噪声等),都是需要考虑的。对于$I-V$测量,大电流低电阻区域也会是难点所在,但光电探测器一般不涉及此区域;光电探测器本身功率很小基本不存在发热温升问题,因此$I-V$特性也无需采用脉冲测试方法。

4.2.2 光响应特性

将光信号转换成电信号是光电探测器的基本功能。对于量子型光电探测器,人们希望将入射光子尽可能多地转换成载流子,以形成输出电流。在没有内部增益的情况下,一个入射光子转换成一个电子空穴对并形成相应的光电流时,其效率为100%,实际就定义光电探测器的量子效率η为输出载流子数与输入光子数之比,器件内部的转换效率为内量子效率η_i,器件外部或表观上观察到的转换效率为外量子效率η_e。显然,在没有内部增益的情况下内量子效率η_i的理论极限为100%,外量子效率η_e则小于100%,体现了各种损耗机制的作用。

量子效率的损耗机制主要体现在外部和内部两个方面。例如,对于实际器件,首先外部输入光并不能全部进入其内部,会有反射引起的损耗。对于由真空或空气(折射率$n=1$)垂直入射到折射率为n_S的半导体表面的光,扣除表面反射后其进入的比例,或称为光学效率η_O,可以表示为

$$\eta_O = \frac{4n_S}{(n_S + 1)^2} \tag{4.2.8}$$

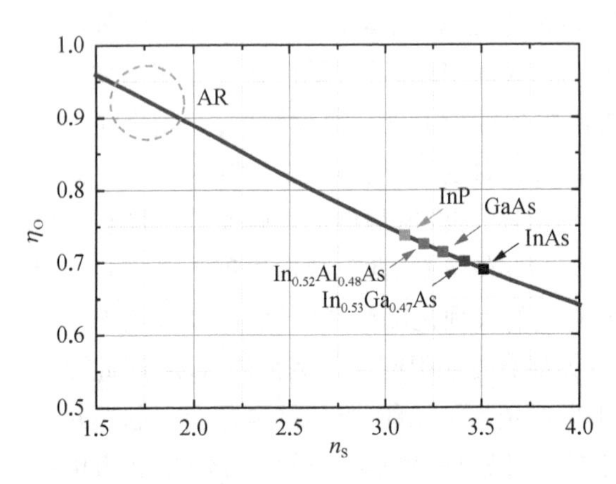

图 4.2.6　光学效率 η_O与半导体材料的折射率 n_S间的关系

图 4.2.6 示出了光学效率 η_O与半导体材料的折射率 n_S间的关系。半导体材料都是高介电常数/高折射率材料,介电常数和折射率间基本符合平方关系。例如,根据表 3.3.1 和 3.3.2,本书涉及的半导体材料的折射率基本都在 3 以上,这样其光学效率 η_O在 70%左右,且随折射率的变化不大。这也就是说,反射引起的损耗大致在 30%左右,与入射角的关系也不大。为了减少反射损耗,可以针对具体器件和应用场景采取一定的增透措施,即采用折射率介于半导体和空气之间的材料进行过渡。镀上光学厚度在四分之一波长(或其奇数倍)的增透膜,也称减反射(anti-reflecting, AR)膜,可以以此波长为中心起到增透效果,将透过率提高到 90%以上。膜系材料折射率 n_1的平方与 n_S相等时增透效果可达到最佳,但这样的膜系材料并不总能找到。应该指出的是,采用单层增透膜只对以指定波长为中心的较小波长范围的增透效果较好,偏离指定波长较远则增透效果明显下降。这样,对于需要窄谱响应的应用,由于普通光电探测器都有较宽的响应光谱,采用单层增透膜乃至干涉增透膜会有很好效果;而对需要宽谱应用的场合,单层增透的效果就会受限;这时往往需要考虑多层宽谱增透,即多层膜系的折射率需要逐步过渡。关于增透膜的设计一般的光学书籍上都有介绍,在此不再赘述。增透膜系材料的选取不仅需要有合适的折射率,还要顾及其本身的理化特性和与光电探测器工艺的兼容性等因数,需要有综合的考虑与折中,这在后续章节中还会涉及。

已进入半导体内部的光子不能全部转换为载流子,并引出到外部形成光电流,这是另一更重要的损耗因素,其转换效率也就是内量子效率 η_i。对于单边突变结或 pin 结的器件,如其具有异质结构宽禁带窗口层,即 P^+n^-结构,如只考虑漂移分量,在正面进光情况下其内量子效率可以近似表示为

$$\eta_i = [1 - \exp(-\alpha d)] \tag{4.2.9}$$

其中,α 为窄禁带吸收层材料的光学吸收系数;d 为耗尽层宽度;αd 定义为相对光学吸收厚度。图 4.2.7 给出了此结构光电探测器的内量子效率 η_i与相对光学吸收厚度 αd 的关系。由图 4.2.7 可见,在 αd 较小时内量子效率增加较快,当 αd 达到 3 以上时内量子效率已趋于饱和。这里考察一个具体实例:根据图 3.3.7 的结果,在其长波截止波长附近 InGaAs 材料的光学吸收系数 $\alpha \leqslant 1\ \mu m^{-1}$。假设在工作波长下 $\alpha = 1\ \mu m^{-1}$,当耗尽层宽度为 2 μm 时内量子效率可以达到约 86%。对于航天遥感等应用的光电探测器,由于追求尽量

低的暗电流，需要器件零偏工作，这样如希望零偏时的耗尽层宽度 d_0达到 2 μm，就会需要相当低的掺杂浓度，这给材料生长带来了很大挑战。根据以上描述，如只考虑以上两项，量子型光电探测器的外量子效率 η_e为此两项的乘积，即

$$\eta_e = \eta_0 \eta_i \tag{4.2.10}$$

如按以上数值估算，无增透层时器件的外量子效率可达到 60%左右；增透到 93%透过率时外量子效率可达到 80%左右，在无内部增益时，这已接近此类光电探测器实际可以达到的表观量子效率极限。

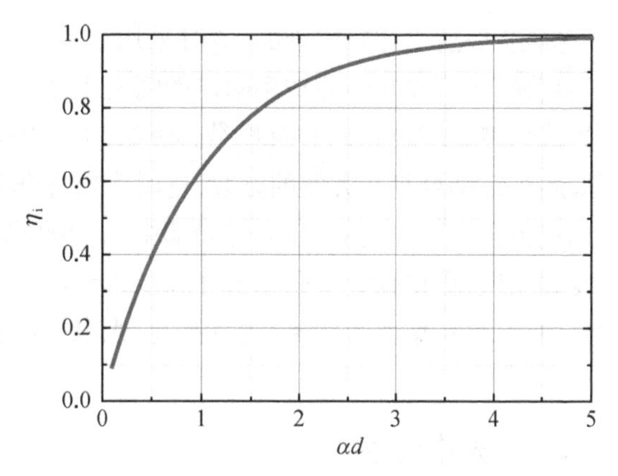

图 4.2.7　P^+n^-结构光电探测器的内量子效率 η_i与光学吸收厚度 αd 的关系

对于能量为 $h\nu$ 的光子，定义光电探测器的电流响应度 R_I为其输出光电流 I_{ph}与输入光功率 P 之比，即

$$R_I = \frac{I_{ph}}{P} = \frac{q\eta_e}{h\nu} = \frac{q\lambda\eta_e}{hc} = \frac{\lambda(\mu m)\eta_e}{1.24} \tag{4.2.11}$$

这里 I_{ph}即为上节光照下 $I-V$ 特性中的光电流项。式(4.2.8)中如光波长以 μm 为单位，其有更简单的形式如式(4.2.11)后部，这时响应度的量纲为 A/W。对于光电探测器，也可以定义其相应的电压响应度 R_V，但对量子型光电探测器，其电压响应度要涉及外电路的情况，因此一般都只考虑其电流响应度 R_I，或忽略其下标直接记为 R。

光电探测器的光响应度，一般是指其对特定波长单色光的响应度，常直接称其对某某波长的响应度。因此，光电探测器响应度的测量表征从原理上看是比较简单的，只需用已知固定功率输出的特定单色光源照射光电探测器，然后直接测量其电流或电压响应即可。对于光源功率很小或探测器响应很低难以直接测量时，也可经由放大倍数固定的电流(跨阻)或电压放大器进行测量。然而，在响应度的实际测量中还有许多环节和细节问题。首先是需要有合适的单色光源，采用单色性好、功率较大的半导体激光二极管 LD 作为测试光源是比较合适的，但半导体激光器本身的特性对温度敏感，需有稳定措施。常规的光电探测器一般是宽谱的，只要远离截止波长一般在较小波长范围内响应变化不大，因此采用单色性稍差的发光二极管 LED 也是可以的，功率也可以满足要求，但也需要采取功率稳定措施。以 LD 或 LED 作为测试光源时，由于并不需要很大的光功率，因此如尽量降低 LD 或 LED 的驱动电流减小其发热效应，在环境温度固定及器件温度达到平衡后，其光输出功率也是较稳定的，可以用作常规测量，特别是只作相对测量时。采用热光源结合窄带滤光片作为光源进行测量时，其可获得的光输出相对功率较低。在光源较弱时环境杂散光的影响需加以抑制，例如可采用调制解调方法。输出光功率的标定及相关标准的传递是另一个需要注意的问题。此外，测量光电探测器中如需关注其响应的线性度的问题，还需要光源的输出功率大范围可调

可标定，而这是比较困难的，这时采用衰减倍率已知的光衰减片进行组合，或者采用光纤可调衰减器，可以在光源功率固定的情况下增加测试标定范围。有了已知光源，还需采取适当的策略将其耦合到光电探测器。例如，可采用聚焦的方法将输出光功率全部耦合到探测器，采用光纤耦合是较方便的方案，这时光电探测器的受光面积显然也不能太小，且受光面上的光强也会是不均匀的，或只有局部受光；也可以将光源扩束成大面积均匀且标定了功率面密度的光斑，再根据受光面积来计算输入光功率，这时输出光斑必须明显大于光电探测器的受光面积，且功率面密度要尽量均匀。光电探测器光响应的谱分布特性将在下面讨论。

4.2.3 光谱特性

光谱特性也是光电探测器的重要参数，和应用场景直接相关。上一小节对光电探测器的量子效率和光响应的分析只涉及对单一波长或指定波长的情况，实际器件往往要涉及某个波段范围，这时就需考虑光响应随光波长或光子能量的变化情况，即光谱响应。简而言之，对于量子型光电探测器，一般会将其设计为在带隙波长附近达到尽量高的量子效率。随着工作波长减小，材料的吸收系数会相应增加，根据(4.2.9)式，其量子效率 QE 有望有所增加，但随着光吸收层趋于表面或异质界面，表面或界面复合等效应会有所增加，使得量子效率 QE 有所降低。作为粗略的近似，考虑其综合效果可以认为光电探测器的量子效率在某一波长范围内可以维持为一常数。在此波长范围的长波端以上，由于达到或超过了带隙波长使得材料的光吸收系数急剧减小，量子效率也急剧下降使得响应截止；而如采用了宽禁带的窗口层材料，在其带隙波长以下由于其吸收也会使得量子效率急剧下降，使得波长范围的短波端也产生截止，但一般会比长波端稍缓一些。对于同质结情况，在短波端会沿着等量子效率线继续下降，但表面效应等会使得量子效率随波长逐渐缓慢下降，响应度的下降加剧，但并不突然截止。根据式(4.2.11)响应度和外量子效率的关系和以上描述，响应度的光谱特性可以很粗略地用图4.2.8示意，即响应度随波长可大致分为 A、B 和 C 三个区域，在 B 区量子效率基本维持常数[13]。

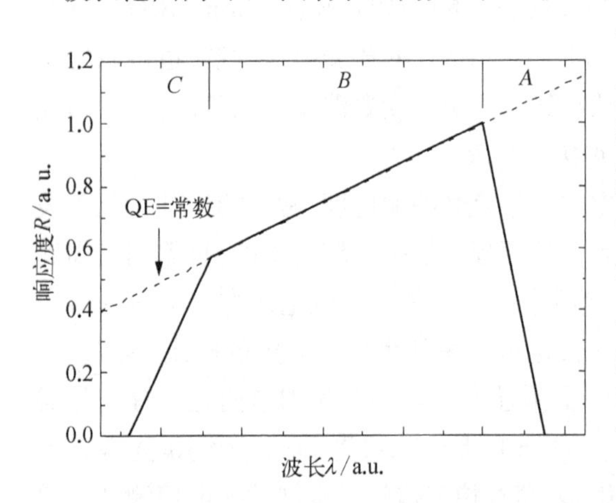

图 4.2.8　量子型光电探测器响应度的简化光谱特性示意图，响应度随波长的变化可大致分为 A、B 和 C 三个区域，在 B 区量子效率基本维持常数

实际的量子型光电探测器的光谱响应会比以上的简化特性更复杂一些，但仍可用图4.2.8来定性描述。A 和 B 区的交界处响应度达到峰值，定义其为峰值响应波长和峰值响应度；A 区响应度下降到峰值的50%或10%时，波长定义为其长波端截止波长；C 区响应度下降到峰值的50%或10%时，波长定义为其短波端截止波长。响应度的光谱特性可以根据式(4.2.11)直接转换成外量子效率的光谱特性，图4.2.8的响应度转换成外量子效率后应近似

呈矩形,不再赘述。实际测量表征量子型光电探测器的响应光谱可以采用不同的技术方案[17],主要是基于光栅光谱仪或傅里叶变换红外(Fourier transformed infrared, FTIR)光谱仪,以及相应的电子学方法,根据具体的器件特性以及波段范围来决定合适的测量方案。

采用FTIR光谱仪进行光电探测器的响应光谱测量或光电流谱测量,基本是利用作为FTIR光谱仪标准配置的吸收谱类测量模式,但以待测器件(device under test, DUT)来取代FTIR光谱仪的原有探测器,这样就需将DUT接入到FTIR光谱仪中的前置放大器上而将原有探测器断开,可以通过添加跳线和开关等便于切换。图4.2.9示出了对FTIR光谱仪进行改造使之能进行光电探测器响应光谱测量的示意图,按此方法,光电探测器的响应光谱就以与材料透射谱测试类似的方法进行,测试时DUT直接置于样品室中并切换进系统,还可通过偏置网络对DUT加上所需偏置电压,仪器自检时则DUT移开让出光路并切换出系统。当然在原探测器附近用光学元件直接转换光路也是可以的,更方便的方法是将DUT接入另配的前置放大器上,在将此前置放大器通过FTIR的外部接口接入,通过设置软件进行DUT和内部探测器的切换。

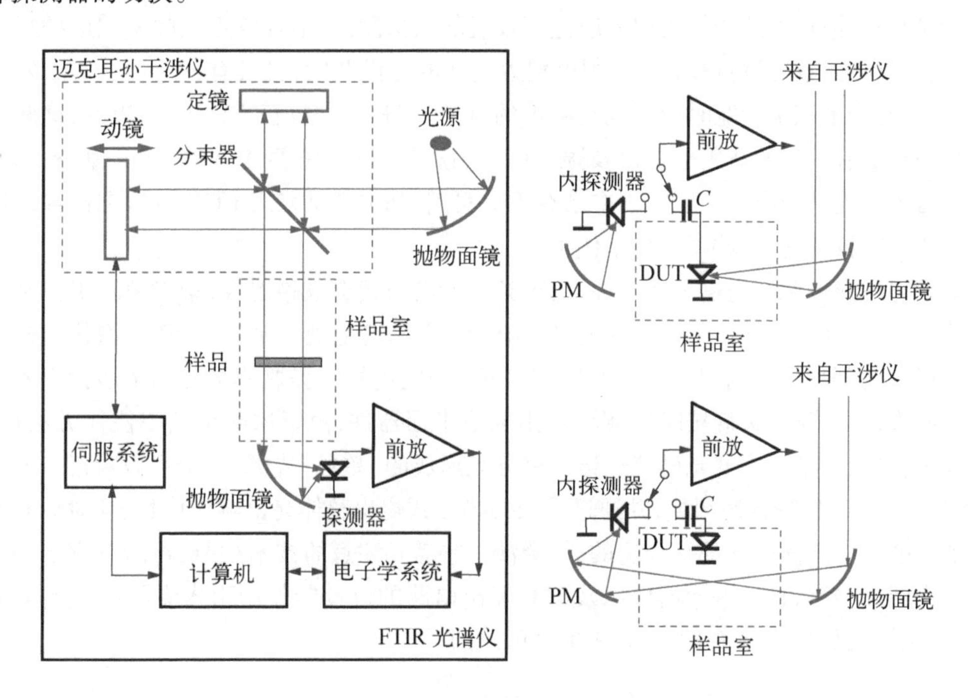

图4.2.9 基于FTIR光谱仪进行光电探测器响应光谱测量示意图(彩图见书末)

实际测量光电探测器即待测器件响应的谱分布特性涉及诸多环节。光源产生的光经由光谱仪器分光或解析,在待测器件上产生相应响应,从而得到光响应的原始光谱特性,或初步数据。应注意到,图4.2.9中不仅待测器件的响应具有谱分布特性,不同的光源和光谱仪器本身的特性,主要是所用分束器,也是具有谱分布特性的,具体到光源和光谱仪器中的各个零部件也可能具有谱分布特性,这就是说其在不同波长上的特性参数并非常数。这样,从待测器件上得到的光谱响应的原始数据中实际包含了整个测量系统中所有部件可能具有的谱特性的综合效果,而非待测器件真正的光谱特性。量子型光电探测器一般都具有宽谱响应特性,因此其原始响应光谱特性往往会严重偏离其实际响应光谱特性,进行适当的校正是必需的。简而言之,待测器件 DUT 的实测光谱响应原始数据 $S^{\lambda}_{\mathrm{DUT}}$ 可以表示为光电探测器实际光谱响应 R^{λ} 与光源的输出光谱特性 S^{λ}_{S} 及光谱仪器的响应光谱特性的乘积。光谱仪器的响应光谱特性一般称其为仪器函数(instrument function) F^{λ}_{I},又可表示为其中各个部件的响应光谱特性 S^{λ}_{i} 的乘积,即:

$$S^{\lambda}_{\mathrm{DUT}} = R^{\lambda} S^{\lambda}_{\mathrm{S}} F^{\lambda}_{\mathrm{I}} = R^{\lambda} S^{\lambda}_{\mathrm{S}} \prod S^{\lambda}_{\mathrm{i}} \tag{4.2.12}$$

这样,只有当光源的输出光谱特性 S^{λ}_{S} 和仪器函数 F^{λ}_{I} 均为已知时,才能对测得的光电探测器响应光谱原始数据 $S^{\lambda}_{\mathrm{DUT}}$ 进行校正,得到器件的实际响应光谱 R^{λ}。光谱校正可以根据实际情况采用不同的有效策略,已取得了良好效果,验证了其有效性[18-20]。例如,在采用傅里叶变换光谱仪时,如光源和主要部件的谱特性已知,可以采用计算仪器函数方法;如有响应光谱能覆盖所需谱段且光谱特性已知的标准器件,也可以采用标准探测器传递方法[18]。再如,利用响应对波长无选择作用但响应速度较慢的热探测器,结合校正其频率响应的特定方法,实测出仪器函数再进行校正[19],则可覆盖更宽的光谱范围,且具有普适性。对于发射类光谱,当涉及光谱范围较宽时校正也是必需的,可采用相应的校正方法[20]。当然,这些光谱校正方法也都有一定的适用范围以及限制因素,这是实际中需要注意的。InP 基 InGaAs 光电探测器等的光谱响应特性在本书中已有不少实例,基本都是采用 FTIR 方法测试和用以上一些方法进行校正的,在此就不再举例了。

对于包含众多像元的焦平面器件,由于其一般已与读出电路混成,难以单独引出某个像元的响应信号,因此表征焦平面器件的光谱响应有其特殊之处。基于 FTIR 光谱仪这样采用干涉仪形成的“复色”光源,以及需要从其“复色”响应信号中提取傅里叶频率解析出光谱响应信息的表征方式,对常规按时序频率输出的焦平面器件,由于这两个频率往往无法调和,因此并不合适;而基于光栅光谱仪这样采用分光形成的“单色”光源,就仍可以对每个像元的“单色”响应信号进行直接测量,并通过波长扫描方式得出整体光谱响应信息,这对单元或焦平面器件的响应光谱表征都是合适的,但牵涉一些需要注意的技术细节,在后续章节中将进行专门介绍。当然,在焦平面器件以及配套读出电路的设计制作中引入专门的光谱响应测试单元,仍沿用更具优点的 FTIR 方法也是可以的。

4.2.4 抗辐照特性

对应用于空间环境的光电探测器及其焦平面阵列,其抗辐照特性是必须关注的重要参数,直接决定了其在特定应用场景下能否应用、衰退情况以及预期使用寿命等。在焦平面阵列和读出电路技术都取得显著进展的情况下,器件的灵敏度已得到了很大的提升,积分时间甚至已达百秒至千秒量级,等效噪声电子数则降至 10 的数量级甚至更低,在空间应用中就必须关注其工作的辐射环境。空间应用本身涉及复杂的场景,例如:卫星会工作在低轨、中轨、高轨乃至深空,其空间辐射环境各异,甚至会有很大差别;空间辐射种类也较多,包括银河系高能宇宙线、太阳抛射粒子、空间电离辐射等,涉及非常宽广的能量和质量范围。此外,工作于核辐射环境的器件也会有抗辐照方面的苛刻要求,光电探测器及其焦平面器件的强激光辐照效应则是主动红外对抗等应用中所要关注的。

针对各种辐射,光电探测器都会是有效的电离传感器。当光电探测器或焦平面阵列单元被来自空间的高能粒子穿透时,就会记录下这些高能粒子的单事件瞬态现象,对于能量很高的粒子,在穿过器件时还会有二次粒子产生,这些都构成单粒子效应。对于光电探测器而言,单粒子效应可等效成某种虚假的光电响应,产生相应的假信号或噪声。在空间辐射的持续累积作用下,则有可能在器件内部引入缺陷、复合中心和深能级等,构成总剂量效应。对于光电探测器而言,总剂量效应将使器件的性能逐步退化,直至无法满足基本的性能要求,或者引起突然失效,这些都会对系统的工作寿命产生显著影响。单粒子效应和总剂量效应都会在器件内部引入损伤,包括微观的乃至宏观的损伤。在辐射消除后,这些损伤有的是可以完全恢复或部分恢复的,即有退火效应;有些则是不可恢复的,引起器件的永久性衰退乃至失效。

光电探测器工作时离不开电子电路,焦平面芯片更是要直接与读出电路混成互联。由于这二者的相似性和不可分性,光电探测器和焦平面器件的辐照效应研究是在已有电子器件辐照效应研究的深厚基础上进行的,最终需要考察的也应该是二者结合后的总体辐照效应,但一般会有主导因素。鉴于光电转换应用的重要性和实用性,NASA 等在此方面也开展了很长时间研究,已有相当的数据积累[21-26]。相对于化合物半导体光电器件,Si 光电器件(如成像 CCD 等)更早投入实际空间应用,因此其辐照效应方面的研究也开展得更早[21]。进入 21 世纪以来,随着空间应用红外波段的拓展,基于Ⅱ-Ⅵ族和Ⅲ-Ⅴ族化合物材料的成像器件也不断进入实际空间应用,对其辐照特性的研究也就进入密集期,对此 J. C. Pickel 等建立了辐照的相关电荷模型[22],对光电探测器等辐照特性的研究已有相关回顾和评述[23-26],包括对抗单粒子事件能力的预测分析等[24],此方面的数据积累较多。当时的应用更加侧重能覆盖宽广波段的Ⅱ-Ⅵ族 HgCdTe 材料[25],且已在哈勃望远镜等大工程上得到成功应用[26]。对于基于Ⅲ-Ⅴ族材料的光电器件,前已述及,其在光纤通信应用方面发展更早也更充分,而光纤通信器件在辐照环境下也会有一定应用,例如用于核辐射环境下的数据传输,因此对其也开展了相关辐照特性研究,获得了一些实际数据[27-29],包括对光通信系统中各种元部件抗辐照特性的评估[27, 28]。应该指出的是,在光通信系统所涉及的各种元部件,如光源和光探测器件、波分复用元件乃至光纤中,光电探测器仍是抗辐照最薄弱的环节。对 pin 结构的光电探测器,多种辐照均会使暗电流和噪声增加,从而使其可探测的最小光功率减小。对于雪崩型的光电探测器 APD,由于其内部具有极高电场,因此其对辐照会更加敏感,这是此类器件应用中需要特别关注的。前期的这些数据对于航天遥感器件也会有较高参考价值。短波红外 InGaAs 光电探测器件及其阵列在 21 世纪初起已开始也已进入实际空间评估和应用,例如用于欧空局环境卫星 Envisat 的 SCIAMACHY[30],并且利用其较长的实际在轨时间积累了有效的辐照数据,分析了其衰退特点和综合抗辐照特性[31],主要涉及与 InP 晶格失配的波长扩展 InGaAs 阵列器件,以厚 InAsP 作为缓冲层,以及作为参照的晶格匹配 InGaAs 阵列器件。在 Envisat 约 800 km 轨道高度上两年多的加电实际工作状态下连续在线测试结果表明，相对于晶格匹配器件，当时波长扩展器件的衰退效应还是较显著的。

由于空间辐射环境的复杂性，其对器件产生的辐照效果往往是多种辐射产生的综合效果，且空间在轨进行实际研究也绝非易事，需占用大量资源，有时甚至根本无可能性，因此在地面先进行初步的分析是十分必要的。例如，对于光电探测器，其有源区的纵向尺寸一般在1 μm量级，而所用半导体材料的禁带宽度则在1 eV量级，那么对于某种粒子（包括光子）辐射，如其能量淀积率达到了1 eV/μm量级，则可以判断其大概率会产生某种辐照效应，而在此量级上这种辐照效果应该是尚可以恢复的；如能量淀积率再高数个量级，则有可能对材料产生不可恢复的损伤。再如，据此也可以认为，在一定的能量区间辐照效应会和材料的禁带宽度相关，窄禁带材料的辐照效应会比宽禁带材料更加显著。在更高的能量区间，辐照效应会与材料本身的键能相关，可以预期键能较低的Ⅱ－Ⅵ族材料的辐照效应会比键能高些的Ⅲ－Ⅴ族材料更加显著。当然，这些只是很粗略的判断，有时会有例外。例如，据认为同样是Ⅲ－Ⅴ族的InP基材料的抗辐照性能要明显优于GaAs基材料，虽然其禁带宽度还稍窄。应指出的是，描述材料或器件的抗辐照性能还与其习惯定义相关，人们往往会规定材料或器件的某个参数经辐照后衰退一定比例所经受的辐照剂量为其抗辐照参数，这样的描述对实际应用应该是合理的，但这个基于相对值的抗辐照参数就会与其原始参数有很大的关系。例如，某个原始噪声很低的器件经辐照后噪声增加的比例较大，而原始噪声较大的器件经辐照后噪声增加的比例反而较小，原始噪声较大的器件其抗辐照特性反而更好。如此按比例描述虽然较直观，但从机理上不尽合理。

鉴于在地面进行实验要远比空间方便，在地面利用不同的辐射源研究实际器件的抗辐照性能和积累数据往往更加实际，因此得到广泛青睐。例如，人们常在地面利用电子、质子、中子、重离子、γ射线和强激光等辐射源来模拟各种可能的空间辐射环境，进行实时或延时测量其辐照效果、积累效应和退火效应等，包括在辐照过程中直接持续或断续加电进行在线测量、辐照过程中不加电但辐照后立即进行测量，以及辐照后存储不同时间再进行测量等，以获取相关信息。当然，在线一般只能进行测试上较为方便的一些“简单参数”测量，例如$I-V$特性和暗电流等。这些辐射源可以是不同类型的加速器，也可以是采用不同放射材料的辐射源等。基于早期对电子器件辐照效应的广泛研究和数据积累比对，人们已对采用怎样的辐射源及其辐射参数，包括剂量和剂量率等，可以模拟怎样的空间辐射环境，以及达到怎样的抗辐照性能可以预期在何种空间辐照条件下有怎样的寿命等，有了一定的深刻的认识，将这些经验移植到光电探测器及其焦平面器件的抗辐照研究上可以起到事半功倍的效果。再如，对于光电探测芯片与读出电路混成的焦平面器件，受测试条件的限制其抗辐照性能会是光电芯片和集成电路抗辐照性能的综合效果，如何利用集成电路抗辐照的基础数据，以及区分二者的不同影响程度，也是需要关注的；根据器件的抗辐照参数及空间环境条件制定合适的抗辐照策略则是具体应用所必需的。针对长波截止波长为2.2 μm的InGaAs线列器件以及GaAs跨阻放大器等，模拟不同的轨道条件，采用30 MeV质子、1 GeV/n氦离子、1 GeV/n铁离子以及662 keV Ce－137伽马射线等，在多种剂量条件下进行了系统的辐照评估[32]，结果表明此种器件在常规运行条件下功能正常，衰退很小。其后，这些器件于2018年4月被运送至低轨道的国际空间站，在不加电条件下放置于空间站外部进行了13个月的实际空间环境辐照考核，于2019年6月运回地球进行测试[33]。结果表明在此期间器件未出现明显衰退，探测器在0.1 V反偏下的暗电流仅增加约17%。这些都验证了InGaAs波长扩展器件的良好抗辐照特性，表明其适合空间应用。

4.3 动态特性

相对于探测器的静态特性而言，动态特性主要认为是指器件的瞬态响应，即光伏型光电探测器对脉冲或交流光信号的响应情况；一些与此有直接关联的（如 $C-V$ 特性），或者常需在交流状态下进行测试的参数（如黑体响应和噪声等），也都归并在此节中讨论。显然，这些参数在直流状态下也是可以进行测试表征的，因此这样的分类也只是个习惯。

4.3.1 $C-V$ 特性

光电探测器的电容电压 $C-V$ 特性也是其重要参数，会影响到其工作速度；对焦平面器件而言，探测器芯片与读出电路混成后器件的电容还会影响到系统的噪声特性等。此参数都是在交流状态下进行测试的，也与光电探测器的瞬态特性直接相关，故将其归于此节讨论。

简而言之，工作于图4.2.5中第四象限区域的光伏型光电探测器，其结电容 C_j 在一定条件下仍可等效成一个平行板电容器，即：

$$C_j = \frac{\varepsilon_0 \varepsilon_r A}{d} \tag{4.3.1}$$

其中，ε_0 为真空电容率；ε_r 为此半导体材料的相对静态介电常数，即此半导体材料的静态介电常数 $\varepsilon_s = \varepsilon_0 \varepsilon_r$；$A$ 为器件的结面积；d 则为耗尽层宽度，后不再赘述。耗尽区中的电场强度 E 可近似为 $E \approx V/d$。

具有pn结构的光伏型光电探测器由于对其性能的要求以及制作工艺上的原因，一般都是单边突变结，即材料p和n两边的掺杂浓度有较大差别，一般在两个量级以上，且过渡区较窄，即为 p^+n 或 n^+p 结构。对于pin结构，实际器件中制作理想的本征i层是难以实现的，所谓i层也只是其中的掺杂浓度尽量低而已，因此仍可采用单边突变结近似，可为 $p^+n^-n^+$ 或 $n^+p^-p^+$ 结构。这里的符号系统中一般以上标“+”表示高掺杂，上标“-”表示低掺杂，更高的掺杂还会以两个上标加号“++”表示。对于具体的实际结构，还常以大写字母P或N表示禁带相对较宽的材料，如窗口层或衬底材料；小写字母p或n表示禁带相对较窄的材料，如吸收层或接触层材料。例如，采用这样的符号系统，描述依次具有高掺杂p型InGaAs接触层、高掺杂p型InP窗口层、低掺杂n型InGaAs吸收层、高掺杂n型InGaAs接触层和高掺杂n型InP衬底的外延结构，可以记录为 $p^+P^+n^-n^+N^+$ 结构；忽略其中对设计分析不太重要的层，可以称其为 $P^+n^-n^+$ 结构。其他可以依此类推，后不赘述。

对于单边突变 p^+n 结，例如低掺杂一侧施主掺杂浓度为 N_d，其耗尽层宽度 d 和结电容 C_j，以及零偏下的耗尽层宽度 d_0 及结电容 C_{j0}，可以表示为

$$d = \sqrt{\frac{2q\varepsilon_s}{N_d}\left(V_{bi} - \frac{2kT}{q} - V\right)},\ d_0 = \sqrt{\frac{2q\varepsilon_s}{N_d}\left(V_{bi} - \frac{2kT}{q}\right)} \tag{4.3.2}$$

$$C_j = \frac{\varepsilon_s A}{d} = A\sqrt{\frac{q\varepsilon_s N_d}{2}}\left(V_{bi} - \frac{2kT}{q} - V\right)^{-1/2},\ C_{j0} = \frac{\varepsilon_s A}{d_0} = A\sqrt{\frac{q\varepsilon_s N_d}{2}}\left(V_{bi} - \frac{2kT}{q}\right)^{-1/2} \tag{4.3.3}$$

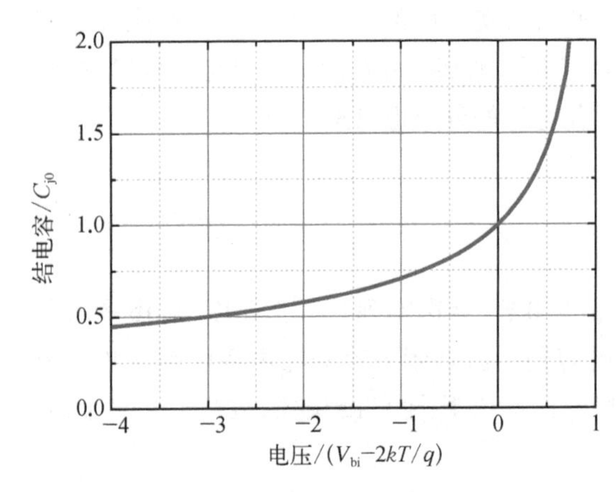

图 4.3.1　单边突变结以 $V_{bi}-2kT/q$ 和零偏结电容 C_{j0} 为归一化单位的 $C-V$ 特性

其中，V_{bi} 为结的内建电压，是一个与材料禁带宽度相关的量，禁带宽度越大其内建电压也越高，且与材料的介电常数也有一定关系。作为粗略的估计，一般 GaAs 二极管的内建电压约为 1.3 V，Si 二极管的内建电压约为 0.8 V，InGaAs 二极管则低于 0.8 V。图 4.3.1 示出了单边突变结以 $V_{bi}-2kT/q$ 和零偏结电容 C_{j0} 为归一化单位的电容电压 $C-V$ 特性。对用于光电探测的器件，由于其不工作于正偏压区，因此在零偏压下耗尽层达到最窄，结电容也达到最大；随负偏压加大则耗尽层宽度不断增加，结电容相应减小。

为方便进一步计算，(4.3.3)式也可进一步改写为

$$\frac{1}{C_j^2} = \frac{2}{q\varepsilon_s A^2 N_d}\left(V_{bi} - V - \frac{2kT}{q}\right) \tag{4.3.4}$$

$$\frac{d\left(\frac{1}{C_j^2}\right)}{dV} = -\frac{2}{q\varepsilon_s A^2 N_d},\ N_d = \frac{C^3}{q\varepsilon_s A^2 dC/dV} \tag{4.3.5}$$

由于器件的电容与电压的关系是可以实际测量的，在得到实测 $C-V$ 关系后可按 $1/C^2-V$ 作图计算拟合。图 4.3.2 示出了单边突变结以 $1/C_{j0}^2$ 和 $(V_{bi}-2kT/q)$ 为归一化单位的 $1/C_j^2-V$ 特性，其在反偏压时为一直线，趋向正偏压时则会偏离直线。此反偏压时直线的斜率正比于掺杂浓度的倒数，因此可根据器件的 $C-V$ 特性得到材料掺杂浓度，这是实际中测量材料掺杂浓度的常用方法之一。注意到此方法中不随电压变化的电容对 dC/dV 不会产生影响，因此实际器件的封装以及测试装置和连线的分布电容等对此并无影响，但由于掺杂浓度与电容数值的三次方关系，当分布电容占比较大时也会有影响；考虑到电容与结面积的关系，面积计量的误差会显著影响计算精度。将此直线外推，在电压轴上得到的截距为 $(V_{bi}-2kT/q)$，

可以据此得到内建电压的具体数值，进而根据(4.3.2)式得到在零偏压或反偏压下耗尽层的实际宽度。对于 n^+p 结，计算方法完全相同，可以类推。当结两边掺杂浓度差别不那么大以及过渡区不太窄时（即线性缓变结的情况），以及结两侧为禁带宽度不同的材料（即异质结的情况以及光照时的情况），对以上公式会有相应修正，但基本结论仍可适用，这里就不进一步讨论了。对于实际器件的 $C-V$ 特性，一般会在较高的频率（如 1 MHz 下）进行测量，或者 100 kHz 以上，这是因为：耗尽层中如存在一些深能级杂质或缺陷等，则有可能在禁带中引入一些较深的能级，交流作用下这些能级位置上的充放电也可等效为电容效应，但其一般只在较低的频率下起作用，这样在 1 MHz 或 100 kHz 以上的测试频率下就可避免其影响。如要研究这些深能级的特性，则有可能需要在较低频率下进行变频测量。$C-V$ 特性测量可以采用阻抗测量仪器，如测量频率固定为 1 MHz 的 $C-V$ 特性测量仪，或者测量频率可变的 RLC 表，一些半导体参数测试仪也具备了频率大范围可变的 $C-V$ 测量功能。做 $C-V$ 测量时对所测样品及测量参数设置有几方面是需要特别关注的：首先是样品面积或其对应的结电容的大小，此电容值不应太小，以免测量时的分布电容或仪器测量精度显著影响测量结果，一般希望此电容值至少在 10 pF 以上；再则是结的阻抗特性及其对应的较佳扫描电压区间，扫描电压主要在反偏区域，但反偏电压过高会引起结的击穿，并且在击穿之前结阻抗的电导分量将接近乃至大于容抗分量，而 $C-V$ 测量一般基于纯电容模型而忽略其漏电电导分量，电容和电导分量虽可同时测出，但用于分析仍较困难，这就需要限制测试时的最大反偏电压，因此在进行 $C-V$ 测试之前需对样品的结特性有所了解，例如已进行了 $I-V$ 特性测量分析，根据 $C-V$ 测试频率了解其容抗/电阻比例；一些测量仪器中也可设置此比例，当到达此比例时测试自动停止。

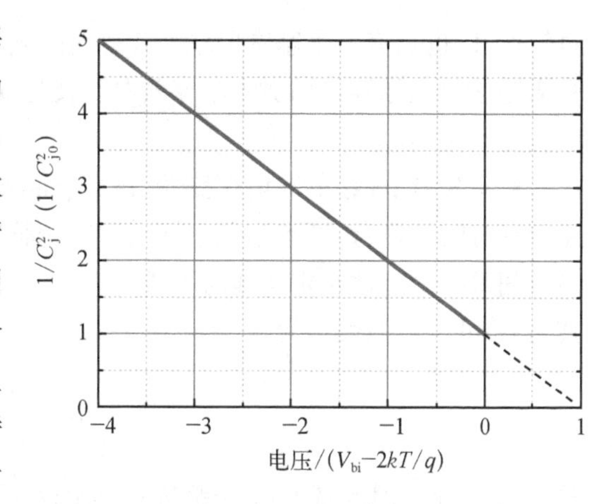

图 4.3.2　单边突变结以 $1/C_{j0}^2$ 和 $(V_{bi}-2kT/q)$ 为归一化单位的 $1/C_j^2-V$ 特性，其直线的斜率正比于掺杂浓度的倒数

4.3.2　瞬态特性

光电探测器的瞬态特性，简而言之就是其对光的响应速度或频率响应特性。一般而言，响应速度是指其在时间域的响应特性，而频率响应是指其在频率域的响应特性，二者之间虽有一定对应关系，但尚不能完全等效。针对不同的应用场景，对光电探测器的瞬态特性也都有其习惯的描述方式、偏好和侧重点。对于电信号，电子学中已有相应的时域或频域的概念和处理方法，光电探测方面也借鉴了这些概念和方法，以下分别讨论。上一章已提及，不同的应用领域对光电探测器的不同特性参数会有所侧重。具体而言，光纤通信和激光雷达等应用场合会对光电探测器的瞬态特性有较苛刻的要求，而光谱遥感和成像等应用则要求相

对较低，但也会有一个基本要求。随着超高帧频和快速处理以及其他新的应用场景的发展，光谱遥感和成像等应用对光电探测器及其与读出处理电路混成的焦平面器件的响应速度要求也越来越高。

对于具有 pn 结的光电探测器，包括 pin 结构，考虑到结的基本特性，描述其瞬态特性首先会在时间域进行，即考察光电探测器对光脉冲的电学响应，例如采用若干与物理过程关联的时间常数来定性及定量地对其进行表征。首先，载流子在耗尽层中渡越需要一定时间，设其为 t_1，可以近似表示为

$$t_1 = \frac{d}{v_d} = \frac{d}{\mu E} \tag{4.3.6}$$

其中，d 为耗尽层的宽度；v_d为载流子的漂移速度，在低场下可表示为载流子的低场迁移率与耗尽层中电场强度的乘积μE，在高场下则可达到载流子的饱和漂移速度 v_s。对于工作于反向电压 V_R下的光电探测器，其耗尽层中的电场强度 E 可以粗略地表示为 $E = V_R/d$，在较高反向偏压下 V_R就约等于反向偏压值，而在零偏压下 V_R可按结的内建电压计算。根据式(4.3.6)可以对载流子的渡越时间有一个粗略估计。例如，对吸收层为晶格匹配 InGaAs 材料的 P^+n^-结构器件，耗尽层主要在 n^-一侧，电子为多数载流子。如耗尽层宽度 $d = 2\ \mu m$，电子迁移率$\mu_n = 5\,000\ cm^2/Vs$，则当 $V_R = 0.2\ V$ 时 $t_1 \approx 16\ ps$。在高反向偏压下，InGaAs 中的电子饱和漂移速度 $v_{se} \approx 2.5\times 10^7\ cm/s$，这时 $t_1 \approx 8\ ps$。载流子的渡越时间常数 t_1基本反映了此种结构光电探测器所能达到的极限响应速度。

根据载流子在耗尽层之外的扩散作用可以引入第二个时间常数，即扩散时间常数 t_2，可粗略表示为

$$t_2 \approx \frac{L^2}{D} \tag{4.3.7}$$

其中，L 为载流子的扩散长度；D 为其扩散系数。对实际器件，耗尽层两侧的少数载流子都会有扩散作用，根据更细致的分析可以分别表示为

$$t_{2e} = \frac{L_n^2}{2.4D_n},\ t_{2h} = \frac{L_p^2}{2.4D_p} \tag{4.3.8}$$

$$D_n = \frac{kT}{q}\mu_n,\ D_p = \frac{kT}{q}\mu_p \tag{4.3.9}$$

例如，仍对吸收层为晶格匹配 InGaAs 材料的 P^+n^-结构器件，由于宽禁带窗口层中无光吸收，扩散作用发生在 n^-一侧，空穴为少数载流子，如空穴扩散长度 $L_p = 2\ \mu m$，空穴迁移率 $\mu_p = 200\ cm^2/Vs$，则可粗略估计空穴的扩散时间常数 $t_{2h} \approx 3.2\ ns$。由此可见，扩散时间常数与渡越时间常数是有数量级的差别的，常会引起瞬态响应中明显的拖尾效应。应指出的是，扩散作用是可以通过合理的器件结构设计及设定合适的工作条件加以抑制的。例如，对用于光通信的光电探测器，为追求高速会采用尽量低掺杂(非故意掺杂)的材料并施加较高的反向偏压来避免光响应的扩散拖尾，并且，对于包含窗口层的正面进光结构扩散区本身就位于光

强已被大部吸收的区域,扩散作用对光电流的贡献也会较小。

光电探测器的第三个时间常数反映了器件本身与外部电路结合后的瞬态特性。即 RC 时间常数,可简单表示为

$$t_3 = R_L C_j \tag{4.3.10}$$

其中,R_L为负载电阻;C_j为光电探测器的结电容,可按前述公式计算,在此时间常数中也应包括封装和连接等引入的其他分布电容的影响。RC 时间常数表达了电子学系统瞬态响应的客观特征。在高速应用中常会采用特性阻抗为 50 Ω 的低阻系统,如结电容与其他分布电容的总和为 10 pF,则此时间常数为 0.5 ns;电容降低到 1 pF,则时间常数降为 50 ps。而在特性阻抗为 1 MΩ 的高阻系统中,如结电容与其他分布电容的总和为 10 pF,则此时间常数将达 10 μs。注意到与光电探测器相连的电子学系统如电压放大器的输入阻抗大小与系统的灵敏度及噪声特性也直接相关,而根据图 4.3.1,高反向偏压下光电探测器的结电容也只能减小到零偏压下的二分之一,因此对电压放大器输入阻抗的选取是需要综合考虑的。实际应用中则往往是利用光电探测器产生光电流,而用输入阻抗很低的跨阻放大器将光电流转换成输出电压。电子学系统中对性质和数值相近的若干时间常数,考察系统的瞬态特性有时会对其采用平方求和再开方的方法计算其总体的时间常数;注意到对于光电探测器,这里的三个时间常数在性质和数值上都有较大差别,这样的求和方法并不适用。注意到这里的三个时间常数中,前两个漂移和扩散时间常数在一维模型下是与光电探测器的面积无关的,而第三个 RC 时间常数则直接与器件面积相关。因此,从原理上看采用面积较大的器件也是有可能达到较快的系统响应速度的,但需要外部电路的配合。

在电子学领域,研究时域瞬态响应常需考察在超短电脉冲作用下元器件或系统的响应,极限情况下输入为宽度为零的脉冲,即 δ 函数,一般对其输出则可用一个高度为 A 的对称高斯脉冲来描述,脉冲宽度展宽到 τ,且具有一定时延 t_d。这也就是冲击响应:

$$f(t) = A e^{-\frac{(t-t_d)^2}{2\tau^2}} \tag{4.3.11}$$

δ 函数即为 τ 趋于零时的高斯脉冲。同样,对光电探测器则需考察其在超短光脉冲作用下的电输出响应,同样可用式(4.3.11)的形式描述。表观上,当输入光脉冲足够短以后,输出电脉冲的参数已不受输入光脉冲宽度影响,这时常对其定义一系列的表观时间参数,如定义脉冲幅度从 10%上升到 90%所用时间为上升时间 t_r、脉冲幅度从 90%下降到 10%所用时间为下降时间 t_f,脉冲前沿 50%处到后沿 50%处的时间为半高全宽 FWHM 等。根据式(4.3.11)计算,对高斯脉冲可以得到 $t_r = t_f = 1.686\,9\tau$, FWHM $\approx 1.4t_r$。实际系统有时也会按脉冲幅度的 20%~80%来定义相关脉冲参数,这时有 $t_r = t_f = 1.126\,1\tau$, FWHM $\approx 2.1t_r$。

考虑到光电探测器中不同机制引起的脉冲展宽和时延各不相同,总体的输出并非对称的高斯脉冲,这时需引入不同的脉冲响应参数,例如三组(A_1, τ_1, t_{d1})、(A_2, τ_2, t_{d2})和(A_3、τ_3, t_{d3}),将表观上总体的电脉冲输出表示为

$$f(t) = A_1 e^{-\frac{(t-t_{d1})^2}{2\tau_1^2}} + A_1 e^{-\frac{(t-t_{d2})^2}{2\tau_2^2}} + A_1 e^{-\frac{(t-t_{d3})^2}{2\tau_3^2}} \tag{4.3.12}$$

为有定性的数量概念,这里可看一个数值拟合实例。按照前面所述光电探测器中瞬态过程的三种机制并与式(4.3.12)相对应,选取表4.3.1中的瞬态响应参数值,即漂移、扩散和 RC 分量的脉冲展宽分别按漂移分量的1、5和2倍设置,对应的时延分别按其脉冲展宽的3倍设置,而三个分量的幅值分布按1、0.2、0.2设置,则其冲击响应的波形如图4.3.3所示,具有显著的非对称特征,实际中测量得到光电探测器对超短光脉冲的响应波形往往会有类似特征。

表 4.3.1　冲击响应拟合脉冲参数设置

漂移分量	扩散分量	RC 分量
A_1, τ_1, t_{d1}	A_2, τ_2, t_{d3}	A_3, τ_3, t_{d3}
1, 1τ, 3τ	0.2, 5τ, 15τ	0.2, 2τ, 6τ

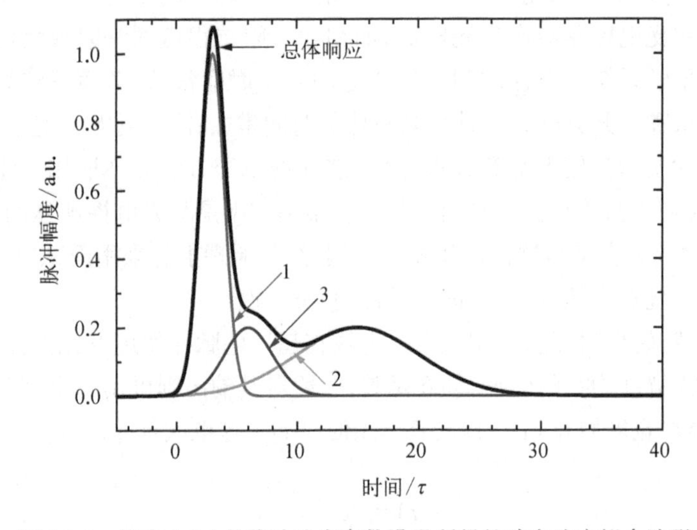

图 4.3.3　按表4.3.1的脉冲响应参数设置所得的冲击响应拟合波形

由图4.3.3可见,在此脉冲响应参数设置下,输出电脉冲的上升沿较快,其基本由漂移分量主导;输出电脉冲呈现显著的拖尾效应,可以看成主要是扩散分量的贡献;RC 分量则对下降沿有一定影响。据此可对前面描述的参数有较直观的印象。此外,还应该注意到 RC 时间常数中只考虑了电阻和电容分量,而实际器件及连接等中还会包括电感分量,如封装引线、管壳、连接器和电缆等的分布电感,这会引起振荡等更复杂的情况,实际中的直观表现是时域响应中有可能出现振铃现象,在上升沿、下降沿和拖尾中都会有所表现,这里就不深入讨论了。

测试表征实际光电探测器的时域瞬态响应涉及相关方案,最基本的方案就是采用短脉冲激光光源直接作用于光电探测器,再用高速示波器直接观察光电探测器的输出波形[34-36]。采用这个方案有一些前提条件:第一,要求在脉冲参数(如 t_r、t_f、FWHM)方面,短脉冲激光光源要明显优于待测光电探测器的时域响应参数,这样方可避免光源脉冲参数对测试结果的影响;第二,要求高速示波器的时域瞬态响应也要优于待测光电探测器,最好是明显优于,以避免其影响;第三则是要求光电探测器和示波器之间有合适的高速连接以及施加偏压方法,光电探测器本身也需要有合适的高速封装,使之能够体现光电探测器的瞬态性能。在光源、示波器及连接封装方式等的脉冲参数虽然优于探测器但仍可比拟的情况下,尽管可以采用公式计算扣除其影响,但在二者比较接近的情况下会带来明显误差,影响到测试校正的准确度。

与电子学系统一样,对光电探测器不仅需要了解其时域瞬态响应,也要了解其频域瞬态响应,或称其频率响应带宽 BW。一般而言,在时域响应为高斯函数的情况下,频域响应也是高斯函数,二者之间满足傅里叶变换关系:

$$f(t)=\mathrm{e}^{-\pi t^2},\ F[f(t)]=f(s)=\mathrm{e}^{-\pi s^2} \tag{4.3.13}$$

这也就是说,当光电探测器的时域瞬态响应具有式(4.3.11)表示的确定单一对称高斯脉冲形式时,其频率响应带宽也是确定的,可以直接互相转换,即在脉冲幅度按10%~90%考虑时有 $t_r\approx 0.35/\mathrm{BW}$。这样当带宽 BW 为 1 MHz 时,上升时间 $t_r\approx 350$ ns;带宽 BW 为 1 GHz 时,$t_r\approx 350$ ps;当带宽 BW 为 50 GHz 时,$t_r\approx 7$ ps。对于电子学系统,一般规定其响应幅度下降 3 dB 时的频率 $f_{3\,\mathrm{dB}}$ 为其带宽 BW,按更精确一些的计算,有 $t_r\approx 0.44/\mathrm{BW}$(10%~90%)和 $t_r\approx 0.31/\mathrm{BW}$(20%~80%),对实际系统一般也采用这样的估算公式。

对于具有光电转换功能的光电探测器,自然是可以沿用这些概念和方法来考虑其频域响应及其转换的,但应注意到一些差别。如前所述,光电探测器基本可按其内部和外部机制定义出三个性质各异差别较大的时间常数,其实际时域响应也常具有如式(4.3.12)和图4.3.3所描述的非对称多峰高斯形式,这就给时域和频域的直接转换带来一定困难。对于实际器件,其光电流响应的扩散分量是可以通过合理的结构设计得到充分抑制的,RC 时间常数的影响也可以通过对器件工作点和电路匹配等优化加以减小,当这两个响应分量的幅度压到足够低时,其主导的时域瞬态响应仍可以粗略地用对称单峰高斯脉冲近似,这样前述时域和频域的转换常数仍可用于大致估算作为参考,但这只是较理想的情况。对于已接入电子学系统的光电探测器,会出现时域瞬态响应由 RC 时间常数主导的情况,这时其 3 dB 带宽可表示为 $f_{3\,\mathrm{dB}}\approx 1/2\pi R_L C_j$,这时的 C_j 当然应该包括电路输入端的电容和分布参数等,其他时间常数的影响也可归并到 RC 时间常数中去。在 RC 时间常数和扩散拖尾都忽略的情况下,光电探测器所能达到的响应带宽仍受漂移分量的限制,即 $f_{3\,\mathrm{dB}}\sim v_s/2\sqrt{2}d=0.353\,6v_s/d$,据此可估算所能达到的极限。对于与 InP 晶格匹配的 $\mathrm{In_{0.53}Ga_{0.47}As}$,已知其电子饱和漂移速度约在 2.5×10^7 cm/s,在耗尽层宽度 d 为 2 μm 的情况下,按纵向漂移所能达到的带宽极限约在 50 GHz 以下,需要更高的带宽则需依靠特殊设计。光电探测器时域和频域瞬态特性的测量表征都需依靠特定的方法和仪器设备[34],也各有限制因素,对于超高速器件要求会很苛刻,但对响应速度不太高的器件采用常规仪器也可进行表征。

图4.3.4示出了一个基于短脉冲激光器、取样示波器和偏置网络的光电探测器时域瞬态响应测试系统示意图。这种时域测量是较为直观的,短脉冲激光器输出的脉冲光直接作用于待测器件 DUT,其输出脉冲的波形直接用取样示波器观察记录,DUT 所需偏置电压由可调

偏置电源经由偏置网络施加;由此类时域测试系统表征光电探测器的时域响应,其前提是测试系统中的三个主要部件的时域脉冲特性要明显优于 DUT,即短脉冲激光器输出光脉冲的脉冲宽度和上升时间等明显优于 DUT 的响应、取样示波器和偏置网络的脉冲响应或带宽也要优于 DUT,对器件的封装和连接等也有类似要求。对于脉冲响应在皮秒量级以上的器件,采用波长合适的飞秒激光器是很好的选择,对其重复频率则并无苛刻要求,千赫(kHz)至吉赫(GHz)的重复频率均有采用,但此激光器应有与激光重复频率相同且稳定的同步电脉冲输出,以用于触发示波器达到稳定的波形显示效果;测试中之所以采用取样示波器,是因为其频响一般要显著优于实时示波器,目前其最高频响已达 100 GHz 以上,但由于取样示波器采用的是按时间取样重复累加测量的方法,因此光脉冲必须是重复的,且具有很好的重复特性,其输出光脉冲的时间抖晃(time jitter)应与测量时间分辨率相当或更小,当然,目前实时示波器的性能也已很高,如其频响能满足要求时也可使用且更方便;偏置网络因呈 T 型具有三个端口,因此也称 Bias－T,是电容、电感与高频连接器的组合,有很多种规格及相应参数,一般应选用其高频频响与示波器相当,同时兼顾其低频频响,由于光电探测器均为小功率器件,可不考虑偏置网络的最大耐受电流和功率;在图 4.3.4 所示时域测量系统中,各个仪器、部件以及待测器件的封装管壳和连接电缆和所用高频连接器的频响都对系统可达到的时间分辨率有影响,其中频响最低的就是其测量时的瓶颈,在此方面并无孰重孰轻。由于是用示波器直接观察 DUT 的输出波形,需要其有足够的输出电压,一般在数十毫伏量级,这时 DUT 是出于大信号状态的,其瞬态响应特性可能也与小信号状态有一定差别;如要观察小信号状态下的瞬态响应则还需引入高速放大器,此时放大器的瞬态响应或频率响应也需计入;对此总体上需综合考虑。对于时域测量,除基于高速示波器的直接波形观察方法外,也还有基于电光开关或光电导开关以及光学延迟线的逐点测量方法,对短脉冲激光器进行分束,一路用于激发 DUT,另一路用于触发电光开关或光电导开关,同时利用光学延迟线将微小的时间尺度转换成可测量的几何尺度,用逐点恢复的方法恢复构建起脉冲响应波形[34]。

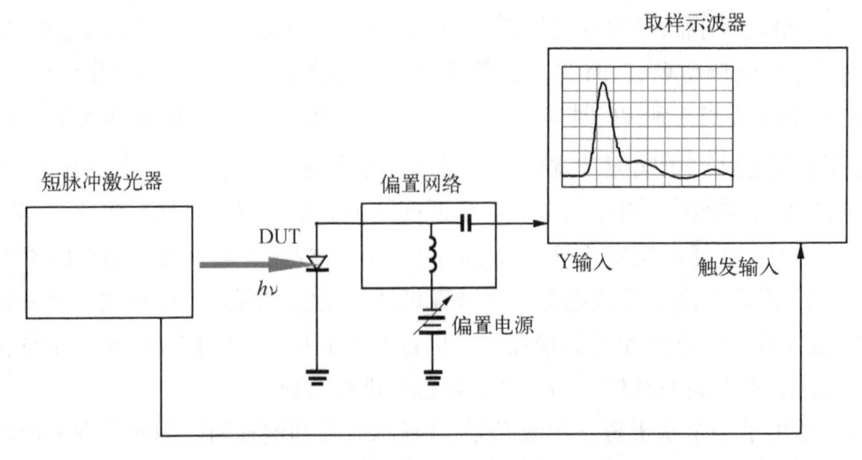

图 4.3.4　基于短脉冲激光器、取样示波器、偏置电源和偏置网络以及高频连接的光电探测器时域瞬态响应测试系统示意图

图 4.3.5 示出了基于图 4.3.4 所示时域测量系统测得的一具有梯度超晶格 MSM 结构 InGaAs 光电探测器的时域响应特性，其器件光敏面积为 30×30 μm²，叉指宽度和间距分别为 2.5 μm 和 1.5 μm，对其施加了 5 V 偏压，测得其上升时间为 15.9 ps，半高全宽为 15.6 ps[35]。测试中采用了波长约 800 nm 的钛宝石飞秒激光器，其脉宽约为 25 ps；取样示波器及其取样头的标称频响为 20 GHz（$t_r \approx 17.5$ ps），采用了自制 SMA 型管壳[36]和 Bias－T，并使用了频响达 18 GHz 的高频同轴电缆和 SMA 连接器。由此可见，此测量结果已基本达到了此测量系统组合的瞬态响应极限，实际芯片应可有更高的响应速度。对以上器件，测试光源换成自制的波长约 1.3 μm、脉宽约 40 ps 的增益开关半导体激光器，以及频响约 12.4 GHz（$t_r \approx 28$ ps）的 20 世纪 70 年代国产取样示波器 SQ20 后，测得其上升时间约 30 ps，半高全宽约 50 ps，此时受到测量系统性能的限制，测试结果显然尚不能反映此器件的瞬态特性，但这样的测量系统对响应更慢一些的器件还是适合的。

电压(10 mV/div)
FWHM=15.6 ps
t_r=15.9 ps
时间(20 ps/div)

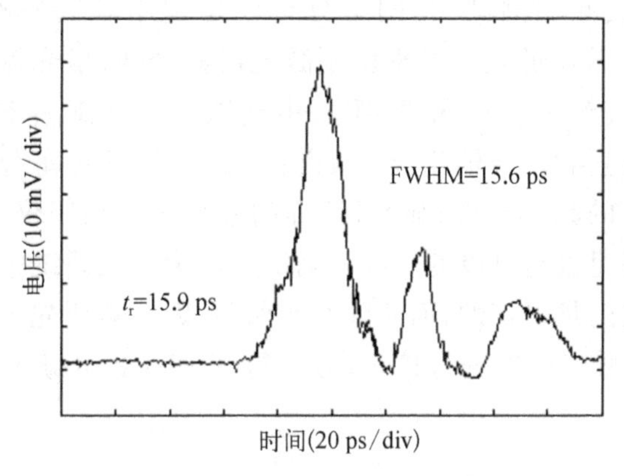

图 4.3.5　基于图 4.3.4 所示时域测量系统测得的 MSM 型 InGaAs 光电探测器的时域响应特性，器件中插入了梯度超晶格结构，测得的脉冲上升时间 t_r = 15.9 ps，半高全宽 FWHM = 15.6 ps

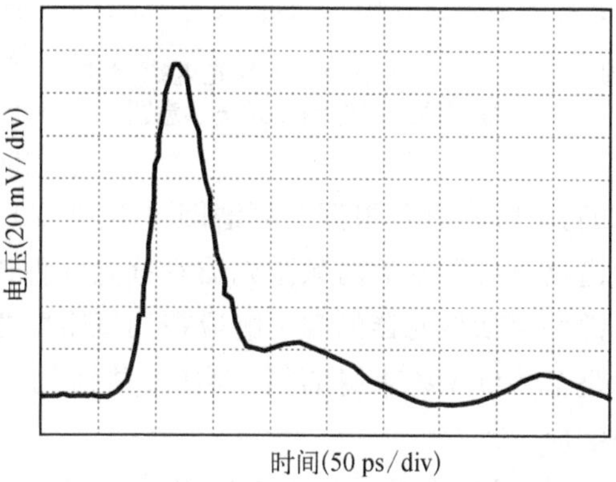

电压(20 mV/div)
时间(50 ps/div)

图 4.3.6　采用时域方法测得截止波长为 2.4 μm 的波长延伸 InGaAs 探测器室温下的瞬态响应特性，器件芯片的光敏面直径为 50 μm，反向偏压为 1 V；测得的响应上升时间 t_r = 28 ps，半高全宽 FWHM = 53 ps；测试中采用了 1.53 μm 飞秒激光器和带宽为 20 GHz 的取样示波器

图 4.3.6 示出了采用相同时域方法测得的截止波长为 2.4 μm 的波长扩展 InGaAs 探测器在室温下的瞬态响应特性，器件芯片的光敏面直径为 50 μm，所加反向偏压为 1 V；测得的响应上升时间 t_r = 28 ps，半高全宽 FWHM = 53 ps[37]；测试中采用了波长为 1.53 μm 的自锁模光纤激光器，其脉宽在数百飞秒量级，取样示波器的带宽仍为 20 GHz，芯片也采用 SMA 型管壳封装。由于激发光已为亚皮秒脉冲，与前述测量结果比对，可认为此时测试系统本身的瞬态响应速度已明显优于 DUT，此测量结果可很好地反映实际器件的瞬态响应速度。从图 4.3.5 和图 4.3.6 的测试结果来看，在此类测试系统和器件封装形式下，其时域瞬态响应波形上都存在一些振铃拖尾，这可归结于封装引线电感、芯片电极及其连接等引入的分布参数以及阻抗不匹配引起的高频共振，可以通过改进分布参数和阻抗匹配加以改善。

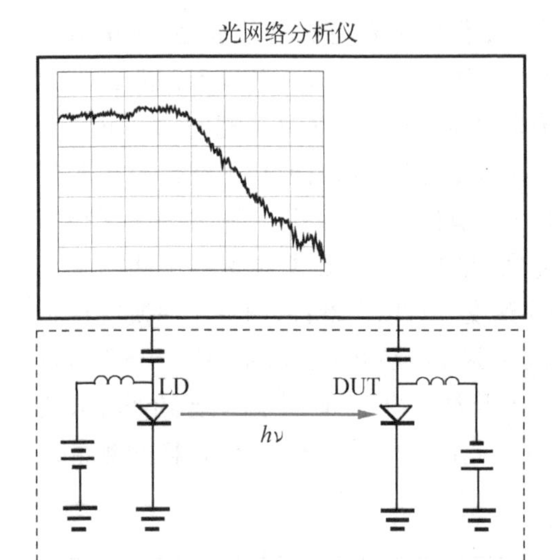

图 4.3.7 基于光网络分析仪的光电探测器频域瞬态响应测试系统示意图

对光电探测器的频域响应进行表征较方便的方法是采用光网络分析仪,图 4.3.7 示出了一个基于光网络分析仪的光电探测器频域瞬态响应测试系统的示意图,其原理与测量电学系统频率响应的网络分析仪类似,但输出和输入端口具有电-光或光-电转换功能,一般是配置了相应的激光或光电探测模块,网络分析仪本身则可看成包括能输出一定范围连续频率电信号的扫频仪(或所谓跟踪频率发生器),及其能探测此范围各个频率上电信号强度的频谱分析仪,这二者的组合即可用于四端网络的频域特性测量。对于光电探测器的频响测试,光网络分析仪是利用其"扫频仪"输出的电信号来调制激光器的光强,激光器的光输出则作用于 DUT,由其恢复出调制频率的电信号,再输出到"频谱仪"探测其各频率分量的强度即频谱,根据此频谱即可得到 DUT 的频率响应;显然,这样的系统采用扫频仪、频谱仪及可调制的高频激光器等分立部件搭建也是可以的。以上测试中认为测试系统中各部件包括激光器的频率响应在测试带宽之内是平坦的,而实际并非如此,因此需要先了解整个测试系统本身的频率响应,并据此对测试结果进行校正,方可得到 DUT 的正确频率响应。

图 4.3.8 为基于如上光网络分析仪对一晶格匹配 InGaAs 光电探测器芯片进行频域响应测试所得的结果。测试基于微波 GSG(ground-signal-ground)探针在光电探测器芯片上直接进行,无需封装。GSG 探针由高频电缆和连接器连接到光网络分析仪,其激光输出则通过光纤直接耦合到 DUT 的光敏面上。此 DUT 的台面直径为 50 μm,施加了 5 V 反向偏压,测得其-3 dB 带宽约为 11.6 GHz,这和其时域响应是基本对应的。GSG 微波探针的两边为接地针,中间为信号针,其特性阻抗为高频测试中常用的 50 Ω,通过微波连接器输出,有各种规格,其最高频响也可达数十 GHz,因其无需封装直接对芯片进行测试,使用上较为方便,适合前期研发中使用,但在设计探测器的引出电极图形时要考虑到其形状和阻抗特性的匹配,方能取得良好效果。当然,器件用于实际系统最终还是要采用合适的封装的。这样的 GSG 微波探针也可用于时域测试。

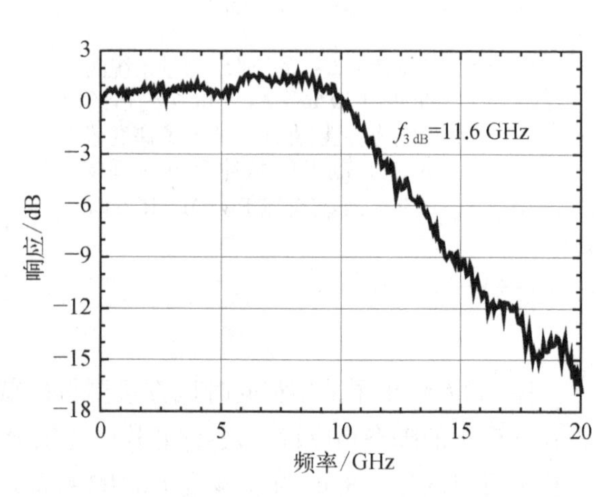

图 4.3.8 基于光网络分析仪和微波 GSG 探针的 InGaAs 光电探测器芯片频域响应测试结果

4.3.3 黑体响应

上节中已讨论了光电探测器的光电响应及响应光谱。光电响应一般特指其对单色光的响应度，响应光谱则特指其响应度按光波长的变化情况，即谱分布，本节中再讨论一下光电探测器的黑体响应，即光电探测器对一种具有特定谱分布的宽谱光源的响应。普朗克定律（Planck's law）指出，处于特定温度 T（以绝对温度 K 计）的物体都会产生相应的电磁辐射，此辐射即称为黑体辐射，其辐射能量按波数 ν 或波长 λ 的谱分布可以表示为

$$u_\nu(\nu,\ T) = \frac{2\pi h\nu^3}{c^2}\frac{1}{e^{\frac{h\nu}{kT}}-1},\ u_\lambda(\lambda,\ T) = \frac{2\pi hc^2}{\lambda^5}\frac{1}{e^{\frac{hc}{\lambda kT}}-1} \tag{4.3.14}$$

当波长以微米计时，其峰值辐射波长 λ_m 和温度 T 间的关系为 $\lambda_m = 2\,898/\mathrm{T}$，即峰值波长反比于辐射温度。据此，黑体辐射出的总能量满足斯特藩-波尔兹曼定律（Stefan-Boltzmann's law），可表示为

$$R(T) = \int_0^\infty u_\lambda(\nu,\ T)\mathrm{d}\nu = \int_0^\infty u_\lambda(\lambda,\ T)\mathrm{d}\lambda = \sigma T^4 \tag{4.3.15}$$

即辐射总能量与温度间有四次方关系，其中 σ 为 Stefan - Boltzmann 常数，可根据其他一些物理常数计算出其具体数值，具体表示为

$$\sigma = \frac{2\pi^5 k^4}{15h^3c^2} = 5.67\times 10^{-8}[\mathrm{W}/(\mathrm{m}^2\cdot\mathrm{K}^4)] \tag{4.3.16}$$

由于温度是一个易于准确测量的物理量，这样黑体辐射不仅具有只与温度相关的、已知的、确定的相对谱分布，而且具有可准确计算的绝对辐射总强度和分谱强度。

图 4.3.9 示出了不同温度黑体的光谱辐射度与波长的关系，因此其可作为实验中易于获得且可准确标定的光源，即黑体光源。光电探测器对黑体辐射的响应应该属其静态特性，但由于一般实际的黑体响应较低，测试中常需采用调制解调方法，即在交流状态下进行测试，故这里将其归于动态特性。由于辐射总能量与温度间有四次方关系，辐射强度随温度的变化幅度是很大的，这是使用黑体光源时需要特别关注的。图 4.3.10 中将 600 K、800 K 和 1 000 K 黑体辐射强度的谱分布在线性坐标下绘出，这基本是黑体响应测量中黑体光源的常用温度区间，据此可以有更具体的强度印象。

对一黑体辐射光源，在黑体温度及相关几何参数（如黑体源的开口尺寸和距离等）都固定的情况下，其作用到光电探测器上的总辐射功率 P 就已确定且为已知，可以直接按式（4.3.17）计算，即

$$P = k\sigma(T_{\mathrm{bb}}^4 - T_{\mathrm{B}}^4)\left(\frac{\pi D^2}{4}\right)\left(\frac{1}{2\pi L^2}\right)A_{\mathrm{d}} = P_0 A_{\mathrm{d}} \tag{4.3.17}$$

其中，T_{bb} 为黑体温度；T_{B} 为背景温度；D 为黑体源开口面积或其实际辐射面积；L 为其辐射

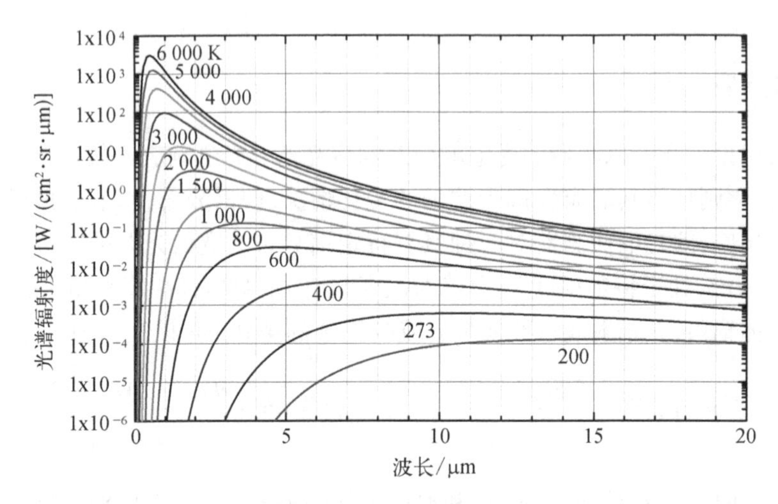

图 4.3.9　不同温度黑体的光谱辐射度与波长的关系

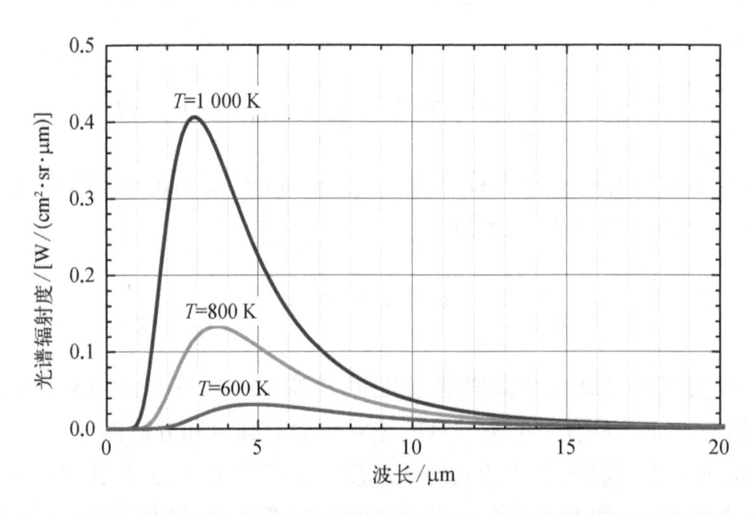

图 4.3.10　线性坐标下 600 K、800 K 和 1 000 K 黑体的辐射强度按波长的谱分布

面与光电探测器的距离；A_d为光电探测器的实际受光面积；P_0为辐射功率面密度；k 为一修正系数，和施加机械调制时将“直流”转换成交流以及调制盘的透光占空比有关，一般取为$\sqrt{2}/2=0.707$，如进行“直流”测试则应无此系数。此公式中各项的物理意义已较明确无须赘述。

这样黑体源从探测器端可以看成是一个辐射面密度均匀的大面积光源，采用黑体光源从光电探测器上测到的响应就定义为黑体响应度 R_{bb}，可以是电流响应按 A/W 计，也可以是电压响应按 V/W 计。对于量子型光电探测器一般考虑其电流响应度，是可以采用直流测试的，但由于其对黑体的直流响应电流较低不便直接测量，一般是要施加机械调制后，采用跨阻增益为 G_m的电流放大器来测量其输出电压 V_o，这样黑体电流响应度可以表示为

$$R_{bb}^{I}=\frac{I}{P}=\frac{V_o}{P_oG_mA_d}\quad (\mathrm{A/W}) \tag{4.3.18}$$

这里之所以对黑体测试常采用交流测试(即应用调制-解调方法),是因为采用交流放大器可以避免直流本底信号(如室温背景辐射等)的影响的积累效应影响测量结果的准确性。使用直流放大器时,直流信号和直流“干扰”是要被一起放大的,加之放大器本身也会产生一定的直流干扰,即输入端的失调电压,且放大器串接级数多了后效应是叠加的,影响更大,因此限制了直流放大器的总体放大倍数。采用交流放大器就可最大限度地避免此问题,这时信号是交流的可以用串接放大器达到很高的放大倍数,而直流“干扰”则无法传送到下一级因此受到抑制,所以更加适合弱信号的放大。当然,在信号本身不太弱、干扰也不太强的情况下,进行直流测试也是可以的。此外,对于已配有读出电路的焦平面探测器阵列 FPA,由于其一般是在时钟驱动下扫描工作的,进行黑体测试时对光源不加调制也相当于进行交流测试。

图 4.3.11 为一个对单元器件进行黑体测量的示意图。黑体光源的输出光经调制器调制后照射到 DUT 上,测试中常使用的调制器为机械调制器,即一带有重复透光和遮光区域的旋转盘,其调制频率一般可固定在数赫兹至数千赫间,并输出一个与此同频的电信号用于锁定放大器。DUT 输出的与调制频率同频的交流信号送至选频或锁相放大器进行放大,由于放大器的频率已锁定在调制频率上,可以充分抑制其他可能频率的信号,如市电和电磁干扰等。放大器的输出即可读出或记录。对于单元器件的实际黑体响应度测量,在某一具体光电探测器的几何尺寸都固定的情况下,测得的黑体电流响应度不仅与黑体温度 T 相关,且由于施加了交流调制和使用了跨阻电流放大器,实际测量结果还可能会与调制频率 f 和测量带宽 Δf 相关,实际中一般都要将其固定下来以便相互比较和保持重复性,这些测量参数也会直接记录到测量结果中,例如记为

$$R_{\mathrm{bb}}^{I}(T,\ f,\ \Delta f),\ R_{\mathrm{bb}}^{I}(1\,000\ \mathrm{K},\ 1\ \mathrm{kHz},\ 1\ \mathrm{Hz}) \tag{4.3.19}$$

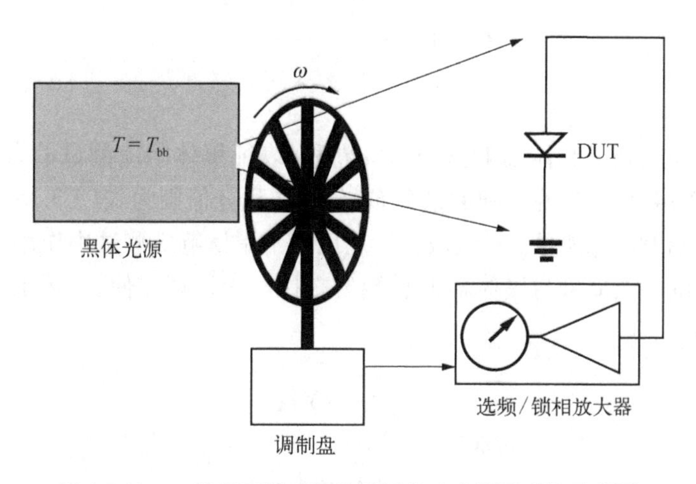

图 4.3.11　一种用于单元器件的黑体响应测量系统示意图

后一项即表示用 1 000 K 的黑体,在测量频率为 1 kHz,测量带宽为 1 Hz 时的黑体电流响应度测量结果。一般测量带宽都设为 1 Hz 或归一化到 1 Hz。应该指出的是,由于前述的四次方关系,黑体响应对黑体温度会很敏感,而对量子型光电探测器,由于其频率响应一般会远高于机械调制频率,测量频率也已高于可能的 $1/f$ 噪声区间,在白噪声区,测量带宽归一化后

对测得的响应基本无影响,因此实际对调制频率和测量带宽都不敏感,可以忽略其影响,只考虑黑体温度即可。这里可以用一个测试实例说明数量概念,如:$T_{bb}=500$ K, $T_B=300$ K, $D=1$ cm, $L=30$ cm,则 $P_0=3.03\times10^{-5}$ W/cm^2, 当光电探测器的受光面积 $A_d=0.01$ cm^2 时,作用在器件上的黑体辐射功率 $P=P_0A_d=0.303$ μW, 如将跨导电流放大器的增益设为 $G_m=10^6$ V/A, 测得输出电压 $V_o=0.5$ V, 则黑体辐射产生的光电流 $I_{ph}=V_o/G_m=0.5$ μA, 对应的黑体电流响应度为 0.165 A/W。

根据上一节对光电探测器的单色光响应度和光谱响应的讨论以及以上数值实例可以看出,就电流响应度而言,黑体响应度一般都会明显小于单色光响应度,这主要是黑体辐射的光谱分布与光电探测器响应的光谱分布匹配较差决定的。根据图 4.2.8 的示意图,黑体响应测试相当于用已知特性的光源对光电探测器直接进行测试而省略了光谱仪器,并且这个光源不仅相对的辐射谱分布特性是已知的,而且绝对的强度也是已知的。因此,如果光电探测器的相对光谱特性已知,则其黑体响应度和单色光响应度之间是可以进行换算的。这里需要用到两个函数 $f(x)$ 和 $g(x)$ 之间卷积的概念,即

$$H(x)=[f*g](x)=\int_{-\infty}^{\infty}f(\tau)g(x-\tau)\mathrm{d}\tau,\ [f*g](x)=[g*f](x) \tag{4.3.20}$$

即函数的卷积是具有互易性的。对两个谱分布函数做卷积就反映了其谱分布的交叠程度或匹配性。这样,按波长 λ 对光电探测器的响应光谱函数 $f(\lambda)$ 与黑体辐射的谱分布函数 $g(\lambda)$ 进行卷积也就反映了其匹配程度,或者说测得响应的"有效性",相当于按光电探测器的响应光谱对光源的辐射谱能量进行加权求和。据此,可以定义一个 G 函数 $G(\lambda)$,表示为

$$G(\lambda)=\frac{\int_0^{\infty}f(\lambda)g(\lambda)\mathrm{d}\lambda}{\int_0^{\infty}g(\lambda)\mathrm{d}\lambda} \tag{4.3.21}$$

其分子为探测器响应光谱黑体辐射谱分布的卷积,表征黑体响应测试的有效性;分子中的 $g(\lambda)$ 就是式(4.3.14)的普朗克定律的谱分布,分母的积分值则为式(4.3.15)的斯特藩-波尔兹曼定律的黑体辐射的总能量。G 函数实际上反映了黑体响应测试中作用到光电探测器上按光谱响应加权的有效能量与黑体辐射总能量之比。为计算方便,习惯上将式(4.3.21)的倒数定义为 g 因子,即

$$g(\lambda)=\frac{\int_0^{\infty}g(\lambda)\mathrm{d}\lambda}{\int_0^{\infty}f(\lambda)g(l)\mathrm{d}\lambda}=\frac{1}{G} \tag{4.3.22}$$

g 的数值实际上就反映了光电探测器的黑体响应度 R_{bb} 与其在峰值波长 λ_p 上的响应度 $R_{\lambda p}$ 相差的倍数,即:$R_{\lambda_p}=g\times R_{bb}$。实际测量中只要计算出了 g 因子,或对某类光电探测器在响应测试条件下的 g 因子为已知,二者的转换就十分方便。

为更形象地说明,这里可以看一个简化的示意图,假设光电探测器和光源都按最简单的

矩形谱分布。对图 4.3.12 左面的情况，光电探测器为窄谱，光源的光谱范围能将其完全覆盖，交叠部分的阴影区域占总有效区域的四分之一，即 g 因子为 4；对图 4.3.12 右面的情况，光电探测器为宽谱，光源的光谱不能将其完全覆盖，交叠部分的阴影区域占总有效区域的五分之二，即 g 因子为 2.5。由此也可以看出，当光源和探测器的谱分布交叠较多时 g 因子较小，相应的转换误差也会较小，而交叠比例很小时 g 因子就会很大，更重要的是这时测得的信号相应也会小，转换后的误差就会增大；这在考虑所用黑体光源的温度时是需要关注的。由图 4.3.10 可见，如采用 1 000 K 或以下的黑体，其对可见光探测器就几乎没有谱交叠，这样一方面信号会十分微弱，另一方面使"理论"计算出 g 因子变得很大，无法进行实际测量或转换；而使用更高的黑体温度则会显著影响黑体光源的寿命，这是其限制因素。

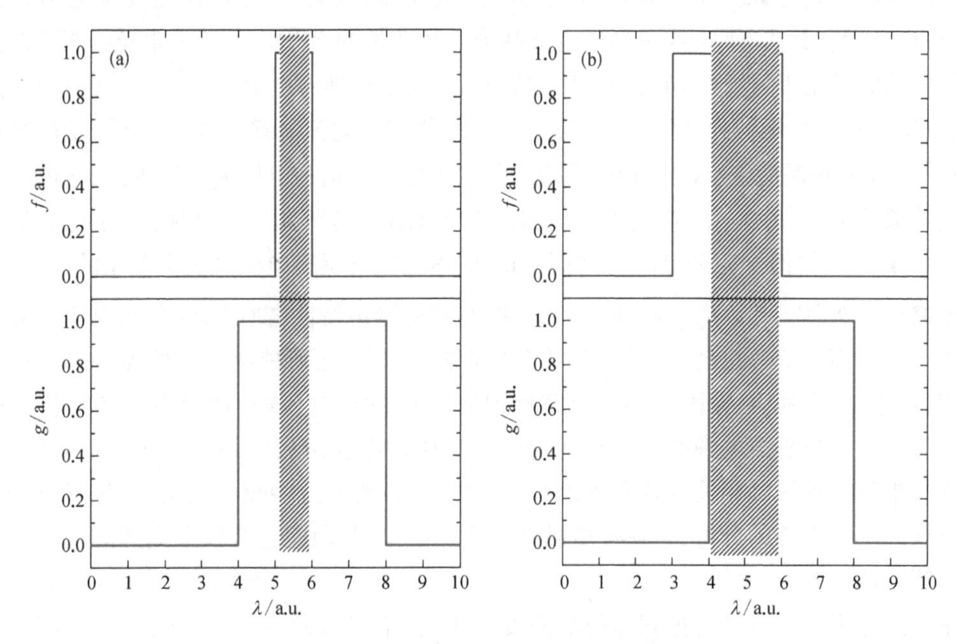

图 4.3.12　g 因子计算原理简化示意图

在用积分或求和计算 g 因子时，只需在光谱响应 $f(\lambda)$ 和光源谱分布 $g(\lambda)$ 都不为零的有效区域进行即可，这样可以减小计算量；计算中光源的谱分布无须归一化，直接按普朗克定律即可，由于其同时存在于分子和分母中，常数也都可约去；光电探测器的响应光谱则要事先按其峰值归一化；用求和做积分时数据间隔应均匀且对应。获得了某个或某种响应光谱类型光电探测器的黑体响应度、g 因子及相对响应光谱后，其在响应区域每个单色波长上的响应度就都为已知了。应注意到探测器的响应光谱是否校正好会显著影响到 g 因子计算的准确度，可事先按上节提到的方法进行校正。

4.3.4　噪声特性

反映光电探测器噪声特性的最重要参数是其噪声等效功率（noise equivalent power, NEP），定义为其噪声电流 I_N 与电流响应度 R_I 之比或噪声电压 V_N 与电压响应度 R_V 之比，即：

$$\mathrm{NEP}=\frac{I_{\mathrm{N}}}{R_{\mathrm{I}}}=\frac{V_{\mathrm{N}}}{R_{\mathrm{V}}} \tag{4.3.23}$$

反映了在探测器上产生与其噪声电流或噪声电压均方根值相当的电流或电压响应所需的光功率,也就是当信噪比 SNR=1 时的输入光功率,或者说是这个光电探测器所能探测的最小光功率,在这个光功率下探测到的信号已经与噪声相当了。光电探测器的 NEP 中既涉及了其噪声,也涉及了其对光的响应能力(即响应度),因此已是个综合性的指标。光电探测器的噪声电流或电压是其本身的特性,在暗态下也存在,与光照无关,因此也与波长无关,但光电探测器的响应度是与波长相关的,因此 NEP 逻辑上也就与波长相关。在峰值响应波长下最小的输入光功率就可以产生与噪声等效的电流或电压,也就是 NEP 在此波长上达到最大值,一般也就默认其为 NEP,或者严格定义某个工作波长的 NEP。由于希望光电探测器都工作在其峰值波长附近,这样有其合理性。这里应注意到,噪声电流 I_{N}本质上是一个交流电流,其频谱可从直流延伸到高频,其虽与光电探测器的暗电流直接相关,甚至可以粗略地认为其相等,但并不能完全等效。光电探测器的电流响应度 R_{I}和电压响应度 R_{V}之间可以有近似的换算关系 $R_{\mathrm{V}}=R_{\mathrm{I}}\times R_{\mathrm{d}}$, R_{d}为微分电阻。对于工作于零偏附近的器件,微分电阻 R_{d}和零偏电阻 R_0直接相关但不完全等同,而噪声功率应该正比于噪声电流或噪声电压的平方,这样也可粗略地有 $\mathrm{NEP}=I_{\mathrm{N}}^2\times R_0=V_{\mathrm{N}}^2/R_0$。光电探测器的噪声特性之所以较复杂,是因为其中包含了多个机制而非单一机制,除了与电阻相关的热噪声外,还可能有半导体器件所特有的发射噪声、产生-复合噪声、原因尚不十分明确但确实存在的 $1/f$ 噪声以及雪崩器件特有的倍增噪声等。除了热噪声的频率分布是均匀的具有所谓白噪声频谱外,其他噪声还可能具有与半导体中随机性机制相关的特殊频谱特征。然而,在所有这些噪声机制中,热噪声始终是一个重要的不可忽略的分量,且在很多场合会起主导作用,因此会有以上提到的这些近似或粗略估算方法。

采用黑体光源进行光电探测器的响应度测量时,前已提及由于信号较低一般需采用增益为 G_{m}的跨阻电流放大器,用于读出黑体响应信号 V_{oS};这时如将黑体光源遮挡或关闭,读出的就是光电探测器的噪声信号 V_{oN},前提是放大器本身的噪声及可能的环境噪声要明显低于光电探测器的噪声。在此情况下,NEP 可以表达为

$$\mathrm{NEP}=\frac{I_{\mathrm{N}}}{R_{\mathrm{bb}}^{I}}=\frac{V_{\mathrm{oN}}}{G_{\mathrm{m}}R_{\mathrm{bb}}^{I}}=P_0A_{\mathrm{d}}\left(\frac{V_{\mathrm{oN}}}{V_{\mathrm{oS}}}\right),\quad \frac{V_{\mathrm{oS}}}{V_{\mathrm{oN}}}=\frac{S}{N} \tag{4.3.24}$$

此表达式中前面的常数可根据前述计算,$V_{\mathrm{oS}}/V_{\mathrm{oN}}=S/N$ 就是在放大器不换挡情况下的实测信噪比。如噪声信号过小需要换挡,可直接将换挡系数计入获取信噪比。注意到这里是用黑体光源测得的响应,与前述 NEP 的最大值会有差别,也可以用 g 因子进行换算。此方法应保证测到的是光电探测器的实际噪声而非测试系统噪声,这可以从将待测光电探测器短路或断开时的输出加以判断。

对于光电探测器的噪声测量,也可以用高灵敏的低频频谱仪直接测量其噪声强度和频谱特性,此种测量除用于评估器件性能外,对于分析其噪声产生的机制以及做出改进很有帮

助。图 4.3.13 示出了光电探测器噪声频谱特性测量系统的示意图,测试中可以直接将 DUT 接入频谱仪的输入端,由于噪声信号本身很弱,也可以在 DUT 和频谱仪之间再插入低噪声前置放大器。由于光电探测器的噪声主要集中在低频端,实际应用中也主要关注其低频范围的噪声。虽然一些常规频谱仪也可以覆盖到此频率范围,但测试中更常采用动态信号分析仪,其频率上限一般只覆盖到约 100 kHz,但已足以满足噪声测量要求;其频率下限很低,可达 0.1 Hz 量级,适合分析扩展到很低频率的 $1/f$ 噪声。动态信号分析仪可有比常规频谱仪更高的灵敏度,动态范围也较大,特别适合器件噪声测量。噪声测量中如需考察其与偏置电压的关系还需对器件施加偏置,也需经由偏置网络,但此时的偏置网络需覆盖到很低的频率,与瞬态测试中所用完全不同,需要专门设计,且要避免由偏置电压引入额外噪声。对于焦平面器件,如已和电容积分跨阻放大型读出电路混成的器件,还可以通过延长对暗电流的积分时间来考察其噪声机制。在 InGaAs 光电探测器及其焦平面器件方面,已针对实际器件开展了其噪声特性的相关研究[38, 39],具体包括晶格匹配的单元器件[38]和波长扩展的焦平面器件等[39]。对于焦平面器件,由于其已与读出电路混成,其噪声特性也包括了读出电路的影响。

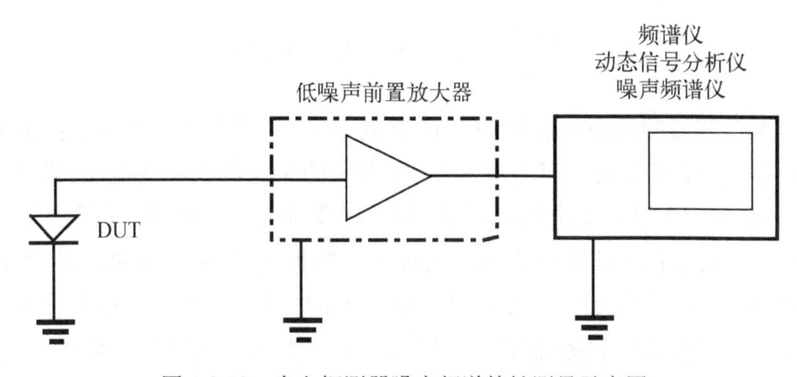

图 4.3.13　光电探测器噪声频谱特性测量示意图

4.4　优值系数与评估规则

对于某种类型的器件,包括光电探测器,会有各种繁杂的性能指标参数,这些参数中还常会涉及一些琐碎的但并非本质的限定条件,如十分具体的几何尺寸和测试状态等,因此对不同器件间的这些参数作比较和判断往往难以直接进行,这时人们会希望能从中提取出某种更加“本质”的、“普适”的或“方便”的所谓“归一化”参数,也就是针对此类器件的优值系数(figure of merit),用以对同类器件或不同类器件进行方便的但更加本质上的比较和评估;与此类似,当某种类型的器件经过多年发展,已积累了相当的实际参数数据,人们也希望据此提取和建立起某种经验规则,用以评估和判断具体器件或相关技术与其主流相比的状态;本节中将讨论量子型光电探测器的两个常用的优值系数,即探测率和零偏电阻面积乘积;以及两个相关的评估规则,即 07 规则和 IGA17 规则。

4.4.1 优值系数 D^*

为了全面地考察光电探测器的综合性能,体现其达到某种"优越性"的程度,人们希望有这样的综合性的而非单一性的参数,也就是优值系数或品质因素参数;并且,某种优值系数也可用于不同类型器件,或者用于不同的器件工艺技术之间的比较,而不涉及其中一些"无关紧要"的因数。光电探测器的探测率就是这样的综合参数。早期光电探测器的探测率 D 定义为其噪声等效功率 NEP 的倒数,即 $D=1/\mathrm{NEP}$,即表示此探测器所能探测的最小光功率越小,则探测能力越强。这样的定义是有道理的,但难以用于不同器件或技术之间的比较。具体原因包括:一方面 NEP 是与光电探测器的面积是相关的,面积越大噪声越大,基本成正比,而将光电探测器的面积计入其探测能力不尽合理;其次 NEP 是与测量带宽相关的,对于前述热噪声或白噪声也基本成正比,将测试条件计入其探测能力也不尽合理;为此,人们重新定义了某种"归一化"的探测率 D^*,即 D - star 或称 D 星,也称其为比探测率,其计量单位也称 Jones,具体表示为

$$D^* = \frac{\sqrt{A \cdot \Delta f}}{\mathrm{NEP}},\ (\mathrm{cm} \cdot \mathrm{Hz}^{\frac{1}{2}}/\mathrm{W},\ \mathrm{Jones}) \tag{4.4.1}$$

注意到其中光电探测器的面积 A 和噪声测量带宽 Δf 的乘积为平方根项,这是因为 NEP 考虑的是噪声功率,而面积 A 或噪声测量带宽 Δf 涉及的是噪声电流或电压,需按其平方根项来"归一化"。按式(4.3.23),光电探测器的 NEP 中既涉及了其噪声,也涉及了其对光的响应度,即包含了信噪比,因此已是综合性的指标。这样根据式(4.4.1)的定义,不同面积和不同测量带宽器件的"光探测能力"就可以进行数值上的比较了,还可以用于评估不同的探测器材料及其器件工艺技术的优劣,因此 D^* 就成为评估光电探测器的最重要的优值系数,习惯上有时也直接称比探测率 D^* 为探测率。

按照前面对光电探测器黑体响应的讨论,可以定义及计算其黑体探测 D^*_{bb} 为

$$D^*_{\mathrm{bb}} = \frac{R^I_{\mathrm{bb}} \times \sqrt{A\Delta f}}{I_{\mathrm{N}}} = \left(\frac{1}{P_0}\right)\left(\frac{S}{N}\right)\sqrt{\frac{\Delta f}{A}} \tag{4.4.2}$$

其中,$S/N = V_{\mathrm{oS}}/V_{\mathrm{oN}}$ 即为黑体测量时不换档测得的信噪比。如测量时换挡只需计入换挡系数即可。这里可以看到,探测率测量的本质就是在"规定"的、"相同"的光源条件下测量某个光电探测器的信噪比,但要求测试系统本身的噪声明显小于探测器的噪声。在实际测量中,器件的探测率和黑体响应度常是可以同时测得的,只需测量中再读取一下噪声数据即可,测得的黑体探测率也需标记其黑体温度、测量频率和测量带宽,记为 $D^*_{\mathrm{bb}}(T,\ f,\ \Delta f)$。

与关于黑体响应度和峰值响应度的讨论相同,光电探测器的黑体探测率 D^*_{bb} 和峰值探测率 $D^*_{\lambda_{\mathrm{p}}}$ 之间也只相差一个 g 因子,即

$$D^*_{\lambda_{\mathrm{p}}} = g \times D^*_{\mathrm{bb}} \tag{4.4.3}$$

这样，在光电探测器的响应光谱已经测得并经校正和归一化后，仍可用卷积方法求得此测试方案下的 g 因子用于换算，并可得到此光电探测器在特定波长上的探测率。

4.4.2 优值系数 R_0A

R_0A 是光电探测器的另一重要的优值系数或品质因素参数。根据 4.2 节中关于光电探测器 $I-V$ 特性的讨论，在扩散模型下器件的零偏电阻 R_0 直接反比于其反向饱和电流，而用于航天遥感等领域的红外光电探测器又大都工作于零偏压附近，这样 R_0 就直接决定了其噪声特性，重要性不言而喻。与 NEP 相似，器件的零偏电阻 R_0 也是与器件面积相关的，为便于比较和评估也就定义光电探测器的零偏电阻与面积的乘积 R_0A 为其另一个优值系数，即按器件面积进行了“归一化”的“漏电电阻”。应该注意到的是，与探测率不同，R_0A 只反映了器件的噪声特性，而探测率则同时包括了探测器的响应度或量子效率与噪声特性，即信噪比。但对于常规光电探测器，在正常的设计和使用条件下其响应度或量子效率一般不会有太明显的变化幅度，这样以 R_0A 作为优值系数就显得更加简便。

对于白噪声，例如电阻 R 的热噪声，其功率频谱密度正比于 4 kTR。对于光电探测器，按扩散模型在零偏附近，其噪声就可近似为其零偏电阻 R_0 产生的热噪声，这样按前面的讨论和公式，对于峰值响应波长 λ_p 上外量子效率为 η_{λ_p} 的器件，在其峰值响应波长 λ_p 上其探测率 $D^*_{\lambda_p}$ 和 R_0A 的关系可以表示为

$$D^*_{\lambda_p} = q\eta_{\lambda_p}\frac{\lambda_p}{hc}\sqrt{\frac{R_0A}{4kT}} \quad \left(\frac{\text{cm}\cdot\text{Hz}^{1/2}}{\text{W}},\ \text{Jones}\right) \tag{4.4.4}$$

这样也就建立起了这两个优值系数之间的关系。在其他特定波长上也可据此计算或根据实测响应光谱换算。这是不进行黑体和光谱测量获得光电探测器探测率数据的另一有效方法，但应该注意到，这个公式的使用是有前述基于扩散模型和在零偏压附近工作这些限制条件的，原理上并不包括其他暗电流机制。然而，如果基于表观上实测的 R_0 数据，其具体数值中或已包含了其他的一些暗电流机制的影响，因而公式(4.4.4)尚能较好地体现实际器件的实际探测率特征。同时，使用公式(4.4.4)时光电探测器在实际工作参数下的量子效率也是需要知道的，但没有实测值时采用近似估计值也是可以的，不至引入太大误差。

4.4.3 评估规则 Rule 07

2007 年，W. E. Tennant 等基于对 HgCdTe 光电探测器及其焦平面器件的实测和文献报道参数的积累和分析，特别是对太里丹图像传感(Teledyne Imaging Sensor)公司基于 MBE 技术获得的一批当时最佳的器件结果，即所谓 TIS 数据进行拟合，得出了用于评估 MCT 器件及其相关技术的一个经验公式，被称为 Rule 07 或 07 规则[40]，随后他们又讨论了其有效性[41]。07 规则针对的 MCT 器件涉及了长波红外、中波红外和短波红外宽广的工作波段，以及很大的工作温度范围。07 规则的目标参数是器件的饱和暗电流密度 J_s，这对实际器件是一个可

测量的参数,因此便于比较评估;两个基本的参变量是器件的截止波长 λ_c 和工作温度 T,则是实际应用中首先要关注的,其具体表达式为

$$J_s = J_0 \exp\left[C \times \left(\frac{1.24q}{k\lambda_e T}\right)\right] \tag{4.4.5}$$

$$\lambda_e = \begin{cases} \lambda_c \Big/ \left[1 - \left(\dfrac{\lambda_s}{\lambda_c} - \dfrac{\lambda_s}{\lambda_{th}}\right)^P\right], & \lambda_c \leqslant \lambda_{th} \\ \lambda_c, & \lambda_c \geqslant \lambda_{th} \end{cases} \tag{4.4.6}$$

为适应宽广的工作波段,07 规则中共引入了五个拟合常数,即:$J_0 = 8\,367.00\ \text{A/cm}^2$、$C = -1.162\,97$、$P = 0.544\,071$、$\lambda_s = 0.200\,847\ \mu\text{m}$ 和 $\lambda_{th} = 4.635\,13\ \mu\text{m}$。其中 J_0 和 C 可认为是基本拟合常数,其余是 07 规则应用于短波长一侧的附加拟合常数。从式(4.4.5)可以看到,其中的参变量并非截止波长 λ_c,而是重新定义的有效波长 λ_e;当截止波长 λ_c 大于某个阈值波长 $\lambda_{th} \approx 4.64\ \mu\text{m}$ 时,二者相等,这时 07 规则具有式(4.4.5)的较简单形式,只包含两个拟合常数;当截止波长 λ_c 小于阈值波长 λ_{th} 时,有效波长和截止波长间则需包括式(4.4.6)所示的复杂的换算关系,其中新增加了三个拟合常数。针对当时的 TIS 数据,07 规则有很好的拟合结果,如图 4.4.1 所示,$\lambda_e \times T$ 涉及的范围约在 400~2 000 μm·K,暗电流密度涉及范围超过了 13 个数量级。

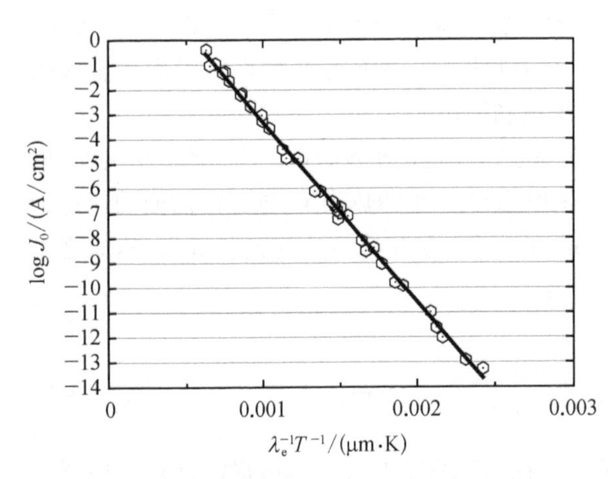

图 4.4.1　根据对当时多种 TIS HgCdTe 光电探测器和焦平面器件在不同工作温度的数据(空心点)得到的 07 规则拟合结果(粗实线)

从式(4.4.5)中 07 规则的表达式看,其具有前述对光电探测器 $I-V$ 特性分析中式(4.2.3)的形式,表明其基本依据仍然是肖克莱方程,侧重暗电流的扩散分量,其他暗电流分量则体现在其拟合常数中。由于 MCT 光电探测器和焦平面更加侧重工作波长较长的器件,即采用窄禁带材料,工作温度一般也在室温之下,会到液氮温度甚至更低,因此其和常规的光电探测器还是有一定区别的,而 07 规则就主要是针对这样的器件。从公式(4.4.5)和(4.4.6)的表达式来看,对于截止波长大于 4.6 μm 左右的长波红外或中波红外器件,07 规则是较方便的,且随着器件技术的进步也还可以对 07 规则中的拟合常数作进一步的修正,但对于短波红外波段的器件,波长换算则较繁复。

图 4.4.2 示出了根据式(4.4.6)得出的在 1~5 μm 区间截止波长 λ_c 和计算有效波长 λ_e 的关系。由图可见,在短波红外 1~3 μm 波段二者相差约有 0.5 μm,差别已较大,这对理解 07 规则造成了一定困惑。还可注意到,07 规则中常数 C 的绝对值是大于 1 的,这也给用其分析比较暗电流机制带来困难,因此只是一个侧重拟合范围和精度的经验规则。07 规则自

2008年发表以来已被广泛使用,在HgCdTe这种晶格失配小、带隙温度系数小、禁带窄但涉及宽广的工作波段范围和温度区间的器件上获得成功,被广泛接受,用于评估各种MCT器件及其相关工艺技术的优劣,以及在工程上用于预估器件乃至系统能够实现的指标。与此同时,07规则也被拓展应用到其他各种材料和类型的器件,也取得了一定效果。应该说,07规则用于评估其他材料或类型的器件与MCT器件之间的差别是有效的,但用于评估其他材料或类型的器件本身或做相互比较则有较大不确定性或误差,这是其局限性所在。在短波红外波段要用过多的拟合常数进行波长转换,使之难以用于与InP衬底晶格失配的波长扩展InGaAs器件,这也是其主要限制因素。

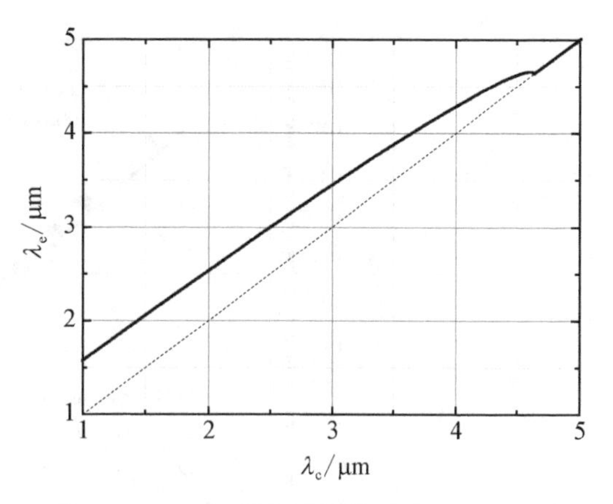

图4.4.2　07规则中器件截止波长 λ_c 和计算有效波长 λ_e 间的关系示意图

4.4.4　评估规则IGA-Rule 17

鉴于07规则存在的一些问题,2017年发展出了特别针对与InP衬底晶格失配的波长扩展InGaAs器件的IGA-Rule 17,或称IGA17规则[15,16]。IGA17规则具有和07规则相似的形式,具体表示为

$$J_s = J_0 \exp\left[-C'\left(\frac{1.24q}{k\lambda_c T}\right)\right] = 300\exp\left[-0.75\left(\frac{1.24q}{k\lambda_c T}\right)\right] \tag{4.4.7}$$

由式(4.4.7)可见,与07规则相比IGA17规则具有更简洁的形式,其中的波长参数直接就是器件的截止波长 λ_c,无需换算。与07规则比对,其仅用了两个物理意义明确的拟合参数,具体 J_0 的数值为300 A/cm^2,C' 的数值为0.75(负号已置于公式中)。这两个拟合参数的具体数值主要是根据Teledyne-Judson[42-44]和Hamamatsu[45-47]的波长扩展InGaAs单元探测器的产品参数得到的,其光敏面直径为1 mm,也参考了其他文献(包括以往的实验数据)。由于数据相对还是比较离散的,因此IGA17规则并未追求拟合参数的精确度,而是采用了尽量简单合理的数值以反映其趋势。图4.4.3示出了Judson和Hamamatsu的波长扩展InGaAs单元探测器的产品参数与IGA17规则的比对情况,包括了Judson的截止波长为1.9 μm、2.2 μm、2.4 μm和2.6 μm器件在188~295 K温度区间的参数,以及Hamamatsu的截止波长为1.9 μm、2.1 μm和2.6 μm器件在253~298 K温度区间的参数。

根据前述分析,认为在扩散模型和低偏压下,饱和电流密度符合 $J_s = kT/qR_0A$,这样就可以直接根据其零偏电阻 R_0 的数据来计算 J_s 的数值用于拟合。对于我们以往的两种GSMBE生长器件的结果,包括室温截止波长为2.6 μm且具有电子势垒插入层的波长扩展InGaAs器件[48]和室温截止波长为2.4 μm且具有n-on-p结构的波长扩展InGaAs器件[11],也对其参数

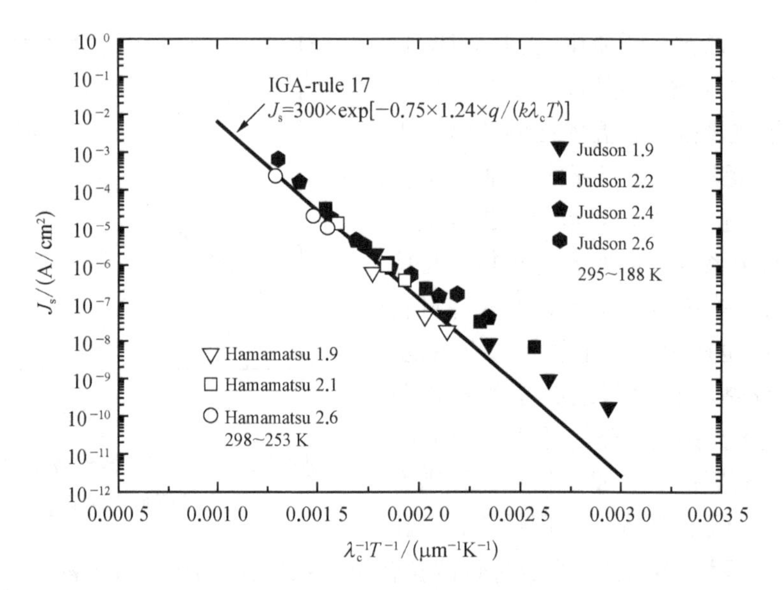

图 4.4.3　Judson 和 Hamamatsu 的波长扩展 InGaAs 单元探测器的产品参数与 IGA17 规则的比对情况

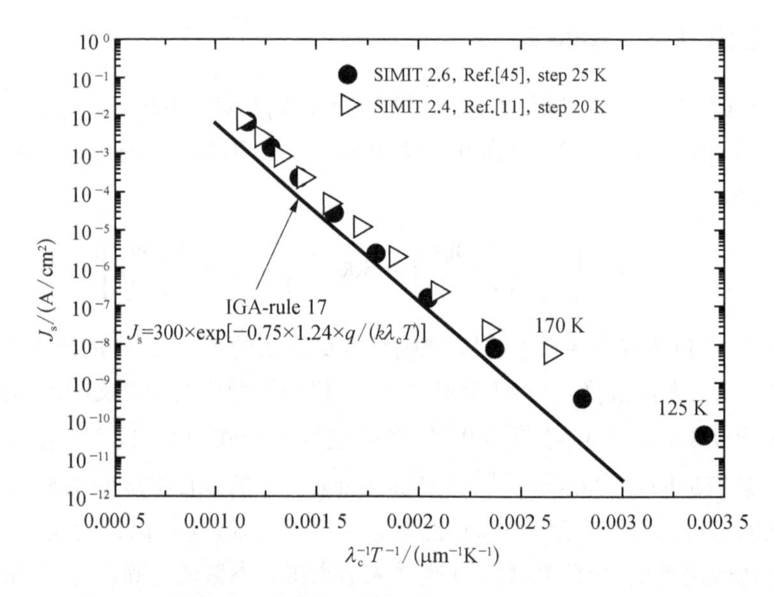

图 4.4.4　具有电子势垒插入层的或 n-on-p 结构的 GSMBE 生长波长扩展 InGaAs 器件与 IGA17 规则的比对情况

也在更大的工作温度区间与 IGA17 规则进行了拟合比对,结果如图 4.4.4 所示。

从图 4.4.3 和 4.4.4 可以看出,IGA17 规则描述的 J_s 随 $\lambda_c T$ 倒数的变化趋势与实际数据基本相符,Judson 和 Hamamatsu 产品在较高工作温度下符合得更好一点,而随着工作温度的降低,二者都有所偏离,这与晶格失配器件中具有一定的失配位错的基本特性相关[12]。此外应注意到,三元系 $In_xGa_{1-x}As$ 材料的禁带宽度是有较大的负温度系数的,其与组分和温度的关系可表示为

$$E_g(x,\ T) = 1.52 - 1.575x + 0.475x^2 + \left(\frac{5.8}{T + 300} - \frac{4.19}{T + 271}\right) 10^{-4} T^2 x - \left(\frac{5.8}{T + 271}\right) 10^{-4} T^2 \tag{4.4.8}$$

而器件的截止波长直接与禁带宽度相关,可以近似为 $\lambda_c(\mu m) = 1.24/E_g(eV)$, 因此 IGA17 规则中已经考虑并计入了 λ_c的温度系数,使用上更加方便。图 4.4.5 为采用 $In_xGa_{1-x}As$ 作为吸收层材料的光电探测器的截止波长与组分和温度的关系,可用于图算。

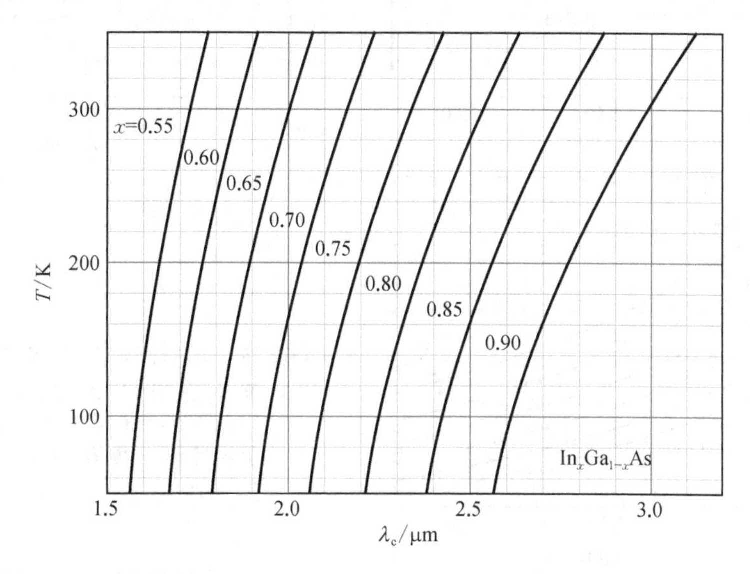

图 4.4.5 波长扩展 $In_xGa_{1-x}As$ 光电探测器的截止波长与组分和温度的关系

按照前述对器件基本特性的分析,波长扩展 $In_xGa_{1-x}As$ 光电探测器的两个优值系数,即零偏电阻面积乘积和据此得出的探测率,再加上饱和电流密度,就都可以直接用 IGA17 规则中的两个拟合系数 J_0和 C'来进行描述,即

$$J_s = J_0 e^{-C' \frac{1.24q}{k} \times \frac{1}{\lambda_c T}} \tag{4.4.9}$$

$$R_0 A = \frac{kT/q}{J_0} e^{C' \frac{1.24q}{k} \times \frac{1}{\lambda_c T}} \tag{4.4.10}$$

$$D^*_{\lambda_p}(R_0A) = \frac{\eta \lambda_p q}{hc} \sqrt{\frac{R_0 A}{4kT}} \approx \frac{\lambda_c q}{4hc} \sqrt{\frac{R_0 A}{kT}} \tag{4.4.11}$$

这样即可计算出器件的三个关键参数 J_s、R_0A 和 $D^*_{\lambda_p}(R_0A)$在特定波长和工作温度 T 下的具体数值。图 4.4.6 示出了波长扩展 $In_xGa_{1-x}As$ 光电探测器在 1.8~3.2 μm 截止波长范围和 200~300 K 工作温度区间按照 IGA17 规则所得的 J_s、R_0A 和 $D^*_{\lambda_p}(R_0A)$数值,其中探测率是根据 R_0A 得出的,波长为其峰值波长 λ_p,且设定其峰值响应波长处的外量子效率为 55%,按峰值响应波长 $\lambda_p = 0.9\lambda_c$近似,即 $\eta\lambda_p = 0.5\lambda_c$,这是一个有根据且较符合实际的数值。

注意到对于实际器件,这三个关键参数 J_s、R_0A 和 $D^*_{\lambda_p}$都是可以实际测量的,据此就可以

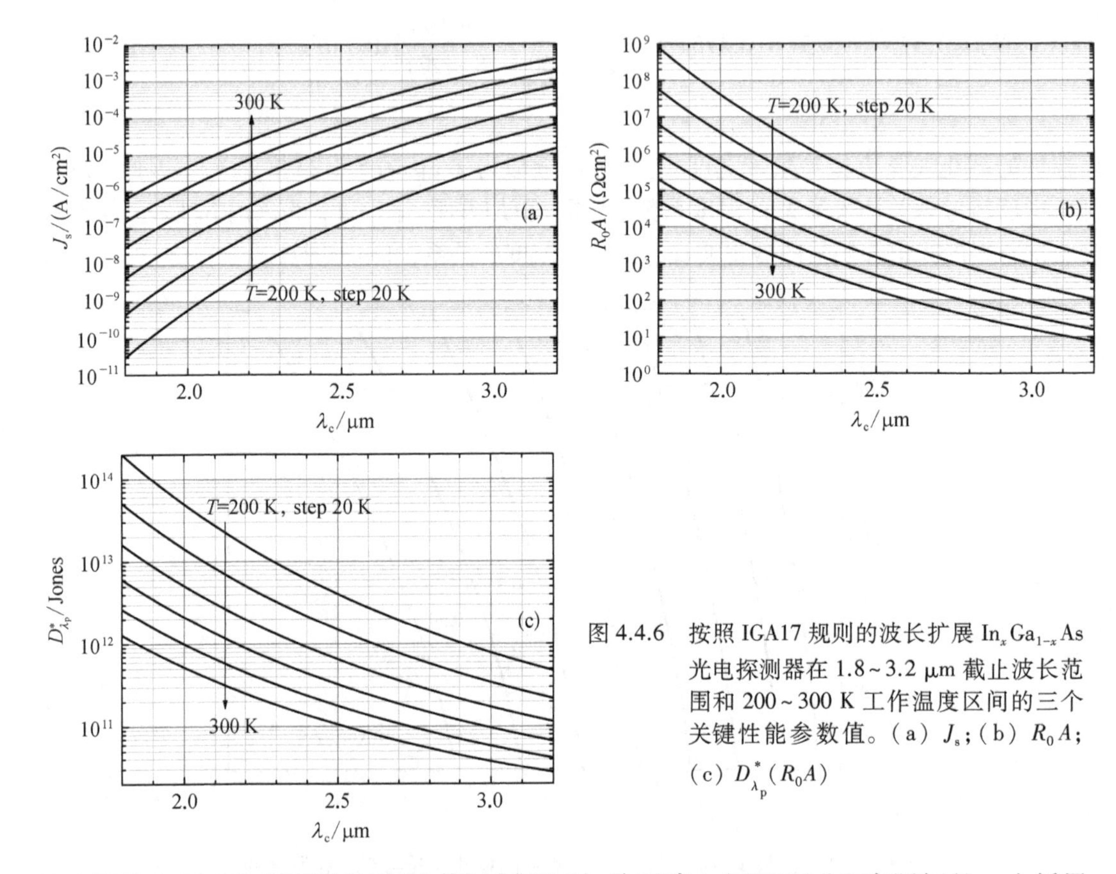

图 4.4.6 按照 IGA17 规则的波长扩展 $In_xGa_{1-x}As$ 光电探测器在 1.8~3.2 μm 截止波长范围和 200~300 K 工作温度区间的三个关键性能参数值。(a) J_s;(b) R_0A;(c) $D^*_{\lambda_p}(R_0A)$

将实测值和 IGA17 规则所得“理论值”进行比对,从而建立起“理论”和实际间的一个桥梁。这一方面可以作为一个评估“标准”,用于对相关的工艺技术和现有状态进行评估;另一方面在工程设计和应用中也可以对所能达到的性能指标有一个至少“半定量”的数据。除此之外,根据 IGA17 规则还可以对同一器件在不同工作温度下的相对性能参数变化有一个较方便也更加精确的外推计算方法,如下式所示:

$$\frac{J_s(T_2)}{J_s(T_1)} = e^{-C'\frac{1.24q}{k}\left(\frac{1}{\lambda''_c T_2}-\frac{1}{\lambda'_c T_1}\right)} \tag{4.4.12}$$

$$\frac{R_0A(T_2)}{R_0A(T_1)} = \frac{T_2}{T_1}e^{C'\frac{1.24q}{k}\left(\frac{1}{\lambda''_c T_2}-\frac{1}{\lambda'_c T_1}\right)} \tag{4.4.13}$$

$$\frac{D^*_{\lambda''_p}(T_2)}{D^*_{\lambda'_p}(T_1)} = \frac{\lambda''_p}{\lambda'_p}e^{\frac{C'}{2}\frac{1.24q}{k}\left(\frac{1}{\lambda''_c T_2}-\frac{1}{\lambda'_c T_1}\right)} \tag{4.4.14}$$

据此可以对降低或提高工作温度后器件乃至系统的性能相对变化作出较精确的估计。因其指数关系,使用这些公式时应结合图 4.4.5 的温度系数对截止波长做相应修正,以减小估算误差。应该指出的是:IGA17 规则的发展只是基于 $In_xGa_{1-x}As$ 波长扩展光电探测器和焦平面器件,其外延光吸收层材料与 InP 衬底间存在着中等程度的晶格失配,是异变类器件。因此，IGA17 规则并不具备像 07 规则那样在宽广波段和工作温度区间上的"普适"性，而只适用于有限的截止波长和工作温度区间，主要在 2~3 μm 和 200~300 K 的区间，这也正是对实际器件所特别关注的区间。IGA17 规则采用了简便的双参数拟合，其两个参数的物理意义较为明确。前已提及，量子型光电探测器的饱和电流密度符合式(4.2.4)的关系，即 $J_s \propto \exp[E_g/(mkT)]$，而饱和电流的理想因子 m 的数值则反映了不同的电流机制，对于扩散电流有 $m=1$，对于产生复合电流有 $m=2$，对于其他电流(隧穿电流、表面复合电流、欧姆电流等)则有 $m>2$，而 IGA17 规则中的拟合常数 $C' \propto 1/m$ 则反映了这些机制的综合效果。根据 $C'=3/4$ 则可以推断，目前此类器件的电流机制仍以扩散分量为主，但其他分量已有可观察到的明显影响。对另一拟合参数 J_0，则除反映一些材料本身参数的影响外，与各种器件工艺的"完美"程度会有一定联系。应该指出的是：IGA17 规则像 07 规则一样也是经验公式，只反映当时的器件水平。对于特定的实际器件，可以较方便地对其实测参数进行拟合，并根据得到的 J_0 和 C' 的数值定量判断其与 IGA17 规则的偏离程度，据此对材料和器件工艺的优劣程度进行判断。对于与 InP 晶格匹配的 $In_{0.53}Ga_{0.47}As$ 器件，显然其性能上是会明显优于 IGA17 规则的。当然，随着技术的进步，IGA17 规则中的拟合常数 J_0 和 C' 的数值也是可以进一步调整的。

4.5 小　结

本章结合笔者的经验和有限的理解，以尽量简洁、有别于教科书的方式介绍了光伏型光电探测器的一些基本特性，分为静态特性和动态特性，涉及了此类光电探测器的一些主要性能参数，包括 $I-V$ 特性、光响应特性、光谱特性和抗辐照特性，以及 $C-V$ 特性、瞬态响应、黑体响应和噪声特性等，也讨论了相关参数间的关联性，并介绍了这些特性参数的测量方法和相关技术问题，以及此方面的一些技巧和注意事项。叙述中已考虑到尽量不涉及某种或某类具体器件，而试图以更加普适的方式进行描述，包括引入一些可直接用于不同参数和器件性能图算的曲线等。虽然公式难以避免，但已尽量忽略了复杂的推导过程，以方便读者对其本质的理解和在实际工作中使用为目的，就此为后续章节打下必要基础。此外，本节中还讨论了量子型光电探测器的两个最常用的优值系数，即比探测率和零偏电阻面积乘积；介绍了两个相关的评估规则，即适用于 MCT 器件的 07 规则，以及近年发展的适用于波长扩展 InGaAs 器件的 IGA17 规则；这些对了解和评估光电探测器的性能都有较高的实用价值。应指出的是，本章的讨论主要针对单个的光电探测器，即单元器件，特别是在涉及其特性参数的表征方面。对于实际应用中涉及的另一类探测器件(阵列或焦平面器件)，由于其一般已与读出电路耦合混成为一整体，其上众多单元器件信号常经由读出电路按一定的时序进行顺序读出，因此一些针对单个器件的分析和表征方法就不一定适用。例如，针对单元器件的光谱响应特性表征经常采用的 FTIR 方法，由于其测量信号是被傅里叶频率调制的，而对焦平面器件而言，此傅里叶频率与读出时序将难以协调，因此仍需用分光方法形成单一波长的稳态输出光信号，采用波长扫描逐点测量的方式获取其光谱响应；再如，焦平面芯片与读出电路耦合后就难以直接测量单个像元的暗电流了，一般需通过其相应的噪声输出来进行间接表征。但这些仍需以对单元器件的分析表征为基础。有关焦平面器件的一些表征方法及其特点将在第 10 章进行介绍。

参 考 文 献

[1] Hilsum C. Handbook of semiconductors Vol. 4: Device physics. Amsterdam: North-Holland Publishing Co., 1981.

[2] Henini M, Razeghi M. Handbook of infrared detection technology. Oxford: Elsevier Science Ltd, 2002.

[3] 褚君浩.窄禁带半导体物理学.北京：科学出版社,2005.

[4] 施敏,伍国珏.半导体器件物理.3 版.耿莉,张瑞智,译.西安：西安交通大学出版社,2008.

[5] Decoster D, Harari J. Optoelectronic sensors. Hoboken: John Wiley & Sons, Inc, 2009.

[6] Rogalski A. 红外探测器.周海宪,程云芳,译.北京：机械工业出版社,2014.

[7] Shive J N. The properties of Germanium phototransistors. J. O. S. A, 1953, 43(4): 239 - 244.

[8] Shockley W. The theory of p-n junctions in semiconductors and p-n junction transistors. Bell System Technical Journal, 1949, 28: 435 - 489.

[9] Zhang Y G, Gu Y, Zhu C, et al. Gas source MBE grown wavelength extended 2.2 and 2.5 μm InGaAs PIN photodetectors. Infrared Physics & Technology, 2006, 47(3): 257 - 262.

[10] Zhang Y G, Gu Y, Tian Z B, et al. Wavelength extended 2.4 mm heterojunction InGaAs photodiodes with InAlAs cap and linearly graded buffer layers suitable for both front and back illuminations. Infrared Physics & Technology, 2008, 51(4): 316 - 321.

[11] Zhang Y G, Gu Y, Tian Z B, et al. Wavelength extended InGaAs/InAlAs/InP photodetectors using n-on-p configuration optimized for back illumination. Infrared Physics & Technology, 2009, 52(1): 52 - 56.

[12] Li C, Zhang Y G, Wang K, et al. Distinction investigation of InGaAs photodetectors cutoff at 2.9 μm. Infrared Physics & Technology, 2010, 53(3): 173 - 176.

[13] Gu Y, Zhang Y G, Li C, et al. Analysis and evaluation of uniformity of SWIR InGaAs FPA — Part Ⅰ: material issues. Infrared Physics & Technology, 2011, 54(6): 497 - 502.

[14] Li C, Zhang Y G, Gu Y, et al. Analysis and evaluation of uniformity of SWIR InGaAs FPA — Part Ⅱ: processing issues and overall effects. Infrared Physics & Technology, 2013, 58(1): 69 - 73.

[15] Zhang Y G, Gu Y, Chen X Y, et al. An effective indicator for evaluation of wavelength extending InGaAs photodetector technologies. Infrared Physics & Technology, 2017, 83: 45 - 50.

[16] Zhang Y G, Gu Y, Chen X Y, et al. IGA - Rule 17 for performance estimation of wavelength-extended InGaAs photodetectors: validity and limitations. Applied Optics, 2018, 57(18): D141 - 144.

[17] 张永刚,顾溢,马英杰.半导体光谱测试方法与技术.北京：科学出版社,2016.

[18] 张永刚,周立,顾溢,等.采用 FTIR 方法测量的量子型光电探测器响应光谱校正. 红外与毫米波学报,2015,34(6): 737 - 743.

[19] 张永刚,奚苏萍,周立,等.FTIR 测量宽波数范围发射光谱强度的校正.红外与毫米波学报,2016,35(1): 63 - 67.

[20] Zhang Y G, Shao X M, Zhang Y N, et al. Correction of FTIR acquired photodetector response spectra from mid-infrared to visible bands using onsite measured instrument function. Infrared Physics & Technology, 2018, 92: 78 - 83.

[21] Kirkpatrick S. Modeling diffusion and collection of charge from ionizing radiation in silicon devices. IEEE Trans. Electron Devices, 1979, 26(11): 1742-1753.

[22] Pickel J C, Kalma A H, Hopkinson G R, et al. Radiation effects on photonic imagers — A historical perspective. IEEE Trans. Nucl. Sci, 2003, 50(3): 671-688.

[23] Pickel J C, Reed R A, Ladbury R, et al. Radiation-induced charge collection in infrared detector arrays. IEEE Trans. Nucl. Sci, 2002, 49(6): 2822-2829.

[24] Reed R A, Kinnison J, Pickel J C, et al. Single-event effects ground testing and on-orbit rate prediction methods: The past, present, and future. IEEE Trans. Nucl. Sci, 2003, 50(3): 622-634.

[25] Pickel J C, Reed R A, Ladbury R, et al. Transient radiation effects in ultra-low noise HgCdTe IR detector arrays for space-based astronomy. IEEE Trans. Nucl. Sci, 2005, 52(6): 2657-2663.

[26] Ladbury R, Pickel J C, Gee G, et al. Characteristics of the Hubble Space Telescope's secondary radiation environment inferred from charge collection modeling of Near Infrared Camera and Multi-Object Spectrometer. IEEE Trans. Nucl. Sci, 2002, 49(6): 2765-2770.

[27] Berghmans F, van Uffelen M, Nowodzinski A, et al. High total dose irradiation experiments on fiber-optic components for fusion reactor environments. SPIE proceedings, 1999, 3872: 17-26.

[28] Bergmans F, van Uffelen M, Nowodzinski A, et al. Radiation effects in optical communication devices. IEEE LEOS Annual Meeting 2000, 2000.

[29] Becker H N, Johnston A H. Dark current degradation of near infrared avalanche photodiodes from proton irradiation APD. IEEE Trans. Nucl. Sci, 2004, 51(6): 3572-3578.

[30] Hoogeveen R W M, Goede R J. Extended wavelength InGaAs infrared (1.0~2.4 μm) detector arrays on SCIAMACHY for space-based spectrometer of the earth atmosphere. Infrared Phys. & Tech, 2001, 42(1): 1-16.

[31] Kleipool Q L, Jongma R T, Gloudemans A M S, et al. In-flight proton-induced radiation damage to SCIAMACHY's extended-wavelength InGaAs near-infrared detectors. Infrared Phys. & Tech, 2007, 50(1): 30-37.

[32] Joshi A M, Datta S, Soni N, et al. Space qualification of 5 to 8 GHz bandwidth, uncooled, extended InGaAs 2.2 micron wavelength, linear optical receivers. Proc. SPIE, 2019, 11129: 111290L.

[33] Joshi A M, Datta S. Space flight of 2.2 micron wavelength, extended InGaAs optical receivers to the international space station. Proc. SPIE, 2020, 11388: 1138808.

[34] 张永刚,李爱珍.快响应光电探测器的瞬态特性测量.半导体光电,1997,18(2): 82-88.

[35] Zhang Y G, Li A Z, Chen J X. Improved performance of InAlAs-InGaAs-InP MSM photodetectors with graded superlattice structure grown by gas source MBE. IEEE Photon. Technol. Lett, 1996, 8(6): 830-832.

[36] 张永刚,程宗权,蒋惠英.SMA 同轴封装高速光电探测器.半导体光电,1995,16(1): 68-72.

[37] 张永刚,顾溢,王凯,等.波长延伸(1.7~2.7 μm)InGaAs 高速光电探测器的研制.红外与激光工程,2007, 37(s): 38-41.

[38] 黄杨程,梁晋穗,张永刚,等.InGaAs 红外探测器低频噪声研究.功能材料,2004, S1: 3397-3399.

[39] Li X, Huang S L, Chen Y, et al. Noise characteristics of short wavelength infrared InGaAs linear focal plane arrays. J. Appl. Phys, 2012, 112: 064509.

[40] Tennant W E, Lee D, Zandian M, et al. MBE HgCdTe technology: a very general solution to IR detection,

described by "Rule 07", a very convenient heuristic. J. Electron. Mater, 2008, 37(9): 1406 - 1410.

[41] Tennant W E. "Rule 07" revisited: still a good heuristic prediction of p/n HgCdTe photodiode performance? J Electron. Mater, 2010, 39(7): 1030 - 1035.

[42] J22 and J23 series InGaAs photodiodes operating instruction. http://www. teledynejudson. com/prods/Documents/PB4206.pdf[2022 - 2 - 16].

[43] J12 series InAs detectors operating instructions. http://www.teledynejudson.com/prods/Documents/PB220.pdf[2022 - 2 - 16].

[44] Photovoltaic Mercury Cadmium Telluride Detectors. http://www. teledynejudson. com/prods/Documents/PVMCT_shortform_Nov2003.pdf[2022 - 2 - 16].

[45] InGaAs PIN photodiodes: G12181 series. http://www.hamamatsu.com/resources/pdf/ssd/g12181_series_kird1117e.pdf[2022 - 2 - 16].

[46] InGaAs PIN photodiodes: G12182 series. http://www.hamamatsu.com/resources/pdf/ssd/g12182_series_kird1118e.pdf[2022 - 2 - 16].

[47] InGaAs PIN photodiodes: G12183 series. http://www.hamamatsu.com/resources/pdf/ssd/g12183_series_kird1119e.pdf[2022 - 2 - 16].

[48] Gu Y, Zhou L, Zhang Y G, et al. Dark current suppression in metamorphic $In_{0.83}Ga_{0.17}As$ photodetectors with $In_{0.66}Ga_{0.34}As$/InAs superlattice electron barrier. Appl. Phys. Express, 2015, 8: 022202.

第 5 章 铟镓砷光电探测材料外延生长技术

5.1 引　　言

本章开始讨论半导体材料的外延生长技术。前已述及,对于Ⅲ-Ⅴ族半导体材料而言,可由各种晶体生长技术(即拉单晶方法)制作出相应的体单晶材料,主要是二元系材料,例如 GaAs、InP、GaSb、InAs、InSb 等等。直接使用这些二元系单晶材料也是可以制作一些相对较简单的器件的。例如,体材料本身就可以制作光电导型的光电探测器;采用扩散或离子注入方法进行掺杂来改变导电类型,可以制作出 pn 结;或者用金半接触制作肖特基结等;但此方面仍会受到许多限制。对于结构要求较复杂的器件,例如需要改变材料组分、精确控制厚度和掺杂浓度,乃至制作厚度达到原子层量级的量子阱或超晶格结构等,满足这些要求的常用方法之一就是进行外延,也就是以二元系的体单晶材料作为衬底,用各种薄层或超薄层生长方法制作出所需的材料结构。由于单晶材料的特性一般要明显优于多晶或无定形材料,因此以其为衬底是器件达到高性能的前提条件之一。所谓外延(epitaxy),常特指在单晶衬底材料上生长出也为单晶材料的外延层,而生长多晶或无定形薄膜材料则一般称之为淀积或沉积(deposition),这里也沿用这样的说法。本章先以最简单的方式介绍几种常用的外延生长方法,进而对在 InP 基材料外延生长方面有特殊优点的气态源分子束外延技术作稍详细描述,然后再具体讨论用气态源分子束外延技术生长 InP 基 InGaAs 材料的相关技术,包括针对晶格匹配材料和波长扩展材料的一些特殊问题。

5.2 主要外延生长技术

外延生长技术经多年发展,种类繁杂,当今常用的方法可简单归纳为液相外延(liquid phase epitaxy, LPE)、气相外延(vapor phase epitaxy, VPE)和分子束外延(molecular beam epitaxy, MBE)三大类,也各有多种改进、融合或变化的形式。这三种外延方法从机理上看驱动力各不相同,其中 LPE 属较典型的平衡生长,生长过程基本处于平衡态,主要受材料平衡相图的支配,且不涉及化学反应;MBE 则属较典型的非平衡生长,可以偏离平衡态较远,基本是个物理过程;VPE 则介于平衡态与非平衡态之间,且常会涉及一些化学反应过程。以下分别作简单介绍。

5.2.1 液相外延(LPE)

在诸多外延生长方法中,LPE 的历史要更悠久一些,技术上也相对简单和容易一些。此种方法至今仍在使用,在某些方面也可达到很高的材料性能指标,但一般认为其外延生长相对比较费时,外延材料的尺寸受限,也有不少其他方面的限制因素,主要是生长薄层和超薄层材料上难以控制。简而言之,LPE 的基本出发点是将生长外延层材料所需的各种组分元素在足够高的温度下充分溶解于熔点较低的溶剂中,形成液态的生长溶液,即配溶液;然后对生长溶液降温使其达到过饱和状态,再与作为"籽晶"的外延衬底接触,在其上开始进行单晶材料生长。对Ⅲ-Ⅴ族材料的 LPE 生长而言,这个溶剂一般就是一些熔点较低的组分金属 Ga 或 In,即母液。配溶液时每个组分都直接加入单质元素有时难以称量操作,受到一定限制,这时采用化合物来配制就会较为方便。例如,LPE 生长 GaAs 时在 Ga 中加入粉末状的 As 就难以操作,单质 As 也较易氧化和玷污,这时就可在 Ga 中加入多晶 GaAs 片。同样,生长 InGaAs 时可在 In 中加入多晶 GaAs 和 InAs 片。这里之所以采用片状 GaAs 或 InAs 多晶来配制生长溶液,是因为多晶材料中已完成了高纯 Ga 和 As 或 In 和 As 的化合,具有 1∶1 的精确元素比及足够高的纯度,且便于称量,此外使用多晶材料也会比单晶材料便宜很多,且配置生长溶液显然并不需要单晶,对生长溶液而言首先是必须保证其纯度。生长溶液中各种元素加入量多少的基本依据是生长温度和这几种元素的液-固相图。例如,生长二元系 GaAs 只需在"生长温度"下溶液中的 As 含量恰达到饱和(实际溶液中 Ga 元素对生长是过量的,As 在溶液中则要达到过饱和),生长时由于 GaAs 衬底本身的"牵引"作用,外延层中倾向于自然达到 1∶1 的 Ga∶As 元素比。生长多元系的情况复杂一些。例如,生长 InGaAs 时,由于两种Ⅲ族元素 Ga 和 In 之间的"竞争"关系,除需在"生长温度"下 As 的含量达到过饱和外,还需使 Ga 和 In 之间符合一定的比例,以满足三元系 $In_xGa_{1-x}As$ 的组分要求。这个比例可由三元相图大致确定,再经实际生长后做外延层的组分测试来进行精确调整。外延层中所需的原位掺杂元素一般也可直接加入生长溶液中,但有时因所需的量太少而难以称量操作,这时可以使用事先配制好的掺杂合金。以 p 型掺 Zn 为例,可以事先配制好含 Zn 约 1%~3%的 In/Zn 合金,再每次取用少量用于掺杂。更加微量的掺杂也可以利用高掺杂多晶材料中本身含有的 p 型或 n 型杂质。

LPE 生长常基于气密石英管中的水平滑动石墨舟进行,图 5.2.1 给出了一个简化的示意图。这个"舟"一般采用高纯石墨材料制作,主要是利用石墨对金属生长溶液的非浸润性,以及材料本身可达到的高纯度、稳定性和可加工性。水平滑动石墨舟装置上除一些用于固定和定位的附件和卡、销外,主要就是一个挖有放置生长溶液的多格空心槽板以及挖有放置生长衬底槽的滑动基板。基于水平滑动石墨舟的 LPE 生长过程大致如下:先称量所需母液金属,分别置于多格空心石墨槽板中,对石英管抽真空后通入高纯氢气,待平衡后推上耐火材料电阻炉,或者加热电炉丝外罩镀金石英管的"黄金炉",加热到生长温度以上进行长时间的恒温烘烤;"黄金炉"本身较轻便且为半透明,易于观察和操作。在还原性的高纯氢气气氛下

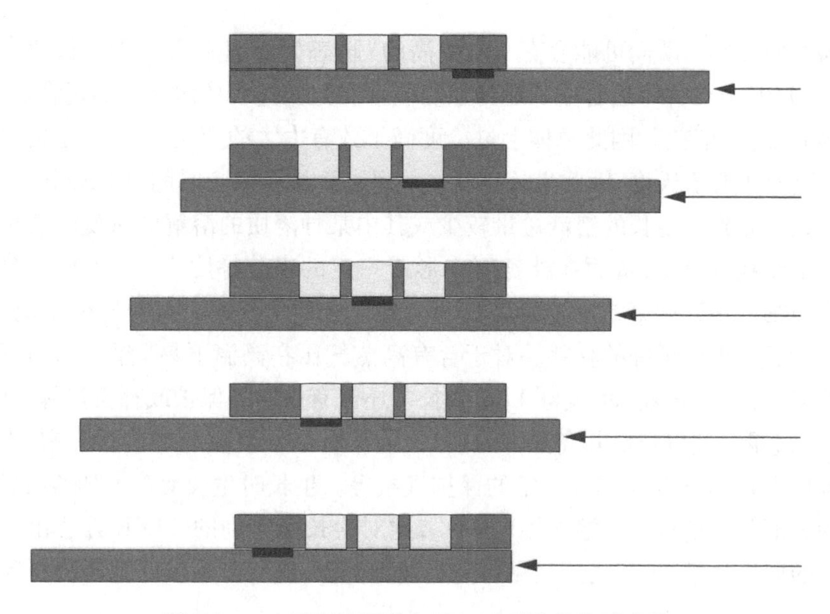

图 5.2.1　水平滑动石墨舟及 LPE 系统操作示意图

进行长时间烘烤可以除去母液上的氧化层,并促进杂质分凝。杂质一般会分凝到母液表面,可以提高其内部纯度;停止烘烤降温达到室温后打开石英管,再在各格底部分别装入所需的其他生长源及掺杂源,放回母液金属块,以及在滑动板上的衬底槽中放入生长所需衬底(也可如前对生长溶液再次进行烘烤后再装入衬底),抽真空后通入高纯氢气,待平衡后即可开始 LPE 生长。

LPE 生长大致包括几个过程:首先是升温到生长温度以上,一般需超过数十度,使生长源和掺杂源充分溶解到母液中,并在母液中达到平衡,然后以固定的降温速率平稳缓慢降温至生长温度,再开始 LPE 生长。此降温速率一般需设置得较低,常在 1℃/min 以下甚至更低,以避免快速降温导致溶质直接析出。为缩短整个降温时间也可先以稍快的速率降温,接近生长温度时再放低降温速率。降低到生长温度时生长溶液应该已经是过饱和的,即存在一定的过冷度,一般是几摄氏度,这个过冷度就是 LPE 生长的驱动力。到达生长温度后首先将滑动板上的衬底平稳缓慢推过第一格并到达第二格停下,即开始第一层外延层的 LPE 生长。推过第一格使其和衬底接触的短暂过程就是 LPE 中所特有的回熔过程,第一格中一般放置的是纯金属 In 或 Ga,此时回熔速度会较高;也可是未饱和的溶液,此时回熔速度会较低;这可使得衬底表面被熔去一薄层,可去除衬底表面切磨抛等引起的损伤,并起到清洁作用,从而暴露出新鲜的衬底表面,并立即在其上开始 LPE 生长。LPE 生长的速率主要由溶液的过冷度决定,显然过冷度越大生长速率会越高,当然生长总厚度还取决于生长时间。由 LPE 的基本原理决定,生长温度也可以有一个很大的范围。以在 InP 衬底上生长晶格匹配的 $In_{0.53}Ga_{0.45}As$ 外延层为例,一般生长温度常在 600~650℃[1-3]。如生长温度为 640℃,生长前可先升温至 670℃ 维持 1 h 以上达到平衡,再以 0.7℃/min 降温至 650℃,然后转至 0.3℃/min 降温到 640℃ 开始生长[3]。相对而言,LPE 的生长速率是可以较快的,一般常用的速率可在 0.5 μm/min,或每降温 1℃ 生长约 1 μm 量级,并可有较大的调节范围。注意到生长溶液与衬底接触的瞬间可能会有一个更高的"瞬态生长速率",平均生长速率也不宜调得过低,因此LPE方法并不适合生长超薄层材料。在生长过程中缓慢降温仍在进行,但生长溶液中的溶质也在"消耗",因此总体上过冷度尚不致有太大的变化,生长一层的过程中至多降温几摄氏度至十几摄氏度,因此生长厚度一般仍可正比于生长时间,但不同材料体系的情况可能会有较大差别。生长的溶液总量较少或其中某种溶质的溶解度过低时有可能使生长溶液中某种溶质耗尽过快,从而在外延层中形成一定的组分梯度[4, 5]。生长完第一层后即将衬底槽推至第三格开始第二层外延生长……直至全部生长完后将衬底槽推离生长溶液,快速降温冷却后取出外延好的材料。对于含有高蒸气压在高温下易"挥发"元素的衬底、外延层及生长溶液,例如P或As,实际LPE生长中还需有一定的保护或补偿措施,如使生长溶液中P或As过量一些以补偿其高温下的损失、生长时生长溶液上加盖石墨帽、生长前后衬底上加盖InP或InAs多晶块形成一定的保护气氛等。生长时生长溶液上加盖石墨帽还可以抵消溶液的表面张力使得生长溶液被"压平",这对生长是有利的。LPE方法由于生长之前包含了衬底的回熔过程,生长之后又尽可能迅速地降温,这些已可较好地解决材料表面的挥发问题。

Ⅲ-Ⅴ族等材料的LPE生长一般都在超纯氢气气氛中进行,此超纯氢气一般是由普通高纯氢气(如由高压钢瓶装载)经钯管纯化后获得。钯管实际为一由元素钯的金属膜焊接而成的管状容器,当对其加热到一定温度后通入氢气,则有且仅有氢原子可以透过钯金属膜,在钯金属膜外收集后即可输出超纯氢气,而其他所有元素则均为"杂质"仍留在钯管中。对钯管中连续通入普通氢气并有适当排空即可获得连续输出的超纯氢气。由于这是一种近乎"本质上"的纯化方法,在确保纯化系统的钯膜和管道连接等无泄漏的情况下,输出氢气的纯度是可以有足够保证的,当然,整个LPE系统的密封性对生长材料的质量也很重要。在还原性的流动超纯氢气气氛中进行生长和具有回熔步骤是LPE的两大优点,在严格烘烤、控制原材料纯度和生长气氛的前提下,外延材料可以达到相当高的纯度、很低的本底载流子浓度和高迁移率。LPE的主要限制因素主要表现在:一是衬底尺寸不能太大,如用前述的水平滑动石墨舟生长,其衬底尺寸最大也就几平方厘米;另一是难以生长超薄层,受机械操作及液相结晶过程的限制一般最薄厚度限制在约0.1 μm量级,如人工操作重复性也难以保证,虽然也有用LPE方法生长量子阱的尝试[6]。人们也在加大石墨舟尺寸、使用旋转型石墨舟、采用垂直浸润法以及自动化机械操作等方面进行过研究,发展出一些成熟设备,但在这些限制因素上尚无根本性的改观。此外,LPE生长的外延层由其液相过程决定,一般会出现较宏观的波纹形貌,边缘部分也易粘连上少量金属或生长溶液,降低材料的利用率,对材料表面的整体平整度也会有一定的影响,这对制作对外延片平整度要求较高的阵列型器件是不利的。

5.2.2 气相外延(VPE)

VPE生长方法也以衬底作为"籽晶",主要基于气态生长源在衬底表面发生气相化学反应,并完成单晶结晶过程。VPE中的生长源可以本身就是气态的,也可以经由化学反应产生,还可以由携载气体对蒸气压较高的液态或固态物质的蒸气进行携载。典型的VPE方法包括以氢化物(hydride, Hydr.)气体作为生长源的氢化物气相外延(hydride vapor phase epitaxy, HVPE),以及以金属有机物(metalorganic, MO)源和氢化物源相结合的金属有机物气相外延(metalorganic vapor phase epitaxy, MOVPE),也称金属有机物化学气相沉积(metalorganic chemical vapor deposition, MOCVD),以下以Ⅲ-V族的VPE为例分别作介绍。

图5.2.2给出了一个Ⅲ-V族HVPE系统的简化示意图。以生长二元系InP或GaP为例,生长所需In源或Ga源由气态氢化物HCl与处于温区1的金属In或Ga反应生成的气态InCl或GaCl提供,可以用HCl气体对液态In或Ga鼓泡反应或在其表面反应来生成;P源则直接由气态氢化物磷烷PH_3提供;如需掺杂也可由气态源提供。生长和掺杂气态源在温区2混合后以N_2作为携载气体输运至温区3,在衬底表面反应生成InP或GaP,气态副产物HCl和H_2等则排出系统。这里以N_2而非H_2作为载气是为了避免引入H_2后参与负向反应,但N_2的纯度不像由钯管纯化的H_2那样有保证。由图5.2.2可见,即使生长简单二元系InP或GaP,HVPE系统也是相对较难控制的,生长炉至少要三个可控的温区,需采用多温区的电阻炉等,牵涉的因素也较多。如需生长三元系或多元系材料,由于各因素的竞争和牵制关系控制起来会更困难,因此较少用。HVPE方法可以获得较高的生长速率,且由于是气相生长,因此具有较好的填充效应,可以用于非平面化生长,如掩埋包覆生长等,因此也获得了一些应用。例如,有报道采用HVPE方法在激光器脊波导外进行二次外延,用掺Fe半绝缘InP包覆的方法提高1.55 μm InGaAsP激光器的工作性能[7, 8],其深能级杂质Fe的掺杂源由HCl与金属铁丝反应生成$FeCl_2$获得。在GaN方面,HVPE方法已获得了成功应用,主要是利用HVPE的高生长速率来在蓝宝石衬底上生长厚膜GaN,经剥离蓝宝石衬底后形成厚膜GaN自支撑材料,再用作其他外延生长的GaN衬底。HVPE生长GaN时以HCl与液态Ga反应生成GaCl作为Ga源,以NH_3作为N源,仍以N_2作为载气,生长速率可高至每小时百微米以上。HVPE系统中一方面所需的金属生长源是由金属与HCl反应后生成的氯化物提供,不易控制,也限制了源的种类和数量;另一方面其采用气态氢化物源使得反应后的副产物中含有H_2,因此不能用H_2而常用N_2作为载气,以免抑制正向反应,这样有可能会对材料的纯度造成一定影响;这是其主要限制因素。

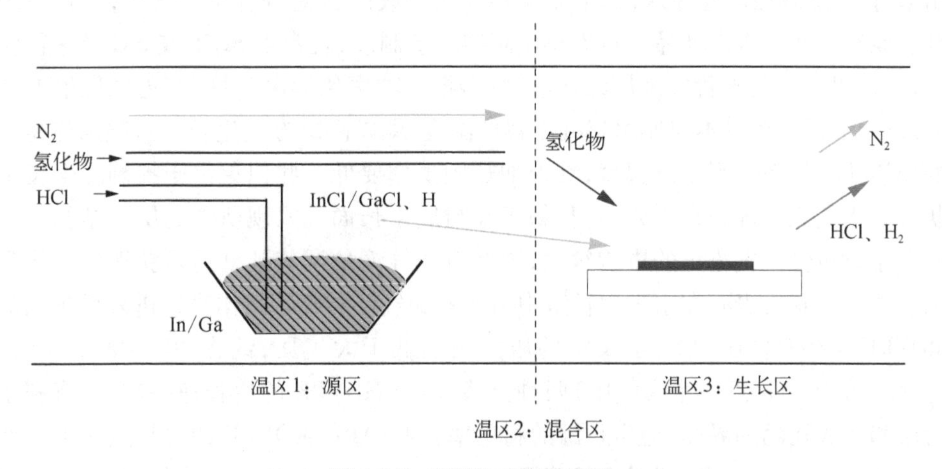

图5.2.2 HVPE系统示意图

当前气相外延方式中更常用是引入金属有机物源作为生长所需金属源的 MOVPE 系统[9, 10],图 5.2.3 给出了一个水平石英舟式 MOVPE 生长系统的示意图,包括了 MOVPE 设备的三个主要部分,即水平式生长室系统(右上)、生长和掺杂气体源运行/排空系统(左上)及 MO 源和氢化物源配置控制系统(左下)的图示,其他一些部分列于右下。早期的 MOVPE 设备大都采用水平石英舟式的生长系统,其缺点是受石英生长容器尺寸及控制气流形成层流要求所限,生长衬底的尺寸和数量受到限制;其后发展的 MOVPE 系统已引入金属结构垂直式生长室、喷淋式的生长和掺杂源导入、样品气浮及行星式旋转(改善外延均匀性)等改进,生长衬底的尺寸和数量有了很大提高;水平石英舟式生长系统仍沿用至今,可以很好地说明 MOVPE 的工作原理。

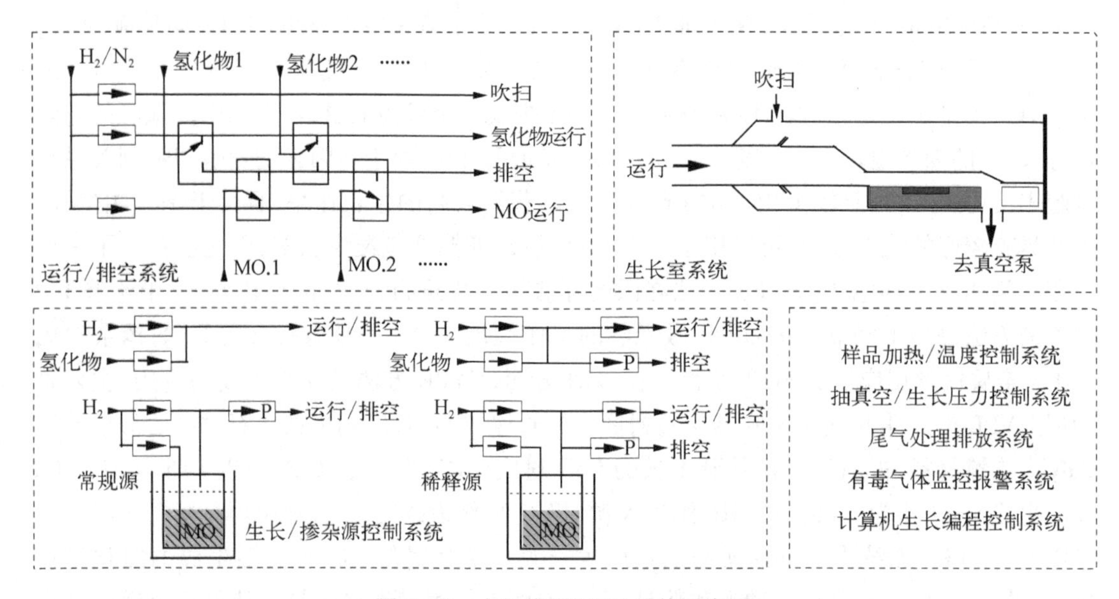

图 5.2.3 水平式 MOVPE 系统示意图

如图 5.2.3 右上所示,水平石英舟式生长室一般包括石英内管和外管,气态生长源和掺杂源由 H_2载气携载经内管导入,用于放置和加热衬底的石墨舟置于内管中,且在系统密封门打开后能较方便地进出样品。石墨舟用高纯石墨制成,且常以 Si_3N_4或 SiC 等进行包覆保护,对石墨舟可在石英外管外采用红外辐射(多根大功率条形卤钨灯)或射频辐射方式进行非接触式加热,而石英管本身则可仍处于较低温度,即以冷壁方式生长。射频加热易于获得较大的加热功率从而达到更高温度,红外加热则功率要低一些但更易于控制。生长室内管的形状有利于气流合理分布无死角,且易于在衬底生长面上实现所需的层流结构。水平生长室中气流分布受载气流量的影响很大,因此将载气流量调节到合适是获得生长均匀外延层的工艺关键。其后也有在水平生长室中引入衬底气浮和旋转结构来改进外延生长的均匀性。MOVPE 主要有低压(LP,生长室的压力明显低于大气压,约在 10~100 Torr)和常压(AP,生长室的压力接近一个大气压)两种方式,LP - MOVPE 的生长速率较低,有利于生长薄外延层和形成陡峭的界面,但生长源的利用率较低;AP - MOVPE 的生长速率可以调到较高,生长源的利用率也较高,但对生长薄层不利;随着 MOVPE 生长技术的成熟,生长室压力在十分之一大气压左右的 LP-MOVPE 更为常见。反应后的尾气由低压真空系统泵出至尾气处理系统。由于尾气流量大、含有易燃易爆的氢气及有毒有害气体及粉尘等,低压真空系统一般采用大容量的机械式真空泵,且需具有防爆、粉尘过滤和泵油循环过滤等功能,以及使用特殊的泵油,工作时需由气镇装置通入一定氮气进行稀释和清洗;低压真空系统还包括压力传感器、大口径的电动蝶阀以及气动阀门和单向阀门等,用于对生长室的压力进行闭环精确控制,并可在生长室不工作不启动机械泵时进行常压排放。水平石英舟式生长室中由于生长源处于内管中,随着生长次数的增加内管壁上会有较多沉积物,因此需要经常清洗,但对内外管间的密封性要求并不苛刻,因此内外管间可采用易于拆卸的磨砂活动连接,内外管之间也会通入 H_2 作为清扫气体,其外管压力可高于内管,这样有利保持外管清洁。

MOVPE 系统中使用的生长源和掺杂源主要有 MO 源和氢化物源两大类,表 5.2.1 和 5.2.2 中列出了一些在Ⅲ-Ⅴ族材料生长中常用的源及其基本特性。金属有机物 MO 源由金属原子和碳原子直接结合成键,有机基团为烷基,主要是甲基和乙基等。用于 MOVPE 生长的 MO 源的共同特点是其熔点都较低,一般在常温下已是液态,且有较高的蒸气压,表 5.2.1 中列出了其熔沸点和蒸气压数据,除化学生长动力学因素之外这是考虑和使用 MO 源的主要依据。采用 MO 源进行生长和掺杂一般是使其处于液态,采用通入载气进行鼓泡的方法产生由载气携带的气态蒸气使用,这样其蒸气压就直接决定了参与生长和掺杂的用量。由表 5.2.1 可见,MO 源的蒸气压对温度十分敏感,因此对 MO 源是需要精确控制其温度的,一般常采用将装有 MO 源的不锈钢容器置于精密控温的水浴槽中,此不锈钢容器内衬有不与 MO 源反应的材料(如聚四氟乙烯塑料),通过制冷和加热结合的控温器控制循环水的温度来精确控制 MO 源的温度,控温器可用压缩循环制冷和电阻加热结合,也可以使用半导体珀尔贴元件,一般都要求将温度波动控制在 1℃以内甚至更低。由表 5.2.1 可见,常用 MO 源的熔沸点及其对应的蒸气压覆盖了较大范围,实际则希望使用时各个 MO 源的蒸气压相差不太大,例如控制在一个量级之内,这样各个 MO 源的温度势必各异,需分别控制。就水浴控温而言,温度既不可太低,即使加防冻液后一般也需高于-30℃;水温也不可太高,需低于 100℃,一般应低于 90℃以免水蒸发过快;且过低或过高后控温所需功耗加大,控温精度也会变差,因此在有可能的情况下以尽量接近室温为宜,如略高于室温则可不需要开启制冷,控温方便功耗也很小。由表 5.2.1 也可注意到,一些 MO 源的熔点较高,甚至高于 100℃,但其为固态时已有较高的蒸气压,这时虽然无法鼓泡但仍可以直接用载气携载,当然也需精确控温。因此,选择 MO 源时除化学生长动力学的因素之外,对其物理特性也要有综合考虑。金属有机物属于具有毒性的物质,易燃易爆,且在接触空气之后会发生氧化自燃,这在使用中都是特别需要注意的。

表 5.2.1 Ⅲ-Ⅴ族 MOVPE 系统中的常用的 MO 生长源和掺杂源及其基本特性

MO 源名称/化学式	熔点/沸点/℃	蒸气压/kPa
Trimethylgallium,三甲基镓 TMGa/$Ga(CH_3)_3$	-15.8/55.8	5.1(-10℃), 14.7(10℃), 37.0(30℃)
Trimethylindium,三甲基铟 TMIn/$In(CH_3)_3$	89.0/135.8	0.960(30℃), 9.60(70℃)

续 表

MO 源名称/化学式	熔点/沸点/℃	蒸气压/kPa
Trimethylaluminium, 三甲基铝 TMAl/Al(CH_3)$_3$	15.28/127.12	0.588(10℃), 1.120(20℃), 9.133(60℃)
Trimethylantimony, 三甲基锑 TMSb/Sb(CH_3)$_3$	−87.6/80.6	约 1(20℃)
Triethylgallium, 三乙基镓 TEGa/Ga(C_2H_5)$_3$	−82.3/142.6	1.25(30℃), 8.3(70℃), 18.5(90℃)
Triethylindiium, 三乙基铟 TEIn/ In(C_2H_5)$_3$	−32/184	0.157(40℃), 0.540(60℃), 1.60(80℃)
Triethylaluminum, 三乙基铝 TEIn/Al(C_2H_5)$_3$	−52.5/194	0.53(83℃)
Triethylantimony, 三乙基锑 TESb/Sb(C_2H_5)$_3$	−29/159.5	约 1(20℃)
Diethylzinc, 二乙基锌 DEZn/Zn(C_2H_5)$_2$	−28/117	2.0(20℃)
Diethylberyllium, 二乙基铍 DEBe/Be(C_2H_5)$_2$	11/63	约 1(13℃)
Dimethylcadmium, 二甲基镉 DMCd/ Cd(CH_3)$_2$	4.5/105.5	约 1(4.5℃)
Dimethyltellurium, 二甲基碲 DMTe/Te(CH_3)$_2$	NA/82	1.31(0℃), 8.40(30℃), 24(50℃)
Ferrocene, 二茂铁 DCFe/Fe(C_2H_5)$_2$	142/249	3.9(40℃)

MOVPE 系统中使用的氢化物源在常温常压下为气态,是可以直接使用的。这些氢化物源常被置于高压气体钢瓶中。表 5.2.2 中列出了这些氢化物源的临界压力和临界温度,即气体能够液化的最低压力和最低温度,临界压力即液体在临界温度下的饱和蒸气压。由表 5.2.2 可见,这些氢化物中除硅烷和甲烷外在室温和足够的压力下是可以用液态的形式保存于高压钢瓶中的,从液体中挥发出的高压蒸气需经减压阀门减压到较低的恒定压力使用。Ⅲ-Ⅴ族材料 MOVPE 生长中用到的氢化物常为有毒有害易燃易爆物质,遇空气或潮气能自燃,有些甚至是剧毒物质[11]。例如,砷烷就是已知对人类毒性最强的气体之一,具有大蒜样的特殊气味,最小中毒浓度为 5 ppm,环境允许浓度仅为 50 ppb,其主要毒性为引起溶血及肾衰竭;再如,磷烷为高毒气体,具有特殊的臭鱼样气味,环境允许浓度为 300 ppb,其主要毒性是引起急性组织缺氧。其他氢化物也都具有类似的特殊气味和毒性。使用这些氢化物时都需采取多重安全措施防止泄漏,包括高可靠的密封连接、设备安装时的管道气体清洗排空装置、强力排风系统等。此外,MOVPE 系统还需配有高灵敏的环境浓度监控和泄漏报警装置,主要针对毒性特高的砷烷和磷烷气体[12]。检测砷烷和磷烷浓度的仪器有不同的工作原理,灵敏度也各不相同。基于化学发光反应室的检测仪器具有高灵敏度,其原理是利用被测气体在活性氧环境中产生化学发光反应,由高灵敏的光电倍增管进行探测,对于砷烷和磷烷具有较高的特异性,其检测灵敏度对砷烷可以达到 ppb 量级。另一种常用的检测仪器是基于变色纸带,其上涂覆的特殊物质能和砷烷和磷烷产生特异化学反应引起纸带发黑,再通过光电检测装置检测浓度和进行泄漏报警,其检测灵敏度对砷烷可以达到 10 ppb 量级。这些高灵敏的仪器一般都用于连续的多点环境监测,而其他利用电化学池或固态传感器的检测仪则相对灵敏度较低,但可做成微型手持式或佩戴式仪器用于设备安装时的检漏和个人防护

等。由表5.2.2可见,分子量较大的氢化物比空气重,例如砷烷与空气的相对比重达到2.70,锑烷与空气的相对比重达到4.33,因此如产生泄漏这些气体将会积聚在下部而不会随排风系统排出,这在安置检测仪器的气体采样口以及防火防爆时是需要特别注意的。

表5.2.2 Ⅲ-Ⅴ族MOVPE系统中的常用的氢化物生长源和掺杂源及其基本特性

氢化物源名称/化学式	熔点/沸点(℃)	相对比重/蒸气压(atm)	临界压力(atm)/临界温度(℃)
Arsine,砷烷/AsH_3	-177/-62.5	2.70/14.95(21.1℃)	65.14/99.9
Phosphine,磷烷/PH_3	-133/-87.7	1.193/36.6(21℃)	64.5/51.3
Stibine,锑烷/SbH_3	-88/-17	4.33/0.263(-47℃)	72.1/167.2
Ammonia,氨气/NH_3	-77.75/-33.5	0.597/8.831(21℃)	112/132.4
Silane,硅烷/SiH_4	-185/-112	1.11/24.5(-30℃)	48/-3.5
Hydrogen Sulfide,硫化氢/H_2S	-85.6/-60.7	1.198/18.2(21℃)	88.9/100.4
Hydrogen Telluride, 碲化氢/H_2Te	-49/-2	4.5/1.53(10℃)	NA/200
Methane,甲烷/CH_4	-182.5/-161.5	0.556/24.2(-100℃)	45.4/-82.4

MOVPE中所有生长源都以气体形式进入反应室,但各生长源在进入反应室前并不混合,而需由运行/排放(即Run/Vent)系统进行独立控制,如图5.2.3左上所示。这样既避免了各源之间可能的提前反应和相互玷污,又可以按需快速改变通入反应室的源的种类,这对生长量子阱和超晶格等超薄层结构是十分重要的。在Run/Vent系统控制下各路源既可处于Run状态进入反应室参与生长,也可处于Vent状态直接排放不参与生长。在其处于Vent状态时可对流量和压力进行分别控制和调整,使其预先达到生长时所需的稳定状态,这样当切换到Run状态时就不会对整体气流引起明显的扰动,使得生长室的流场和压力始终维持在稳定状态。引入Run/Vent装置后使得MOVPE具备了快速切换和快速吹扫的能力,这是其生长薄层时的优越之处,但源长时间处于Vent状态可导致其利用率显著下降,也增加了尾气处理的负担,因此生长薄层、厚层结构或者混合结构时应考虑采用不同的控制策略。MOVPE所需的各路源由如图5.2.3左下所示的生长/掺杂源控制系统提供,其主要控制部件为质量流量控制器(mass flow controller, MFC)和压力控制器(pressure controller, PC)。MFC为质量流量计(mass flow meter, MFM)和控制阀的闭环组合,PC为压力传感器和控制阀的闭环组合。图5.2.3左下示出了源控制的两种方式,一是所需要量较大的主要用于生长的常规源,另一是所需要量较小主要用于掺杂的稀释源。对氢化物源和MO源的控制方式也有差别,目的都是使送到Run/Vent系统的各路源的流量和压力保持稳定。对于掺杂源,由于实际所需的源流量过小,直接通入时易于被阻塞,因此用流量较大的载气先进行稀释,以使得总流量不致过小,同时排放一部分以维持其管道压力的稳定。MOVPE系统中所需的大流量高纯氢气也经由前述钯膜氢气纯化器提供,其本身输出的纯度是有保证的,但可能由于密封不佳或泄露等使其混入微量氧气或水汽,这对Ⅲ-Ⅴ族特别是含铝材料的生长是十分

有害的,因此系统中也会引入痕量氧气或水汽监控仪来监控氢气的纯度。MOVPE 系统的尾气由于含有毒有害成分,因此需经专门的尾气处理系统进行处理后方可排放。

5.2.3 分子束外延(MBE)

分子束外延技术是自 20 世纪 60 年代末发展起来的[13-16],最早期的工作正是针对Ⅲ-Ⅴ族材料体系的外延生长,相关的基础性研究也是在 GaAs 材料上展开的,并积累起了所需的关键技术。图 5.2.4 给出了一个 MBE 系统的简单示意图,这是一个常规的 MBE 系统,简而言之,有别于 VPE 中要使用化合物源并涉及气相化学反应,这样的 MBE 可以看成是一个在超高真空系统中用单质元素源进行物理沉积的过程,与半导体工艺中的金属热蒸发有相似之处,但涉及更复杂一些的机理、部件和设备。以Ⅲ-Ⅴ族材料的生长为例,由于其Ⅲ族和Ⅴ族都采用了常温下是固态的单质元素作为源材料,为与其后变化和发展的一些方法相区别,这样的“常规”MBE 也被称为元素源分子束外延(elemental source MBE, ESMBE)或固态源分子束外延(solid source MBE, SSMBE),为避免混乱其后就称其为 SSMBE。LPE 虽然也可看成是物理沉积过程,只涉及液相结晶且并无复杂的化学反应,但其更偏向于平衡态生长,因此需要更高一些的生长温度;与此相比,MBE 则更偏向于非平衡态生长,因而可在更低的温度下进行。不同的外延方法具有不同的驱动力和生长动力学。比较一下不同外延方法生长同一种材料的温度,有助于体会其中的差别。例如,生长相同的 InP 基材料,MBE、LPE、MOVPE 和 HVPE 的常用温度范围大致在 400~600℃、500~700℃、600~800℃ 和 700~900℃,各有约 100℃ 的差异,较高的生长温度是相应的化学反应所需要的,即针对“化学外延”过程;较低的生长温度已可满足相关物理过程的需要,即针对“物理外延”过程,偏向于非平衡态的外延生长则可在更低的温度下进行。与其他外延生长方法相比,MBE 的突出优点体现在其具有在单原子层尺度上外延生长的控制能力和可重复性,而超高真空的生长环境则是其使用一些基于真空的实时在线监测和控制手段的前提,当然这也是使用 MBE 方法的“麻烦”所在。

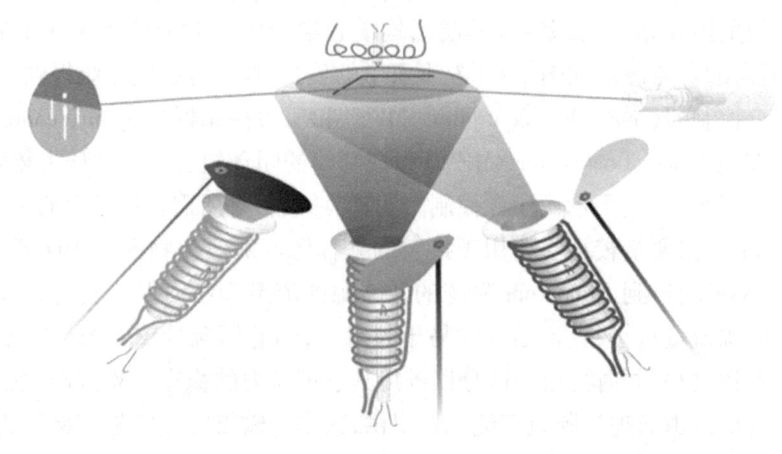

图 5.2.4 MBE 系统示意图

由图 5.2.4 的简化示意图可见，这样的 MBE 系统大致由三个基本部分构成：① 安置衬底和对其加热控制的样品架。生长所用衬底一般安放在钼托上后以生长面向下的方式安置于样品架上，这样可以避免一些由系统壁等落下的粉尘之类玷污生长表面，衬底可用 In 粘贴或机械卡压的方式与钼托相连；对衬底一般采用电阻加热方式和用热电偶对钼托进行间接测温，并可用红外光学测温方法对实际衬底温度进行校准；样品架的另一功能是在生长时通过某种机械传动方式使钼托和衬底一起旋转起来，以抵消生长束源强度的空间分布非均匀性，使得所生长外延层的厚度、掺杂浓度等更加均匀。② 提供分子束的束源炉及其控制快门。束源炉包括坩埚、电阻加热器和测温热电偶，坩埚常采用化学稳定性好、不与源起反应和玷污并且耐高温的高纯氮化硼(BN)等材料制成，作为生长源的各种单质元素分别置于各自的坩埚中，加热到足够高的温度后即可在超高真空环境下以“直线喷射”的方式产生分子束流。此束流可由机械挡板式的快门进行快速开关控制，其束流的开关响应时间可在百毫秒量级，相对于其他方法这也是 MBE 的主要优点之一。③ 反射高能电子衍射(reflection high energy electron diffraction, RHEED)实时在线监控系统。此系统包括能产生高能电子束的电子枪以及能接收和显示电子束的荧光屏，高能电子束以小角度掠射的方式投射到生长衬底或外延层上，衍射出的与结晶表面特性密切关联的特征电子束再投射到荧光屏上进行显示；由于荧光屏上的图像只适合在较暗环境下观察，因此实际中也常将荧光屏遮挡好后用摄像头摄取荧光屏上的图像，再用显示器显示。RHEED 是 MBE 中的重要工具，不仅用于在原子层的尺度上观察外延的起始结晶过程、进行界面和超薄层厚控制以及研究相应的生长机理等，也是日常在生长前对衬底表面进行加温脱氧时做判断的必需和“唯一”手段，表面脱氧完美则是生长出良好外延层的必要条件。

有别于前述 LPE 和 MOVPE 生长是在还原性的超纯氢气气氛中进行的，生长室压力在大气压至粗真空(>1 Torr)范围，进行 MBE 生长的前提是有超高真空(UHV)的生长环境，前述的三个基本部分也都要置于处于 UHV 环境的生长室中。这里 UHV 环境是指其能达到的本底真空(base pressure)，即系统排除一切泄漏后泵浦数日至数周，最终压力达到平衡后所能达到的真空度，而非实际生长时的真空度或压力。处于 UHV 时气体压力达到 10^{-10}Torr 及以下，这时气体分子的密度约在 3×10^{6} cm^{-3}及以下。对于 SSMBE，实际外延时生长室为高真空(HV)状态，气体压力达到 10^{-6} Torr 及以下，分子的平均自由程达数十米以上，已明显大于生长室的尺度，而平均自由程远大于系统的尺度正是生长源能够形成分子束并以直线方式传播所必需的，这时残余气体分子的密度约在 3×10^{10} cm^{-3}及以下。由于残余气体分子最有可能是对生长外延材料有害的氧气和水汽之类，用于生长的分子束和如此低密度的其他残余气体分子的相互作用可以被忽略，这是生长出高纯度低本底掺杂外延层的前提；当然，外延材料的纯度和本底掺杂浓度还要受到所用的生长源材料、MBE 生长室内的各种泵和零部件中可能含有杂质的种类和数量，以及其所处温度及易沾染程度等的影响。MBE 生长室一般还具有冷屏结构，即除样品架和束源喷口外，将整个生长区域用空心的冷屏罩起来，冷屏内部通入液氮降温，这样喷出后未被生长利用的束源以及残余气体等绝大部分都可被吸附到冷屏上，一方面可对玷污进行控制避免粉尘等，另一方面也提高了生长室的真空度。MBE 生长室的压力常用离子规(也称电离规)测量。离子规由灯丝热阴极、收集极和栅极构成，其结构类似一个不带玻璃外壳的真空三极管。大电流加热的灯丝发射的电子由正偏的栅极加速,形成受控恒定的发射电流,电子束与气体分子产生碰撞形成离子流,由反偏的收集级收集后成为可测量的离子电流,气体压力则正比于离子电流,反比于发射电流。离子规的压力测量整体范围约在 $10^{-4}\sim10^{-11}$ Torr,发射电流则需根据实际中涉及的较小测量范围来设定。对于 MBE 的生长源,由于其产生的分子束与气体电离形成的离子束可以等效,因此 MBE 中也采用与离子规结构类似的束流规来测量分子束流的大小,用以测量和标定生长源特性、设定生长参数及校准生长速率等。束流规一般直接安装在样品架上与外延衬底相当的几何位置上,将样品架转动到相应位置即可测量分子束流。MBE 设备上一般还配有四级质谱仪(quadrupole mass spectrometer, QMS),可以监控系统内的残余气体和束源的成分和分压等,以及用于设备维护中的氦检漏等。

产生 UHV 环境需要用到多种真空泵。MBE 系统中涉及的真空泵种类繁多,从工作原理上看有容积泵、喷射泵、动量泵和吸附泵等,其能够产生真空的范围、作用和功能各异,使用时的差别也很大。能够进入 UHV 状态的真空泵包括溅射离子泵、低温氦压缩循环泵(冷凝泵)、油扩散泵、涡轮分子泵以及钛升华泵等,这些泵大都需要有前级真空或预真空,其中油扩散泵和涡轮分子泵以有进有出的方式工作,即可将生长室内的气体分子实际排到系统之外;溅射离子泵和低温氦压缩循环泵则以有进无出的方式工作,生长室内的气体分子实际是被"吸附"到泵内而非排到系统外,当然冷凝泵可以经活化过程将所吸附的气体分子最终排出。MBE 系统中普遍采用的液氮冷屏实际也相当于一个冷凝泵,对提高和维持系统真空有重要作用。钛升华泵也属于吸附泵,但一般只作为辅助泵与溅射离子泵等联用,间歇启动用以提高短期真空度。产生前级真空或预真空一般采用有油或无油的机械泵,其也以有进有出的方式工作,用以产生从大气压起至中真空(MV, 10^{-3} Torr)的状态。同一 MBE 系统中往往会同时使用多种不同类型及容量的真空泵,以起到相辅相成的作用。各种真空泵的抽速、效率、所能达到的真空度以及达到平衡所用的时间除受其本身标称泵速的影响之外,还要受到通径、气路长度及弯折、系统中各部件及连接件的放气量和微泄漏,以及所处的真空度范围等的显著影响,因素繁多,是设计和使用系统时需要精细考虑的,在此不再赘述。

5.3 气态源分子束外延(GSMBE)

在Ⅲ-Ⅴ族材料的外延生长方面,气态源分子束外延(gas source MBE, GSMBE)方法的综合性能是优于固态源分子束外延(SSMBE)方法的,特别是在生长 InP 基及其他含磷化合物材料方面,以下就 GSMBE 所用生长源和生长设备中涉及的一些问题进行介绍和讨论。

5.3.1 Ⅲ族源

MBE 技术的关键是其具备的各种分子束源,设备配置和使用上最基本和重要的考虑则是束源的选择和配置策略。对于Ⅲ-Ⅴ族材料的 MBE 生长而言,实际使用的Ⅲ族元素就是

Al、Ga 和 In 这三种,这对 SSMBE 和 GSMBE 是一样的。这三种金属单质的熔点和蒸气压等参数对于在 MBE 中形成分子束都很合适,因此也都可直接放入前述的常规结构束源炉的 BN 坩埚中使用。其后虽然有针对不同金属源特性上的差异对束源炉进行坩埚几何外形、双温区和热唇结构等方面的技术改进,但其基本结构仍然沿用至今。Ⅲ-Ⅴ族 MBE 生长中常用的掺杂源有 Be、Si、Te、C 和 Sn 等,其中Ⅱ族的金属 Be 为 p 型掺杂的首选,Ⅳ族的固态 Si 为 n 型掺杂的首选。对Ⅲ-Ⅴ族而言,Si 虽为两性元素,但由于固态 Si 控制起来方便,适合用于浓度不是很高的掺杂。Ⅳ族的 C 和 Sn 对Ⅲ-Ⅴ族也是两性元素,C 用于薄层 p 型高掺杂效果很好,Sn 则被用于 n 型高掺杂。Ⅵ族的 Te 则用于一些材料使用 Si 掺杂效果不好时的 n 型掺杂剂,例如用于锑化物的 n 型掺杂。这些掺杂元素的用量都很少,Be、Si、Te、Sn 等只需使用普通的固态源束源炉即可,C 则有碳丝直接通电加热和使用卤化物气态源等方式。在 GSMBE 中引入气态 SiH_4作 Si 掺杂也是可能的。在Ⅲ族金属源及掺杂源的选取和使用方面,GSMBE 和 SSMBE 的考虑是基本一致的,并无显著的差别。

5.3.2 Ⅴ族源

对于Ⅴ族元素 N、P、As、Sb 和 Bi,其束源则都存在若干问题,其中一些是“本质上”的。以固态 As 而言,其具有相当高的蒸气压,且在真空中蒸发后形成的分子束中可含有四聚体(tetramer)As_4、二聚体(dimer)As_2和单聚体(monomer)As_1等几种形式,温度较低时以四聚体为主,随着温度升高二聚体和单聚体成分相应增加,当然蒸发总量增加也很快,而这三种形式的 As 分子束在用于外延生长时的黏附系数则相差很大。四聚体的黏附系数最低,也就是说其源的利用效率很低,实际用于外延生长的量很少,其余最终都将沉积于冷屏、生长室内壁及其他地方。二聚体和单聚体的黏附系数相应增加,但其产生需要更高的温度,而在此温度下总的蒸气压对于 MBE 将过高而难以接受。这些互相牵制的特性给采用固态 As 的束源在使用和控制上造成较大的困难。前期的研究中有采用 GaAs 多晶作为 As 源[13-16],利用了化合物 GaAs 产生相应的 As 蒸气所需的温度较高,且在特定温区可产生以 As_2为主的束流,这样既可稳定外延生长时的黏附系数,又可限制总蒸气压。用单一 As_2时生长时较易控制,黏附系数也较大,但以 GaAs 多晶作为 As 源则其总体利用效率很低,成本相应增加,消耗量也大幅增加,难以实用。其后则普遍退而求其次,在较低温度下用固态 As 产生 As_4直接用于生长,接受了利用率低玷污大的现实,也达到了实用要求。再后来经改进做出了双温区裂解阀控束源炉,即先在低温区产生 As_4,再进入高温区裂解成 As_2输出作为生长束源,并用泄漏阀控制输出 As_2的蒸气压及总量,这样提高了源的可控性和利用率,但此种束源炉的结构复杂程度也显著增加。Ⅴ族元素中 Sb 的情况和 As 类似,目前也已大都采用双温区裂解阀控炉;Bi 本身为金属,具有和Ⅲ族元素类似的特性,可以像Ⅲ族金属源一样处理;发展宽禁带 GaN 类材料所需的 N 则是采用气态 N_2或 NH_3用直流高压或射频的方法形成等离子体作为生长源[17, 18],即等离子源分子束外延(plasma source MBE, PSMBE),这已与 GSMBE 有相似之处,但对于外延生长氮化物而言,当前 PSMBE 已非主流。

Ⅴ族元素中 P 的情况最为复杂。固态的单质 As 和 Sb 虽然使用上不如 Al、Ga 和 In 那样方便，但尚可应用，但早期的Ⅲ-Ⅴ族 MBE 生长中并不包含 InP 及含磷的化合物。磷具有众多种同素异形体，红磷和白磷是其两种主要形式。红磷分子为链状结构，无毒，着火点为240℃，因此在室温下很稳定，易于处理；白磷分子为正四面体结构，化学性质十分活泼，有剧毒，着火点只有 40℃，在室温下摩擦或碰撞即会燃烧，在空气中能自燃，难以处理。红磷和白磷这两种形态间可互相转化：在真空条件下红磷加热至 416℃ 产生升华，即由固态直接转为气态，经冷却凝结后即可转换为固态白磷；白磷再加热至 260℃ 又可转化为红磷。磷的众多种同素异形体间的转化也与此相类似，而实际使用的红磷中其实已包含多种同素异形体。这也就是说，如果 MBE 中磷生长源也按常规方式构成，以红磷作为元素磷源，则其后磷的形态会与其加热过程和历史密切相关，而磷的众多同素异形体均有不同的蒸气压且差别很大。例如，白磷的饱和蒸气压就很高，在 76.6℃ 下可达约 1.3 个大气压，在室温下就已达常规 MBE 所需的蒸气压范围；红磷在室温下的蒸气压很低，但加热后就可能转变，因而这样的磷束源显然不具备稳定控制的可行性，无法实用。其后虽然也有像 As 一样采用化合物 GaP 作为 P 源的尝试，情况可有所改善，但并未根本解决。除此之外，P 束流中也会包含与 As 类似的四聚体 P_4、二聚体 P_2和单聚体 P_1，温度较低时必然以四聚体为主，而 P_4的黏附效率极低，也就是说在外延生长时绝大部分都从衬底上挥发掉了，而这些挥发的 P_4其后大都可能以白磷的形式黏附在冷屏、生长室及管道等各处，这将给后续处理带来极大的麻烦。主要为解决磷源这些方面的问题，20 世纪 80 年代初开始发展了氢化物源分子束外延(hydride source MBE, HSMBE)[19-21]，即将气态的Ⅴ族源引入 MBE 系统，因此也称为气态源分子束外延(gas source MBE, GSMBE)，后文中也都将沿用 GSMBE 的说法，并特指以气态氢化物作为Ⅴ族源、固态金属单质作为Ⅲ族源的 MBE 系统。掺杂源对 SSMBE 和 GSMBE 是基本相同的。

MBE 中引入Ⅴ族氢化物气态源与上节中介绍的 MOVPE 方法是有一定关系的，前面的讨论中也已介绍了Ⅴ族氢化物的一些相关特性。氢化物在较高温度下即可分解成Ⅴ族元素单质和氢气，这是用Ⅴ族元素氢化物作为 GSMBE 生长源的基础，其副产物氢气既不参与 MBE 生长，也不会与其他金属源产生反应，属于"无害"的成分，且由于其具有还原性，某种程度上甚至还是"有益"的，前提是要控制其引入总量不使"破坏"MBE 系统的真空环境。将气态氢化物引入 MBE 系统作为Ⅴ族生长源常用高压方式。这里的高压方式是指引入 MBE 系统(并非进入生长室)的气态氢化物压力在 1 个大气压量级，例如 0.1~2 个大气压，其低压端尚未进入低真空状态。MBE 生长源所需的等效压力一般在中真空至高真空范围，如 10^{-3}~10^{-6} Torr，对Ⅴ族源也是一样。实际中，采用高压方式将气态源引入生长室是采用"微泄漏"的方法，即将所需气体经外部管道和控制装置通入由氧化铝或氮化硼等耐高温陶瓷材料制成的毛细管，毛细管的前端作为"喷口"处于Ⅴ族束源炉中，而毛细管的前端制作了微泄漏口。由于带有微泄漏口的毛细管的"减压"作用，在微泄漏口尺寸固定(即固定泄漏)的前提下，通过控制毛细管输入端的气体压力就可得到所需的甚低压力输出。此种Ⅴ族气态源束流的控制方式也被称为压力控制，由相应的气路及压力传感器和控制阀门构成闭环控制，当束流过低时开大输入阀门以增加压力，当束流太高时则开大排放阀门以减小压力，使得压力稳定从而维持束流稳定。高压方式在接近大气压下的压力下进行Ⅴ族束流控制，较为方便可靠。此外也有在低压下通过质量流量控制器来控制输入气体的流量从而获得所需束流强度的方法,但由于GSMBE中所需的流量过于微小不易控制,因此已较少采用。前已提及,MBE中如采用气态源还有两个要素:分解和裂解。在采用毛细管压力控制方式时这二者可结合在一起,即在毛细管前端再设置一个裂解区域,并使通入氢化物的毛细管及裂解区域加热到较高的固定温度,对于PH_3和AsH_3一般是1 000℃左右,即可获得束流强度合适的气态MBE生长P和As源。对于PH_3和AsH_3,1 000℃左右的温度已可使其完全分解,并且在此温度下裂解成分以二聚体为主。对于MBE而言,As源虽然可以采用固态裂解源,但在GSMBE系统中采用气态裂解P源时当然会同时采用气态裂解As源,且巧合的是1 000℃左右的分解和裂解温度可同时适合PH_3和AsH_3二者,因此P源和As源都是整合成单一的气源裂解束源炉,其PH_3和AsH_3虽然通过不同的毛细管输入以分别进行压力控制,但一般可共用裂解区域在1 000℃左右进行裂解,从而输出所需的P_2和As_2束流。在更低的温度下PH_3和AsH_3虽然也可分解但裂解产物中四聚体会较多,而更高的温度即使能够达到也会影响束源炉的使用寿命,1 000℃左右的温度是气源裂解束源炉中易于达到且较方便控制的,且二聚体在裂解物中已占优,生长特性较佳,因此被普遍采用。GSMBE中采用气态Ⅴ族源很好地解决了P源的问题,同时改善了As源的特性;与SSMBE相比,生长室壁上及冷屏上Ⅴ族元素的淀积和玷污也大为改善,特别是对磷,这给使用和维护带来很大方便,也是其优势所在。与MOVPE相比,GSMBE在氢化物源的使用效率上有长足的提高,也就是说PH_3和AsH_3的消耗量大幅下降,相同的生长规模时下降可在一个量级以上,这样尾气处理的量大幅减小,这也是其重要优点。

对于GSMBE系统,由于SbH_3与PH_3和AsH_3的特性差别过大,因此对于生长锑化物一般并不引入气态Sb源而仍采用固态裂解源;此外,对于高浓度的碳掺杂可以采用CBr_4气态源。前期基于类似的考虑,除GSMBE外,采用气态形式生长源的方法也曾有过一些变化形式。例如,将金属有机物MO源也以气态方式引入的金属有机物分子束外延(metal-organic MBE, MOMBE),将MO源和氢化物源同时以气态方式引入的化学束外延(chemical beam epitaxy, CBE)等,名称各异,但一般有所特指。从原理及实际使用上看,一方面引入MO源在材料外延生长中势必要牵涉一些"化学过程",另一方面用金属有机物源取代原来在SSMBE中使用很好的单质金属源也并非良策,同时增加了系统复杂性。此外,引入过多的气态源也势必要增加生长室的压力,甚至使其进入中真空状态,使得在高真空状态进行MBE生长的一些优点难以保持,真空零部件的寿命也可能大受影响;这些都不利于MBE本身优势的发挥,因此其后都较少发展。

对于用MBE方法生长含磷化合物,其后在SSMBE中采用以红磷或多晶GaP作为原料的多温区裂解P束源炉也有了较大发展,已达到了实用水平,但其结构和操作复杂,影响因素多,使用上仍不方便,且前述一些问题并未得到根本性的解决。在MOMBE中引入磷和砷的有机物,如叔丁基磷(tertiarybutylphosphine, TBP)、叔丁基砷(tertiarybutylarsine, TBAs)等,作为气态源也进行过一些尝试,这种有机砷、磷材料的毒性较低,可避开PH_3和AsH_3的高毒问题,但使用特性上仍不如PH_3和AsH_3。综上所述,在Ⅲ-Ⅴ族材料方面GSMBE方法的综合性能是优于SSMBE的,特别是在生长InP基及其他含磷化合物材料方面。

5.3.3 生长设备

SSMBE 和 GSMBE 生长设备在主要部件的配置方面是基本一致的，但对于 GSMBE，其外延生长过程中是要连续不断地通入气体的，这是其与 SSMBE 的主要差别之一，也是设计其真空系统时必须考虑到的。简而言之，虽然连续通入的气体量不大，但必须及时排出以维持 MBE 系统的真空状态，这时以采用高泵速的、“有进有出”的、可达高真空及超高真空范围的泵为佳，因此 GSMBE 系统的主泵常采用大容量的油扩散泵或涡轮分子泵。大容量的冷凝泵虽然也可以用于 GSMBE 系统，但由于需要连续吸附的气体量大，易于饱和，一般需采用两泵交替使用轮流活化的方式。SSMBE 中常采用溅射离子泵作为系统主泵的方式并不适合 GSMBE。不同类型的真空泵由于工作原理不同，对不同气体的泵除效果也会有差别，甚至与其标称值相差较大，这也是需要考虑的。例如：对于油扩散泵，其泵除分子量小（相对于空气）的气体的泵速较大；而对于涡轮分子泵，则其泵除分子量较大的气体的能力较强。冷凝泵的泵速与所泵气体的液化温度相关，对液化温度为 77 K 的氮气的泵速会比液化温度约 20 K 的氢气大。GSMBE 中需泵除的气体主要是分子量很小的氢气，就此而言选择无运动部件的油扩散泵作为主泵并以机械泵作为前级泵是合适的，虽然其在使用和维护上有不少要特别注意的地方。当然，GSMBE 系统中也会配上其他类型的辅助泵，利用各自的长处相辅相成。对于 GSMBE 系统，主泵的泵速对所能达到的外延生长速率有根本上的限制，只有在较高的泵速下才有可能采用较大的气态源束流。

GSMBE 中引入气态源后需有配套的气源、气路、控制系统及安全监测报警系统，系统主泵之后也要有相应的尾气处理系统，这与 MOVPE 系统有相似之处，但处理的气体总量要小得多。气态源在生长室上一般单独占据一路源的位置。由于气态源与固态源性质上的差异，气态源束流一般不靠快门控制，而直接由气路阀门进行开关控制，因此气态源阀门关断后压力下降会伴随一个延迟过程，其所需时间与主泵的泵速直接相关，也受气路长度、阀门体积以及可能有死角等因素的显著影响，这都会影响到外延生长异质界面的陡峭度。例如，对于生长分别含 As 和含 P 的异质外延结构，一般需要有关断 As 源、泵除残余 As、再打开 P 源这样一个过程，即 As/P 切换，这个过程的时间设置就与泵速、采用的束流强度等因素直接相关，并影响外延微结构的质量。在设计器件的外延结构时，避免过于频繁的 As/P 切换、尽量不采用一边含 As 一边含 P 的异质材料构成的超晶格、充分利用Ⅲ族源采用快门可快速切换等特点，都是需要考虑的策略。此外，外延生长完成后，生长室内的残余气体也需要靠主泵尽快泵除，以避免其凝结造成不良的影响。

5.4 InGaAs 光电探测器材料的 GSMBE 生长

InGaAs 光电探测器主要是以 InP 为衬底进行生长。在 InP 衬底加热到较高温度后会有磷蒸汽溢出，特别是在真空环境下，这样外延生长前以磷束流对其进行保护是最佳的；

InGaAs 光电探测器外延结构中除含砷的材料之外，也常需要包括 InP 缓冲层及其他含磷材料。InGaAs 光电探测器材料虽然结构中可以没有含磷材料，但 MBE 生长仍以同时具备 P 和 As 束源为佳，且光电探测器结构一般需要较厚的外延层，因此采用 P 和 As 束源均无后顾之忧的 GSMBE 方法是具有优势的。晶格匹配和波长扩展这两大类材料在面向航天遥感等应用的短波红外焦平面器件中都已得到应用[22]，以下分别进行讨论。

5.4.1 晶格匹配材料

前已述及，采用 LPE 方法外延生长 $In_{0.53}Ga_{0.47}As$ 材料并用于光电探测器可追溯到 20 世纪 70 年代[1, 2]，并延续十余年[3]。普通的光伏型 InGaAs 光电探测器结构是需要 pn 结的，一般 InGaAs 光吸收区需要 n 型低掺杂，常为非故意掺杂，以获得尽量低的载流子浓度，而帽层则需 p 型高掺杂。对 LPE，采用原位掺杂特别是高掺杂，由于气氛玷污问题会使得本底载流子浓度抬高，影响探测器性能，如本底载流子浓度波动很大甚至导致导电类型翻转，则使得外延生长难以控制，因此更常用扩散或离子注入方法进行非原位 p 型掺杂[23-25]。其间，MOVPE 方法也已投入使用并逐渐成为成熟的技术[26]。其时的光电探测器件主要都是针对光纤通信方面的应用。可与 InP 衬底晶格匹配的材料除 $In_{0.53}Ga_{0.47}As$ 外，还包括$In_{0.52}Al_{0.48}As$ 和 $In_xGa_{1-x}As_yP_{1-y}$($x=1-0.47y$)，这些材料有时统称为 InP 基材料，其组分关系可参见图 3.3.4 和图 3.3.5，在 InGaAs 光电探测器结构中都有应用。在晶格匹配 InGaAs 光电探测器材料的外延生长中，前期 SSMBE 方法中由于不包括磷源，不能生长含磷材料(如 InP)缓冲层或窗口层。InGaAs 光电探测器外延结构中也可以不含 InP 及其他含磷材料，缓冲层和窗口层可以用宽禁带的 $In_{0.52}Al_{0.48}As$ 代替，因此仍可以用 SSMBE 方法生长，但由于无法提供磷气氛保护，只能以砷气氛代替，效果受到一定限制。当然 SSMBE 中引入固态裂解磷源后可以解除这个限制。20 世纪 80 年代初 GSMBE 的发展[19-21]，为此提供了一个更好的选择。GSMBE 中由于同时具备了气态 P 和 As 源，因此十分适合 InP 基材料包括 InGaAs 光电探测器结构的生长。由于 GSMBE 中Ⅴ族气态源是由真空生长室外部接入的，高压钢瓶中的源材料耗尽后可在外部更换而无需像其他固态源一样打开真空系统装载，因此Ⅴ族源的可用量可以看成是“半无限”的。对 MBE 系统而言，其设备连续可用周期很大程度上是由真空生长室中源的装载量决定，某种源耗尽后必须破坏真空重新装载，而后则需要长时间抽真空和烘烤除气才能恢复超高真空环境，一般至少需历时 1~2 周。MBE 中Ⅴ族 As 和 P 元素由于黏附系数低，其所需束流是相对较大的，也就是生长时需要较高的Ⅴ/Ⅲ比。P 和 As 的比重较低体积大，SSMBE 中消耗量大装载体积也要大，需要相对大得多的束源炉。如前所述原因，其载入量主导了设备的连续可用周期，且导致生长室中产生大量沉积物；而 GSMBE 中Ⅴ族气态源的使用则从根本上缓解了这个问题，设备连续可用周期显著延长，沉积物显著减少，因此得到人们的青睐。在Ⅴ族气态源的使用方面，GSMBE 和 MOVPE 虽然都使用相同的 PH_3和 AsH_3，但由于生长机理的不同，其Ⅴ族源的利用效率相差非常大。在相同的生长规模下，MOVPE 系统中的 PH_3和 AsH_3消耗要比 GSMBE 系统高一个量级以上，这也给 MOVPE 的尾气处理容量等方面提出很高要求，相较而言 GSMBE 在此方面的压力要小得多。

器件外延结构中外延层和衬底间以及各外延层之间的晶格常数差别,或称晶格失配度,是决定外延层结晶质量以及器件性能的最重要因素,因此发展器件时会首先考虑在可以达到晶格匹配的材料体系上进行,而外延生长工艺中则要通过各种方法尽可能减小“残余”的晶格失配量。外延层和衬底间以及各外延层之间的晶格失配度可用 X 射线衍射(X-ray diffraction, XRD)方法测量,但基本都是在室温下进行的,而外延生长则是在较高温度下进行的。由于不同材料间热膨胀系数的差别,或者说存在着热失配,对于同一个样品在这两个温度下的晶格失配量也会有所差别,这是标定外延生长参数时需要注意的。一般认为,在外延生长温度下达到完全晶格匹配生长时会获得最佳的外延材料质量,在此情况下当样品温度降到室温后外延层和衬底间会存在一定的失配,对此可以做一个大致的估算,得出一个数量上的概念。以在 InP 衬底上生长晶格匹配的 $In_{0.53}Ga_{0.47}As$ 为例:根据表 3.3.1 和表 3.3.2,按一维近似,InP 衬底和 $In_{0.53}Ga_{0.47}As$ 外延层的线胀系数分别为 $\alpha_S = 4.60\times10^{-6}\ K^{-1}$ 和 $\alpha_L = 5.66\times10^{-6}\ K^{-1}$,设外延生长温度 $T_G = 500℃ \approx 773\ K$,室温 $T_R = 25℃ \approx 298\ K$,温差 $\Delta T = T_G - T_R = 475\ K$,按一维近似则室温下外延层与衬底间的晶格失配度 Δ_L 可以表示为

$$\Delta_L = \frac{2(a_L - a_S)}{(a_L + a_S)} \approx \frac{(a_L - a_S)}{a_S} = (\alpha_S - \alpha_L)\Delta T \tag{5.4.1}$$

即在此情况下的晶格失配度正比于衬底与外延层间的线胀系数之差以及温差。据此估算,可以得到室温下 $In_{0.53}Ga_{0.47}As$ 外延层与 InP 衬底间的“最佳”晶格失配度 $\Delta_L \approx -5\times10^{-4}$,即呈微小的负失配状态,有很小的应变存在,在此“残余”失配度下可认为外延层质量达到了“最佳”。据此估算也可推论,如果室温下测得的外延层与衬底间的失配度为零,则在 $In_{0.53}Ga_{0.47}As$外延生长时(即 500℃下)外延层与衬底间的失配度约在 $\Delta_L \approx +5\times10^{-4}$,即呈微小的正失配状态,在此条件下进行生长的外延层质量有可能不如微小的负失配状态。这样的判断对于其他外延方法(如 LPE、MOVPE 等)也是适用的。在以达到晶格匹配为“前提”的实际外延生长中,外延层与衬底间的晶格失配度只要求达到一个较小的值,例如 1×10^{-3} 以内,晶格就可以维持很好的应变状态而不产生弛豫,并达到较高的结晶质量,这时晶格失配无论正负均可有较好的外延材料质量,而超过了此限度则外延材料的质量下降较快,外延层的表面形貌也会受到显著影响。对于不同的材料体系情况也会有所不同,按同样的估算,$In_{0.52}Al_{0.48}As$外延层与 InP 衬底间的晶格失配度约在 $\Delta_L \approx -1.1\times10^{-4}$时,生长温度下晶格失配可接近于零。其他材料体系也有类似情况,但由于热失配不同具体数据也会各异。例如:在 InAs 衬底上 LPE 生长四元系锑化物 InAsPSb[4-5],室温下的外延层失配度约在 $\Delta_L \approx +1\times10^{-3}$,即在稍大的正失配条件下可以达到很好的外延层质量和表面形貌,进入负失配状态则材料特性劣化;用 GSMBE 方法在 GaAs 衬底上生长 GaInP 和 AlInP 材料与此相似,需要约 $5\times10^{-4} \sim 1\times10^{-3}$的正失配[27-30]。

基于与 InP 衬底晶格匹配材料体系的 InGaAs 光电探测器结构基本可采用 InP、$In_{0.53}Ga_{0.47}As$、$In_{0.52}Al_{0.48}As$ 和 $In_xGa_{1-x}As_yP_{1-y}$($x=1-0.47y$)这几种二元、三元及四元系基础材料组合构成。常规的光伏型器件一般其外延层都需要较厚,量子阱和超晶格等微结构则并非必需,但具体设计上仍有不同的策略。一般而言,这样的器件采用较简单的结构就可以达

到很好的光电性能,但从实际应用的角度出发还需考虑同质或异质结构、原位或扩散掺杂、台面或平面结构、p-on-n 或 n-on-p 构型、正进光或背进光结构、引线键合或倒扣封装等,以及这些结构的不同组合形式。对于应用于航天遥感的焦平面器件,还会有一些特殊的考虑。就光电探测器而言,一般异质结构的 pn 结的性能要优于同质结构 pn 结,因此已被普遍采用;外延完成后在芯片工艺中用选择 Zn 扩散进行局部 p 型掺杂,可使器件保持平面化结构,方便后续加工,也避免了采用台面结构侧面暴露可能引起的漏电增加,因此在晶格匹配 InGaAs 器件中也普遍使用,且其在外延生长中不使用 p 型掺杂源,在外延设备配置中就不必引入 p 型掺杂源,这对降低系统的本底杂质浓度是十分有利的;从器件结构出发,采用 p-on-n 构型(指先外延生长 n 型区域再外延生长或扩散形成 p 型区域)时,光如从 p 型一侧进入则有利于达到高量子效率,光如从 n 型一侧进入则需经优化设计方能达到一定的量子效率,n-on-p 构型则与之相反。这也就是说,p-on-n 构型更适合于正进光(光从外延层一侧进入)结构,而 n-on-p 构型则更适合于背进光(光从衬底一侧进入)结构。并且,p-on-n 构型对后续芯片工艺较为方便,n-on-p 构型则对电极欧姆接触的要求较低,也有利于减小器件的串联电阻。同时,正进光结构更适合引线键合封装(主要针对单元或线列器件),背进光结构则更适合倒扣封装(主要针对线列或面阵器件)。针对实际应用的考虑,都会有两个基本的出发点:一是“可行”,即在现有条件下必须具有可行性和可操作性,这是前提;另一是“折中”,即经常并不特别关注某单项指标达到最佳,而要追求达到综合最佳效果,以确保整体上的可实现性。而在此之前搞清晶格匹配 InGaAs 探测器的各个相关单项问题则是必须的[31-34],可为整体决策提供必要的依据。

仅就普通结构的晶格匹配 InGaAs 光电探测器的 GSMBE 而言,出于能用三元系就不用四元系的考虑,可先将四元系 $In_xGa_{1-x}As_yP_{1-y}$($x=1-0.47y$)排除在外,这样就可以避免在外延生长中同时使用 As 和 P 两种 V 族气态源带来的困难,以及生长四元系材料组分控制的复杂性;用 InP 和 $In_{0.53}Ga_{0.47}As$ 这两种材料实现异质器件结构有很好的综合效果,已是最常用的做法,GSMBE 中采用 Be 和 Si 分别进行 p 型和 n 型原位掺杂即可生长台面结构器件[31],无需后续扩散掺杂。这两种材料具有交叠较大的生长温度窗口,是可以在同一衬底温度下完成整个器件结构生长的。由于探测器结构所需的外延层较厚,每层的生长时间都较长,针对不同材料的“最佳”生长条件在不同的衬底温度下分别进行生长也是可行的。用这两种材料实现器件结构,在生长中材料交替时是要有 As/P 切换的,并且能带不连续,其异质界面的突变过渡可能会对器件的瞬态特性造成一定影响。此外,在较长时间生长三元系 $In_{0.53}Ga_{0.47}As$ 或 InP 时并不使用 P 或 As 源,因此是可以关断以节约源消耗的,但在切换前应提前准备好后续气态源的状态,并采用合适的切换程序以避免波动。用 $In_{0.53}Ga_{0.47}As$ 和 $In_{0.52}Al_{0.48}As$ 这两种材料也可以实现异质器件结构,宽禁带三元系 $In_{0.52}Al_{0.48}As$ 作为窗口层材料有良好效果,也可以作为缓冲层材料,还可以作为 InGaAs 肖特基结的势垒增强材料[35, 36]。GSMBE 中用这两种不含磷的三元系砷化物材料构成器件结构可以避开生长过程中的 As/P 切换问题,且实际生长时 P 源只是用于衬底加热脱氧时的磷气氛保护,外延时并不需要使用,这是其特点或“优点”所在。实际在 SSMBE 系统无磷源的条件下也正是用这两种材料实现异质器件结构,衬底加热脱氧时则采用砷气氛进行保护。此外,$In_{0.53}Ga_{0.47}As$ 和

$In_{0.52}Al_{0.48}As$ 这两种砷化物生长时可以采用相同的 As 束流及 In 束流条件以及衬底温度，这样一方面可简化生长参数设置，另一方面可以实现两种材料的快速切换，只需切换Ⅲ族元素 Ga 和 Al 的束源炉快门即可，特别适合含有超薄层的复杂结构生长。在 $In_{0.53}Ga_{0.47}As$ 和 $In_{0.52}Al_{0.48}As$ 异质界面上也可以方便地采用数字递变超晶格（digital graded super-lattice, DGSL）结构，即用快速切换 $In_{0.53}Ga_{0.47}As$ 与 $In_{0.52}Al_{0.48}As$ 两种组分，周期厚度固定但组分厚度以数字阶梯形式变化的方法，来实现异质界面能带的缓变效果，这样可以避免异质界面上的由于能带不连续引起的载流子积累效应，改善器件的瞬态特性[36]。对于 GSMBE 生长 $In_{0.53}Ga_{0.47}As$ 和 $In_{0.52}Al_{0.48}As$ 这两种三元系材料，在采用相同的 As 束流和 In 束流以及衬底温度的策略下，实际只需依据前述失配度估算，再通过 Ga 和 Al 束流强度的微调，将 $In_{0.53}Ga_{0.47}As$ 和 $In_{0.52}Al_{0.48}As$ 这两种基础三元系材料在室温下的“残余”晶格失配调整到所需范围，即可以此参数生长器件结构。由于生长这两种三元系材料时Ⅴ族元素 As 往往是过量的，即在较高的Ⅴ/Ⅲ比下生长，且在接近晶格匹配条件下外延一侧和衬底一侧的材料之间是具有一定的晶格牵引效应的，也倾向于达到晶格匹配，且Ⅲ族元素的黏附系数又都较高，这样只需微调 In 和 Ga 或 In 和 Al 之间的竞争关系，是较容易达到三元系材料的匹配要求的。

基于 InP 和 $In_{0.53}Ga_{0.47}As$ 两种材料采用 GSMBE 方法的光电探测器结构已得到广泛应用。早期采用原位 Be 掺杂台面结构的材料应用于线列 FPA 取得了良好效果[37]，其采用正面进光 p-on-n 结构，材料参数互相牵制较小可以优化到较佳，在像元规模较小时用引线键合进行封装仍然可行。采用 Zn 扩散进行非原位掺杂由于 pn 结的侧面不暴露，钝化效果更好，因此可具有更小的暗电流，其平面结构也更适合于工艺加工，因此其后成为阵列器件的主流[38]。其外延与扩散掺杂结合仍形成了 p-on-n 的器件结构，但对于二维面阵 FPA 器件，由于引线键合封装客观上已无法采用，只能采用倒扣封装的方法与读出电路耦合，光则必须从衬底一侧进入，这样就给材料参数，主要是 $In_{0.53}Ga_{0.47}As$ 吸收层的厚度和掺杂浓度的优化带来一定限制，需有折中考虑。在 InP 衬底的选择上，考虑到自由载流子的光吸收在波长增加后会显著增加的特性，背面进光的 FPA 器件一般会选用半绝缘衬底，这时外延缓冲层就要进行较高掺杂以起到 n 型接触层的作用，其参数也需要优化。对基于 InP 和 $In_{0.53}Ga_{0.47}As$ 这两种材料的光电探测器，其长波端的截止波长（cut-off wavelength）已固定在了约 1.7 μm，但其短波端的起始工作波长（cut-on wavelength）仍是可裁剪的。对于正面进光情况，较浅的 pn 结可以使起始工作波长向短波侧延伸，但过浅的结会使得表面效应增强，导致器件特性劣化，形成了一定限制；对于背面进光情况，由于 InP 衬底的带隙波长约为 0.92 μm，在此波长以下衬底是不透明的，由此造成了对起始工作波长的根本性限制，但通过芯片和封装工艺中减薄乃至去除 InP 衬底的方法，则可在一定程度解除这个限制，使起始工作波长向短波长方向延伸，甚至进入可见光波段[39]。在晶格匹配的前提下，三元系的 $In_{0.53}Ga_{0.47}As$ 光吸收层也可由禁带更宽的材料替换，这样有助于器件性能的改善，但长波端截止波长相应减小。例如，用与 InP 晶格匹配的四元系 InAlGaAs 为光吸收层，可将其带隙波长调整到约 1.4 μm 以适合 1.3 μm 附近的生化探测波段以及一些特殊的遥感波段，相比 $In_{0.53}Ga_{0.47}As$ 器件其暗电流特性可以明显改善[40, 41]；再如，用与 InP 晶格匹配的四元系 InGaAsP 为光吸收层，将其带隙波长调整到约 1.2 μm,可以适应 1 064 nm 波长的激光雷达探测,满足其在灵敏度方面的特殊要求[42]。这些波长都是 Si 光电探测器无法或难以覆盖的。对于具有内部增益的 InGaAs 雪崩光电探测器(avalanche photodetector, APD),一般需采用较复杂的分别吸收梯度倍增(separation absorption graded multiplication, SAGM)结构,由于其内部涉及高电场,对材料结晶质量要求甚高,需要在晶格匹配的材料体系上实现。采用 GSMBE 方法以 $In_{0.53}Ga_{0.47}As$ 作为光吸收区时,宽禁带的 $In_{0.52}Al_{0.48}As$ 也是很好的倍增区材料,通过采用较薄的 p 型 $In_{0.52}Al_{0.48}As$ 倍增区可以使其在较低的倍增电压下工作[43-45];如将吸收区换成四元系 InGAsP 材料,也可以裁剪组分使之针对 1064 nm 的工作波长[46]。对基于晶格匹配材料体系的 APD 器件,在其倍增区中引入量子点(quantum dot, QD)结构可以增强其倍增效果,例如在 p 型 GaAs 倍增层中引入 InAs QD[47],由于 QD 尺寸很小,一般不会对材料结晶质量造成明显影响。

5.4.2 波长扩展材料

对于以三元系 $In_xGa_{1-x}As$ 为光吸收层的 InP 基光电探测器材料,波长扩展是指其长波端截止波长在晶格匹配 $In_{0.53}Ga_{0.47}As$ 材料约 1.7 μm 的基础上进一步向长波方向延伸,因此也称其为延伸波长(extended wavelength)材料;由于其截止波长仍处于 SWIR 波段,因此有时也称波长大于 1.7 μm 的 SWIR 波段为扩展短波红外(extended SWIR,eSWIR)波段,以与晶格匹配 InGaAs 材料及器件相区分。要使三元系 $In_xGa_{1-x}As$ 的响应波长向长波方向延伸,就需增加 In 的组分并相应减小 Ga 的组分,即使 $x>0.53$,由图 3.3.4 和图 3.3.5 可见,这将导致其与 InP 衬底间的晶格失配,也无法找到能与之晶格匹配的可用二元系单晶材料作为衬底。$In_xGa_{1-x}As$的晶格常数与其组分 x 间呈线性关系,根据表 3.3.1 和表 3.3.2 中的数据,300 K 时 $In_xGa_{1-x}As$ 中的 In 组分 x 值与带隙波长及晶格失配度间的关系如图 5.4.1 所示。当 In 组分 x 为 0.83 时,$In_xGa_{1-x}As$ 的带隙波长约为 2.58 μm,考虑到器件截止波长与带隙波长的差别及温度变化,这个组分的材料可对约 2.4 μm 以下的波长进行有效探测,但其与 InP 衬底的晶格失配已达约正失配 2%。在此失配度下,应变状态允许的临界厚度已非常小,外延生长较厚的材料均呈弛豫状态。由于 GaAs 的晶格常数比 InP 约小 3.7%,当 In 组分 x 为 0.83 时 $In_xGa_{1-x}As$与 GaAs 衬底的晶格失配则更大,达到约正失配 5.7%。在相同的 In 组分下三元系 $In_xAl_{1-x}As$ 的晶格常数与 $In_xGa_{1-x}As$ 很接近,故其失配情况与 $In_xGa_{1-x}As$ 基本相同。由图 3.3.4 和图 3.3.5 可见,作为一个极限,直接采用二元系的 InAs 作为光电探测材料也是可行的,包括使用 InAs 体材料及 InAs 衬底上的外延材料,实际也有这样的器件。其存在的问题是:一方面 InAs 的禁带宽度过窄,室温下仅为 0.36 eV。根据上一章中的讨论及(4.2.3)式,对于这样的禁带宽度,器件在室温下暗电流将会很大,即使器件在低温下工作也难以满足一些特定应用的要求;另一方面,对二元系 InAs 也无法找到与其匹配的宽禁带异质窗口材料,这也限制了器件性能的改善。此外,对于采用背进光结构的 FAP 器件,如采用 InAs 衬底则其对探测光是不透明的,实际器件中需将衬底去除或减至很薄,这将会大大增加器件制作的难度，当然如采用 GaSb 衬底可避免这个问题。InP 衬底上采用三元系 $In_xGa_{1-x}As$ 作为光吸收层，虽然引入了一些晶格失配，但此失配可由特定的外延结构和工艺加以弥补，且其带隙可以进行裁剪以满足所需探测波段的要求，使其能达到较好的综合性能，因此得到了关注。

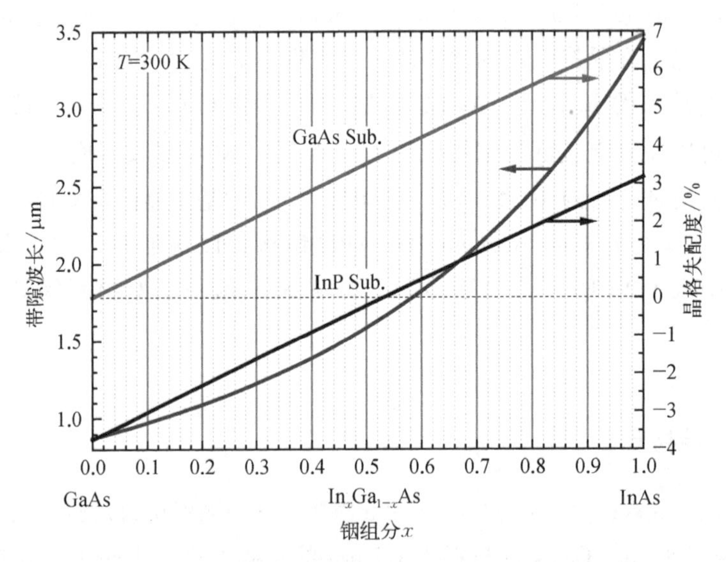

图 5.4.1　300 K 下 In 组分值为 x 的三元系 $In_xGa_{1-x}As$ 的带隙波长及其与 InP 和 GaAs 衬底的晶格失配度

较大晶格失配下进行外延生长首要面对的问题是晶格弛豫造成的结晶质量下降，以及失配位错导致缺陷的大量产生，这些都导致了材料质量与晶格匹配状态下相比会有显著的退化。作为极限情况，在大失配下甚至难以生长出单晶材料。对较厚的外延层，应对晶格失配的常用和有效方法是引入缓冲结构，即在衬底和外延层之间插入晶格常数介于衬底和外延层之间的某种同类材料，可以是晶格常数不同但逐步变化的一层或数层，也可以是晶格常数从衬底到外延层以某种方式连续变化的一层，以及其他各种缓冲策略。一般而言，除缓冲层所采用的材料体系需与器件结构外延层有较好的兼容性外，采用较厚的、晶格常数逐渐过渡的缓冲层会有较好的缓冲效果，但具体的缓冲策略则需根据所用外延方法，结合可行性和成本以及所能达到的综合效果来决定，且并不是唯一的。就 InP 上外延失配的 $In_xGa_{1-x}As$ 而言，可以有同质或异质缓冲、组分阶跃变化或连续变化缓冲以及不同的界面过渡方式缓冲等，以下做较详细讨论。

直观上对缓冲层的要求是厚度尽量厚一些，这样可以足够慢地过渡晶格常数，阻止或延缓失配位错的延伸，以达到尽量好的缓冲效果，但实际上缓冲层的总厚度必然会受到一定限制，其根本原因是较慢的外延生长速度及相应的生长成本。前已提及，在不同的外延生长方法中 HVPE 方法可具有每小时数十微米的生长速度，LPE 和 MOVPE 方法次之，约可达到每小时数微米，MBE/GSMBE 方法则最低，一般仅为每小时 1 微米左右。对此生长速率可有个数量对比：按人类胡须的生长速度大约每天 1 毫米，则相当于每小时生长约 40 微米。因此，针对 GSMBE 生长晶格失配材料，其最基本的缓冲策略或考虑就是用尽量薄的缓冲层来达到尽量好的或可资利用的综合缓冲效果。再则，GSMBE 中Ⅲ族源采用置于坩埚中的元素金属固态源，靠改变其温度来调控束流强度；V族源则采用气态源，靠改变其外部压力来调控束流强度。改变Ⅲ族源的温度通过热电偶测温经 PID 电路驱动电阻式加热器，并与设定值比较进行闭环控制。由于热过程本身的限制，束源的温度是无法由一个温度值瞬间变化到另一个变化较大的温度值的。这也就是说，如果设定值突变，即使有 PID 控制一般也会伴随着较大的温度过冲及温度震荡，难以满足束流精确控制要求。然而，束源温度可以通过设定程序控制以一个固定的较小变温速率平稳地由一个温度变化到另一个温度，只要变温速率不太高就可以保持足够的精度。对V族气态源的束流，以压力控制方式改变束流强度时也会采用 PID 闭环控制，但需要更长的稳定时间，并且在此过程中如压力偏高还要通过V族源泄放的方式减压，如频繁地、快速地变化束流强度则会对V族源造成很大的浪费，也增加了尾气处理的压力。因此，GSMBE 生长中希望V族束流尽量不要变化，至少不要频繁变化。对于 InP 基材料，GSMBE 生长中所用的束流V/Ⅲ比都是较高的，即Ⅲ族束流的黏附系数都接近1，变化Ⅲ族束流强度可以有效地改变材料组分，变化V族束流则不然。根据图 3.3.4 和图 3.3.5，可作为 InP 衬底与 $In_xGa_{1-x}As$ 光吸收层间的三元系缓冲层材料主要有“同质”的 $In_yGa_{1-y}As$、异质的 $In_yAl_{1-y}As$ 和 $InAs_zP_{1-z}$ 这样三种。根据以上考虑，三元系 $InAs_zP_{1-z}$ 由于包含两种V族元素，需要涉及这两种黏附系数很低的元素间的复杂竞争关系，这对于采用 GSMBE 方法是不利的。并且，如采用组分连续变化则两种V族气态源的压力都要连续改变，控制上基本不可行；即使采用组分阶跃变化，操作起来也较困难。对于在相同 In 组分下晶格常数十分接近的三元系 $In_yGa_{1-y}As$ 和 $In_yAl_{1-y}As$，GSMBE 方法中作为缓冲层材料都是可行的，且比较有利。以 $In_yGa_{1-y}As$ 或 $In_yAl_{1-y}As$ 作为缓冲层材料，需要不断增加其中 In 组分且相应减小其中 Ga 或 Al 组分。GSMBE 中对Ⅲ族束源炉，当其以很慢的速率连续变温时速流强度可以非常平稳地连续变化，因此缓冲层组分采用连续变化的方式十分适合。据此可以制定波长扩展 InGaAs 探测器材料 GSMBE 生长中以三元系 $In_yGa_{1-y}As$ 或 $In_yAl_{1-y}As$ 作为缓冲层材料的生长策略：固定 As 束流，连续增加 In 束流，同时连续减小 Ga 或 Al 束流，以维持生长时的Ⅲ族总束流以及V/Ⅷ比基本保持不变，这样生长速率也基本保持不变。对于连续增加 In 束流及同时连续减小 Ga 或 Al 束流，一个简便可行的方法是设定一个与组分变化对应的束源温度变化值 ΔT，这个 ΔT 值对 In 和 Ga 或 Al 可以相同也可以不同，同时根据材料的生长速率、所需生长时间及 ΔT 值设定一个相当缓慢的变温速率。由于缓冲层的厚度一般并不需要十分精确地进行控制，而控制程序中允许设置的变温速率最小值一般为 0.001℃/s，实际变温速率选取一个控制程序中允许的整值即可。例如，当生长速率约为 1 μm/h 时，如需生长约 3 μm 厚的缓冲层，组分变化所需的 In 和 Ga 或 Al 束源温度变化 ΔT 均设为 30℃，则所需的变温速率为 0.002 78℃/s，实际可设定变温速率为 0.003℃/s，即 In 炉以 0.003℃/s 升温，Ga 或 Al 炉以 0.003℃/s 降温，生长时间 10 000 s。在此变温速率下束源温度可以非常平稳地连续变化，达到所需要求。

在此策略下以“同质”的三元系 $In_yGa_{1-y}As$ 作为缓冲层材料，2004 年采用 GSMBE 方法已成功生长了波长扩展 $In_xGa_{1-x}As$ 探测器结构并制作了器件，将其长波截止波长由约 1.7 μm 延伸至约 1.9 μm[48]，对应的光吸收层 In 组分由约 0.53 增加至约 0.6，即 $In_yGa_{1-y}As$

缓冲层的 y 值由约 0.53 连续变化至约 0.6，对应约 0.5%的正失配。由于缓冲层和吸收层同为三元系 InGaAs 材料，这种缓冲方案可称为同质缓冲。GSMBE 中采用同质缓冲方案生长波长扩展 $In_xGa_{1-x}As$ 探测器，如已有生长晶格匹配结构材料的基础，例如生长晶格匹配 $In_{0.53}Ga_{0.47}As$ 的束源温度和衬底温度等优化参数，则设置上会更为方便，只需对 In 和 Ga 束源根据 ΔT 要求以相同的速率进行连续变温即可。对 GSMBE 生长高 In 组分 InGaAs 材料，由于相较 Ga 和 Al 而言 In 束源的脱附系数要高一些，而与晶格匹配时相比实际需要更高的 In 束流强度，即Ⅲ族元素的总束流要高一些，其中 In 的占比也高，因此需注意当变温结束 In 组分增加到设定值后仍有足够的Ⅴ/Ⅲ比，或者说生长晶格匹配材料时的Ⅴ/Ⅲ比是否仍有足够的裕度以适用于波长扩展材料，以免造成外延材料表面的Ⅴ族元素的缺失，影响到外延层的形貌和质量。同质缓冲方案也已用于 0.7 和 0.8 的 In 组分，对应的器件截止波长达到约 2.2 μm和 2.5 μm[49]。采用同质缓冲方案时缓冲层及光吸收层都不含 Al，这样器件的帽层也可用不含 Al 的 $In_xGa_{1-x}As$，也就是其 pn 结为同质 pn 结[48, 49]，GSMBE 生长无需 Al 束源。采用组分连续变化的三元系 $In_yGa_{1-y}As$ 作为缓冲层材料存在的一个问题是：此材料的带隙与光吸收层逐步接近，因此对于所探测光是会有较强的吸收乃至“不透明”的，这样对于采用背面进光结构的倒扣封装 FPA 器件就不太适用，而需要采用更宽带隙的材料作为缓冲层。另一个问题是同质 pn 结在性能上会不如采用宽禁带窗口层的异质 pn 结。

采用禁带较宽的三元系 $In_yAl_{1-y}As$ 作为缓冲层材料可以解决背面进光的问题，三元系 $In_yAl_{1-y}As$ 也可同时用作宽禁带窗口层材料及形成异质 pn 结。图 5.4.2 示出了 300 K 下三元系 $In_xGa_{1-x}As$ 和 $In_yAl_{1-y}As$ 的带隙波长随 In 组分的变化情况，InP 的带隙也已在图中示出。由图可见，以三元系 $In_yAl_{1-y}As$ 为缓冲层材料时，在背进光条件下 FPA 器件的起始工作波长已可以足够短。例如，当 In 组分为 0.8 时，$In_xGa_{1-x}As$ 的带隙波长约为 2.5 μm，器件的长波端截止波长与此相当，如以相同 In 组分的 $In_yAl_{1-y}As$ 作为缓冲层材料，则背进光时 FPA 的起始

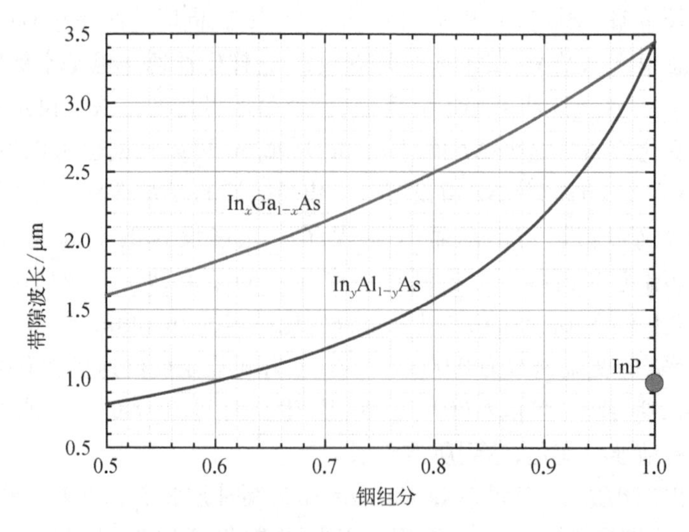

图 5.4.2　300 K 下三元系 $In_xGa_{1-x}As$ 和 $In_yAl_{1-y}As$ 的带隙波长随 In 组分的变化情况，InP 的带隙也已在图中示出

工作波长至少可小于约 1.6 μm,缓冲层组分连续渐变时会更短一些,这已可满足绝大部分应用场景。此时 InP 衬底本身的影响更小,已可不考虑。

用三元系 $In_yAl_{1-y}As$ 作为缓冲层材料可以继续沿用上述同质缓冲的基本策略和生长参数设置思路。前已述及,对 MBE/GSMBE,由于其较慢的生长速率,对缓冲层的生长厚度是很计较的,受到特别关注。为此,在采用异质缓冲方案和组分连续渐变 $In_yAl_{1-y}As$ 缓冲层的前提下,考察了几种不同缓冲层厚度对波长扩展 InGaAs 光电探测器材料性能的综合影响[50],更详细的结构和生长参数等可在文中找到。器件在室温下的目标波长或光吸收层的带隙波长定为 2.4 μm,对应 $In_xGa_{1-x}As$ 的 In 组分值约为 0.78;以组分连续渐变 $In_yAl_{1-y}As$ 缓冲层的厚度分别为 0.7 μm、1.4 μm 和 2.8 μm 生长了三个器件结构样品,并以晶格匹配器件的类似结构样品作为参照(图 5.4.3)。样品的 GSMBE 生长以晶格匹配器件的束流和温度参数为基准,生长组分连续渐变 $In_yAl_{1-y}As$ 缓冲层时如前所述设定 In 束源的升温 $\Delta T_{In}=20$ K,Al 束源则降温 $\Delta T_{Al}=40$ K,再根据要求的缓冲层厚度设定变温速率及相应的生长时间。按此参数缓冲层的组分基本呈线性连续变化,三个样品的组分变化范围保持一致,但其缓冲层失配梯度成倍减小,分别约为 2.4%/μm、1.2%/μm 和 0.6%/μm,对应的 In 组分增加梯度分别约为 32%/μm、16%/μm 和 8%/μm。

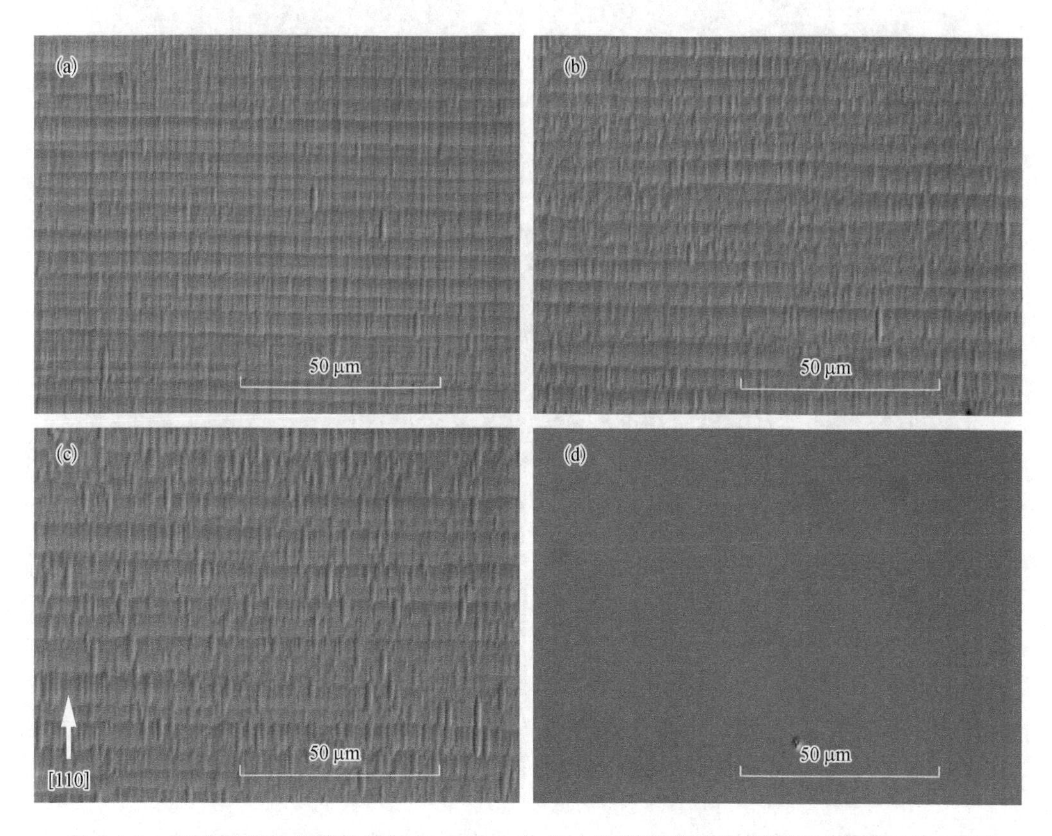

图 5.4.3　GSMBE 生长的波长扩展 $In_{0.78}Ga_{0.22}As$ 光电探测器结构的光学相衬显微照片,采用 $In_yAl_{1-y}As$ 异质缓冲结构,缓冲层厚度分别为 0.7 μm(a)、1.4 μm(b) 和 2.8 μm(c),(d)为作为参考样品的晶格匹配探测器结构

图 5.4.3 和图 5.4.4 分别示出了 GSMBE 生长的波长扩展 $In_{0.78}Ga_{0.22}As$ 光电探测器结构的光学相衬显微和原子力显微 AFM 照片，其采用的 $In_yAl_{1-y}As$ 异质缓冲结构的缓冲层厚度分别约为 0.7 μm、1.4 μm 和 2.8 μm；作为参考样品的晶格匹配探测器结构也在图中示出。由图可见，此种有较大的晶格失配的外延结构均呈现了具有交叉平行波纹特征的表面形貌，俗称为布纹格形貌，两种显微方式下的特征可以对应。与此相比较，晶格匹配结构则呈现非常平滑的外延层表面形貌。由于 InGaAs 波长扩展外延结构中外延层的晶格常数是大于衬底的，外延层呈正失配，为压应变状态。此种交叉平行波纹特征可归结于外延生长中(001)方向受压应变时沿[1－10]和[110]方向产生的 α 和 β 两种类型的失配位错，推测分别与Ⅴ族和Ⅲ族原子的成核相关[51]。由图 5.4.4 可见，沿[1－10]和[110]方向的脊条状波纹具有不同的周期，在[110]方向上的周期大致为 5～7 μm，在[1－10]方向则要小得多，约为 1 μm。图 5.4.4(a)、(b)和(c)三个样品的形貌类型相同，仅细节上有较小差别，AFM 测得的表面粗糙度略有不同，但均在 10 nm 以下。

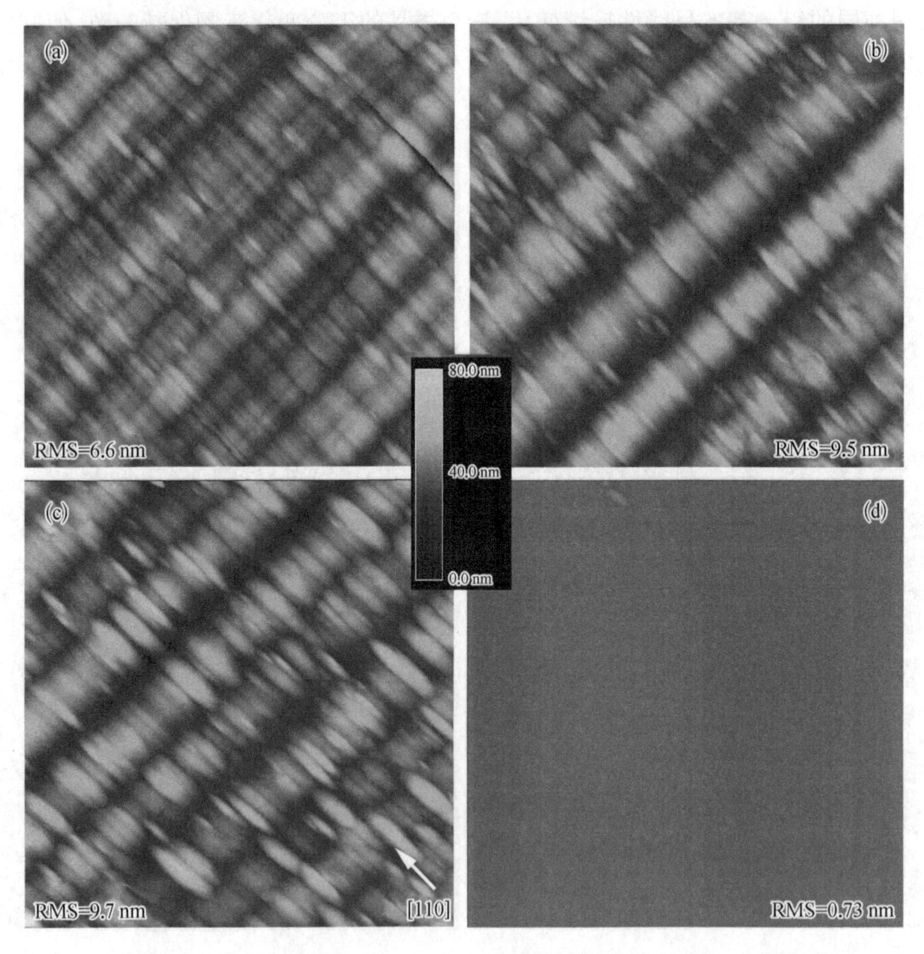

图 5.4.4　GSMBE 生长的波长扩展 $In_{0.78}Ga_{0.22}As$ 光电探测器结构的原子力显微镜照片，采用 $In_yAl_{1-y}As$ 异质缓冲结构，缓冲层厚度分别为 0.7 μm(a)、1.4 μm(b)和 2.8 μm(c)，(d)为作为参考样品的晶格匹配探测器结构。扫描范围均为 40×40 μm^2

图 5.4.5 示出了实测四个 GSMBE 生长样品的(004)方向 $\omega-2\theta$ 扫描 X 射线衍射 XRD 摇摆曲线,缓冲层厚度同前,分别为 0.7 μm(a)、1.4 μm(b)和 2.8 μm(c),(d)为作为参考样品的晶格匹配探测器结构。数据汇总在表 5.4.1 中。由图 5.4.5 和表 5.4.1 可见,与晶格匹配结构的衬底和外延层的半高宽均在约 20 arcsec 相比,波长扩展结构的外延层的半峰宽已显著增加,已大于 700 arcsec,呈弛豫特征,衬底峰也有所展宽,峰值强度均显著下降,约在 5 倍以上;由于外延峰甚宽,已无法区分其中所含光吸收层和帽层的位置,按弛豫条件这两层的晶格失配度均在 1.7%左右,定出的 In 平均组分值均约在 0.78。缓冲层较微弱的连续 XRD 信号处于衬底和这两层之间,其中样品(a)的信号更弱一些,已接近基线。对三个晶格失配样品进行 XRD 数据比较,当缓冲层厚度由 0.7 μm 增加到 1.4 μm 时特性是有显著改善的,但由 1.4 μm 增加到 2.8 μm 时改善的幅度已变小。

表 5.4.1 (004)方向 $\omega-2\theta$ 扫描 X 射线双晶衍射测试数据汇总

样品	缓冲层厚度(μm)/失配梯度(%/μm)	外延层峰强(a.u.)/半高宽(arcsec)	衬底半高宽/arcsec	外延层 In 组分/%	晶格失配度/%
(a)	0.7/2.4	3 481/798.2	79.1	78.26(弛豫)	1.74(弛豫)
(b)	1.4/1.2	4 483/738.0	76.4	78.18(弛豫)	1.73(弛豫)
(c)	2.8/0.6	4 964/730.6	91.1	78.47(弛豫)	1.75(弛豫)
(d)	0.5/0	70 138/23.3	18.2	52.03(应变)	-0.071 5(应变)

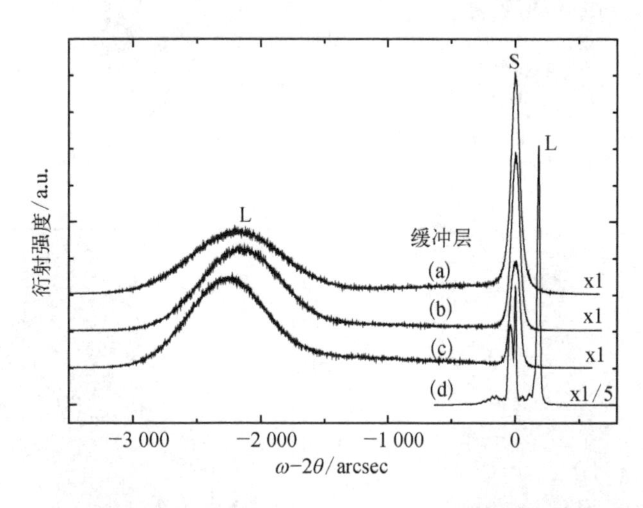

图 5.4.5 实测四个 GSMBE 生长样品的(004)方向 $\omega-2\theta$ 扫描 X 射线双晶衍射摇摆曲线,缓冲层厚度分别为 0.7 μm(a)、1.4 μm(b)和 2.8 μm(c),(d)为作为参考样品的晶格匹配探测器结构

为更精细地考察晶格失配外延样品的结构特别是各向异性特性,也对此三个晶格失配样品在对称(004)方向和非对称(224)方向上进行了 X 射线倒易空间测绘(reciprocal space mapping, RSM,也称三轴二维测绘),图 5.4.6 为测试结果;由图 5.4.6 可见,在晶格失配条件下晶格的非对称性或各向异性确实是较明显的,对称(004)方向和非对称(224)方向均显示

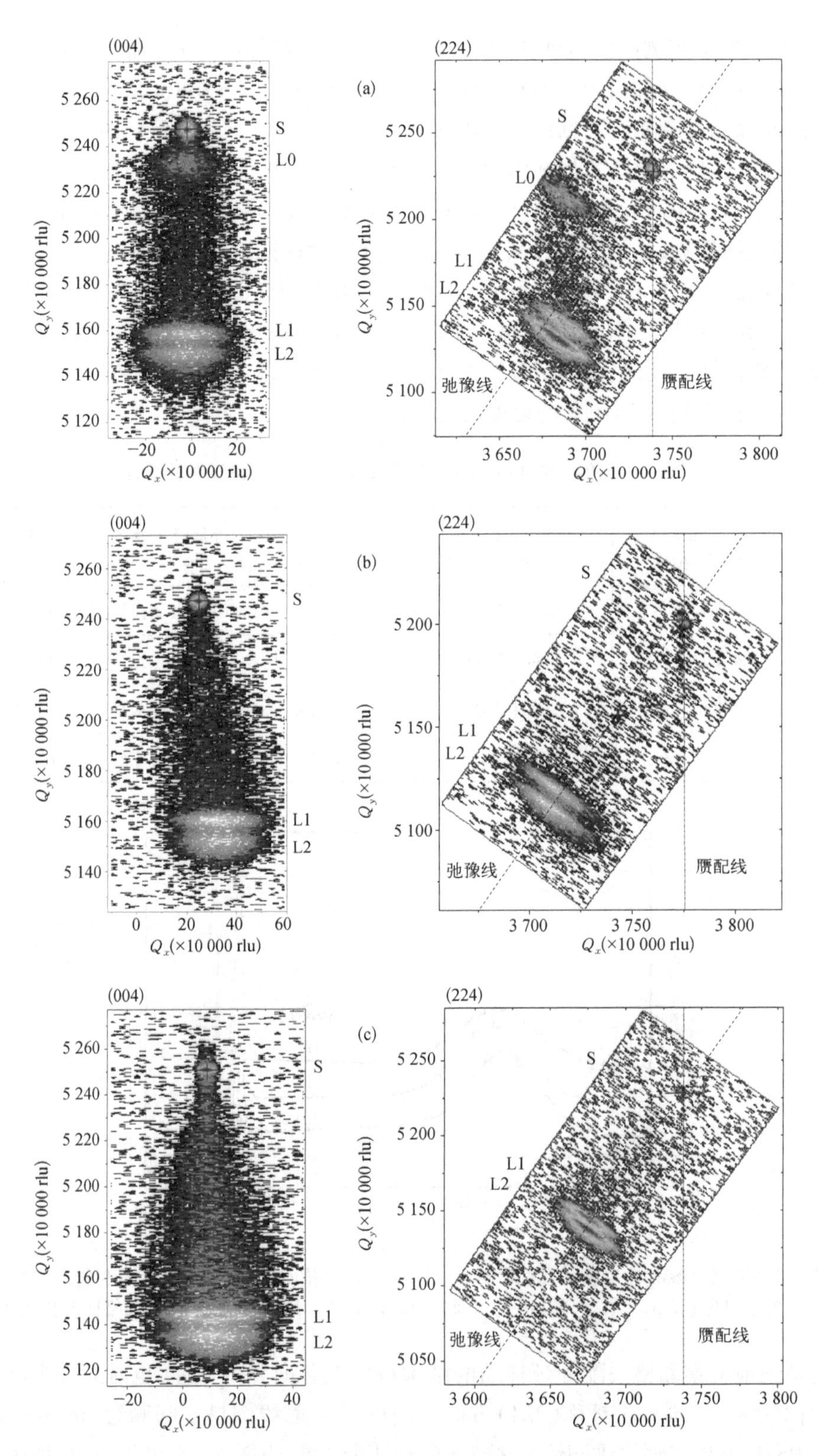

图 5.4.6　三个 GSMBE 生长的晶格失配探测器结构在对称(004)方向和非对称(224)方向上的 X 射线倒易空间测绘 RSM 结果,缓冲层厚度分别为 0.7 μm(a)、1.4 μm(b)和 2.8 μm(c)(彩图见书末)

出了衬底 S 和两个外延层 L1 和 L2 的峰，指认其中 L1 为 $In_xGa_{1-x}As$ 光吸收层，L2 为 $In_zAl_{1-z}As$帽层；由(004)方向的 RSM 测试结果可清晰见到，组分连续渐变的 $In_yAl_{1-y}As$ 缓冲层的衍射弥散于 S 和 L1 之间。此外，由非对称(224)方向的 RSM 测试结果可见，对样品(a)，即失配梯度最大的样品，以衬底为基准其外延层是显著偏离弛豫线的，表明其 L1 和 L2 层的弛豫度尚较低，可能仍存在较大的剩余应力；而样品(b)和(c)则已基本沿着弛豫线，表明其在较低的失配梯度下已达到了充分弛豫。对失配梯度最大的(a) 样品，还可注意到其出现了一个沿弛豫线另一侧的较强信号峰 L0，表明在此失配梯度下缓冲层中 In 组分可能有跳变，即缓冲层的 In 组分生长时由晶格匹配起直接跳到一个较高值，然后再连续变化，或者是存在一个夹层。根据非对称(224)方向上的 RSM 测试结果，经由 XRD 测试模拟软件计算得出的相关数据汇总于表 5.4.2 中。由表 5.4.2 可见，根据 L1 层的位置可更精确地推算的光吸收层 In 组分约为 0.74，各个方向的晶格失配度也略有差别，且比 $\omega-2\theta$ 摇摆曲线测得的值要稍低一些。推算得到的样品(a)光吸收层弛豫度较低，约为 95%，而样品(b)和(c)在测试误差内已达完全弛豫。

表 5.4.2　根据非对称(224)方向上 RSM 测试的数据汇总

样品	缓冲层厚度(μm)/失配梯度(%/μm)	L1 In 组分 x	垂直失配度 $\delta_{L\perp}$/%	平行失配度 $\delta_{L//}$/%	立方失配度 $\delta_{L\infty}$/%	弛豫度 R /%
(a)	0.7/2.4	0.737 5	1.662	1.512	1.586	95.33
(b)	1.4/1.2	0.744 2	1.607	1.682	1.645	102.2
(c)	2.8/0.6	0.745 3	1.616	1.691	1.654	102.2

除 XRD 之外，表征外延层或器件外延结构质量的另一表观上更为有效的参数是其光学特性，具体说主要是材料的光致发光(photoluminescence, PL)特性，其与器件的性能间有更加明确的关联。图 5.4.7 示出了对此组样品实测的 300 K 和 77 K 下的光致发光特性，测试条件均基本相同，结果可以互相比对。由图 5.4.7，这几个样品的 InAlAs 或 InP 帽层的 PL 信号均清晰可见。对样品(a)，即失配梯度最大的样品，在 300 K 下其光吸收层并未测到 PL 信号，且降温到 77 K 后仍无 PL 信号，说明在此失配梯度下失配位错已导致了大量非辐射复合中心的产生，材料质量已严重衰退，这样的材料质量不能满足器件制作的基本要求。样品(b)和(c)在 300 K 和 77 K 下均表现出良好的 PL 特性，表明降低失配梯度后失配位错导致的非辐射复合中心已显著减小。注意到样品(b)和(c)的失配梯度或缓冲层厚度相差一倍，但其 300 K 和 77 K 下的 PL 特性均十分相似。对前述 XRD 摇摆曲线和 RSM 测试的结果进行综合分析也可得出相似的结果。

以上结果提示，当采用组分连续渐变缓冲结构时，在某一失配组分下缓冲层的厚度应存在一个临界值，在临界厚度以下缓冲效果会很差，失配位错和缺陷引起的外延材料质量衰退严重；超过临界值后缓冲效果将会有显著改善，但继续增加缓冲层厚度时材料质量的改善将趋缓。对于以上 $x\approx0.78$ 的三元系 $In_xGa_{1-x}As$，组分连续渐变 $In_yAl_{1-y}As$ 缓冲层的临界厚度

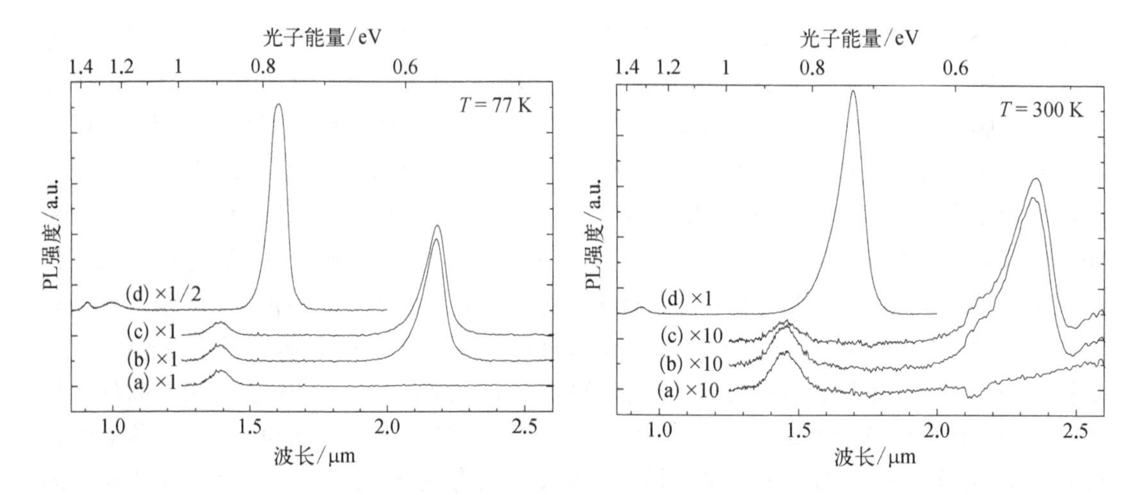

图 5.4.7 实测 GSMBE 生长的波长扩展 InGaAs 光电探测器结构在 300 K 和 77 K 下的光致发光特性，样品采用 InAlAs 组分连续渐变异质缓冲层，其厚度分别为 0.7 μm(a)、1.4 μm(b)和 2.8 μm(c)，(d)是作为参考样品的晶格匹配探测器结构

应介于 0.7~1.4 μm，对 MBE 生长，实际器件结构中采用 2~3 μm 的缓冲层厚度是较为合适的。采用 MOVPE 方法生长类似结构时常采用厚得多的组分阶跃变化缓冲层，例如采用多层组分阶跃的三元系 $InAs_yP_{1-y}$缓冲层[52, 53]，其缓冲层总厚度可达 10 μm 量级；相较而言，对于生长速率较慢的 MBE 方法，采用较薄的缓冲层并达到尽量好的缓冲效果是实际追求的，组分连续渐变 $In_yAl_{1-y}As$ 缓冲层是一个很好的选择。

以 GSMBE 方法生长组分连续渐变的三元系 $In_yAl_{1-y}As$ 材料作为缓冲层在实际器件上取得了很好的效果[54]。在固定 As 束流的条件下，以三元系晶格匹配 $In_{0.52}Al_{0.48}As$ 和 $In_{0.53}Ga_{0.47}As$的生长参数为基础，根据前述Ⅲ族束源变温策略，只需设置一个 ΔT 值即可直接编制生长束源控制程序，无需进一步精细调整。此器件中以宽禁带的 $N^+-In_yAl_{1-y}As$($y=0.52\sim0.8$)为缓冲层，厚度为 3 μm；$n^--In_{0.8}Ga_{0.2}As$ 为光吸收层，厚度为 2.5 μm；$P^+-In_{0.8}Al_{0.2}As$ 为帽层，厚度为 0.6 μm；可同时适应正面进光和背面进光两种器件或 FPA 的基本要求，器件室温下的长波端截止波长约为 2.4 μm。采用类似结构也可以将此种器件由 p-on-n 构型改变为 n-on-p 构型[55]，即对缓冲层用 Be 进行 p 型高掺杂，取消“帽层”而以 n 型高掺杂的 $In_{0.8}Ga_{0.2}As$薄层代替，其带隙窄且仅起接触层的作用，这样可带来几方面的有利之处：对于背面进光结构，这时 pn 结的位置靠近进光方向，有利于优化参数提高器件响应；缓冲层中用原子直径很小的 Be 进行高掺杂有利于缓冲层本身外延质量的提高，从而降低光吸收层中的缺陷密度减小暗电流；上接触层由 p 型改为 n 型后有利于欧姆接触的制作并减小 FPA 器件的整体串联电阻。这些有利因素可使器件的性能有较大的提高，带来的问题是芯片制作中台面的高度会有所增加，需在 FPA 芯片工艺上加以解决[56]。当进一步增加 $In_xGa_{1-x}As$ 光吸收层中的 In 组分 x 至约 0.9 时，可将其室温下的长波端截止波长延伸到约 2.9 μm[57, 58]，此时的晶格失配度已达约 2.6%。由于材料的较大晶格失配，此类器件的特性受外延层中失配位错引起的缺陷影响较大，随着 In 组分的增加其表观特性特别是暗电流的温度特性会有所不同[57]，这是实际使用中在其参数估测方面需要特别注意的[59, 60]。

在有较大晶格失配的材料体系上研发器件，外延中采用缓冲结构是必须的，需要选用合适的缓冲方案以达到所需的缓冲效果，即依靠缓冲层工程来改善器件性能，此方面是始终被特别关注的。对于用 MBE/GSMBE 方法生长波长扩展 InGaAs 光电探测器结构，采用 In 组分连续渐变的 $In_yAl_{1-y}As$ 异质缓冲结构已有良好的效果，也在此基础上进行了进一步的改进以期取得更满意的缓冲效果，进而达到更好的器件性能，在此方面已有一系列尝试[61-67]，具体包括：在缓冲层中插入数字合金层[61]，即在组分连续渐变缓冲结构中的合适位置生长层厚按数字方式变化的异质薄层；采用组分过冲缓冲结构[62]，即将组分连续渐变缓冲层的终止组分设定为略高于与光吸收层晶格匹配要求的组分；组分外凸渐变[63]，即生长缓冲层时先提高再降低组分梯度；组分阶跃递变[64, 65]，即采用组分阶跃变化的多层缓冲结构；数字梯度缓冲层[66, 67]，即整个缓冲层都由等效组分连续递变的数字合金构成等；以及这些缓冲方案的组合。人们对这些缓冲方式的综合效果已进行了比较分析[61-67]。在缓冲层中插入数字合金层可以引入较多的异质界面，有利于阻挡失配位错的延伸；采用组分过冲方式形成组分连续渐变的缓冲层有利于剩余应力的释放；这些都能产生有益的缓冲效果，但由于常规的组分连续渐变缓冲层效果已较好，因此总体上的改善效果有限。组分外凸渐变有可能在缓冲层初始生长阶段引入相对过高的组分梯度；组分阶跃递变与连续递变相比，在缓冲层总厚度相同且不太厚的情况下对改善缓冲效果也无益。全数字梯度缓冲层由于引入了更多的异质界面，会有更好的缓冲效果，但生长较厚的数字梯度结构对 MBE 而言代价太大，实际上也不方便。对 MBE/GSMBE 而言，常规的组分连续渐变缓冲层在晶格失配梯度不太大，例如失配梯度在 1%/μm 以下时，可以取得良好的综合效果，且其生长参数的设定十分方便，也适合连续生长。在需要更薄的缓冲结构时，可以考虑以组分连续渐变结合其他方式，或者采用全数字梯度缓冲层。

相较而言，在波长扩展 InGaAs 光电探测器的光吸收层中插入电子阻挡层对抑制暗电流更为有效，有利于提高器件的综合性能。此电子阻挡层可由 InGaAs/InAs 超晶格构成[68, 69]，也可直接插入宽禁带的 InAlAs 单层薄层[70]，通过对插入位置以及超晶格的 InGaAs 组分或 InAlAs 层厚进行优化，均取得了有益的效果。在光吸收层中插入宽禁带的 InAlAs 单层时，可采用与此时光吸收层相同的 In 束流，MBE/GSMBE 生长上也更为方便，可以纳入常规器件结构。此外，在异质界面上插入数字梯度超晶格 DGSL 结构[36]，即在缓冲层与光吸收层及/或光吸收层与帽层的异质界面上插入厚度按数字递变的两种材料交替薄层[62, 65, 68, 69]，可以平滑异质界面的能带不连续，避免界面上的载流子积累，从而改善器件的瞬态响应，对提高失配材料的外延材料质量也有一定好处。插入此 DGSL 结构无需另外设置束源参数，较为方便，也可以纳入常规器件结构。缓冲层中的掺杂情况对晶格失配结构的外延质量也有一些影响，例如用 Be 替代 Si 掺杂形成 n-on-p 结构就有较好效果[55, 56]，Gu 等对此方面的综合效果进行了分析[71]。

相较于 InP 衬底，GaAs 衬底晶格常数更小，在其上生长波长扩展 InGaAs 光电探测器结构面临更大的晶格失配。由图 5.4.1 可见，此时晶格失配度较 InP 要增加 3.7%左右，但由于 GaAs 衬底本身质量更好，尺寸更大，价格也更低，因此也引起了一定关注。采用 GSMBE 方法以及与 InP 基材料类似的缓冲策略，已在 GaAs 衬底上生长了波长扩展 InGaAs 光电探测器结构并研制了器件[72-75]，也尝试在失配更大的 GaP 衬底和 GaP/Si 复合衬底上 GSMBE 生长了类似结构并研制了器件[76]。相较于 InP，在失配更大的衬底上生长的器件结构材料的质量也会有所衰退，导致器件性能有一定的下降，特别是在较低工作温度下，由于暗电流机制的不同性能下降更加显著一些，但其室温下的性能与 InP 基器件尚可比拟。因此，对于室温工作、性能上要求不太苛刻但成本比较敏感的应用场景，这样的器件有很大潜力。一般认为，当材料体系的晶格失配度大到一定程度以后，继续增加晶格失配度引起的材料和器件衰退会显著变缓并趋向饱和，这对发展 GaAs 基乃至 Si 基器件是有利的。对 InP 基和 GaAs 基波长扩展 InGaAs 光电探测器结构的 GSMBE 生长方面的工作已有综述和总结[22, 77, 78]，可供大家参考。

Ⅲ-Ⅴ族材料中的Ⅴ族元素除 As、P、Sb 和其后的 N 外，最近十余年来 Bi 也引起了关注。Bi 作为Ⅴ族元素中原子半径和原子量都最大的元素，将其引入Ⅲ-Ⅴ族半导体可带来一些较独特的特性，其主要表现在 Bi 的加入能产生较大的能带收缩效应，可望给光电器件带来好处。例如，在 InGaAs 三元系材料中加入 Bi 可以构成类似于 InGaAsP 四元系的 InGaAsBi 材料，构成此四元系的四个二元系中 GaAs 和 InAs 为直接带隙材料，GaBi 和 InBi 则已为半金属，因此 InGaAsBi 在稀铋范围都是直接带隙材料。由于 Bi 在此材料特系中的固溶度有限，因此一般只关注其中加入少量 Bi 的情况，例如 InGaAsBi 中 Bi 取代 As 的量小于 10%，即稀铋材料。

图 5.4.8 示出了 300 K 时四元系 $In_xGa_{1-x}As_{1-y}Bi_y$ 材料在稀铋区（$y \leqslant 0.1$）的禁带宽度与组分的关系，其与 InP 衬底匹配的等晶格常数线及与 InP 衬底失配约 1.3% 的等晶格常数线也已示于图中。对此稀铋材料，其特性主要表现：由于少量 Bi 的加入其带隙会产生非常显著

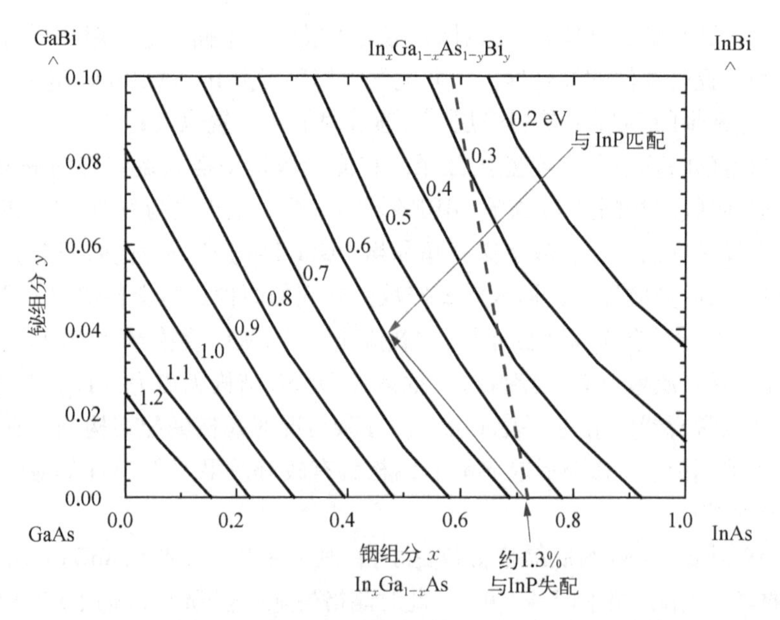

图 5.4.8 300 K 时四元系 $In_xGa_{1-x}As_{1-y}Bi_y$ 材料在稀铋区（$y \leqslant 0.1$）的禁带宽度与组分的关系

的减小，相对而言其晶格常数的增加并不太大，这样就可以在与 InP 衬底晶格匹配的条件下获得带隙比 $In_{0.53}Ga_{0.47}As$ 更小的材料，这正是人们所期望的。由图 5.4.8 可见，在与 InP 衬底晶格匹配的前提下以约 4%的 Bi 取代 As 就可将带隙减小到约 0.6 eV，同样起到波长延伸的效果。这就相当于 InGaAs 中的 In 组分增加至约 0.7，但却伴随着约 1.3%的较大晶格失配度。如进一步将 Bi 的组分提高到约 8%，则带隙可减少到约 0.5 eV，但仍维持与 InP 晶格匹配。具体说来，每增加 1%的 Bi 可引起约 -50 meV 的能带收缩，而 InGaAs 中增加 1%的 In 组分则只使带隙减小约 -10 meV。从原理上看这种方式是非常理想的，但由于 Bi 的原子半径与其他元素相差过大，这给外延生长方面带来较大困难，具体主要表现在 Bi 难以进入外延层，导致外延层中的 Bi 含量难以提高，MBE 生长中需要采用显著降低衬底温度等方法，但这又有可能引起外延材料实际质量上的整体下降，需要有所折中。

根据以上思路，已用 GSMBE 方法进行了若干种稀铋材料及相关器件结构的生长及器件研制[79-85]，具体包括 InPBi 三元系材料[79]、InGaAsBi 四元系材料[80]、$InAs_{1-x}Bi_x/In_{0.83}Al_{0.17}As$ 量子阱发光材料[81]、Bi 作为激光器结构的表面剂材料[82]等，以及波长扩展的 InP 基 InGaAsBi 光电探测器材料及器件[83-85]。从综合效果上看，目前采用稀铋材料其原理上带来的好处从功能上已可体现，并可以部分补偿加入 Bi 元素造成的外延生长困难以及由此造成的材料整体性能退化，其带隙对温度不敏感也是优点[84]，器件整体性能的提高则有待于外延生长技术的进一步改进和新技术的出现。在具有内部增益的雪崩型光电探测器方面，由于其内部具有高电场，因此全部在晶格失配的材料体系上实现较为困难，为此也尝试了器件倍增区仍采用晶格匹配材料，只在光吸收区采用波长扩展 InGaAs 材料，同时在匹配材料和失配材料间只用较薄的缓冲结构，其器件仍为分别吸收梯度倍增结构，取得了较好的效果[86]。

5.5 小　　结

本章结合笔者在Ⅲ-Ⅴ族材料外延生长方面的三十余年工作积累，从实际出发介绍了一些常用的外延生长方法，特别是气态源分子束外延(GSMBE)生长技术。受篇幅所限，介绍未采用教科书式的罗列方式，而是只简单点出一些笔者认为重要的、有助于理解不同外延方式特点及其限制因素的环节。在细节方面有进一步需要的读者可以参考相关文献和教科书[87-89]等。以此为基础，对采用 GSMBE 方法生长 InP 基 InGaAs 光电探测器外延材料，包括晶格匹配材料和波长扩展材料，进行了较详细的描述，包括一些基本思路、设计策略和材料生长技巧等，也提及了涉及波长扩展 InGaAs 光电探测的 GaAs 基、稀铋材料及雪崩型材料和器件方面的工作，但远不够详细和全面，一些相关的细节可以参见本章所列的文献。

参考文献

[1] Pearsall T P, Hopson R W. Growth and characterization of lattice-matched epitaxial films of $Ga_x ln_{1-x}As/lnP$ by liquid-phase epitaxy. J. Appl. Phys, 1977, 48(10): 4407-4409.

[2] Pearsall T P. Growth and characterization of lattice-matched epitaxial films of $Ga_x In_{1-x} As$/InP by liquid-phase epitaxy. J. Electron. Mater, 1978, 7(1): 133 - 146.

[3] 张永刚,富小妹,潘慧珍.单片集成 InGaAs PIN - JFET 光接收器的设计与研制.半导体学报,1989, 10(2): 148 - 152.

[4] Zhang Y G, Zhou P, Chen H Y, et al. LPE growth of InAsPSb on InAs: melt composition, lattice mismatch and surface morphology. Chin. J. Rare Metals, 1990, 9(1): 46 - 51.

[5] 张永刚,周平,单宏坤,等.InAsPSb/InAs 中红外光电探测器.半导体学报,1992,13(10): 623 - 628.

[6] 邢启江,王舒民,王若鹏,等.用 LPE 生长 1.35 μm InGaAsP/InP 量子阱结构的研究.半导体学报,1993, 14(9): 540 - 544.

[7] Lourdudoss S, Hammarlund B, Kjebon O. An investigation on hydride VPE growth and properties of semi-insulating InP: Fe. Journal of Electronic Materials, 1990, 19(9): 981 - 987.

[8] Lourdudoss S, Nilsson S, Backbom L, et al. Semi-insulating InP: Fe regrowth by the hydride VPE technique around p-InP substrate laser mesas fabricated by reactive ion etching . Journal of Electronic Materials, 1991, 20(12): 1025 - 1027.

[9] 张永刚.德国 MOCVD 设备及技术概况.高技术通信,1992,92(3)3: 15 - 17.

[10] 张永刚,林瑜,潘慧珍.LP - MOVPE 设备分析.微细加工技术,1993,93(1): 68 - 75.

[11] 张永刚,潘慧珍.MOVPE 中常用氢化物的毒性及其防护.上海半导体,1993,93(1): 31 - 37.

[12] 江霞.半导体研究与生产中砷烷和磷烷气体的环境浓度监测及泄漏报警.上海微电子技术和应用, 1997,97(2): 20 - 23.

[13] Arthur J R. Interaction of Ga and As_2 molecular beams with GaAs surfaces. J. Appl. Phys, 1968, 39: 4032 - 4034.

[14] Cho A Y. Epitaxy by periodic annealing. Surface Science, 1969, 17: 494 - 503.

[15] Cho A Y. Morphology of epitaxial growth of GaAs by a molecular beam method: the observation of surface structures. J. Appl. Phys, 1970, 41: 2780 - 2786.

[16] Cho A Y. GaAs epitaxy by a molecular beam method: observations of surface structure on the (001) face. J. Appl. Phys, 1971, 42: 2074 - 2081.

[17] Yang B, Brandt O, Zhang Y G, et al. Structureal and optical properties of GaN layers directly grown on 6H - SiC(0001) by plasma-assisted molecular beam epitaxy. Materials Science Forum, 1998, 264 - 268: 1235 - 1238.

[18] Zhang Y G, Li A Z, Qi M, et al. Optical characterization of GaN grown by plasma source MBE. Chin. J. Semiconductor Photonics and Technology, 2000, 6(1): 23 - 28.

[19] Panish M B. Molecular beam epitaxy of GaAs and InP with gas sources for As and P. J. Electrochem. Soc, 1980, 127(12): 2729 - 2733.

[20] Panish M B, Sumski S. Gas source molecular beam epitaxy of $Ga_x In_{1-x} P_y As_{1-y}$. J. Appl. Phys, 1984, 55(10): 3571 - 3576.

[21] Huet D, Lambert M. Molecular beam epitaxy of $In_{1-x}Ga_xAs_yP_{1-y}$($y = 2.2x$) lattice matched to InP using gas cells. Journal of Electronic Materials, 1986, 15(1): 37 - 40.

[22] Zhang Y G, Gu Y, Shao X M, et al. Short-wave infrared InGaAs photodetectors and focal plane arrays. Chin. Phys. B, 2018, 27(12): 128102.

[23] 李维旦,潘慧珍.InP/InGaAs(P)材料中的低温开管 Zn 扩散.电子科学学刊,1987,9(6): 571 - 575.

[24] 张永刚,富小妹,潘慧珍,等.InGaAs 中 Be 离子注入的研究.半导体学报,1988,9(3): 328-331.

[25] Zhang Y G, Fu X M, Pan H Z. Study on ion co-implantation of Be and P into InP and its annealing behavior. Chin. J. Semiconductors, 1989, 10(3): 323-326.

[26] 张永刚,单宏坤,周平,等.掺铁 InP 肖特基势垒增强 InGaAs MSM 光电探测器.光子学报,1995, 24(3): 223-225.

[27] Zhang Y G, Gu Y, Zhu C, et al. AlInP-GaInP-GaAs UV-Enhanced Photovoltaic detectors grown by gas source MBE. IEEE Photon. Technol. Lett, 2005,17(6): 1265-1267.

[28] Gu Y, Zhang Y G, Li H, et al. Gas source MBE growth and doping characteristics of AlInP on GaAs. Materials Science and Engineering B, 2006, 131: 49-53.

[29] Gu Y, Zhang Y G, Li H, et al. Optical properties of gas source MBE grown AlInP on GaAs. Materials Science and Engineering B, 2007, 139: 246-250.

[30] Zhang Y G, Li C, Gu Y, et al. GaInP-AlInP-GaAs blue photovoltaic detectors with narrow response wavelength width. IEEE Photon. Technol. Lett., 2010, 22(12): 944-946.

[31] 刘家洲,陈意桥,税琼,等.高性能 $In_{0.53}Ga_{0.47}As$ 光电探测器的研制.功能材料与器件学报,2002,8(1): 45-48.

[32] 郝国强,张永刚,刘天东,等.InGaAs PIN 光电探测器的暗电流特性研究.半导体光电,2004,25(5): 341-344.

[33] 黄杨程,梁晋穗,张永刚,等.InGaAs 红外探测器低频噪声研究.功能材料,2004,35(s): 3397-3399.

[34] 郝国强,张永刚,顾溢,等.$In_{0.53}Ga_{0.47}As$ PIN 光电探测器的温度特性分析.功能材料与器件学报,2005, 1(2): 192-196.

[35] 张永刚,陈建新,任尧成,等.InAlAs/InGaAs MSM 光电探测器.功能材料与器件学报,1995,1(1): 49-52.

[36] Zhang Y G, Li A Z, Chen J X. Improved performance of InAlAs-InGaAs-InP MSM photodetectors with graded superlattice structure grown by gas source MBE. IEEE Photon. Technol. Lett, 1996, 8(6): 830-832.

[37] Li X, Tang H J, Fan G Y, et al. 256×1 element linear InGaAs short wavelength near-infrared detector arrays. Proc. SPIE, 2007, 6835: 683505.

[38] Li X, Tang H J, Huang S L, et al. Study on 512×128 pixels InGaAs near infrared focal plane arrays. Proc. SPIE, 2014, 9220: 92200B.

[39] Shao X M, Yang B, Huang S L, et al. 640×512 pixel InGaAs FPAs for short-wave infrared and visible light imaging. Proc. SPIE, 2017, 10404: 10404D.

[40] Wang K, Gu Y, Fang X, et al. Properties of lattice matched quaternary InAlGaAs on InP substrate grown by gas source MBE. J. Infrared Millim. Waves, 2012, 31(5): 385-388.

[41] Zhou L, Gu Y, Zhang Y G, et al. Performance of gas source MBE grown InAlGaAs photovoltaic detectors tailored to 1.4 μm. J. Crystal Growth, 2013, 378: 579-582.

[42] Xi S P, Gu Y, Zhang Y G, et al. InGaAsP/InP photodetectors targeting on 1.06 μm wavelength detection. Infrared Physics & Technology, 2016, 75: 65-69.

[43] Ma Y J, Zhang Y G, Gu Y, et al. Low operating voltage and small gain slope of InGaAs APDs with p-type multiplication layer. IEEE Photonics Technology Letters, 2015, 27(6): 661-664.

[44] Ma Y J, Zhang Y G, Gu Y, et al. Tailoring the performances of low operating voltage InAlAs/InGaAs

avalanche photodetectors. Optics Express, 2015, 23(15): 19279 - 19287.

[45] Ma Y J, Zhang Y G, Gu Y, et al. Impact of etching on the surface leakage generation in mesa-type InGaAs/InAlAs avalanche photodetectors. Optics Express, 2016, 24(7): 7823 - 7834.

[46] Ma Y J, Zhang Y G, Gu Y, et al. Electron-initiated low noise 1 064 nm InGaAsP/InAlAs avalanche photodetectors. Optics Express, 2016, 26(2): 1028 - 1037.

[47] Ma Y J, Zhang Y G, Gu Y, et al. Enhanced carrier multiplication in InAs quantum dots for bulk avalanche photodetector applications. Adv. Optical Mater, 2017, 5(9): 1601023.

[48] Zhang Y G, Hao G Q, Gu Y, et al. InGaAs photodetectors cut-off at 1.9 μm grown by gas source molecular beam epitaxy. Chin. Phys. Lett, 2005, 22(1): 250 - 253.

[49] Zhang Y G, Gu Y, Zhu C, et al. Gas source MBE grown wavelength extended 2.2 and 2.5 μm InGaAs PIN photodetectors. Infrared Physics & Technology, 2006, 47(3): 257 - 262.

[50] Zhang Y G, Gu Y, Wang K, et al. Properties of gas source molecular beam epitaxy grown wavelength extended InGaAs photodetector structures on a linear graded InAlAs buffer. Semicond. Sci. Technol, 2008, 23: 125029.

[51] Wel P J, Nijenhuis J, Eck E R H, et al. High-spatial-resolution photoluminescence studies on misfit dislocations in lattice-mismatched Ⅲ-Ⅴ heterostructures. Semicon. Sci. Technol, 1992, 7(1A): 63 - 68.

[52] Linga K R, Olsen G H, Ban V S, et al. Dark current analysis and characterization of $In_xGa_{1-x}As/InAs_yP_{1-y}$ graded photodiodes with $x>0.53$ for response to longer wavelengths (> 1.7 μm). IEEE J. Lightwave Technology, 1992, 10(8): 1050 - 1055.

[53] Hoogeveen R W M, van der A R J, Goede A P H. Extended wavelength InGaAs infrared (1.0 ~ 2.4 lm) detector arrays on SCIAMACHY for space-based spectrometry of the Earth atmosphere. Infrared Physics & Technology, 2001, 42(1): 1 - 16.

[54] Zhang Y G, Gu Y, Tian Z B, et al. Wavelength extended 2.4 mm heterojunction InGaAs photodiodes with InAlAs cap and linearly graded buffer layers suitable for both front and back illuminations. Infrared Physics & Technology, 2008, 51(4): 316 - 321.

[55] Zhang Y G, Gu Y, Tian Z B, et al. Wavelength extended InGaAs/InAlAs/InP photodetectors using n-on-p configuration optimized for back illumination. Infrared Physics & Technology, 2009, 52(1): 52 - 56.

[56] 朱耀明,李永富,李雪,等.基于 N-on-P 结构的背照射延伸波长 640x1 线列 InGaAs 探测器.红外与毫米波学报,2012,31(1): 11 - 14.

[57] Li C, Zhang Y G, Wang K, et al. Distinction investigation of InGaAs photodetectors cutoff at 2.9 μm. Infrared Physics & Technology, 2010, 53(3): 173 - 176.

[58] Gu Y, Li C, Wang K, et al. Wavelength extended InGaAs/InP photodetector structures with lattice mismatch up to 2.6%. J. Infrared Millim. Waves, 2010, 29(2): 81 - 86.

[59] Zhang Y G, Gu Y, Chen X Y, et al. An effective indicator for evaluation of wavelength extending InGaAs photodetector technologies. Infrared Physics & Technology, 2017, 83: 45 - 50.

[60] Zhang Y G, Gu Y, Chen X Y, et al. IGA-Rule 17 for performance estimation of wavelength-extended InGaAs photodetectors: validity and limitations. Applied Optics, 2018, 57(18): 141 - 144.

[61] Gu Y, Zhang Y G, Wang K, et al. InAlAs graded metamorphic buffer with digital alloy intermediate layers. Jpn. J. Appl. Phys, 2012, 51: 080205.

[62] Fang X, Gu Y, Zhang Y G, et al. Effects of compositional overshoot on InP-based InAlAs metamorphic

graded buffer. J. Infrared Millim. Waves, 2013, 32(6): 481 - 485.

[63] Gu Y, Zhang Y G, Wang K, et al. Effects of growth temperature and buffer scheme on characteristics of InP-based metamorphic InGaAs photodetectors. J. Crystal Growth, 2013, 378: 65 - 68.

[64] Xi S P, Gu Y, Zhang Y G, et al. Effects of continuously graded or step-graded $In_xAl_{1-x}As$ buffer on the performance of InP-based $In_{0.83}Ga_{0.17}As$ photodetectors. J. Crystal Growth, 2015, 425: 337 - 340.

[65] Du B, Gu Y, Zhang Y G, et al. Effects of continuously or step-continuously graded buffer on the performance of wavelength extended InGaAs photodetectors. J. Crystal Growth, 2016, 440: 1 - 5.

[66] Ma Y J, Zhang Y G, Chen X Y, et al. A versatile digitally-graded buffer structure for metamorphic device applications. J. Phys. D: Appl. Phys, 2018, 51: 145106.

[67] Shi Y H, Yang N N, Ma Y J, et al. Improved performances of 2.6 μm $In_{0.83}Ga_{0.17}As$/InP photodetectors on digitally-graded metamorphic pseudo-substrates. J. Infrared Millim. Waves, 2019, 38(3): 275 - 280.

[68] Gu Y, Zhou L, Zhang Y G, et al. Dark current suppression in metamorphic $In_{0.83}Ga_{0.17}As$ photodetectors with $In_{0.66}Ga_{0.34}As$/InAs superlattice electron barrier. Appl. Phys. Express, 2015, 8: 022202.

[69] Zhang J, Chen X Y, Ma Y J, et al. Optimization of $In_{0.6}Ga_{0.4}As$/InAs electron barrier for $In_{0.74}Ga_{0.26}As$ detectors grown by molecular beam epitaxy.Journal of Crystal Growth, 2019, 512: 84 - 89.

[70] Du B, Gu Y, Chen X Y, et al. Improved performance of high indium InGaAs photodetectors with InAlAs barrier. Jpn. J. Appl. Phys, 2018, 57: 060302.

[71] Gu Y, Huang W G, Liu Y G, et al. Effects of buffer doping on the strain relaxation of metamorphic InGaAs photodetector structures. Materials Science in Semiconductor Processing, 2020, 120: 105281.

[72] Chen X Y, Zhang Y G, Gu Y, et al. Li Hsby. GaAs-based $In_{0.83}Ga_{0.17}As$ photodetector structure grown by gas source molecular beam epitaxy. J. Cryst. Growth, 2014, 393: 75 - 80.

[73] Zhou L, Zhang Y G, Chen X Y, et al. Dark current characteristics of GaAs-based 2.6 μm InGaAs photodetectors on different types of InAlAs buffer layers. J. Phys. D: Appl. Phys, 2014, 47: 085107.

[74] Chen X Y, Gu Y, Zhang Y G, et al. Optimization of InAlAs buffers for growth of GaAs-based high indium content InGaAs photodetectors. J. Cryst. Growth, 2015, 425: 346 - 350.

[75] Chen X Y, Gu Y, Zhang Y G, et al. Growth temperature optimization of GaAs-based $In_{0.83}Ga_{0.17}As$ on $In_xAl_{1-x}As$ buffers. J. Cryst. Growth, 2018, 488: 51 - 56.

[76] Gu Y, Huang W G, Yang N N, et al. Monolithically grown 2.5 μm InGaAs photodetector structures on GaP and GaP/Si(001) substrates. Mater. Res. Express, 2019, 6: 075908.

[77] Zhang Y G, Gu Y. Gas source MBE grown wavelength extending InGaAs photodetectors. Chapter 17 in Advances in Photodiodes. Betta G F D. InTech, 2011: 349 - 376.

[78] Chen X Y, Gu Y, Zhang Y G. Epitaxy and device properties of InGaAs photodetectors with relatively high lattice mismatch. Chapter 9 in Epitaxy. Zhong M. InTech, 2018: 203 - 234.

[79] Gu Y, Wang K, Zhou H F, et al. Structural and optical characterizations of InPBi thin films grown by molecular beam epitaxy. Nanoscale Research Letters, 2014, 9: 24 - 28.

[80] Chen X Y, Gu Y, Zhang Y G, et al. Characteristics of InGaAsBi with various lattice mismatches on InP substrate. AIP Adv, 2016, 6: 075215.

[81] Gu Y, Zhang Y G, Chen X Y, et al. Metamorphic $InAs_{1-x}Bi_x/In_{0.83}Al_{0.17}As$ quantum well structures on InP for mid-infrared emission. Appl. Phys. Lett, 2016, 109: 122102.

[82] Ji W Y, Gu Y, Zhang Y G, et al. InP-based pseudomorphic InAs/InGaAs triangular quantum well lasers

with bismuth surfactant. Applied Optics, 2017, 56(31): H11 - H14.

[83] Gu Y, Zhang Y G, Chen X Y, et al. Nearly lattice-latched short-wave infrared InGaAsBi detectors on InP. Appl. Phys. Lett, 2016, 108: 032102.

[84] Du B, Gu Y, Zhang Y G, et al. Wavelength extended InGaAsBi detectors with temperature-insensitive response wavelength. Chin. Phys. Lett, 2018, 35: 078501.

[85] Gu Y, Richards R D, David J P R, et al. Dilute Bismide photodetectors. Chapter 13 in Bismuth-containing alloys and nanostructures//Wang S M, Lu P F. The Springer Series in Materials Science 285. Singapore: Springer, 2019: 299 - 318.

[86] Ma Y J, Zhang Y G, Gu Y, et al. 2.25 μm avalanche photodiodes using metamorphic absorber and lattice-matched multiplier on InP. IEEE Photonics Technology Letters, 2017, 29(1): 55 - 58.

[87] Farrow R F C. Molecular beam epitaxy applications to key materials. New Jersey: Noyes Publications, 1995.

[88] Dhanaraj G, Byrappa K, Prasad V, et al. Springer handbook of crystal growth. Berlin: Springer, 2010.

[89] 杨建荣.半导体材料物理与技术.北京：科学出版社,2020.

第6章 材料特性表征方法与技术

6.1 引　言

本章开始讨论与半导体材料特性相关的测量表征技术。研制材料的主要目的是将其应用于实际器件,材料的质量必须满足实际器件制作的基本要求,材料特性和器件性能之间必然有一定的关联性。因此,在材料的研制过程中及材料用于器件制作之前对其相关特性进行一些测量表征是必不可少的,建立起材料特性和器件性能之间的某种关联性也是人们所期望的,这是写作本章的动机。

一般而言,表征材料是基于电、光、热、声、磁、构、形、位等物理特性分析其在某种输入或激发条件下产生相关的一次或二次效应;输入或激发要靠某种束流、源或探针来产生,例如用电子束(或电流)、光子束、离子束及其他粒子束等,这需要有相应的束源;各种效应则要靠对应的探测器来观察,并由相关装置将信号记录下来;待测样品需由某种夹具来夹持和安置;夹具可简可繁,包括控制其温度、操控其位移和旋转角度的“台”或“站”等等,从原理上看也许并非必需,但实际中对较方便可靠地完成测试则必不可少,有些测量还需经由夹具从样品上引出效应信号;束源、探测器和夹具这三者及其有机组合就构成了相应的测量表征仪器或装置,可以看成是测量仪器的三要素。这些表征仪器或装置测试的参数各不相同,外观上也可能大相径庭,但从基本的测量思路上看也许是相通的,甚至所用的具体技术也会是相同的。现在进行测量表征已很少自制或搭建仪器装置,而大都采用现成的,这些仪器或装置有的本身也较复杂,但只要参阅相关手册或说明书即可操作,然而了解其中的基本原理还是必要的,在熟能生巧的基础上还有可能对其进行必要的改进,包括改进测试方法和引入一些自制或改造的专用夹具等,使之适合一些特殊的测量需要。

半导体材料特性复杂多样,其中涉及的基本原理和分析方法等远非本章的篇幅所能覆盖;用于材料特性表征的相关技术种类繁多,有易有难、有简有繁,有些会经常用到、有些则难得一见,同一种或同一类材料参数有时也可以用不同的方法进行表征,本章中无必要也不可能完全覆盖,但一些教科书或文献中都会有所涉及,其中有一些与本章内容相关,具体可参阅文献[1]~[4]。材料特性和器件特性的表征之间是紧密相关的,手段和方法上也难以严格区分,有些既可以用于材料表征也可以用于器件表征。本章将选取典型的、与 InGaAs 光电探测器件相关的、经常会用到的一些材料参数及其对应的主要表征技术进行简单介绍,再结合笔者工作中的测试实例做些分析讨论,主要涉及外延材料的结构特性、电学特性和光学特性三个方面，应该说这三类特性之间也是相互渗透的，并无严格界限。

6.2 结构特性

这里外延材料的结构特性大致是指其内部晶体结构上一些从外部可直接或间接进行观察的表象，尺度上涉及从构成晶格的微观原子直至肉眼可见的宏观形貌，可用方法繁多，参数种类各异，本节只就 X 射线衍射方法以及一些常用的显微方法进行简单介绍。简而言之，对外延材料的结构特性表征而言，X 射线衍射方法可看成是一种“间接”的方法，利用晶格原子集合对 X 射线的反射(散射)作用产生的整体衍射效果来表征外延层在原子尺度上的一些特性；各种显微方法则利用光学、扫描微探针及扫描电子束等对外延材料进行相对“直接”的观察，据此得出对外延材料的一些直观印象和特性参数。这些不同的方法会各有侧重，并可起到相互印证、相辅相成的效果。

6.2.1 晶体结构、晶格参数、失配度及组分

本节讨论对半导体材料的晶体结构、晶格参数、失配度及组分等的表征，主要基于 X 射线衍射(X-ray diffraction, XRD)方法。X 射线也属电磁辐射，因此 XRD 原理和本质上都可以与光学衍射相比拟，其利用周期性的晶格原子作为“光栅”，由其对入射的 X 射线在特定方向上产生衍射增强效果，记录下衍射角度及其与衍射强度间的对应关系即可分析材料的相关特性。XRD 的基础是布拉格(Bragg)衍射公式

$$2d\sin\theta = n\lambda \tag{6.2.1}$$

其中，d 为原子层的面间距；λ 为 X 射线的波长；n 是衍射级数为整数值；θ 为入射线及衍射线与原子层所在平面的夹角。布拉格衍射公式针对由同种原子构成的简单立方晶系即可导出，但其基本概念和基本参数也适用于其他多种原子构成的复杂晶系，反映了 X 射线衍射的本质。X 射线与可见光、红外光一样都是电磁波，但其波长要短得多，材料 XRD 测量中所用波长大致与材料中的原子间距相当，这是其能在材料晶格尺度上产生良好衍射效果的前提。此外，针对半导体材料的 XRD 测量一般在室温下即可进行，样品一般无需特殊制备，整片外延片也可直接上机测量，且为无损检测，这是其主要优点。

表 6.2.1 X 光管中一些常用金属靶的主要 X 射线波长 (单位：Å)

金属靶元素	Kα 线波长(加权平均)	$K\alpha_1$ 线波长	$K\alpha_2$ 线波长	Kβ 线波长
Mo	0.710 73	0.713 59	0.709 30	0.632 29
Cu	1.541 84	1.544 39	1.540 56	1.392 22

续 表

金属靶元素	Kα 线波长(加权平均)	$K\alpha_1$线波长	$K\alpha_2$线波长	Kβ 线波长
Co	1.790 26	1.792 85	1.788 97	1.620 79
Fe	1.937 36	1.939 98	1.936 04	1.756 61
Cr	2.291 00	2.293 61	2.289 70	2.084 87

对 XRD 而言,测量仪器三要素中的束源常规是由 X 光管产生的,当然也可以利用同步辐射或自由电子激光等亮度高得多、性能也更好的 X 射线源。X 光管中一般仍采用处于真空中的热阴极来产生电子束,经由高电压(一般在数十千伏甚至更高)加速形成高能电子束,由其轰击作为阳极的金属靶,从而产生 X 射线,再经起真空密封作用但可透过 X 射线的金属 Be 薄片窗口输出。高能电子束轰击金属靶产生的 X 射线其波长具有与黑体辐射类似的连续谱分布,但其上会含有一些与靶金属种类相关、谱线很窄、强度也更高的特征辐射峰。一般而言,产生特征谱线也是有一个能量阈值的,对于特定的靶材料,当电子束的加速能量高于某个阈值后才能有效地产生特征 X 射线谱线,而在此能量以下则只产生类似黑体辐射的连续谱。特征谱线中会包括以金属原子中激发到 L 壳层后向 K 壳层跃迁的电子产生的 X 射线光子,即 Kα 线,以及从 M 壳层向 K 壳层跃迁产生的 Kβ 线等,其中 Kα 线的强度最高,单色性也好,XRD 测量一般均以 Kα 线作为激发源。由于 L 壳层的能级还有一些精细结构,跃迁时会形成波长十分接近但强度有些差别的 $K\alpha_1$、$K\alpha_2$线等,对 $K\alpha_1$线和 $K\alpha_1$线的波长按其强度加权平均即得到实际日常计算采用的 Kα 线波长。表 6.2.1 中列出了 X 光管中一些常用金属靶的主要 X 射线波长参数。

一般波长大于 1 Å 的 X 射线被称为软 X 射线,其穿透能力较弱,但与材料表面的衍射作用较充分;用于医学成像和探伤等则需采用波长更短穿透能力更强的硬 X 射线,用于成像并不关注衍射作用因此对单色性无苛刻要求,可以利用其连续谱的能量。用于材料测试的 XRD 衍射仪中的 X 光管常采用 Cu 靶,利用其 Kα 线,波长约在 1.5 Å,比用作透视的医用 X 光的 W 靶或 Mo 靶的波长要长一些,但可与大多数材料的晶格常数较好匹配。此外,被测材料中一般也不会含有 Cu 元素,这样可以避免产生背景干扰。X 光管属大功率器件,高能电子束的能量在金属靶上有 99%以上均转换成热量,因此金属靶一般都需要采用连续直接水冷,这也是设备运行时需要特别注意的。X 射线可用气体电离探测器、闪烁体探测器或半导体探测器等进行检测。由于 X 射线为高能光子,可以像其他高能粒子一样产生电离或闪烁效应,也可以在半导体中激发出载流子形成电流,这是探测 X 光的基础。由于从待测材料上衍射出的 X 射线总体上还是相当微弱的,因此需要较高的探测灵敏度,其探测一般以光子计数的方式进行,且测量时常需有一定的积累过程或积分时间。XRD 测量中的样品“夹具”可说是测量的关键部件。简而言之,根据(6.2.1)式,测量中 X 射线的波长是已知的,所反映的实际是衍射角 θ 和材料晶格面间距 d 的关系,精确测量衍射角是问题的关键,因此用于 XRD 测量的衍射仪也常被称为测角仪,需要有很高的角分辨率。对于“理想”的“完美无缺”晶体,其面间距 d 也应该是确定的,而实际 XRD 测量可看成是表征衍射角 θ 和衍射强度间的关系,反映实际材料中面间距 d 等参数的波动造成的衍射强度相应变化或者说衍射角 θ 的弥散,即实际材料偏离“理想”和“完美无缺”晶体的程度。衍射仪的夹具装置包含夹持样品本身的样品台,其可绕两个互相垂直的 ω 轴和 ϕ 轴按精确的角度旋转,安装探测器的支架则可在圆周上绕另一个 θ 轴按精确的角度旋转。ω 轴和 θ 轴虽然从几何上看方向是一致的,为同一根轴,但由于样品和 X 射线探测器的旋转是分别控制的,因此特别以 ω 轴和 θ 轴加以区分,实际测量时样品和 X 射线探测器既可以分别进行精确控制旋转定位,也可以按要求与样品一起联动旋转定位,以此来构成不同的衍射扫描测量模式。

X 射线衍射仪本身的测量模式很多,功能强大,不一而足,对单晶材料、多晶材料、无定形材料乃至粉末材料均有一定的测量模式及其组合。相较而言,涉及 InGaAs 光电探测器材料一类的外延材料已是“质量很好”的单晶材料,一般已具有较完美的结晶质量,因此对其进行常规 XRD 测量时只会涉及少数测量模式,主要包括摇摆曲线(rocking curve, RC)、$\omega-2\theta$ 扫描($\omega-2\theta$ scan)和 X 射线倒易空间测绘(reciprocal space mapping, RSM)三种,以下结合实例做简单介绍。

XRD 测量中 X 光源及其配套的附件由于体积较大不便移动,因此在衍射仪上一般是固定的,只是样品台可以旋转和 X 光探测器可做圆周运动。图 6.2.1 给出了一个 XRD 测量装置的示意图,包括测角仪和安置其上的样品台,以及 X 射线管和 X 射线探测器,样品台可围绕中心轴 ω 旋转或摇摆,X 射线探测器可沿圆周绕 θ 轴运动,样品台上的样品还可绕 Ψ 轴旋转。对于摇摆曲线测量,则 X 光探测器也是预先设置在固定位置,只是样品台带动样品以某个角度为中心绕 ω 轴扫描,或者说以某个角度为中心“左右摇摆”,同时记录下衍射强度的变化,由此测得的衍射强度与 ω 角的关系曲线即被形象地称为摇摆曲线。这种测量相当于样品绕 ω 轴做扫描,因此也被称为 ω - scan。前已提及,几何上 ω 角就相当于 θ 角,对于单晶外延材料,根据布拉格衍射公式,满足布拉格衍射条件即 θ 符合(6.2.1)式时衍射强度将达到极大,从而出现衍射峰,在此 θ 角两旁则衍射强度下降,当样品以 θ 角为中心摇摆时即可测得峰位为 θ 的衍射曲线,即摇摆曲线。衍射峰即为材料晶格对 X 射线的各向散射在某个方向产生干涉增强作用的结果。对于已知种类的外延材料,其晶格常数及对应的原子层面间距等都是已知的,实际认为 θ 角也是已知的,因此摇摆曲线测量一般并非为测得样品的衍射角 θ 定出晶格参数,而是要根据摇摆曲线的峰宽、峰型以及相对峰强等来判断材料的结晶质量,这时的摇摆曲线测量只是对衍射角的相对测量而非绝对测量;对晶格匹配的材料体系如 InP 基 InGaAs 外延层或其光电探测器外延结构,根据摇摆曲线可方便地定出外延层与 InP 衬底间存在的微小晶格失配和应力等参数。这时做摇摆曲线测量是需要预知衍射峰对应的衍射角的具体数值的,至少是大致的角度,这可根据所测材料的种类确定,现代衍射仪的相关控制和分析软件中含有很多种材料的常用晶格参数及其对应的各阶衍射角等数据,包括不同种类不同晶系的材料,一般可以直接调用,一阶衍射由于强度高更常被采用。当前各种材料的晶格参数的数据库已足够精确,因此由理论计算所得的衍射角的数值也是足够精确的,但由于样品的安装误差和 X 光探测器的定位误差等因素的存在,实际测量中有时也需要进行一些微调校准,一般只需设置样品和 X 射线探测器都在所定衍射角附近,直接观察衍射强度进行微调,或做稍大范围的摇摆测量,要求较高时可根据所测结果调整衍射仪再次测

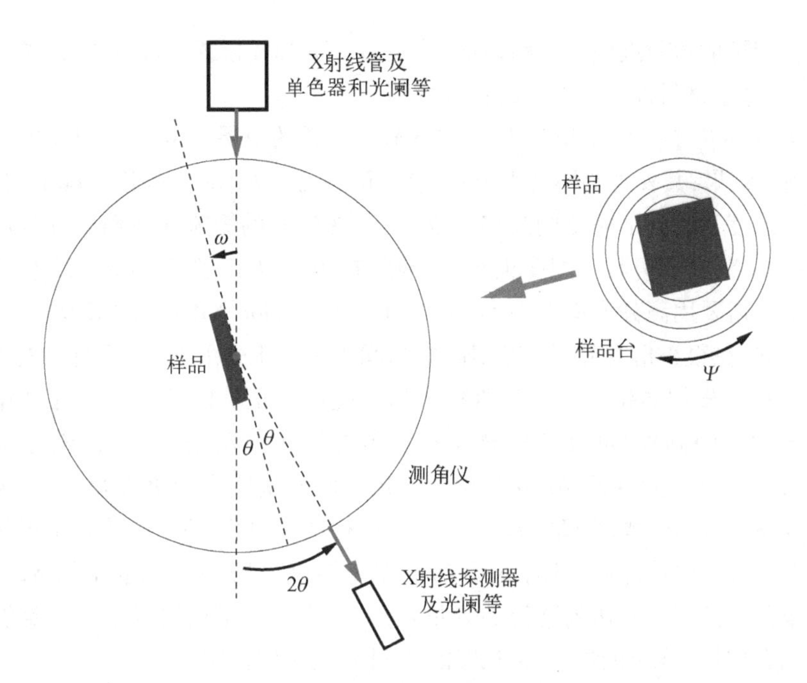

图 6.2.1　XRD 测量装置示意图，包括测角仪和安置其上的样品台，以及 X 射线管和 X 射线探测器，样品台可围绕中心轴 ω 旋转或摇摆，X 射线探测器可沿圆周绕 θ 轴运动，样品台上的样品还可绕 Ψ 轴旋转

量，即可得到满意的结果。对于摇摆曲线测量，由于 X 光探测器不需做扫描，只要能按角度转动定位即可，较为简单，早期的摇摆曲线测量装置也往往是自行搭建装置的；对于只做摇摆曲线测量的衍射仪，其结构上也是可以大大简化的，样品台只需能够做小角度范围的扫描和较大范围的调节定位即可，因此早期采用较多。由于摇摆曲线方法本身的限制，此种测量更适合晶格匹配体系上具有较小失配的情况，即外延层处于应变状态，这时在衬底的低阶衍射角附近进行摇摆测量即可；对于失配较大已进入弛豫状态的材料，例如波长扩展 InGaAs 光电探测器结构，单次摇摆有可能无法同时很好地覆盖衬底和外延层对应的衍射角，分别做多次摇摆则失去了其方便性，数据拼接精度也会受影响，这时往往会考虑适应性更强的 $\omega-2\theta$ 扫描模式。$\omega-2\theta$ 扫描模式是可以完全取代 ω 扫描模式即摇摆曲线测量的，因此已成为现代衍射仪的标准模式。

在 $\omega-2\theta$ 扫描模式下，样品沿 ω 轴进行旋转扫描，这与摇摆测量相似；X 光探测器则按 θ 轴进行旋转扫描；二者的扫描联动，但 θ 轴的扫描角速度或角度步进量为 ω 轴的两倍，因此被称为 $\omega-2\theta$ 扫描。前已提及，几何上看 ω 轴和 θ 轴实际为同一根旋转轴，因此 $\omega-2\theta$ 扫描模式有时也被称为 $\theta-2\theta$ 扫描模式，θ 或 ω 即为入射 X 光与样品平面的夹角，2θ 则为入射 X 光与衍射 X 光的夹角。θ 轴的扫描速度或步进量之所以要为 ω 轴的两倍，是因为当样品转过 $\Delta\omega$ 角后，X 光探测器除跟随样品也转动 $\Delta\omega$ 角维持与样品的原有关系外，根据(6.2.1)式还要继续加转 $\Delta\theta$ 角才能探测到对应的 X 光衍射信号。由于 X 光探测器的跟随，$\omega-2\theta$ 扫描模式可有更大的扫描角度范围，可以在大角度范围中直接扫出多个阶次的衍射峰，获得更加完整的晶格衍射信息，当然也可以做小角度扫描取得摇摆曲线的测量效果。相对于摇摆曲线测量只在特定衍射角附近做小范围扫描，这是 $\omega-2\theta$ 扫描模式的优越之处，并已成为最常用的测量模式，用于材料外延生长后的日常检测。

图 6.2.2(a) 示出了一个在 InP 衬底上 GSMBE 生长的单层 InGaAs 外延层的 X 射线衍射 $\omega-2\theta$ 扫描测量结果，其外延层厚约 1 μm。前一章中已述及，对于晶格匹配的材料体系，即使在外延生长温度下达到了完全的晶格匹配，由于热失配的影响在室温下外延层与衬底间仍存在一定的晶格失配，但其失配度很小，一般需在 10^{-3} 以下，典型值为 10^{-4} 量级。测量这样量级的失配就需要用高分辨率 X 射线衍射(high resolution XRD, HRXRD)方法。由布拉格衍射公式可知，在很小角度范围内衍射峰的角间距正比于失配度，根据材料的种类进行测量软件设置就可以根据峰位测量结果直接定出失配度的正负以及大小。所得峰宽除受衍射仪本身分辨率的限制外，可反映材料晶格参数的微小波动情况，或者说对应的材料质量。由图 6.2.1 可见，此时 InGaAs 外延层与 InP 衬底间呈微小的负失配状态，失配度约为 -1.74×10^{-4}；外延层的衍射峰半高宽仅为约 23.3 s，衬底峰宽仅 15.9 s，达到了很好的晶体质量。由图 6.2.2(a)可以估计，这时的 ω 及 2θ 扫描范围仅需几个弧分，要求的 XRD 测量分辨率则约在一至几个弧秒。要达到这样的测量效果，一方面要求衍射仪本身有足够高的机械精度，另一方面也对 X 光源的单色性和光束质量提出了很高要求。

前已述及，此类测量中常利用 Cu 靶的 Kα 线，其本身的单色性有时尚不能完全满足要求，并且还存在会引入噪声的较高连续谱 X 射线背景，因此衍射仪中还会对 X 光源引入其他起单色作用的晶体，此晶体相当于光学系统中的光栅元件，具体是将 X 射线以特定衍射角照射到此晶体上，再利用其衍射线输出作为单色性更好的 X 光源，这样即可明显改善 X 光源的单色性。此晶体加上待测样品晶体即构成二次折叠双晶衍射，因此 XRD 测量也常被称为双晶衍射测量。精度要求更高时还会再引入两块晶体做四晶衍射测量，这样光路就进行了四次折叠。图 6.2.1 的结果正是采用四晶衍射测量得到的，其 X 光源包含了由晶向为(220)的 Ge 晶体构成的四次折叠单色器。为保证 X 光路中的光束质量，例如要保证入射光的准直度和限制出射光的发散角等，光路中还会有一系列的光阑结构。应指出的是：引入单色器和光阑等后，实际用于 XRD 测量的整体光强均会有十分显著的下降，这就需要更高的探测器灵敏度以及测量时采用更长的积分时间。这同时也说明，如在测试时并不需要很高的角分辨率，开大光阑乃至跳过单色器等都可显著地提高信号强度，从而节省测量时间并提高信噪比，具体采用何种方式需要做折中考虑。

图 6.2.2(b)示出了 InP 衬底上 GSMBE 生长的晶格匹配 InGaAs 光电探测器完整结构的 X 射线衍射 $\omega-2\theta$ 扫描测量结果，采用了分层逐步腐蚀的方法来观察各层对测量结果的影响。与图 6.2.1 相比，此探测器外延结构在 InP 衬底和 InGaAs 外延层间插入了厚度约 1 μm 的 N^+-InP 缓冲层作为下接触层，在 InGaAs 外延层之上加上了厚度为 0.6 μm 的 P^+-InP 帽层也作为上接触层，InGaAs 外延层的厚度则增加到了约 2.5 μm。由图 6.2.2 可见，此器件结构的 XRD 测试结果与单层 InGaAs 外延层是相似的，但由于 InGaAs 外延层厚度的增加，其衍射峰高已大于 InP 衬底峰；逐步去除 InP 帽层后，InGaAs 外延层的相对峰高继续增加，逐步去除 InGaAs 层后，其相对峰高则逐步减小直至消失，此现象表明，XRD 测量中波长甚短的 X 射线主要作用于样品的表面，其透入深度较小，某种材料的衍射峰高除取决于其本身特性如

晶格完整性之外,还主要取决于其接近表面的程度和整体厚度,这是解读和指认 XRD 测试结果的主要依据之一。此外,由图 6.2.2 也可看到,除两个主峰之外,在 InP 衬底峰的两侧还存在峰较宽、强度较低的弱信号,随着刻蚀进行其强度也有所变化,当 InGaAs 外延层全部去除后此弱信号也随之完全消失。根据此器件结构的 GSMBE 生长过程可以判定,此弱信号与生长时 InP 和 InGaAs 异质界面的过渡相关。前已述及,在 GSMBE 生长此结构时必然存在 P/As 或 As/P 切换过程,也就是说在过渡时可能会有一个短暂的过程同时存在 As 和 P 两种 V族元素,因此异质界面上可能存在 InGaAsP 四元系薄层,或者出现三元系 InAsP、InGaP 等情况。这个过渡薄层的厚度很薄,失配也很小,对某些器件结构(如常规光电探测器)并无明显影响,但对一些包含量子阱或超晶格的微结构可能会产生显著的作用,在需要更陡峭的过渡界面时就需要对切换过程进行细致优化。

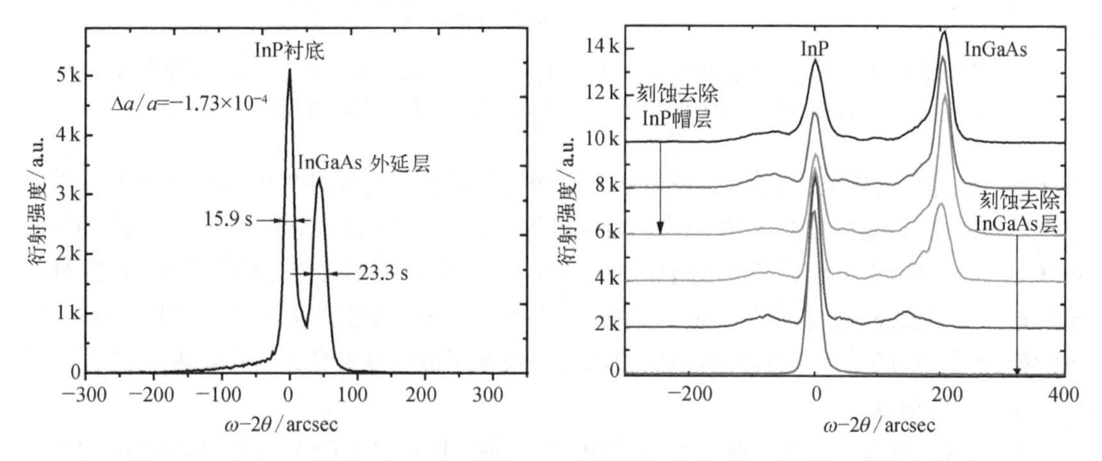

图 6.2.2 (a) InP 衬底上 GSMBE 生长 1 μm 厚单层 InGaAs 外延层的 X 射线衍射测量结果,扫描模式为 $\omega-2\theta$;(b) InP 衬底上 GSMBE 生长的晶格匹配 InGaAs 光电探测器结构的分层刻蚀 X 射线衍射 $\omega-2\theta$ 扫描测量结果

可获得较大角度范围衍射信息的 $\omega-2\theta$ 扫描方法在测量外延微结构方面也很有效,特别是对具有某种周期特性的多量子阱和超晶格等。例如,对于外延二维超晶格结构,其在晶格原子的周期性之外还存在着尺度更大一些的超晶格周期性,此周期性在 X 射线衍射上也会有所反映,可据此得到一些信息。图 6.2.3 示出了一个 InP 衬底上 GSMBE 生长的 20 周期 $In_{0.675}Ga_{0.325}As/In_{0.346}Al_{0.654}As$ 应变补偿超晶格的 HRXRD(004)面 $\omega-2\theta$ 扫描测量结果[5, 6],其 2θ 扫描范围需要更宽,已达上万弧秒,记录的强度范围也需更大,超过四个量级。由图 6.2.3 可见,较大扫描范围的 XRD 测量结果中除如前的衬底 S 和外延层 L 衍射峰之外,还出现了卫星峰结构,衬底主峰右侧和左侧都分别出现了 4 级以上的卫星峰,这些卫星峰就是周期性的超晶格对 X 射线的干涉效应引起的,相邻干涉峰之间的间距体现了此周期性所对应的尺寸,即一个周期中 $In_{0.675}Ga_{0.325}As$ 和 $In_{0.346}Al_{0.654}As$ 两层的厚度之和。图 6.2.3 下部还示出了对此超晶格结构的软件拟合结果,实际拟合过程中只需在软件上勾选相关材料种类和组分值即可获得其对应材料参数,再对超晶格周期做自动拟合即可,过程本身采用了 X 射线动力学模型等,对比实测和拟合结果可见其有很好的精度,软件根据拟合卫星峰的间距即可

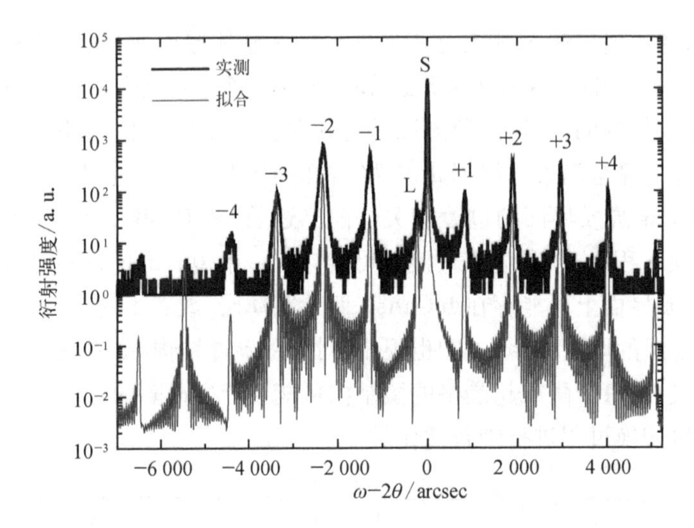

图 6.2.3 InP 衬底上 GSMBE 生长的 20 周期 $In_{0.675}Ga_{0.325}As/In_{0.346}Al_{0.654}As$ 应变补偿超晶格的 HRXRD(004)面 $\omega-2\theta$ 扫描测量结果，下部为软件拟合结果

直接得出超晶格的周期。此外，还可以通过在相同生长条件下设计生长两个具有不同周期厚度的超晶格，再通过如上 XRD 测试即可精确标定出 InGaAs 和 InAlAs 单层的实际厚度；通过 XRD 晶格动力学拟合还可得出超晶格中 InGaAs 和 InAlAs 单层组分的精确值，这些对较精确地标定相关外延生长参数(如生长速率和束源温度等)都很有效。相对于拟合结果，实测的衍射峰有所展宽，除测量分辨率的影响外也反映了此应变补偿结构中的剩余应力和晶格退化等方面信息。

图 6.2.4 示出了一个 InP 衬底上 GSMBE 生长的波长扩展 InGaAs 光电探测器结构的 X 射线衍射 $\omega-2\theta$ 扫描测量结果[7]，其中包括两个不同组分的样品 A 和 B，均为 n-on-p 构型，外延结构如插图所示。此测量中以晶格失配 InGaAs 光吸收层的信号峰位为参考点进行定

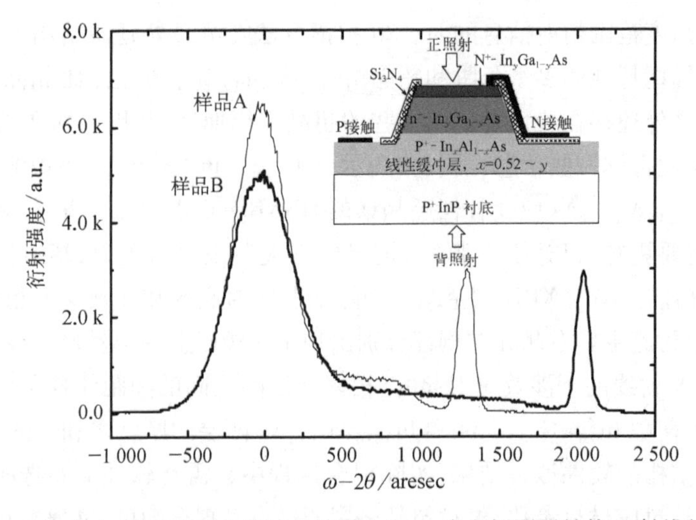

图 6.2.4 InP 衬底上 GSMBE 生长的波长扩展 InGaAs 光电探测器结构 X 射线衍射 $\omega-2\theta$ 扫描测量结果，包括两个样品 A 和 B，均为 n-on-p 构型，外延结构如插图所示

位，以便于比较。由图 6.2.4 可见，此时所需的 2θ 扫描范围是较大的，要比前面的晶格匹配结构约大一个量级。根据衬底与外延层的衍射峰位差，可直接由测量分析软件定出样品 A 和样品 B 中晶格失配 $In_yGa_{1-y}As$ 光吸收层的 In 组分，其 y 值在完全弛豫状态下分别为 0.680 5 和 0.764 0；光吸收层衍射峰的半高宽分别约为 400 arcsec 和 490 arcsec，强度稍有差别；与晶格匹配结构相比，受外延层的影响其衬底峰也有明显的展宽，两个样品的衬底峰半高宽均约为 100 arcsec，强度基本相同。

对此类有较大失配的结构进行 XRD 测量时有一个问题是需要注意的，即测量结果可能会受样品安装时方位的影响产生一定的误差。具体说来，对以上结构，当样品在样品台上转动一个方向，或者如图 6.2.1 所示等效地把样品台沿 Ψ 轴转动一个角度，则衍射测量曲线上外延层的峰位乃至峰形都可能会有一个可观的变化，这是由于在生长过程中外延层的晶格可能相对于衬底产生一定的"歪斜"，即偏离完美的正立方晶格，产生一定的倾斜，导致出现非对称。这样，直接根据一次测量的结果来确定失配度及组分等就会有一定的不确定性和随机误差，此误差值有时并非很小，不可忽略。应该说这种晶格倾斜和测量结果不确定性是客观存在的，但实际中对同一个样品还是希望能得到一个确定的参数值。测量分析中按常规这时可以采取多次测量再做平均的办法。对于 XRD 测量，其样品是可以沿 Ψ 轴以确定的角度旋转的，因此实际中可以对同一样品按 $\Psi=0°$ 和 $\Psi=90°$ 两个方向测量两次进行"平均"，也可以对同一样品按 $\Psi=0°$、$\Psi=90°$、$\Psi=180°$ 和 $\Psi=270°$ 四个方向测量四次进行"平均"等，即在晶格的不同倾斜方向上按确定的方式进行多次测量，做"平均"后再得到结果。根据样品晶格倾斜的种类和程度，不同的测量次数也可能会有不同的"平均"效果。应注意到这里的"平均"并非直接对多次测量定出的几个有差异的结果做数值上的平均，也非直接对几组衍射强度原始数据进行"波形上"的平均再定出结果，而是要根据 XRD 测量的基本原理对原始测量数据进行处理。这样的数据处理已可由衍射仪所带的测量分析软件自动进行，只需按样品的测量方位依此存入两组或四组原始数据即可，操作上还是比较方便的。以上样品的结果就是根据对同一样品按两个方向测量两次的 $\omega-2\theta$ 扫描数据得到的，对此类样品测量结果已可有很好的确定性。

在 ω 扫描（摇摆曲线）及 $\omega-2\theta$ 扫描中，X 射线探测器接收的是来自一定角度范围衍射强度的平均值或其包络，此角度范围由光阑限制。材料中的一些晶格扭曲、马赛克位错以及组分和应力梯度等导致的衍射增宽以及非对称等效应，在 XRD 的 ω 扫描或 $\omega-2\theta$ 扫描测量中尚不能有效地体现，或者不够直观，这时可以考虑 XRD 测量的另一种模式，即倒易空间测绘 RSM。X 射线衍射测量中常沿用倒易空间（reciprocal space, RS）或倒易晶格（reciprocal lattice, RL）的描述，RS 及 RL 可看成是实际空间或实际晶格的映射，二者之间符合傅里叶变换关系。简单说来，实际空间中的某一类晶面就对应倒易空间或倒易晶格中的一个格点，实际某个晶面上的一些非完美性经 X 射线衍射后反映到这个格点上，就以此格点为中心引起附近出现某种衍射强度的分布，即由理论上的一个点"退化"为实际上的一个弥散斑，根据此弥散斑分布的取向和强度变化情况就可对其非完美性的种类和程度做出一些判断；RSM 中出现多个衍射强度集中的格点则反映了实际晶体中存在的多个晶格参数上有一定差异的不同晶面，或者说不同的外延层，格点的间距、强度分布情况以及格点之间的强度过渡情况会对判断外延中的晶格失配和扭曲、应变及过渡乃至缺陷及位错密度等有较大帮助。

实际 XRD 测量中的 RSM 模式可以看成是 ω 扫描和 $\omega-2\theta$ 扫描两种模式的结合，即在每个不同的 $\omega-2\theta$ 角度上再加做一个 ω 摇摆，记录下全部数据后再经由软件计算处理，做出三维图，其中二维即为倒易空间的坐标维，在此二维空间绘制类似云图的衍射强度分布；另一维则是衍射强度维，一般用色阶或灰阶显示；由此构成倒易空间测绘 RSM。RSM 测试配置中 X 射线出射端探测器前需增加分析晶体（四晶衍射仪中此已为标配，但可以不用），与添加的光阑配合起进一步限束作用，并由此引入了另一旋转轴，加上原有 X 射线出射端起单色和限束作用的分析晶体的旋转轴和样品本身的旋转轴，共三个旋转轴，因此 RSM 有时也称为三轴 X 射线衍射（triple axis XRD）、高分辨率三轴衍射或者三轴二维测绘（triple axis 2D mapping）等。注意到在相同的角分辨要求下，RSM 模式测量需要的总测量点数是有显著增加的，且由于附加分析晶体和光阑等的引入，相对于其他两种模式实际的 X 光强度也是有显著下降的，每个测量点上需要有更长的积分时间，因此整体上是相当耗时的，经常需采用过夜连续测量的方式。经预先测试粗调并设置好扫描范围和相关参数之后，RSM 测试是可以自动完成的，中间无需人工干预，但其“成功率”可能会受影响。用于测量的 X 射线强度下降对测量信噪比也会有一定影响。一些更先进的光源（如同步辐射或自由电子激光等）的波长也包括 XRD 测量所需 X 光波段，其输出强度会远高于常规 X 光管，采用这些光源可以显著缩短 RSM 的测量时间以及提高信噪比，得到更漂亮的测量结果，当然这作为日常使用会有较大困难。

前一章中曾给出过 RSM 的测量结果[8-9]，这里再看一个具体实例[10]。图 6.2.5 为 InP 衬底上 GSMBE 生长的两种波长扩展 InGaAs 光电探测器结构的（004）和（224）倒易空间测绘结果，样品（a）采用了 InGaAs 组分连续渐变缓冲层，其帽层为高 In 组分 InGaAs；样品（b）则采用 InAlAs 组分连续渐变的缓冲层，其帽层为高 In 组分 InAlAs。这两个样品的光吸收层是一致的，均为高 In 组分 InGaAs，组分相同；缓冲层的厚度也是相同的。两个样品的表面形貌等方面基本一致，并无显著差别。根据 RSM 测试数据可由计算软件直接得出其外延层相对于衬底的一些相关晶格参数，此两个样品的结果已列于表 6.2.2 中。

由图 6.2.5 和表 6.2.2 可见，这两个样品的 RSM 测试结果及相关晶格参数是有明显不同的，反映了外延生长中结晶过程的一些差别。对于样品（a）即 InGaAs 组分连续渐变缓冲层结构，（004）对称衍射和（224）非对称衍射均显示出了显著的晶格倾斜，（004）对称衍射上光吸收层及帽层 L 的弥散斑明显偏离了以衬底 S 为参照的垂直线，（224）非对称衍射上光吸收层及帽层 L 的弥散斑也明显偏离了以衬底 S 为参照的晶格弛豫线，已向赝配线靠近，光吸收层和帽层则为同一个衍射斑难以进一步分辨。缓冲层的信号在（004）衍射中形成了连续的倾斜带，在（224）衍射中则强度很低难以观察。此结果表明，“同质”外延中晶格将以较大的倾斜来释放应力，光吸收层及帽层与衬底的夹角较大，两个方向的失配度也有较大差别，但最终仍达到了 90.7% 的较高弛豫度。对于样品（b）即 InAlAs 组分连续渐变缓冲层结构，（004）对称衍射和（224）非对称衍射均显示出了很小的晶格倾斜，（004）对称衍射上光吸收层及帽层 L 的弥散斑基本在以衬底 S 为参照的垂直线上，（224）非对称衍射上光吸收层及帽层 L 的弥散斑也很靠近以衬底 S 为参照的晶格弛豫线，光吸收层和帽层分别形成了两个靠

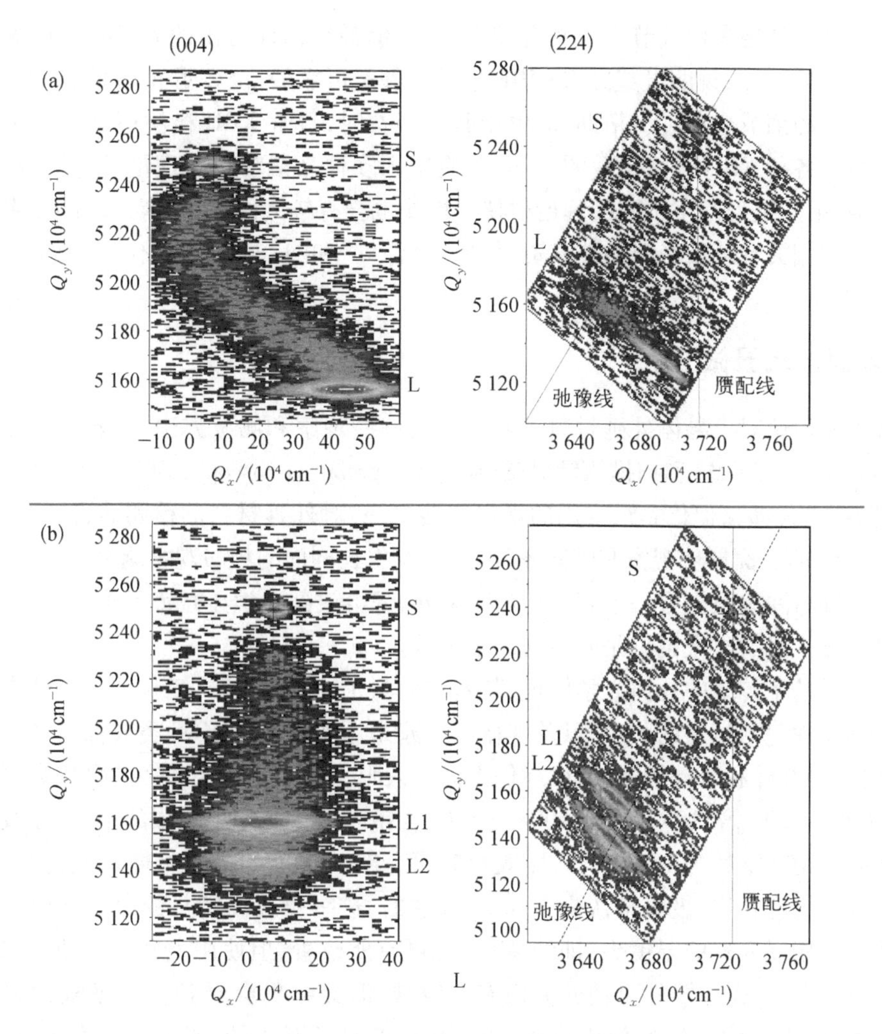

图 6.2.5 InP 衬底上 GSMBE 生长的两种波长扩展 InGaAs 光电探测器结构的(004)和(224)倒易空间测绘结果,样品(a)采用 InGaAs 组分连续渐变缓冲层,样品(b)采用 InAlAs 组分连续渐变缓冲层

表 6.2.2 根据倒易空间测绘得到的两种波长扩展 InGaAs 光电探测器结构外延层参数

缓冲层种类	体失配度 /%	垂直失配度 /%	平行失配度 /%	应变量 /($\times10^{-3}$)	吸收层夹角 /(°)	弛豫度 /%	In 组分 /%
InGaAs	1.64	2.31	0.58	−10	−0.414	90.7	76.8
InAlAs	1.65	1.62	1.69	0.34	0.041 1	96.1	77.0

近但可明显分辨的衍射斑,经指认 L1 为光吸收层,L2 为帽层。缓冲层的信号在(004)衍射中形成了在垂直线上连续的倾斜带,在(224)衍射中则强度很低仍难以观察。此结果表明,异质外延中晶格倾斜很小,光吸收层及帽层与衬底的夹角也很小,两个方向的失配度基本一致,且最终达到了 96.1%的更高弛豫度。

两个样品在晶格参数细节上虽然有较大差异，但最终由此得出的光吸收层体失配度及In组分值却基本一致，说明设置的GSMBE生长条件是可靠的，也表明RMS测试对研究其外延生长过程中的细节会有不少帮助，但由于其相当费时，日常XRD检测还是会以$\omega-2\theta$扫描模式为主。各种XRD方法包罗的面很广，应用到多种晶格动力学理论，涉及的相关技术细节也很多，不同类型乃至不同品牌衍射仪的操作也会有较大的差别，有需求的读者可以进一步参阅一些相关专著及必要的技术资料，如文献[11]和[12]等，在此不再赘述。

6.2.2 表面形貌显微分析

本节主要讨论对半导体外延材料表明形貌的一些观察和测量方法，主要基于光学显微(optical microscopy, OM)和扫描探针显微(scanning probe microscopy, SPM)等方法。光学显微镜虽然历史“久远”，但仍是最常用的观察仪器之一，对外延材料的检测而言，主要用于外延层较“宏观”的表面形貌观察和缺陷统计等，以及生长剖面的粗略观察测量。一般而言，外延材料生长好后除肉眼先看一下有个初步印象外，都会放到光学显微镜下再观察一下细节，因此材料检测中光学显微镜仍是必备的日常工具。

光学显微基于传统的几何光学原理，其基本检测元件就是人眼，工作波长自然在可见光波段。检测元件包括过去的胶片，以及现在已普遍采用的CCD/CMOS类成像器件即数码成像，波长也可向红外和紫外扩展，但最终仍需面向人眼。一般光学显微镜的可用最高放大倍数常在1 000~1 500倍(10×目镜配100×或150×物镜)，考虑到衍射极限的影响，以及人眼的分辨率在明视距离下约为1/4 mm，人眼观察时可分辨的尺度约为半个微米或再小一点，与可见光的波长尺度相当，极限常认为在0.2 μm左右，进一步提高镜头的放大倍数于改善分辨率无益。采用浸入式的湿镜头(即油镜)对此可有所改善，但使用上并不方便。采用高像素的CCD/CMOS类成像器件可使此方面有所改观，但最终仍会受到衍射极限的限制。由于CCD/CMOS类成像器件的像素是由微电子工艺加工而成的，具有很好的精度和重复性，对数码成像后的像素电信号或等效的亮度信号直接进行数据判别，在特定的应用场景下，例如针对高衬度的边缘或线条等，将相对几何尺寸的分辨率再提高约一个量级也是可能的[13]。

用于外延材料观察的光学显微镜常采用传统上用于金属类材料剖面金相观察的金相显微镜，一般为双目型，具有体视能力；由于被观察材料大都为不透明的，观察其表面形貌是主要目的，因此采用正置方式(即从正面光照)即可；用于表面形貌观察一般需有较大的视场，因此也不需要过高的放大倍数，一般在数十到几百倍范围；常规金相显微镜在高倍观察时的工作距离较小，这是安放样品和调焦时需要注意的。现代光学显微镜中一般还会引入相衬、偏光、微分干涉以及主要针对生物样品的荧光等“附加”功能。对透明材料，其折射率和厚度方面的差异在普通光学显微下无法产生明显的衬度，引入相衬功能，即在光路中插入环形光阑和波片等元件，可以使折射率和厚度差异导致的光程变化产生相应的衬度，改善此类材料的观察效果，但产生相衬效果需将照射光的波长限制在较小范围，例如插入明度较高的绿色滤光片。一些材料或者其不同的相具有双折射特性，引入偏光功能，即在照明和观察光路中插入起偏和检偏元件,可以使双折射特性的差异也产生相应的衬度,改善此类材料的观察效果。微分干涉显微镜(differential-interference microscope, DIM),也称Nomarski相衬显微镜,是对普通相衬功能的进一步改良,除插入偏振片和波片外还引入了分光及合光组合棱镜,可认为结合了相衬和偏光两种功能,但此功能也主要针对透明样品,采用倒置背面照明方式效果会更好。实际上Nomarski相衬功能已成为现代金相显微镜的标配,相关功能可以直接通过切换和插拔光学元件进行取舍。照明光的波长可能影响到相关功能的实现,这时就需要采用单色光照面,例如插入绿色滤光片。对荧光显微一般需切换到紫外光源照射样品,激发出样品本身或染色剂的荧光进行观察。这些附加功能对许多透明样品及生物样品等会有较好的观察效果,但由于大多数半导体外延材料对可见光并不透明,其相关衬度机制难以很好地发挥,因此总体效果并不显著,只是对一些较特殊的样品会有一定效果,需要根据实际情况摸索。应指出的是,这些功能对包含介质材料、不同的金属材料以及三维结构的芯片加工过程的监控会更有效。

图6.2.6示出了一InP衬底上GSMBE生长波长扩展InGaAs光电探测器外延结构的表面形貌光学显微数码成像照片[14],其光吸收层的In组分由约0.53提高到约0.61,采用了厚约1 μm的组分连续渐变InGaAs缓冲层。由照片可见,由于与InP衬底间存在着较大的晶格失配,此器件外延片呈典型的垂直交叉布纹格结构表面形貌,波纹沿<011>和<0－11>两个垂直互交的晶向,反映了两类失配位错对外延生长的影响,这在上一章中已有讨论。光学显微方法由于方便快捷,对样品无损,能直接观察到不同形貌间存在的较明显差异并进行拍照记录,因此即使有其他"更好"或"更精细"的方法,光学显微镜也还是成为日常观察的不二之选。对于外延层表面的缺陷观察及计数,为了得到更清晰准确的结果常会采用特定的腐蚀液对表面进行腐蚀,利用有无缺陷区域化学腐蚀的差异使表面缺陷清晰显现后再进行观察计数,一些专用光学显微镜也会配有相应软件按尺寸对缺陷和颗粒物进行自动计数,得出统计结果。对不同的Ⅲ－Ⅴ族材料体系用于缺陷显示的腐蚀液也各不相同[15],应需根据实际效果选用。光学显微镜本身种类较多,不少具有特定的专门功能。对于外延材料测量而言,一些大光学孔径的光学显微镜可以利用其小焦深特点进行高度和深度测量,在外延材料的翘曲度或平整度检测方面发挥作用。

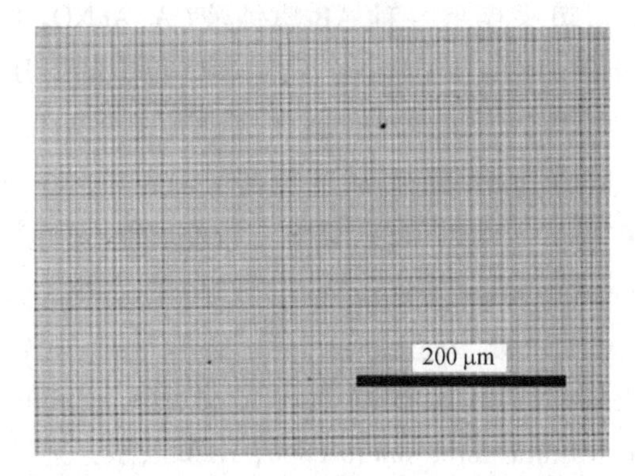

图6.2.6 InP衬底上GSMBE生长波长扩展InGaAs光电探测器外延结构的表面形貌光学显微数码成像照片,采用了厚约1 μm的组分连续渐变InGaAs缓冲层

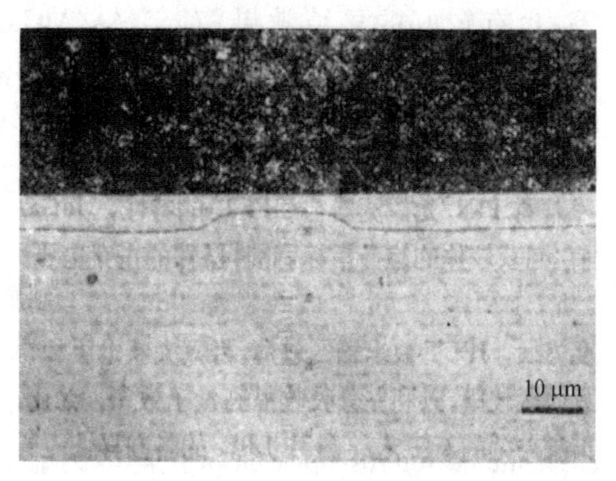

图6.2.7 脊条型InP衬底上LPE平面化生长的InGaAs外延层的解理剖面光学显微胶片成像照片,其剖面已经过AB腐蚀液染色处理

前已提及,光学显微的分辨率约在亚微米量级,因此用于对不具有较薄精细层次的外延结构剖面进行观察也是较方便的,但常需采用解理的方法切开样品并做些处理,因此对样品是有损的,一般都是在整个样品上切下一小块进行处理。图6.2.7示出了一脊条型InP衬底上LPE平面化生长的InGaAs外延层的解理剖面光学显微胶片成像照片[16],利用了LPE在特定晶向上的平面化生长特征,在脊条顶部和其他区域生长出了厚度不同的外延层,用于进行单片光电集成,其剖面已经过AB腐蚀液染色处理。用光学显微或其他显微方法对外延材料的剖面进行直接观察较为直观可靠,同时也可以进行一些几何测量和记录,因此很常用,但需对样品做合适的处理。例如:对于金刚石或闪锌矿结构的(100)晶向材料,其具有<011>和<0－11>两个垂直互交方向的解理面,沿这两个方向解理都可以得到如镜面的解理面用于观察。当衬底较厚时有时会难以解理或者解理面上出现裂纹,影响观察拍照效果,这时可先对外延片的衬底一面先进行减薄,再对减薄后的外延片进行解理,即可得到良好的解理效果。再如,直接对剖面进行光学显微观察时,由于大多情况下不同外延层材料的光学特性相近,不易产生有效衬度,这时可做显结或染色处理后再进行观察。显结或染色处理就是对材料剖面进行轻微的化学或光化学腐蚀,利用腐蚀液对不同种类材料腐蚀速度上的差异,在异质界面或pn结面等处形成一个台阶,此台阶在显微观察时一般可显示出具有较高衬度的一条黑线,因此俗称为显结或染色处理。对于InP基材料,包括InGaAsP和InGaAs等,常用针对此体系的AB腐蚀液对其进行显结染色[17],其A腐蚀液为铁氰化钾水溶液,B腐蚀液为氢氧化钾水溶液,常用的配比为:A,$K_3Fe(CN)_6 : H_2O = 4\ g : 25\ ml$;B,$KOH : H_2O = 6\ g : 25\ ml$。用前按1∶1混合(各取数滴即可)后立即使用,在室温下对样品剖面腐蚀数秒后冲洗吹干即可。之所以要事先配置A、B两种腐蚀液,且用前混合后立即使用,是因为直接配制在一起或长时间混合后溶液会起反应影响到染色效果及重复性。此染色液对异质结的显结效果较好,但对同质的pn结显结时一般需辅以强光照射,利用对不同导电类型材料光化学腐蚀特性的差异达到对pn结进行显结的效果。对此显结液也可用水进行适当稀释以及调整腐蚀时间等以取得更佳的显结效果,但应注意到其对外延层表面也会有腐蚀作用,影响到表面外延层厚度测量的准确度。上述显结液对其他一些材料体系(如GaAs/AlGaAs等)也有较好的显结效果,对GaAs/AlGaAs体系也可采用另一种AB腐蚀液(A,$AgNO_3 : H_2O = 40\ mg : 10\ ml$;B,$CrO_3 : HF = 5\ g : 8\ ml$),使用前按1∶1混合。针对某些特定的异质材料体系也可以用相应的腐蚀液进行显结[15]。

原子力显微镜(atomic force microscope, AFM)也称扫描力显微镜(scanning force microscope, SFM),是当今用于材料表面形貌观察的另一常用手段,具有三维测量记录能力以及更好的空间分辨率,属扫描探针显微镜(scanning probe microscope, SPM)的一种。以AFM为代表的SPM是自20世纪80年代发展起来的一类"新型"显微镜,除AFM外,还包括了扫描隧道显微镜(scanning tunnel microscope, STM)、扫描电容显微镜(scanning capacitance microscope, SCM)、静电力显微镜(electrostatic force microscope, EFM)、磁力显微镜(magnetic force microscope, MFM)和扫描近场光学显微镜(scanning near-field optical microscopy, SNOM)等,构成了一个SPM显微镜的系列家族,给出了除光学显微之外的一系列新的显微方法,在材料检测方面都有一些应用,可以提供关于材料特性的更丰富信息。简而言之，扫描探针显微基于微区扫描和微探针两种关键技术。用电压驱动的压电陶瓷晶体提供了纳米尺度上精确可控的机械扫描方式，组合后可具备三维控制和二维扫描能力；鉴于常见材料（包括Ⅲ-Ⅴ族半导体）的晶格常数是在纳米量级，这种扫描方式为接近乃至达到原子分辨率提供了可能性，发展了突破光学显微中光波长衍射极限限制的一种有效方法。微探针是针尖尺度很小的探针，针尖尺寸的不断减小和成本降低，也为实现原子分辨率创造了必要条件。早期的金属（如钨）微探针的针尖尺寸虽然也可能达到纳米甚至单原子尺度，但制作困难，重复性也差；其后采用微电子学加工方法制作的微探针已可批量生产且具有很好的一致性和较低的成本，为SPM的发展和实用化创造了条件。

SPM中的微探针一般在X和Y方向上由压电晶体驱动进行扫描，在Z方向（深度方向）上一般也由压电晶体进行精密操控，测得的信息主要是各种电信号，由微探针读取，经电子电路放大及数字化处理后，进行与扫描同步的成像。SPM中电信号的种类较多。简而言之，对扫描隧道显微镜（STM），是将微探针在Z方向上控制到与样品间达到一个能够形成隧穿电流的微小间距，在X和Y方向扫描后即可成像；由于隧穿电流与探针和样品的间距相关，这样既可以固定微探针在Z方向的深度，通过测量隧穿电流的大小来获得间距信息；也可以通过Z方向的闭环伺服控制固定隧穿电流的大小，从而直接获得Z方向的深度信息。当然，前一种方法Z方向的测量范围过小，对样品的要求也过高，因此主要会采用后一种方法及其改进的形式。STM常需在超高真空环境下工作，即用UHV STM才能达到较高性能，为达到原子测量精度还需对样品进行低温冷却等，这是其使用上的主要限制因素。

对原子力显微镜（AFM），其结构与STM基本相同，但可不需要超高真空和冷却等环境，可以在常压下普通实验室环境中使用，虽然在此条件下较难达到原子级的分辨率，但可有更大的扫描范围，使用上的方便性使其应用更广。AFM主要依靠检测样品与微探针间的力学作用进行显微成像，与工艺检测设备中的台阶仪的原理有相似之处，但台阶仪一般只沿单一方向做单向扫描，其针尖也相对较粗，且一般只有压力控制的接触模式。当样品与微探针针尖间的距离接近原子尺度时，二者之间会存在弱吸引力，即范德瓦耳斯（van der Waals）力，随着间距的减小吸引力先增加后减小，探针与样品正好接触时受力为零。继续试图减小间距则针尖将受到样品的排斥力，类似弹力，压得越紧受力越大。在二维扫描的基础上实时测出此力即原子力的大小和方向，就可以像STM中测量隧穿电流一样用作成像信息。AFM中的微探针常采用悬臂梁结构，最常用的方法是由微电子加工方法将介质材料（如氮化硅等）加工成的针尖直接制作在悬臂梁的顶端，悬臂梁顶端的另一面做上金属反光膜用于光学检测，例如采用激光和位置敏感光电探测器（position sensitive detector, PSD）或四象限探测器来检测悬臂梁的弯曲受力情况，从而获取Z方向的深度信息。如用微电子学方法将针尖、悬臂梁与力学传感器结合集成起来，通过力学传感器直接输出受力信号，则可无需光电检测等环节。力学传感器可以是压阻型或压电型等，由此可显著简化仪器结构，是AFM的发展方向。AFM中也有一些不同的检测模式，如接触模式、轻敲模式和非接触模式等，实际使用中均有采用，各有特点和适应性。接触模式下针尖直接与样品紧密接触但压力被控制为较低的合适数值，此模式的特点是分辨率较高但样品所受横向牵引力较大，可能被损坏，针尖也易受损；轻敲模式下针尖以一定的频率（常为悬臂梁的谐振频率）短暂接触样品，这样样品受到的牵引和损伤显著减小,针尖也不易受损,适合不同表面的样品,通用性较高,是 AFM 中常用的模式;非接触模式下针尖不与样品接触而是在样品表面附近震荡,间距保持在分子间作用的吸引力区,此种模式易受样品表面状况影响较难控制,因此较少采用。AFM 工作的模式可由计算机软件通过控制电路来选择切换和调整参数,不同的模式和参数会对测量结果有显著影响,针尖形状、样品材料差异、表面形貌特征以及环境振动和共振等效应都有可能体现到测量结果中,产生失真甚至"虚假"的信息,这是使用中需要注意的。AFM 的测试结果前面已有一些讨论,这里可再看一个实例。图 6.2.8 为 InP 衬底上 GSMBE 生长的波长扩展 InGaAs 光电探测器外延结构表面的 AFM 测量结果,样品(a)采用了 3 μm 厚的 InGaAs 组分渐变缓冲层,样品(b)采用了 3 μm 厚的 InAlAs 组分渐变缓冲层,其余结构相同。对这两种类型缓冲层器件结构的 XRD 测量结果前面已有讨论,但仅从 AFM 表面形貌测量结果看二者也是有差异的,而这种差异用光学显微镜观察较难反映。由图 6.2.8 的照片可见,两个样品的表面形貌仍均含布纹格结构,采用 InGaAs 组分渐变缓冲层的样品表面形貌较为平滑规则,采用 InAlAs 组分渐变缓冲层的样品表面形貌则较为杂乱,但二者的粗糙度 RMS 均方根值并无显著差别,均为 8 nm 左右。除较大失配外延生长中的晶格倾斜应力释放等因素外,InGaAs 生长中 In 和 Ga 两种元素的迁移速率相差较小,而 InAlAs 生长中 In 和 Al 这两种元素的迁移速率相差较大,此因素对表面形貌上会有影响。图 6.2.8 为二维照片,其 X 和 Y 方向的扫描范围均设定为 40 μm,Z 方向的高度信息则由色阶表示,也可由 AFM 测量软件将此数据直接绘出三维图像,或得出沿某一位置的扫描剖面(与台阶仪的测量结果类似)等,可以根据需要和习惯选用。

图 6.2.8 InP 衬底上 GSMBE 生长的波长扩展 InGaAs 光电探测器外延结构表面 AFM 测量结果,样品(a)采用 InGaAs 组分渐变缓冲层,样品(b)采用 InAlAs 组分渐变缓冲层,其余结构相同,扫描范围为 40 μm×40 μm

与 AFM 中测量针尖的受力情况类似,测量参数换为电容即构成扫描电容显微镜(SCM)。由于此电容值 C 或其微分值 dC/dV 与半导体材料的导电类型及掺杂浓度密切相关,因此常用于检测其由掺杂形成的衬度,例如由扩散形成的 pn 结的横向扩展分布情况、剖面的 pn 结深和掺杂分布变化情况以及金属-绝缘体-半导体 MIS 结构中载流子的积累、耗尽和反型分布等，在材料和器件工艺方面都有应用。同样，测量参数换为针尖与样品间的库伦电荷作用，即构成静电力显微镜（EFM），可以得到样品表面的静电荷分布像；测量参数换为具有磁性的针尖与样品间的磁性作用，即构成磁力显微镜（MFM），可以得到样品表面的磁特性微区分布像；对样品加上一定的光照并将前述的“机械”针尖换成亚波长尺度的光导纤维针尖，由其导出样品表面附近小于光波长范围（约数十纳米）内的光倏逝波，并由高灵敏的光电探测器进行探测，结合扫描即构成扫描近场光学显微镜（SNOM），可以得到样品表面的光学特性微区分布像，其分辨率虽无法达到原子尺度，但已突破了光学显微镜的衍射极限限制达到了亚波长尺度。有关这些显微方式的更多细节在此不再赘述，可以进一步参考一些相关文献[18]。

6.2.3 微观状态、缺陷及成分分析

本节主要对基于电子显微及其延伸方法的半导体样品表面和内部微观形貌、缺陷及成分分析进行介绍。扫描电子显微成像及能谱方法像扫描探针显微方法一样，是一个大家族，历史要更久远一些，其基本框架与光学显微方法具有一定的可比性，在材料特性表征及检测方面有广泛应用[19]。图 6.2.9 给出了一个包括主要扫描电子显微成像及能谱方法的简单示意图，此族方法的基本出发点是基于具有一定能量的电子束，其具有很短的等效波长。电子有别于光子，属实物粒子，但由波粒二相性，其也可以等效为电子波，在加速电压 V 的作用下，不考虑相对论校正时其德布罗意波长 λ 可以表示为

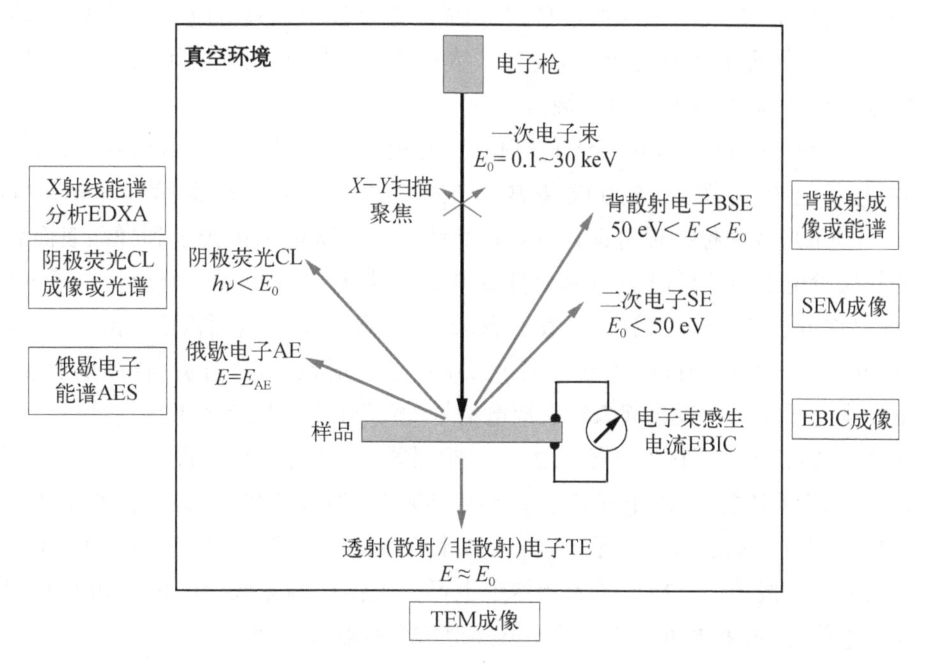

图 6.2.9 扫描电子显微成像及能谱方法示意图

$$\lambda = \frac{h}{mv} = \frac{h}{\sqrt{2emV}} = \frac{1.226 \times 10^{-3}}{\sqrt{V}}(\mathrm{nm}) \tag{6.2.2}$$

根据(6.2.2)式,即使在1 V的加速电压下,其等效波长也仅在千分之一纳米量级,已远小于晶格尺度。与光学显微方法最终要受到衍射极限的限制相比,电子显微方法可基本不考虑衍射极限的限制。电子束即阴极射线可由热阴极(即通电流加热的灯丝)或场发射阴极(发射材料可以加热或不加热)产生,起到光学显微中光源的作用;不同的电子束源亮度相差很大,一般场发射源的亮度可比普通钨灯丝高两个量级。电子束可在电磁场的作用下进行很好的聚焦,聚焦线圈可起到光学显微中透镜的作用;电子束可以在静电场或电磁场的作用下进行偏转和扫描,早期的阴极射线管(cathode ray tube, CRT),如示波管或电视显像管中就应用了这样的效应,因此电子显微成像是一种扫描成像;一次电子束作用到材料上后可以产生一系列的二次效应,如二次电子、透射电子、背散射电子、俄歇电子、阴极荧光以及电子束感生电流等,这些二次效应经相应的检测器转换成电信号后,即可用于不同机制的成像或能谱分析。由于采用了电子枪,一些检测器也需要在真空环境中工作,因此电子显微方法需要一个基本的真空环境,具体所需真空度则与所用探测模式有一定关系,电子显微测量的部件有些需要在高真空或超高真空环境下运行,例如场发射电子枪;另一些在中等真空环境下已可进行,如普通钨灯丝源及样品区域等,使用上要方便一些。工作时需有基本的真空环境是其与光学显微在应用上的主要差别,针对不同情况设备中常需使用多种真空泵,形成一定的真空梯度,高真空区域和样品安置区域间也常有真空阀门隔开以利样品进出。注意到电子显微中用到的一些二次效应,如二次电子的发射及探测,或者阴极荧光及探测等,本身可以是"弥散"的或"大面积"的,但究其源是由电子束聚焦在一个点上产生的,只反映这一个点(表面或其邻近内部)的物质或形貌信息,在扫描成像过程中也只对应一个像素的"瞬时"信息,其总体分辨率原理上并不会受"弥散"或"大面积"的影响,因此既可以利用这些信息进行扫描成像,也可以利用这些信息做微区分析。

二次电子(secondary electron, SE)发射效应是电子扫描显微中最常用到的,巧合的是,利用二次电子进行显微成像的设备常就被称为扫描电子显微镜(scanning electron microscope, SEM),或简称扫描电镜。具有较高能量的一次电子束轰击到样品表面后,会使其原子的外层价电子离开样品表面成为自由电子,即形成二次电子。外层价电子的束缚能较低,因此二次电子的能量也较低,一般小于50 eV,且不会离开表面很远。由于一次电子能量较高,因此一个入射的一次电子导致多个二次电子发射也是可能的。样品上发射出的二次电子由二次电子探测器收集起来转换成电信号,按其强度对扫描成像的衬度进行调制,即可形成SEM中的二次电子像。常规二次电子探测器由收集极、加速极、闪烁体和光电倍增管(PMT)几个部分组成,二次电子由正偏(约+300 V)的收集极收集后经高压加速极(约+10 kV)加速,得到较高能量的电子,轰击闪烁体后转换为光子,再由高灵敏的PMT接收后转换为电信号用于成像。二次电子探测器中也可由固体探测器取代闪烁体和PMT,直接将电子转换成电信号,或者再进一步用固态微通道倍增板取代加速极。二次电子的强度,即二次电子产率,除与被轰击的材料种类有一定关系外,主要取决于样品的几何形貌。当一次电子束垂直轰击到样品表面时，其二次电子的产率会很低，而当其与样品表面的法线呈一定夹角时则产率会显著提高，提高的幅度与夹角相关；对于表面具有一定形貌特征的样品，其几何形貌可看成由许多不同倾斜程度的微小面构成的凸起、凹坑和台阶等细节组成，这些细节不同部位的二次电子产率不同，从而产生相应的衬度，即二次电子像的衬度主要是形貌衬度。二次电子主要产生于样品表面附近约 50 nm 的区域，二次电子发射区的横向直径也仅比一次电子束斑的直径稍大一些，因此分辨率也是有保证的，用 SEM 来观察样品的形貌特征十分有效，与光学成像相比，可具有大得多的放大倍率，且倍率及视场的可调范围也很大，例如一些场发射型高分辨 SEM 的分辨率可达 1 nm 以下，而常规 SEM 的最大扫描视场一般可达到约 5 mm，可覆盖 6 个量级以上。SEM 的另一优点是具有大焦深，在高放大倍率下对高低起伏较大的样品仍可从整体上清晰地进行观察，这也是其优势所在。SEM 用于外延材料的剖面观察也是可以的，有足够的分辨率，但由于二次电子衬度对所测材料的种类、组分和导电类型等可能并不太敏感，是否需要像用剖面光学显微观察一样先做显结处理，则需根据实际情况来确定。SEM 方法常被认为是对样品是无损的，也无需特别的制作，但其实并非如此。由于实际中一次电子的能量可高至数万电子伏，束流也可能较大，当样品本身较“脆弱”时，在一次电子束的长时间反复轰击下的能量积累难免会对样品造成损伤，影响到其后二次电子的产率和图像衬度等。这也说明，观察过 SEM 的样品再用于其他测量等可能会有问题，也不宜再用于器件制作等，好在常规 SEM 观察所需样品的尺寸很小，一般是切一小块使用。SEM 观察中常有这样的情况：当调整观察一个“新鲜”区域时开始成像很好，但由于精细调整参数需要时间，观察时间长了以后成像清晰度就会有所下降，等正式拍照时往往成像质量不太好。解决的办法是先在样品的一个类似区域调整好参数，然后移到特性相同的“新鲜”区域进行一次性扫描成像拍照。对于其他测量模式也可采用类似办法。对于高绝缘性的样品，电子束轰击会引起样品上的电荷积累，即有充电效应，影响到相关测量效果的发挥，为避免电荷积累常需要对样品进行喷金或喷碳处理等，在其表面形成导电的超薄层进行放电，这对样品显然不能说是无损的，好在对半导体材料很少遇到这种情况。

由图 6.2.9 可见，扫描电子显微中除利用二次电子外，还可以利用其他的一系列效应，这些往往都被做成 SEM 设备的一些附件供选用，从而扩展其功能，利用电子束感生电流(electron beam induced current, EBIC)效应就是其中的一种，其在研究与器件功能密切相关的一些材料特性方面十分有效。对于半导体材料，用电子束轰击样品可在某种程度上等效成向材料中注入载流子，而各种器件往往是利用载流子的漂移扩散迁移输运等方面的特性来达到某种功能，这样就有可能利用这个效应来检验这种功能。例如，对于一个光伏型光电探测器结构，对其直接注入电子就可起到类似于光照形成光生载流子进而产生光电流的作用，即利用电子束来产生“光电流”。光电流的产生除与材料结构相关外，还要受到材料质量(如材料中的缺陷等)的影响，观察扫描电子束作用下器件结构的光电流产生效果，特别是其微区可分辨的效果，对判断分析材料质量很有帮助。与二次电子发射只在近表面区域产生的表面效应不同，较高能量的电子束轰击样品是会进入其内部的，进而产生相关的“体效应”，例如 EBIC。对一定能量的电子束进入样品内部的情况可由相关模型通过蒙特卡洛模拟来判断其散射轨迹分布。

图 6.2.10 给出了经 10 kV 电压加速的电子束轰击波长扩展 InGaAs 光电外延器件结构表面后，电子进入其内部轨迹的蒙特卡罗模拟结果示意图，此器件外延结构中光吸收层为 n^- $In_{0.83}Ga_{0.17}As$、厚度为 2.5 μm，帽层为 P^+ $In_{0.83}Ga_{0.27}As$、厚度为 0.6 μm，相关材料参数需在模拟时输入。根据蒙特卡洛模拟结果进行粗略估计，当加速电压分别为 5 kV、10 kV 和 15 kV 时，在此材料中电子的最大穿透深度分别约为 0.16 μm、0.47 μm 和 0.92 μm，横向扩展范围（单向）分别达到约 0.12 μm、0.24 μm 和 0.83 μm，相对于输入的聚焦电子束其尺寸尺度已很大，因此对于 EBIC 测量不可期望像二次电子成像一样高的空间分辨率。由图 6.2.10 可见，能量 10 keV 的电子进入样品后的轨迹弥散已可达微米量级，在此尺度范围注入的电子是可以扩散到光伏型光电探测器的 pn 结区形成“光电流”的，10 keV 的电子能量较为合适。能量更低则电子注入过于集中在表面不易被收集形成“光电流”，能量再高则易产生注入损伤，横向扩展也过大影响分辨率。由 EBIC 的原理可见，注入电子产生的“光电流”信号是要经引出后才能用于检测和成像的，因此 EBIC 样品是需要制作电极的，这可等效成一个原型器件，或者说需要专门制作样品且有专门夹具，当然也可直接利用带电极的实际器件做 EBIC 测量，这是其与 SEM 的不同之处。下面可看一个 SEM 与 EBIC 测量进行比对的实例。

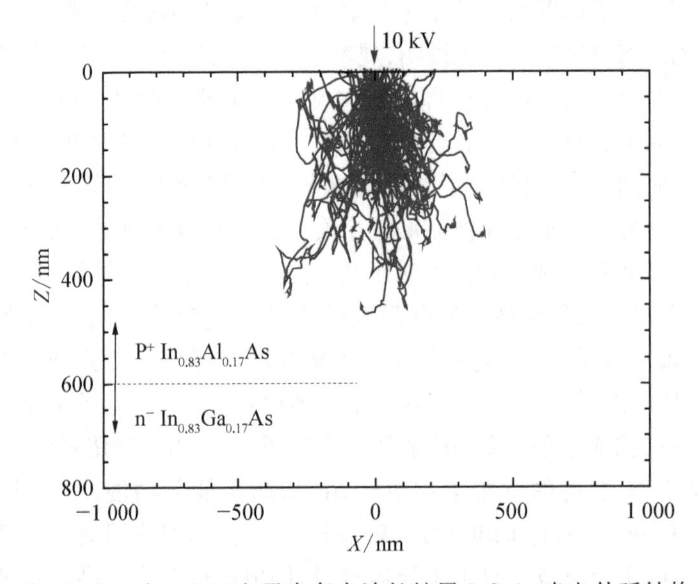

图 6.2.10　对 10 keV 电子束轰击波长扩展 InGaAs 光电外延结构表面后电子进入其内部轨迹的蒙特卡罗模拟结果示意图

图 6.2.11 示出了采用 10 kV 加速电压对两种波长扩展 InGaAs 光电探测器进行二次电子 SEM 和电子束感生电流 EBIC 正面观察成像的结果，这是以两个实际器件为样品，在相同条件下进行的测量，样品 A 为在 InP 衬底上生长，样品 B 为在 GaAs 衬底上生长，器件的其余结构相同[20]。测量中采用了 10 kV 的加速电压，此电压对 SEM 和 EBIC 成像均较为合适，采用的电子束流约为 10 nA。对此两种器件样品，虽然其有源区结构相同，缓冲层厚度也相同，但采用 GaAs 衬底时的晶格失配要比 InP 衬底大得多，缓冲层的失配梯度也相应增加，因此外延材料的质量有较显著衰退，在其 SEM 和 EBIC 成像结果中均有清晰体现，且可反映其中的

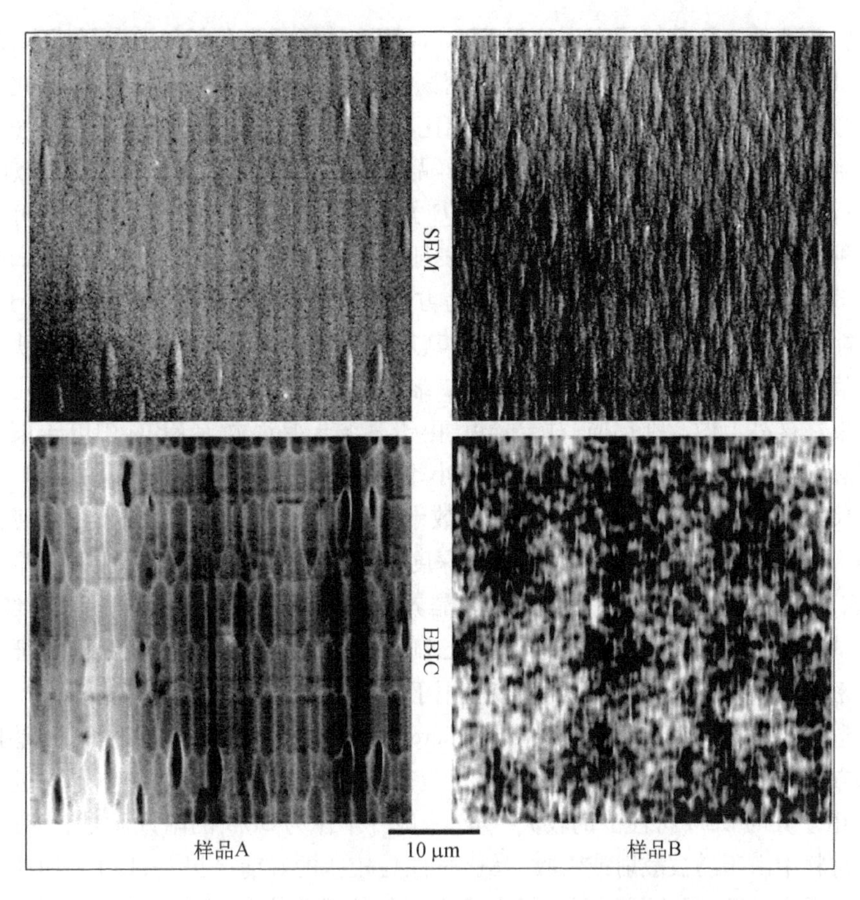

图 6.2.11 采用 10 kV 加速电压对两种波长扩展 InGaAs 光电探测器样品进行二次电子和电子束感生电流成像的结果,样品 A 为在 InP 衬底上生长,样品 B 为在 GaAs 衬底上生长,器件的其余结构相同

较多信息。从 SEM 图像看,两种外延结构均呈与图 5.4.3、图 5.4.4、图 6.2.6 和图 6.2.8 等相似的较大失配材料典型的布纹格结构表面形貌,但其局部细节更多,沿[110]方向的凸起和凹陷的精细特征可清晰分辨,样品 B 的粗糙度也明显比样品 A 大。对比 SEM 和 EBIC 图像可以看出,二者有一定的相似性和细节对应关系,但的确反映了样品不同性质的特性。从样品 A 看,SEM 形貌特征中的凸起区域在 EBIC 中表现为暗区,产生的"光电流"较弱,对应影响较大的缺陷,凹陷区在 EBIC 中则较亮,交界处为亮线,对"光电流"影响较小。样品 A 的 EBIC 图像右侧有一较长垂直暗区,反映了影响更大的内部局部缺陷串特征,但这在主要针对表面形貌的 SEM 图像中并未体现,说明这两种方法有很好的互补性,EBIC 图像则与器件特性的相关性会更好。对于样品 B 的 EBIC 图像,其暗区密度已很高,预示了较差的器件特性,这在对器件的电特性特别是暗电流的测量比对中有充分体现[20]。EBIC 方法除可以进行正面观察外,也可以做侧面或剖面观察,为有较高的几何分辨率可采用较低的加速电压,这对外延层缺陷的观察,如位错、层错和晶界等的精细表征方面有较好效果。另外,EBIC 方法还可以用于 pn 结区的结深和载流子扩散参数的检测等。

在材料与器件表征方便还有一种与EBIC原理和功能都十分相似的表征技术,即光束感生电流(light beam induced current, LBIC)方法,由于其所用光束常采用激光,因此也称激光诱导电流方法,有其自己的特点。与EBIC相比,其探测束由电子束换成光束,当波长合适的光束照射到特定样品(如前述包含pn结的样品)后,自然可以产生与EBIC类似的感生电流,将此电流经电极引出即可用于测试。LBIC方法中用作光源的激光器其波长可以根据所测样品的种类选取,使其可作用在样品所需表征的区域,以获得良好的作用效果;LBIC方法不需要像EBIC一样的真空环境,使用上更为方便;LBIC方法中光子的能量远小于EBIC中电子束的能量,对样品是真正无损的,不影响其后续使用;LBIC也进行扫描测试获取参数的几何分布信息,一般是固定激光束对样品做二维机械扫描,当然也可以固定样品用光反射振镜使激光束在样品上做二维扫描;对于光束,由于其波长要远大于EBIC中电子束的等效波长,经聚焦后其光斑尺寸受衍射极限限制最小也只能达到波长尺度的数量级,且实际LBIC中光斑的尺寸会更大一些,一般在微米甚至数十微米,其作用区域较大,横向几何分辨率也会与此相当,纵向作用范围则取决于光吸收深度。因此,与EBIC相比LBIC可获取半导体材料的更"宏观"一些的信息,包括位错、缺陷、晶界和应力的分布等,但其样品也需像EBIC一样制作测试电极,而此方法更加适合直接对已制作电极的器件芯片进行检测,表征一些与其材料特性密切相关的器件参数,甚至直接应用于FPA器件的表征。

透射电子显微镜(transmission electron microscope, TEM),或简称透射电镜,是扫描电子显微成像方法的另一重要模式,即探测透射(包括散射)过样品再出射的电子并进行扫描成像。TEM由于其与SEM特性上的较大差异,一般并不作为SEM的附件而是有专门的设备。电子束在材料中由于易被散射或吸收,其透过性是较差的。前已提及,15 kV加速电压下透入深度仅在微米量级,因此要利用透射电子进行扫描成像主要有两个方面的措施:其一是采用更高的加速电压以使电子有更大的透入深度,从而能够透过样品用于探测成像,因此TEM的加速电压一般已提高至30~300 kV,相较于SEM提高了一个量级以上,TEM的电子束源也有灯丝热阴极和场发射阴极等种类,一般场发射电子束源具有更高的亮度和分辨率,但需要更高的真空度。更高的加速电压也有利于电子德布罗意波长的减小和观察分辨率的提高,并使之具有达到原子分辨率的能力,但此方面也会受到技术上的一些限制;其二是用于TEM观察的"块状"半导体材料样品一般都需做较复杂的减薄处理,常需通过多种方法对其减薄,并使用聚焦离子束(focused ion beam, FIB)轰击铣削等方法将观察区最终减薄至数百至数十纳米的厚度,方可进行有效的观察,这需要依靠一些专用的设备和工具,且较费时间,制样"成品率"也低。由于TEM可达到的放大倍率很大,在此情况下视场很小,制样也较复杂,将感兴趣的区域保留在最佳减薄区内是进行有效观察的必要前提,对于平面观察或剖面观察都有一定的方法和技巧。由于视场小,从最佳减薄区中找到感兴趣的区域也是TEM操作的难点所在。TEM电子的探测成像早期一般也采用较直接的荧光屏形式,再辅以胶片或数字成像,现已基本被直接的CCD/CMOS数字成像取代。TEM本身也有不同的衬度机制或成像模式,如吸收像、衍射像和相位像等,以及直接像、暗场像和亮场像等,需根据实际要求选用。在外延材料的TEM观察中常希望以较方便的模式进行成像,侧重用较直观的模式表征其中的位错等缺陷及其分布情况,也有对衍射图案进行傅里叶变换等较间接的方式。

图 6.2.12 示出了对两种 GSMBE 生长的波长扩展 InGaAs 光电探测器外延结构进行的截面透射电子显微(cross-sectional TEM, X-TEM)成像的结果,采用了 TEM 中较小的放大倍数以获得较大的成像视场。样品 A 为在 InP 衬底上生长,样品 B 为在 GaAs 衬底上生长,器件的其余结构相同,并与图 6.2.11 的两个器件样品相对应。由图 6.2.12 可见,此两个外延材料样品的 TEM 成像结果相差较大,样品 A 的失配位错主要横向限制在 $In_xAl_{1-x}As$ 组分递变缓冲层中,未向固定组分 $In_{0.83}Al_{0.17}As$ 缓冲层延伸,$In_{0.83}Ga_{0.17}As$ 光吸收层和$In_{0.83}Al_{0.17}As$帽层的材料质量较好,可观察到的缺陷较少;样品 B 的组分递变 $In_xAl_{1-x}As$ 缓冲层中失配位错密度较高,且已向固定组分 $In_{0.83}Al_{0.17}As$ 缓冲层延伸,并扩展至 $In_{0.83}Ga_{0.17}As$ 光吸收层和 $In_{0.83}Al_{0.17}As$ 帽层,因此材料的外延质量较差。此观察结果与器件性能有很好的关联性,也与 SEM 和 EBIC 的测量结果相对应[20]。TEM 可有更高的放大倍率及分辨率,甚至可成原子像。图 6.2.13 示出了 GSMBE 生长的波长扩展 InGaAs 光电探测器结构中 InAlAs 组分递变缓冲层与 InGaAs 光吸收层界面附近的高分辨透射电镜(HRTEM)成像结果,其上可见到异质界面上插入的九个周期的 InAlAs/InGaAs 数字递变超晶格(DGSL),层次及厚度变化可以清晰分辨,其标尺的刻度为 200 nm,放大倍数已很高,视场也很小。此结构中 DGSL 的周期约为 8 nm,InAlAs 和 InGaAs 层的厚度从缓冲层一侧的 9 : 1、8 : 2、……过渡到光吸收层一侧的……、2 : 8、1 : 9。异质界面上 DGSL 的插入一方面有利于抑制异质带阶引起的电荷积累效应,对改善器件的瞬态特性有利;另一方面也有利于阻挡失配位错的延伸,对提高此类器件性能有显著效果[21],较大失配的缓冲层中间插入多个 DGSL 结构对阻挡位错的延伸也会有更好的效果[22]。

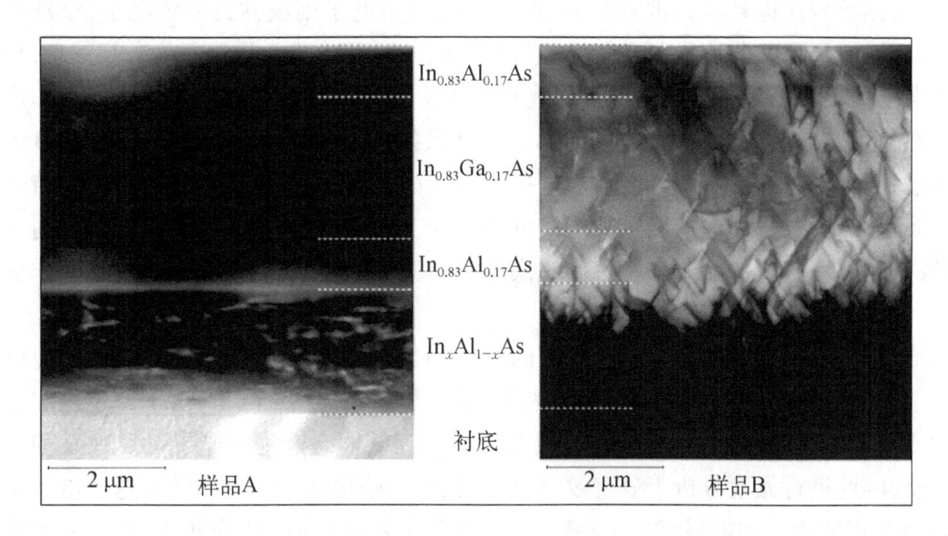

图 6.2.12 GSMBE 生长的波长扩展 InGaAs 光电探测器结构中 InAlAs 组分递变缓冲层与 InGaAs 光吸收层界面附近的高分辨透射电镜 HRTEM 成像结果,其异质界面上插入了九个周期的 InAlAs/InGaAs 数字递变超晶格 DGSL,可以清晰分辨,标尺的刻度为 2 μm

基于电子束显微方法的 SEM 中还可以包括一系列对光子或电子进行光谱或能谱分析的附件,可利用其相关效应进行成像,或用于做微区分析,是材料的成分分析、质量检测以及

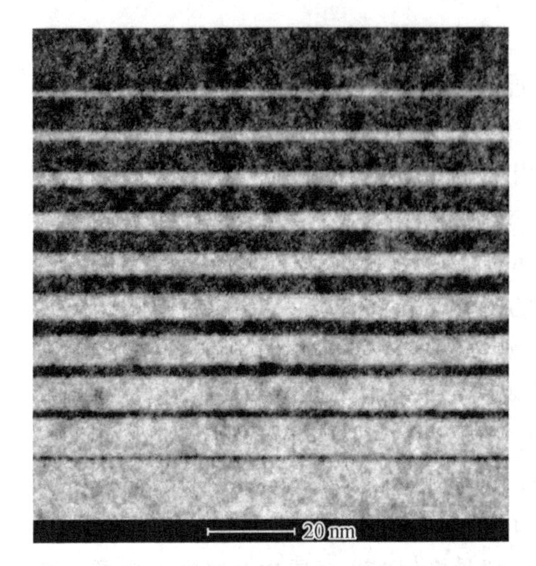

图 6.2.13 GSMBE 生长的波长扩展 InGaAs 光电探测器缓冲层与光吸收层界面附近的高分辨透射电镜成像结果，其界面上插入的九个周期的 InAlAs/InGaAs 数字递变超晶格清晰可见，标尺的刻度为 20 nm

相关机理分析等方面的有效工具。由图 6.2.9 可见，这些方法包括了 X 射线能谱分析(energy dispersive X-ray analysis, EDXA)、阴极荧光(cathode luminescence, CL)成像或光谱、俄歇电子能谱(Auger electron spectroscopy, AES)以及背散射电子(back scattered electron, BSE)能谱等，在半导体材料检测中各有侧重和用途。

样品中受电子束轰击的原子，其内层吸收电子束能量激发到外层的电子会再跃迁回到内层或较低能级，此过程中释放出的能量主要转换为光子，其中能量较高的特征 X 射线与此原子的元素种类相关，EDXA 类似于理化分析中的原子发射光谱(atomic emission spectroscopy, AES)，可被用于元素分析；能量较低的紫外可见红外波段光子就称为阴极荧光(CL)，对半导体材料而言主要与其带间和带内的特征能级相关，例如禁带和缺陷能级等，CL 类似于光致发光，即光荧光(photo luminancence, PL)，可被用作成像或光谱分析；如果发射光子的能量又被原子的其他外层电子所吸收，并使此电子离开样品表面成为自由电子，则此效应即被称为俄歇效应，逃逸出的自由电子则被称为俄歇电子，俄歇电子只来自样品的浅层表面，其能量包含了样品浅层表面的元素种类以及界面状态等信息，可被用于俄歇电子能谱(AES，注意与原子发射光谱区分)分析。正向入射的高能电子束作用于样品后会在其反方向散射出一部分电子，称其为背散射电子(back scattered electron, BSE)，与入射电子相比其要损失一部分能量，能量损失的大小也与材料种类及状态等相关，背散射电子信号既可以用于成像，也可以进行能谱分析。与二次电子相比，样品中产生背散射信号的区域较深较大，用其成像的分辨率不如二次电子，其衬度则主要为物质成分衬度而非表面形貌衬度。

扫描电子成像设备中加上各种检测附件即可利用这些效应进行相关的分析及成像。SEM 中引入具有能量分辨能力的 X 射线探测器即可进行 EDXA 测量，由于原子内层电子的结合能或束缚能受环境影响很小，其被激发后跃迁到低能态产生的光子可反映某种元素的特征性质，因此进行元素分析十分有效，也可以获得一些化学价态方面的信息。电子束作用下发射的 X 射线光子的能量常在 1 keV 量级，强度与某种元素的含量相关，对重元素的产率较高因而灵敏度也较高，可进行定性分析，也可经标定后进行定量分析。相较于 SEM 中的 EDXA，AES 则侧重于原子的外层电子，其受环境影响较大，可以反映样品的表面或界面特征，因此常用于表面分析，注意到这时探测的是从表面发射出来的电子而非光子，其能量约在数十至数百电子伏特，比二次电子要高一些，因此要用与探测二次电子类似的电子检测器来检测，但需要其具备能量分辨能力，即能进行能量色散谱(energy dispersive spectroscopy,

EDS)检测。XPS和AES测量时电子束常不需要扫描而将其作用在样品上的一个点上或微小区域,即做微区分析,当然将检测器的检测能量固定在某个数值上做扫描成像也是可以的,从而获取某种元素或表面状态的强度像。对于光子能量较低的阴极荧光(CL),可以将其发光信号通过设备上的透光窗口或采用透镜和光纤等引出SEM系统,再用光谱仪器做与PL类似的微区光谱分析;由于电子束的能量高,对一些宽禁带的材料也能进行CL有效激发,获得的发光强度也可以较强,可能会比PL发光更强,因此对一些材料也更易于测量。CL发光也可以在SEM内部用合适的光学系统和光电探测器采集强度信号进行扫描成像,这时既可以用其总强度进行灰度成像或处理成伪彩色像,也可以进行适当的分光后进行多光谱成像,如CL光谱恰好落于可见光波段,还可以进行真彩色成像。综合看来,对于半导体材料的检测而言,由于样品本身已具有较高的材料纯度和质量,而XPS、AES和BSE等在痕量杂质和精细状态检测方面的能力也有限,PL检测则可以取代CL检测,且在某些方面具有更好的性能,因此这些方法并非日常的检测手段,但具有各自的特点,可在一些特定的场合使用。

6.3 光学与光电特性

这里外延材料的光学与光电特性大致是指采用光学或光电结合的方法来表征材料的基本参数以及质量方面的信息,是其材料种类、内部晶体结构和外延质量等的外在表现,具体可用的方法繁多,参数种类各异,且与本节前后内容都密切相关,有时难以严格区分。本节将只选择少数较典型的方法,结合具体实例做简单介绍。对外延材料的光学和光电特性表征而言,光谱学方法可以看成是其基础,光谱仪器则是主要工具,本节侧重于介绍基于傅里叶变换红外(Fourier transformed infrared, FTIR)方法的光谱表征。另外,FTIR光谱仪(FTIR spectrometer)有时也直接简称FTIR。与传统的基于分光方法的光谱分析相比,FTIR在某种程度上是一种“间接”的方法,有其自身的优点和特点,以及一些操作方面的技巧和限制因素,本节中会有所提及,一些更具体的细节可以参见相关书籍[4]。

6.3.1 吸收与反射特性

半导体材料的吸收和反射特性是其最基本的光学特性,反映了物质与光相互作用后产生的一些相关效应,可以用光谱学方法进行分析。以强度I入射到某种物质上的光,与其产生相互作用后可形成反射R、吸收A、透射T和发射E这样几个分量,根据能量守恒应有$R+A+T+E=I$。散射S能量一般很小,这里先不考虑。一般而言,对不同材料在不同的波长上,例如在其透明或不透明的波段,这几个分量可能不是同时存在,或者是由某一个或几个分量主导,各分量间也会有一定的互补关系,常需要根据具体情况根据基本原理进行取舍和近似。不对材料进行某种激发只做常规光谱测量时,光发射E可以忽略,则$I=R+A+T$,如其中I作为已知量,R和T是可测量量,由此可定出A;当R和T中某一项在某个波段近似为常数或可以忽略时,则可以进一步简化,这是在进行某种测量设计时需要预先考虑的。

对于半导体材料以及一些相关的外延结构或微结构，由于在存在漫反射（diffuse reflection）情况下其总体反射率或透过率都会较低，很难得到有用的光谱信息，因此一般只考虑对其在镜反射（specular reflection）即常规反射（regular reflection）条件下进行反射谱测试，即样品的一个表面已呈平滑光亮的镜面状态，或片状样品的两个表面已呈平滑光亮的镜面状态下进行透射谱测试，例如一面为光亮的外延层另一面为已抛光的衬底，或经磨片抛光处理后两面成为平整光亮的镜面状态。吸收谱类测试实际指的是测量样品的透射谱或反射谱，而样品的吸收谱是无法进行直接测试的，但有可能通过透射谱或反射谱以及样品的结构和尺寸等相关信息导出。相对于无吸收或吸收很小的"透明"样品，如正入射条件下对石英玻璃在可见光波段进行测试，其透射和反射谱间应具有更简单的关系 $I=T+R$，而对于半导体样品，由于材料带隙、杂质与缺陷的存在以及各种人工制成的微结构等造成的影响，使得有可能存在较丰富的透射、吸收或反射特征谱，而这些正是半导体研究中希望了解的，也是进行测试的目的所在，显然这时其透射和反射谱间是不能用简单的相加关系来描述的。由于这些特征信息本质上都是由于某种"吸收"造成的，且吸收谱也需通过透射谱和反射谱测量导出，因此对半导体的透射谱和反射谱测量常统称为吸收谱类测量，而吸收谱类测量恰恰是FTIR 的基本或标配功能，固态片状测量样品可直接置于 FTIR 的样品室中进行吸收谱测量，也可以通过各种可直接置于样品室中的镜反射谱附件进行反射谱测量，对一些粉末样品还可以采用衰减全反射比（attenuated total reflectance，ATR）附件进行 ATR 测量。针对液态或气态样品，也已发展出了多种不同类型的液体或气体测量附件，常称其为液体池或气体池，其尺寸常做成可与 FTIR 光谱仪的样品室内的安装空间相匹配，因此也可以直接置于样品室中进行测量。

图 6.3.1 示出了 FTIR 光谱仪的示意图，左侧为基于迈克耳孙干涉仪的傅里叶变换光谱仪结构。图中上部框中即为典型的迈克耳孙干涉仪，包括了分束器和定镜、动镜三个主要光学元件；定镜和动镜一般均为平面反射镜，也可采用能将入射光沿同方向反射回去的角镜或曲面镜。工作时定镜固定不动，动镜可在轴承轨道上做匀速运动并来回扫描。分束器也称分光片，是在合适的基底材料上镀上半透半反膜制成的，其作用是将入射光分成两束，一束为透射光，另一束为反射光，一般要求透射光和反射光的强度基本相当，即各占约 50%。分束器按图中 45°放置时，透射光和反射光互相垂直，动镜和定镜也垂直放置，构成一个宽光束平行光干涉系统。在迈克耳孙干涉仪中，入射光经分束器部分反射、定镜全反射和分束器部分透射后出射到探测器的这一路光的光程是固定的，入射光经分束器部分透射、动镜全反射和分束器部分反射后出射到探测器的这一路光的光程则随着动镜位置的变化而变化，因此两路出射光将产生干涉作用。对于单色的入射光，当动镜移动半个波长时，动镜这一臂的光程变化一个波长，即光走一个来回，两路出射光形成一个周期的干涉强弱变化。当动镜以速度 v 匀速连续运动时，两路出射光干涉后的强度就按一个固定频率呈正弦变化，此固定频率即称为傅里叶频率 f。傅里叶频率 f 与动镜运动速度 v 及入射光的波数 ν 或波长 λ 间有简单的关系 $f=2v\nu=2v/\lambda$，即傅里叶频率正比于入射光的波数以及动镜的移动速度，也就是说光的波数变化可以通过动镜的运动转换成傅里叶频率的变化，这就是傅里叶光谱变换的基础。当入射光为包含各种波长的复色光时，干涉后的出射光也将按各种相应的傅里叶频率有光

强度的变化,用光电探测器记录这种强度变化并经放大后即可转换成包含相应傅里叶频率的复合电信号,对此电信号进行傅里叶变换即可还原出原入射光的光谱强度分布,即测量了入射光的光谱。图 6.3.1 右侧为一种镜反射谱测量附件的简单示意图,由反射镜和抛物面镜构成,将来自迈克耳孙干涉仪的平行光反射聚焦到样品上,再将反射光收集聚焦于探测器。此类附件一般是与 FTIR 光谱仪的样品室相配的,使用时可直接置于其中进行镜反射谱测量。

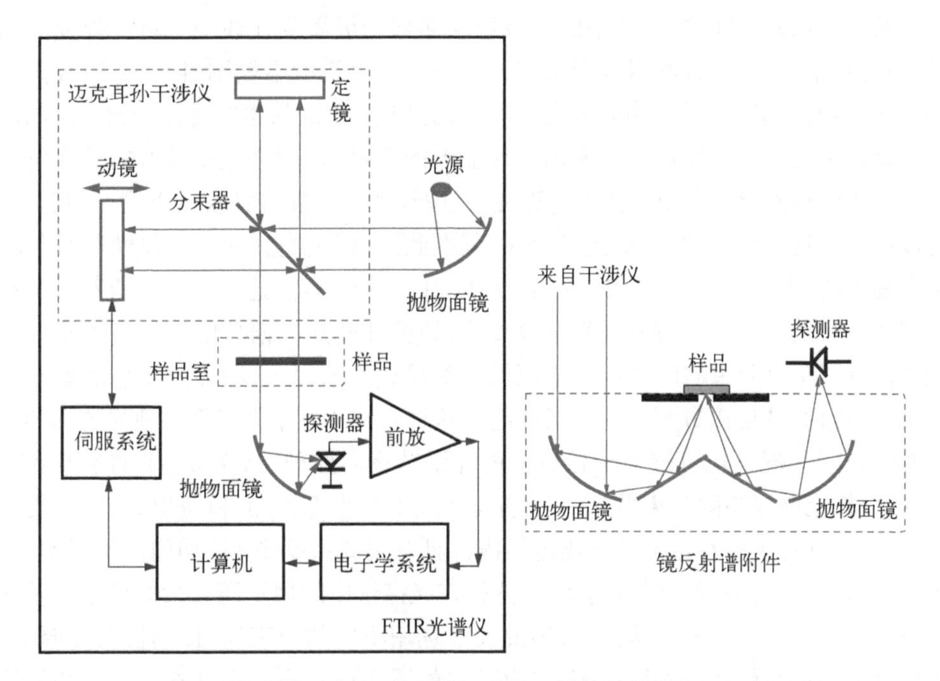

图 6.3.1　FTIR 光谱仪结构示意图,右侧为一种镜反射谱测量附件示意图(彩图见书末)

与分光方法相比,FTIR 方法的优点主要表现在高光强、低等效噪声、宽平行光束、快扫描、宽光谱范围以及特别适合中红外和远红外波段等方面,这几个方面其实互相之间是有关联性的,Fellgett[23] 和 Jacquinot[24] 将其总结为“光谱复用”特征和“高通量”特征,分别称其为 FTIR 的 Fellgett 优点和 Jacquinot 优点。由图 6.3.1 及前面的描述可以看出,FTIR 方法中并不包含提取“单一”光谱分量的分光过程,包含全部光谱分量的被测光是全部同时进入迈克耳孙干涉仪的,而其输出的包含光谱信息的干涉光信号也是“同时”输出的,并可全部聚焦作用于光电探测器上,即整个光谱能量是“复用”的,作用于光电探测器上的始终是包含各个傅里叶光谱分量的“强”光信号而非经分光后的“弱”光信号,即面对的是“高通量”的光,而不像分光光谱那样针对单一光谱分量的微弱光信号。在高通量光信号作用下探测器的噪声影响会相对较小,即其输出具有高信噪比,这个特点在使用宽谱的“强”光源时尤为明显。干涉仪的输入和输出都是光束直径较大(厘米量级)的平行光,而不像分光光谱那样要面对由决定分辨率的狭缝输入或输出的发散光,这样的光束处理起来会很方便,因此也是一种“高通量”特征,本质上 FTIR 的分辨率主要是由其动镜的扫描长度或范围决定的,而与其“光通量”无关,并不像分光光谱那样与由狭缝大小决定的光通量直接相关。傅里叶变换光谱仪在常规快扫描(rapid scan, RS)方式下完成一次扫描所费时间很短,常可在1 s以内,在现代计算机条件下可以达到数据输出的“高通量”,在降低分辨率要求的前提下甚至可在数十毫秒至数毫秒量级完成一次采谱,每秒可获得百张以上谱图,因此也可用于在这个时间尺度上进行实时的时间分辨光谱(time resolved spectroscopy, TRS)研究,但其时间尺度对半导体材料显然并不合适。由于扫描速度快,因此也可通过对同一样品进行多次扫描获得的光谱数据进行叠加平均来抑制随机噪声。对于各个波段的量子型光电探测器而言,一般说来其性能是随着波长的增加而下降的,因此中红外波段探测器的灵敏度往往要比近红外或可见光波段差,这使得在中、远红外波段用分光法进行吸收光谱分析就会较困难,需要用很大功率的光源,面对微弱的发射光信号(如光荧光等)则会更加困难,而傅里叶变换光谱方法的高光通量特点可以在很大程度上弥补光电探测器性能上的不足,采用灵敏度较低的热释电探测器配合功率不大的热光源或白炽光源就可以在近、中红外波段进行吸收谱类测量,甚至拓展到远红外波段。并且,对于傅里叶变换光谱仪,其准确度、精确度和测量重复性等是与动镜的伺服精度相关的,由于波长越长所需的伺服精度相对要求越低,这样显然也有利于其在中红外和远红外波段发挥作用。与分光光谱仪相比,傅里叶变换光谱仪的另一特点是可覆盖很宽的光谱范围。单个分束器的光谱覆盖范围一般可达十倍以上,明显宽于色散型分光元件(一般在四倍以内,两倍内方可维持较高性能),这样在配用宽谱热光源和热探测器的常规组合(针对吸收谱)情况下也可覆盖十倍以上的光谱范围。此外,从图6.3.1的示意图可以看出,傅里叶变换光谱仪中除分束器外,其他光学元件(如动镜、定镜和抛物面镜等)均为反射型的光学元件,其特点是在极宽的光谱范围内都具有很高(>99%)且均匀的反射率,即其性能与光波长基本无关,不额外引入谱特性,这样在光谱仪中配用不同波段的分束器及光源和探测器时并不需要换用其他光学元件,因此通过选用不同的分束器、探测器及光源组合,同一光谱仪就可以覆盖更宽的光谱范围,具有较强的适应性。用于中红外并向远红外波段拓展的光谱仪中一般选用镀金膜的反射元件,用于中红外向且向近红外及更短波长拓展的光谱仪则采用镀铝的反射元件,反射元件上一般还加有合适的保护膜加以保护并满足相应波段的要求。傅里叶变换方法作为一种“间接”的光谱测量方法由于存在傅里叶变换等步骤,因此整个测量过程中的所有“误差”,包括机械和电子系统中存在的非完美性、外界的电磁和机械振动干扰、数据处理过程中的一些近似设置以及操作设置中的偶然“失误”等,都有可能在测量结果中反映出来,产生噪声或虚假光谱信号,或者说“无中生有”,这是此方法的主要缺点。现代傅里叶变换光谱仪中对前述的一些“误差”已做了充分考虑,在“常规”的测试条件下一般不会反映到测试结果中去,但在一些特殊的设置参数条件或引入了外部的光学和电子学部件等情况下,虚假信号就有可能出现,这就需要操作者在对整个过程有所理解的基础上通过改变测试条件、优化软硬件系统以及运用替代方法等对虚假信号进行判断和排除。“间接”的测试方法及其可能引起的“虚假光谱”是采用傅里叶变换光谱分析方法隐含的主要问题或限制因素,也是其有别于分光光谱分析方法的特别之处。

对于半导体材料的吸收谱类测量,简而言之应该可以大致划分成几个波段范围:当光子能量较小时,其基本不与材料发生相互作用,为向长波方向延伸的透明波段;当光子能量较大时,其与材料发生强相互作用产生强吸收,为向短波方向延伸的不透明波段。与材料的禁带宽度基本相对应的带隙波长介于透明和不透明波段之间，为二者的分界。注意到吸收类光谱中的有用信息需要在透明波段及其交界处提取，完全进入不透明波段后原理上就无法用光谱学手段提取其他有用信息了，这是吸收谱类测量的基本限制。此外，尚有其他一些细节因素，具体包括：透明波段中可能存在着杂质、缺陷和界面态等对应能量较小的弱吸收，这是要提取的信息；透明波段中也可能存在着自由载流子吸收，一般波长越长浓度越高吸收越强，经标定后可用于表征载流子浓度，对特定材料波长足够长后可能由透明转为不透明；对于普通的透明均匀介质材料，其不具有明显的吸收和发射，即 $I = T + R$，反射率和透射率可以根据材料的折射率直接计算，且一般并不具有精细的谱特性，而半导体材料的许多特性则正是体现在这些精细的谱特性之中。总体来说，吸收谱类方法主要依靠相对参比测量，使用上会受到参比样品的限制；受测量方法和材料特性本身所限，在半导体材料表征方面的精度不高，进行精细的绝对测量也会受到一定限制。前文图 3.3.6 和图 3.3.7 中已给出了一个采用 FTIR 方法测量与 InP 晶格匹配及高 In 组分的三元系 $In_xGa_{1-x}As$ 材料在室温与 77 K 下的光吸收系数与波长的关系[25]，包括所用参比样品的结构和进行标定的方法，下面可再看一个具体实例。

基于半导体材料采用先进的生长及微细加工方法可以制作出各种一维、二维或三维的在某一波长范围具有特殊光学特性的人工微结构，而构成这些微结构的半导体材料本身在此范围则是“透明”的，但其结构具有某种周期性或准周期性，由此形成某种特殊的光学性质。对这些微结构进行透射谱或反射谱测试是研究其光学特性所必需的，将这些微结构用于实际器件也需要监控其光学特性的变化情况。采用两种不同的半导体材料构成多层膜结构可以获得一些特殊的光学特性。当两种材料以一定厚度做周期性重复排列时，与晶体结构类比被称为一维光子晶体结构，如以某种规律做非周期（或称准周期）排列则被称为一维光子准晶，典型的有按斐波那契序列（Fibonacci sequence，A →AB，B →A）或苏厄-莫尔斯序列（Thue-Morse sequence，A →AB，B →BA）排列的准晶结构。此类一维准晶体可形成一些特殊的光子带隙，因此也被称为光子准晶。

图 6.3.2 示出了采用 FTIR 方法测量的 GSMBE 生长 $GaAs/Al_{0.6}Ga_{0.4}As$ 5 阶、6 阶和 7 阶 Thue-Morse 准晶结构的透射光谱，及其与理论模拟结果的比对[26, 27]，图中照片为其外延结构剖面的 SEM 显微照片，亮区和暗区分别对应 GaAs 和 $Al_{0.6}Ga_{0.4}As$ 层。透射谱测试在 FTIR 光谱仪的样品室中进行，使用仪器自带的普通样品夹。由图 6.3.2 可见，理论模拟结果表明此一维准晶结构中存在 4 个光子带隙区域，这 4 个区域在透射谱测试中都已得到了很好的体现，相关细节也都存在。由于实际外延生长中可能存在厚度与组分控制误差，以及理论模拟中所用参数的误差，峰位上存在一定的偏移。图 6.3.3 示出了对此组样品采用 FTIR 方法测量的反射光谱及其与理论模拟结果的比对[26, 27]，测试中使用了安置在 FTIR 光谱仪样品室中的可变角度镜反射附件，选用的入射角为 30°，以金属反射镜作为参比样品。由图 6.3.3 可见，此一维光子准晶结构的实测反射谱与模拟结果对应良好，但实测与模拟结果的峰位偏移仍然存在；注意到无论是理论模拟还是实测结果，此结构的吸收峰位与反射峰位都有着很好的对应关系；实测反射谱与透射谱的峰位间也存在一很小的偏移，与反射谱测试时的入射角有关。

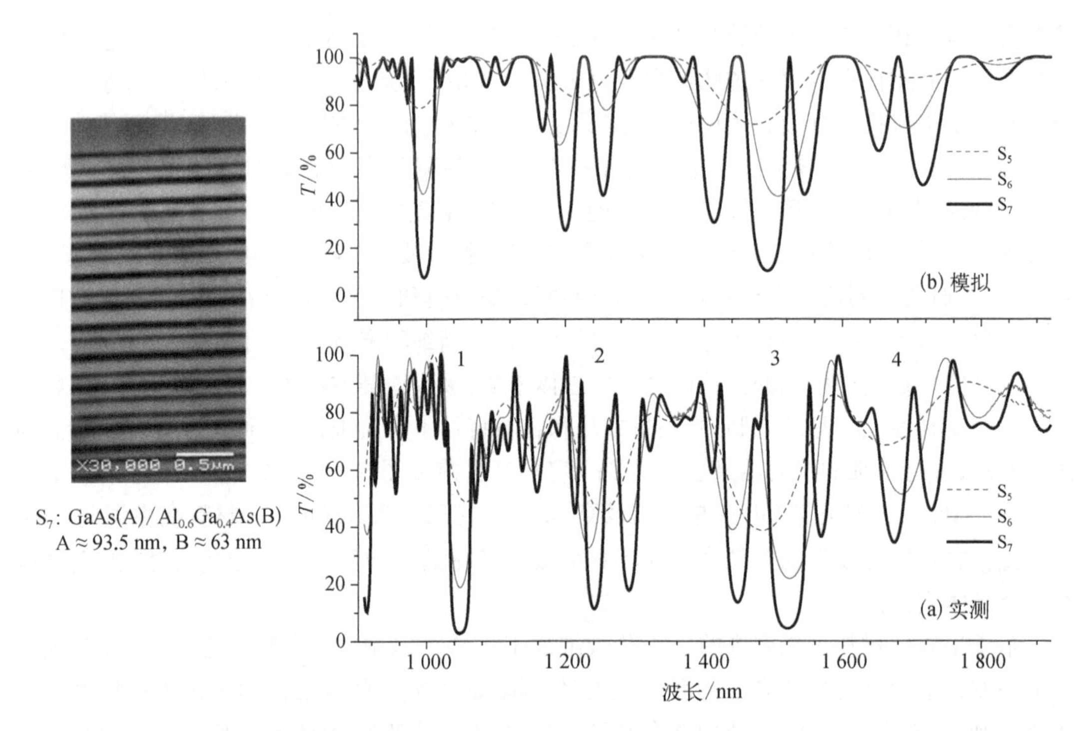

图 6.3.2 采用 FTIR 方法测量的 GSMBE 生长 GaAs/$Al_{0.6}Ga_{0.4}$As 5 阶、6 阶和 7 阶 Thue-Morse 准晶结构光子晶体的透射光谱的实测(a)及理论模拟结果(b),右边为其外延结构剖面的 SEM 显微照片,亮区和暗区分别对应 GaAs 和 $Al_{0.6}Ga_{0.4}$As 层

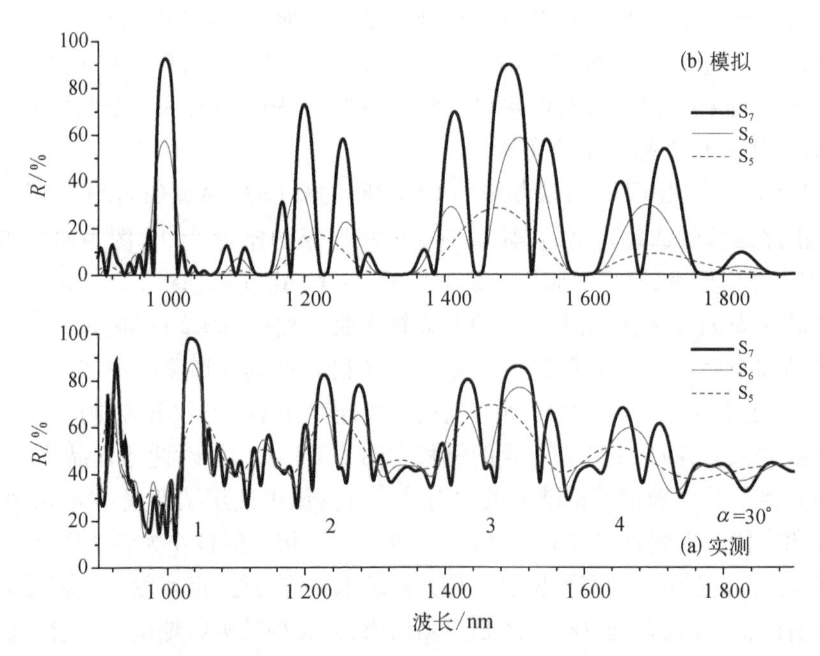

图 6.3.3 采用 FTIR 方法测量的 GSMBE 生长 GaAs/$Al_{0.6}Ga_{0.4}$As 5 阶、6 阶和 7 阶 Thue－Morse 准晶结构光子晶体的反射光谱(a)及其理论模拟结果(b)

6.3.2 发光特性

半导体材料的发光特性除在研究其中的各种物理机制方面有独特的作用外，也是检验材料质量的直观有效方法，其中光荧光(photo luminescence, PL)，也称光致发光方法，是常用的手段。对于直接带隙半导体材料，用大于其带隙能量的光子进行激发(也称泵浦)后，材料中电子从导带跃迁回价带时常伴随着光子的发射，光子的能量与此种半导体材料的带隙相对应，体现在其光谱特征(如发光峰的峰位)中，而光荧光效率，即发射光子数与泵浦光子数之比及其谱分布，具体体现为 PL 峰的强度和峰宽，则与材料的晶格完整性、缺陷密度、掺杂和结构以及表面状态等密切相关，直接反映材料的质量，因此是材料生长中最重要的日常检测项目之一。一些精细的能带结构以及禁带中的杂质和缺陷态等也会在 PL 光谱中有所体现。红外波段的 PL 光谱测试也常采用 FTIR 方法，但由于 FTIR 光谱仪的标准配置及相关附件只适合吸收谱类测量，进行 PL 光谱测量一般需基于产品 FTIR 光谱仪来自行建立测量装置，包括引入功率较大的泵浦光源，搭建合适的泵浦输入和荧光信号收集光路以及必要时引入或改进电子学系统等。除 FTIR 的常规快扫描(rapid scan, RS)模式外，有时还需针对特殊样品和测量波段引入双调制(double modulation, DM)或步进扫描(step scan)等模式，具体可参阅文献[4]，在此就不做详细讨论了，下面可看一个具体实例。

图 6.3.4 示出了采用 FTIR 方法测得的一组 GSMBE 生长的 InP 基 In(Al)GaAs 外延材料以及 InP 和 InAs 衬底的 RT－PL 光谱，样品的具体描述已列于表 6.3.1 中；测试中采用了 InSb(77 K)探测器和 CaF_2分束器组合以及双调制模式，尚未进行相对强度校正。对此组样品采用双调制模式主要是基于两点：一是在 PL 测量向低能量长波端扩展时，例如延伸到

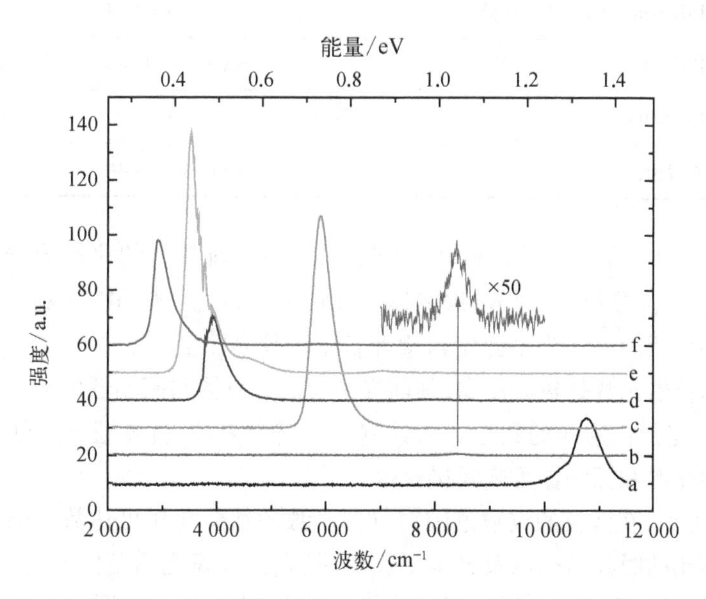

图 6.3.4 采用 FTIR 方法测得的一组 GSMBE 生长 InP 基外延材料及 InP 和 InAs 衬底的 RT－PL 光谱，测试中采用了 InSb(77 K)探测器和 CaF_2分束器组合及双调制模式，尚未进行相对强度校正

3 000 cm^{-1}以下，由于室温背景辐射的影响，采用常规 RS 模式时室温背景将叠加在 PL 信号之上，其强度常会超过 PL 信号本身，使得 PL 信号难以分辨或者根本观察不到，即使可以分辨其数据质量也很差，采用 DM 模式则可以完全抑制室温背景。图 6.3.4 中的 PL 信号基线平直直至低能端，n-InAs 衬底样品 f 的 PL 信号上也完全没有室温背景的痕迹。另一是采用 DM 模式后引入了锁相放大器可使信号增强，有利于弱信号观察，这虽然并不能显著改善信噪比，但可使光路调节和参数调整等更为方便，可以提高测试效率。图 6.3.4 中的 6 个样品的 PL 信号是在相同的泵浦功率和测试条件下测得的，各样品的 PL 峰强度不一，但并不能由其峰高来直接判断各样品荧光效率的高低。例如，对图 6.3.4 除一个发光十分微弱的四元系样品 b 外，并不能说样品 a 的光荧光效率最低、样品 e 的光荧光效率最高，这是因为：在发射谱测试配置下，FTIR 光谱仪中除反射镜外的两个主要部件(即分束器和探测器)都是具有谱特性的，即其响应不是平直的，FTIR 光谱仪具有仪器函数 F_I，即其本身的响应光谱，因此其响应的高低将直接体现到 PL 光谱测试原始结果中。对于 PL 测试而言，由于每个样品 PL 信号涉及的光谱范围都很窄，对 PL 峰位相同或相近的样品常只需对其峰强和峰宽等做相对比较，因此可以不考虑仪器函数 F_I的影响。然而，对涉及宽波段范围的发射谱测量，例如对此组样品做光荧光效率比较时，就必须考虑 F_I的影响，必须采用合适的仪器函数对测量结果进行校正。

表 6.3.1 RT－PL 光谱半高宽和相对强度校正前后结果的比较及测试样品描述

样品编号	样 品 种 类 描 述	校正前 半高宽/相对强度	校正后 半高宽/相对强度
a	n-InP 衬底	67.9meV/31.5%	69.8 meV/158%
b	GSMBE n-$In_{0.52}Al_{0.22}Ga_{0.26}As$ 外延层	45.9 meV/0.76%	49.7 meV/1.80%
c	GSMBE n-$In_{0.53}Ga_{0.47}As$ 外延层	52.6 meV/100%	54.5 meV/100%
d	GSMBE n-$In_{0.84}Ga_{0.16}As$ 外延层	48.8 meV/40.4%	54.5 meV/15.0%
e	GSMBE p-$In_{0.89}Al_{0.11}As$/n-$In_{0.89}Ga_{0.11}As$ 外延层	38.3 meV/112%	45.9 meV/33.5%
f	n-InAs 衬底	43.0 meV/49.4%	47.8 meV/9.22%

图 6.3.5 为采用计算法获得的 FTIR 光谱仪在发射谱配置下的仪器函数 $F_I(\nu)$与波数 ν 的关系，其中 $\eta_{InSb(77\ K)}$为 InSb(77 K)探测器的光谱响应，η_{CaF_2}为 CaF_2分束器的光谱响应，其二者的乘积归一化后即可认为是此发射谱配置下的仪器函数 $F_I(\nu)$ [28]。采用计算法得到发射谱配置下的仪器函数是较方便的，其前提是所用分束器和探测器的响应光谱为已知，但 FTIR 厂家并不一定提供这样的数据。如其响应光谱为未知，就要通过其他变通办法，例如由已知谱特性的光源和探测器等来间接获得。

由图 6.3.5 可见，在涉及的波数范围内仪器函数的数值变化可达数十倍，因此校正是必需的。对于非参比的吸收谱类以及光电谱类测量，在涉及宽光谱范围时对测试结果进行校正也是必需的，这时需采用吸收谱类配置的仪器函数，对此也可由不同的方法来获得 [29, 30]。图 6.3.6 示出了对图 6.3.4 的原始测量数据用 FTIR 光谱仪在发射谱配置下的仪器函数进行

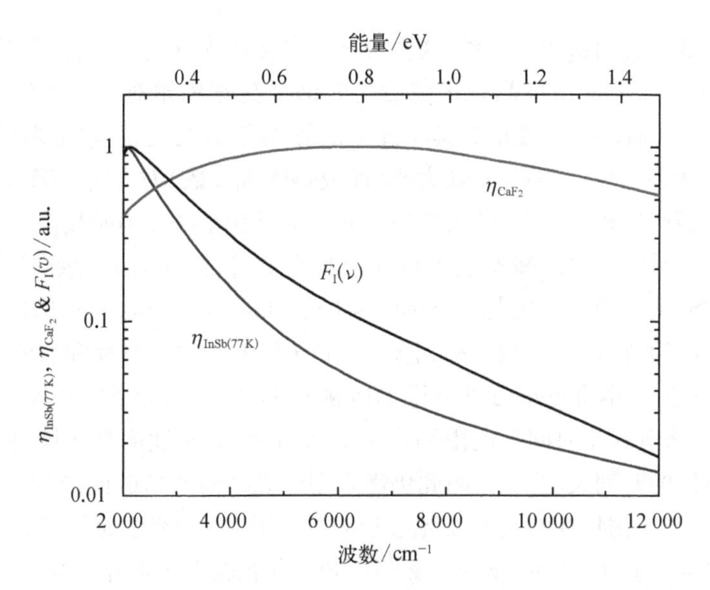

图 6.3.5 采用计算法获得的 FTIR 光谱仪在发射谱配置下的仪器函数 $F_1(\nu)$ 与波数 ν 的关系

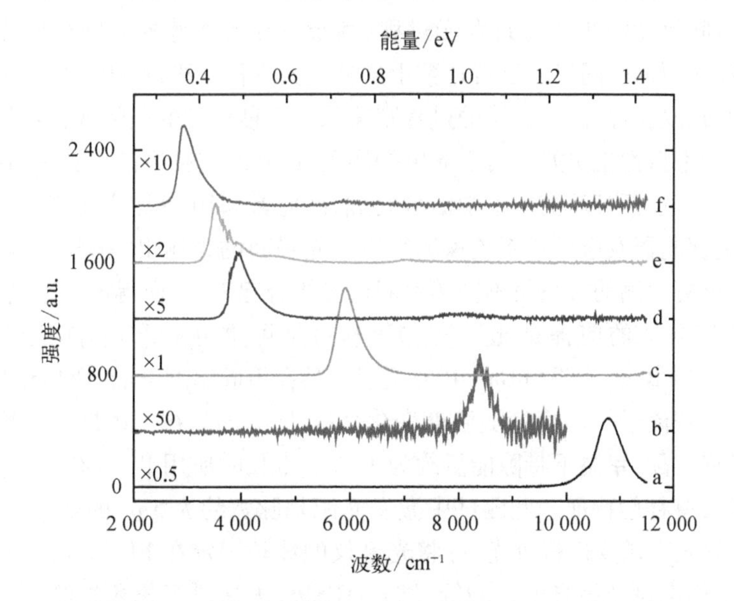

图 6.3.6 对图 6.3.4 的原始测量数据用 FTIR 光谱仪的仪器函数进行校正后得到的此组样品的 RT－PL 光谱结果，其相对强度已可用于光荧光效率比较

校正后得到的此组样品的 RT－PL 光谱结果，其相对强度已可用于不同样品的光荧光效率比较。由图 6.3.6 可见，在相同的泵浦条件下，即入射光子数相同时，此组样品中 n-InP 衬底样品 a 和晶格匹配单层 n-$In_{0.53}Ga_{0.47}As$ 外延层样品 c 的光荧光效率是基本相当的；而晶格失配单层 n-$In_{0.84}Ga_{0.16}As$ 外延层样品 d 的光荧光效率要比晶格匹配样品约低 5 倍以上，反映了其中失配位错和缺陷等对发光效率的影响。同样是晶格失配材料，具有 pn 结的结构要比单层结构荧光效率高一倍以上，体现了 pn 结对样品发光强度的影响。InP 衬底的发光要比 InAs 衬底强约 20 倍，除波长和掺杂等的影响外也体现了衬底材料质量上的差别。四元系的

发光效率要显著低于二元系和三元系，这应与其能带结构等有关，不能仅归结于外延材料质量。表 6.3.1 中列出了对此组样品校正前后的光谱半高宽和相对强度详细数据，由于单一 PL 谱涉及的光谱范围较窄，此校正对其半高宽的影响并不大，也基本不影响峰形。应指出的是，对于 PL 谱等发射谱类测量，X 轴为能量（或等效成波数）时方可正确地体现其峰形，而转换成波长后就会产生相应失真，虽然在涉及波长范围较小时并不明显。

半导体材料与时间相关的瞬态发光特性及其光谱特性，即时间分辨光谱（time resolved spectroscopy，TRS）或时间分辨光荧光（time resolved photo luminescence，TR－PL），也是人们所关注的，其与其发光机理及精细过程相关，并主导其中的输运特性和载流子寿命参数等。前已提及，FTIR 光谱仪本身也是可以进行 TRS 测量的，但因其光谱复用特性和受动镜机械扫描速度的限制，将其最小时间尺度限制在了毫秒量级，无法适应半导体瞬态过程中微秒、纳秒乃至皮秒量级的时间尺度要求，因此仍需采用分光结构的光谱仪，或者在特定波段使用条纹相机等；对不涉及谱特性的瞬态发光过程表征，则可整合光学延迟线、时间相关单光子计数（time correlated single photon counting，TCSPC）和相关电子学部件等，采用泵浦-探测方案；当然也可以将其与分光光谱仪结合起来，通过逐点测量拼合的方法了解其谱特性。对涉及纳秒至皮秒时间尺度的快速光致发光过程，其激发光源的脉冲时间尺度需要更小一些。一般半导体脉冲光源的时间尺度已可达数十皮秒至数皮秒量级，使用上较方便，可以用于纳秒时间尺度的光致发光过程，对更快的过程则需采用飞秒尺度的固体或光纤脉冲激光器等，其输出功率大，光束特性也更好。对于光电探测器，用其对皮秒级的光脉冲直接进行时间分辨探测是很困难的，包括其后的电子学信号处理，因此常采用“间接”探测的方法，即用响应速度较慢的光电探测器及电子学系统探测某一发光瞬间的光输出“积分能量”，再用重复激发、精密时延和重复探测的方法将不同的瞬间信号拼合起来，从而得出完整的瞬态光谱响应特性，当然用此类方法的前提是此发光过程本身是可重复的，而非随机的或有时效的。图 6.3.7 示出了一掺 Be 四元系 InGaAsP 外延层样品在不同温度下的时间分辨光荧光测试结果，及由其提取的载流子平均寿命随温度变化情况[31]。样品在 InP 衬底上用 GSMBE 方法生长，与衬底晶格匹配，室温下带隙能量约为 1 eV。生长时所用 Be 掺杂束源温度为 735℃，为低掺杂，材料具有补偿特征。此测试中激发光源是脉宽约为 5 ps 的 633 nm 激光器，TR－PL 信号仍采用分光光谱仪进行分光，并将光谱仪的波长固定在 PL 的峰位上采集时间分辨信号。探测器采用高灵敏的光电倍增管，结合 TCSPC 方法进行累积探测，系统的整体时间分辨率约在 50 ps。由图 6.3.7（a）可见，此样品 TR－PL 信号的时间衰退过程随温度降低显著加快，据此提取的此低掺杂样品的载流子平均寿命在室温下大于 300 ps，至 77 K 低温下降至约 100 ps。此类材料参数数据对器件设计和性能预测会有较大帮助。

半导体材料表征中另一类与光谱相关的技术是拉曼光谱。与前述材料光荧光牵涉光发射过程不同，拉曼过程涉及材料对入射光的散射，且拉曼散射只是其中诸多种散射过程之一；经拉曼散射出来的光表观上也是由材料中发出的，也是由入射光引起，但实际并不涉及材料本身发光的过程，虽然其与 PL 有相近的形式；拉曼散射出来的光其波长总是与入射光相近，且包括对称的波长略大于入射光的斯托克斯线和波长略小于入射光的反斯托克斯线，其强度均远小于入射光，这是做拉曼光谱测量的难点所在，也是配置测量系统时需要特别考

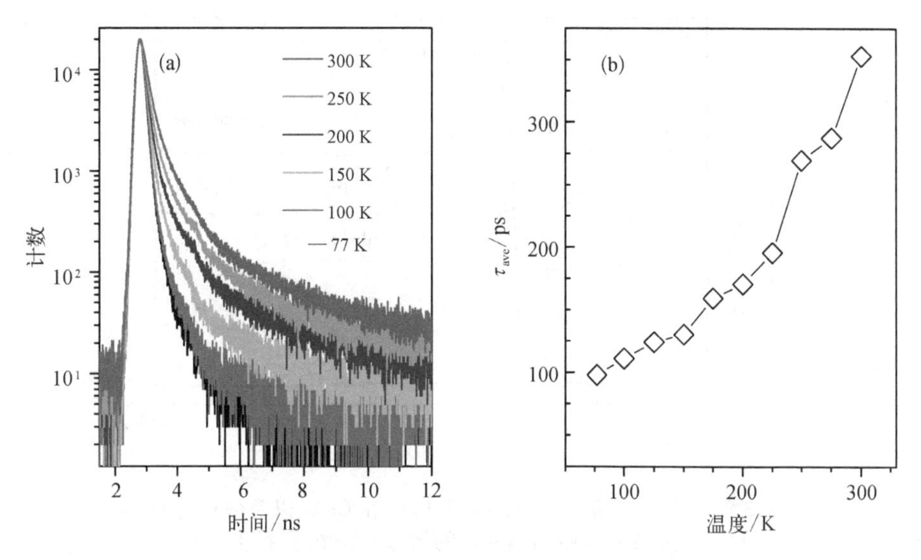

图 6.3.7　InP 衬底上 GSMBE 生长的掺 Be 四元系 InGaAsP 外延层在不同温度下的时间分辨光荧光测试结果(a),及由其提取的载流子平均寿命随温度变化情况(b)(彩图见书末)

虑的。拉曼散射可理解为材料中原子或分子的种类和组态所具有的特定“机械”振动组合对入射光的散射,或被描述成声子和光子的相互作用,二者之间的能量交换引起了出射光波长的微小变化,而变化量或拉曼移动量则与原子或分子的种类和组态相关,且具有特异性,可产生与其相关的特征拉曼光谱,因此根据拉曼光谱的测量结果就有可能判定材料中原子或分子的种类和组态。由于上述原因,拉曼移动量还会受到化合物材料的组分、材料中存在的形变和受到的应力、特征结构和掺杂情况等的影响,这是其在材料表征中得到应用的基础。拉曼光谱测量可以基于分光光谱仪进行,也可以基于 FTIR 光谱仪,应用中对这两类光谱仪的特点和优点,如光谱分辨率、测量信噪比、耗时和方便性等,都能有充分的体现。拉曼光谱测量中一般采用激光器作为激发光源,根据需要其波长可在很大范围内选择,甚至可不受材料带隙的限制;测量中一般会选用能量较低的斯托克斯线,这样装置安排较为方便。由于与激发光相比拉曼光的强度很弱,二者的波长又十分接近,因此测量拉曼信号的重点在于充分消除激发光的影响和提高探测灵敏度。

图 6.3.8 示出了三种二元系衬底材料 InP、InAs 和 GaAs 以及两种组分的三元系 InGaAs 外延材料的拉曼光谱测量结果,此组样品测试采用了基于分光方法的专用拉曼光谱仪,配有显微镜系统,采用激发光从样品正面入射的模式,可用于做样品上的微区分析。由图 6.3.8 可见:三种二元系衬底材料 InP、InAs 和 GaAs 的拉曼谱图中包含了 LO 声子的特征峰,一般认为其峰位与构成此种化合物的两种原子的种类和原子量相关,峰高和峰宽则与这种材料的结晶质量相关;对于三元系材料 InGaAs,其可看成是 InAs 和 GaAs 这两种二元系材料的混晶,因此其拉曼谱图中包含了 InAs 和 GaAs 这两种材料的 LO 声子特征,但其与二元系相比峰位有相应的峰位移动,其移动量与组分相关,这就是用拉曼光谱定组分的依据;拉曼光谱采集信息是在样品的表面区域,与激发光的波长有关,但一般透入深度十分有限,仅在数十至数百纳米量级;对直接在 InP 衬底上生长的超薄高 In 组分的 InGaAs 样品,受临界厚度的

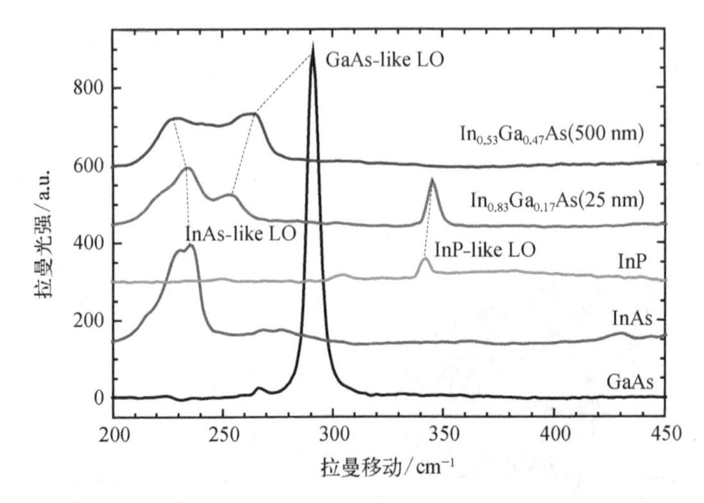

图 6.3.8　三种二元系衬底材料 InP、InAs 和 GaAs 以及两种组分的三元系 InGaAs 外延材料的微区拉曼光谱测量结果

限制其外延层厚度为 25 nm，因而此样品的拉曼谱图中还可看到 InP 衬底的 LO 声子的痕迹，而对于厚度为 500 nm 的晶格匹配 InGaAs 外延层样品，此痕迹已不可见。由图 6.3.8 还可看到，样品组分变化引起的峰位移动并不大，拉曼峰也较宽，确定峰位要受到峰宽以及拉曼光谱仪本身光谱分辨率的影响，因此采用拉曼光谱方法来定组分的准确度和精度都很有限，用其表征样品中的应力状况也会存在类似问题，对应力和组分有关联的材料应用拉曼谱方法就会更困难，还必须事先充分预估拉曼光谱仪光谱分辨率的影响。从拉曼方法的原理上看，其拉曼移动主要取决于构成材料的原子种类和组态，而对其中更精细的特征（如结晶质量和可能存在的缺陷等）并不敏感，甚至多晶或无定形材料也可表现出与单晶材料相似的拉曼谱特征，因此用其表征本身结晶质量已较高的外延材料会有较大限制，而在某种体材料研究的初级阶段则可能发挥较大作用。对于 FTIR 光谱仪，现已具有与其反射谱附件相似的拉曼光谱附件，其中已包含激发光源、光路和样品台等，可以直接安置在 FTIR 光谱仪的样品室位置上使用，沿用 FTIR 光谱仪中的迈克耳孙干涉仪、探测器和电子学部件等，使用上较方便。

6.3.3　材料均匀性表征及其与 FPA 性能的关联

在半导体材料各种效应的表征中，其参数在一定面积上的均匀性、一致性或波动情况也是人们所关注的，对一些特殊类型的器件，如规模较大的焦平面阵列等，在特定条件下均匀性对器件性能的影响甚至会起到主导作用。前述半导体材料的结构特性、光学及光电特性以及后面的电学和输运特性等都会存在均匀性方面的问题，也都有一些相应的表征评估方案，其基本可归于两点：首先是此参数的表征方案要有局域性，能适合微区测量要求，即能对大样品进行测量但只表征其中微小区域的特性，尽量避免制备大量的微小样品，且这种测量最好是“无损”的，如样品测量完之后仍能作为正常材料使用则最佳；其次是均匀性的表征可能涉及比单个参数测试大得多的测试工作量，全部人工完成会较困难，也可能引起稳定性重复性方面的问题,因此操作上的可行性和方便性是需特别考虑的,如能通过合适的软硬件来完成自动定位、自动数据采集和自动扫描等“自动”完成测试为最佳。考虑均匀性表征时应从这两个基本点出发。

这里就材料均匀性的问题对本章中涉及的相关材料参数的表征及其所用方法进行一些梳理。在材料的结构特性方面: X射线衍射、光学与扫描探针显微以及电子显微方法显然都是具有“局域”性的,X射线衍射作用的区域就是X射线光斑大小限定的区域,常在1 mm量级,透入深度有限,测试结果反映的是此区域材料的“平均”特性;几种显微方法都可有大范围可调的“放大”倍数,因此其作用区域大小可变且可更小,甚至达微米以下量级;这些测量仪器一般都有样品的机械定位功能,可以进行简单测量区域定位;因此,这几种方法已具备了进行材料均匀性表征的基本条件。一般而言,X射线衍射和光学显微是可以安置达10 cm尺度的大样品的,测试都在普通环境下进行且对样品完全无损,可以进行大尺度范围的无损均匀性检测;扫描探针和电子显微的样品目前还都限制在1 cm尺度甚至更小一些,需要一定的测试环境且不能说对样品完全无损,因此只适合小尺度范围的均匀性检测,或对大样品采用有损抽样检测的方法。在光学及光电特性方面,测量是局域的,吸收和反射特性测量中的光斑尺度一般在一至数毫米,发光特性测量中激发光斑的大小也大致相当或更小一些,样品也可以较大,测试对样品无损,进行选区均匀性测量原则上并无限制,基于显微光学系统还可以进行微区光荧光或微区拉曼等更小尺度的检测。在电学及输运特性方面: Hall、$C-V$、DLTS等方法都是要制作或使用小样品的且不能无损,因此只适合做抽样检测;μ-PCD方法可以做大样品的大范围无损扫描;$E-CV$方法可以做较大样品的较大范围有损抽样。

在对这些参数作均匀性检测方面,单点测试本身的数据量、操作上的难度以及对样品参数均匀性采集的要求也是需要综合考虑的因素。对一些参数,测试系统本身已包含了大范围扫描采集数据的功能,具有成品仪器,或者可以在原有系统上自行搭建扫描采集装置,通过设置软件控制进行参数均匀性测试;对另一些参数,尚无可进行扫描测试的成品仪器,自己搭建扫描采集系统也很困难,在需要时只能考虑进行手动均匀性测试。例如:对于PL测试,此方面已有基于光栅分光光谱仪或FTIR光谱仪的PL-mapping扫描成像系统,可对较大样品(如2~4 in,即5.08~10.16 cm)进行扫描PL光谱数据自动采集和处理,可按PL峰值波长、PL峰高或PL峰半高宽分别进行二维成像,由此获得整片外延材料的组分均匀性以及外延质量信息,此种测试中机械扫描步长的大小、光谱的扫描范围及光谱分辨率的设置对数据量的大小(即测试耗费时间)的影响是很大的,需要综合考虑;对于XRD测试,目前尚未见这样的成品仪器,但在外延材料结构特性的均匀性表征方面一般也不需获得整片样品上每个点的测试信息,只需了解样品参数在中心和边缘区域的差别,或沿某个特定方向的变化情况,以及在整个样品上的大致分布情况等,因此一般只需进行数据量相对较小的抽样测试,例如在样品上按水平及垂直方向或特定方向选取若干点进行测试,获取所需的信息,从而根据若干分布点的衍射峰位、峰高和峰宽获得外延片上沿某个方向的组分波动及趋势、最大的整体组分波动范围以及外延质量的大致分布情况等。

对于FPA器件,其众多像元在性能参数上的非均匀性是限制系统整体性能的最重要因素,甚至比其参数本身的影响更大。非均匀性的增加可使系统的光谱和成像质量显著衰退,并进一步导致信息错误。虽然 FPA 的非均匀性可由硬件和软件方法在信号处理时进行一些校正，但这一方面将明显增加系统的复杂程度，另一方面对其响应速度、动态范围以及最终灵敏度等也有显著影响。因此，针对 FPA 应用定性和定量地了解外延材料参数的非均匀性及其可能导致的 FPA 性能非均匀性显得十分重要。图 6.3.9 为根据对 GSMBE 生长的 2 英寸$In_xGa_{1-x}As$ 晶格匹配和波长扩展光电探测器外延材料的 XRD 摇摆曲线抽样测试得到的其组分径向分布及波动范围[32]，插图为其 ω 摇摆曲线的典型测试结果。XRD 测试中抽样点为沿样品中心径向对称均匀分布的九个点，这时样品可以直接用整片外延片无需划开，只要按预定抽样方案顺序移动外延片的位置即可，XRD 测试也不影响外延片的后续使用。对于 InGaAs 光电探测焦平面阵列，其外延材料参数以及工艺加工尺寸等的波动，即非均匀性，对最终的器件性能都会有不同的影响；对两类不同的器件，即晶格匹配和波长扩展器件，影响各不相同且有较大差别，为此需分别进行细致的定性及定量分析[32, 33]。分析结果表明，

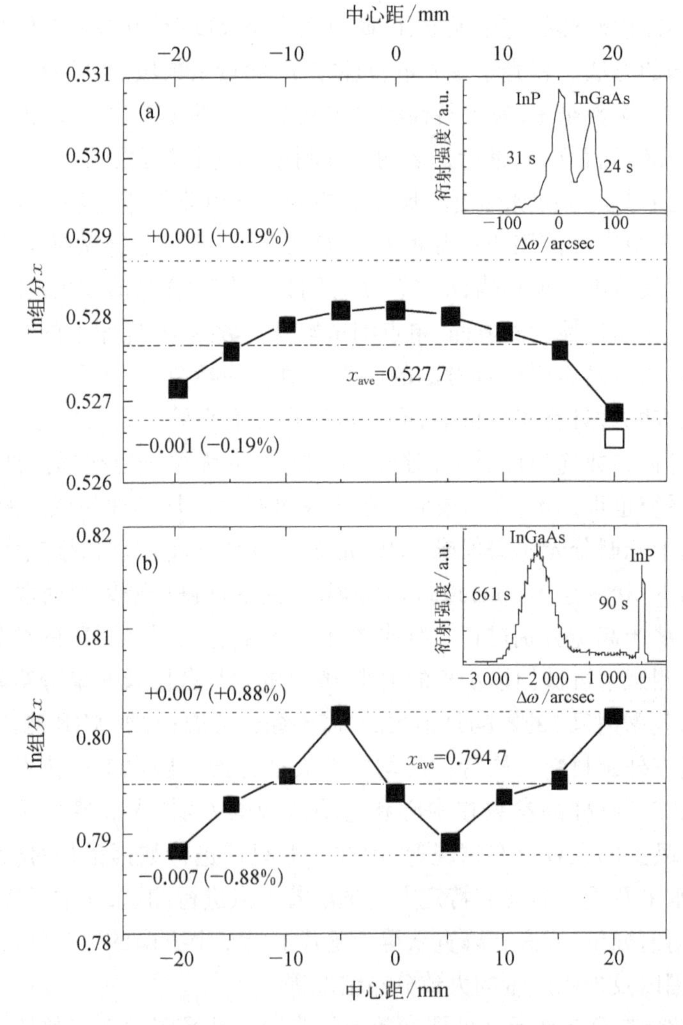

图 6.3.9　根据对 GSMBE 生长的 2 英寸 $In_xGa_{1-x}As$ 晶格匹配(a)和波长扩展(b)光电探测器外延材料的 XRD 摇摆曲线抽样测试得到的其组分径向分布及波动范围，插图为其 ω 摇摆曲线典型测试结果

在与外延材料相关的一些参数(如其光吸收层的组分、厚度和掺杂浓度)中,InGaAs 材料的 In 组分是影响焦平面性能的主导参数。对晶格匹配器件,相对 In 组分波动±0.2%时,暗电流约波动±3%,探测率约波动 2%;对波长扩展器件,相对 In 组分波动±1%时,暗电流则约波动±36%,探测率约波动 19%。相对于此,其他参数(如吸收层厚度和掺杂浓度波动)的影响,以及芯片几何参数波动的影响,都要小得多,基本可以忽略。由图 6.3.9 可见,对这两类材料实测的相对 In 组分波动范围大致与此相当,即波长扩展外延材料的组分波动要明显大于晶格匹配材料,这是由高 In 组分材料生长中 In 束流增加后其黏附系数对衬底温度更加敏感造成的自然属性,也说明对波长扩展器件要保证其性能的均匀性会更加困难。对于波长扩展器件,由于材料带隙的减小,其暗电流对偏压也十分敏感,因此在一定的条件下与 FPA 芯片相配的 Si 读出电路其输入端的失调电压非均匀性甚至会主导整体性能,而此因素在晶格匹配 FPA 器件中往往是无需考虑的。因此,有必要针对器件的不同类型、具体工作条件以及应用场景等分析出影响系统整体性能的关键非均匀参数。对于芯片面积较大的面阵型 FPA 器件,以上这些影响因素都会充分体现在主导其性能的像元非均匀性参数上,特别是对面阵型波长扩展 InGaAs FPA 器件[34];因其采用了与衬底有较大晶格失配的外延材料,有源层内部有较高的缺陷密度,缺陷的随机性特征会对器件性能的均匀性产生进一步的影响。

6.4 电学与输运特性

半导体材料的电学和输运特性涵盖其另一大类参数和相应的检测手段,以电学方法为主,其与前述的一些特性有一定的关联性,也会涉及一些结构和光学方法,难以严格界定。本节只就电学及输运特性中的一些常用参数及其检测方法进行简单介绍。对半导体材料的电学及输运特性而言,其中的一些参数是可以用不同方法进行检测的,不同的检测方法也各有特点和适用性,测得的具体数值可能并不等效,但可起到相互印证、相辅相成的效果。

6.4.1 载流子浓度、迁移率

半导体材料中的载流子浓度和迁移率是其电学和输运特性中最重要的,也是最常用的参数,属于日常检测项目,具体检测方法很多,主要有霍尔(Hall)、电容电压($C-V$)和电化学电容电压($E-CV$)等,都可以用于载流子浓度的测量,但载流子的迁移率则需用 Hall 方法,以下分别作简单介绍。

霍尔方法利用了磁场对载流子运动的影响。直线运动的载流子在磁场作用下会发生偏转从而产生相应的霍尔电压,偏转量或霍尔电压的大小则取决于载流子的迁移率,即其在单位电场中的漂移速度,这是测量的基础。霍尔测量常采用范德堡方法(van der Pauw method),适合测量薄片状或薄膜样品,对薄膜样品一般要求其衬底是不导电的,或者比所测薄膜的电阻率高很多可忽略其影响。霍尔样品的形状并无严格限制,甚至可以是不规则的,这是其优点。图 6.4.1 示出了电阻率及霍尔测量样品及连线组合的示意图,测试时只需在厚

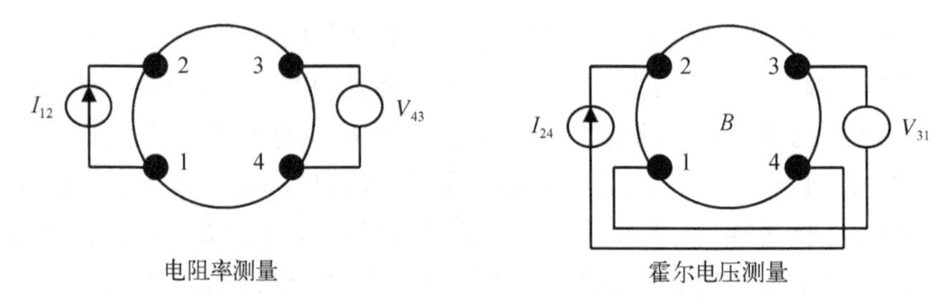

图 6.4.1　电阻率及霍尔测量样品及连线组合示意图

度为 t 的样品边缘制作四个欧姆接触电极,按图示连接电流源和电压表,不加磁场时可根据所施加电流 I_{12} 和测得的电压 V_{43} 得出样品的电阻率 ρ;加上磁场 B 和电流 I_{24} 后,分别变换磁场和电流方向测得的电压 V_{13},即可得出样品的平均霍尔电压 V_H,即

$$\rho = \frac{\pi t}{\ln 2}\left(\frac{V_{43}}{I_{12}}\right), \quad V_H = \frac{[\,|V_{13}(+B, +I)| + |V_{13}(+B, -I)|\,]}{2} \tag{6.4.1}$$

霍尔测量中常采用永磁体施加磁场,也有采用电磁铁的,其磁场强度大约在 0.3~0.7 T。对低迁移率高电阻率的材料也会采用更高的磁场强度,对高迁移率低电阻率材料则可降低磁场强度。对于均匀对称的样品,进行以上测量即可得到所需参数,但考虑到实际上样品的几何形状不可能完全对称,材料特性在几何分布上也可能存在不均匀,因此常按不同的连线组态进行多次测量后再做平均,这样可以得到更准确的数值,具体表示为

$$\rho = \frac{\pi t}{\ln 2}\left(\frac{V_{43}}{I_{12}} + \frac{V_{32}}{I_{41}}\right) F(Q) \tag{6.4.2}$$

其中 $Q = V_{43}I_{41}/V_{32}I_{12}$ 称为对称因子,测量时常取 $I_{12} = I_{41} = I$,则 $Q = V_{43}/V_{32}$。计算时取 $Q \geqslant 1$(小于 1 时可取其倒数),$Q = 1$ 时样品如几何形状上是对称的,则材料特性也是均匀的。F 为修正函数,可根据对称因子 Q 进行计算,即

$$A = \left[\frac{Q-1}{Q+1}\right]^2, \quad F = 1 - 0.346\,57A - 0.092\,36A^2 \tag{6.4.3}$$

已知 Q 时可按预先算好的曲线或表格查出修正函数 F 的数值。对于霍尔电压,也可作类似的平均处理,按各种可能的等效组态进行测量后求取平均值,即

$$V_{H1} = \frac{V_{13}(+B, +I) - V_{13}(+B, -I) + V_{13}(-B, -I) - V_{13}(-B, +I)}{4}$$

$$V_{H2} = \frac{V_{42}(+B, +I) - V_{42}(+B, -I) + V_{42}(-B, -I) - V_{42}(-B, +I)}{4}$$

$$V_H = \frac{V_{H1} + V_{H2}}{2} \tag{6.4.4}$$

材料的霍尔系数 $R_H = V_H \cdot t/I_X B_Z$,霍尔迁移率为 $\mu_H = |R_H|/\rho$;对单一载流子导电,p 型材料有 $R_H = 1/pq > 0$,n 型材料有 $R_H = -1/nq < 0$,据此可判断材料中载流子的导电类型,并计

算出其载流子浓度和霍尔迁移率，计算时需知道材料本身或薄膜的厚度 t。采用范德堡方法测量时对半绝缘衬底上生长的掺杂外延层，欧姆接触电极可直接采用点 In 法制作。霍尔测量也可采用其他形式的样品，如采用蒸镀金属膜及光刻方法制作各种形状的霍尔巴条(Hall - bar)样品或传输线型样品等，经合金化处理形成良好的欧姆接触。此类样品虽然制作上稍复杂，但有望取得更好的测试效果。由图 6.4.1 可见，在不加磁场的情况下已可测出材料的电阻率 ρ，根据电阻率 ρ 与材料载流子浓度 n(以 n 型为例，两种载流子导电时要考虑补偿情况)及迁移率 μ_n 的关系 $\rho = 1/q\mu_n n$，在已知载流子浓度的情况下也可以得到其迁移率参数，但此时的迁移率称为电导迁移率。此外电阻率也还有其他一些测量方法，但霍尔方法是同时获得材料的导电类型、载流子浓度和迁移率参数的优选途径。

图 6.4.2 示出了一组用 GSMBE 方法生长的波长扩展三元系 $In_{0.83}Ga_{0.17}As$ 样品的变温霍尔测试结果，采用常规范德堡样品和点 In 电极。左图为不同 Si 掺杂浓度样品的霍尔迁移率与温度的关系，右图为不同温度下霍尔迁移率随 Si 掺杂浓度的变化趋势[35]。霍尔测量得到四个样品 S1、S2、S3 和 S4 在室温下的载流子浓度分别为 1.0×10^{16} cm^{-3}、1.2×10^{17} cm^{-3}、1.3×10^{18} cm^{-3}和 5.9×10^{18} cm^{-3}，霍尔迁移率分别为 13 300 cm^2/(V·s)、10 600 cm^2/(V·s)、5 800 cm^2/(V·s)和 3 000 cm^2/(V·s)。四个样品 $In_{0.83}Ga_{0.17}As$ 外延层的厚度均为 1.65 μm，样品均采用了半绝缘 InP 衬底，且其缓冲层均为 2 μm 厚的非掺杂组分渐变 InAlAs 层；由于缓冲层的禁带宽度显著大于 $In_{0.83}Ga_{0.17}As$ 且为非故意掺杂，单独测量表明其已呈高阻状态，因此可不考虑其对 $In_{0.83}Ga_{0.17}As$ 外延层 Hall 测量的影响。

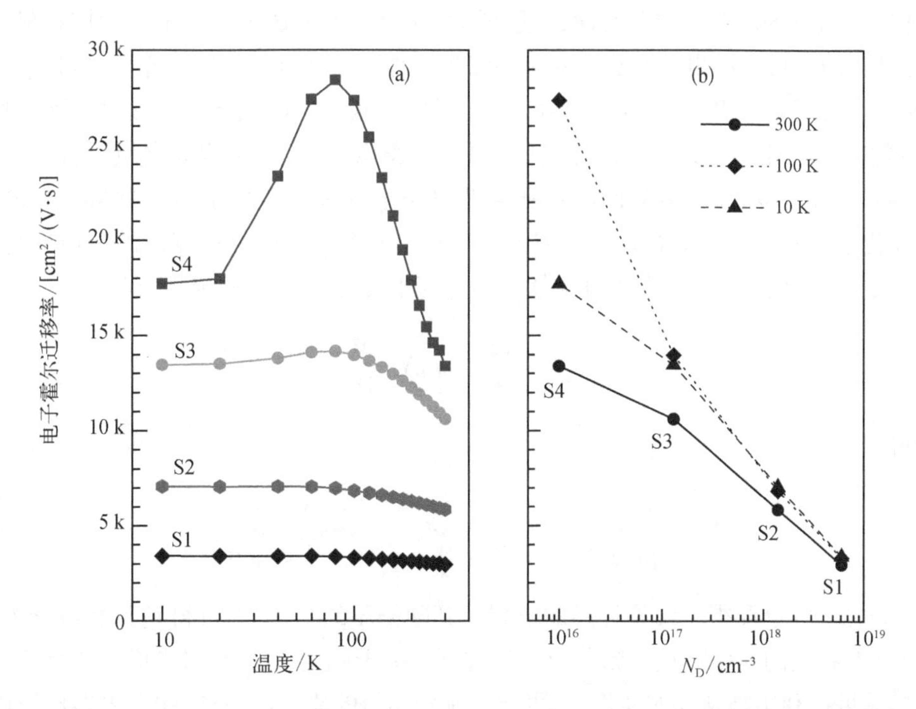

图 6.4.2　一组用 GSMBE 方法生长的波长扩展三元系 $In_{0.83}Ga_{0.17}As$ 样品的变温霍尔测试结果：(a)为不同 Si 掺杂浓度样品的霍尔迁移率与温度的关系；(b)为不同温度下霍尔迁移率随 Si 掺杂浓度变化的趋势。样品均采用半绝缘 InP 衬底，缓冲层均为非掺杂的组分渐变 InAlAs，厚度为 2 μm

根据图 6.4.2 的变温霍尔测试结果可以分析不同 Si 掺杂浓度下高 In 组分 InGaAs 材料在不同温度下的几种散射机制,包括杂质散射、合金散射和声子散射等,对载流子迁移率的影响程度,这对器件设计和性能分析有很大帮助。对于在低阻衬底上生长的外延层,直接用霍尔方法测量其载流子浓度和迁移率一般是无意义的,这时可以采用将导电衬底剥离的方法。例如,对 InP 衬底上生长的 InGaAs 外延层样品,可以在固定样品和制作电极后用选择性化学腐蚀去除 InP 衬底,只留下 InGaAs 外延层再进行霍尔测量[36]。此外,当需了解外延材料在不同深度下载流子浓度和迁移率的变化情况时,也可采用剥层霍尔方法,即制作好样品并将接触电极等保护好后,用化学或物理刻蚀等方法分步将外延层剥去,同时重复进行多次霍尔测量;对测得的数据做微分处理后即可得到外延层中载流子浓度和迁移率的变化情况,因此这种方法有时也称为微分 Hall 方法。注意到进行剥层霍尔测量时,如样品的衬底是导电的仍会引入较大误差,影响数据的可靠性。应指出的是: 霍尔方法测得的是霍尔迁移率和实际载流子浓度,一些情况下霍尔迁移率与电导迁移率是有差别的,载流子浓度也非实际掺杂浓度而是其激活后的浓度;当材料中有两种载流子导电时还会有所谓补偿效应,导电能级的简并等也会对测量结果产生影响;这些都是分析霍尔测量数据时需要注意的。

半导体材料电学特性测量中另一类常用方法是电容电压 $C-V$ 方法,包括几种不同的样品形式和测量方法,主要有 pn 结二极管、肖特基二极管、电化学电容电压以及汞探针等,其基本测量装置相似,原理也几乎相同,但各有特点和应用适应性。本书第四章第三节中已涉及了光伏型光电探测器的 $C-V$ 特性,这里再就利用 $C-V$ 方法测量表征半导体材料的电学特性方面做些介绍,包括测量方法上的一些细节。对于一类结型半导体样品,包括 pn 结、金属-半导体肖特基结和电解液-半导体类肖特基结等,其在内建电场或外加电场下会形成宽度为 W 的耗尽层,耗尽层类似绝缘体,耗尽层两边类似导体,从而构成类似平行板电容器,其结电容 $C_j=\varepsilon_0\varepsilon_r A/W$,$A$ 为结面积,ε_0 和 ε_r 为真空电容率和此种半导体材料的介电常数。施加一变化电压 $\mathrm{d}V$ 后,此电容将充入或放出电荷 $\mathrm{d}Q$,并引起耗尽层宽度的相应变化,且半导体材料中的载流子浓度 N_C 本身也与耗尽层宽度相关.根据电容的定义,有

$$C_j=-\frac{\mathrm{d}Q}{\mathrm{d}V}=qAN_c\frac{\mathrm{d}W}{\mathrm{d}V} \tag{6.4.5}$$

由此可得

$$N_C=\frac{2}{q\varepsilon_0\varepsilon_r A^2\mathrm{d}(1/C_j^2)/\mathrm{d}V}=-\frac{C_j^3}{q\varepsilon_0\varepsilon_r A^2\mathrm{d}C_j/\mathrm{d}V} \tag{6.4.6}$$

根据(6.4.6)式,如已测得了结型样品的电容及其随偏压的变化,即可得到其载流子浓度,并可根据 $C-V$ 特效的斜率正负判断载流子的类型为电子或空穴。pn 结二极管或肖特基二极管测试样品可以利用已制成的器件,也可专门制作类似的原型器件;电化学电容电压以及汞探针等测试则可直接在体材料或外延材料上进行。

图 6.4.3 示出了 GSMBE 方法生长的波长扩展 n-on-p InGaAs 光电探测器样品的 $C-V$ 测

试结果，以及由此计算出的光吸收层中载流子的浓度分布。样品A 和样品 B的室温截止波长分别约为 2.0 μm 和2.4 μm，器件的台面直径为300 μm。测试此类 $C-V$ 特性时结电容 C_j 常采用固定频率的较小高频电压进行，即测量所谓微分电容，此测试中采用了 1 MHz 的较高频率，也有不同的测量计算模式以抑制电导分量的影响，同时通过施加不同反向直流偏压的方法将耗尽层的边缘推向样品内部。受样品的掺杂浓度和击穿电压所限，其可获得的载流子在 pn 结低掺杂一侧的浓度分布深度范围也是有限的；一般零偏压下（有时也可施加很小的正向偏压）为分布起始位置，掺杂浓度越高起始位置越靠近 p 型和 n 型层的界面；施加反向偏压后分布位置向内部延伸，反偏压越高推入越深，最大推入深度则取决于击穿电压以及结漏电情况，当漏电（即电导较大）影响到电容测试时也就无法继续推进了。金属-半导体肖特基结器件的 $C-V$ 测试与此相似，但其测试时所能施加的偏压范围可能会小于 pn 结型器件，需根据具体情况确认。根据式（6.4.5）及式（6.4.6），测得的载流子浓度是正比于器件面积 A 的，因此精确地确认器件面积是所有 $C-V$ 测量的必要条件。由于上述测试需要采用半导体芯片工艺制作样品或利用已制成的器件，对材料表征不太方便，因此有用置于金属细管中的液态汞直接在材料表面形成肖特基结进行 $C-V$ 测试的汞探针方法，以金属汞作为一个限定结面积的电容电极，材料表面则通过金属压接等作为另一个电容“大面积”电极。此方法一方面需要汞与此种半导体材料能形成较好的肖特基接触，且不能“溶解”材料本身形成汞齐等；另一方面要能较准确地确定接触面积以保证测量的准确性，且此接触面积又难以事前校准和事后校正，因此受到的限制较多，已较少采用。

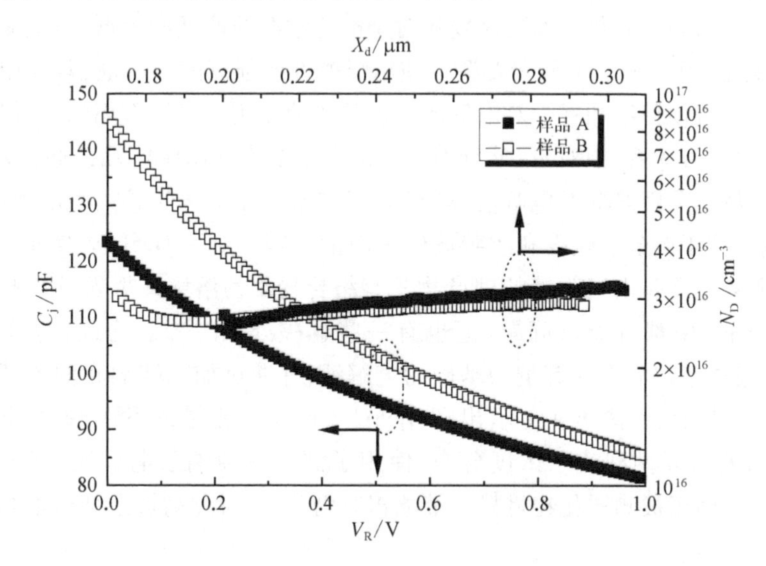

图 6.4.3　GSMBE 方法生长的波长扩展 n-on-p InGaAs 光电探测器样品的 $C-V$ 测试结果，以及由此计算出的光吸收层中的载流子浓度分布。样品 A 和样品 B 的室温截止波长分别为 2.0 μm 和 2.4 μm，器件的台面直径为 300 μm

此测试系列中的另一方法是电化学电容电压（$EC-V$）测试，与上述汞探针等方法有相似之处，但功能上更为完备，已成为半导体材料载流子浓度及其掺杂剖面测量的优选方法，且有成熟的专用仪器可供选用。$EC-V$ 方法中以导电的电解液作为测量电容的一个电极作用于半导体材料表面,其接触面积通过压在样品表面的带孔绝缘塑料圈进行限定,另一电极则通过压接于样品背面(导电衬底)或正面(绝缘衬底)的金属压针形成。测试片状样品可较方便地安装在特殊制作的电解池或样品池上,再连接到仪器上。电解池上安置了与电解液连通的四个电极,分别为碳电极、铂电极、饱和甘汞参比电极,以及与半导体材料接触的工作电极,通过向铂电极与半导体工作电极间施加测量电压即可测量电解液与半导体形成的肖特基结的 $C-V$ 特性。碳电极与半导体工作电极间施加电压可对半导体材料进行电化学腐蚀,对其通过的电流进行积分则可得到刻蚀掉的材料的量,即对应的刻蚀深度。所有电压计量都是相对于标准饱和甘汞参比电极进行的,这样可消除电解液及材料本身电化学势的影响。电解池上还安有透光小窗, 对 n 型半导体可提供光照产生空穴电流进行电化学腐蚀,p 型半导体则无需光照。$EC-V$ 测量的最大优点是不仅可以获得载流子的导电类型和浓度参数,测试中还由计算机控制对材料进行分步可控的电化学腐蚀,每腐蚀设定的厚度后测量一次 $C-V$ 特性来获得此时电解液-半导体界面上的载流子浓度信息,进而得到其纵向掺杂剖面,即深度剖面[37]。

$EC-V$ 方法的基本原理虽不复杂,但影响因素较多,主要包括以下几个方面: 首先是电解液的选取及其与所测量材料的匹配程度。电解液除了要求有较好的导电性及能与所测材料形成“良好”的“肖特基”结外,还应能在受控条件下与被测材料进行电化学反应对其进行均匀腐蚀,并能通过腐蚀电流积分准确得到腐蚀深度;电化学腐蚀产物应能溶解于此电解液中,进而暴露出平滑光亮的腐蚀表面用于 $C-V$ 测量;并且,此电解液应尽可能不对被测材料产生化学腐蚀作用,至少其化学腐蚀速度相对于电化学腐蚀速度应很低,以免影响腐蚀深度计量的精度;此外,用于 $EC-V$ 测量要避免使用强酸性或强碱的电解液,常为中性或弱酸性弱碱性溶液,可以方便使用和减少对电解池零件的腐蚀作用。对于常用的半导体材料,已有一些较成熟的电解液体系,如对Ⅲ-Ⅴ族 GaAs 基材料常采用 EDTA(乙二胺四乙酸)系电解液,对 InP 基材料常采用 HCl 系电解液,对 Si 基材料常采用 NaF/H_2SO_4 系电解液等,其中还会加入一些辅剂用于调节酸碱度和改善液体表面活性等。对于 GaSb 基及其他含 Sb 材料,其刻蚀较为困难,主要是由于刻蚀的副产物常有络合物不易溶解或挥发,影响进一步反应,在湿法和干法刻蚀中都有类似问题,但也有一些解决办法[38-41]。为此,对锑化物材料的 $EC-V$ 测量也发展了以酒石酸钾钠为基础的电解液,并通过加入辅剂和调节其酸碱度以适应不同材料。作为示例,图 6.4.4 示出了用 $EC-V$ 方法测量的 SSMBE 生长 Be 高掺杂 GaAsSb 材料的纵向 p 型载流子浓度分布,使用了酒石酸钾钠系电解液,其中加入了少量 NaOH 和 EDTA。由于被测锑化物材料的带隙相对仍较大,对此高掺杂结构取得了良好的测试效果。

前已提及,$EC-V$ 测量中确定腐蚀区的面积是十分重要的,根据 $C-V$ 测量来确定载流子浓度时也是如此,对测量准确性影响很大。由(6.4.6)式可见,载流子浓度与测得的电容量的三次方成正比,也就是与结面积的三次方成正比,面积误差对计算所得的载流子浓度会造成很大影响,这也就是说,面积的微小误差将导致计算所得载流子浓度的误差至少大三倍以上,况且面积误差有时还会比较大。此外,电容的误差还要考虑测量时分布电容的影响,包括各种连线电容等,当结电容本身较小而分布电容较大时影响也会较大,但如分布电容本

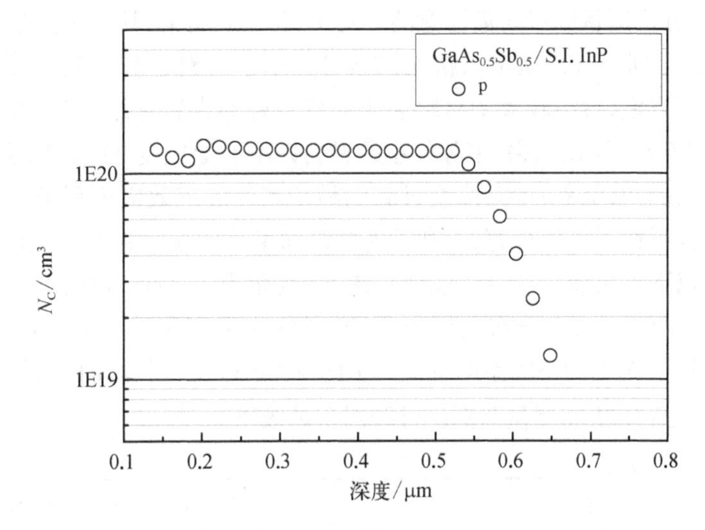

图 6.4.4　用 $EC-V$ 方法测量的 SSMBE 生长 Be 掺杂 GaAsSb 材料的纵向 p 型载流子浓度分布，测试中使用了酒石酸钾钠系电解液

身是固定的则不会对 dC/dV 项造成影响。测量电解池上一般是通过已知小孔直径的弹性塑料圈来限定面积，但实际面积会受到样品的表面状况和安装时的压力、圈的磨损状况以及电解液在边缘的微小渗漏等较多因数的影响，一般需在 $EC-V$ 测量后再通过显微镜测量腐蚀坑的实际直径或面积对数据进行校正。此外，当测量深度较大、腐蚀坑较深时，其侧面积对结果也会有影响且难以校正。限定面积的小孔直径常有大小两种，面积约相差十倍，用小孔面积误差大测量精度也差，但对材料的表面状况和均匀性等要求较低；用大孔则反之，且边缘上电解液较易渗漏，具体可根据样品实际情况选取。$EC-V$ 方法本身应该说是有损的，因此一般都是切下厘米见方的小块材料进行测试，这样也便于样品安装，但也有对整片大面积材料做均匀性测试的。$EC-V$ 做剖面测试也是较耗时的，如设置腐蚀速率过高会影响到腐蚀均匀性，导致腐蚀表面不平整，因此一般只能采用每小时一至数微米的速率。如采用 $EC-V$ 方法只做表面 $C-V$ 扫描，测量近表面附近的载流子浓度会较方便省时，与常规 $C-V$ 相比也可省去制作电极的麻烦。

根据样品表面材料种类和浓度等对仪器做初步 $C-V$ 扫描，设置好参数后，$EC-V$ 测试是可以自动进行的，但如样品有多层及每层中浓度有较大变化，特别是包含 pn 结等，则还是要进行人工干预，通过观察数据趋势及时中断腐蚀、做 $C-V$ 扫描观察变化情况来及时调整测试参数。测试参数的设置也需要一定的经验和技巧。由原理决定，面积校准后 $EC-V$ 对样品可以较准确地获得深度信息，例如 pn 结的结深或异质材料的每层厚度等，但在浓度准确度方面会受到样品材料种类和外延掺杂结构等因素的较大影响，常会有较大“误差”。例如，对于 pn 结，由于导电类型的转换引起 $C-V$ 特性的突变和耗尽层厚度被限等的影响，其 pn 界面附近区域的载流子浓度是难以确定的，只能定出结深。再如，对于掺杂浓度变化较大的高低结，即表面掺杂很高内部又较低的材料结构，测得的表面浓度可以较准确，但测量到内部时由于腐蚀坑侧壁为高掺杂材料且计入面积，就会导致内部的实测浓度被拉高影响准确度,这些都是分析测量结果时需注意的。对于 *EC*－*V* 测量,其根本点是电解液-半导体界面上"肖特基结"的形成和"质量",决定因素可归结于材料本身带隙的大小;其次是掺杂浓度的高低。简而言之,带隙较大的材料易于形成良好的肖特基结,测量参数设置较宽松,容易得到较好的 *EC*－*V* 测试结果,带隙较小的材料则不易形成良好的肖特基结,测量参数设置也较困难,甚至会非常临界;掺杂浓度过高则易于产生隧道效应不利于肖特基结的形成,过低则即使在零偏下耗尽层也很宽,不利于连续纵向准确定位。这些是使用 *EC*－*V* 方法时要综合考虑的。以下可再看一个具体实例。图 6.4.5 示出了一个 Si 中离子注入硼掺杂形成超浅 pn 结的载流子纵向浓度分布测试结果,离子注入采用了浸入式低能等离子方法,其 *EC*－*V* 测试时使用了 NaF/H_2SO_4系电解液。由图 6.4.5 可见,对此高掺杂超浅结,其测得的结深仅约 15 nm,载流子浓度测量范围已可跨四个量级以上[42]。

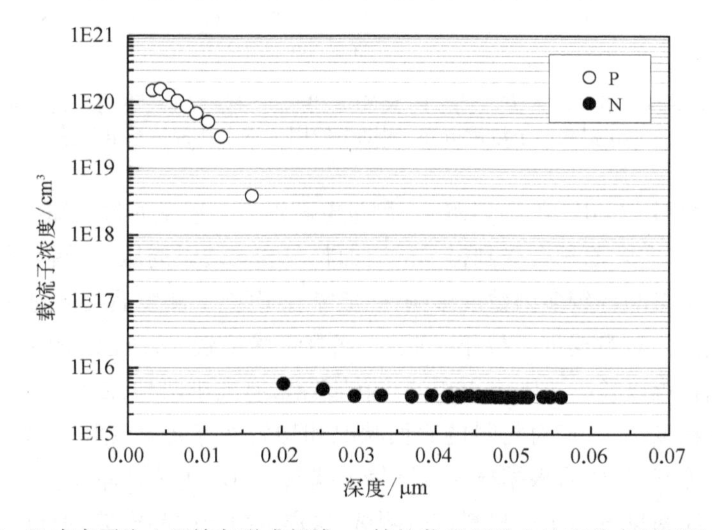

图 6.4.5　Si 中离子注入硼掺杂形成超浅 pn 结的载流子纵向浓度分布测试结果,离子注入采用了浸入式低能等离子方法;*EC*－*V* 测试使用了 NaF/H_2SO_4系电解液

6.4.2　载流子寿命、扩散系数和扩散长度

半导体材料中的载流子寿命和扩散系数等是其另一类重要的输运参数。6.3 节中已提及,采用时间分辨光荧光谱 TR－PL 方法是可以得到半导体样品的载流子寿命参数的[31],其利用观察样品在短脉冲激光激发下所产生光荧光随时间衰退的过程来提取载流子寿命,是一种较为直观的方法。此方法的基本要求是激发激光的脉宽时间尺度要明显小于载流子寿命尺度,这是先决条件;同时观察光信号所对应电信号的光学/电子学系统的时间分辨率也要明显优于载流子寿命的时间尺度,这可以通过直接的或某种"间接"的方法来达到;此外,这种测量一般是采用重复而非单次激光脉冲,要通过累加测量的方式来提高信噪比。在此种测量中,光谱测量及光谱分辨率等则居于次要地位,在一定条件下甚至可以忽略。载流子的扩散系数 D 则与其迁移率 μ 密切相关,对于非简并半导体符合 Einstein 关系,即 D =

$(kT/q)\mu$，通过迁移率及其温度特性的测量即可得到其扩散系数及其温度特性。

了解半导体材料中的载流子寿命信息的另一种可行的方法是微波反射光电导衰退(microwave photo conductive decay，μ-PCD)方法，有时也称为微波反射光电导方法，其与TR-PL在方法上有类似之处，只是从观察光荧光的时间衰退改变为观察光电导的时间衰退。测量时半导体样品也用短脉冲激光进行激发，在其中瞬时产生非平衡光生载流子，激发光停止后非平衡光生载流子将通过各种复合过程随时间逐步消散，通过检测其消散过程的快慢即可得到其中载流子的寿命信息。传统的检测载流子消散过程的方法是在样品上的所需位置制作收集电极，通过接触式电学瞬态测量来获取其电信号的时间分辨信息，但受原理和装置限制，其时间分辨率受到较大限制，样品制作和电学测量也都不方便。μ-PCD方法的要点在于光电导衰退过程的检测，其采用了非接触式的方法，通过检测局部非平衡载流子产生的光电导所引起样品表面微波反射率的瞬态变化过程来得到载流子的寿命信息。检测微波反射率的瞬态变化过程需引入微波发射和探测系统，微波发射器可以向样品发射连续波(CW)微波信号，微波探测器则检测从样品上反射回来的微波信号，其信号强度与样品的导电性(即电导率)相关。当无脉冲激光照射时，其探测到的是稳定的CW信号，当有脉冲激光照射时，将可检测到叠加在CW信号之上的与激光脉冲同步的脉冲微波信号，将其脉冲分量解调为脉冲电信号后即可得到光电导的瞬态时间变化信息，即与载流子寿命相关的信息。由此过程可见，微波信号的发射和检测并不需要是严格“局域”的，但只要激发激光是局域的，μ-PCD检测方法所得的信息就是局域的，可检测样品的微小特定区域信息，也可采用扫描方式获得大尺寸样品上的寿命参数等分布或均匀性信息。检测中也常采用重复激光脉冲累加来提高信噪比，或改善时间分辨率。μ-PCD方法检测对样品是非接触的，无损的，这是其特点和优点所在。此种检测方法要求所用脉冲激光的波长与被测材料相配，可在材料中感兴趣的区域激发出非平衡载流子，这就需要考虑样品的结构、激光的光斑尺寸以及透入深度等要求。

图6.4.6示出了在InP衬底上GSMBE生长的高In组分$In_{0.83}Ga_{0.17}As$样品的室温μ-PCD测试结果，样品为Si低掺杂，与图6.4.2为同一样品。从μ-PCD测试结果中可解析出长短两个时间常数τ_L和τ_S，反映了材料中非平衡载流子在不同复合机制下的寿命信息。图6.4.7是根据对此样品的变温μ-PCD测试结果得到的不同温度下的τ_S，可以认为其与此样品中载流子的等效寿命相对应，并据此解析出其中SHR复合、辐射复合和俄歇复合三种机制所分别对应的载流子寿命随温度的变化情况。由于非平衡载流子在样品表面或体内复合会有完全不同的寿命机制，被测样品的厚度、层次、表面状态及表面处理方法等都会对μ-PCD测试结果产生显著影响，因此直接从μ-PCD测试结果中得到载流子的寿命参数往往会有许多限定条件，而考虑到不同的复合机制对测量结果进行合理的解析，从中得到与载流子寿命相关的有用信息，则往往是更加现实的。在测得了半导体材料中载流子迁移率μ和寿命τ参数后，其扩散长度L即可由$L=(\mu\tau)^{1/2}$的关系得到。如直接认为此样品的τ_S即为其少子寿命，则可得到其在室温下的少子扩散长度约为8.83 μm，可以用作器件设计和性能分析时的参考参数。

使用相同或相似的部件，如激光源、检测器、样品台和扫描部件等，实际的测量仪器还往

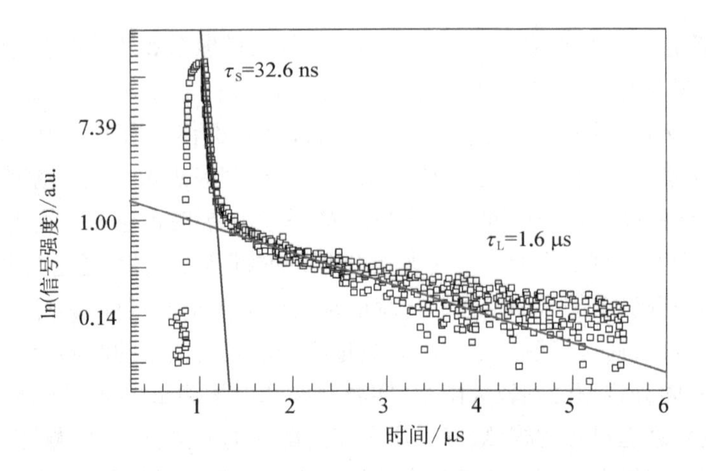

图 6.4.6　GSMBE 方法生长波长扩展 $In_{0.83}Ga_{0.17}As$ 样品的室温 μ－PCD 测试结果，样品为 Si 低掺杂，从测试结果中可解析出长短两个时间常数 τ_L 和 τ_S，反映材料中载流子的寿命信息

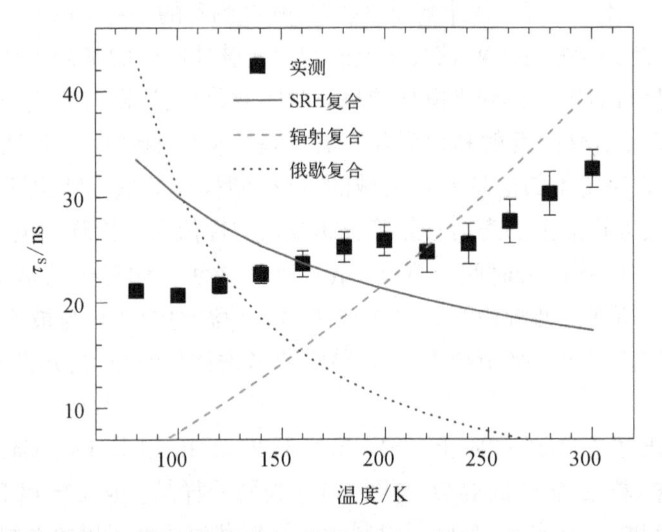

图 6.4.7　根据变温 μ－PCD 测试结果得到的不同温度下的 τ_S，样品为 GSMBE 生长的 Si 低掺杂波长扩展 $In_{0.83}Ga_{0.17}As$ 材料，同图 6.4.6

往整合了其他一些测量方法构成复合型的仪器，除 μ－PCD 外还可具备激光束感生电流(laser beam induced current, LBIC)、表面光电压(surface photo voltage, SPV)和薄层电阻(sheet resistance, SHR)等以及扫描测绘(mapping)表征功能，获得更多的测量参数，其中 LBIC 方法在获取材料的少子扩散长度参数方面更为直观，可用于对光电探测器的光敏区及其扩展情况的评估[43, 44]。

6.4.3　缺陷能级与密度

除一些“完美”半导体材料都具备的特性参数之外，了解其中的“缺陷”所具备的特性和表观上能够测量到的一些参数也是人们所期望的，深能级瞬态谱（deep level transient spectroscopy，DLTS）就是其中的方法之一，能够给出半导体材料中的缺陷能级和缺陷密度方面的信息[1-3]。简而言之，DLTS 方法也是利用 $C-V$ 测量，伴随着载流子对缺陷所对应的缺陷能级的充放电效应，表观上可以测量到结电容的相应变化。伴随着充放电过程这个电容可看成是一个随时间变化的瞬态电容，通过了解其瞬态特性可以得出缺陷密度的一些信息。DLTS 测量还伴随着温度扫描，利用禁带中的能级位置与温度的关系可以了解到缺陷能级位置的相关信息。根据缺陷的一些特性机制分析整合这些信息，就可以得到缺陷能级和缺陷密度方面综合信息。用于 DLTS 测试的样品常为一结型二极管，包括 pn 结或肖特基结等，可以是已制成的实际器件，也可以是为测试制作的“原型器件”，因 $C-V$ 测量需做电压扫描，因此要能够承受一定的反向电压。DLTS 测量需做大范围的温度扫描，因此样品需安置在可大范围变温的杜瓦中，样品上需有可通过接口连接至杜瓦外的测量电缆等，测试系统除 $C-V$ 测量仪外还需包括施加脉冲偏置的脉冲发生器、针对脉冲频率的锁相放大器、测量数据采集器、杜瓦温度控制器、信号观察示波器、系统编程控制以及对测量数据进行处理得出 DLTS 谱的计算机等，进而通过相关物理模型对 DLTS 数据进行分析计算，得出所需信息。早期的测试系统常采用分立仪器搭建，现代的 DLTS 测试装置已将其整合在一起构成一独立的测试系统。

图 6.4.8 为对一 GSMBE 生长的波长扩展 $In_{0.83}Ga_{0.17}As$ 光电探测器样品进行 DLTS 测量所得结果。测量中需根据具体样品情况设置一些测量参数，包括偏置电压、电容量程、填充脉冲高度、脉冲频率、持续时间和温度扫描范围等，针对特定样品，参数设置的合理性是成功进行 DLTS 测量并获得有用信息的前提，一般需要进行若干预先测量和观察分析来确定，有时还需进行分段测量。此测量中采用的反向偏置电压为 2.5 V，填充脉冲高度为 1.8 V，填充

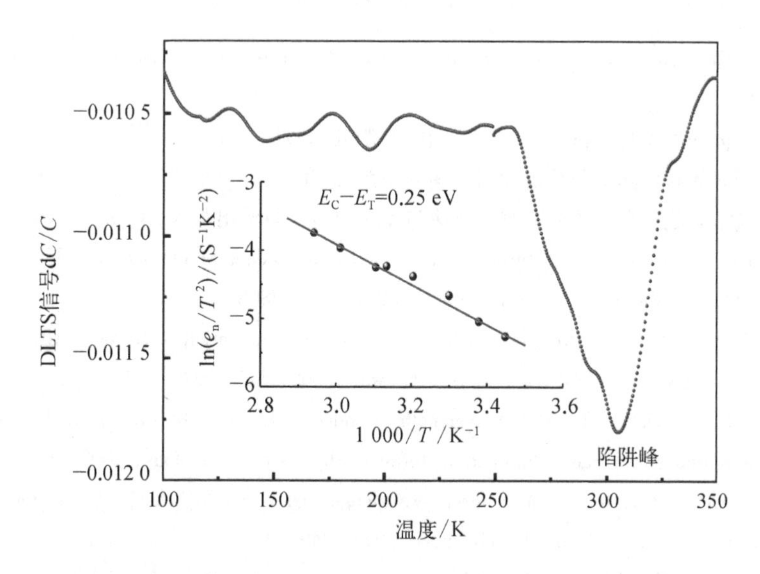

图 6.4.8　GSMBE 生长的波长扩展 $In_{0.83}Ga_{0.17}As$ 光电探测器的 DLTS 测量结果，测量中反向偏置电压为−2.5 V，填充脉冲高度为 1.8 V，填充脉冲持续时间为 10 μs；插图示出了对其测量结果的 Arrhenius 拟合结果，由此可确定陷阱的激活能

脉冲持续时间为 10 μs,温度扫描范围为 100~350 K。插图示出了对其测量结果的阿伦尼乌斯(Arrhenius)拟合结果,由此可确定陷阱的激活能[45]。由图 6.4.8 可见,此样品在 300 K 左右存在一个明显的电子陷阱峰,且只此一个;通过在若干锁相放大频率上进行的温度扫描可以绘出插图所示的 Arrhenius 图,对其拟合得到导带能级 E_C与陷阱能级 E_T的能量差,即此单一陷阱的激活能约为 $E_C-E_T=0.25$ eV,基本位于禁带中央,对此禁带较窄的材料已为深能级;陷阱能级的密度 N_T约为 3.5×10^{14} cm^{-3},表明此与衬底有较大晶格失配的光电探测器外延结构中仍存在较高的缺陷密度,由此决定了其暗电流及其温度特性。

6.5 小 结

由于半导体材料的特性参数及其表征方法繁多,本章只就其中的一些典型的和常用的方法,结合笔者的经验和有限的理解,以尽量简洁和形象的方式做分类介绍,主要针对其结构特性、光学与光电特性和电学与输运特性这几个方面,并以笔者的一些实际测量结果加以说明。应该说这几个方面以及所用方法本身也是互相关联、紧密渗透的,所表征的参数之间也有密切联系,难以做到严格区分。叙述中已考虑到结合 InGaAs 光电探测器和焦平面器件所涉及的材料参数,特别是其他文献中较缺乏的高 In 组分 InGaAs 材料的一些参数,尽量以其作为具体实例,对相关方法的应用以及特定参数等加以必要介绍,也尽量对所用测量方法和相关技术中在教科书和文献里较少提及的一些限制因素、注意事项和操作技巧等加以说明,希望能惠及新手,利于同行,以期对此类及同类器件的发展有所帮助。

参考文献

[1] Lamberti C. Characterization of semiconductor heterostructures and nanostructures. Amsterdam: Elsvier B. V., 2008.
[2] 许振嘉.半导体的检测与分析.2 版.北京: 科学出版社,2007.
[3] 杨德仁等.半导体材料测试与分析.北京: 科学出版社,2010.
[4] 张永刚,顾溢,马英杰.半导体光谱测试方法与技术.北京: 科学出版社,2016.
[5] Gu Y, Zhang Y G, Li A Z, et al. Structural and photoluminescence properties for highly strain compensated InGaAs/InAlAs superlattice. Chin. Phys. Lett, 2009, 26: 077808.
[6] Gu Y, Li H, Li A Z, et al. Precise growth control and characterization of strained AlInAs and GaInAs for quantum cascade lasers by GSMBE. J. Crystal Growth, 2009, 311: 1929 - 1931.
[7] Zhang Y G, Gu Y, Tian Z B, et al. Wavelength extended InGaAs/InAlAs/InP photodetectors using n-on-p configuration optimized for back illumination. Infrared Physics & Technology, 2009, 52(1): 52 - 56.
[8] Zhang Y G, Gu Y. Gas source MBE grown wavelength extending InGaAs photodetectors//Betta G F D. Advances in Photodiodes. Rijeka: Intech Press, 2011: 349 - 376.
[9] Chen X Y, Gu Y, Zhang Y G. Epitaxy and device properties of InGaAs photodetectors with relatively high lattice mismatch//Zhong M. Rijeka: Intech Press, 2018: 203 - 234.
[10] Zhang Y G, Gu Y, Tian Z B, et al. Performance of gas source MBE-grown wavelength-extended InGaAs

photodetectors with different buffer structures. J. Crystal Growth, 2009, 311: 1881 - 1884.

[11] Suryanarayana C, Norton M G. X-ray diffraction a practical approach. New York: Springer Science, 1998.

[12] Waseda Y, Matsubara E, Shinoda K. X-ray diffraction crystallography. Berlin: Springer-Verlag, 2011.

[13] Li C, Zhang Y G, Gu Y, et al. Analysis and evaluation of uniformity of SWIR InGaAs FPA — Part Ⅱ: Processing issues and overall effects. Infrared Physics & Technology, 2013, 58: 69 - 73.

[14] Zhang Y G, Hao G Q, Gu Y, et al. InGaAs photodetectors cut-off at 1.9 μm grown by gas source molecular beam epitaxy. Chin. Phys. Lett, 2005, 22(1): 250 - 253.

[15] Clawson A R. Guide to references on Ⅲ - Ⅴ semiconductor chemical etching. Materials Science and Engineering, 2001, 31: 1 - 438.

[16] 张永刚,富小妹,潘慧珍.单片集成 InGaAs PIN - JFET 光接收器的设计与研制.半导体学报,1989, 10(2): 148 - 152.

[17] Hsieh J J, Rossi J A, Donnelly J P. Room-temperature cw operation of GaInAsP/lnP double-heterostructure diode lasers emitting at 1.1 μm. Appl. Phys. Lett, 1976, 28(12): 709 - 711.

[18] Zhang Y G, Gu Y, Tian Z B, et al. Wavelength extended InGaAs/InAlAs/InP photodetectors using n-on-p configuration optimized for back illumination. Infrared Physics & Technology, 2009, 52(1): 52 - 56.

[19] Hawkes P W, Spence J C H. Springer handbook of microscopy. Switzerland: Springer Nature Switzerland AG, 2019.

[20] Zhang Y G, Liu K H, Gu Y, et al. Evaluation of the performance correlated defects of metamorphic InGaAs photodetector structures through plane-view EBIC. Semicond. Sci. Technol, 2014, 29: 035018.

[21] 王凯,张永刚,顾溢,等.异质界面数字梯度超晶格对扩展波长 InGaAs 光电探测器性能的改善.红外与毫米波学报,2009,28(6): 405 - 409.

[22] Gu Y, Zhang Y G, Wang K, et al. InAlAs graded metamorphic buffer with digital alloy intermediate layers. Japanese Journal of Applied Physics, 2012, 51: 080205.

[23] Hirschfeld T. Fellgett's advantage in uv-VIS Multiplex Spectroscopy. Applied Spectroscopy, 1976, 30(1): 68 - 69.

[24] Jacquinot P. New developments in interference spectroscopy. Rep. Prog. Phys, 1960, 23: 267 - 312.

[25] Zhou L, Zhang Y G, Gu Y, et al. Absorption coefficients of $In_{0.8}Ga_{0.2}As$ at room temperature and 77 K. J. Alloys and Compounds, 2013, 576: 336 - 340.

[26] Zhang Y G, Jiang X Y, Zhu C, et al. Growth and characterization of GaAs/AlGaAs Thue-Morse quasicrystal photonic bandgap structures, Chin. Phys. Lett., 2005, 22(5): 1191 - 1194.

[27] Jiang X Y, Zhang Y G, Feng S L, et al. Photonic band gaps and localization in the Thue - Morse structures. Appl. Phys. Lett., 2005, 86: 201110.

[28] 张永刚,奚苏萍,周立,等.FTIR 测量宽波数范围发射光谱强度的校正.红外与毫米波学报,2016, 35(1): 63 - 67.

[29] 张永刚,周立,顾溢,等.采用 FTIR 方法测量的量子型光电探测器响应光谱校正.红外与毫米波学报, 2015,34(6): 737 - 743.

[30] Zhang Y G, Shao X M, Zhang Y N, et al. Correction of FTIR acquired photodetector response spectra from mid-infrared to visible bands using onsite measured instrument function. Infrared Physics & Technology, 2018, 92: 78 - 83.

[31] Ma Y J, Zhang Y G, Gu Y, et al. Behaviors of beryllium compensation doping in InGaAsP grown by gas

source molecular beam epitaxy. AIP Advances, 2017, 7: 075117.

[32] Gu Y, Zhang Y G, Li C, et al. Analysis and evaluation of uniformity of SWIR InGaAs FPA — Part I: material issues. Infrared Physics & Technology, 2011, 54(6): 497-502.

[33] Li C, Zhang Y G, Gu Y, et al. Analysis and evaluation of uniformity of SWIR InGaAs FPA — Part Ⅱ: processing issues and overall effects. Infrared Physics & Technology, 2013, 58(1): 69-73.

[34] Ma Y J, Li X, Shao X M, et al. 320×256 extended wavelength $In_xGa_{1-x}As$/InP focal plane arrays: dislocation defect, dark signal and noise. IEEE Journal of Selected Topics in Quantum Electronics, 2022, 28(2): 3800411.

[35] Ma Y J, Gu Y, Zhang Y G, et al. Carrier scattering and relaxation dynamics in n-type $In_{0.83}Ga_{0.17}As$ as a function of temperature and doping density. Journal of Materials Chemistry C, 2015, 3(12): 2872-2880.

[36] 付雪涛,刘筠,张旭,等.重掺 InP 生长的 InGaAs 外延层迁移率的测量.激光与红外,2016,46(7): 843-846.

[37] Blood P. Capacitance-voltage profiling and the characterisation of Ⅲ-Ⅴ semiconductors using electrolyte barriers. Semicon. Sci. Technol, 1986, 1(1): 7-27.

[38] Hong T, Zhang Y G, Liu T D. Reactive ion etching of GaAs, GaSb, InP and InAs in Cl_2/Ar plasma. Chin. J. Semiconductor Photonics and Technology, 2004, 10(3): 203-207.

[39] Hong T, Zhang Y G, Liu T D, et al. BCl_3/Ar ICP etching of GaSb and related materials for quaternary antimonide laser diodes. J. Electrochemical Society, 2005, 152(5): 372-374.

[40] Zhang Y G, Li A Z, Zheng Y L, et al. MBE grown 2.0mm InGaAsSb/AlGaAsSb MQW ridge waveguide laser diodes. J. Crystal Growth, 2001, 227-228: 582-585.

[41] Zhang Y G, Zheng Y L, Lin C, et al. Continuous wave performance and tunability of MBE grown 2.1 μm InGaAsSb/AlGaAsSb MQW lasers. Chin. Phys. Lett., 2006, 23(8): 2262-2265.

[42] 武慧珍,茹国平,张永刚,等.电化学电容-电压法表征等离子体掺杂超浅结.半导体学报,2006, 27(11): 1966-1969.

[43] Li Y F, Tang H J, Li T, et al. Suppression of extension of the photo-sensitive area for a planar-type front-illuminated InGaAs detector by the LBIC technique. Chin. J. Semiconductors, 2010, 31(1): 013002.

[44] 吕衍秋,乔辉,韩冰,等.LBIC 技术研究 InGaAs 线列探测器串音及光敏感区.红外与激光工程,2007, 36(5): 708-710.

[45] Ji X L, Liu B Q, Tang H J, et al. 2.6 μm MBE grown InGaAs detectors with dark current of SRH and TAT. AIP Advances, 2014, 4: 087135.

第7章 InGaAs光电探测器及焦平面工艺技术

7.1 引 言

InGaAs光电探测器是一种Ⅲ-Ⅴ族半导体器件，作为短波红外光电转换单元，将光电流转换成电信号。由于Ⅲ-Ⅴ族材料具有较好的稳定性，器件制备过程具有和Si工艺兼容的特点，利用InP基InGaAs外延材料，通过光刻、成结、表面钝化及金属化等标准半导体工艺形成了InGaAs光电探测器。根据InGaAs光电探测器的规格从单元、多元向线列及面阵发展，制备工艺方法也持续发展。根据InGaAs光电探测器的光敏元定义方式，可分为台面型和平面型两种结构，如图7.1.1所示，所涉及的制备工艺略有不同，主要在成结方式和表面钝化方面。其中，平面型探测器采用扩散或注入填充式的方法定义光敏元，而台面型探测器则采用干法或者湿法刻蚀隔断式的方法定义光敏元。前者优点是形成的pn结处在吸收层中，减小了界面的影响和探测器钝化的难度，从而探测器可以达到比较低的暗电流水平，但是这种方法也存在一些问题，扩散工艺复杂并且其方向选择性较差，由于横向扩散导致定义的光敏元会产生偏差，通常需要减小扩散区和采用保护环结构抑制光敏元之间串音。台面型探测器光敏元定义可以比较精确，有利于相邻光敏元之间串音的抑制，其缺点是光敏元定义是通过破坏性方法实现的，并且pn结的截面是暴露在外面的，这导致台面型器件要达到低暗电流具有更大的难度。根据InGaAs光电探测器的入射方式，分别为正入射和背入射两种方式，制备工艺方法主要是器件表面处理的差别，前者主要考虑表面增透膜制备，后者考虑衬底的减薄处理和表面增透膜的制备。

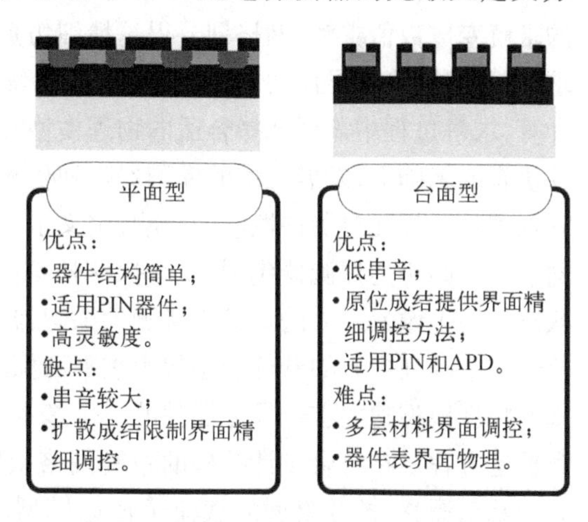

图7.1.1 平面结和台面结器件

随着器件阵列规模的扩大和像素中心距的缩小，将InGaAs光敏芯片与Si CMOS读出电路耦合形成混成焦平面模块，采用读出电路将InGaAs光电探测器产生的电信号进行放大、处理和输出，还需要涉及InGaAs光电探测器阵列与Si CMOS读出电路耦合的制备工艺。耦合方式主要有两种,即等平面互联耦合与倒焊互联。

7.2 器件结构设计与模拟

由于现代新型半导体器件的设计提出了越来越苛刻的要求,需开发先进高效的通用半导体数值模拟软件进行器件结构设计与模拟,指导器件的研制。目前,二维和三维半导体模拟技术不但能模拟器件还可以模拟工艺,成为科研设计人员不可或缺的半导体器件辅助设计工具。器件仿真是指在物理模型的基础上,分析器件的载流子分布、能带特性等内部特征,预测器件的电流、电阻、电容等特性。计算机辅助设计(Technology Computer Aided Design, TCAD)进行器件仿真的基本流程如图 7.2.1 所示[1],首先需要定义器件结构;其次是对器件进行网格划分,网格的划分可以在器件结构定义的时候进行,也可以使用专门的网格划分工具对器件结构进行网格划分,可以将微分方程变为差分方程,将方程组的求解变成数值求解,网格划分得越精细仿真结果越精确但仿真过程也越慢;然后进行数值求解,可以计算半导体的电学、温度和光学等特性,从一、二、三维方式对多种器件进行建模计算,求解过程中需要选择合适的物理模型和参数;最后进行结果的输出和分析。在单元器件仿真的基础上,发展三维的探测器阵列仿真结构,研究阵列探测器的性能。为了能模拟在阵列中相邻像元对器件性能的影响,定义了一个“像素探测器”,像素探测器的周围被八个相同大小和间距的探测器包围,每个探测器都处在相同的偏压下这样才能代表探测器阵列的状态。一个像素尺寸的定义为待测的探测器中心和相邻探测器中心的距离,也就是中心距。位于一个阵列中心的器件能够代表焦平面探测器中每个像元的状态。实现器件物理特性仿真的物理模型建立在半导体器件的三个基本方程上,分别是:泊松方程、载流子连续性方程和输运方程。在符合设计结构的致密网格上同时求解泊松方程和载流子连续性方程,从而验证基于漂移-扩散模型的载流子输运模型。该过程在三个方程之间不断迭代,直到解收敛,以此求得稳态条件。在光电性能仿真时,使用有限差分时域方法解决麦克斯韦方程。迁移率模型采用浓度依赖迁移率模型,半导体材料的迁移率在掺杂浓度较低时基本与掺杂浓度无关,但在掺杂浓度增大时,由于电离杂质散射的影响,其随着掺杂浓度的增大而单调减小。载流子的统计模型采用费米狄拉克分布模型。复合模型选择辐射复合、俄歇复合和Shockley-Read-Hall(SRH)复合,三种复合机制共同作用决定了吸收层材料的少子寿命。

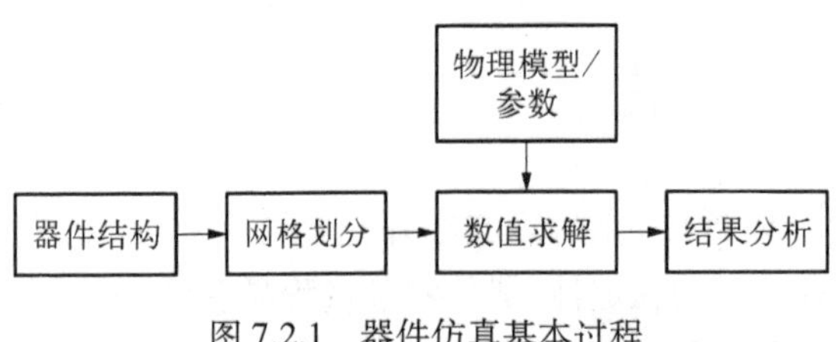

图 7.2.1 器件仿真基本过程

2010 年 P. Chakrabarti 等采用 ATLAS 仿真软件对 p-i-n 型 $In_{0.53}Ga_{0.47}As$ 光电探测器进行优化设计。利用建立的器件物理模型探讨了内部各种物理机理,并深入分析了探测器的各种暗电流噪声机制[2]。随后,Diponkar Kundu 团队利用 MATLAB 仿真软件建立了 p-i-n 型InGaAs 基光电探测器模型,通过载流子的空间分布来研究器件中的量子效率,光电流密度以及响应频率[3]。研究表明优化探测器反向偏压结电容和电阻等参数可有效增强探测器的响应带宽。在低偏压条件下，异质结处的载流子俘获效应对光电流与频率的相关性存在重要影响。

美国波士顿大学 Enrico Bellotti 等持续多年开展 InGaAs/InP 探测器的设计、模拟和仿真，分析模型与结果和器件性能不断迭代进步，器件模拟的关键参数包括像元面积、暗电流成分和光电性能等。2014 年他们对 InGaAs/InP 焦平面阵列探测器进行了三维模拟仿真[4]。通过三维模拟器研究了 pn 结光电探测器阵列中本征受限扩散电流和 SRH 产生复合电流。探索了阵列间距、结位置、尺寸的变化对于器件性能的影响。模拟结果表明 SRH 产生复合电流将随结周长和面积而变化，其中在小半径结中周长占主导地位。此外，在密集阵列中由于少数载流子浓度梯度被有效抑制，从而降低了横向扩散电流。

2015 年，Enrico Bellotti 等采用三维漂移扩散模型分析焦平面阵列的物理机理和限制器件性能的工艺[5]。针对平面型双异质结 $In_{0.53}Ga_{0.47}As$ 器件，理论上建立了体内产生复合电流和依赖于周长类似产生复合的分路电流的差异模型，预测了依赖于周长类似产生复合电流和 InP/InGaAs 冶金学界面没有关联，相比冶金学界面，器件的性能对电学结的位置更加敏感，因此在小尺寸的 SWIR InGaAs 器件中，需要进一步建立 SRH 缺陷和成结方式与产生复合电流的起源和机理的关系。

2018 年，Enrico Bellotti 等采用三维漂移扩散模型模拟了异质结界面捕获对$In_{0.53}Ga_{0.47}As$/InP p-on-n 平面结探测器暗电流的影响[6]。2D 模型修正了电场边缘效应和 n－n 同型异质界面的更高的电子密度，3D 模型考虑了耗尽区在表面扩展或收缩，模拟分析了体内和表面产生复合电流，建立三维产生复合电流与周长或分路电流的关系，通过提高 InGaAs 表面或 InP 帽层的掺杂，利用 n－N 异质界面的物理性能，量化地提出了降低表面 GR 电流的方法。

中国科学院上海技术物理研究所于春蕾使用 Sentaurus TCAD 进行器件仿真[7]，仿真过程的关键材料参数见表 7.2.1。在仿真的过程中，为了简化分析，假设扩散结为一个突变结，掺杂为均匀掺杂。在器件结构的设计上省略了器件表面的钝化层，并假设掺杂 Zn 元素后的 InP 帽层和电极之间能形成理想的欧姆接触。

表 7.2.1　仿真的关键材料参数@300 K

参　数	单　位	InGaAs	InP
禁带宽度 E_g	eV	0.735	1.34
导带态密度 N_c	cm^{-3}	2.1×10^{17}	5.7×10^{17}
价带态密度 N_v	cm^{-3}	7.7×10^{18}	1.1×10^{19}
电子迁移率 μ_e	cm^2/Vs	10 000	5 000
空穴迁移率 μ_h	cm^2/Vs	500	250
辐射复合系数 B	cm^3/s	9.5×10^{-11}	1.2×10^{-10}
俄歇复合系数 C	cm^6/s	8.1×10^{-29}	9×10^{-31}
SRH 寿命	s	变化较大	1×10^{-9}
相对介电常数 ε_s		13.9	12.5

据此设计了三维阵列结构，研究阵列几何尺寸对暗电流特性的影响，如图 7.2.2 所示，发现对于高密度的阵列结构的暗电流特性与单元器件不同。当中心距小于扩散长度时，对高密度探测器阵列暗电流模型进行修正，见图 7.2.3，其中第一项为扩散电流，当扩散长度大于像元尺寸时，扩散电流随着像元尺寸的增大而增大，与扩散孔的大小无关。第二项为产生-复合电流，与结区的面积呈正比。第三项来源于误差，扩散长度与像元尺寸相比拟时，侧面扩散电流不会完全被抑制，仍然存在一部分侧面电流。引入模型误差解释面积相关暗电流，侧面的扩散电流随着中心距的减小而极大的抑制，GR 电流随扩散孔增加而增大，通过提高 SRH 寿命有望进一步降低暗电流。

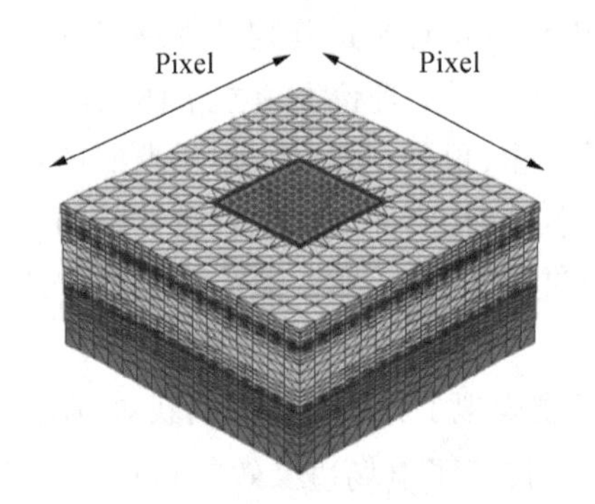

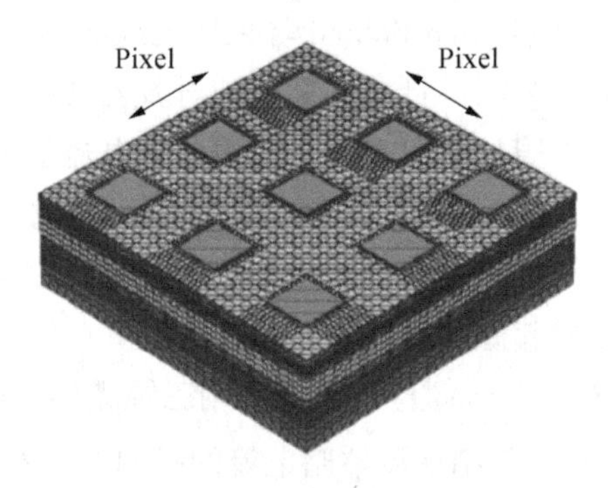

图 7.2.2　器件三维结构设计图，单元器件（左）、阵列探测器（右）

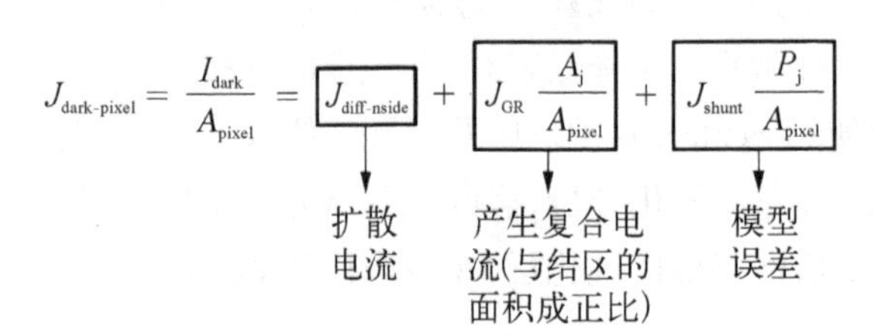

图 7.2.3　高密度探测器阵列暗电流模型修正

波长拓展到 2.5 μm 的 InGaAs 探测器近年来也是研究热点。Enrico Bellotti 等采用数值模拟方法研究了延展波长 InGaAs 探测器的本征特性[8]。成功建立了 InGaAs、InAlAs 和 InAsP 组分相关的物理模型。并进一步研究了不同缓冲层和盖层材料对器件性能的影响。研究表明采用组分线性渐变的窄带隙 InGaAs 缓冲层会比宽带隙 InAlAs 和 InAsP 材料产生的暗电流高两个数量级。2008 年，中国科学院上海微系统所张永刚团队通过建立 p-i-n 探测器光响应的理论模型，对波长扩展的 InGaAs/InAlAs 探测器的内量子效率进行了模拟计算，并对器件结构参数进行了优化设计[9]。李成等通过数值计算研究了延展波长 $In_{0.78}Ga_{0.22}As$ 红外探测器中的暗电流机制[10]。模拟结果表明，$In_{0.78}Ga_{0.22}As$ 红外探测器暗电流主要分为扩散电流、产生复合电流以及欧姆电流。在室温条件下，探测器的暗电流在零偏压附近主要为反向扩散电流，随着电压的不断增加，产生的复合电流及欧姆电流不断增加。2013 年，中国科学院上海技术物理研究所龚海梅团队在国家重点基础研究发展计划（973 计划）支持下，系统研究了高 In 组分异质探测材料能带调控与载流子输运机制，对多层异质外延体系的晶格失配和能带不连续性的问题，引入新型缓冲结构和界面量子结构，对 InGaAs 失配多层异质材料进行能带调控，讨论各层组分、缓冲层材料结构、厚度及载流子浓度对器件光电性能的影响。研究了延伸波长 InGaAs/InP 红外探测器暗电流的 $I-V$ 特性曲线及深能级缺陷，并结合 SILVACO 仿真软件对器件的暗电流进行了仿真模拟[11]。明确在延伸波长 InGaAs 红外探测器中存在的深能级缺陷的位置、缺陷密度，为建立暗电流机制提供缺陷参数，对高 In 组分器件的暗电流的物理机制进行了理论模拟，结果表明，较低的温度下，与深能级相关的 TAT 电流占主导；随着反向偏压增加，界面态电流迅速增加。

为了更有效地探测微弱信号，波兰科学家 Muszalski 等采用 Crosslight APSYS 仿真软件模拟了 InGaAs/InAlAs/InP 雪崩光电探测器[12]。探测结构中采用一层很厚未耗尽的 p 型 InGaAs 吸收层和薄 InAlAs 倍增层。优化设计后的器件结构能够获得高的量子效率、低的暗电流，并且消除了吸收层中的电离碰撞过程。2015 年，Czuba 等通过使用 SILVACO 仿真软件对 InGaAs 雪崩光电探测器进行了模拟设计[13]。设计出一种新型的 InGaAs 雪崩光电探测结构。相对于常规的 p-n 和 p-i-n 结构雪崩光电探测器，表现出更高的灵敏度、更快的响应以及更小的暗电流。并根据实际应用指标优化了器件结构中的各种结构参数。2007 年，重庆光电技术研究所高新江团队基于泊松方程和载流子连续性方程，导出了 InGaAs/InP 雪崩光电探测器特性的数学模型，利用数值计算工具对其进行了数值模拟，得到了内部电场分布、增益特性、暗电流特性、过剩噪声和增益带宽特性等的数值结果[14]。结果表明运用该模型与数值模拟方法可对不同结构参数的器件进行结构设计、工艺改进和特性分析。随后，中国科学院半导体研究所杨富华团队利用 MEDICI 软件设计了 InGaAs/InAlAs 雪崩光电探测器[15]，该器件采用背入射探测方式，通过在雪崩增益区采用埋层设计省略了保护环等结构，并使用双层掺杂，有效降低了增益区电场的梯度变化。该器件结构简单，仅需要利用分子束外延生长技术即可精确控制每层结构。此外，由于材料的空穴与电子的离化率有较大的差异，因此器件具有较低的噪声因子。2013 年，中国科学院上海技术物理研究所陆卫团队研究了单光子 InGaAs/InP 雪崩探测器，利用 SENTAURUS 仿真软件构建了基于 SRH、俄歇复合、缺陷辅助隧穿、带与带间隧穿以及雪崩倍增等载流子产生复合机制模型，为器件暗电流的仿真奠定了模型基础[16]。近年来，苏州大学陈军等模拟研究了在 $In_{0.83}Ga_{0.17}As$ 吸收层中插入不同周期 $In_{0.66}Ga_{0.34}As/InAs$ 超晶格电子阻挡层。研究发现超晶格周期数显著影响器件性能。随着超晶格周期数的减少，暗电流显著降低。当负偏压为 1 V，温度为 300 K 时，超晶格周期为 2.5 nm 时，暗电流可降低到 2.46×10^{-3} A/cm^2[17]。

7.3 器件制造标准工艺

短波红外 InGaAs 探测器按照光敏元定义方式的不同，主要分为台面型和平面型两种结构；按照光入射方式的不同，可采用正面入射和背面入射结构。本书以背面入射平面型结构为典型，详细介绍 PIN 型短波红外 InGaAs 探测器制造标准工艺，在此基础上，介绍其他类型的 InGaAs 探测器制造工艺。

平面型背入射结构适于制备大规模线列或者面阵器件。背面入射器件一般采用倒装焊工艺将探测器芯片与读出电路互联，工作时光由探测器芯片的衬底端入射。图 7.3.1 是该器件的典型结构，红外辐射从衬底背面入射，经过衬底、缓冲层后，在吸收层以及吸收层和帽层

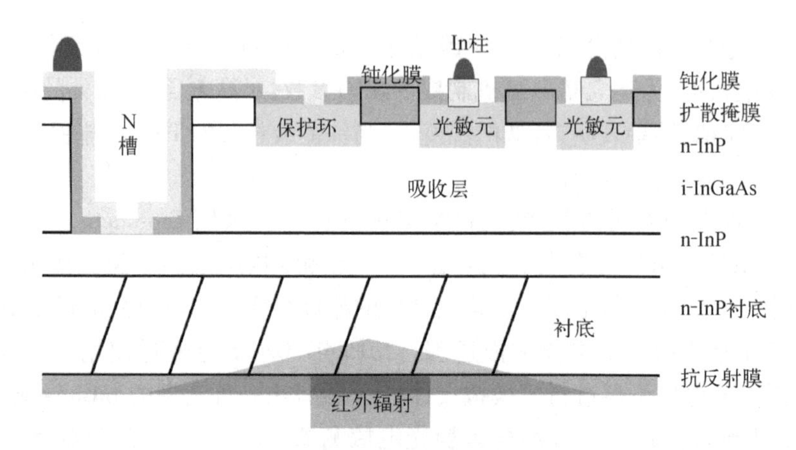

图 7.3.1　平面型背入射器件阵列

界面处的结区中实现光电转换，产生的光电流经过 p 区电极和 N 区电极进行输出，为适应倒装焊接方式，p 区电极和 N 区电极上生长 In 柱。

所涉及的标准制造工艺包括光刻、刻蚀、扩散、热处理、表面钝化、欧姆电极、背面抛光、镀增透膜等。平面型背照射 InGaAs 器件制备工艺流程主要包括：① 沉积掩膜，作扩散成结前的掩膜准备，兼具备 p 区侧面钝化作用；② 光刻开扩散孔，定义扩散区域；③ 扩散，形成 p 区掺杂；④ 热激活，形成 p 区掺杂分布的均匀性；⑤ 光刻，开 N 电极槽，为 N 区电极制备做准备；⑥ 沉积钝化膜，器件表面钝化，兼具备后续电学电极延伸过程中金属与半导体的隔离；⑦ 光刻，开 p 电极孔，定义 p 区电极区域；⑧ 光刻，长 p 电极，实现金属在半导体上的制备；⑨ 快速热退火，p 电极形成欧姆接触；⑩ 光刻，开 N 电极孔，定义 N 区电极区域；⑪ 光刻，加厚电极生长，作为电学连接使用；⑫ 光刻，金属化，凸点下金属（UBM），其作用是提供 In 柱接触界面，形成 In/Au 互溶的扩散阻挡层，保护 In/Au 接触长期稳定性；⑬ 光刻，生长铟柱，为倒焊互联用；⑭ 背面抛光，降低漫反射，背面增透膜生长，降低表面反射，提高外量子效率；⑮ 划片，芯片分离。工艺流程图如图 7.3.2 所示，器件制备示意图如图 7.3.3 所示。

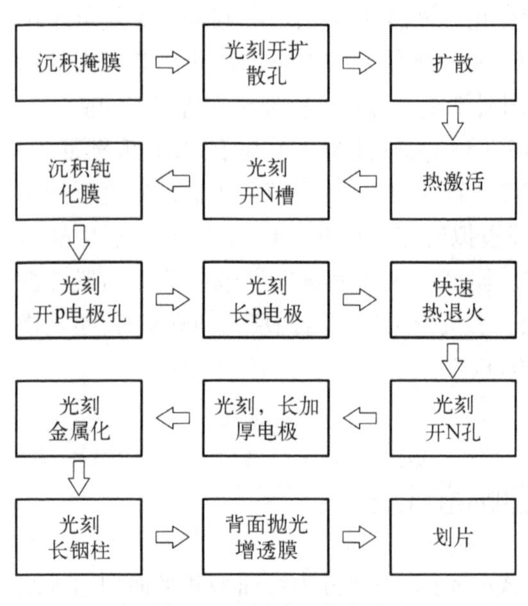

图 7.3.2　标准工艺流程

平面型正入射结构 InGaAs 探测器工艺流程和平面型背入射结构 InGaAs 探测器类似。正入射器件一般采用正面电极结构，线列器件与读出电路可以采用键合方式，不必采用 In 柱，在光刻生长加厚电极后，即完成了芯片制备，因此，在涉及过程中，器件表面钝化膜需要考虑兼具表面增透膜的作用，同时，p 和 N 区电极制备后，生长适用于键合方式的加厚电极，该加厚电极通常为绝缘层上的延伸电极，采用通孔的方式实现 p 和 N 区电极的连通。

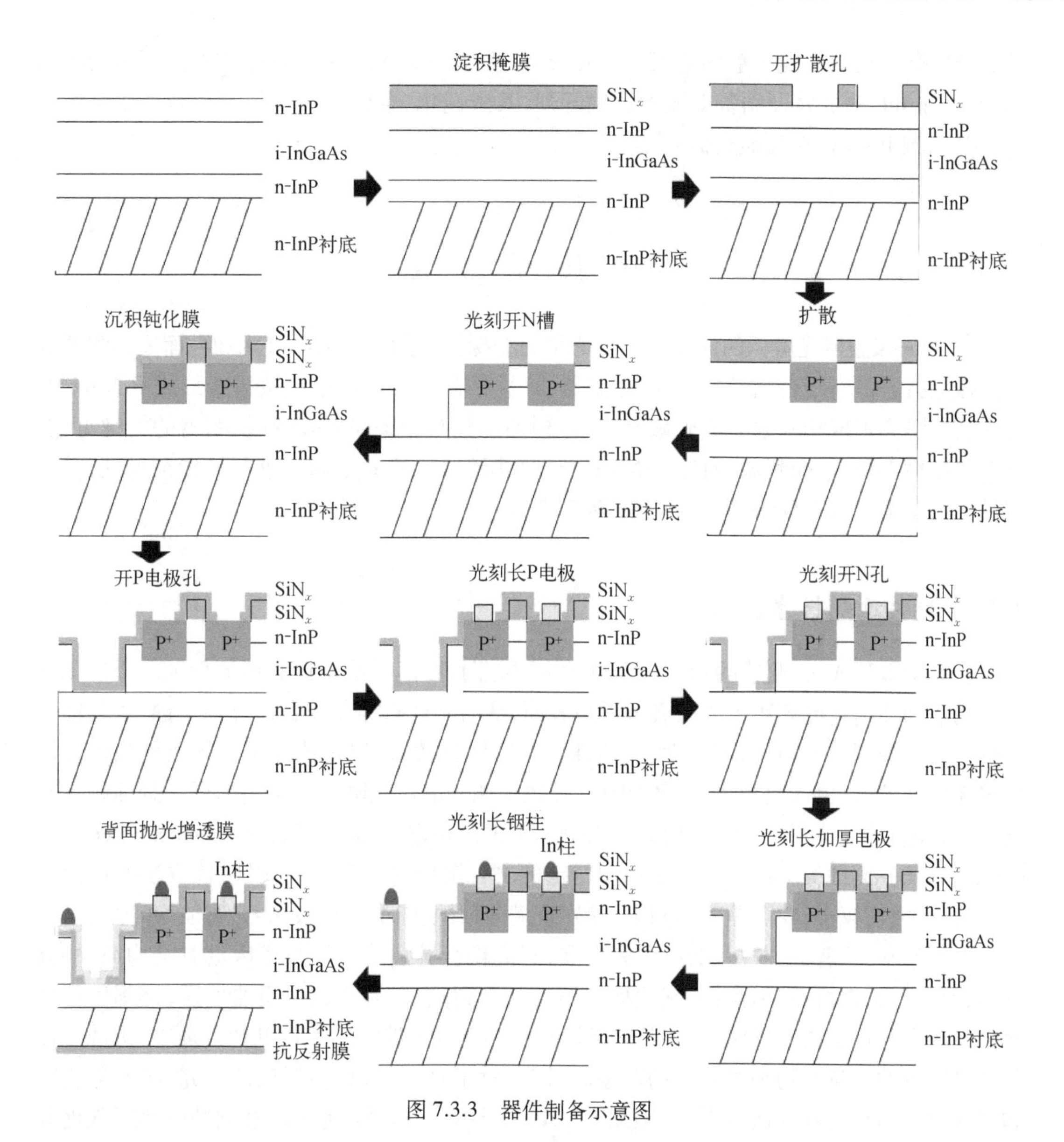

图 7.3.3　器件制备示意图

与平面型背入射 InGaAs 探测器相比，台面型背入射 InGaAs 探测器主要是光敏元区域的制备工艺不同。平面型器件结区埋在内部，通过定义扩散区或注入区实现，光敏芯片阵列的像素之间没有物理隔离，结区内的载流子通过漂移过程运动，结区外的载流子通过扩散过程运动，扩散行为有纵向和横向两种；台面结器件通过刻蚀工艺实现光敏芯片阵列像素之间的物理隔离，结区内的载流子通过漂移过程运动，结区外的载流子通过纵向扩散过程运动。沉积掩膜后，进行台面刻蚀，台面刻蚀过程会引入刻蚀损伤，且台面暴露在大气中较长时间会引起氧化物生成，因此在台面刻蚀后，会采用化学腐蚀的方法对台面进行刻蚀损伤修复，之后立即将其置入真空腔体中，生长钝化膜，然后进入电极制备等和平面结器件类似的工艺流程中。

与平面型背入射 PIN 结构 InGaAs 探测器相比，盖革模式雪崩探测器阵列的制备工艺流程略微复杂。在高精度扩散掺杂工艺形成 pn 结后,在光敏元周围设计制作保护环和浅隔离槽结构,在 InP 衬底背面制备集成微透镜阵列,其余钝化、金属化及铟柱工艺和平面型背入射 PIN 结构 InGaAs 探测器类似。

7.4 成结工艺

InGaAs 探测器光敏元的成结技术分为平面型探测器的扩散成结技术和台面型探测器的台面成型技术。对于台面型 InGaAs 探测器,其材料在生长过程中原位掺杂形成 PIN 结构,通过物理隔离形成相互独立的光敏元,因此刻蚀工艺是台面型 InGaAs 探测器的关键工艺。对于平面型 InGaAs 探测器,通过对 $N-i-n^+$型外延材料的 n 型帽层进行 p 掺杂得到,扩散成结工艺是平面型 InGaAs 探测器的关键工艺。

7.4.1 刻蚀成结技术

台面型 InGaAs 探测器的台面成型技术主要有两种,即干法刻蚀和湿法刻蚀。干法刻蚀是利用电场加速带电等离子体去轰击样品表面,从而实现对样品的各向异性刻蚀,该刻蚀方法具有良好的刻蚀方向性、可控性、均匀性和图形转移效果,但是该方法会导致刻蚀表面晶格破坏程度较大,引入比较大的刻蚀损伤,导致探测器的性能降低。常用的干法刻蚀种类有离子束刻蚀、等离子体刻蚀、反应离子刻蚀(RIE)和电感耦合等离子(inductive coupled plasma, ICP)刻蚀等。湿法刻蚀是利用特定的腐蚀溶液对样品进行腐蚀,该方法的优点是操作简单、损伤较小,缺点是各向同性、易导致横向钻蚀、图形转移效果差、腐蚀均匀性差等。

近些年来,随着刻蚀技术的应用和发展,感应耦合等离子刻蚀技术因具有结构简单、高等离子密度、工作稳定、损伤小、刻蚀均匀等优点受到重视,并得到了迅速发展,该刻蚀技术兼具了物理与化学两种反应,具有各向异性刻蚀和良好的选择比。在 ICP 刻蚀中,刻蚀气体与基体材料的反应产物是要考虑的对象。目前,对于Ⅲ-Ⅴ族材料的刻蚀研究,卤族化合物和甲基化合物是较好的选择[18, 19],比如 Cl_2、BCl_3、$SiCl_4$、CH_4等,为了增强刻蚀的物理强度和稀释反应气体,通常还会在刻蚀腔体中增加 N_2或 Ar 等。

中国科学院上海技术物理研究所龚海梅研究团队长期开展 InGaAs 探测器台面成型研究,应用于响应波长 1.7 μm 和 2.5 μm 的短波红外器件研制。宁锦华等分别研究了采用 $Cl_2/BCl_3/Ar$ 和 Cl_2/N_2对晶格匹配的 InGaAs 探测器的台面刻蚀,和采用 $Cl_2/BCl_3/Ar$ 和 CH_4/Cl_2、Cl_2/N_2对波长延伸 InGaAs 探测器的台面刻蚀,研究了直流偏压、气体总流量、ICP 功率和组分等参数对台面成型的影响,并从刻蚀速率、表面粗糙度、刻蚀垂直度等几个方面对刻蚀质量做了评估和分析,最终获得了形貌良好、刻蚀均匀的刻蚀条件[20]。朱耀明分析了 Cl_2/N_2气氛 ICP 刻蚀 InGaAs 引入的主要损伤机制[21],以晶格缺陷和悬挂键为主,刻蚀表面湿法腐蚀和硫化的方法在一定程度上减小了表面的缺陷损伤和断键,但是深层次的晶格损伤却无法修复。

在此基础之上,开发了 $Cl_2/CH_4/H_2$气氛 ICP 刻蚀 InGaAs 材料低损伤工艺新方法,按此刻蚀条件所得的表面平滑、离子轰击损伤较小,如图 7.4.1 所示。采用 $Cl_2/CH_4/H_2$气氛刻蚀 InGaAs 层的衍射峰强度降低幅度以及衍射峰的半高宽增大幅度都比 Cl_2/N_2气氛刻蚀后的要小,说明 $Cl_2/CH_4/H_2$气氛刻蚀造成的晶格缺陷比 Cl_2/N_2气氛要小,刻蚀后的 InGaAs 表面状态比 Cl_2/N_2气氛要好。正交设计试验方法得到了合适的 $Cl_2/CH_4/H_2$气氛刻蚀条件:温度为 60℃、ICP 功率为 600 W、RF 功率为 45 W、压强为 2 mT,通过对比发现,采用该刻蚀条件研制了短波红外 InGaAs 探测器的伏安曲线如图 7.4.2 所示,器件性能也得到了改善。

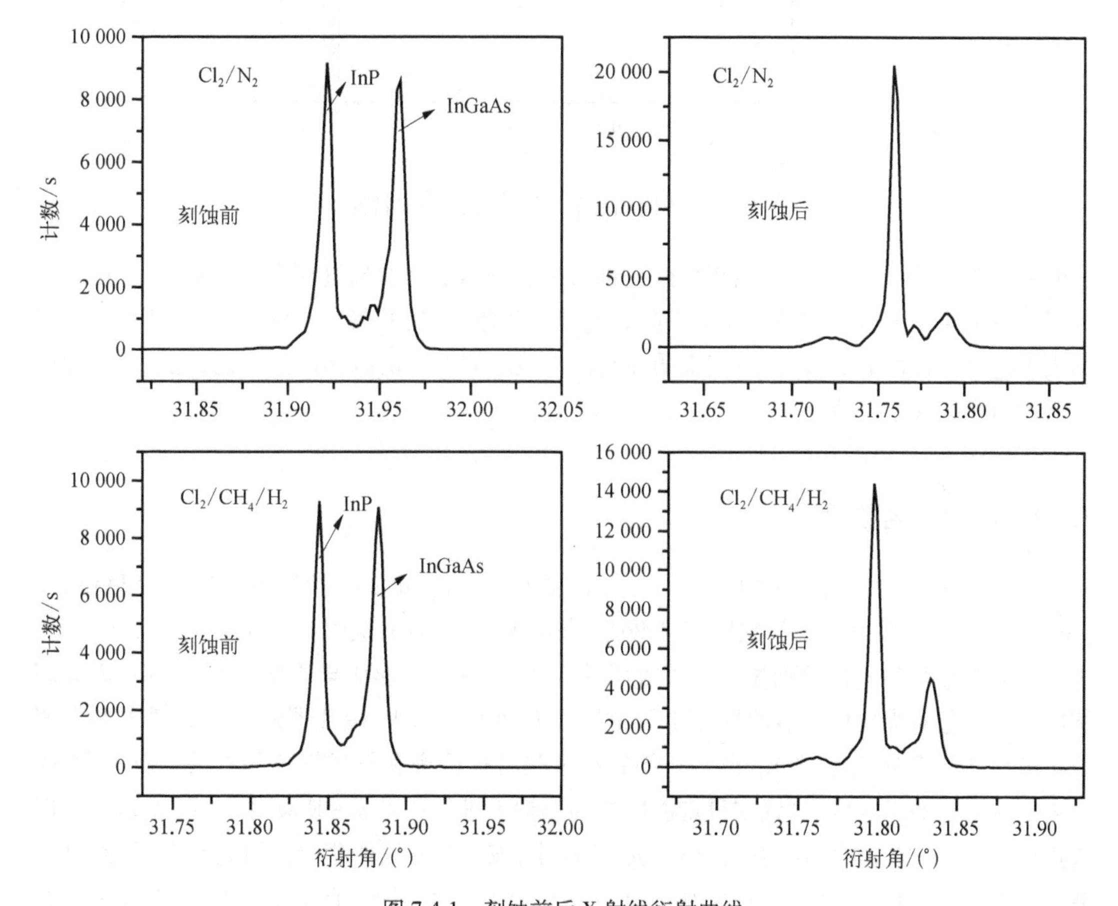

图 7.4.1 刻蚀前后 X 射线衍射曲线

近年来,延伸波长到 2.5 μm 的短波红外 InGaAs 器件以台面型工艺为主。基于 MBE 方式制备的 InP 基 p-InAlAs/i- InGaAs/n-InAlAs 外延材料,研究了 ICP 刻蚀台面工艺和刻蚀损伤的修复。ICP 刻蚀是高密度等离子体刻蚀,刻蚀过程中非均匀性等离子体会在材料中产生陷阱电荷、能量离子的轰击会产生晶格损伤。对于延伸波长到 2.5 μm 的高 In 组分的 InGaAs 探测器,材料本身的缺陷密度较高,刻蚀过程中更容易造成电荷堆积,晶格易位,形成点缺陷及线缺陷,从而产生较大的表面漏电流,探索了采用高温热处理加非选择性湿法腐蚀修复的方法,去除刻蚀残留物,释放晶格应力和修复晶格,释放表面堆积电荷,以减小刻蚀造成的损伤。李平分别采用 Cl_2/N_2和 Cl_2/CH_4气体的刻蚀工艺[22],发现 Cl_2/CH_4刻蚀气体工

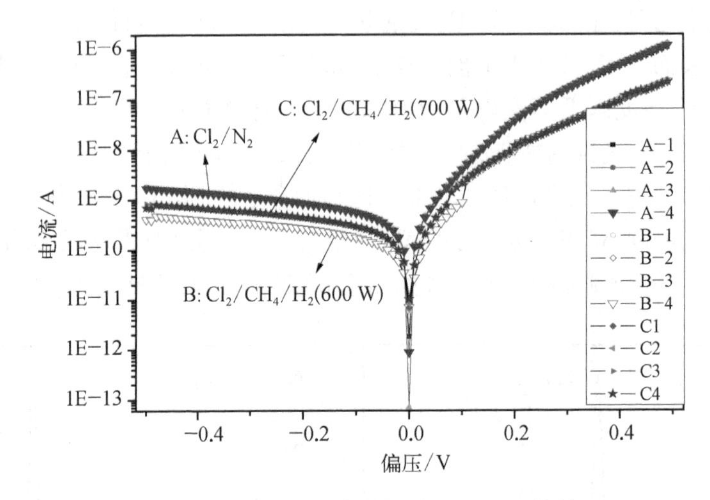

图 7.4.2 不同刻蚀条件探测器的 $I-V$ 特性

艺的效果要比 Cl_2/N_2好一些，由于甲烷刻蚀气体在等离子体蚀刻过程中分解氢离子，这些氢离子可以钝化刻蚀后在样品表面形成的悬挂键。此外，研究了在台面刻蚀前后，开展快速热退火工艺对器件性能的影响，研究表明在台面刻蚀之前引入快速热退火工艺，光电二极管有较低的面积相关暗电流成分。

7.4.2 扩散成结技术

响应截止波长 1.7 μm 的 InGaAs 探测器和盖革模式 InGaAs 探测器，其外延层材料与 InP 衬底晶格匹配，材料中的缺陷密度较低，采用平面结结构，通过扩散工艺实现 p-n 结，理想的扩散成结是杂质扩散到帽层与吸收层的冶金学界面处，形成异质型突变 p-n 结，因此高精度扩散工艺对优化探测器的性能十分重要。平面型 InGaAs 探测器的扩散方式主要有闭管扩散和开管扩散，如图 7.4.3 所示。闭管扩散是将扩散源和待扩散样品封装在石英管，腔体内保持一定的真空度，放置在设定温度的加热炉里进行扩散，一般采用 Zn_3P_2或 Zn_3As_2作为扩散源，这种方式扩散均匀，对材料的损伤较小，该扩散方式的优点是设备简单，缺点是扩散过程需要进行真空封管，封管尺寸限制了晶圆加工尺寸，不利于大批量生产，大尺寸的石

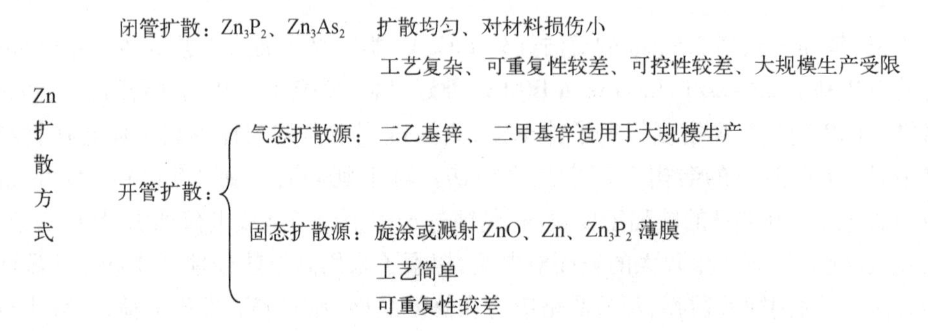

图 7.4.3 平面型 InGaAs 探测器的扩散方式

英管在扩散中的升温过程也会严重影响扩散过程的可控性；开管扩散通常利用金属有机汽相外延(MOVPE)设备，以气态的扩散源进行扩散，常用的扩散源有二乙基锌 、二甲基锌等，同时为了保护样品表面，抑制P、As元素的挥发，会混有一定比例的PH_3、AsH_3等，该种扩散方式具有能够精确控制、自动化程度高、适合大规模生产等优点。此外，采用固态扩散源，利用匀胶、溅射等方法在样品表面沉积一层固态薄膜扩散源，在合适的扩散温度下进行扩散，常用的扩散源有氧化锌、磷化锌、砷化锌等，这种方式的优点是制备工艺简单，缺点是可控性较差。

Zn是Ⅲ-Ⅴ族材料常用的P型掺杂物质，在InGaAs、InP等材料中有过大量的研究。Zn在InP材料中的存在状态有：取代In原子的替位Zn；位于晶格间隙中的填隙Zn；与P空位形成的中性化合物等，这些复杂状态的存在可能会使Zn的扩散对半导体材料产生较大的影响，比如材料表面的损伤、体内点缺陷增加以及扩散导致的位错等。研究Zn在InP材料中的扩散行为，Gurp等认为Zn在InP材料中的扩散以填隙-替位机制为主[23]，填隙Zn原子快速扩散，并在扩散的区域与替位Zn原子达到平衡，填隙Zn原子具有某种电荷态，起到了施主作用，对受主态的替位Zn原子起到了补偿作用，并导致空穴载流子浓度较低。面对空穴浓度与Zn的掺杂浓度差距较大，很多研究者在扩散后引入了热处理工艺[24-27]，实验发现利用热退火能够提升空穴载流的浓度至与Zn的掺杂浓度近乎相同，认为是由于热退火过程中填隙原子的外扩散降低了补偿作用，退火过程产生了更多的In空位，In空位向基体内扩散导致了更多的填隙Zn原子成为替位Zn原子，增加了空穴浓度，从而增加了Zn的激活效率。

随着微光敏区分析方法的发展，采用扫描电容显微（SCM）技术及二次离子质谱(SIMS)对Zn在$InP/In_{0.53}Ga_{0.47}As/InP$异质结构材料中的扩散机制进行了研究，使用了$Zn_3P_2$作为扩散源。SCM作为一种新颖的材料表征方法，是扫描探针显微(scanning probe microscopy, SPM)的一种重要的扩展模式，它可以获得样品在纳米尺寸上的二维电学分布图，目前已经广泛应用于硅器件的电学性能研究中，SCM扫描是获得p-n结电学分布的重要微观表征手段[28]。扫描图像的获得主要依赖材料表面载流子的耗尽和积累，非本征材料中的载流子主要来源于激活的掺杂元素，在实际应用中，通过对横截面的纵向扫描就可以获得光敏元大小和相邻光敏元的实际间距。SIMS是一种非常灵敏的表面成分精密分析仪器，它是通过高能量的一次离子束轰击样品表面，使样品表面的分子吸收能量而从表面发生溅射产生二次粒子，通过质量分析器收集、分析这些二次离子，就可以得到关于样品表面信息的图谱，利用SIMS测量掺杂Zn元素的浓度随材料深度的变化。如图7.4.4，将SEM、SCM和SIMS相结合，分析Zn元素的扩散行为。我们通过SCM和SIMS相结合，研究了Zn在晶格失配和晶格匹配材料中的扩散行为。研究结果表明，材料在界面处出现了Zn积累现象，因为Zn在InP中的扩散速度比在InGaAs中的扩散速度快，所以在界面上会形成一个“扩散势垒”，从而造成界面上Zn元素的累积[29]。

曹高奇研究了Zn扩散激活优化及激活处理对平面型InGaAs探测器性能的影响[30]。先确定了扩散后氮气中高温退火能够提高掺杂激活效率，然后从退火的时间、温度等方面研究退火对激活效率提升的影响，获得了优化的退火条件。激活热处理之后，材料的PL谱发

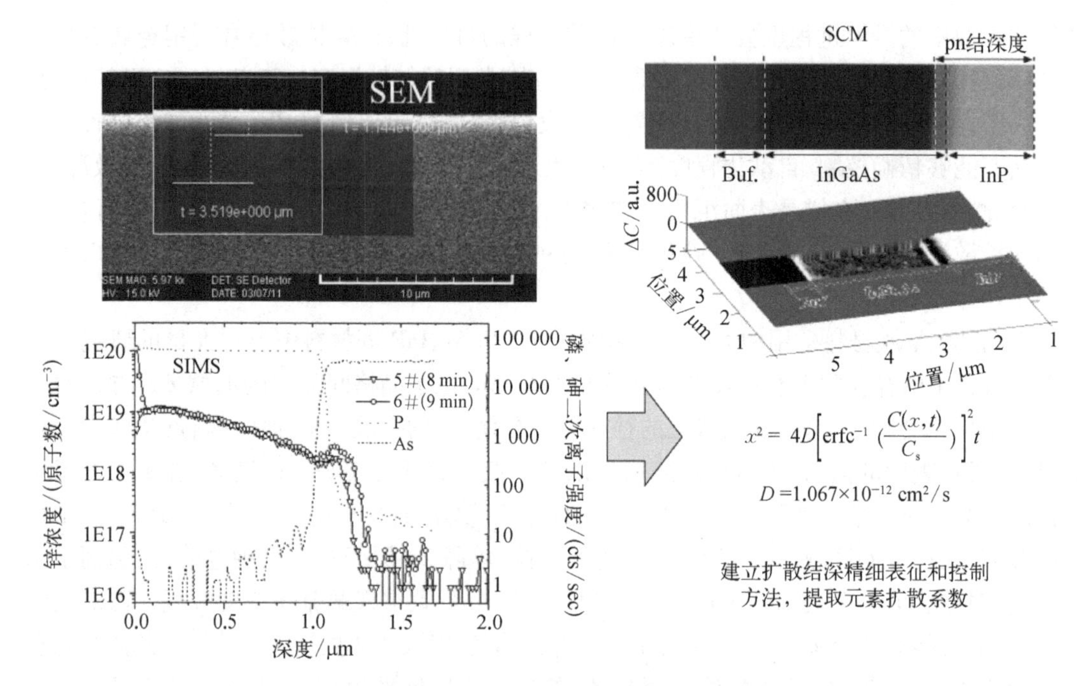

图 7.4.4 InGaAs 扩散成结的界面精细控制

光强度明显增强,暗示了材料表面的晶格质量得到了改善。SIMS 分析发现,热处理后材料表面的 Zn 浓度有明显降低,表面 Zn 元素富集的情况得到改善,有助于降低表面损伤和表面态,体内 Zn 元素的外扩扩散有助于降低体内填隙原子密度,抑制其补偿作用,提高空穴浓度和 Zn 的激活效率。利用 P/A 测试结构器件进行了器件验证,发现扩散后经过激活热处理的样品,其暗电流明显降低,暗电流以扩散电流为主,侧面漏电也受到了抑制。因此,扩散后进行适当的热处理能够修复扩散引入的晶格损伤,改善材料的晶格质量。经过热处理之后,其体内的缺陷得到修复,非辐射复合中心密度降低,获得了低损伤的 pn 结,降低了器件暗电流。此外,研究发现 Zn 在 InP 材料掺杂,激活效率和空穴载流子浓度比较低,有可能存在局部反型的情况,即 Zn 扩散后的 InP 区域中依然存在 n 型区域。反型现象的存在,会造成如 P 电极欧姆接触性能变差、产生死像元等现象,这些都会对 InGaAs 传感器的暗电流产生较大影响。而经过适当的热处理之后,激活效率和空穴载流子浓度都有了非常明显的提升,掺杂区域内不存在反型的情况,改善了 InGaAs 传感器的暗电流不一致性。

对于晶格失配体系材料,如 $InAs_{0.6}P_{0.4}$/InP 等,M. Wada 等在研究响应波长延伸到 2.2 μm 的InAsP/InGaAs 光电器件时[31],发现 Zn 在 InAsP 材料掺杂激活效率较低,与 InP 材料类似,扩散后氮气氛围中退火明显能够提高 Zn 的激活效率,将空穴的浓度提高到 1×10^{19} cm^3。K. Vanhollebeke 等研究了 Zn 在失配 $InAs_{0.6}P_{0.4}$/InP 材料中的扩散[32],发现 Zn 的扩散与失配材料中的位错密度有较大关系,位错密度越高,扩散越快,分析认为是由于位错起到了增强扩散的作用,沿位错的扩散系数远高于晶体内沿晶格的扩散。邓洪海[33]提取了扩散温度 530℃时,Zn 在 InP 中的扩散系数为 1.067×10^{-12} cm^2/s, Zn 在 $In_{0.81}Al_{0.19}As$ 和 $InAs_{0.6}P_{0.4}$中的扩散系数分别为 1.327×10^{-12} cm^2/s 和 1.341×10^{-12} cm^2/s。

7.5 表面钝化

与其他Ⅲ-Ⅴ族探测器类似,InGaAs、InAlAs等光电器件表面存在大量的悬挂键,当其暴露于空气中时,立即生成Ga或As的氧化物。这些氧化物是非辐射复合中心,导致表面费米能级钉扎在界面态位置,同时形成表面漏电通道,严重影响器件电性能。表面钝化是改善Ⅲ-Ⅳ族光电器件表面性能的研究手段。所谓钝化,就是清除器件表面的悬挂键或氧化物,使其对外界表现出惰性。处理Ⅲ-Ⅴ表面的钝化方法主要两种:化学钝化和电学钝化。其中化学钝化是为了清除表面附着物从而得到无污染的表面,如S化工艺的机理是表面氧化物能溶于含硫溶液,在去除氧化物的同时,与新鲜表面生成Ga—S、As—S键,随着反应的进行,生成的硫化物会部分溶解,所以最终生成的硫化层很薄,不稳定,样品接触空气后,很快又会被氧重新侵蚀。电学钝化是通过特殊的介质膜有效地降低绝缘层和半导体材料之间的界面态密度,介质膜如SiN_x、SiO_2薄膜等。表面钝化工艺及半导体绝缘体界面特性的优化将主要集中在以下方面:超洁净表面的获取及表面悬挂键的有效中和;介质材料低损伤沉积技术的发展;高质量低缺陷密度,满足化学计量成分比的介质材料;与衬底材料低应力介质薄膜;能经受高温退火等工艺的良好热稳定性介质薄膜。

对于InGaAs探测器,常用的钝化工艺通常是化学钝化和电学钝化的结合,先是用化学溶液进行表面清洗或硫化,紧接着会在表面沉积一层绝缘介质膜进行表面钝化。化学钝化方法是利用无机或有机溶液进行表面清洗,常用的无机溶液有盐酸、硫酸、氢氟酸、硫化氨溶液、氢氧化钾溶液和氢氧化钠溶液等,它们通过腐蚀去除表面氧化层或可溶性杂质,或者表面中和悬挂键来实现表面钝化。常用的有机溶剂有酒精、丙酮、三氯甲烷、三氯乙烯、乙醚等,它们通过溶解半导体表面附着的有机物及其他杂质实现表面净化。

龚海梅团队在短波红外InGaAs探测器表面钝化技术方进行了长期研究,开展了ZnS/聚酰亚胺双层钝化、SiN_x薄膜/硫化钝化、双层SiN_x薄膜、低温SiN_x薄膜以及ALD薄膜/低温SiN_x薄膜等。深入研究了钝化膜和半导体结合的表面态和表面固定电荷,有利于深入理解器件钝化机理,从而指导器件性能的改进。制备MIS器件结构,通过电容电压测试($C-V$曲线),提取表面固定电荷和表面态,结合X射线价电子能谱(XPS)微观分析手段,常常用于研究器件的钝化机理。

唐恒敬等研究了硫化对短波红外InGaAs探测器性能的影响[34],样品经过60℃、30 min的硫化处理后,XPS分析显示样品表面的氧化层被有效地去除,并采用硫化后的工艺制备了256×1元短波红外InGaAs探测器。新的钝化膜的引入有利于降低界面缺陷密度,从而降低暗电流。研究了SiN_x薄膜表面钝化方法和退火效应,发现退火后SiN_x薄膜的透射率会增加,表面粗糙度明显降低,SiN_x/InP界面之间的张应力明显减小。此外还用MIS器件结构研究了SiN_x薄膜对硫化后n型InP的钝化机理,见图7.5.1,发现退火有利于减小表面固定电荷密度,退火后表面固定电荷密度和最小表面态密度分别为$-1.96\times10^{12}\ cm^{-2}$和$7.41\times10^{11}\ cm^{-2}\cdot eV^{-1}$;AES测试结果表明硫化后$SiN_x$/InP结构界面表面固定电荷密度和最小表面态密度减小是由于元素的界面迁移造成的。XPS技术分析了硫化前后InGaAs表面组分及化学键的变化,研究结果表明硫化可有效地去除 InGaAs 表面的自然氧化层，同时在表面形成 Ga—S—Ga，In—S—In 等化合键；通过 MIS 器件对$(NH_4)_2S_x$硫化后的本征 InGaAs 生长 SiN_x 薄膜的钝化效果进行了评价，减小了表面固定电荷密度，降低了表面态密度。

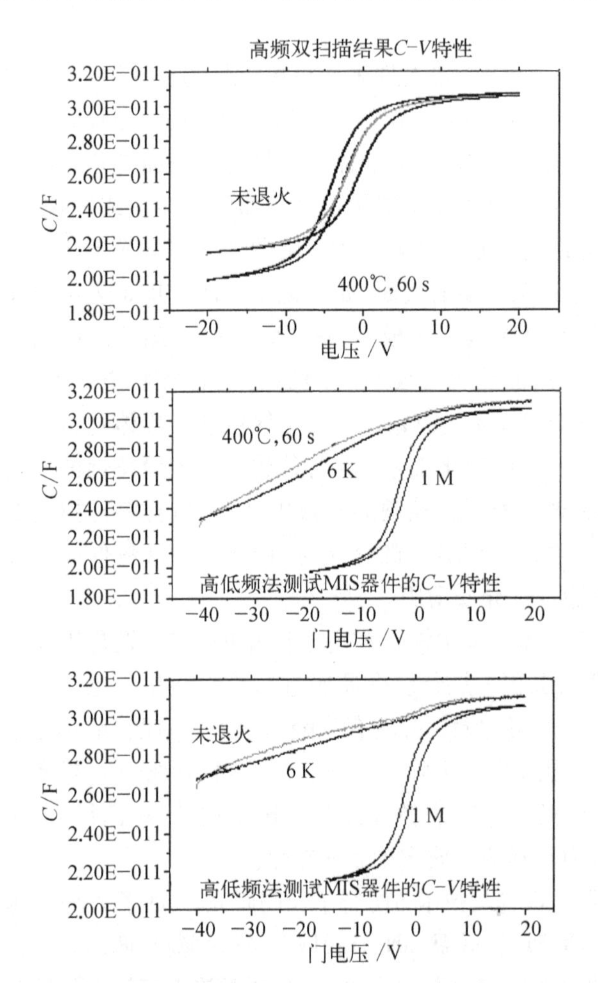

提取表面固定电荷密度(cm^{-2})：

$$N_f=(V_{FB}-W_{ms})\cdot C_i/q$$

提取表面态密度($cm^{-2}eV^{-1}$)：

$$N_{ss}=\frac{1}{qS}\left(\frac{C_{LF}}{1-C_{LF}/C_i}-\frac{C_{HF}}{1-C_{HF}/C_i}\right)$$

	未退火	退火
N_f	2.23×10^{12}	1.96×10^{12}
N_{ss}	1.75×10^{12}	7.41×10^{11}

结果：该钝化膜具有较低的表面固定电荷和表面态密度，从而提高探测器的灵敏度；改进钝化膜工艺的稳定性和一致性，从而提高了器件的响应均匀性。

图 7.5.1　新型钝化膜制备 MIS 器件的 $C-V$ 特性与拟合结果

对于平面型 InGaAs 器件来说，器件的 pn 结是通过扩散方式形成的，在进行扩散时，由于掺杂元素的横向扩散，实际的扩散结区的面积要比扩散孔大，使得实际 pn 结区的边缘处于扩散掩膜之下，扩散掩膜同时也起到对结区边缘的钝化作用，而对于平面型 InGaAs 器件来说，结区边缘的电场会远大于结区内部的电场，这样对结区边缘的钝化显得更加重要。李永富等[29]分别选用 PECVD 沉积的 SiN_x 和溅射沉积的 SiO_2 作为扩散掩膜，研究了对平面型短波红外 InGaAs 探测器性能的影响，实验结果验证了 PECVD 生长的 SiN_x 钝化性能优于溅射沉积的 SiO_2 膜，SiN_x 薄膜的引入能够有效地降低平面型器件的暗电流水平。

在半导体工艺中，目前常用的 CVD 技术有等离子增强化学气相沉积（PECVD）、电感耦合等离子化学气相沉积（ICPCVD）等，其中 ICPCVD 技术因为等离子密度高、低压、低温等优点受到了越来越多的关注。基于 InP 衬底制备原位掺杂的波长延伸 InGaAs 外延材料，在短波红外 InGaAs 器件的发展中目前是主流制备方法，但 InGaAs 吸收层和 InP 衬底之间存在约2%的晶格失配，制备低缺陷的波长延伸 InGaAs 外延材料是技术难题，同时探测器的低损伤制备工艺也是发展的热点。原位掺杂的波长延伸 InGaAs 外延材料首先在 InP 衬底上，制备缓冲层，实现能带过渡和晶格过渡，制备原位掺杂的 n 层、吸收层和 p 层，精细调控界面层，实现高质量材料生长后，制备台面型波长延伸 InGaAs 探测器，延伸波长器件台面侧面钝化和表面钝化，修复刻蚀损伤的同时，降低了表面的悬挂键引入的复合中心。龚海梅团队研究了 ICPCVD 和 PECVD 两种工艺条件制备的 SiN_x 钝化膜对台面型 $In_xGa_{1-x}As$ 探测器暗电流的影响。通过 $C-V$ 特性、PL 谱、XPS 能谱等实验分析了钝化工艺对探测器表面缺陷的影响。

魏鹏对比分析了 ICPCVD 沉积的 SiN_x 钝化膜与 PECVD 制备的 SiN_x 钝化膜的钝化效果[35]，结果表明引入低温 ICPCVD 技术制备的 SiN_x 膜钝化效果要优于高温 PECVD 技术制备的 SiN_x 钝化膜，ICPCVD 低温生长的 SiN_x 钝化膜能够较好地抑制器件暗电流密度对周长面积比的依赖关系，如图 7.5.2 的 $I-V$ 特性所示，即抑制了侧面漏电流，在薄膜生长过程中较低生长温度对材料损伤也较小，在前期采用 ICPCVD 低温钝化技术获得较低暗电流的基础上，进一步优化钝化参数。原工艺参数薄膜内 N/Si 比为约 1.25，为了获得 Si/N 比接近 1.33的 Si_3N_4 薄膜，研究了 N_2 流量对薄膜 N/Si 比的影响，采用 SIMS 测试元素含量，可以看出 N_2 增加，有利于形成 Si_3N_4 薄膜；同时 N_2 过大也会造成薄膜中的 N 元素含量过高，开展了改进工艺参数下薄膜腐蚀速率、黏附力和器件验证研究。

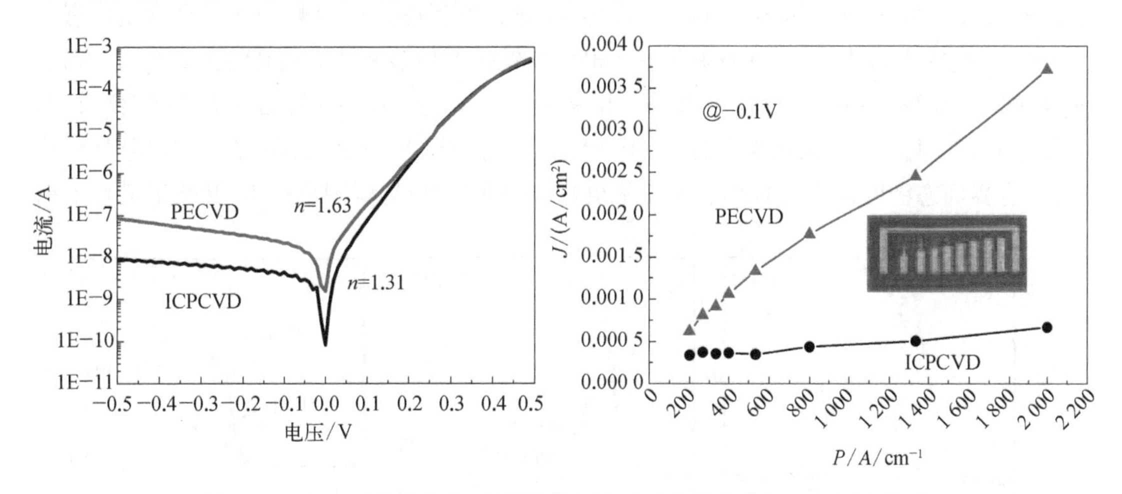

图 7.5.2　室温下器件电流−电压曲线（左）和暗电流密度与 P/A（右）关系

石铭和纪小丽等研究了 ICPCVD 沉积的 SiN_x 钝化膜与 PECVD 制备的 SiN_x 钝化膜在延伸波长 InAlAs/InGaAs/InAlAs 器件上的钝化机理，制备了 MIS 器件结构，并结合 XPS 进行了微观分析[36, 37]。结果表明，PECVD 钝化的 MIS 电容比 ICPCVD 钝化的 MIS 电容有更多的界面态和慢态缺陷。进一步估算 SiN_x 和 InAlAs 界面处的界面态密度（D_{it}），如图 7.5.3 所示，估算出的两种电容的界面态密度 D_{it} 在能带中的分布，为典型的 U 型界面态分布图。从图中可以看到，器件的界面态密度从导带到禁带中央单调递减；两种器件的界面态密度 D_{it} 的最小值均在距离导带 0.38 eV 处，但 ICPCVD 器件的界面态密度较 PECVD 器件的界面态密度

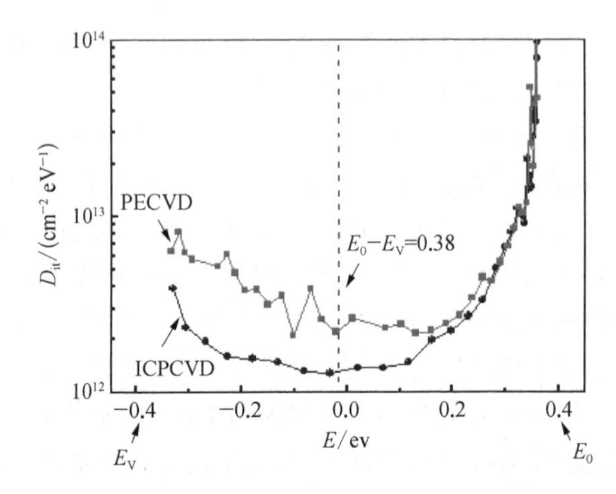

图 7.5.3　ICPCVD 和 PECVD 钝化 $Au/SiN_x/In_{0.83}Al_{0.17}As$ MIS 电容界面态密度在禁带中的分布图

有所降低。综合快界面态密度和慢界面态密度值可以发现，ICPCVD 技术较 PECVD 技术更好地钝化了 InAlAs 表面，提高了界面性能。对于Ⅲ-Ⅴ族器件，Ⅲ-Ⅴ族表面的自身氧化物严重影响了器件表面性能，As 的氧化物被认为是界面态密度高的主要根源，因为 As－O 键在能带中能够提供深能级缺陷，导致表面载流子复合速率加快或者界面断裂键的增多。采用 XPS 微观分析方法研究两种 MIS 器件的表面化学键，如图 7.5.4 所示，ICPCVD 和 PECVD 钝化的 SiN_x/InAlAs 界面的 In 3d5、As 2p3 和 N 1s 的 XPS 谱图，In－O 峰和 As－O 含量没有明显区别，因此认为 In 和 As 的氧化物不是 ICPCVD 钝化器件表面性能提高的主要原因。在能量为 396eV 和 396.5eV 处分别检测出 N－In 键和 N－Al 键。N 原子更容易跟 In 结合成键，其次是 Al 键。ICPCVD 钝化表面的 N－In 键强度高于 PECVD 钝化表面，表面 ICPCVD 钝化 MIS 电容界面态密度减小的原因是 N 原子很好地跟 SiN_x/InAlAs 界面的 In 悬挂键进行了结

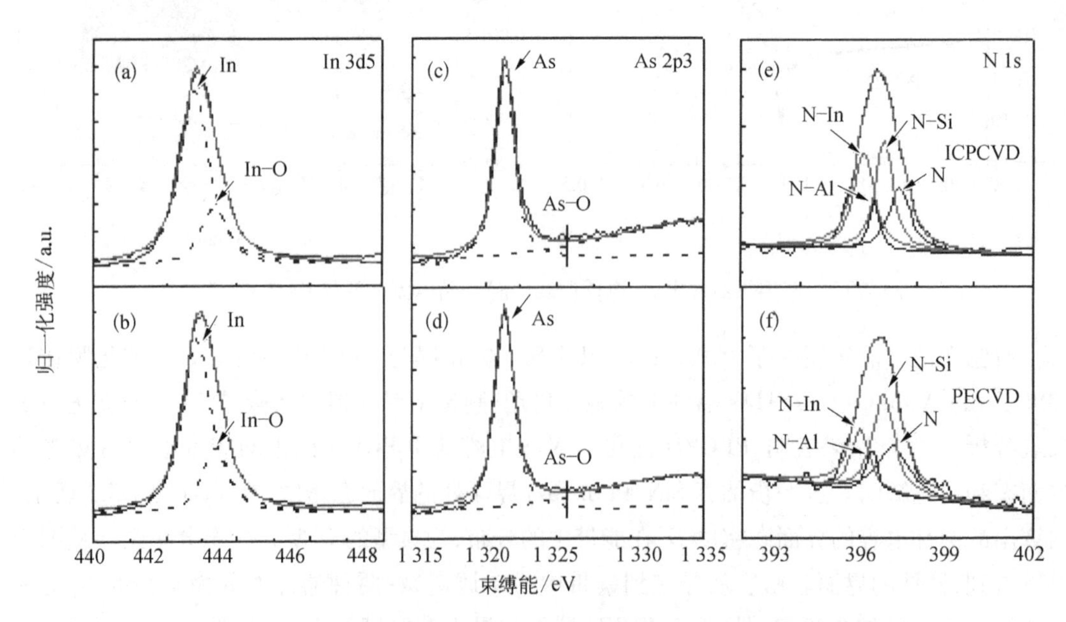

图 7.5.4　ICPCVD 和 PECVD 钝化的 $SiN_x/In_xAl_{1-x}As$ 界面 XPS 谱图

合。ICPCVD钝化技术提高界面性能的原因是InAlAs表面悬挂键或者晶格位错等的减少。

原子层沉积(ALD)技术已经在Si集成电路中得到了成熟使用,近些年来,工艺研发人员开始利用ALD技术来改善InGaAs器件的表面钝化。R. Driad等采用ALD沉积对InGaAs/InP HBT器件进行了表面钝化[38],并与传统PECVD技术沉积的SiO_2进行对比,发现等离子体ALD技术钝化的器件性能更加稳定。杨静等利用ALD和ICPCVD依次在波长延伸InGaAs探测器上沉积Al_2O_3和SiN_x进行双层钝化[39],与ICPCVD钝化的波长延伸InGaAs探测器相比,探测器暗电流降低了20%。万露红等研究了SiN_x/Al_2O_3双层膜在台面型延伸波长$In_{0.74}Ga_{0.26}As$探测器钝化作用,界面态的降低导致了器件具有较低的暗电流和$1/f$噪声[40]。

7.6 欧姆接触

在金属/半导体接触中,可以有几种电流输运机制:

(1) 扩散电流机制;

(2) 热电子发射机制;

(3) 量子力学隧道穿过势垒的场发射机制;

(4) 空间电荷区的产生复合机制。

其中(1)(2)是载流子越过肖特基势垒顶部从半导体发射到金属中,这将形成整流接触,而(3)(4)过程将使得肖特基结偏离整流特性。若金属功函数大于p型半导体功函数就不存在势垒,可以形成欧姆接触。欧姆接触与肖特基接触两者都是金属与半导体在特定条件下的接触。欧姆接触是金属-半导体接触产生的一个重要效应,采用比接触电阻(ρ_c)是表征欧姆接触特性的基本参量,定义如式(7.6.1):

$$\rho_c = \left(\frac{\partial J}{\partial V}\right)^{-1}\Bigg|_{V=0} \ (\Omega\cdot\text{cm}^2) \tag{7.6.1}$$

比接触电阻是欧姆接触的界面电阻,实际上无法直接测量,接触区一般包括金属层、金属与半导体的界面和半导体结,此外还有各种寄生电阻引入。针对薄膜样品的传输线模型(transmission line model)方法,首先由Schockley引入,后经Berger做了进一步改进,在欧姆接触电阻测定中经常使用。

在与周围环境绝缘的条形半导体材料上制备不等距的长方形接触块如图7.6.1所示,分别在两个不同距离l_n的长方形接触间通恒定电流I并由电压探针测出相应的电压V,并求得总电阻R_T,这可由(7.6.2)式表示:

$$R_T = 2R_c + \frac{R_{sh} l_n}{W} \tag{7.6.2}$$

其中,R_c是接触电阻;R_{sh}是半导体材料的方块电阻。

在不同距离L_n下可测出一系列对应的R_T,把这些点连接成一条直线,直线的斜率就是

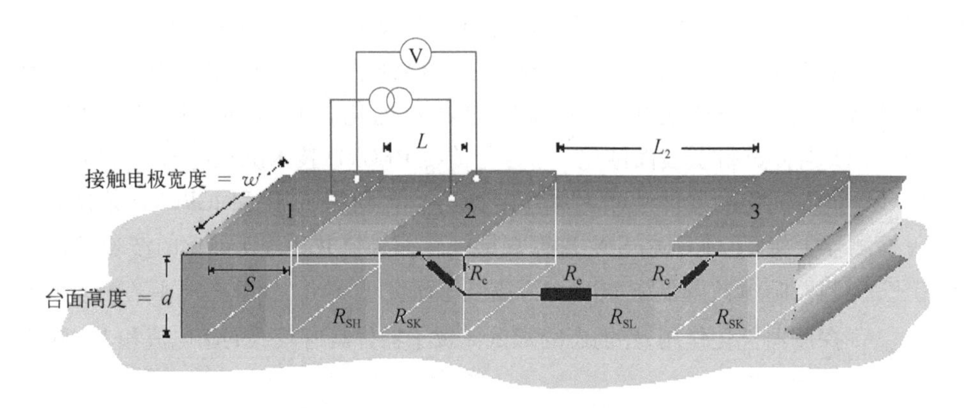

图 7.6.1 传输线结构的测试模型

R_{sh}/W,在 x 轴和 y 轴的交点分别是 L_x 和 $2R_c$, Reeves 等把 R_c用(7.6.3)式表达:

$$R_c = \frac{R_{sk}L_T}{W} \text{ 且 } L_T = \sqrt{\rho_C/R_{sk}} \tag{7.6.3}$$

R_{sk}是欧姆接触下半导体的方块电阻;L_T成为传输长度。若近似认为当合金化后,欧姆接触下半导体的方块电阻和半导体材料的方块电阻 R_{sh} 相等, 则 $2L_T = L_x$, 所以有(7.6.4)式:

$$\rho_c = R_{sk}L_T^2 \approx R_{sh}L_T^2 = \frac{R_c^2 W^2}{R_{sh}} \tag{7.6.4}$$

这可以简单计算接触的比接触电阻。良好的欧姆接触需要具有较低的比接触电阻、稳定的接触性能,使得电极接触电阻以及寄生电容与 p-n 结区的电阻和电容相比可以忽略。影响欧姆接触的主要因素有接触金属的功函数、半导体的亲和能、掺杂浓度等。在实际应用中还有其他因素,如半导体表面态、退火条件、半导体表面的处理和半导体材料的生长等。制备良好欧姆接触的方法有:提高接触层的掺杂浓度;选择合适的金属膜系和退火条件等。

对于 InGaAs 探测器来说,InGaAs 探测器的帽层主要有 p 型 InP 或 InAlAs 等,因此需要根据不同材料的特性进行 InGaAs 探测器 p 电极欧姆接触特性的优化。目前,p-InP 常用的接触金属有 AuZn 基和 AuBe 基膜系[41, 42],对于掺杂浓度为 10^{18} cm^{-3}量级的 p-InP,欧姆接触的比接触电阻为 3.7×10^{-5} $\Omega\cdot cm^2$。另外,有报道介绍了一些其他方法实现 p-InP 的欧姆接触,且具有较好的形貌,如 Pd/Zn/Pd/Au 与 p-InP 之间形成的欧姆接触,比接触电阻达到 7×10^{-5} $\Omega\cdot cm^2$。通过减小半导体表面的能带也能够实现良好的接触,如使用 W-In-Sb 与 InP 形成良好接触,接触电阻达到 10^{-5} $\Omega\cdot cm^2$量级[43]。1997 年已有 Pd/Sb/Zn/Pd 与 p-InP 形成优良接触的报道,其比接触电阻已低到 2×10^{-6} $\Omega\cdot cm^2$的水平[44]。

对波长延伸的 InGaAs 探测器,其帽层材料一般为高 In 组分的 InAlAs 或 InAsP 材料。由于该高 In 组分材料通常具有较小的禁带宽度,根据肖特基接触理论可知,多数金属与该材料之间的接触电势差比较小,这使得探测器 p 电极欧姆接触比较容易制备。

7.7 光敏芯片阵列与读出电路的混成工艺

多元光敏芯片阵列与读出电路的混成工艺，是实现光敏芯片与读出电路的电学连接的过程。主流的混成工艺有等平面耦合技术和倒装焊技术，并随着先进红外焦平面的发展，新型混成技术也在同步发展。对于正入射线列器件，通过等平面键合的方式，实现光敏芯片与读出电路的耦合，如图 7.7.1 所示，过大的压力使焊点太扁，承受不了较大拉力，而过小的焊接压力对焊接的牢固度有影响；正的探高误差效果等同于降低焊接压力，负的探高误差效果等同于增加焊接压力。研究确定了合适的探高偏差和键压压力，获得了保持焊高一致性的工艺方法。此外，研究中发现光敏芯片和读出电路耦合后会出现过热像元和死像元，发现键压工艺过程可能引入损伤，为了确保焊接的一致性，需要明确探测器延伸电极结构设计规范。

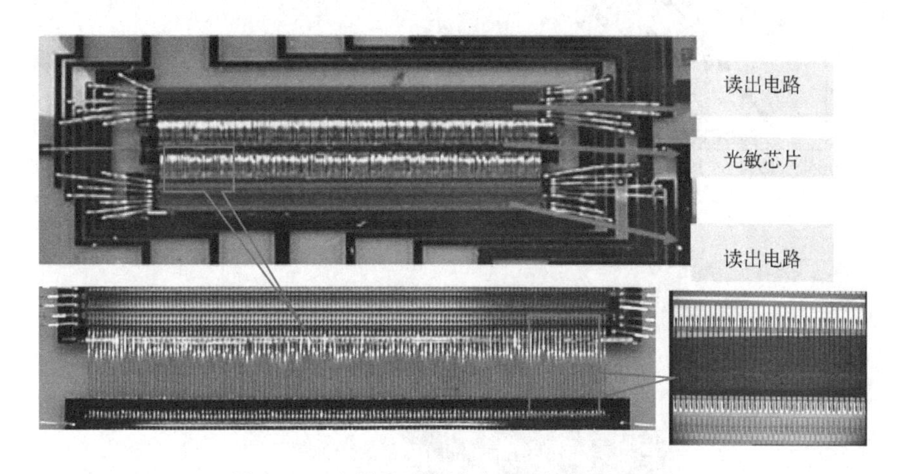

图 7.7.1　光敏芯片与读出电路的等平面耦合

红外焦平面向二维面阵方向发展，红外焦平面的集成度也基本遵从摩尔定律[45]，以中波红外焦平面探测器为例，18 个月像素规模翻一番（图 7.7.2）。国内外制造混成结构红外焦平面阵列的主流技术是铟柱互联（indium bump bonding）技术，采用倒焊互联混成模式实现光敏芯片和读出电路的耦合，从而形成焦平面，见图 7.7.3，高密度铟柱阵列制备工艺主要有两种：一种是光刻-蒸发-剥离方法；另一种是光刻-电镀方法。

铟柱互联混成技术直接影响焦平面的均匀性和盲元率，目前制约倒焊连通率主要因素见图 7.7.4。一方面是探测器和读出电路样品的状态，包括芯片样品的平面度（面型）、铟柱的状态、样品表面和背面的洁净度以及图形对齐情况等等，由于芯片加工工艺的涨落，外延片上化学处理的均匀性、薄膜生长位置、光刻套准、图形一致性等可能存在差异，确保芯片工艺的均匀性、稳定性、一致性，减少加工工艺涨落对芯片面型和铟柱均匀性造成的影响；另一方面，随着焦平面规模扩大和中心距缩小，倒焊互联过程倒焊前预处理、倒焊方式和倒焊压力等参数也成为关键因素。随着焦平面规模的扩大和中心距的缩小，高密度铟柱接触过程中出现的倒焊偏移问题，成为影响连通率的又一个不可忽略的因素。

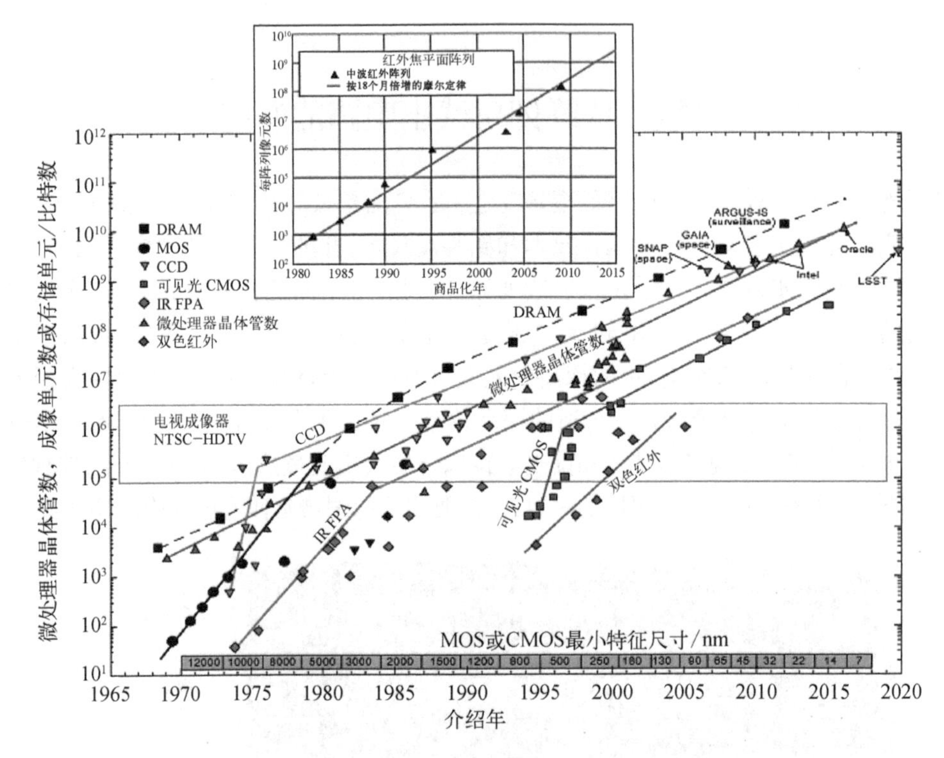

图 7.7.2　红外焦平面集成度发展

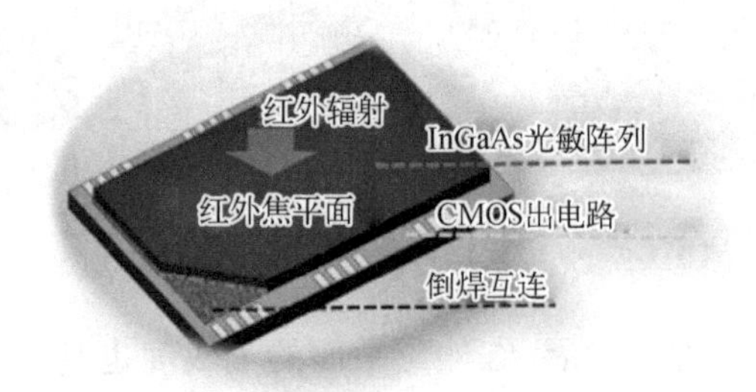

图 7.7.3　焦平面的倒焊互联

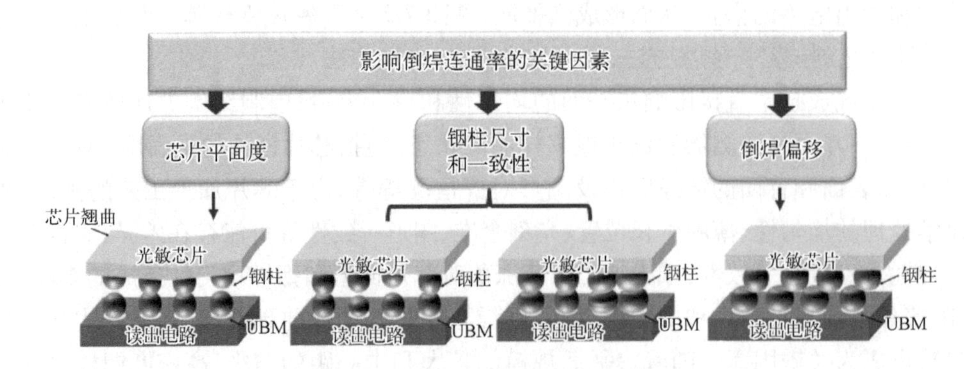

图 7.7.4　制约面阵倒焊连通率的主要因素

为实现高有效像元率的 InGaAs 短波红外焦平面，采用在基底背面淀积 SiN_x 薄膜工艺，平衡材料外延层应力和器件钝化工艺引入的应力，进行芯片面型精细调控。即在 InGaAs/InP 传感器晶圆的背面，生长具有应力的 SiN_x 介质膜，通过对介质膜生长工艺的调控，实现对 SiN_x/InP 界面的应力调控，从而改变整个晶圆的宏观形变，使得原本中心翘曲的晶圆恢复至平面状态。在高密度大面阵焦平面的芯片制备工艺中，随着光刻偏差的积累，后端光刻对准难度逐渐增大，尤其是后道的金属化、铟柱生长的光刻对准偏差较大，铟孔与底层金属的接触面积降低，直接影响铟柱阵列的形貌和一致性，通过采用一体化光刻进行金属化和铟柱生长，降低光刻工艺偏差，改善铟柱形貌和一致性，如图 7.7.5 所示。通过优化焦平面制备工艺流程，获得平面度和铟柱一致性优异的光敏芯片，为提升倒焊连通率从而实现焦平面的盲元率指标提供芯片基础，如图 7.7.6 所示。

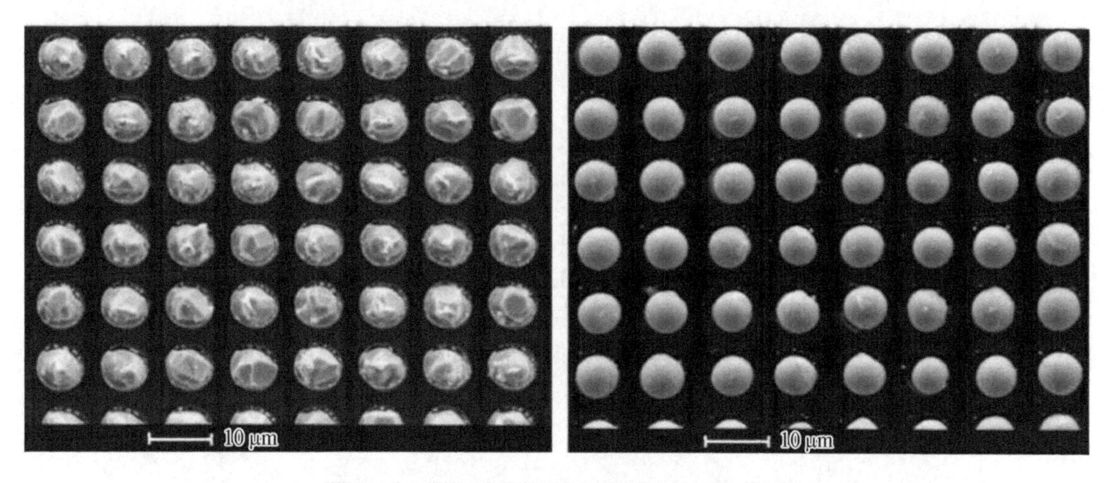

图 7.7.5　铟柱成球前(左)后(右)的 SEM 照片

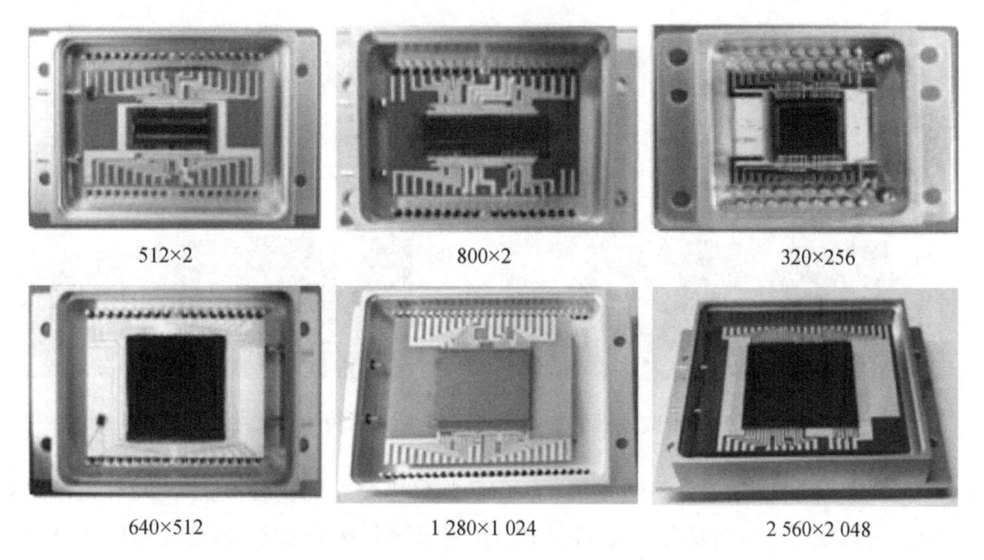

图 7.7.6　采用提升倒焊连通率和成品率工艺研制的多种规格焦平面模块

当面阵规模扩大到 1 280×1 024、2 560×2 048 乃至 4 096×4 096，像元中心距需缩小到约 15 μm、10 μm 甚至 5 μm，倒焊偏移量容差已接近倒焊精度极限，对倒焊互联提出了巨大的挑战，见图 7.7.7。未来先进红外光电焦平面的技术体系具有鲜明的光电子和微电子领域交叉融合的特点，光敏芯片阵列向极小像元、千万至亿像素、多波段、主被动等方向发展，读出电路向极小像元、单片电路缝接、数字化、智能化等方向发展，新型互联技术正在涌现。In 柱互联方法受到 In 柱生长工艺、In 柱形貌、In 柱尺寸以及倒焊过程偏移的影响，在中心距缩小到 10 μm 及以下，倒焊过程 In 柱连通率和相邻 In 柱的隔离变成技术难题。通过改进铟柱制备工艺，可改善铟柱的形貌和一致性，例如在原有的光刻-蒸发-剥离工艺方法基础上，增加 UBM 结构和介质膜开孔后，再通过光刻-蒸发-剥离-成球等工艺流程，介质膜区域有效限制了铟柱后加工过程的形变，见图 7.7.8。

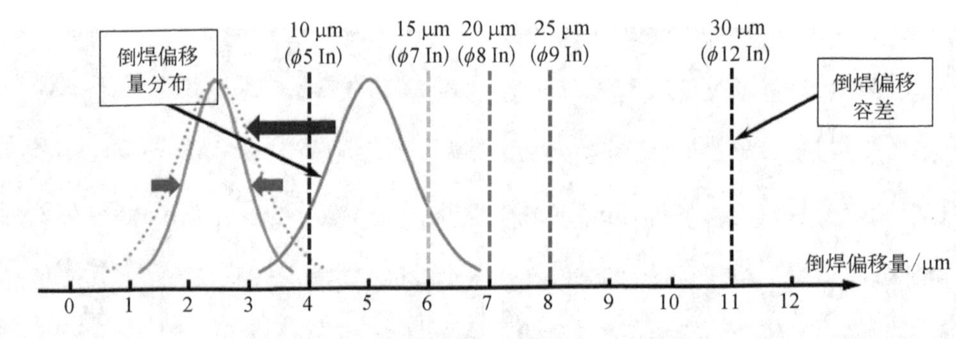

图 7.7.7　倒焊偏移量容差与中心距关系

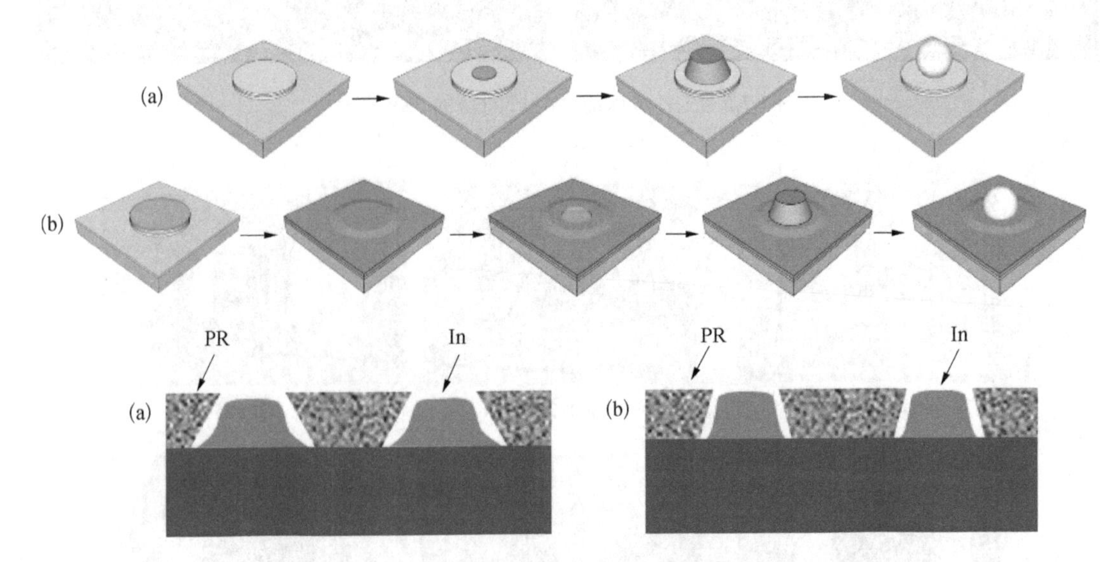

图 7.7.8　改进铟柱制备工艺，改善铟柱形貌和一致性

In 柱结构设计和制备工艺不断发展，为了缩小铟柱尺寸到直径 2 μm 以下，将铟柱结构制作成插销式形状[46]，这种插销式铟柱结构，有利于降低倒焊过程中光敏芯片和读出电路之间的偏移问题。

2020 年日本索尼公司公布了中心距为 5 μm 的高密度 InGaAs 光敏芯片与读出电路耦合方法，如图 7.7.9 所示[47]。由于 InGaAs 器件工艺具有与 Si 工艺兼容的特点，因此提出了 Cu－Cu 互联方法，将Ⅲ－Ⅴ族外延材料划片后，集成到 Si 载片上后，制备探测器芯片后，与读出电路进行 Cu－Cu 互联，像素大小取决于 Cu－Cu 互联尺寸（2 μm 左右），为像素缩小至 5 μm的 InGaAs 光敏芯片阵列与电路耦合提供方法，读出电路连接更可靠，和 Si 载片解耦合后，去除 InP 衬底，有利于降低对 InGaAs 器件的损伤。索尼采用上述技术路线，成功制备了中心距为 5 μm 的可见拓展的 1 280×1 024 元高密度小像素焦平面探测器。表 7.7.1 对比了铟柱倒焊互联和 Cu－Cu 互联对焦平面器件的影响。

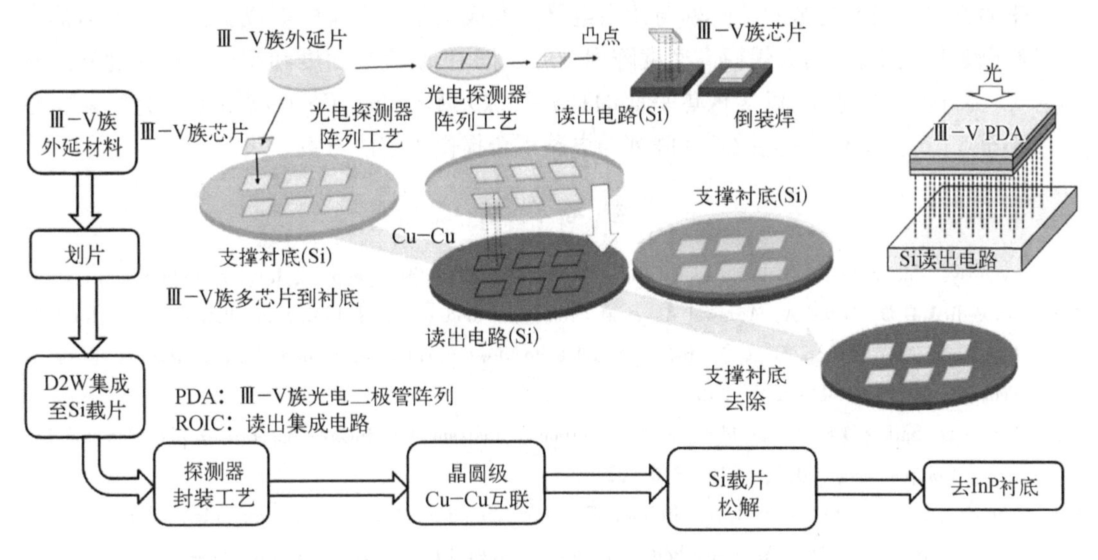

图 7.7.9　小像素焦平面 Cu－Cu 互联方法

表 7.7.1　两种倒焊耦合互联方式的对比

互联方式	铟柱倒焊互联	Cu－Cu 互联
器件结构	像元 n-InP n-InGaAs n-InP p+ 凸点 键合 读出电路(Si) 重复间距	像元 Cu-Cu 键合 重复间距
影响	像素尺寸受 In bump 工艺限制，较难做到 10 μm 以下，芯片小型化受制约，分辨率难以提高，影响读出电路的可靠性	像素尺寸取决于 Cu－Cu 互联尺寸（2 μm 左右），像素缩小至 5 μm，分辨率提高数倍，读出电路连接更可靠，更高效的Ⅲ－Ⅴ PDA 制造水平和低水平的损伤

7.8 小　　结

本章简述了 InGaAs 光电探测器的类型，介绍了 PIN 器件结构和三维器件阵列模拟、延伸波长到 2.5 μm 台面型器件结构与性能模拟以及盖革模式雪崩探测器的模拟结果。以平面型 PIN 器件为典型，介绍了短波红外 InGaAs 光电探测器的制造标准工艺流程，详细介绍了台面刻蚀和平面扩散两种成结工艺、器件表面钝化工艺以及电极欧姆接触工艺，并介绍了向焦平面方向发展的光敏芯片阵列与读出电路的混成工艺。主流的混成工艺有等平面耦合技术和倒装焊技术，在向大规模高密度阵列发展过程中，获得平面度和铟柱一致性优异的光敏芯片，提升倒焊连通率，以实现焦平面的高有效像元率。Cu－Cu 互联技术也为像素中心距缩小至 5 μm 的 InGaAs 光敏芯片阵列与电路耦合提供了解决方案。

参考文献

[1] Synopsys, Inc. Sentaurus Device User Guide, Version A－2008.09. Synopsys, Inc., Mountain View, 2008.

[2] Dwivedi A D D, Mittal A, Agrawal A, et al. Analytical modeling and ATLAS simulation of N^{+}－InP/n^{0}－$In_{0.53}Ga_{0.47}As$/p^{+}－$In_{0.53}Ga_{0.47}As$ p-i-n photodetector for optical fiber communication. Infrared Phys. & Technol, 2010, 53(4): 236－245.

[3] Kundu D, Sarker D K, Hasan M G, et al. Performance analysis of an InGaAs based p-i-n photodetector. Int. J. Soft Comput. Eng, 2012, 2(1): 316－321.

[4] Wichman A R, DeWames R E, Bellotti E. Three-dimensional numerical simulation of planar $P^{+}n$ heterojunction $In_{0.53}Ga_{0.47}As$ photodiodes in dense arrays Part I: Dark current dependence on device geometry. Proc. SPIE, 2012, 9070: 907003.

[5] DeWames R, Littleton R, Witte K, et al. Electro-optical characteristics of $P^{+}n$ $In_{0.53}Ga_{0.47}As$ hetero-junction photodiodes in large format dense focal plane arrays. Journal of Electronic Materials, 2015, 44(8): 2813－2822.

[6] Glasmann A, Bellotti E. Numerical and analytical modeling of bulk and surface generation recombination currents in InGaAs/InP SWIR photodiodes. Proc. SPIE, 2018, 10624: 1062407.

[7] 于春蕾.低噪声近红外 InGaAs 焦平面探测器研究.北京：中国科学院大学，2019.

[8] Glasmann A, Wen H, Bellotti E. Numerical modeling of extended short wave infrared InGaAs focal plane arrays. Proc. SPIE, 2016, 9819: 981906.

[9] 田招兵，顾溢，张晓钧，等.波长扩展 InGaAs 探测器的量子效率优化.半导体光电，2008，29(6)：851－854.

[10] 李成，李好斯白音，李耀耀，等.双异质结扩展波长 InGaAs PIN 光电探测器暗电流研究.半导体光电，2009，30(6)：807－810.

[11] Liu B Q, Ji X L, Liao Y M, et al. Dark current characterization and simulation for $In_{0.78}Ga_{0.22}As$ PIN photodetectors. Proc. SPIE, 2013, 8907: 89075A.

[12] Muszalski J, Kaniewski J, Kalinowski K. Low dark current InGaAs/InAlAs/InP avalanche photodiode. J. Phys. Conf. Ser, 2009, 146: 012028.

[13] Czuba K, Jurenczyk J, Kaniewski J. A study of InGaAs/InAlAs/InP avalanche photodiode. Solid State Electron., 2015, 104: 109 - 115.

[14] 高新江,张秀川,陈扬.InGaAs/InP SAGCM-APD的器件模型及其数值模拟.半导体光电,2007,28(5): 617 - 622.

[15] 曹延名,吴孟,杨富华.InGaAs/InAlAs雪崩光电二极管仿真设计.激光与光电子学进展,2008,45: 56 - 60.

[16] Zeng Q Y, Wang W J, Hu W D, et al. Numerical analysis of multiplication layer on dark current for InGaAs/InP single photon avalanche diodes. Opt. Quant. Electron, 2014, 46: 1203 - 1208.

[17] Lv J, Chen J. Simulation of dark current suppression in p-i-n InGaAs photodetector with $In_{0.66}Ga_{0.34}As$/InAs superlattice electron barrier. Infrared Phys. Technol., 2016, 77: 335 - 338.

[18] Singh R. High-density plasma etching of Ⅲ-nitrides: process development, device applications and damage remediation. Ph.D. Dissertation. Boston: Boston University, 2003.

[19] Pearton S J, Shul R J, Fan R. A review of dry etching of GaN and related materials. Internet Journal of Nitride Semiconductor Research, 2000, 5(11): 1 - 38.

[20] 宁锦华,唐恒敬,张可锋,等.InGaAs探测器制备的ICP刻蚀方法研究.激光与红外,2009,39(4): 411 - 414.

[21] 朱耀明.高敏度单片长线列InGaAs焦平面探测器研究.上海: 中国科学院上海技术物理研究所,2012.

[22] 李平.高In组分InGaAs探测材料微光敏区表征方法研究.上海: 中国科学院上海技术物理研究所,2017.

[23] Gurp van G J, Dongen van T, Fontijn G M, et al. Interstitial and substitutional Zn in InP and InGaAsP. J. Appl. Phys, 1989, 65(2): 553 - 560.

[24] Pellegrino S, Caligiore A, Chen R C, et al. Open-tube zinc diffusion into indium phosphide under a hydrogen ambient: technique characterization, acceptor passivation and activation phenomena. Mareials Science and Engineering, 1991, B9: 341 - 344.

[25] Wada M, Sakakibara K, Higuchi M, et al. Investigation of Zn diffusion in InP using dimethylzinc as Zn source. Journal of Crystal Growth, 1991, 114: 321 - 326.

[26] Borghesi A, Guizzetti G, Patrini M, et al. Infrared study and characterization of Zn diffused InP. J. Appl. Phys, 1993, 74(4): 2245 - 2249.

[27] Glade M, Grützmacher D, Meyer R, et al. Activation of In and Cd acceptors in InP grown by metalorganic vapor phase epitaxy. App. Phys. Lett, 1989, 54(24): 2411 - 2413.

[28] Kopanski J J, Marchiando J F, Berning D W. Scanning capacitance microscopy measurement of two-dimensional dopant profiles across junctions. J. Vac. Sci. Technol. B, 1998, 16(1): 339 - 343.

[29] 李永富, 唐恒敬,李淘,等.InP/In_xGa_{1-x}As异质结构中Zn元素的扩散机制.红外与激光工程,2009, 38(6): 951 - 956.

[30] 曹高奇.高灵敏度平面型InGaAs短波红外探测器应用基础研究.上海: 中国科学院上海技术物理研究所,2016.

[31] Wada M, Izumi K, Sakakibara K. Diffusion of zinc acceptors in InAsP by the metal-organic vapor-phase diffusion technique. Appl. Phys. Lett, 1997, 71(7): 900 - 902.

[32] Vanhollebeke K, D'Hondt M, Moerman I, et al. MOVPE based Zn diffusion into InP and InAsP/InP heterostructures. Journal of Crystal Growth, 2001, 233: 132 - 140.

[33] 邓洪海.高性能平面型 InGaAs 短波红外探测器研究.上海：中国科学院上海技术物理研究所,2013.

[34] Tang H J, Wu X L, Zhang K F, et al, The defect density of a $SiN_x/In_{0.53}Ga_{0.47}As$ interface passivated using $(NH_4)_2S_x$. Appl. Phys. A, 2008, 91: 651-655.

[35] 魏鹏.台面型 InGaAs 短波红外面阵探测器研究.上海：中国科学院上海技术物理研究所,2013.

[36] Shi M, Tang H J, Shao X M, et al. Interface property of silicon nitride films grown by inductively coupled plasma chemical vapor deposition and plasma enhanced chemical vapor deposition on $In_{0.82}Al_{0.18}As$. Infrared Physics & Technology, 2015, 71: 384-388.

[37] Zhou Y, Ji X L, Shi M, et al. Impact of SiN_x passivation on the surface properties of InGaAs photodetectors. Journal of Applied Physics, 2015, 118(3): 034507.

[38] Driad R, Benkhelifa F, Kirste L, et al, Atomic layer deposition of aluminum oxide for surface passivation of InGaAs/InP heterojunction bipolar transistors. Journal of The Electrochemical Society, 2011, 158(12): H1279-H1283.

[39] Yang J, Shi M, Shao X M, et al. Low leakage of $In_{0.83}Ga_{0.17}As$ photodiode with Al_2O_3/SiN_x stacks. Infrared physics & Technology, 2015, 71: 272-276.

[40] Wan L H, Shao X M, Ma Y J, et al. Dark current and $1/f$ noise characteristics of $In_{0.74}Ga_{0.26}As$ photodiode passivated by SiN_x/Al_2O_3 bilayer. Infrared Physics & Technology, 2020, 109: 103389.

[41] Hasenberg T C, Garmire E. An improved Au/Be contact to p-type InP. J Appl. Phys, 1987, 61(2): 808-809.

[42] Baca A G, Ren F, Zolper J C, et al. A survey of ohmic contacts to Ⅲ-Ⅴ compound semiconductors. Thin Solid Films, 1997, 308-309: 599-606.

[43] Dutta R, Shahid M A, Sakach P J. Graded band-gap ohmic contacts to n- and p-type InP. Appl. Phys, 1991, 69: 3968.

[44] Park M H, Wang L C, Cheng J Y, et al. Low resistance Ohmic contact scheme ($\sim \mu\Omega\ cm^2$) to p-InP. Appl. Phys. Lett., 1997, 70: 99-101.

[45] Rogalski A. Progress in focal plane array technologies. Progress in Quantum Electronics, 2012, 36(2-3): 342-473.

[46] Dhar N K, Dat R. Advanced imaging research and development at DARPA. Proc. SPIE, 2012, 8353: 835302.

[47] Manda S, Matsumoto R, Saito S, et al. High-definition visible-SWIR InGaAs image Sensor using Cu-Cu bonding of Ⅲ-Ⅴ to silicon wafer. Proc. IEEE International Electron Devices Meeting (IEDM), 2019: 390-393.

第8章 光电探测器及焦平面的封装与可靠性技术

8.1 引 言

封装(package)是指把具有一定功能和性能的芯片(或器件)放在具有承载作用的基底上,采用管脚引出电极,再通过外壳装配成为一个整体的一项技术,是器件应用的重要环节,可以说没有封装就没有应用。从某种意义上来说,器件封装就如同人类身上穿的衣服起到保护、保暖等作用一样,如图 8.1.1 所示。随着科学技术的发展,封装技术从早期的电子封装,发展到微电子封装(集成电路封装或 IC 封装)、光电子器件封装,而且在同步并行发展,形成的产品包括元件(component)、器件(device)、模块/组件(module)等。

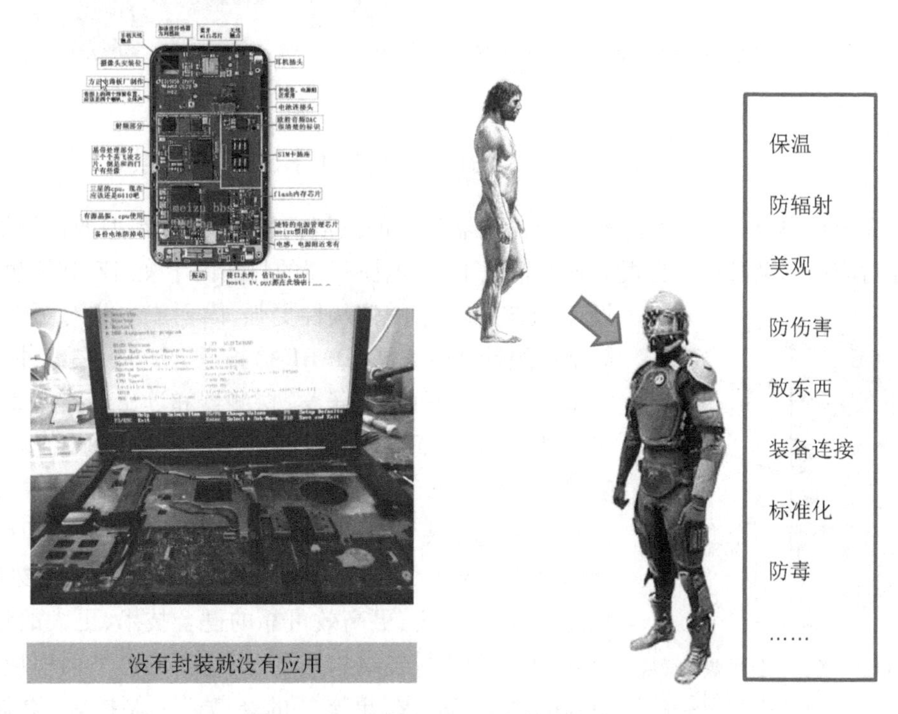

图 8.1.1 封装的目的和意义示意图

对于光电探测器及焦平面而言,封装最重要的作用是提供光电探测器或焦平面的稳定工作温度(必要时通过与制冷器耦合)、舒适的温度和力学工作环境、入射辐射的能量和光谱的高效接收、微弱电学信号的输出、背景辐射(含杂散光)及电学噪声的抑制,并能够经受存储或使用的力学、温度环境和空间辐射环境并能够在规定的工作寿命内,在确保模块、分光滤光片、光学窗口等性能的前提下,实现光电功能的引出,保证光电探测器或焦平面能够具备所需要的功能、发挥最佳的性能,以及满足高可靠、长寿命工作等要求[1]。

光电探测器封装涉及的主要元件包括探测器芯片模块、波段控制的滤光片、密封的光学窗口、测温元件等,涉及的主要技术包括组件封装设计、组件组装、键合互联、组件封装、可靠性设计与验证等[2],涉及的主要学科包括光学、电子学、材料学、热学、热力学、焊接、真空、可靠性等,因此封装技术是一门较为复杂的综合设计与制造技术。图 8.1.2 所示的是光电探测器封装涉及的元件、技术与学科示意图。

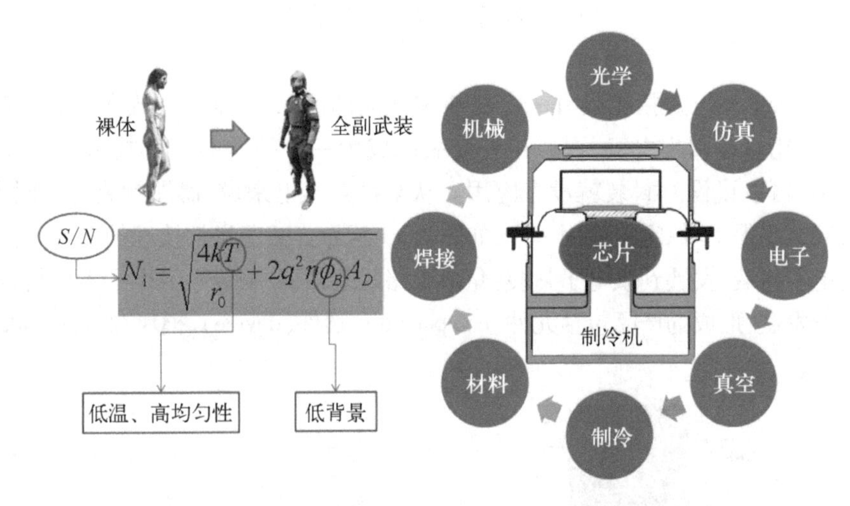

图 8.1.2　光电探测器封装涉及的元件、技术与学科示意图

光电探测器封装技术一般随着探测器技术的发展而发展,一种类型的探测器一般都会有相对应的封装技术来匹配。通常情况下,光电探测器的封装由于受自动化程度的限制,对设备、工艺和技术的依赖性更强,因而成本相对更高,据美国国防部高级计划研究局(DARPA)报道[3],美国在红外焦平面组件技术的研制过程中,电子学、探测器和读出电路占 20%,配套电子器件占 20%,而制冷封装和制冷机分别占到 30%,见图 8.1.3。随着半导体技术的发展和系统应用的发展需要,探测器芯片的像元尺寸不断减小,电路功能增强带来的复杂度不断增加,组件规模也越来越大,因此对封装提出了越来越高的要求:更高的性能、更密的布线、更高效可靠的键合技术、更大的焦平面模块尺寸、更复杂的封装结构布局、更精密的焦平面模块组装精度、更高的洁净度要求、更有效的杂散光抑制措施、更强的散热能力、更高的环境可靠性等[4, 5]。

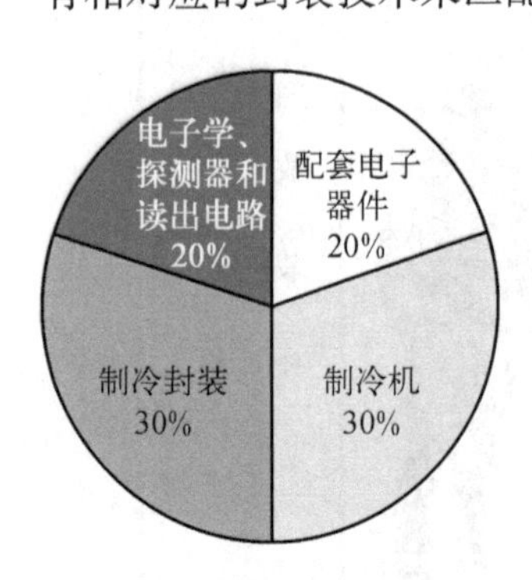

图 8.1.3　美国在红外焦平面探测器组件研制过程中的投入比例示意图

本章重点介绍铟镓砷光电探测器及焦平面的封装与可靠性技术,但不仅限于铟镓砷器件。8.2 节介绍光电探测器组件及其封装技术,包括组件封装定义、功能与类型、典型微电子

封装技术、探测器制冷与低温封装技术以及铟镓砷探测器的封装技术等。8.3 节介绍组件封装的设计技术，包括总体设计、结构与模拟、光学参数与杂散光抑制、电子学功能与噪声控制、温度与热力学设计、光电性能与封装的关联性以及组件可靠性与长寿命设计等。8.4 节介绍封装技术关键材料与元件研究，包括封装结构材料、封装密封与焊接材料、电极和引线材料及组件关键元件等。8.5 节介绍封装技术关键工艺研究，包括模块化拼接与平面度控制、密封焊接工艺、电极引线技术等。8.6 节介绍组件封装的测试与可靠性试验，包括组件漏热测试、组件漏率测试、组件可靠性试验以及组件寿命试验等。8.7 节为小结。

8.2 光电探测器组件及其封装技术

8.2.1 组件封装定义、功能与类型

光电探测器及焦平面的应用需要通过封装形成组件，因此其封装一般称为组件封装或简称为封装。封装的概念起源于电子器件封装，其主要特性如图 8.2.1 所示[5]。最基本的封装就是把元器件(或称芯片)的电学引出管脚，通过导线连接引出到外部的电极接头处，以便通过与其他器件连接将电子学信号输出并处理，通过封装使得芯片与外界的隔离，可以防止空气中的有害物质对芯片电路的腐蚀而造成器件性能下降，且封装后的芯片便于安装、运输和使用。大多数的封装是利用薄膜技术或精细连接技术，将芯片和其他构成要素集成在框架内或基板上进行布局、固定和连接，引出接线端子，并通过可塑性绝缘介质(如塑料、陶瓷或金属外壳)形成整体结构。光电探测器及焦平面的封装还需要采用光学窗口(或光纤)及必要的分光元件、制冷器并进行真空或填充惰性气体进行气密密封。

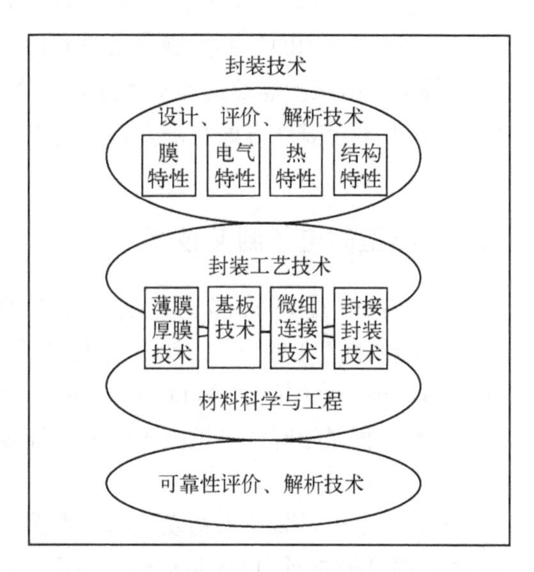

图 8.2.1　封装技术概念及其主要特性示意图

光电器件封装的最基本功能包括电源供给、光学传输、电信号交换、芯片散热、芯片保护和机械支撑等，具体功能如下：

(1) 为探测器提供机械支撑和保护，不受外界环境污染；

(2) 提供光学入射通路，保证光能量的有效输入；

(3) 提供电学传输通路，将光信号产生的电学信号有效输出；

(4) 提供热学传递通路，有效传输探测器芯片模块工作时产生的热量，必要时降低并稳定探测器芯片模块的特定工作温度；

(5) 提供可靠性保障，能够承受探测器工作或存储时经历的力学振动、温度冲击、空间

离子辐射等环境；

（6）必要的知识产权保护的需要。

封装的类型一般与被封装的芯片相匹配，封装形式是指安装芯片用的外壳。最简单的封装以早期的晶体管为代表，其封装形式主要是TO型（transistor out-line，晶体管外形）外壳，封装材料包括金属、陶瓷、塑料，电极引脚包括两针、三针等。随着微电子技术的发展，其封装技术得以较为系统的研究和快速发展[6]，典型的微电子封装是从TO型封装，发展到DIP（dual in-line package，双列直插式封装），基于SMT（surface mount technology，表面贴装技术）的SOP（small outline package，小外形封装）、PQFP（plastic quad flat package，方型扁平封装），到高密度的BGA（ball grid array，球栅阵列封装）、更加先进的高效率（指芯片面积与封装尺寸面积比）的CSP（chip size package，芯片级封装），以及更高密度、更强功能和更加可靠的裸芯片（bare chip）封装、多芯片组件（MCM）的微组装技术等。

光电探测器封装的发展主要借鉴了微电子封装技术，可以说是微电子封装技术的一个重要分支，具有诸多共性技术，但也有较多的不同之处，主要包括引入光学传输和低温制冷的需要。航天应用的红外探测器由于制冷方式的不同，主要有管壳封装和杜瓦封装两种形式，铟镓砷光电探测器及其焦平面阵列以管壳封装为主，并在适应和满足航天力学与热环境及空间辐照等可靠性方面有诸多特殊要求，因此也带来了其封装技术的快速发展。

8.2.2 典型微电子封装技术

1947年12月16日，世界上第一只半导体晶体管问世，开启了微电子技术的时代，标志着现代半导体产业的诞生，其发明人美国贝尔实验室的肖克莱（William Shockley）、巴丁（John Bardeen）、布拉顿（Walter Brattain）三人共同获得1956年的诺贝尔物理学奖。微电子封装技术一直伴随着微电子技术的发展而发展，一代微电子技术就有相应一代的封装技术相匹配。

典型微电子封装技术的发展历程如图8.2.2所示[5, 6]。大致分为三个阶段，第一阶段是20世纪70年代之前，以插装型封装为主。包括60年代以前早期的大都是TO型外壳封装，采用的工艺主要是金属玻璃封装工艺，随着生瓷流延工艺的出现，为多层陶瓷工艺的发展奠定基础。1958年9月12日，德州仪器公司的杰克·基尔比（Jack Kilby）发明了世界上第一块半导体集成电路，并因此获得了2000年诺贝尔物理学奖，为现代信息技术奠定了基础，由此推动了多引线封装外壳的发展。20世纪70年代，开发出的双列直插式封装（DIP）成为这个时期的主导封装形式。第二阶段是在20世纪80年代以后的十年间，以表面安装类型的四边引线封装为主。关键是SMT工艺的出现，开发出了相应的适于表面贴装短引线或无引线的封装形式，如LCCC（leadless ceramic chip carrier，无引线陶瓷封装）、PLCC（plastic leaded chip carrier，塑料引线封装）、小外形封装（SOP），以及延续至今成为SMT主导电子产品的方型扁平封装（QFP）。第三阶段是20世纪90年代以后，以面阵列封装形式为主，主要是大规模和超大规模集成电路的迅猛发展的需要，带来了高密度新型微电子封装技术的迅速发展，包括焊球阵列封装（BGA）、芯片级封装（CSP）、裸芯片（bare chip）封装、多芯片组件（MCM）

时间/年		1960	1965	1970	1975	1980	1985	1990
封装形式		插入封装			表面贴装混合	混载封装		芯片封装
基板		单面、双面		多层基板	陶瓷基板	金属复合基板		柔性基板
部件		分立元件			芯片部件	芯片小型化		复合部件
封装类型及结构	插入型	TO－1型						
			TO－5型	DIP(积层陶瓷)				
				DIP(塑料)				
				散热结构SIP、DIP				
						PGA(陶瓷)		
						小型DIP		
							ZIP	
							PGA(塑料)	
	表面贴装型		扁平封装(玻璃封装)					
				扁平封装(层积封装)				
					LCC(塑料)			
					TAB			
					QFP			
						MSP		
						SOP		
						PLCC		
							SOJ	
							薄型封装	

图8.2.2 微电子封装技术发展历程

的微组装技术等，也有称为圆片级封装(wafer level package, WLP)、三维(3D)封装和系统封装(system in a package, SIP)等等。

微电子封装技术的组装和封装需要具备的基本功能具有普适性，主要包括以下五个方面。

(1) 电源供电。为芯片提供电源，并为内部各部位、各器件进行合理分配，包括电流回路上地线的分配问题，尤其在多层布线基板的设计中，应尽可能减少电源损耗。

(2) 信号分配。应尽可能减小电信号的延迟和高频信号间的串扰，设计布线时需对信号线和接地线进行合理分配和布局。

(3) 机械支撑。封装结构应为芯片和内部其他元件提供可靠的机械固定和支撑保证，适应必要的热学、力学、热力学环境和条件的要求。

(4) 传热散热。应通过热分析和热设计，保障芯片在工作时发出的热量及时被传导出去，其中涉及发热器件的部位、结构和材料的散热特性，对于大功耗器件的封装，还要考虑附加热沉或使用外部风冷、水冷等方式。

(5) 可靠性防护。包括静电保护、机械受力、温度和潮湿环境、强光防护、抗辐射加固等带来的稳定性、可靠性、长寿命问题。

随着微电子封装发展到目前第三阶段之后,由于其功能、工艺、流程的复杂性,按照制作工艺、流程和系统结构的不同,微电子封装一般分为四级,典型的微电子封装分级如图 8.2.3 所示。

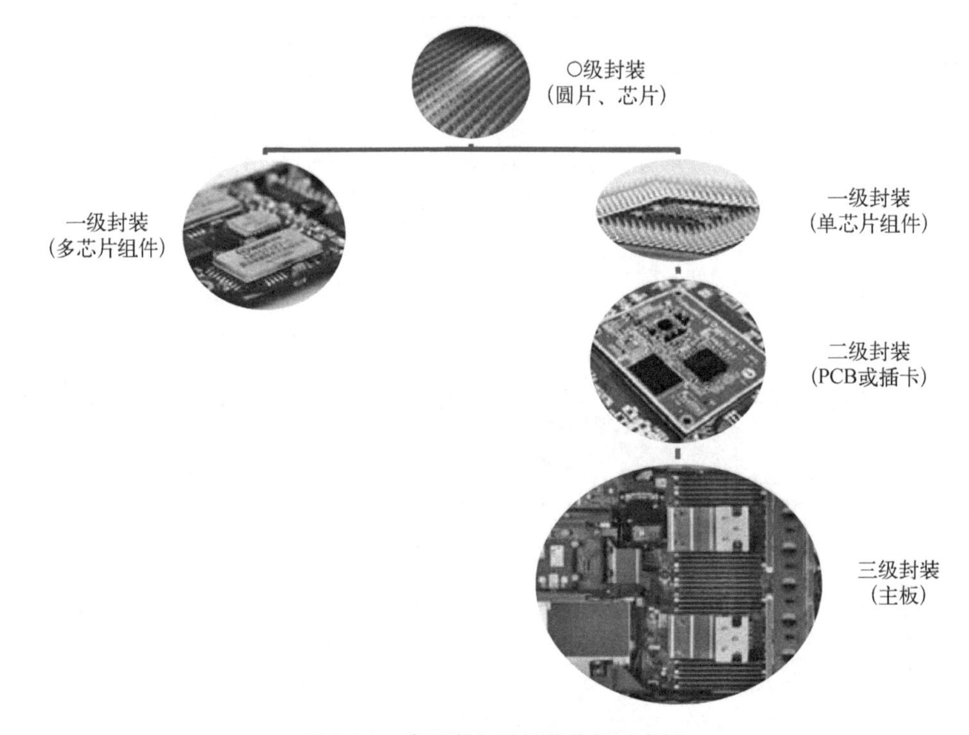

图 8.2.3　典型微电子封装分级示意图

〇级封装是指未封装的裸芯片,一般是指在半导体圆片上进行 IC 制造、芯片倒装焊(flip chip bonding, FCB)凸点制备等形成裸芯片的制作过程,包括标准系列化芯片和用户特殊要求定制专用芯片的未进行封装的裸芯片。一级封装也称为芯片级封装,一般是在半导体圆片裂片后,采用引线键合(WB)或倒装焊(FCB)技术将单芯片或多芯片的焊区与封装的外引脚进行微组装互联,并采用各种密封或焊接技术将芯片和其他元件封装在管壳内,是目前微电子封装的主体,通常按照被封装的芯片数量分为单芯片封装(SCM)和多芯片封装(MCM)两大类,实际上一级封装涉及的类型和形式很多,主要分类见图 8.2.4。二级封装也称为板级封装,采用表面贴装技术(SMT)为主的技术,通过一系列构成板卡的装配工序,将多个一级封装的单芯片封装或多芯片组件,也有将裸芯片直接组装到基板(PCB 或其他布线基板)上形成组件,基板周边设有插接端子,用于与母板及其他板卡的电气连接。三级封装也称为单元组装或系统级封装,采用插卡或插座将多个二级封装的板卡通过选层、互联插座或柔性电路板与大型 PCB 母板相连接,形成密度更高、功能更多、更复杂的三维立体封装单元组件。由于导线和导电带与芯片间键合焊接技术的大量应用,一级、二级封装技术之间的区分已经不是很清晰。国内基本上把〇级和一级封装形式统称为封装,而把相对应国际统称的二级和三级封装形式称为电子组装。

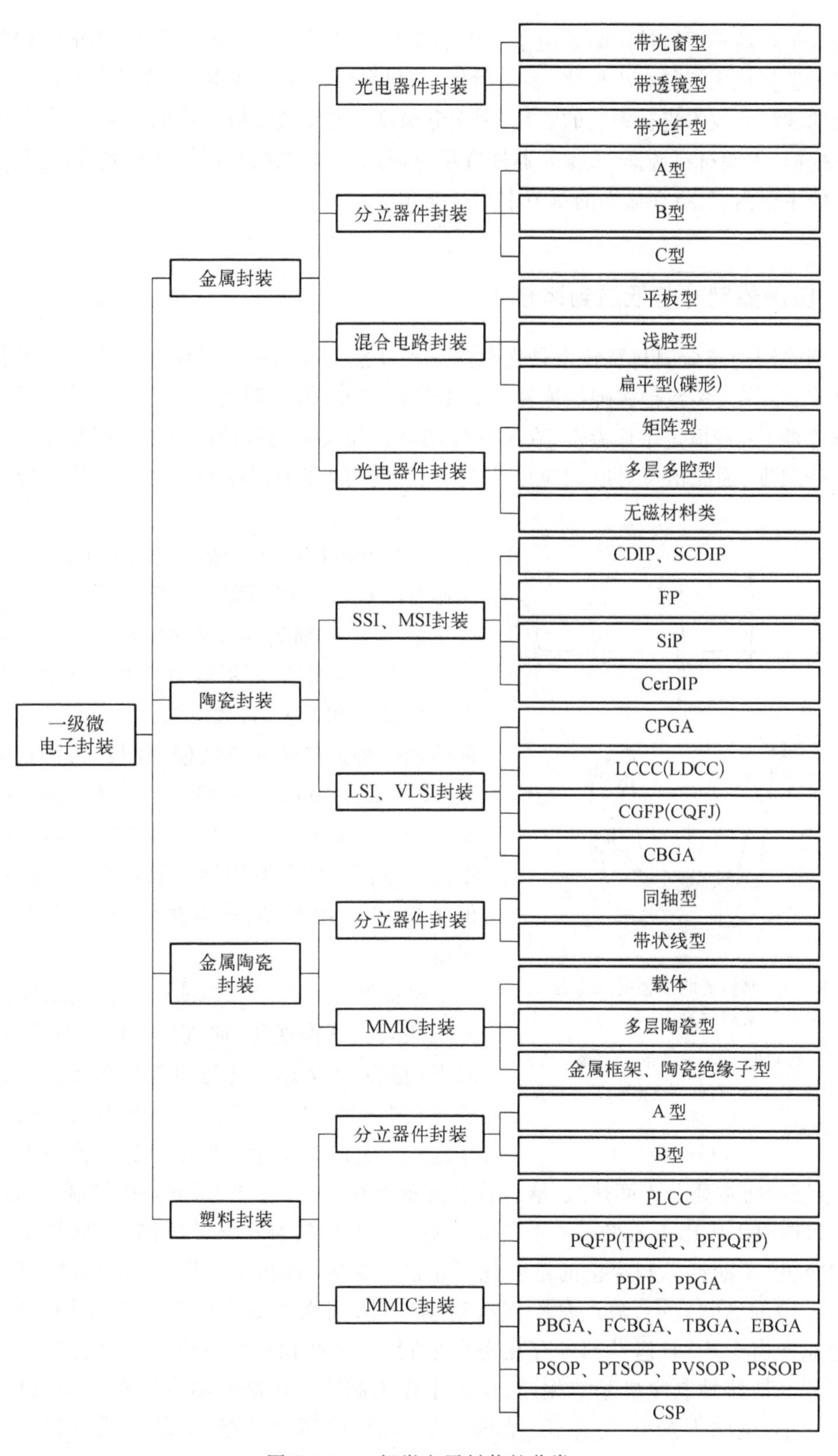

图 8.2.4　一级微电子封装的分类

微电子封装不但直接影响着电子学产品本身的光、机、电和热等性能，还很大程度上决定了电子学整机系统的微小型化、多功能化、高可靠性和更低成本，因此必须对微电子封装所涉及的学科和技术进行系统的研究，为光电探测器的封装提供有益的借鉴，主要包括封装设计与模拟、关键材料选择、关键元器件选用与筛选、封装测试与可靠性试验等，这些方面正是本书的主要内容，将在后面的章节中作详细介绍。

8.2.3 探测器制冷与低温封装技术

探测器制冷与低温封装技术是光电探测器及焦平面封装领域应用最广泛和最普遍的一项技术，尽管大多数铟镓砷探测器只是工作在常温，但一般需要采用半导体制冷（TEC、热电制冷器）进行恒定工作温度，在某些应用场合需要采用其他制冷技术提供 200 K 或更低的工作温度，因此本节对航天应用涉及的红外探测器的制冷和低温封装技术做一简要介绍。

红外光电探测器一般在低温下工作，这就需要采用制冷机提供探测器所需要的工作温度。航天应用的主要有辐射制冷与机械制冷两种制冷方式[7]。辐射制冷是采用辐射换热的原理，即通过合理的设计和工艺，将太空深冷空间约 3 K 的冷黑环境通过辐射传热的方式使探测器获得较低的温度（多在 80～100 K），一般能提供毫瓦到百毫瓦的制冷量。图 8.2.5 所示为典型的两级辐射制冷器结构示意图。辐射制冷器一般寿命长、可靠性高，但体积大、制冷量小，难以达到 80 K 以下的更低温度。

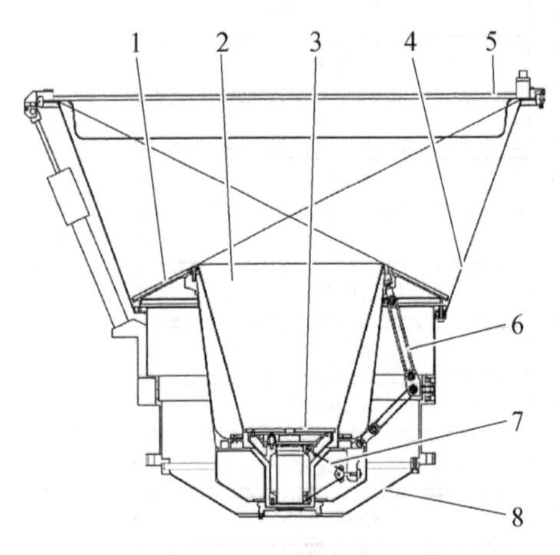

图 8.2.5　典型的两级辐射制冷器结构示意图

1. 一级辐射器；2. 一级屏；3. 二级冷块；4. 太阳屏；5. 防污罩；6. 一级支撑；7. 二级支撑；8. 外壳

机械制冷是采用机械或热力作用的原理使制冷工质发生状态变化，通过热循环，利用工质在低温下的温升或集态变化进行制冷的方式使探测器获得较低的温度（一般在 1～180 K），一般能提供毫瓦到千瓦的制冷量。根据换热器换热方式的不同，机械制冷机主要分为回热式、混合式和间壁换热式三类，图 8.2.6 是机械制冷机的主要类型。目前航天应用主要采用的是斯特林制冷机和斯特林型脉冲管制冷机（通常简称为脉管制冷机）。斯特林制冷机的主要优点是制冷量大、体积小结构紧凑质量轻、启动快、受空间环境的影响较小，缺点是冷端有运动部件，因而冷头有微振动，处理不当时会对高质量成像有影响，且运动部件存在寿命限制，可靠性相对差一些。而脉管制冷机的压缩机部分与斯特林制冷机基本相同，但由于作为制冷端的脉管本身没有运动机构，因而具有振动小、电磁干扰小、寿命长、结构简单、可靠性高等优点，不足之处是制冷效率相对斯特林制冷机略低。

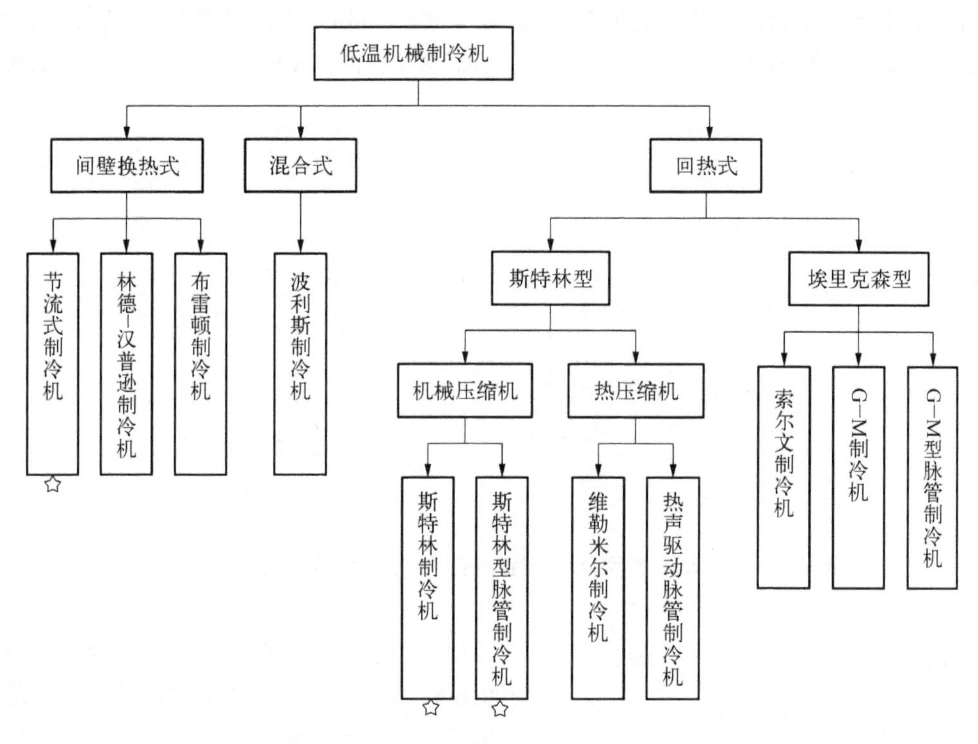

图 8.2.6 机械制冷机的主要类型

一般情况下,辐射制冷和机械制冷都有二级或多级制冷方式,也有采用两者复合的制冷方式,这取决于具体应用所需要的设计要求。

光电红外探测器的封装如果按照探测器工作温度来划分,可以分为室温封装和低温封装两大类。工作在室温的红外探测器的封装形式一般采用管壳型封装形式,这与第 8.2.2 节介绍的微电子封装技术基本相同,而工作在低温的红外探测器的封装形式与制冷方式密切相关,单元或多元探测器工作时的焦耳热较小,适合采用辐射制冷方式,对应的探测器封装形式一般采用管壳型。而对于尺寸较大及焦耳热较多的探测器或焦平面器件,则必须采用机械制冷方式,相应的封装必须采用杜瓦(或冷箱)结构,一般称为低温杜瓦封装技术,相对于微电子封装技术,低温杜瓦封装要复杂得多,但其设计、工艺和试验还是有许多共性和值得借鉴之处。

红外光电探测器的管壳封装形式主要有金属-陶瓷封装和金属-玻璃封装。由于红外探测器的信号是微弱信号,一般采用金属管壳来减少外来电磁干扰,图 8.2.7 为典型的金属-陶瓷封装形式管壳结构示意图,其中电极引线板为含金属引线的陶瓷材料,与可伐合金基座烧结成管壳底座,主要是利用陶瓷与可伐合金进行的良好封接性能,可以实现陶瓷与金属的热封接,同时可以把内部电学引线引出到管壳外部,引线间具有良好的电学绝缘特性。窗口为透光材料,通过密封胶结或焊接与窗口座形成窗口帽,管壳内部将探测器芯片、滤光片、滤光片支架等元件通过胶结、光学对中、电极引线焊接等工艺组装到基座上,最后再将窗口帽与基座在惰性气体环境中进行密封焊接,形成探测器管壳组件，该封装形式的优点是结构简单，可以得到高精度和高气密性能，引线数较多。也有需要真空密封的组件，则需要设计排气管，设计和工艺略微复杂一些。

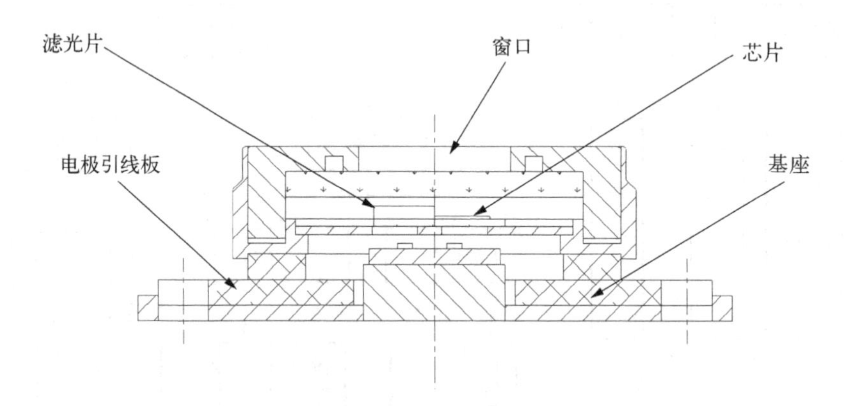

图 8.2.7　典型金属-陶瓷封装形式管壳结构示意图

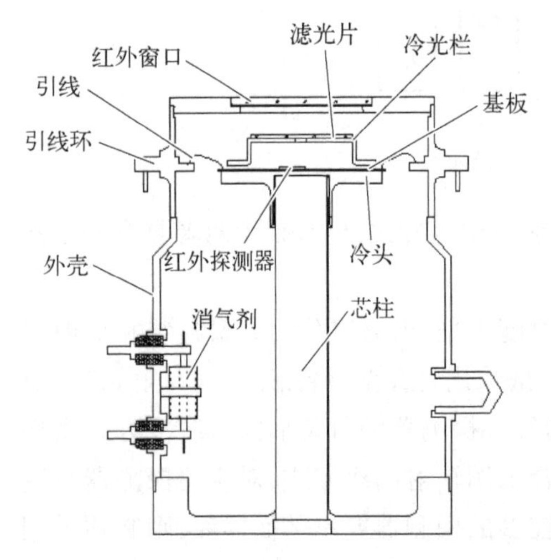

图 8.2.8　典型杜瓦封装形式的结构示意图

红外光电探测器的典型杜瓦封装形式的结构如图 8.2.8 所示，主要由芯柱、冷头、外壳、引线环、冷光栏、红外窗口、红外探测器芯片、基板、滤光片等组成。红外探测器被封装在高真空下，探测器信号通过引线和引线环引出，冷头是探测器件安装载体也是制冷的平台。芯柱是制冷机冷指的热接触部件，如果杜瓦芯柱和制冷机冷指设计为同一部分，则称为探测器杜瓦制冷机集成组件。

随着红外探测器从单一波长、小规模线列探测器向多波段的线列或大面阵的中等规模发展，目前正向着多波段、多色、偏振的长线列/超长线列及大面阵/超大面阵的超大规模红外焦平面方向发展，需要将大面阵/超大面阵拼接的红外焦平面探测器、杜瓦和制冷机进行集成，使整个组件的结构、力学、电学、光学和热学等均需满足应用要求，这就涉及超长线列/超大面阵大规模红外探测器杜瓦封装的多项关键技术，包括机械方面的新型结构材料及连接技术、光学方面的红外杂光抑表面材料与应用、热学方面的界面材料热阻控制与应用、电学方面的电连及集成应用验证等，如图 8.2.9 所示。

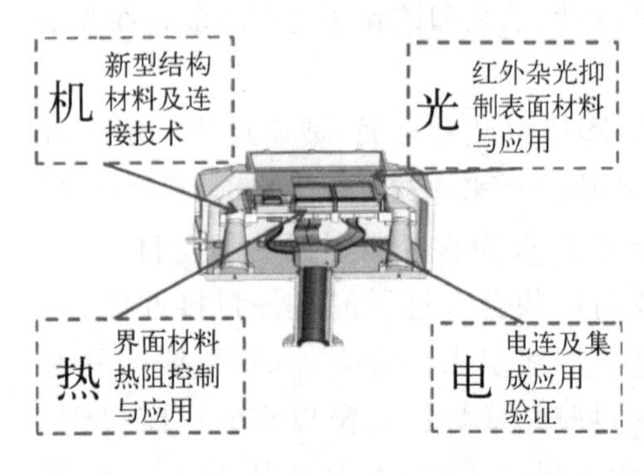

图 8.2.9　典型的超大规模红外探测器杜瓦封装涉及的关键技术

8.2.4 铟镓砷探测器的封装技术

在光纤通信领域,因石英光纤在 1.2~1.7 μm 波长范围内存在低损耗和低色散窗口,特别是在 1.31 μm 和 1.55 μm,而与 InP 完全晶格匹配的 In 组分 x 为 0.53 的铟镓砷($In_xGa_{1-x}As$)截止波长为 1.7 μm 的响应正好覆盖光纤通信常用波长,因此早期用于光纤通信的铟镓砷光电探测器发展得比较成熟,其封装技术相比微电子封装技术也比较简单。针对成像和光谱应用的铟镓砷光电探测器(多为焦平面探测器),由于其在军民两用,尤其是在航天领域的广泛需求,以及其自身技术发展的需要,如芯片像元尺寸减小、电路功能增强、组件规模增大,对其封装提出了越来越高的要求。本节主要介绍此类铟镓砷焦平面探测器所需要发展的封装技术。

铟镓砷焦平面探测器封装的发展主要表现在以下几个方面:

(1) 像元尺寸减小,从 30 μm、25 μm、20 μm、15 μm、12.5 μm、10 μm 到 5 μm 持续减小;

(2) 规模不断增大,单片规模从 320×256 元、640×512 元、1 280×1 024、2 560×2 048 到 4 096×4 096 不断扩大;

(3) 多波段集成,可以获取更丰富、更精准、更可靠的目标信息,或者多模块拼接增加系统应用观测范围;

(4) 集成度越来越高,探测器内部将集成电子元器件、光学透镜和光纤等部件。

针对以上要求,这就需要借鉴微电子封装技术结合低温封装技术,研究和发展适合与满足高性能、高密度布线、高效可靠键合、大规模焦平面模块尺寸、复杂结构布局、高精度模块组装、有效杂散光抑制、低功耗强散热、强的环境适应性以及长寿命高可靠性等全方位多维度的铟镓砷探测器封装技术。

美国的古德里奇(Goodrich)公司、泰莱迪恩(Teledyne)公司、贾德森(Judson)公司,以及法国索法迪尔(Sofradir)公司、日本索尼(Sony)公司、中国科学院上海技术物理研究所等单位在铟镓砷探测器及其封装技术研究方面基础雄厚[8, 9],进展较快。图 8.2.10 是国际上铟镓砷焦平面器件发展历程及其典型封装形式。

从图 8.2.10 可以看出,铟镓砷焦平面器件目前已经发展到千万像素以上的规模,中心距缩小到 5 μm,图 8.2.11 是美国 Goodrich 公司 2018 年发布的 5 μm 像素的 4 096×4 096 元 InGaAs 焦平面探测器封装形式[10]。

同年,美国 Teledyne 公司也报道了 6 000×8 规模、13 μm 像元中心距的 InGaAs 长线列焦平面探测器[11],其封装内部和外部形式见图 8.2.12。2019 年,日本索尼公司最早报道了基于 Cu-Cu 互联的 5 μm 像素 1 296×1 032 元工业用 InGaAs 相机[12],也代表了高质量成像、数字化输出及相应封装技术的发展趋势。随着空间遥感仪器对系统成像、光谱、探测的要求不断提高,铟镓砷探测器在高光谱分辨率和多波段集成方面有广泛的应用。欧空局于 2013 年 5 月 7 日发射的 Proba-V 卫星搭载的 VGT-P 是小型化的 SPOT 4 和 SPOT 5 的继承产品,采用的是比利时仙尼克斯(XenICs)公司研制的 3 000 元 InGaAs 短波红外长线列焦平面,由 10 个 300 元 InGaAs 线列焦平面模块通过高加工精度的芯片安装板拼接而成,焦面平整度控制在

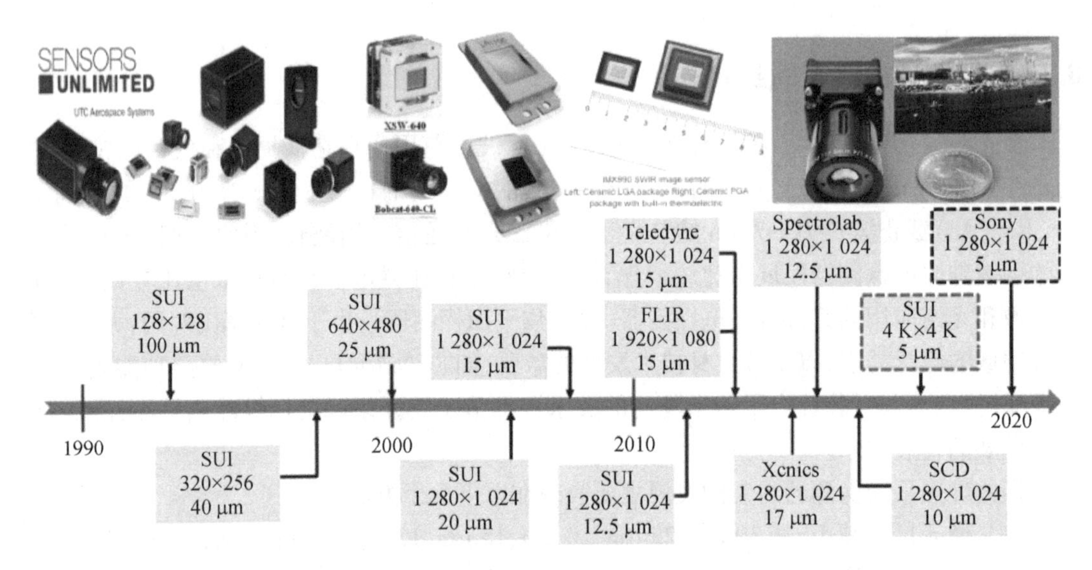

图 8.2.10　国际上铟镓砷焦平面器件发展历程及其典型封装形式

图 8.2.11　面阵规模 4 096×4 096 元铟镓砷探测器封装照片

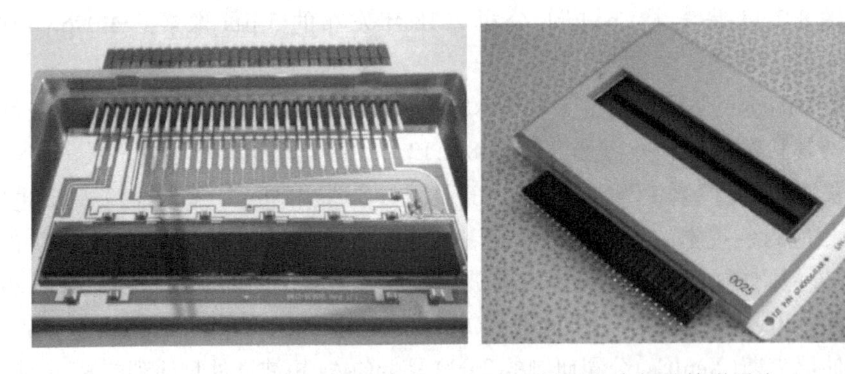

图 8.2.12　Teledyne 公司 6 000 元探测器封装内部及外形照片

±50 μm，组件内集成了电阻电容等电子元器件，减小了引线引入的噪声，同时也提高了集成度[13, 14]，其封装形式如图 8.2.13 所示。

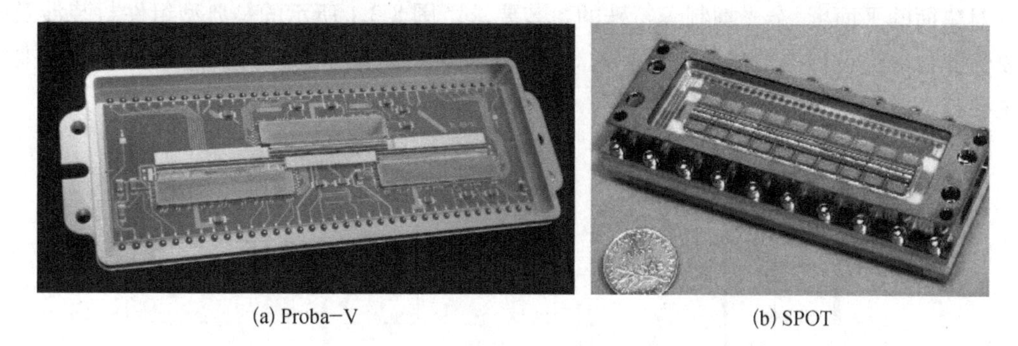

(a) Proba-V　　(b) SPOT

图 8.2.13　航天应用 3 000 元 InGaAs 焦平面封装照片

国内的铟镓砷焦平面红外探测器的研制以中国科学院上海技术物理研究所为代表，主要应用在航天遥感领域，已在环境减灾卫星、嫦娥五号探月工程和天问一号火星探测等多项航天任务中得到成功应用，并正在发展高密度大规模焦平面探测器。最新报道已经研制成功中心距 10 μm 的 2 560×2 048 元 InGaAs 焦平面探测器组件，采用金属管壳的封装形式，并通过了典型的航天环境试验[8, 9]。图 8.2.14 为中国科学院上海技术物理研究所研制的 InGaAs 焦平面的发展历程及其封装形式。

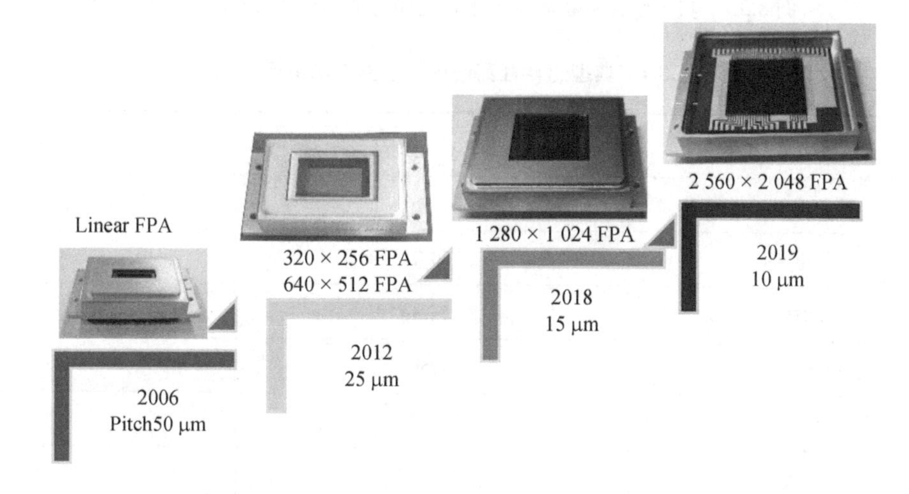

图 8.2.14　中国科学院上海技术物理研究所研制 InGaAs 焦平面的发展历程及其封装形式

8.3　组件封装设计技术

8.3.1　组件封装总体设计技术

光电探测器及焦平面组件封装的总体设计，是依据系统要求结合被封装组件的特点，给出具体技术指标要求,以典型的杜瓦封装为例,包括基本设计参数,如探测器规模、工作温度、杜瓦热负载、冷链温差以及器件拼接基板的温度均匀性等,还包括为满足光学系统成像要求对焦面的平面度、杂光抑制等特殊的封装要求。图 8.3.1 所示的是典型组件封装涉及的主要性能与关键设计参数的关联性。表 8.3.1 是以某一款典型组件为例进行设计所需要满足主要技术指标要求[5]。

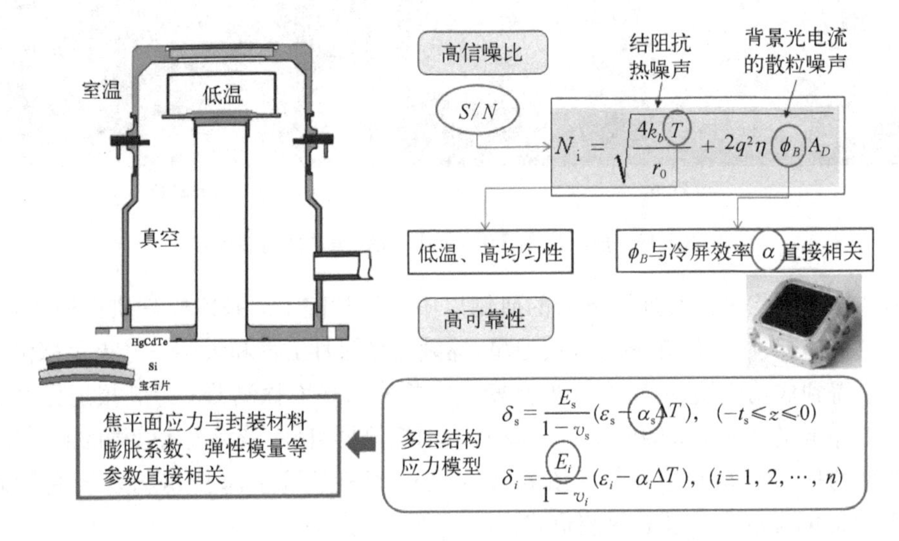

图 8.3.1　典型组件封装涉及的主要性能与关键设计参数的关联性

表 8.3.1　典型组件杜瓦设计的主要技术指标要求

指 标 参 数	技 术 要 求	备　　注
装载面积	62 mm×16 mm	冷平台
工作温度	80 K	
工作波段	1～3 μm、3～5 μm、10～12 μm	
窗口透过率	≥95%	
外形尺寸/mm	φ84×95	
热负载	<600 mW	
有效引线数	50 根	
环境温度	-55～+70℃	
气密性	$\leqslant 1.2\times10^{-11}$ Pa · L/s	
适配制冷机	LSF9189	
质量	700 g	
真空寿命	≥2 年	

在组件封装的总体设计中，需要考虑的诸多因素往往是相互制约的，甚至是相互矛盾的，所以需要系统化设计、综合考虑和迭代优化的过程。在考虑光学特性时，需要把目标探测的入射辐射能量尽可能地集中引入到光敏元表面，这就需要窗口、滤光片、组件内部光学元件的表面进行蒸镀高透过率的薄膜，同时还需要对这些光学元件的表面镀上不需要辐射的高反射膜，冷屏的内壁进行发黑、外壁进行高反处理，基板的上表面低反、下表面进行高热导处理，以尽可能地减少组件内部的光学串音、抑制杂散光和背景辐射，同时还需要考虑到必要的热传导。在考虑机械结构方面，外壳、窗口座、冷头、芯柱等部件需要高强度的材料，满足一定的力学强度，整个组件的基频尽可能高(一般要求大于100 Hz)，而且还需要满足可焊性和气密性等要求，此外，外壳、窗口座、冷头、芯柱等部件的轻量化设计对航天应用尤为重要，冷头、基座、芯柱等部分还需要考虑低应力和平整度的要求，以满足器件芯片在高低温循环和低温工作状态的性能和长期稳定性。在考虑电子学方面的因素时，针脚、电极引线需要良好的导电性，以减少功耗、降低电串和噪声的影响，同时还得考虑低的热传导性，减少传导漏热，基板、衬底等部位则相反，需要良好的绝缘性能，尤其在低温工作环境下。在考虑热学方面的因素时，基板、冷头等部分需要良好的热传导性，而支撑、电极引线等则需要良好的隔热性能，以减少传导漏热，外壳内壁需要高反射抛光，以减少常温外壳与低温冷头之间的辐射漏热。组件封装总体设计需要平衡考虑的各因素见表8.3.2。

表8.3.2 组件封装总体设计需要平衡考虑的各因素

特性	一般要求	涉及的元件、部件或材料	技术要求	工艺要求	备注
光学	有效辐射最集中	窗口、滤光片、内部光学元件	高透过率	增透	
	无效辐射最小	窗口、滤光片、内部光学元件	高反射率		减少串光、抑制杂散光
		冷屏	高吸收率	内壁发黑、外壁高反	
		基板	高吸收率	上表面涂覆低反膜，下表面涂覆高热导率材料	
机械	高强度	外壳、窗口座、冷头、芯柱等	可焊性、气密性	力学强度	高基频
	轻量化	外壳、窗口座、冷头、冷屏等		轻量化处理	
		冷头、基座、芯柱等	低应力、平整度	热力学形变	
电学	高导电性	针脚、电极引线	低阻、低热传导	减少漏热	减少功耗、降低电串和噪声
	高绝缘性	基板、衬底等		低温下	
热学	高导热性	基板、冷头等	高热传导		
	高绝热性	支撑、电极引线等	低传导漏热		
	低辐射漏热	外壳内壁	低辐射漏热	外壳常温、冷头低温	

8.3.2 封装结构与模拟

以红外焦平面(infrared focal plane array, IRFPA 或 FPA)组件的封装为例,其结构设计与模拟主要包括组件的结构设计、热力学计算、微小轻型化结构模拟、抗电磁干扰及抗强冲击的大面积蓝宝石无源电路衬底等,以解决 IRFPA 基底和杜瓦冷端的温度均匀性问题、焦平面芯片的精密定位与视场配准、冷屏设计及低温滤光片耦合技术等关键技术。

计算机辅助工程(computer aided engineering, CAE) 是一种结构分析数值计算工具,可用于求解复杂工程和产品结构强度、刚度、稳定性、动力响应、热传导等力学和热学性能,在 IRFPA 组件杜瓦封装设计中被广泛采用,目前主要的 CAE 软件有 ABAQUS、UG、ANSYS 等商用软件,其中 ABAQUS 在静力学、结构动力学等方面有优势,高版本还集成了空间热仿真模块 I-DEAS,适合于热传导和热辐射仿真计算,可用于杜瓦的热仿真计算。ANSYS 包含了力、热、电磁仿真功能,可用于电磁兼容、杜瓦屏蔽的仿真设计。

美国 NASA 的对地观测系统(Earth Observing System, EOS)卫星上搭载的大气红外垂直探测仪(Atmospheric Infrared Sounder, AIRS)上的红外焦平面杜瓦/制冷机组件结构及其 ANSYS 分析结果如图 8.3.2 所示[15]。杜瓦的试验测试结果表明其温场分布、力学特性的仿真分析结果基本一致。

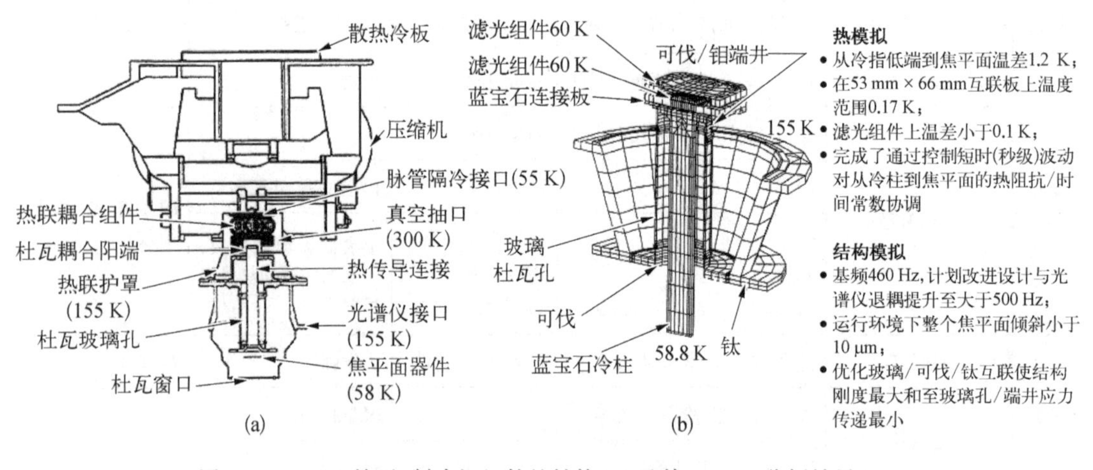

图 8.3.2 AIRS 杜瓦/制冷机组件的结构(a)及其 ANSYS 分析结果(b)

以最简单的 IRFPA(衬底+In 柱/胶+Si 读出电路)结构为例,采用 ANSYS 有限元模型,可以分析组件结构的力学特性,模拟采用的各种金属、胶等材料在低温下的热膨胀系数、杨氏模量等热力学参数由实验测定。图 8.3.3 为 FPA 组件顶三层(GaAs 衬底+In 柱/胶+Si 读出电路)的结构及其力学分析结果,图 8.3.4 为 FPA 组件中间三层(芯片宝石衬底+DW3 低温胶+可伐基板)的结构及其力学分析结果和表面形变的实测结果,图 8.3.5 为 FPA 组件底三层(可伐基板+In 片+冷头)的结构及其力学分析结果。

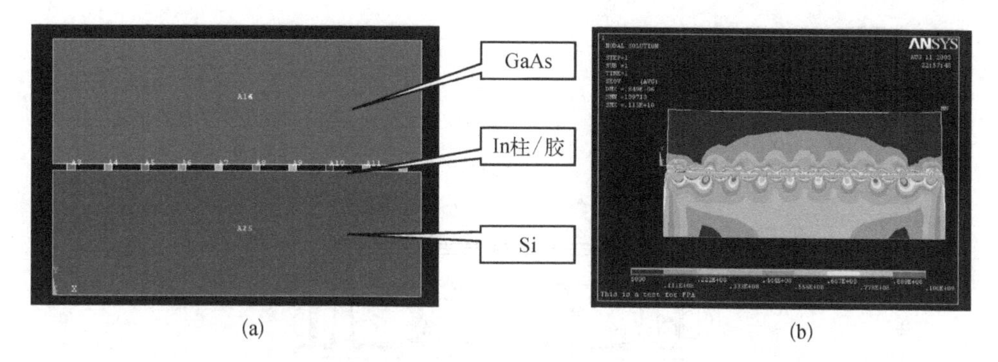

(a) (b)

图 8.3.3 FPA 组件顶三层结构(a)及其力学分析结果(b)(彩图见书末)

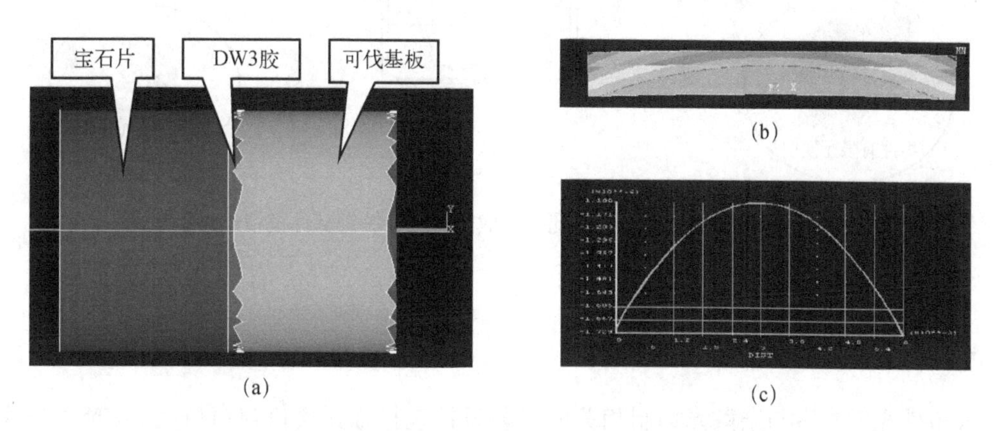

(a) (b) (c)

图 8.3.4 FPA 组件中间三层结构(a)及其力学分析结果(b)和表面形变的实测结果(c)(彩图见书末)

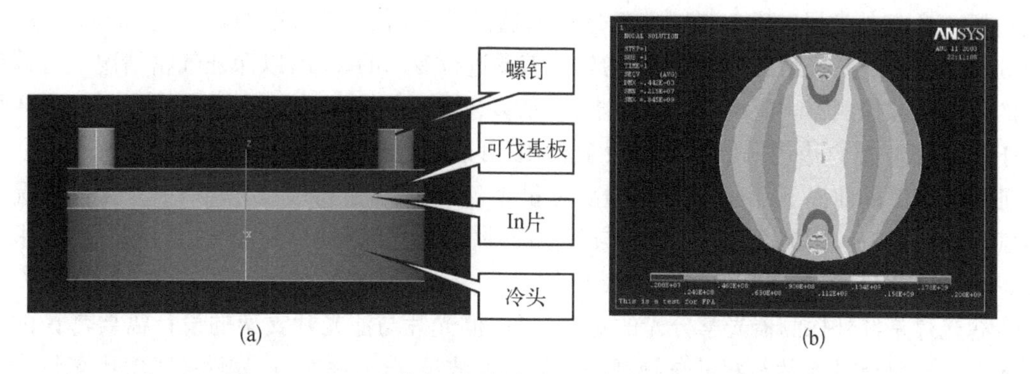

(a) (b)

图 8.3.5 FPA 组件底三层结构(a)及其力学分析结果(b)

仿真结果是否有效并符合实际情况,主要取决于模型建立和参数选取是否准确,这就需要对建立的几何模型和物理模型进行不断的修改和完善,并结合试验、将试验数据与有限元仿真的结果进行比对,调整模型参数,通过不断迭代,使仿真结果接近测试数据。一旦获得准确的模型和参数,仿真分析对设计和优化就具有非常重要的指导意义,可以大大缩减设计和研制的周期。图 8.3.6 所示是典型的大规模探测器组件杜瓦的组成与结构及关键部件模拟结果示意图[16]。

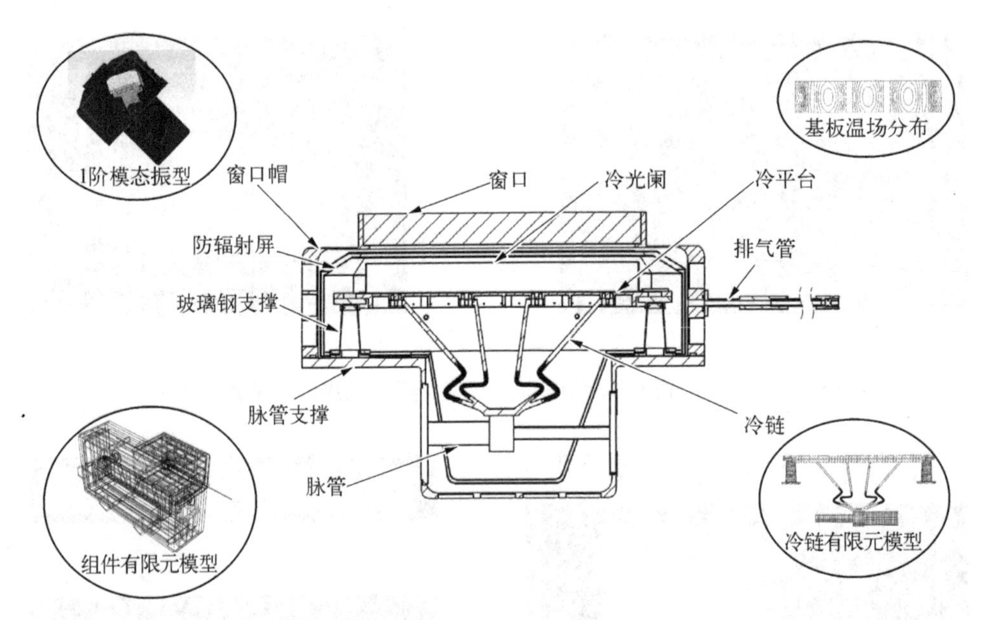

图 8.3.6　典型的大规模组件杜瓦的组成与结构及关键部件模拟结果示意图

8.3.3　光学参数与杂散光抑制

与组件光学参数与杂散光抑制相关的封装设计包括杜瓦窗口与窗口帽、滤光片与滤光片支架、冷屏与冷光阑等部件的设计。

窗口与窗口帽部件要同时满足光学性能和高气密性的要求,设计时需要考虑的主要因素包括: ① 红外波段的窗口材料一般选用增透的蓝宝石、石英、硫化锌、硒化锌和锗;② 窗口的尺寸由光学系统给出,厚度及其均匀性需要进行专门的设计,以保证气密情况下可以接受的变形量和探测器响应均匀性的要求,一般要求是保证窗口安装在窗口帽上增加形变量小于 2 μm;③ 窗口边缘一般需要进行金属化,可以通过焊接与窗口帽实现真空密封;④ 在保证足够刚度的前提下,窗口帽的质量要尽量小,必要时需进行轻量化设计;⑤ 某些情况下排气口设计在窗口帽侧面;⑥ 窗口帽与其他部件(如外壳或底板)的安装接口视总体要求而定,一般采用密封焊接或其他密封连接方式。

滤光片是红外探测器光学分光的重要元件,滤光片与滤光片支架的设计需要考虑的因素如下: ① 滤光片基片材料的选择视需要分光的波长、分光膜系、可靠性要求等因素综合考虑,滤光片基片一般选用锗;② 滤光片的尺寸由系统设计要求、滤光片膜系设计、可靠性设计决定;③ 滤光片安装在滤光片支架上的芯片的上方,滤光片的下表面到芯片光敏元的距离尽可能小,以降低背景辐射和光串;④ 滤光片支架需要选择导热性好、刚度强、热变形小、应力小、放气率低、加工性良好的材料,可选用宝石片作为滤光片垫或支架;⑤ 滤光片与滤光片支架的连接固定、滤光片支架与基座之间的安装方式需要考虑结构的可靠性与工艺可行性。

冷屏与冷光阑的主要作用是降低背景辐射和抑制杂散光,对长波组件和高灵敏度定量化应用时尤为重要,设计时需要考虑的主要因素包括:① 冷屏与冷光阑的上下面开口大小由光学和热学的设计模拟结果确定,一般为圆形或矩形,根据需要可以采用多级冷屏;② 材料选择需要考虑导热良好、轻质、加工性好、表面涂覆工艺兼容等,一般采用可伐材料,壁厚在 0.2 mm 以下;③ 冷屏的外表面采用抛光工艺以降低杜瓦外壳热端引入的辐射漏热,冷屏内表面和冷光阑所有表面一般采用镀黑镍工艺抑制杂散光,也有采用石墨烯、纳米涂层等新工艺进一步提高发黑的效果;④ 冷光阑与基板的安装需要形成良好的热接触,满足基板的温度均匀性,同时不能对基板产生形变造成机械或热应力;⑤ 在保证一定刚度和可靠性的前提下,冷屏与冷光阑的质量应尽可能小。

光学串音是影响系统 MTF 的重要来源,封装结构中滤光片、光阑、探测器等零件的结构、位置、通道间的耦合以及芯片结构等均可能产生光学串音。当多个模块或多个波段间的距离比较近、视场角比较大的时候,需要重点考虑光学串音,严重时会造成像模糊、拖尾、鬼影等现象。因此在结构设计时需要考虑各零件结构边缘距离光路足够远,并尽量减小反射面的反射率和减小反射面面积。

8.3.4 电子学功能与噪声控制

与组件电子学功能与噪声控制相关的封装设计包括电极板与引线环等部件的设计。

组件外部的电源和偏置信号将通过引线环的杜瓦外部电极引入到引线环的杜瓦内部电极,通过电极引线连接到电极板的外围电极处,再通过电极板上的电极连线施加到探测器上,反过来探测器的信号通过类似的电极回路输出到组件的外部。

引线板的作用是将探测器外围电极引出到基座外部边缘,设计时需要考虑的主要因素包括:① 引线板材料应具备导热性好、热学匹配、低温形变小、放气率低等特点,一般选用宝石片或 AlN、SiC 陶瓷;② 引线板上的扇出电极应具有阻值小、电极间绝缘性好的性能,以减少电学串音和降低干扰引入的电子学噪声;③ 必要时设计出上方与冷光阑和下方基板的固定安装孔或胶结固定接口;④ 内部边缘和外部边缘处的电极焊盘尺寸和间距应考虑既满足电极键合工艺的要求,又满足安全性要求;⑤ 电极引线应选用导热性差、导电性好的金属引线材料,以尽可能降低外部室温与内部低温间的传导漏热;⑥ 电极引线的直径和长度由电流负载能力和杜瓦冷损值计算确定。

引线环设计时需要考虑的主要因素包括:① 应选用机械强度高、绝缘性能好、机械加工和后加工能获得精密尺寸的陶瓷;② 陶瓷和金属之间配合一般采用玻璃烧结和陶瓷烧结两种烧结形式;③ 金属材料与陶瓷的膨胀系数匹配、烧结后漏率足够低、放气率低,一般选用可伐作为主体金属材料。

电子学串音主要与探测器件的结构、表面处理、外延层、光生载流子扩散、读出电路的各种电学缺陷有关,噪声的来源主要来自探测器自身、读出电路、焦平面与读出电路的耦合、封装内部电子学部件等,探测器冷平面的温度不均匀性和滤光片及其装配引入的光响应不均匀性会增加组件最终噪声中因响应非均匀性部分带来的噪声。一般情况下通过设计和工艺控制可以保证封装部分引入的电子学噪声和电子学串音处于可以忽略的水平。

8.3.5 温度与热力学设计

与组件温度与热力学相关的封装设计包括基板、冷头、冷链、芯柱等部件的设计。

基板是承载探测器的重要单元,将直接影响器件的性能和可靠性,因此是整个组件杜瓦设计的关键之一,基板设计时需要考虑的主要因素包括:① 需具有足够的刚度,可以保证探测器安装平面的加工精度并减小其在低温下形变;② 导热性好,以保证垂直方向的温度差尽可能小,水平方向温度尽可能均匀,对长波和大规模探测器尤为重要;③ 在保证刚度情况下尽可能轻,在大规模器件、多模块拼接的情况下可能在整个杜瓦重量上有一定的占比,且基本在杜瓦的质心附近,又处于悬臂状态,对提高杜瓦基频有利;④ 基板与其他部件接口也必须通过热力学设计,尽可能减少探测器在常温装配和低温工作状态下的机械应力和热应力,确保探测器的性能、均匀性及可靠性。

冷头是制冷机冷量传输到杜瓦内部、提供探测器工作温度的载体,与制冷机冷链和探测器(或通过基板)直接热接触,冷头设计时需要考虑的主要因素包括:① 低温和温度冲击下能保证多层结构的材料匹配;② 结构外形匹配;③ 冷平面温度均匀、垂直方向温差小;④ 尽可能轻量化;⑤ 加工工艺兼容,且与杜瓦芯柱容易焊接,保证焊接后具有足够的机械强度和低的漏气率。

对于超大规模探测器的杜瓦,由于冷平台的尺寸较大,而制冷机提供冷量的冷指尺寸较小,要保证温度的传输和均匀性的要求,必须在基板(或冷头)和制冷机冷指之间采用冷链的方案,主要作用是在两者之间建立导热通道,冷链设计时需要考虑的主要因素包括:① 冷链应选用高导热率材料;② 尺寸和形状应考虑可加工性,既能保证精度又能保证可靠性;③ 尽可能降低制冷机冷指至器件基板(或冷头)之间的热阻,以降低二者之间的温差;④ 冷平台的温度均匀性需满足技术应用要求;⑤ 尽可能降低冷链的质量,特别是对制冷机冷指附加的质量,以保证组件的力学可靠性;⑥ 需通过冷链的柔性设计,保证在低温工作时热应力最小。

杜瓦芯柱既是与制冷机冷指相配合,又是与探测器冷头相连接的重要部件,其设计时需要考虑的主要因素包括:① 应选择导热系数小的材料;② 具有足够的强度,常温和低温下形变量小;③ 应采用薄壁材料,且加工精度要求高;④ 与杜瓦冷头和杜瓦外壳的可焊性好;⑤ 低的放气率。

针对内部集成热电制冷器(TEC)的管壳封装结构,在探测器规模较大和需要进行多模块拼接的情况下,其温度和热力学分析同样十分重要。需要结合探测器工作特点和制冷器的性能进行封装设计,包括制冷器冷面尺寸、冷面温度及其均匀性、多层结构胶结工艺及热阻控制等。

8.3.6 光电性能与封装关联性

与组件最终光电性能相关的封装设计基本上包括杜瓦整体外壳设计及其外部接口分

析、力学结构分析、热容与冷损分析、光谱谱型控制设计、真空保持分析等。

杜瓦外壳是连接杜瓦各部件的集合体，也是与光、机、电、制冷等外部的接口，其设计应考虑与制冷机安装方式的相容、外形布局合理性、排气管和引线位置、制冷机连接方位、杜瓦内部焊接和装配工艺的可行性等，杜瓦外壳的尺寸由杜瓦结构的要求确定，同时其焊缝结构必须满足各种密封焊接要求，以及应尽量减小其壁厚和提高其表面质量以满足力学和热学要求。

杜瓦组件与整机的接口除了前述的电学、机械安装等之外，还包括必要的防静电措施、电学屏蔽、电磁屏蔽、排气管固定以及可维修性等要求。杜瓦组件与制冷机的接口十分重要，主要包括制冷机冷指与杜瓦冷头之间的耦合需要采用弹性冷链、两者之间的间隙控制、机械安装保证不发生干涉等要求。

杜瓦的力学结构设计主要通过有限元仿真手段，保证杜瓦的器件低温可靠性、大尺寸结构的低温形变、制冷机接口等薄壁和悬臂结构的力学等可靠性问题，以满足应用在光学精度及力学可靠性方面的要求。

杜瓦的热学设计主要包括影响杜瓦降温时间的热容量的计算，以及影响杜瓦漏热的冷损计算。制冷机工作时，杜瓦芯柱、冷头、探测器、引线、冷屏等部分的温度在下降，而外壳、窗口帽和引线环等温度基本不变，因此杜瓦热容量实际是指芯柱、冷头、探测器及冷屏等从常温下降到相应平衡温度的热容量，设计时需要通过各部分材料的比热和质量计算出其总的热容量并进行优化。杜瓦组件漏热大小关系到能否满足制冷机的工作温度点与冷量的要求，从而能否为探测器提供需要的工作温度与制冷量，杜瓦的漏热由对流、传导和辐射三种热交换形式引起，对于真空式杜瓦，热传导和热辐射是其主要的漏热来源，设计时需重点考虑以尽可能减少杜瓦的冷损。

组件光谱的谱型是影响探测器光电性能的重要因素，尤其在窄带光谱应用、定量化应用和大规模探测器的情况下，光谱控制精度的要求和实现难度很高。除了探测器和滤光片自身的光谱特性外，杜瓦封装是影响其精度的重要环节。精细的光谱控制设计需要考虑探测器响应光谱曲线形状及其一致性、滤光片的透过光谱曲线形状及其一致性、窗口透过率的均匀性、滤光片支撑材料的选择与设计、滤光片与光敏元的间距控制等。

影响杜瓦真空的因素主要包括蒸发、扩散、渗透、解吸以及焊缝微漏，在保证焊缝漏率低于一定水平下时，材料的解吸放气是最主要的放气源，因此需要通过杜瓦内部各材料的解吸速率随时间变化的关系，利用材料的解吸速率衰减公式，对杜瓦内部各材料的放气量进行分析，确定杜瓦真空排气条件，并获得杜瓦真空寿命与存放时间之间的关系。

8.3.7 组件可靠性与长寿命设计

作为遥感系统的核心元部件，探测器杜瓦组件的可靠性和长寿命决定了系统的高可靠和工作寿命，除了需要保证组件杜瓦本身可靠性和长寿命之外，它要保障探测器和制冷机高可靠长期工作。相对于微电子器件，由于红外探测器组件结构较为复杂，工艺控制一致性较难，技术涉及面较广，且一般工作在低温下，价格昂贵，样本数较少，因此其可靠性研究尤其是可靠性评价难度较大。

一般情况下,探测器组件的可靠性指标由系统的可靠性指标分解给出,包括可靠度与工作寿命。可靠性研究的基础工作,是通过大量样本的数据统计与分析,获得组件的失效模式和失效机理,建立相应的失效模型,在组件设计和工艺控制中充分考虑到可能造成组件失效的薄弱环节进行可靠性增长设计,研制生产流程中必须通过筛选和老练试验以剔除早期失效的组件产品,再通过可靠性试验(含鉴定级试验、验收级试验、例行试验和专项试验等),最后通过可靠性评价(必要时采用加速寿命试验)获得组件平均寿命分布情况[17]。表 8.3.3 为典型红外探测器组件的主要失效模式及加速因子。

表 8.3.3　典型红外探测器组件的主要失效模式及加速因子

部　件	阶　段	失 效 模 式	加 速 因 子
杜瓦	存储	漏气	温度循环
		放气	高温
	运输	机械磨损(漏气)	振动、冲击的强度与时间
		机械断裂(真空丧失)	
	工作	漏气	温度循环,振动、冲击的强度
		放气	高温
红外探测器芯片	存储	光电性能退化	高温
	运输	无	无
	工作	互联失效	温度循环次数
红外探测器芯片与读出电路互联	存储	互联老化	高温
	运输	互联断开	振动、冲击的强度与时间
	工作	互联断开	振动、冲击的强度与时间

红外探测器组件的可靠性要求有一系列国际标准和国家标准作为参考,一般情况下,可靠性考核的环境试验主要包括力学试验(振动、冲击、加速度)、热学试验(高温贮存、高温动态、低温贮存、低温动态、温度冲击、温度循环)、抗辐照、热真空等。表 8.3.4 为典型红外探测器组件的可靠性要求。

表 8.3.4　典型红外探测器组件的可靠性要求

阶　段	一 般 要 求	战术应用环境	航天应用环境
工作	寿命	10~20 年	2~15 年
	环境温度	-55~71℃	-50~50℃
	工作时间/非工作时间	2%~30%	20%~50%

续 表

阶 段	一般要求	战术应用环境	航天应用环境
工作	温度循环次数	4 000~15 000	50~200
	力学	国军标规定	总体规定
	热学	国军标规定	总体规定
	抗辐射	无	2×10^4 rad(Si)
	真空	长时间排气后密封	可采用打开排气封口
存储	力学	国军标规定	总体规定
	热学	国军标规定	总体规定
运输	振动	约 30 grms	20~40 grms
	冲击	20~100g	500~2 000g

注：grms 为振动试验中专用单位，指加速度均方根值。

可靠性试验是评价产品可靠性水平的重要手段，常用的可靠性试验按照试验项目分为现场使用试验、环境试验和寿命试验等。表 8.3.5 为典型红外探测器组件的可靠性试验分类[18]。

表 8.3.5 典型红外探测器组件的可靠性试验分类

名 称	类 别	试 验 项 目
现场使用试验		实际工作试验、现场储存试验、现场环境试验
环境试验	力学试验	振动、冲击、离心加速度、跌落、引线抗拉强度等
	温度试验	高温、低温、温度循环试验
	易焊性试验	引线易焊性试验
	湿热试验	恒定湿热、交变湿热试验
	气密性试验	粗检漏(氟碳油)、精检漏(氦质谱、放射性示踪)
	特殊试验	盐雾、霉菌、低气压、超高真空、X 射线检测、辐照等试验
	综合试验	低温/低压、低温/振动、高温/振动、振动/温循/潮湿试验等
	组合试验	温度-湿度-气压试验
寿命试验	长期寿命试验	长期存储试验、长期连续工作试验、长期间歇工作试验
	加速寿命试验	恒定应力加速试验、步进应力加速试验、序进应力加速试验

现场使用试验是指在使用现场进行的可靠性试验，因此最符合实际情况，可以真实地反映组件在实际使用条件下的可靠性水平，因而是评价和分析组件可靠性的最有效的手段。

环境试验是将组件产品暴露在人工模拟环境中,以此来评价该产品在运输、贮存、使用环境条件下的性能,通过环境试验,可以提供产品质量方面的信息,是质量保证的重要手段。

寿命试验是为评价分析产品寿命特征值而进行的试验,是指在实验室环境下模拟探测器组件实际工作状态或贮存状态,投入一定数量的样品进行的试验。寿命试验分为两大类:一是长期寿命试验,即按照产品的正常工作状态或贮存状态进行试验,有 1 : 1 的长期寿命试验,也可以增加样本数量采用定时截止无替补的寿命试验方法,工作模式可以根据探测器的实际工作模式(连续工作或高低温交替间歇工作等)来确定;另一类是加速寿命试验,即按照超出正常工作或贮存的应力进行试验,加速因子由失效机理(激活能)确定,可以是温度、电流、电压等,加速方式包括恒定应力加速试验、步进应力加速试验、序进应力加速试验等。在寿命试验中,记录试验样品数量、试验条件、失效个数和失效时间等,试验结束后进行统计分析,从而评估器件的可靠性数量特征(如可靠度、失效率、平均寿命等),作为可靠性预测、可靠性设计、制定筛选条件、制定例行试验的规范和改进质量的重要依据。

8.4 封装技术关键材料与元件研究

8.4.1 封装结构材料

封装结构材料按照功能要求划分主要包括刚体性能为主和导热性能为主的两大类,不同部件的要求会有所侧重,也有两者皆要求较高的材料。以刚体性能为主的部件包括杜瓦芯柱、杜瓦外壳、窗口帽、冷屏(冷光阑)、冷平面支撑结构等,以导热性能为主的部件包括电极基板、冷平台基板(冷头)、冷链等。

杜瓦芯柱材料应选用较高强度、导热系数小、可焊性好的材料,通常以屈服强度或用应力来表征材料的强度特性,如表 8.4.1 所示[19]。要选用屈服强度/导热系数高(即屈服强度高且导热系数小)的材料。由于玻璃的导热系数比金属的要小得多,但玻璃在低温下内应力过大影响可靠性,且玻璃和其他金属部件的封接也比较困难,一般不考虑选用玻璃而选用金属作为芯柱材料。321 不锈钢材料是通常被选用的杜瓦芯柱材料,可加工性和可焊性较好,且易除气有利于长寿命。因科镍合金从性能上看比较理想,但价格较为昂贵。钛合金性价比较高,是相对更为理想的芯柱材料,且其密度低有利于轻量化,但对焊接技术要求高,与可伐或不锈钢在激光焊接、氩弧焊接中极易形成氢脆而影响焊缝强度和气密性。

表 8.4.1 常用材料的强度性能比较

材 料 名 称	屈服强度/MPa	导热系数/(W/mK)	屈服强度/导热系数
304 不锈钢(0Cr18Ni9)	225.6	14.7(295 K)	15.35
		7.9(77 K)	

续 表

材 料 名 称	屈服强度/MPa	导热系数/(W/mK)	屈服强度/导热系数
316 不锈钢(18Cr12Ni2.5Mo)	260	11.5(295 K)	22.60
		5.9(77 K)	
321 不锈钢(1Cr18Ni9Ti)	430	同 304 不锈钢	26.88
因科镍合金	985	16.0(300 K)	70.36
		10(80 K)	
Ti-5Al-2.5Sn(ELI)	760	8.8(300 K)	89.41
		4.3(80 K)	
Ti-6Al-4V(ELI)	915	5.5(300 K)	166.36
派瑞克斯(Pyrex)玻璃		1.1(300 K)	
		0.48(80 K)	

杜瓦外壳和窗口帽材料的选择一般与芯柱相同,主要是考虑到同种材料之间焊接工艺的兼容性,同时需要兼顾与非金属窗口、电极引线环、芯柱等部件密封焊接和轻量化的要求,可选用可伐 4J33 合金材料、钛合金 TC4 材料、硬铝合金 LY12 及碳化硅等,表面还需进行钝化处理(如可伐表面镀镍),以满足焊接和产品存放要求。必要时需进行轻量化设计。

冷屏(冷光阑)材料一般采用可伐,形状为薄壁圆筒或圆锥形,采用多级冷屏时需要通过焊接工艺把各级冷屏连接起来,冷屏的外表面采用抛光工艺以降低辐射,内表面采用镀黑镍工艺以抑制杂散光。冷光阑的内外表面均采用镀黑镍工艺以抑制杂散光。冷光阑和冷屏直接需要通过焊接成型。新的表面发黑工艺也被不断研究并得到应用,如磷化工艺、纳米技术、石墨烯涂覆技术等。

冷平面支撑结构的作用是保护承载探测器和其上的冷屏(或冷光阑)及其下的基板能承受要求的力学条件。随着探测器规模的增大,冷平台的质量将相应增加,而冷平台基本处于整个杜瓦的质心位置,且为悬臂结构,在力学振动和冲击试验或使用过程中会产生较大的位移。图 8.4.1 所示的是两种典型杜瓦结构的冷平面支撑结构示意图[5,16]。由于冷平面支撑结构一端的温度在深低温,另一端的温度一般在室温,因此冷平面支撑结构必须选择既具有一定刚度又具有较低热导率的材料,材料的选择难度很大,一般从结构设计上采取折中的方案。图 8.4.1(a)是适配一般制冷机的冷平台支撑结构,支持柱为金属材料或玻璃纤维束材料,设计上采用细长薄壁圆柱结构,为了增加力学强度,需适当增加支撑柱的截面积或采取设置加强筋的方案。斜拉丝结构一般采用高强度的金属丝,如钛合金 TC4 等,但丝的直径应尽可能小,且设计上需通过增加长度、斜拉式的方式以减少漏热,与探测器接触端还需设置一定厚度的高传热金属层。图 8.4.1(b)是适配脉管制冷机的冷平台的支撑结构,一般采用钛合金材料或钛合金结合玻璃钢的复合材料,主要是考虑既要重量轻,又要有低的热传导。

玻璃钢是玻璃纤维与树脂复合而成的材料,具有质轻、高强、绝热的特点,玻璃钢材料具有足够的切向抗拉强度,但刚度较低,截面承受正压力性能较差,且玻璃钢的制作精度难以满足要求,因此采用与探测器接口端为钛合金、与制冷机接口端为玻璃钢的方式形成复合材料的冷平台支撑结构。

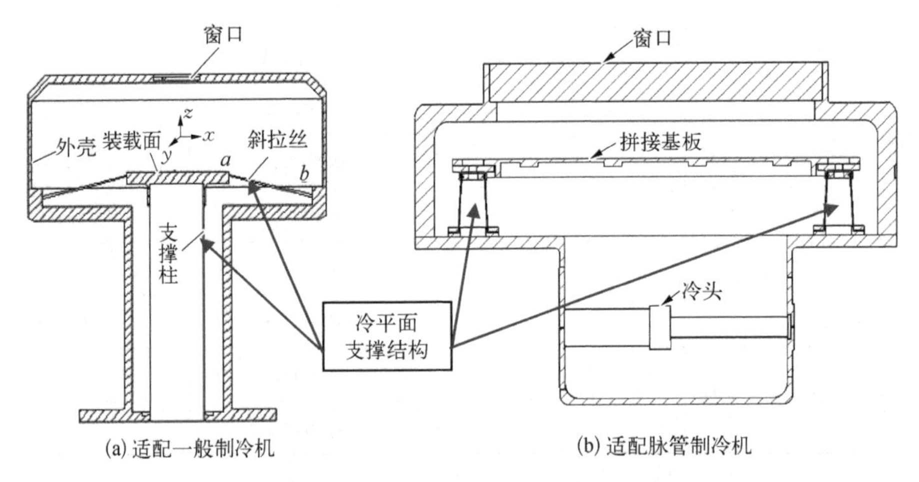

图 8.4.1 两种典型杜瓦结构的冷平面支撑结构示意图

电极基板的材料一般有蓝宝石、氧化铝陶瓷和氮化铝陶瓷等,其特性参数见表 8.4.2[5]。蓝宝石为单晶,相对于陶瓷类材料真空出气率较低,导热性能也优于氧化铝陶瓷,且可以采用半导体薄膜电极制备工艺实现高密度电极引线,因此蓝宝石是电极基板的常用材料。氧化铝陶瓷是微电子封装的常用材料,成本较低,可采用厚膜工艺制备电极,但陶瓷类材料在低温冲击下容易开裂,其真空出气速度也高,不利于真空除气,95 瓷因杂质含量高,真空出气速度较 99 瓷更是高出一个数量级。99 瓷的热导率与蓝宝石相当,但 95 瓷的热导率稍差。可采用多层陶瓷技术提高引线的密度和布局,但更高密度的引线难度较大,技术上尚不成熟。氮化铝陶瓷的热导率较高,在导热性能有明显优势,且与探测器接触界面的硅材料的膨胀系数相匹配,尽管成本较高、技术上有一定难度,但仍是电极基板的发展方向和优选材料。

表 8.4.2 常用基板材料的特性参数

材 料 名 称	晶体结构	导热系数/(W/mK)	电 极 工 艺
蓝宝石	单晶	40	薄膜
氧化铝陶瓷(95 型)	多晶	20~24	厚膜
氧化铝陶瓷(99 型)	多晶	38.9	厚膜或薄膜
氮化铝陶瓷	多晶	150~170	厚膜或薄膜

冷平台基板(或冷头)一般采用热导率较高、膨胀系数较低的材料,主要是为了提高杜瓦冷平台温度的均匀性,通常可选用钼合金、钼铜合金、钨铜合金、Al_2O_3 及 AlN、SiC 陶瓷等,在

满足其与探测器读出电路材料膨胀系数相匹配以降低封装的热应力的同时，还需使基板具有较低的形变。

杜瓦冷链的材料需要有更多的考虑，包括导热好、刚性和柔性并济、加工性好等因素，还需要从结构和工艺上做精心设计。铜、铝、石墨以及宝石都是可选用的高导热材料，其中宝石可以用于制作冷链的刚性部分，石墨片可用于冷链的柔性部分，铜和铝则可以通过结构设计制成刚性及柔性或弹性部分，如采用铜或铝整体材料可以制作出一体化的冷链，以减小因需要焊接造成焊接面存在的热阻增加且引入可靠性下降等问题。杜瓦冷链可选用材料的热导率随温度变化的曲线如图 8.4.2 所示[16]。宝石的热导率在低温区更高，在 100 K 附近与铜接近，但制作难度大。石墨的热导率在高温区较高，在 100 K 附近也与铜接近，但由于石墨在层间的热导率较低会造成热接触面的设计难度增加。与宝石和石墨相比，铜和铝加工工艺成熟，更适合制作局部的弹性冷链。虽然铝因其密度较低有利于轻量化，但热导率比铜低，设计时需要增加其厚度以保证热传导，因此综合考虑铜仍是冷链制作的优先材料。

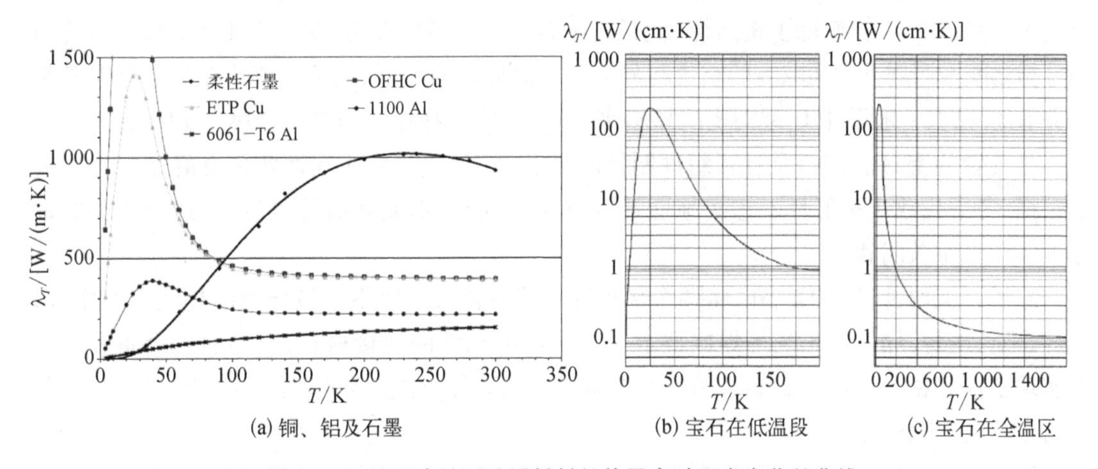

(a) 铜、铝及石墨　(b) 宝石在低温段　(c) 宝石在全温区

图 8.4.2　杜瓦冷链可选用材料的热导率随温度变化的曲线

8.4.2　封装密封与焊接材料

探测器组件封装中涉及部位或部件的焊接与密封，可分为两大类，一类是仅需要刚度连接的，另一类是既需要刚度连接又需要保证气密性的。表 8.4.3 为封装涉及的密封与焊接类别。表中不包括在 8.4.3 节中阐述的引线电极焊接技术。

表 8.4.3　封装涉及的密封与焊接类别

被焊材料	气密性	主要辅助材料	主要焊接工艺	涉及部件或部位
非金属-非金属	有	环氧胶	胶接	玻璃杜瓦/窗口
	无	环氧胶、银胶、In、Sn 等	胶接、金属熔焊	芯片/陶瓷基板、测温元件/陶瓷基板、消气剂/陶瓷基板、TEC/陶瓷基座

续　表

被焊材料	气密性	主要辅助材料	主要焊接工艺	涉及部件或部位
金属-非金属	有	环氧胶、In、Sn 等	胶接、高频焊	窗口/窗口帽
	无	环氧胶、银胶、In、Sn 等	胶接、金属熔焊、高频焊	陶瓷基板/冷头、TEC/金属基座
金属-金属	有	有	钎焊、电子束焊	冷头/芯柱
		无	激光焊、平行缝焊、储能焊、夹封	外壳/窗口帽、引线环/外壳等；排气管自封口
	无	有	钎焊、电子束焊	特殊部件
		无	激光焊	多级冷屏间

杜瓦芯柱底面法兰与分体式制冷机之间虽然也需要密封，但由于通常需要将杜瓦与制冷机实施反复耦合与分离，除了密封性要求外，还需要进行隔热安装，以避免杜瓦芯柱与制冷机的冷指之间在圆周方向间隙内的空气与外界空气之间的对流，从而造成制冷效率下降甚至耦合失效的问题，一般采用 O 型圈密封材料来实现，通常选择橡皮圈或软金属（如 In）圈等。

排气管的密封（夹封）是杜瓦组件制作的最后一道工艺，对一次性实现良好密封性的要求很高，考虑到放气率低且工艺实施性强等特点，一般采用无氧铜管材料，通过冷焊夹封的方式实现真空关闭状态。

除了以上两种密封工艺外，将两个部件连接成一体且一般不可被分离的焊接工艺中，激光焊、平行缝焊、储能焊工艺等焊接技术一般不需要辅助的焊接材料，主要通过设备和工艺来实现刚性和密封焊接。需要采用辅助焊接材料的焊接方式主要包括胶接、金属熔焊、高频焊、钎焊、电子束焊等。

胶接一般采用环氧树脂胶作为黏结剂，是主要用于无法采用较高温度进行焊接的情况下将两个胶接件连接起来的工艺方法，通常在室温下进行固化，在保证被胶接件能承受住一定温度而性能不受影响的情况下可适当增加温度以缩短固化时间。在探测器组件封装中，采用胶接工艺的部件或部位包括窗口与窗口帽、芯片与基板、测温元件与基板、消气剂与基板、基板与冷头、热电制冷器（TEC）与基座等。

金属熔焊主要应用在两个胶接体的胶接面需要良好的导电和/或导热性能的情况，一般采用银胶、银浆等金属黏合剂或 In、Sn 等低熔点软金属作为辅助焊料，非金属胶接体的焊接面需要做金属化处理，在高于辅助材料熔点的温度下施加一定的压力将两个物体焊接在一起。在探测器组件封装中，采用金属熔焊工艺的部件或部位包括窗口与窗口帽、TEC 与基座等。

高频焊是利用高频电流流经焊接件的接触面而产生电阻热，使两个焊接件成连接的一种焊接方法，可施加一定的压力，主要针对难以承受较高温度的被焊接件，因此是窗口与窗口帽焊接的主流方法。这是由于窗口材料多为非金属材料，其表面透光部位还需要蒸镀增透膜以提高窗口对入射光的透过率，因此难以承受较高的温度，此外需要在光学窗口的焊接面处（窗口边缘及侧面，避开增透膜）通过光刻和真空镀膜工艺形成金属过渡层，同时可以缓冲光学窗口材料与可伐合金材料膨胀系数的差异,起到热匹配、减少热应力的作用。

钎焊是指将低于焊件熔点的钎料和焊件同时加热到钎料熔化温度后,利用液态钎料填充固态工件的缝隙,并通过高温钎焊时液态焊料向母材的扩散、固态母材向液态焊料的溶解冷凝形成的焊缝组织,能获得良好力学性能的一种焊接方法。主要用于复杂形状焊接界面或两种金属材料的热膨胀系数差异较大的情况,如钛合金 TC4 芯柱与可伐金属冷头的高强度焊接一直是杜瓦封装中的难点。常用焊料包括银基焊料、铝基焊料、钯基焊料和钛基焊料,其中银基焊料(如银铜合金)由于具有较低的熔点和蒸气压,且工艺性、强度、韧性、导电性和导热性好等优点被广泛地采用。

电子束焊接是以高速电子束轰击置于真空中或者非真空的焊件,通过电子的动能转化为热能从而熔化焊接面处的焊件实现两个焊件连接的一种焊接方法。也主要用于复杂形状焊接界面或两种金属材料热膨胀系数差异较大的情况,与钎焊基本相同,但电子束焊接能够准确控制加热区域,热影响区较小,冷却速度快以及能量密度高,因此其应用场合更广,且其可选择的焊料(或称为中间层)更多,如铜、银、钒、铌、钴和钽等纯金属或 Cu/V、Nb/V、Cu/Nb 等合金都可以作为电子束焊接的中间层。

8.4.3 电极及引线材料

组件封装的管壳或杜瓦内涉及的电极的引出端有三类,一是针脚式,二是引线式,三是焊盘式。电极两端之间的连接方式有三类,一是直接通过金属丝,二是通过基板,三是通过电缆。对应的电极材料和引线材料和方式也是不同的,表 8.4.4 是组件封装常用电极及引线方式。

表 8.4.4 组件封装常用电极及引线方式

电极一端	常用材料	电极另一端	连接方式	涉及的部位或部件
针脚	可伐、Cu	针脚	金属丝、薄膜电缆	无
		引线	金属丝、薄膜电缆	外壳内部电极-(芯片、测温元件、消气剂、TEC)
		焊盘	金属丝、薄膜电缆	外壳内部电极-(芯片、测温元件、引线基板)
引线	Au、Cu、Al、Ni、Pt、锰铜	引线	金属丝、薄膜电缆	无
		焊盘	金属丝、薄膜电缆	(芯片、测温元件、消气剂)-引线环、芯片-引线基板
焊盘	Au、Cu、Al	焊盘	金属丝、薄膜电缆、基板	大部分需要有电学连接的部分或部件

在管壳或杜瓦的诸多电极及引线中,电极引线的设计和材料选择十分重要,将影响到组件的性能和可靠性。电极需要有良好的电学、热学和焊接性能,以保证内引线互联后有足够的附着强度,并能耐受强温度冲击。从电学性能考虑需要电阻尽可能小以减少分压引起的

信号损失并较少电功耗,从热学性能考虑需要绝热性能尽可能好以减少漏热引起的杜瓦冷损增加从而造成制冷效率降低或制冷功率增大,因此应选用导热系数与电阻率之积相对比较小的材料。常用的电极引线材料的特性见表8.4.5[5]。

表8.4.5 常用电极引线材料的特性

材料	平均电阻率/($\times10^{-8}$ Ω·m)	平均导热系数/[W/(m·K)]	材料(电×热)比
铜	0.99	414.10	1.00
金	1.35	311.42	1.03
铝	1.52	276.29	1.03
镍	3.66	118.52	1.06
银	0.97	441.59	1.06
锡	6.63	75.07	1.22
铟	5.21	103.28	1.32
铂	11.98	71.6	2.09
锰铜	48.21	17.83	2.11
铬	7.32	120.9	2.17
康铜	48.75	20.5	2.44
镍铬	107.9	12	3.16
可伐	44	17.64	1.89

从表8.4.5中可以看出,综合性能较好的引线材料是铜,其次为金、铝、镍等,但在引线长度较短的情况下,由于这些材料的固体传导漏热都比较大,因此在满足引线电学性能(即探测器信号引线电阻小于2 Ω,数字或模拟地线及响应的电源线电阻小于1 Ω等)的情况下,还应考虑尽量选用导热系数低的材料,如康铜、锰铜或可伐等,此外还必须考虑到电极引线焊接的方式,就目前一般采用的超声键合和金丝球焊引线方式而言,以选择硅铝丝和金丝为佳。

在引线数较多的情况下,需采用专门设计的薄膜电缆(或称薄膜带线),带线的基体材料一般采用聚酰亚胺薄膜,两层薄膜中间的电极引线材料一般采用Au、Cu、Ni、Al等金属,金属层电极引线的数量、线长、线宽、间距、厚度等参数需结合工艺可行性进行专门的设计,以保证薄膜电缆具有最小的电阻和最小的传导漏热,薄膜电缆的两面还需蒸镀一定厚度的金属膜(一般是金层)以减少辐射漏热。此外,薄膜电缆两端的接口设计也十分重要,必须适配与其连接的焊接接口并保证可靠性。

8.4.4 组件关键元件

为了满足光电探测器组件的完整功能和性能的要求,其封装管壳或杜瓦内部还需要集成一些必要的元件或器件，包括测温元件、消气剂、制冷器等，其性能和可靠性往往对整个组件的高可靠长寿命使用起到至关重要的作用。

测温元件的主要作用是获得探测器芯片附近的温度，必要时放置多个测温元件可以测量冷平台的温度均匀性，这在大规模焦平面器件的封装中普遍被采用，同时该温度数据反馈给制冷机作为其温度控制点，因此一般至少设计两只测温元件作为相互备份以提高可靠性。也有在焦平面读出电路中增加设计测温二极管的做法，但因难以进行标定，在数据处理、引线数量足够等资源许可的情况下，该温度数据可以作为相对比较参考使用。

测温元件选用的一般要求是：① 测温精度满足设计要求；② 参数一致性好，便于挑选；③ 放气率低；④ 可焊性好，工艺兼容；⑤ 可靠性高；⑥ 尺寸尽可能小等。可以选择的测温元件有测温电阻（Pt100、Pt1000 等）、测温二极管、测温三极管等。使用前一般需要进行两个温度点的标定，通过低温标定，以剔除 $V-T$ 离散性偏大的器件。

消气剂（getter，也称吸气剂）是探测器封装的一个重要辅助元件，在蒸散或激活后能够吸附杜瓦或管壳内部超高真空腔体中由于长期工作释放出来的特定气体等污染物质，以保持或提高真空度，使真空寿命得以延长，提高探测器组件的使用寿命。根据工作方式的不同，吸气剂一般可分为蒸散型和非蒸散型两种，其中蒸散型吸气剂需要对吸气金属加热后蒸散出来形成吸气薄膜，以钡、锶、镁、钙为主体材料，由于工作温度很高，且蒸发出金属气氛附着在真空腔体内壁的表面上造成新的污染。非蒸散型吸气剂不需要把吸气金属蒸散出来，通过对吸气金属表面激活使其具有吸气能力，以锆为主体材料，通常应用在探测器芯片不能承受较高工作温度的情况。

吸气剂理论上可以吸收除惰性气体外的所有气体，在大气成分中，氦、氖、氩等惰性气体所占的体积百分比约 0.936%，因此吸气剂可以吸收杜瓦内部约 99%的气体，即真空寿命相对可提高到原来的 100 倍左右。而实际上由于吸气剂对不同的温度吸收机理不同，而其激活温度又受到限制，所以实际吸气性能将会有很大程度的下降。表 8.4.6 为典型的某款非蒸散型吸气剂对不同气体的吸收机理及最佳吸气温度[5]。必要时，可采用 2 只及以上的消气剂串联使用，消气剂的腰部还需安装辅助支撑进行力学加固。使用时需设计结构紧凑的支架，通过陶瓷烧结工艺进行过渡安装，并采用碰焊技术引出电极的针脚。因需要施加 1.5 A 以上的电流才能产生 200℃以上的最佳吸附温度，产生的热辐射将引起探测器芯片处的温度激增，因此还需增加隔热罩以保护探测器芯片免受高温辐射热的影响。使用前吸气剂还需进行严格的除气工艺。

表 8.4.6　典型的非蒸散型吸气剂对不同气体的吸收机理及最佳吸气温度

气体成分	吸气机理		吸气性质	最佳吸气温度
	常温	高温		
H_2	容积扩散较高	容积扩散略有升高	可逆，激活时少量释放	常温
CO、CO_2、N_2、O_2	表面吸附较小	容积扩散较高	不可逆	大于200℃

续 表

气体成分	吸气机理		吸气性质	最佳吸气温度
	常温	高温		
H_2O	表面吸附较小	表面吸附后分 H 和 O 扩散较高	不可逆	大于 200℃
碳氢化合物	非常小	表面吸附后分 H 和 C 扩散较高	不可逆	大于 300℃

致冷器是热电致冷器(thermo-electric cooler, TEC)的简称,如同将机械式制冷机简称为制冷机一样。热电致冷器是利用半导体材料的佩尔捷(Peltier)效应,即当电流通过两种半导体材料组成的电偶时一端吸热另一端放热的基本原理,因而也称为半导体致冷器。致冷器通常应用在室温型(或称为非制冷型)光电探测器上,被封装在管壳内,可通过温控电路实现稳定的工作温度点,保证光电探测器不受环境温度变化的影响,保持性能稳定。对需要提供比室温环境低数十度(一般三级 TEC 的温差为 80℃)的光电探测器,如延伸波长铟镓砷探测器,采用 TEC 是一种比较理想的制冷方案,其具有体积小、质量轻、功耗小、寿命长、成本低、启动快等优点。

致冷器的选择需要进行专门的设计,主要考虑的因素包括: ① 探测器工作点温度; ② 环境温度;③ 温差,一般单级致冷器的温差在 20℃左右,二级在 40℃左右,三级在 60℃左右;④ 热负载与漏热;⑤ 功耗与散热;⑥ 探测芯片尺寸等。致冷器的使用需要考虑与探测器芯片基板的胶接、与管壳底座的胶接,其安装方式主要有环氧树脂或导热银胶胶黏、金属焊料焊接、螺钉夹紧固定连接等方式。

随着光电探测器技术发展的需求增加和封装技术的自身发展的需要,探测器组件封装的杜瓦或管壳内将集成更多的元器件,如微型化的电子学电路、智能化芯片、光学透镜(组)、光纤、必要的监测元件(如强电流保护)等,这些关键元器件的引入将极大地简化光电系统的结构,减少体积和功耗,提高光电探测器组件的功能和性能,同时也给组件的封装技术带来了挑战和发展机遇。

8.5 封装技术关键工艺研究

8.5.1 模块化拼接与平面度控制

随着光电遥感技术向更大视场、更多谱段、更高时效、更高分辨率、更高灵敏度方向发展,作为仪器核心部件的探测器必然向超长线列、超大面阵焦平面的更大规模方向发展,组件封装的模块化设计、多模块拼接、平面度控制及其评价等关键工艺和技术成为封装领域的重要研究内容,也是封装学科的一个重要发展方向。

由于受到探测材料、器件工艺、成品率等方面的限制,4 K×4 K 面阵、6 K×N 线列焦平面器件基本上达到了单片芯片的极限能力,但离大视场成像系统、天文观测等对焦平面探测器规模的需求还有很大差距。单单依靠材料晶圆尺寸的扩大、器件工艺线的升级(如2英寸到4英寸、6英寸、8英寸)、提升产能和提升质量控制水平等技术难度和投入成本都很大,一些与尺寸相关的性能参数(如盲元率、非均匀性、可靠性等)的提升难度更大,而且在有些应用场合,还需要将不同材料和器件制备出来的不同波段的芯片集成在同一个封装组件内,因此必须采用模块化设计、多模块拼接的技术,通过组件封装技术水平和能力的提升,来实现超大规模焦平面探测器组件。

如果将几个或几十个探测器芯片(每个芯片称为一个模块)采用拼接的方式构成超大规模探测器组件,单个模块的设计需要考虑在满足光学系统的成像要求的前提下,将拼接处的接缝做得最小。模块化拼接一般采用芯片级、基板级、全模块化三种方式,由系统要求、探测器芯片设计、电路设计、封装设计、工艺可实现性、技术成熟度等综合考虑确定。

芯片级模块化拼接技术,是指将多个探测器芯片通过一定形式排列、高精度对中、低应力胶接的方式安装在同一个基板上的拼接技术。最常用的是“品”字形交错排列方式[2],图8.5.1所示的是典型的“品”字形交错排列方式的芯片级模块化拼接图及杜瓦封装结构。也有采用直线排列方式,但不可避免地存在一定拼接缝隙,在系统应用可以接受的情况下也可采用此方式。法国索弗拉迪(Sofradir)公司在探测器研制早期,采用无损伤划片技术,将5个倒装互联的300元HgCdTe探测器芯片模块,采用直线拼接的方式形成线列方向上的相邻探测器模块之间的无缝拼接,从而实现1 500元长线列探测器(图8.5.2),拼接精度为±3 μm,为了实现线列方向在拼缝处的无盲元,芯片模块设计时需采取斜的划片方式,划片边缘与光敏元边缘尽可能近,且对光谱元的损伤尽可能小,同时还需在原有的两排线列的外围各增加一个光敏元,以弥补拼缝造成一个光敏元的损失。也有采用将多个探测器光敏芯片模块通过倒装焊互联到一个读出电路上的拼接方式,一般在焦平面器件制备工艺的流程中来实现。

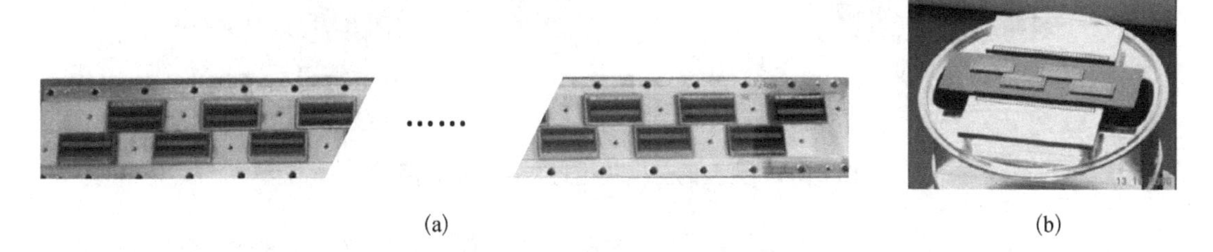

(a) (b)

图8.5.1 典型的“品”字形交错排列方式的芯片级模块化拼接图(a)及杜瓦封装结构(b)

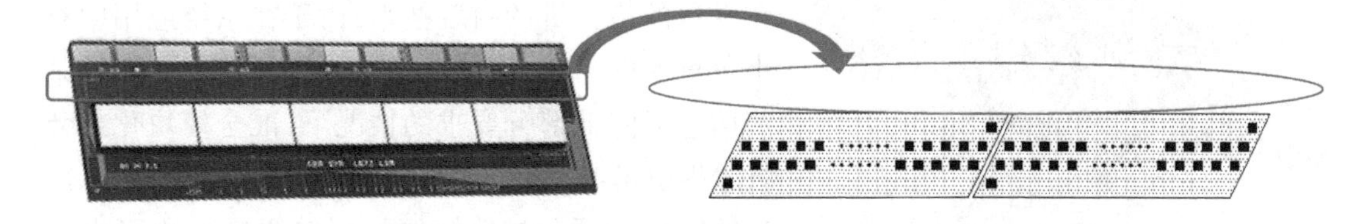

图8.5.2 Sofradir公司研制的直线排列方式的芯片级模块化的拼接图

基板级模块化拼接技术,是将一个或多个探测器芯片采用上述的芯片级模块化拼接技术拼接到一个基板上,形成基板级模块,再将若干个基板级模块通过精密拼接,拼接到一个大的基板上或直接安装在杜瓦冷平台上或管壳内，来实现更长线列和更大规模的探测器组件。基板上的芯片模块数量由实际应用需求决定，基板一般采用“Z”字形排列。图 8.5.3 为典型的“Z”字形排列方式的基板级模块化拼接图及封装结构，该拼接技术的优点是具有可拓展性和可维修性，可以提高拼接组件研制的成品率。

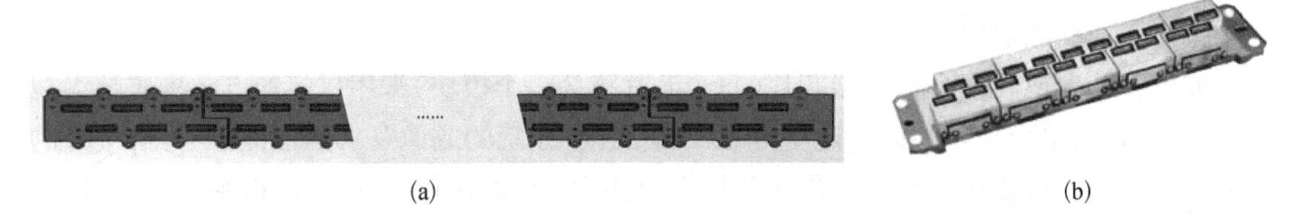

(a) (b)

图 8.5.3　典型的“Z”字形排列方式的基板级模块化拼接图(a)及封装结构(b)

全模块化拼接技术，是指各模块的四周最外围的光敏元边缘距离模块边缘的距离足够小，使得各模块能够在 X、Y 两个维度上通过拼接形成紧密排列，各模块间的拼缝足够小，两个模块最贴近的两排和两列的光敏元间距理论上与其他光敏元间距相等，因此可以成为无缝拼接。每个模块结构、尺寸等完全相同，可以互换，电极引线和导热通道一定是从基座背部引出，拼接之后形成的大规模焦平面器件的效果与单模块大规模焦平面器件一致(如图 8.5.4 所示)，因此是真正意义上的模块化技术，涉及的关键技术与微电子三维立体封装相似。

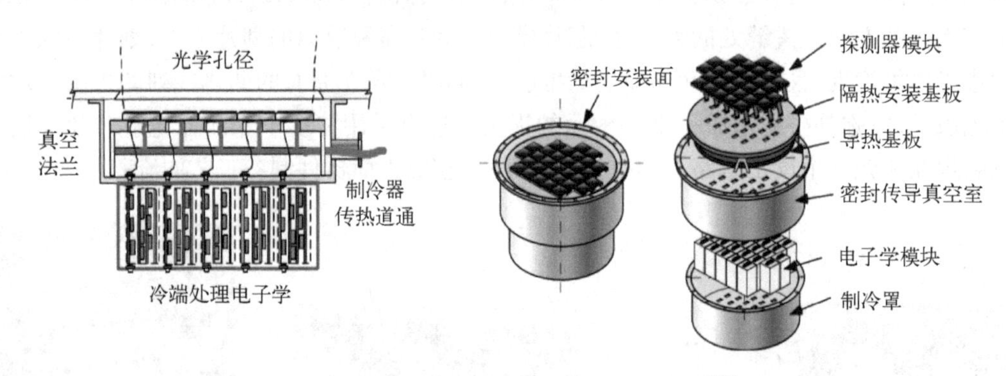

图 8.5.4　典型的全模块化封装结构示意图[20]

图 8.5.5　美国 Raytheon 公司 4 K×4 K 元 InSb 红外焦平面的准全模块化封装结构

实际上要实现真正意义上无缝拼接的全模块化封装的设计和工艺的难度非常大，但毕竟是目前正在发展的最先进的封装技术，由于在系统应用中有十分重要的需求，因此在一些遥感仪器上在牺牲某些信息或降低部分要求的情况下，准全模块化封装技术得以迅速发展，取得了显著的突破，并得到了成功的应用验证。如单模块采用单边或双边引出电极，沿用底部传热方式，另外三边或双边采用无缝拼接，可以实现 2×2 共四个模块的无缝拼接，图 8.5.5 所示的是美国雷神(Raytheon)公司 4 K×4 K 元 InSb

红外焦平面的准全模块化封装结构[21]。从图中可以看出,尽管模块间的拼缝已经很小了,但仍然存在像元不连续,成像时还需要通过图像处理进行弥补。

最接近全模块化封装结构的还是需要四切边、底面引出的单模块,尽管其拼缝还是较大难以做到无缝隙,但在大量迫切需求的牵引下,尤其是以空间天文为最先进代表的空间科学技术的发展引领了超大规模、极限性能的探测器及其组件封装的技术发展,极大地推动了全模块封装技术的发展。图 8.5.6 为典型的正在发展的四切边单模块的准全模块化封装结构。图 8.5.7 所示的是太阳系外行星探测任务对超大规模探测器及其组件全模块封装的发展需求。2009 年美国发射的开普勒望远镜的 42 个 CCD 还采用了曲面拼接技术,也是一项新的封装技术,2021 年美国发射的詹姆斯·韦伯望远镜采用了4个 2 048×2 048 元拼接的 HgCdTe 焦平面阵列,目前正在研制下一代的宽视场红外巡天望远镜(Wide-Field Infrared Survey Telescope, WFIRST),将采用 Teledyne 公司研制的 6×3 排列的 18 个 4 K×4 K HgCdTe(H4RG)红外焦平面阵列(28 800 万像素),如图 8.5.6(c)所示。地面使用的天文望远镜,如美国于 2009 年建成的可见红外天文望远镜(Visible and Infrared Survey Telescope for Astronomy, VISTA),采用了 20 个 2 048×2 048 元 HgCdTe 红外焦平面组件,如图 8.5.7 的下面部分所示。此外,预计 2023 年发射的欧洲空间局进行暗宇宙几何制图科学试验的欧几里得(Euclid)号卫星上的近红外光谱光度计(Near Infrared Spectro Photometer, NISP)采用了 Teledyne 公司研制的 4×4 排列的 16 个 H2RG(2 K×2 K 的 HgCdTe)焦平面阵列(6 700 万像素),如图 8.5.6(a)所示。美国正在研制的地基天文望远镜微引力透镜行星探测仪(Microlensing Planet Finder, MPF)中也采用 Teledyne 的 7×5 排列拼接的 35 个 H2RG 焦平面阵列(1 4680 万像素),如图 8.5.6(b)所示[2]。

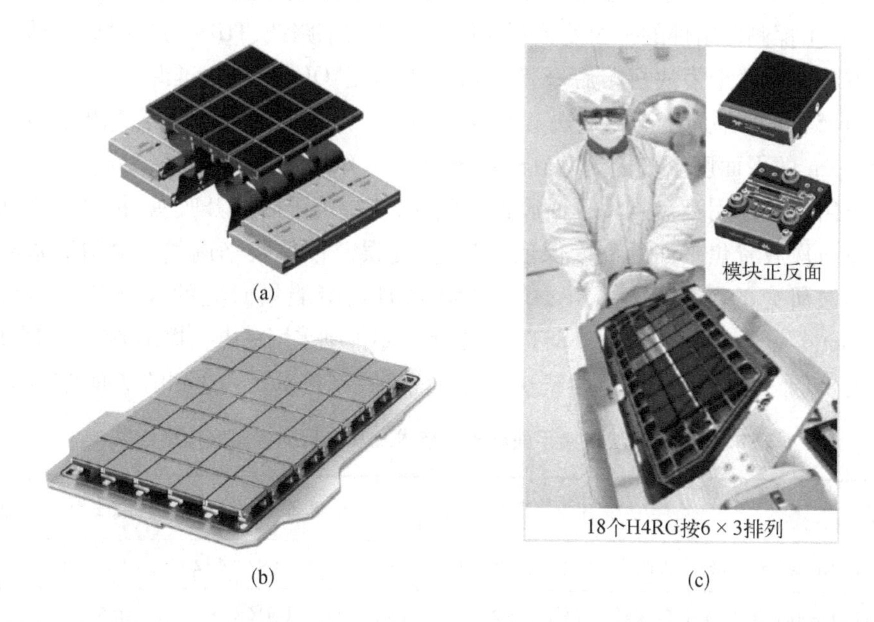

图 8.5.6 典型的正在发展的四切边单模块的准全模块化封装结构:(a)Euclid 集成的 16 个 H2RG 焦平面阵列;(b)微引力透镜行星探测仪集成的 35 个 H2RG 焦平面阵列;(c)宽视场红外巡天望远镜集成的 18 个 H4RG 焦平面阵列

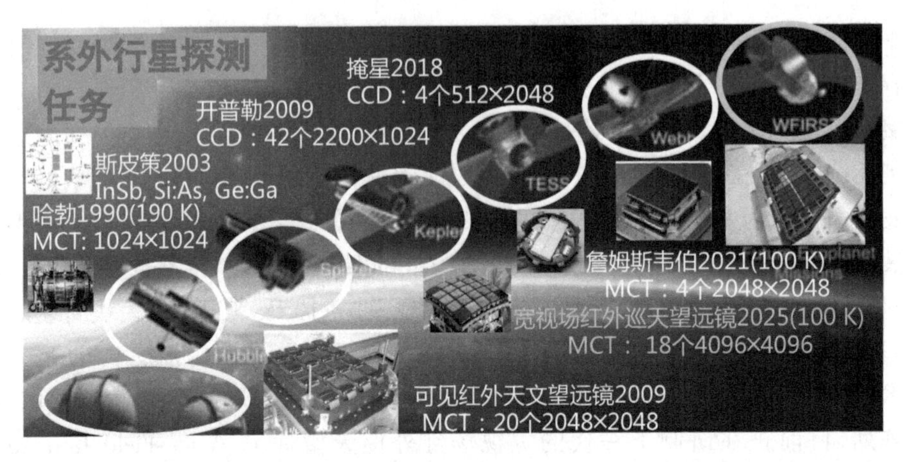

图 8.5.7　系外行星探测任务对超大规模探测器及其组件全模块封装技术的发展需求

由于系统光学设计的焦深一般很小，因而焦面的平面度将直接影响到整机成像的质量，而且精度控制要求高，在超长线列探测器、超大规模面阵探测器、多模块拼接形成超大尺寸焦面的情况下，实现难度就更大。要保证器件单模块拼接基板上焦面的平整度和多模块拼接形成的整体组件焦面的平面度，需要通过对器件拼接基板本身、器件拼接基板的安装、降温到工作温度下平面度的保证、低温形变与热应力控制的设计、工艺、平面度检测、试验验证以及迭代优化，才能实现焦面平面度的有效精确控制，满足系统光学、机械、热学性能及可靠性长寿命等的要求。

探测器焦面的平面度控制技术主要包括平面对位精度、模块间的平行度控制和多模块整体平面度控制调节的三维定位控制及相应的检测手段。美国陆地卫星 Landsat 8 的 TIRS 和 OLI 两台载荷上探测器组件的平面度控制采用了两种技术路线，TIRS 通过衬底减薄技术和微珠控制的方法实现三个模块拼接后±8.54 μm 的平面度，OLI 采用六维调节手段实现 14 个焦平面模块 16.5 μm 的平面度。欧空局资源卫星 Proba - V 则是采用大陶瓷基板实现 3 个焦平面模块±50 μm 的平面度。美国天基红外系统（Space Based Infra Red Sensor，SBIRS）卫星载荷的探测器组件是采用吸盘将焦平面放置在胶上，等待胶干后放开吸盘，拼接焦平面的平面度依靠吸盘每次放置焦平面的高度保证，其平面度误差依靠胶来调整。美国地基望远镜分别用于引力波研究的巨型相机（MegaCam）和暗物质、暗能量研究的大型综合巡天望远镜（Large Synoptic Survey Telescope，LSST），其探测器组件则采用三点支撑调节法，实现比较高的平面度。表 8.5.1 列出了以上几种多模块拼接平面度控制技术及其达到的平面度控制结果[2]。

表 8.5.1　多模块拼接平面度控制技术及其达到的平面度控制结果

载　荷	采用控制技术	探测器规模	拼接平面度	发射时间
美国陆地卫星 Landsat 8（TIRS）	微珠控制技术+品字形拼接	3 个 640×512（1 920×512）	±8.54 μm	2013.2.11
美国陆地卫星 Landsat 8（OLI）	多维度调节+品字形拼接	14 个 494×9（6 916×9）	16.5 μm	
ESA 资源卫星 Proba - V（VGT - P）	大陶瓷基板+品字形拼接	3 个 1 000×1（3 000×1）	±50 μm	2013.7.5

续 表

载　　荷	采用控制技术	探 测 器 规模	拼接平面度	发射时间
中国某卫星	大基板	>6 000 元	20 μm	2016
中国某卫星	大基板	4 个 552×52(2 204×52)	±3.7 μm	

探测器组件各模块在基板上进行安装时，需要通过一系列的工艺控制和测量方法来保证安装位置光学配准的累积误差满足设计要求。一般在 X、Y 方向的尺寸可以在高精度大视场影像仪下实现位置的对准和平面度测试，对测试后的各坐标点进行处理获得室温及低温下 Z 方向形变量曲线，再通过垫片按照校准量进行调整并迭代优化。

对多个模块水平方向(即 X、Y 方向)定位精度的调节控制，主要有自动定位、手动定位和通过定位夹具三种技术方案来实现高精度拼接的平面度控制。自动定位拼接是采用料盒和机器手的方式，用机器手自动抓取料盒中的芯片放置在程序设定的位置来实现，其定位精度可达到 10 μm，多应用于芯片的拼接定位，适用于批量化生产；手动定位手动调节拼接是借助具有实时监测定位功能的显微镜，采用手动调节定位的方式来实现，该拼接方式相对简单灵活但依靠操作人员的技能且效率低，适用于单件研制没有批量要求的场合；通过定位夹具，如部件卡位、滑槽方向控制和公差配合控制等手段，利用对焦平面和焦平面安装板的尺寸设计和高公差控制，再配合手动微调来实现，该拼接方式操作简单方便，但对零件、夹具的加工精度要求高，成本也比较高，适用于小批量研制的场合。

对多个模块垂直方向(即 Z 方向)定位精度的调节控制，主要有垫片/微珠调节、基准板/吸盘调节和三点支撑调节三种技术方案来实现高精度拼接的平面度控制。垫片/微珠调节法主要是针对不同焦平面间存在较大厚度差，采用微小球形珠、薄片、细丝等垫片的方式把 Z 轴方向整个焦面上各模块光敏元上表面所在平面调整到同一个平面，该技术通常可以实现几十微米的调整精度，较难实现小于 10 μm 更高精度要求的平面度控制。基准板/吸盘调节法主要是针对焦平面焦深方向落差小、安装面平整的情况，通过基准板保证每次放置焦平面的焦面位置，然后用胶来填充焦平面与焦平面安装面的空隙，其平面度误差依靠胶来调整，其优点是可以达到比较高的平面度要求，但对焦平面和其安装面的要求比较高。三点支撑调节法主要是针对模块自身平行度差或安装板平行度平面度差，通过三个支撑在模块与安装板间的高度进行调整，其优点是可以对每个焦平面模块进行独立调节。表 8.5.2 为多模块拼接平面度控制技术的优缺点比较[2]。

表 8.5.2　多模块拼接平面度控制技术的优缺点比较

平面度控制技术	优　　点	缺　　点	难　　点
多维度/三点支撑调节	可以对各模块进行独立调节	每种规格模块的调节机构和夹具需单独设计和制作	微调量的控制；在线调节和检测
垫片/微珠控制技术	方法简单	无法精确调节，精度不高	零件间除了存在厚度差异，还存在复杂的平面度和平行度问题，难精确调节

续 表

平面度控制技术	优　点	缺　点	难　点
基准板/吸盘调节法	可以通过设定,达到平面度要求	对焦平面模块的厚度公差要求高	胶的选取,重复精度
大基板技术	方法简单	对基板的平面度和焦平面模块的厚度公差要求都很高	对基板的平面度和焦平面模块的厚度公差控制

8.5.2 密封焊接工艺

光电探测器组件封装中密封焊接将直接影响到组件杜瓦和管壳的性能、可靠性与长寿命,如杜瓦的漏热与真空寿命是衡量杜瓦性能的重要标准,而真空密封焊接是保证杜瓦真空度和保持长寿命的关键工艺。焊接的主要部位及运用到的焊接技术比较多,以典型组件杜瓦为例,其涉及的焊点与焊接技术如图 8.5.8 所示[5]。杜瓦主体的焊接采用氮气保护激光焊接,其包括芯柱与外壳、外壳与引线环、引线环与窗口帽、隔热罩与引线环,焊接面要求平滑光滑,漏率满足要求;芯柱与冷头采用高温真空钎焊,焊接后精加工,焊接质量不受影响,漏率满足要求;窗口帽与排气管采用低温真空钎焊;红外窗口与窗口帽采用铟焊;吸气剂的加热丝与引线环、固环与引线环的机械连接采用碰焊。探测器芯片与引线电极板之间采用超声键合;引线电极板与引线环之间的引线工艺采用深埋低热导率引线工艺。

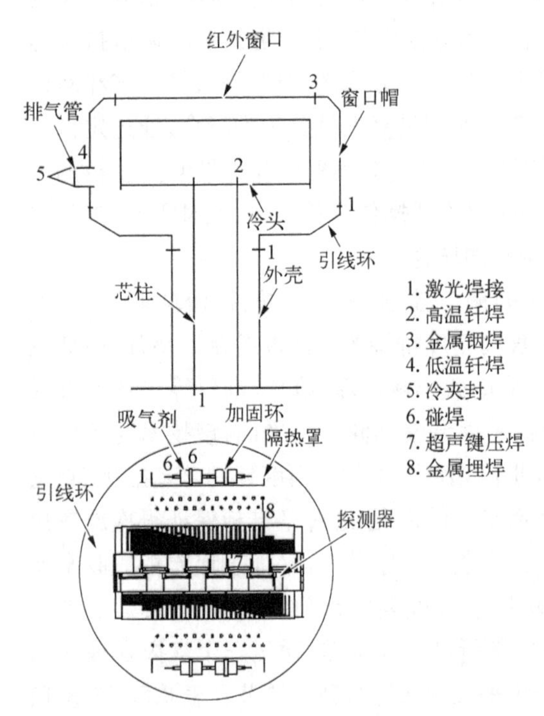

图 8.5.8　典型组件杜瓦封装涉及的焊点与焊接技术

为了确保组件封装各零部件之间的焊接通过检漏检验,一般情况下焊缝的漏率应低于 10^{-11} Torr·L/s,且保证关键部件的焊接精度,合适的夹具、针对不同材料采用不同的焊接工艺以及焊接条件和工艺的控制等都非常重要。本节简要介绍探测器封装中常用的密封焊接工艺,包括激光焊、钎焊、电子束焊接、平行缝焊、金属陶瓷烧结、窗口焊等。

1）激光焊接技术

激光焊接的原理是利用高能量密度的激光束,照射到工件上被材料吸收而转变成热能,使两种材料在接口处受热熔化,冷却凝固后将两个部件焊接在一起。其特点包括: ① 激光焊接具有熔池净化效应,能纯净焊缝金属,适用于相同或不同材质、厚度的金属间的焊接,对高熔点、高反射率、高导热率和物理特性相差很大的金属焊接十分有利,且激光光束的聚焦性好，光斑能量密度很高，几乎可以气化所有金属材料，具有普遍适用性；② 激光功率可控，可实现自动化，且焊缝熔深大，焊接速度快，效率高；③ 激光焊缝窄，热影响区小，工件形变小，可实现高精度精密焊接；④ 激光焊缝组织均匀，晶粒小，气孔少，夹杂缺陷少，在机械性能、抗腐蚀性能和电磁学性能上优于常规焊接方法。

影响激光焊接质量的主要因素包括：焊接接口结构设计、功率密度、激光脉冲的波形、激光脉冲的宽度、激光出光的频率、离焦量种类和离焦量的选择、光斑重叠的选择、保护气体种类选择、保护气体的流量和方向、焊接速度等。

焊接接口结构设计主要由焊接材料焊缝的部位确定，有圆周焊和端面焊两种方式，如图8.5.9所示[5]，图中弯曲箭头表示工件旋转方向。对同种材料而言，圆周焊时激光作用在圆周面的热影响区是均匀的，焊接效果较好，而端面焊时由于激光能量作用于工件1的散热比较快，热影响区比较小，且由于降温速率也较快，热应力较大，因此设计时需要在工件1和2上设置隔热槽以平衡两者之间的差异，如图8.5.9(c)所示。

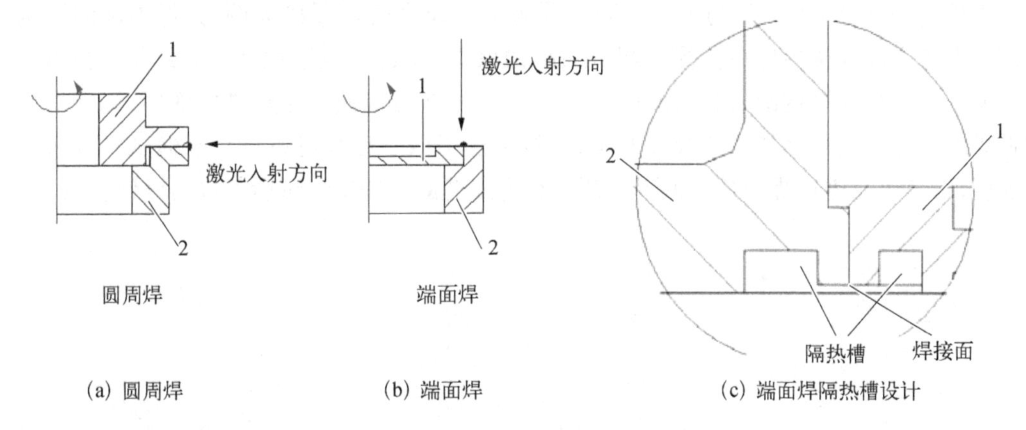

(a) 圆周焊　(b) 端面焊　(c) 端面焊隔热槽设计

图8.5.9　激光焊接工件接口结构设计及其焊接方式

激光的功率密度、脉宽与波形由金属的光学性质(如反射和吸收)和热学性质(如熔点、热传导率、热扩散率、熔化潜热等)来决定。对一般金属来说，光强吸收系数大约在10^5～10^9 cm^{-1}数量级，若激光功率密度为10^5～10^9 W/cm^2，则在金属表面的穿透深度为微米量级。为避免焊接时产生金属飞溅或陷坑，功率密度选取的原则是保证焊接过程中薄壁任何部位不出现气化，一般应大于表面达到熔点时所需要的功率密度。此外还可以通过调整激光脉冲的波形(如方波、三角波和正弦波)来进行优化。脉冲宽度也是决定焊缝熔深及温度的主要因素，较大的脉宽能获得较大的熔深，但会产生较高的温度而扩大热影响区域，且增大焊接形变。激光出光的频率是指单位时间内激光出光的次数，频率越高，单位时间内作用在工件上的能量就越大。正向离焦或负向离焦及其离焦量的大小会影响到激光焊接接缝处的能量大小和分布，过高容易蒸发成孔，过低会造成熔深过浅。焊接速度与光斑重叠量相关，也将直接影响焊缝的质量。此外焊接时在焊缝处还需要进行气体保护，防止蒸发的金属气氛污染聚光镜面，并通过焊接处高温表面与空气隔离避免氧化，保护气体的选择及其流量控制对焊接的缺陷(如裂纹)、应力和热影响区有较大影响。针对杜瓦薄壁结构的特点，最佳的激光焊接参数需要通过优化设计、观测焊接光斑效果、检测焊缝漏率和力学试验等评估后确定。

2）钎焊技术

钎焊的原理是将低于焊件熔点的钎料和焊件同时加热到钎料熔化温度后，利用液态钎料填充固态工件的缝隙，并通过焊件和钎料的熔解、扩散、凝固实现金属连接的焊接方法。其主要特点是：① 相对于熔化焊接（比如激光焊接），加热温度低，变形和应力小；② 针对强度和焊接温度各种要求，填充金属有多种选择；③ 适合于异种金属、难熔金属和特殊结构的连接；④ 接头强度一般低于焊件。

钎焊工艺需要对焊件在焊接接口部位的结构设计、焊料的选择、焊接参数（如钎焊温度、保温时间等）优化、焊缝界面组织分析（如接头界面脆性金属间化合物的生成量及形态分布）、力学性能以及气密性进行系统研究，以获得高精度、高气密性及高可靠性的连接。针对光电探测器组件杜瓦封装的特点和难点，一般采用真空钎焊以降低材料的真空出气率，并采用尽可能低的钎焊温度。

以常用的钛合金（TC4）与可伐之间需要高强度及高气密焊接为例，钎焊焊件的结构设计需考虑与实际焊接零件在钎焊装配时的结构保持一致，一般采用嵌入式结构。图 8.5.10 为典型的钎焊焊件结构剖面及装配示意图[22]。该结构可以使两个焊件的底面、侧面均能通过钎焊熔化连接获得高强度的焊接质量，结构上还采取了后续可以进行拉伸试验以获得抗拉强度，以及可以进行焊接接头漏率检测以获得焊缝漏率等重要试验参数的设计。

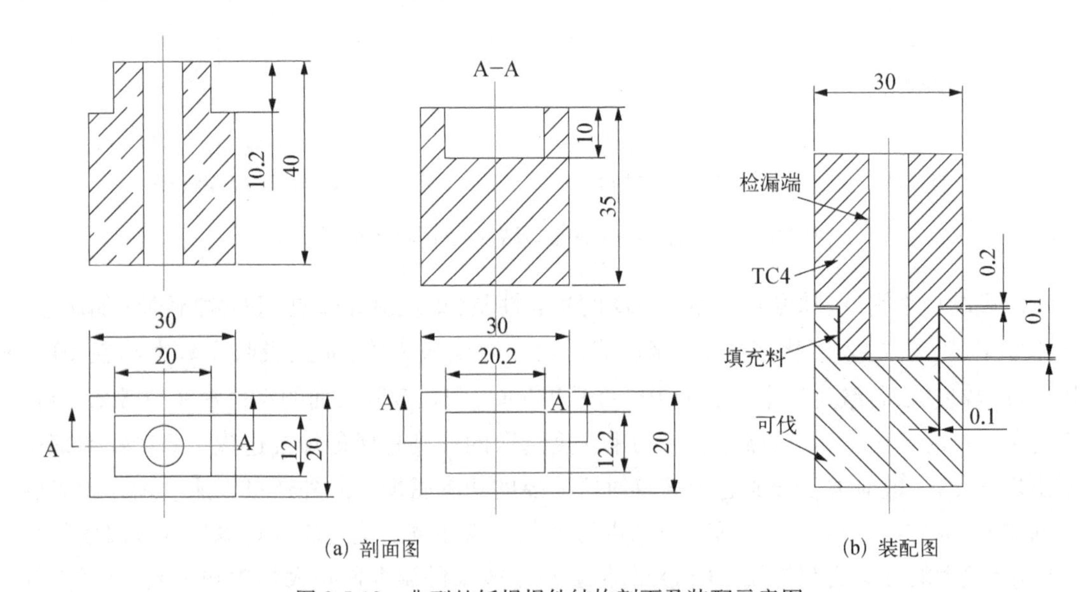

(a) 剖面图　　(b) 装配图

图 8.5.10　典型的钎焊焊件结构剖面及装配示意图

钎焊前的焊件预处理工艺十分重要，为了保证钎焊时 TC4 与可伐焊件表面的高光洁度，零件加工回来后对焊件表面进行机械和化学抛光，零件表面还需均进行镀镍处理，镍层牢固度需满足 800~900℃温度下钎焊时不得脱落的要求。钎料按 8.4.2 节的考虑选择，钎料厚度等尺寸后需与焊件适配，钎料表面的氧化层需经化学清洗处理，按图 8.5.10（b）的形式进行装配，并在顶部放置一定重量的金属压块以保证两个零件钎焊时充分接触，然后将其放在夹具上送入超高真空钎焊炉中进行钎焊。钎焊炉主要由真空系统、加热系统和控制系统等组成,升温速率、升温时间、钎焊温度、保温时间、降温速度等焊接过程各工艺参数可通过手动或计算机编程进行控制,并记录相关试验数据。通过对后续焊缝组织的物化分析及抗拉试验和漏率检测获得力学和密封等性能后,可对钎焊工艺参数性进行迭代优化调整。

3）电子束焊接技术

电子束焊接的原理是将高速运动的电子束轰击焊件,通过电子的动能转化为热能将焊件熔化来形成接头的一种焊接方法。除了加热方式不同,其他与钎焊基本相同,比较适用于焊缝尺寸较小、圆形或方形等截面形状较规则的零件焊接,如微型杜瓦薄壁冷指、芯柱等,对于较大尺寸的焊件,则需要对这两种零件的焊接结构进行精确设计、精密加工与热处理等。

电子束焊接工艺的要求类似于钎焊工艺,即需要对焊件在焊接接口部位的结构设计、焊料(或称中间层)的选择、焊接参数(如电子束的电流、速率等)优化、焊缝界面组织分析、力学性能以及气密性进行系统研究[23]。可选择的中间层在本章第 8.4.2 节已有讨论,焊接接头结构的设计需要结合中间层的材料、焊接参数等进行优化以获得成型良好、焊缝质量好的接头,能有效抑制焊接过程中脆性化合物的生成,保证焊接质量。

焊接速度、加速电压和束流决定了电子束焊接的线能量,也就决定了作用到焊件的热输入。焊接速度对电子束焊接接头的焊缝外观、组织和力学性能有较大影响,在一定范围内提高焊接速度有利于抑制裂纹的形成并提高焊接接头的抗拉强度。由于电子束焊接时能量密度高,电子束对熔池产生剧烈扰动,若中间层材料熔化量过大易产生脆性中间化合物,当焊缝中存在大量脆性金属化合物时,相界就成为裂纹萌生和扩展的位置,对焊接接头的力学与密封性能均不利,因此必须综合考虑焊接热输入、电子束作用位置、中间层材料与厚度等参数,通过对焊接过程中起弧与收弧现象的观测、焊缝物化分析、力学试验、密封性检测等分析与评估,确定优化的电子束焊接参数与条件,获得高强度、高密封性能的焊接接头。

4）其他密封焊接技术

平行缝焊是管壳封装的一个常用技术,其基本原理是采用两个圆锥形滚轮电极压在金属盖板和管壳金属框上,焊接电流经过时利用盖板与管壳金属框之间的接触电阻,产生焦耳热使得接触处局部熔化,同时滚轮电机施加一定的压力,凝固后即形成由一串焊点组成的焊缝,达到焊接的目的,因此平行缝焊属于电阻焊,具有焊接过程焊件温升低、无焊料、对器件性能影响小、焊接强度高等优点,适用于对温度较敏感且有气密性要求的管壳封装中。

除了平行缝焊技术,常用的密封封装焊接技术还包括金属陶瓷的烧结工艺、窗口与窗口帽的高频焊、共晶焊等,这些技术因在电子封装中被普遍采用,相对比较成熟,因此这里不作详细介绍。

8.5.3 电极引线技术

虽然电极引线技术在微电子技术中也已经发展得十分成熟,自动化程度也非常高,但光电探测器的封装由于自身的特点,特别是在功能特点上集成了光、机、电、热、制冷等复杂设计,难以形成规格化强、适用于大规模自动化生产的电极引线工艺,但可以借鉴半导体工艺中的一些成熟技术,部分结构可以采用半自动化的引线焊接技术。

目前在光电探测器封装中的部分电极仍采用完全手动的 In 焊、碰焊或深埋引线工艺,也有采用半导体工艺中常用的超声键合和金丝球焊技术,但基本上依靠手动操作,其引线长度、抛丝弧度、焊点牢固度等的控制主要依靠经验,因此在质量体系过程管理中属于特种工艺,按照特种工艺的相关要求进行质量控制。表 8.5.3 是常用电极引线工艺的优缺点比较[5]。

表 8.5.3 常用电极引线工艺的优缺点比较

工艺种类	金属丝种类	工艺界面条件	横向尺寸极限	纵深尺寸极限	抗拉强度
超声键合	硅铝丝、金丝	宝石基板、陶瓷金属化	10 mm	5 mm	大于 3g
金丝球焊	金丝	宝石基板、陶瓷金属化	10 mm	5 mm	大于 3g
深埋金属丝	各种金属丝及带绝缘保护丝	宝石基板、陶瓷金属化、金属表面、非金属金属化表面	不受限制	不受限制	大于 15g

实际上,光电探测器的电极引线的质量对器件可靠性的影响还是非常直接和重要的,在组件研制和试验过程中产生断线、碰线、电学干扰大等问题的情况极为少见,也可以通过后期的筛选和可靠性试验来剔除或验证,但对器件长期使用和长寿命应用还是需要进行细致的研究,确保其长期稳定可靠。以超声键合为例,要获得精确互联、长期可靠、机械强度高、低成本的高质量引线键合,需要从工作环境温湿度控制、电极引线选择、芯片表面处理、焊接参数调整、劈刀材质等各种因素进行细致的研究和严格的控制,图 8.5.11 为超声键合技术分解关联因素联系图。

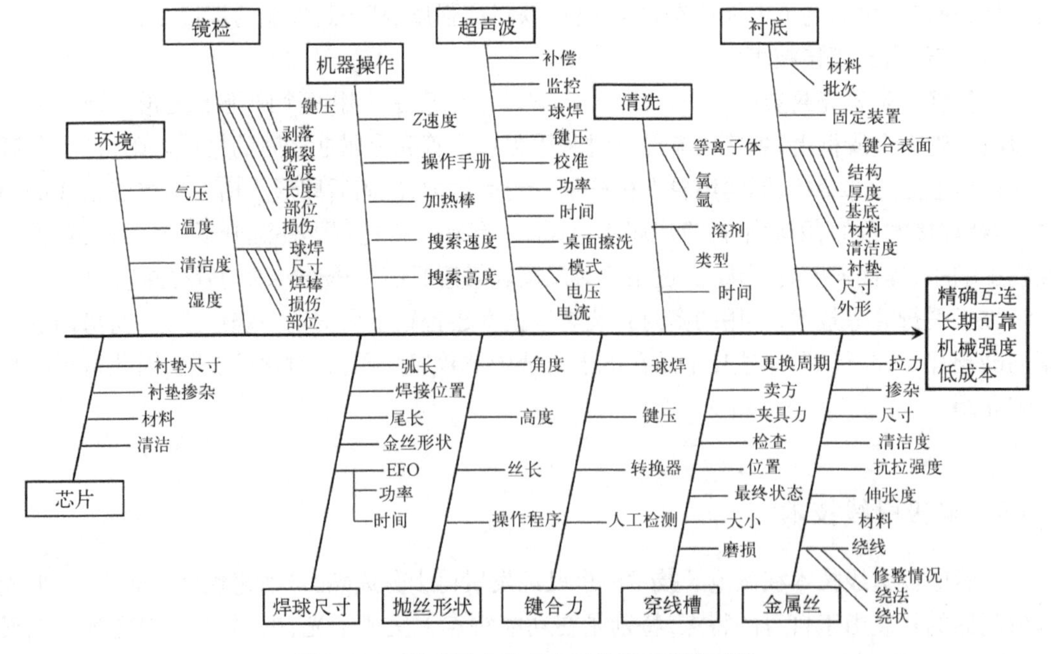

图 8.5.11 超声键合技术分解关联因素联系图

8.5.4 其他封装工艺技术

光电探测器的封装技术除了上述的模块化拼接与平面度控制、密封焊接工艺、电极引线技术等关键工艺技术外，还涉及零部件预处理、烘烤排气、吸气剂激活、制冷机耦合、多余物控制等虽然相对比较简单但也是十分必要和十分重要的工艺技术，这里也必须提及但仅作简要介绍。

零部件的预处理包括金属零部件的机械或化学抛光、表面镀金或镀镍或发黑处理、所有零部件的高温烘烤放气处理等等，主要目的是：① 提高焊接质量或装配工艺精度的需要；② 降低材料的放气率，提高真空寿命；③ 满足一定的光学要求；④ 增加零部件的表面反射率，从而降低杜瓦辐射热负载。

烘烤排气是杜瓦封装过程中最后一个重要环节，是在超高真空和一定温度下进行长时间的烘烤并排气，将吸附在杜瓦内部材料或各部件表面的残余吸附气体尽量排出去，提高杜瓦的真空保持时间。烘烤温度尽可能地高，但要考虑到芯片可承受的安全温度，排气时间尽可能地长，但需要通过设计与分析合理给出，一般为20天。烘烤排气需制定专项工艺规范并严格规范执行，确保组件安全和排气有效性，如外壳和芯片处的实时温度控制、消气剂激活条件、排气管的夹封等都需要进行严格的控制与数据记录。

吸气剂激活一般在杜瓦烘烤排气后期排气管夹封前实施，是以通过在局部短时间提高温度激发杜瓦内部烘烤排气后的剩余残余气体并超高真空排出，进一步提高杜瓦真空寿命的有效措施。在组件杜瓦夹封后提供测试或使用超出预期的寿命时，由于杜瓦内部的放气积累到一定程度，杜瓦内部真空度下降，导致制冷效率或制冷时间难以满足使用，在初步分析问题原因并得到相关人员认可的前提下，可以按照预设的方案进行消气剂激活。

杜瓦与制冷机耦合一般适用于分体式杜瓦/制冷组件，制冷机的冷指与杜瓦的冷头之间的一般采用弹性冷链耦合，制冷机弹性冷指安装在杜瓦芯柱的内腔，严格避免制冷机冷指对冷头产生受力情况，耦合条件需根据相关部分的实测尺寸进行计算。

最后，光电探测器组件封装过程中对多余物的控制是一项十分重要且容易被忽视的工作，但该方面工作大都是基于过程质量控制的严格性、对多余物控制的意识以及需要一定的经验，因此这里将不进行讨论。

8.6 组件封装的测试与可靠性试验

8.6.1 组件漏热测试

漏热是光电探测器组件封装杜瓦或管壳在设计、制备和工艺处理中需要考虑的最重要因素，也是评价组件封装性能的最主要技术指标之一。由于其影响因素较多，环境状态较为复杂，虽然有几种测试漏热的方法，但要准确测量组件的漏热还是有一定的难度的。

漏热(heat loss),顾名思义是指热损失,因此与传热相关,在红外探测器组件应用的领域,由于是在低温下工作,关注的温区在低温端,因此通常漏热又称为冷损。理论上传热方式主要有辐射传热、热传导传热及对流传热三种,在杜瓦的真空密封封装情况下,对流传热非常小,可以忽略,因此在组件杜瓦中,通常只需考虑辐射漏热及传导漏热。基于成熟的传热学理论,在设计上可以通过计算获得组件杜瓦的辐射漏热、传导漏热和总漏热,但最终杜瓦的总漏热与理论值会有差异,有时相差还比较大。热负载是从组件热功耗的角度对杜瓦漏热的一个评价参数,主要包括探测器工作时的焦耳热和杜瓦总漏热两个部分,由于在漏热测试时探测器处于不工作的状态,此时测得的漏热也就是杜瓦本身的热负载,因此通常漏热测试、冷损测试、热负载测试三种表述方式表达的是同一件事情。组件漏热测试一般有定质量法(一般为液氮称重法)、定流量法(一般为液氮流量法)、真空测量法及制冷机标定法四种方法[24]。

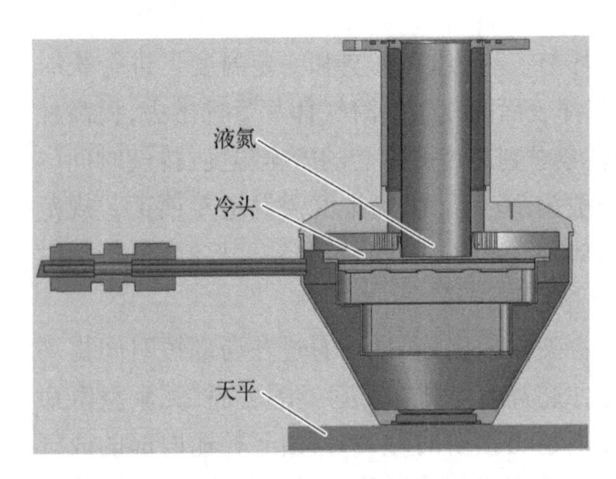

图 8.6.1　液氮称重法漏热测试原理图

定质量法一般以液氮为介质,因此也称液氮称重法,其原理是测量在一定时间内容器内存储的液氮由于热传导而损耗的质量,如图 8.6.1 所示[17]。以典型杜瓦为例,杜瓦芯柱内胆作为存储液氮的容器,其内注满液氮,杜瓦冷头上布有测温点,观测其温度下降至稳定值后,表明液氮克服杜瓦的固有热容消耗的热量与不断注入液氮增加的热量相等,热传导过程达到平衡,此时根据能量守恒原理,单位时间内进入杜瓦冷头的热量和流出杜瓦冷头的热量相等。停止液氮的注入,并以该时刻为计时起点,此时产生的冷量消耗量主要提供给杜瓦内传导漏热、辐射传热和残气对流(基本可以忽略)漏热,反映了杜瓦冷头的实际热损耗,且液氮的挥发相对比较平稳,挥发量与杜瓦冷头的热损耗量呈线性关系,由液氮挥发速率即可计算得到杜瓦的漏热值。

图 8.6.2 为典型的某组件杜瓦的漏热测量曲线。液氮在标准大气压下的相变潜热用 H 表示($H = 199.7\ \text{kJ/g}$),液氮挥发质量随时间 t 的变化用函数 $m(t)$ 表示,则液氮挥发吸收的热量随时间的变化为二者的乘积,即 $H \times m(t)$,由此可以推导得出杜瓦的冷损 Q 为

$$Q = H \times \mathrm{d}m(t)/\mathrm{d}t \times 10^3 \qquad (8.6.1)$$

其中,H 为潜热,单位为 kJ/g;m 为质量,单位为 g;t 为时间,单位为 s;Q 为漏热,单位为 mW。

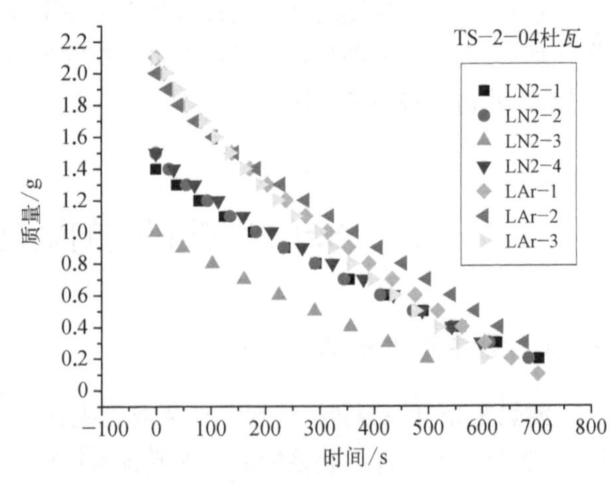

图 8.6.2　典型的某组件杜瓦的漏热测量曲线

简单的计算是以液氮消耗平稳后最后的 0.3 g 的液氮消耗量所需要的时间间隔 Δt,作为上述公式中斜率的近似值,则由上述公式计算的杜瓦冷损 Q 值就简化为

$$Q = H \times 0.3/\Delta t \times 10^3 \tag{8.6.2}$$

表 8.6.1 给出了由图 8.6.2 典型的某组件杜瓦的漏热测量曲线计算得到的漏热结果。$t1$ 和 $Q1$ 是三点线性拟合的结果,$t2$ 和 $Q2$ 是两点计算的结果,从表中可以发现,该杜瓦工作在液氮温度(约 77 K)下的漏热为 305 mW。试验还采用液氩作为测试介质,可以获得该杜瓦工作在 87 K 温度(液氩温度)下的漏热为 375 mW,测试曲线和计算结果也分别在图 8.6.2 和表 8.6.1 中给出。

表 8.6.1 典型的某组件杜瓦的漏热测量结果

参 数	LN_2(77 K)					LAr(87 K)			
	1	2	3	4	平均值	1	2	3	平均值
潜热 H/(J/g)	199.7					163.8			
$t1$/s	213	214	207	162		135	135	123	
$t2$/s	214	214	207	162		136	135	123	
$Q1$/mW	281	280	289	369	305	363	365	399	375
$Q2$/mW	280	280	289	370	305	361	364	400	375

定流量法一般也是以液氮为介质,因此也称液氮流量法,与液氮称重法类似,只是采用测量氮气流量代替测量液氮质量的方式获得液氮挥发量,再相应计算出杜瓦的漏热值。

真空测量法测量漏热的原理是,根据杜瓦真空度与其漏热的确定关系,通过杜瓦真空度的测量从曲线上来反推出杜瓦的漏热值。该方法的缺点是必须事先获得真空度与漏热的关系曲线,且杜瓦的状态需维持不变,一般需要内置真空计,因此测量结果可能与实际数值相差较大,但在某些场合下且条件许可时可以作为漏热数值的监控和参考。

制冷机标定法的原理是采用标准制冷机,通过制冷机输出制冷功率与输入电功率之间关系的特征曲线来测定杜瓦的漏热。该方法的缺点是标准制冷机的状态需稳定,即它的特征曲线不能随时间发生改变,因此需定期进行标定,且测试的环境温度、散热状况也需要尽可能相同,制冷机与杜瓦的反复耦合尽可能保持耦合状态一致,所以不确定因素较多,漏热测量的准确度难以保证,但优点是如果采用的标准制冷机与实际使用的相同,且耦合与测试条件能够得到有效控制,也就是说测试状态与使用状态基本一致,则该方法测量获得的漏热值最能真实地反映实际杜瓦的漏热状况,因为漏热测量的最终目的就是要通过与制冷机耦合后制冷机的制冷性能来反映其能否满足设计和使用要求,且还可以获得探测器工作情况下(包含焦耳热部分的热负载)的制冷量、制冷温度等与最终实际应用相关的重要性能参数。

上述测量杜瓦漏热的方法都有各自的适用范围,其易用性、准确度及安全性各有不同,通常情况下需要综合考虑耦合状态下测量、分离出传导和辐射漏热、全温度区间测量等因

素,则上述测量方法均难以实现。张海燕等[17]提出了一种基于数值拟合法获得真实杜瓦漏热值的方法,即通过杜瓦内部各部件热学设计,再通过对实际测量的冷头温度变化曲线进行数值拟合,获得杜瓦在全温度范围内的辐射漏热、热传导漏热及总漏热。该方法的缺点是需要杜瓦内部结构和材料的实际参数,且对热学模拟、模型建立等要求较高;优点是可为杜瓦研制工作者进行杜瓦热学优化设计、失效分析研究等提供一种简单且有效的测量与检验手段。表 8.6.2 为各种漏热测试方法的特点及优缺点比较[17]。

表 8.6.2　各种漏热测试方法的特点及优缺点比较

测 量 要 求	液氮称重法	液氮流量法	真空测量法	制冷机标定法	数值拟合法
耦合状态下测量	×	×	√	×	√
分离传导及辐射	×	×	×	×	√
全温度区间测量	×	×	×	√	√
操作的简易性	×	×	√	×	√
安全性与可靠性	√	√	×	√	√
测量准确度	√	√	×	×	√
计算的简单性	√	√	√	√	×

8.6.2　组件漏率测试

漏率测试通常称为检漏,也称气密性测试,是指在规定条件下,使用规定的试验气体测定带有空腔的密封产品(设备、组部件、器件)的漏率,漏率反映了密封产品的气体泄漏程度,是其真空保持状况的量化表征参数。检漏是组件杜瓦和管壳研制常用且十分重要的测试方法,在整个研制过程中必须对每个或每次焊接的零部件以及最终组件杜瓦和管壳进行检漏,以检查、确定和评价其气密性,确保制造工艺的正确性和有效性,保证其真空寿命和提高成品率。此外,每个密封焊接的工艺研究也都需要通过检漏来验证其气密性设计和优化工艺参数。少数情况下,如在研制和使用过程中一旦发生真空度下降等异常情况时,也需要通过检漏来发现漏点或漏缝进行问题分析和修复。

漏率的定义为 $Q1=\Delta p\times V/\Delta t$。其中 Δp 为压强的变化量;V 为容器的体积;Δt 为时间的变化量。漏率的单位为:帕斯卡·米^3/秒($\mathrm{Pa\cdot m^3/s}$)或乇·升/秒(Torr·L/s)。换算关系为:1 $\mathrm{Pa\cdot m^3/s}$=0.133 Torr·L/s,或 Torr·L/s=7.5 $\mathrm{Pa\cdot m^3/s}$。

同一个产品的漏率测试结果与采用的测试方法、测试条件、测试设备、测试所用的工质气体、样品夹具以及环境温度有关。为了准确量化漏率的测试结果并使其具有可比性,测试的漏率应换算为等效标准漏率。标准漏率(standard leak rate)的定义为:在 25℃时,在高压为 1 个大气压(101.33 kPa)和低压低于 0.13 kPa 的情况下,每秒通过一条或多条泄漏通道的干燥空气(露点温度低于-25℃)量。

在组件杜瓦或管壳研制中,用于漏率检测的最常用的仪器是氦质谱检漏仪,并配备专用的氦气源、加压容器和与气源及氦质谱仪相连接的管路和阀门等。氦质谱检漏方法的原理是以氦气作为示漏气体,对真空设备及密封产品的微小漏隙进行定位、定量和定性检测的专用检漏仪器,具有灵敏度高、使用方便、检测速度快等特点。普通的氦质谱检漏仪最小可检漏率已可达 10^{-9} Pa·m^3/s,常用于杜瓦或管壳研制过程中焊缝的粗检漏。高灵敏度的氦质谱检漏仪的最小可检漏率可达 10^{-13} Pa·m^3/s,常用于最终杜瓦或管壳的精检漏。采用高灵敏度氦质谱检漏仪进行漏率测试的具体原理和实现方法略有不同,主要包括静态累积法、信号峰值测量法、信号电流测量法、信号面积测量法等,不同测试方法都是基于氦质谱检漏原理,集成在仪器内部来实现,在实际漏率测试中一般不需要深入了解。

根据被检物体的应用场景,采用氦质谱检漏仪进行漏率测试又分为真空法、正压法、真空正压法和背压法四种方法:

1) 真空法是对被检物体的内部密封腔体进行真空排气,采用氦气喷枪或氦气罩在外部释放氦气,通过测量因存在漏孔而进入氦质谱仪的氦元素量来实现漏率测量。采用喷枪方式可以定位漏孔位置,氦罩方式可以测量总漏率。真空法适用于真空密封器件最后一道密封工艺前的高灵敏检漏(如杜瓦排气管夹封前的精检漏)。

2) 正压法是对被检物体的内部密封腔体充入大于一个大气压的氦气,采用吸枪或密封罩收集因存在漏孔而从被检物体内部释放出来的氦气,通过氦质谱仪进行测量。采用吸枪方式可以定位漏孔位置,密封罩方式可以测量总漏率。正压法适用于以氦气作为惰性保护气体的密封器件的漏率测试(如氮气气氛保护的密封管壳)。

3) 真空压力法是被检物体整体放入一个真空密封室内,氦气源通过连接管与被检物体的充气接口相连并向被检物体内部密封腔体充入氦气,通过测量因存在漏孔而从被检物体内部释放到真空密封室的氦气量实现总漏率的测量。真空正压法适用于结构简单、压力不是很高的密封器件或其他密封产品的高灵敏度检漏(如杜瓦/制冷机组件的整体检漏)。

4) 背压法是将被检物体放置于一个密封容器内,在密封容器内采用加压的方式充入氦气并保持一段时间,压力大小和高压维持时间需要根据被检物体的内部密封容积的大小和产品允许的漏率标准进行计算后确定。如果被检物体存在漏孔,氦气将被压入被检物体的内部密封腔体,取出被检物体,去除其表面残余氦气后放入与检漏仪相连的真空容器,通过氦质谱仪测量因存在漏孔而从被检物体内部释放到真空容器内的氦气量实现总漏率的测量。背压法适用于小型密封器件的批量化检漏(如管壳密封器件的批量检漏)。

采用其他示踪气体,如放射性同位素氪-85(Kr^{85})进行漏率测试的方法因安全性等问题较少被采用,这里将不作介绍。

8.6.3 组件可靠性试验

可靠性试验是指为测定、验证、评价、分析或提高产品可靠性而进行的试验,是产品可靠性工作的重要环节之一[25],其目的有:

1）确定产品的可靠性特征量，如在研制阶段进行可靠性试验，以便暴露产品在材料、结构、工艺以及环境适应性方面存在的问题，从而达到评价新材料、新工艺、新产品、新设计的目的；

2）考核产品的可靠性指标，如在产品研制成型时进行鉴定试验，可考核产品是否达到预定的可靠性指标；

3）研究新的试验方法（如加速试验方法及其加速系数的确定，试验应力种类及其量值、循环次数、试验时间的确定，抽样方案选择等）；

4）研究产品失效分布规律和产品的失效机理，如通过各种可靠性试验，了解产品在不同环境与应力条件下的失效规律与失效模式，分析引起产品失效的原因，从而为可靠性预计、设计、试验提供有用的数据。

因此可靠性试验是评价产品可靠性水平的重要手段，也是研制生产出高可靠性产品的基本环节。常常说产品的可靠性是设计出来、生产出来、试验出来和管理出来的，一方面说明可靠性试验的重要性，另一方面说明从设计、生产或制造、试验、管理等各个环节相互关联而体现可靠性试验的复杂性。光电探测器可靠性技术既有半导体器件可靠性研究理论和试验的系统、全面而又较为完善的基础，又有光电探测器特有的研究工作。广义上讲可靠性试验包含了所有与产品失效或故障有关的试验，由于常规的可靠性试验方法较为成熟，在本章8.3.7节中已有介绍，因此本节仅针对光电探测器组件涉及的重要且独特的试验方法，尤其是按照航天领域特有的研制流程、试验要求及管理理念将作重点介绍，主要包括组件可靠性筛选、可靠性例行试验（验收与鉴定）、可靠性专项试验（辐照试验）等，其中可靠性试验中的引线易焊性试验已在本章第8.5.3节、气密性试验已在本章第8.6.2节中进行了系统介绍，寿命试验也属于可靠性专项试验中的一类，也因其特殊性和专业性，将在下一节单独介绍。

按照航天产品质量管理的要求，所有可靠性试验都需要依据项目总体的可靠性要求分解到组部件，并依据相应的标准和规范来制定专门的试验方案、试验大纲和试验细则，按照相应的要求严格执行并做过记录，最后还要形成试验总结报告。

1. 可靠性筛选试验

可靠性筛选试验是指应力筛选试验，也称为环境应力筛选试验（environmental stress screening test, ESS），是为发现、排除和防止不良零件、元器件、工艺缺陷和其他原因所造成的产品的早期失效，在环境应力下所做的一系列试验。通常适用于电子设备或较低层次的产品，如零部件、元器件、组件、外购器材等。

光电探测器中重要的组部件（如探测器芯片、滤光片等）均需要通过各自的可靠性筛选、例行试验和必要的专项试验才能进入组件封装的流程，这些试验项目和试验条件都应在前期的设计和要求中予以明确，在设计中如果被识别并定义为关键件和重要件的，还需要按照关重件的要求加严管理，如设置强制检验点等。

光电探测器组件属于光、机、电、热均比较敏感的器件，筛选试验的条件应谨慎确定，以避免对产品造成过应力损伤。一般需通过分析或摸底试验确定施加的筛选应力。具体条件视不同的应用条件不尽相同。

老练试验（burn-in test）是以剔除早期失效产品、增加交付产品的可靠性或提高产品稳定性为目的而开展的一项工艺过程，一般是在产品交付前进行。试验中，产品按照实际工作环境条件、负载应力和持续时间连续运行。有些产品在使用前期,其性能随运行时间变化并渐趋稳定。对于具有这类特性的产品,老练就是使其在应力下工作一段时间以稳定其特性的方法。而对于像航天应用的光电探测器组件,由于其不可维修性,则老练试验是产品按规定功能运行的一种筛选试验,目的是筛选或剔除本身具有固有缺陷或制造工艺控制不当引入缺陷而造成早期失效的器件。老练时间等试验条件由前期摸底试验确定。

2. 可靠性例行试验

例行试验(routine test)是指按照规定和惯例需要经常和反复做的试验项目。按照航天产品研制的阶段,一般包含在初样阶段的鉴定级试验(专项试验除外)和验收级试验(即交付试验),通常包括正弦振动、随机振动、冲击和加速度等力学试验,以及高温贮存、高温动态、低温贮存、低温动态、温度冲击、温度循环、热真空等热学试验两大类。试验条件一般是通过前期的整机结构件的力学和热控试验按照鉴定级条件进行摸底试验后,根据试验结果结合模拟仿真再分配到各组部件来确定鉴定级试验条件。验收级试验条件一般按鉴定级减半来设定。试验项目可根据实际光电探测器的特点进行删减,某些试验项目可随整机实施。

3. 可靠性专项试验

专项试验是指航天产品为了满足可靠性应用,针对薄弱环节或特殊使用环境而安排的专门的试验。一般是针对重要部件或关键项目,如包含运动部件(如机械制冷机)的寿命试验和核心光电探测器寿命试验,这将在下一节作详细介绍。这里仅介绍铟镓砷探测器及其组件的辐照试验。

航天应用的电子器件系统会受空间辐照的影响,空间中的主要辐照环境如图 8.6.3 所示[26]。空间辐射环境主要包括范·艾伦辐射带粒子、太阳宇宙射线和银河宇宙射线。范·艾伦辐射带主要由地磁场中捕获的高达 MeV 量级电子、百 MeV 量级质子和少量 O^+重离子组成,其能量和通量随高度不同而不同。太阳宇宙射线的主要成分是质子(约占 90%~95%)和 α 粒子和极少量的重离子,能量范围一般为 1MeV~10GeV,大多数在 1MeV 至几百 MeV,通量率峰值为 $10^6\ cm^{-2}s^{-1}$。银河宇宙射线源于太阳系外的空间,包含大量的原子数 1~92 的各种元素,粒子的主要成分是高能质子(约占 87%),α 粒子(约占 12%)及 1%的重离

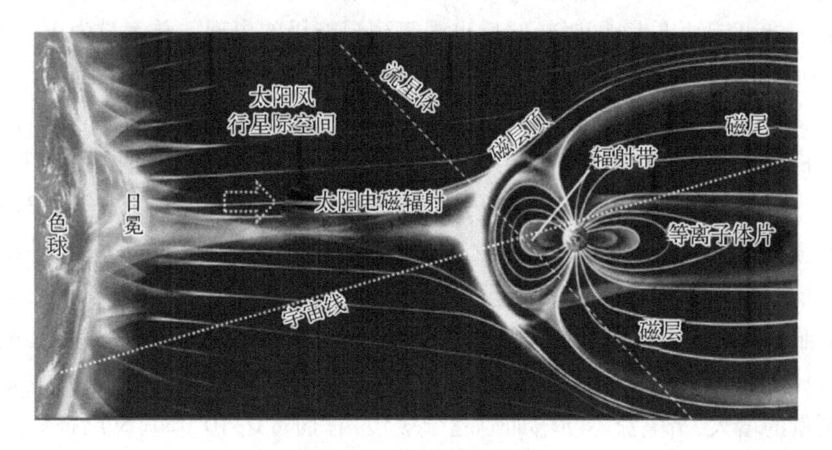

图 8.6.3 空间辐照环境

子。粒子通量率很低,通常在 1~10 $cm^{-2}s^{-1}$,但能量很高,最高可达 10^{11} GeV,具有极强的穿透能力,主要引起单粒子效应。

空间中的大量质子、电子和 γ 射线等辐照与遥感仪器中的元器件相互作用,将导致其性能退化甚至失效,严重影响遥感仪器正常工作。一般情况下遥感仪器总体会根据任务全寿命周期可能经受的空间辐照进行分析,在设计上对元器件提出具体抗辐射要求和辐照试验条件,主要包括辐照总剂量和抗单粒子效应要求,以便元器件在选用或研制中采取加固等措施。

从理论上,辐射对半导体造成损伤的主要形式有位移效应、电离效应和表面效应,而表面效应只对半导体的电性能产生影响。不同的辐射种类、能量、剂量、剂量率,以及不同的元器件、材料、结构等,其产生的辐射效应不尽相同,微观机制也很复杂。对辐照效应的研究内容主要包括辐射损伤的失效模式和损伤机理的辐射模型研究、损伤阈值确定以及抗辐射加固途径,研究方法是结合器件物理采取非原位静态和原位动态辐射的试验手段。

对航天应用铟镓砷红外探测器而言,辐照试验的要求一般包括红外焦平面组件(含读出电路)的 γ 辐照总剂量、电子辐照总剂量、单粒子效应试验等,在初样阶段作为专项试验予以明确和安排。但从铟镓砷红外探测器组件的研制角度,对其材料、器件、组件各部分的辐照效应研究具有十分重要的应用价值和学术意义。由于单粒子效应主要对焦平面读出电路产生影响,且与通常的电子元器件具有共性问题,而铟镓砷材料本身具有抗辐射强的优点,因此这里仅对铟镓砷器件的辐射效应研究作简单介绍,涉及的粒子种类有质子、电子、中子、γ 射线、α 粒子、C 粒子等。

针对晶格匹配 $In_{0.53}Ga_{0.47}As$ 探测器,12MeV 的质子辐照发现不同结构器件暗电流的退化都与质子通量成正比,但损伤系数会有差异。室温下 InGaAs 探测器在 1 MeV 的电子辐照下明显增加了暗电流,且暗电流的成分在辐照前仅以扩散电流为主导,辐照后增加了较多的产生-复合电流成分,且认为电子辐照在器件中引入了一个导带底 0.29 eV 处的深能级。2 MeV 的电子辐照随辐照温度升高,器件的受损伤程度下降,认为与晶格缺陷在高温下的恢复有关。1 MeV 的中子辐照对 InGaAs 探测器的电流-电压特性也造成影响,与 1 MeV 电子辐照相比其损伤系数要大两个数量级,认为可能是由于中子的质量大,与材料中原子发生碰撞造成晶格缺陷的可能性更大,同时辐照后也观察到深能级的出现。总剂量为 10^7rad(Si)的 γ 辐照对 InGaAs 器件的响应光谱没有明显影响,但对器件的暗电流、优值因子 R_0A 和噪声有影响。10^5 rad(Si)的 γ 辐照即明显增加其暗电流和低频噪声,低温退火部分损伤可得到修复,但大部分造成永久性损伤而无法恢复[27]。20MeV 的 α 粒子辐照的损伤系数为 3.1×10^{-18} A·cm^2/particle,辐照在 InGaAs 层中引入了 $E_c-0.38$ eV 的电子捕获缺陷。220 MeV 的 C 粒子辐照的损伤系数为 2.0×10^{-18} A·cm^2/particle,辐照在 InGaAs 层中除引入同 α 粒子辐照相同的电子捕获缺陷 $E_c-0.38$ eV 外,还引入了 $E_c-0.44$ eV 缺陷。

原位辐照试验可以获得器件在辐照时实时动态的性能变化,但试验装置和性能测试较为复杂。InGaAs 器件的原位 γ 辐照试验发现,10 rad/s 的辐照即产生 2 nA 光电流(@ −0.1 V),随着辐照剂量的增大,暗电流不断增加但趋于缓慢,总剂量达 10^5 rad(Si)后停止辐照,暗电流在十几分钟内保持不变,而未得到恢复[26]。

针对延伸波长 $In_{0.83}Ga_{0.17}As$ 探测器的辐照效应研究相对比较少。Kleipool 等[28]报道了欧空局 Envisat 上 1 024 元线列延伸波长 InGaAs 探测器中平均每年会有约 50 个像元由于暗电流的退化而损坏,暗电流的退化主要发生在卫星运行在南大西洋异常区时,结合飞行数据和地面实验数据进行分析,认为是由范·艾伦带的质子导致了暗电流的退化[29]。Hopkinson 等[30]研究发现 245 K 下,质子能量为 63 MeV、剂量率为 5×10^{7} $cm^{-2}s^{-1}$、总剂量为 1.5×10^{10} cm^{-2}的辐照对 $In_{0.83}Ga_{0.17}As$ 探测器阵列的信号、暗信号和噪声基本上没有影响,并认为是由于辐照引起的缺陷被材料本身大量的缺陷所遮盖。黄星等[26]研究发现质子能量为 2 MeV,辐照通量为 2×10^{13} cm^{-2}时就引起器件的暗电流、低频噪声、探测率和量子效率的明显退化,但退化程度并不单调随通量的增加而加剧,辐照结束后,器件的暗电流和低频噪声有小幅恢复。辐照引起的损伤发生在体内。

正照射台面型器件在 5.5×10^{5} rad(Si)总剂量辐照下未发现暗电流、响应光谱的变化。背照射台面型低温下受到辐照后器件阻值增大,开启电压升高,但在常温下观测到得以恢复的退火现象,表明辐照引入的是暂态损伤[31]。

8.6.4 组件寿命试验

寿命试验是获取产品可靠度、失效分布函数、失效密度函数、失效率等寿命特征量的重要试验方法,主要是利用定时截尾或定数截尾的统计方法,在产品实际工况状态下,投入一定数量的样品进行试验,并定时记录样品失效时间,在满足拟定的试验结束条件后对试验数据进行统计分析,最后得到产品的寿命指标。寿命试验又分为两大类:一是常速寿命试验,即产品在正常工况状态下进行的寿命试验,包括了因产品数有限而不得已采取的 1∶1 寿命试验;二是加速寿命试验,产品往往在超出正常工况条件许多倍的情况下进行的寿命进行试验。对光电探测器组件的寿命试验而言,要满足工作工况的要求常常是非常困难的,一般需要研制专用的试验装置,且样本数通常只有一个,只能通过严格的工艺控制来尽可能满足产品质量的一致性,且加速寿命的模型建立和加速因子实现手段都欠成熟和有效。但由于光电探测器组件的高可靠性要求,其寿命试验的重要性和必要性是毋庸置疑的,因此探测器组件的研制必须开展该方面的研制工作,并建立相应的装置和手段,这些也成为老练试验、高低温筛选试验等的共用设备。

1. *截尾寿命试验*

截尾寿命试验包括定时截尾、定数截尾和序贯截尾三种方法,红外探测器组件的失效分布服从一般电子产品的指数分布,一般采用定时或定数截尾法进行寿命试验。定时截尾寿命试验是对一定数量试验样品,在事先规定的时间时停止试验,此时对获得的失效数进行统计分析,获得产品的失效率等结果。定数截尾寿命试验是对一定数量试验样品,在事先规定的失效个数(或失效比例)达到时停止试验,此时对获得的第 n 个产品发生失效的时间进行统计分析,获得产品的失效率等结果。

以定数截尾寿命试验为例[32],产品服从指数分布,则其可靠度与工作时间和失效率的关系为

$$R = \mathrm{e}^{-\lambda\tau} \tag{8.6.3}$$

其中,R 为可靠度;τ 为平均工作寿命(h);λ 为失效率(h^{-1})。可以得出失效率 λ 为

$$\lambda = -\ln(R)/\tau \tag{8.6.4}$$

若抽取 n 个产品进行寿命试验,最简单的方式是取截尾数为 1,即在寿命试验停止时失效率为 λ 的情况下,允许 1 个产品失效,也称定数截尾无替补试验,则所需要的寿命试验时间 t 为

$$t = \frac{1}{n\lambda} \tag{8.6.5}$$

以某产品的可靠性指标为 5 年工作寿命、可靠度为 0.98 为例,由上式可得其失效率应满足 6.092×10^{-3}年$^{-1}$,或 5.077×10^{-4}月$^{-1}$。则样品数 n(个)与试验时间 t(月)的关系见图 8.6.4 所示。从图中可以看出,样品数为 100 时,寿命试验需要 29.7 月,约两年半。

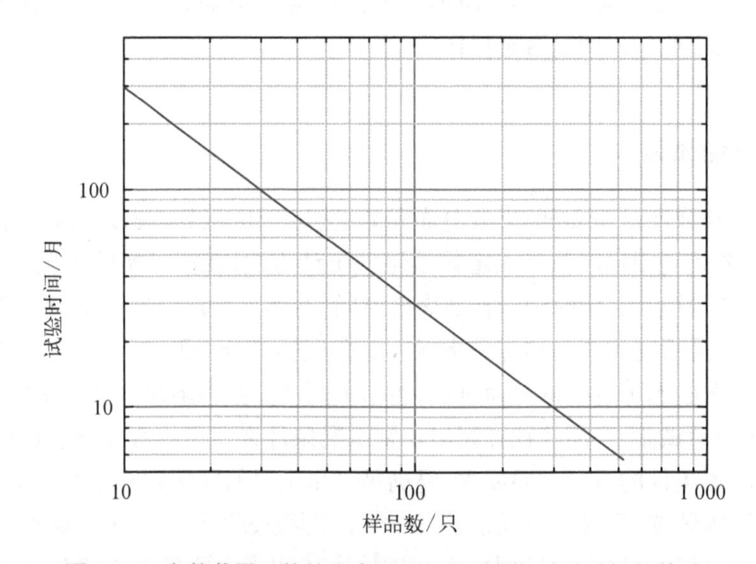

图 8.6.4　定数截尾无替补寿命试验的样品数与试验时间的关系

航天应用红外探测器组件一般工作在超高真空、深低温的状态,其寿命试验设备需要进行专门的研制,以满足必需的工作环境、必要的数据监测、长期稳定的高可靠等要求,主要包括以下功能和性能:

1) 高真空(5×10^{-4} Pa 极限真空);
2) 低温(80 K 左右);
3) 定期检测(电阻测试,兼容黑体测试);
4) 避免试验与测试间不断变换真空腔体,减小风险;
5) 可进行全自动控制,包括真空、液氮维持、测试;
6) 设备一次最多可扩展至 60 个组件进行试验。

中国科学院上海技术物理研究所在我国风云系列气象卫星红外探测器的研制中,通过自主研制建立了相应的截尾寿命试验装置[18, 32],图 8.6.5 为航天红外探测器组件截尾寿命

试验装置原理图,并根据任务需要进行了持续的完善和发展。图 8.6.5(b)在(a)的基础上增加了黑体和样品台旋转机构,可实时准确监测部分探测器并定期检测所有探测器的性能,为探测器的可靠性研究提供了有效的手段。表 8.6.3 为风云系列气象卫星用红外探测器组件寿命试验估计。从表中可以看出针对第一代气象卫星和第二代气象卫星沿用的单元或小规模多元红外探测器组件,一般可以获得一定数量的样本(如 50 只),采用定数截尾寿命试验方法是可行的,在仪器体积、质量等资源许可的情况下,备份设计是提高可靠性的有效手段。

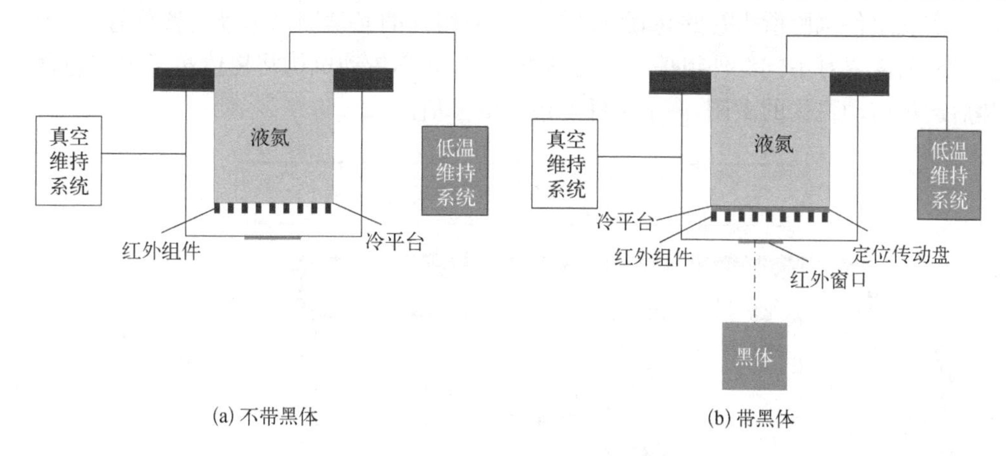

图 8.6.5　航天红外探测器组件截尾寿命试验装置原理图

表 8.6.3　风云系列气象卫星用红外探测器组件寿命试验估计

卫　星	载荷用器件	寿 命 要 求		寿命试验时间		备　注
		寿命/年	可靠度	参加试验组件数	试验时间/天	
风云一号	扫描辐射计 HgCdTe	2	0.97	50	480	实际
风云二号	扫描辐射计 HgCdTe	2	0.83	50	78	实际,备份
风云三号	扫描辐射计短波 HgCdTe	3	0.98	50	1 084	实际+预计
	红外分光计 HgCdTe	2	0.98	50	723	实际
	中分辨率光谱成像仪 HgCdTe	2	0.98	50	723	估计
风云四号	扫描辐射计 InGaAs	5	0.98	100	904	实际
	垂直探测仪	5	0.98	20	4 520	估计

2. 1∶1 寿命试验

光电遥感对红外探测器组件的要求越来越高,发展速度也越来越快,寿命也要求越来越长,但由于红外组件价格昂贵,功能性能复杂,试验样品数十分有限,难以采用常规的寿命试验方法。为了满足系统应用且保证探测器组件在寿命期内的可靠性,需要采用 1∶1 的寿命试验,即采用 1 只或数只探测器组件,在地面完全模拟在轨应用的工作状况,如工作时间 3

年、开关机次数大于 1 000 次等,来进行该类探测器组件的寿命试验。

针对规模不是太大、有共性接口、工况简单且有一定数量的探测器组件,可以建立相对较为通用的寿命试验装置。图 8.6.6 为航天红外探测器组件 1∶1 寿命试验装置原理图[25]。需要采用多个真空腔体和光学测试传动装置外置的方案,试验组件处于不同真空腔体(即小型杜瓦)内进行试验,每个小型杜瓦都有独立的真空腔和储液腔,试验组件安放于小型杜瓦的冷平台上,可实现试验所需的低温环境;小型杜瓦可通过公共的真空腔,挂载至真空维持系统,可实现组件试验所需要的高真空环境。同时组件的光学测试传动装置外置,置于真空系统之外,当需要对不同红外组件进行光学测试时,光学传动机构将黑体送至对应组件的位置,然后通过传动机构的微调,测出组件的最大信号值。

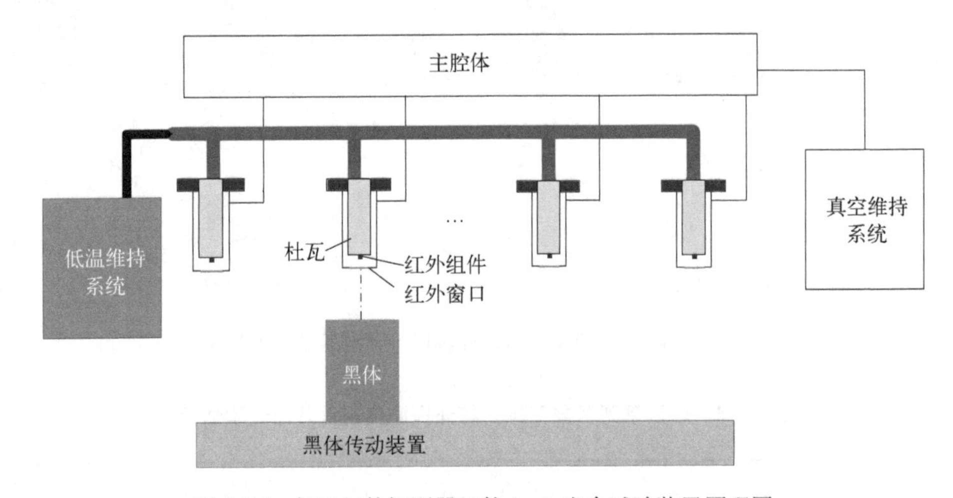

图 8.6.6 航天红外探测器组件 1∶1 寿命试验装置原理图

但是针对规模较大、功能复杂、间歇工作模式(如开关机)的探测器组件,则需要按照基本上和实际应用相同的制冷机、电子学、软件控制等来实施 1∶1 寿命试验,在产品研制过程中,通过严格的工艺控制来尽可能满足产品质量的一致性,确保飞行产品在寿命期内能够满足可靠性要求。此时的寿命试验与仪器的关联性很高,基本上是一对一的设计,针对性太强,因此就不在这里介绍了。

3. 加速寿命试验

同样由于寿命延长、样本数受限等因素难以通过常规的寿命试验获得产品的寿命特性,加速寿命试验的研究就十分有必要。加速寿命试验是指在保持失效机理不变的条件下,把样品放在比通常严酷得多的条件下进行试验,来加速样品的失效。施加在产品上的一些试验条件通称为应力。一般有电应力、温度应力、湿度应力、振动应力等。

按照施加应力的大小和顺序分类,加速寿命试验通常分为恒定应力加速试验(constant-stress accelerated life testing, CSALT,简称恒加试验)、步进应力加速试验(step-stress accelerated life testing, SSALT,简称步加试验)和序进应力加速试验(progressive stress accelerated life testing, PSALT,简称序加试验)三种基本类型。恒加试验是把试验样品分为若干组,在每一组样品上施加不同的高于正常应力水平的应力,试验进行到规定时间(即截尾时间)或规定的失效个数(即截尾个数)结束。步加试验是先选定高于正常水平的一组应力,第一步先施加最低水平的应力进行寿命试验,达到规定时间或规定失效个数后,剔除失效样品,逐步增加应力水平并剔除失效样品,直至最高水平应力后试验结束。序加试验与步加试验基本相同,不同之处在于它的加速应力水平是随时间连续上升的,最简单的是直线上升。

如何选取应力的种类需要根据产品在某种失效模式下的失效机理,建立寿命特征与应力水平之间的关系,即加速模型,也叫加速方程,利用高应力水平下的寿命特征去外推正常应力水平下的寿命特征。不同应力下的失效机理是不同的,对应的加速寿命模型也不同。表8.6.4为常用的寿命加速模型[32]。如对于温度应力来说最常用的加速模型是Arrhenius模型,在微电子领域的硅器件上的应用是非常成功和成熟的,但在光电探测器组件封装特别是在低温下工作的红外探测器组件,则因某些应力难以施加,失效机理尚不清楚,因此研究难度很大,也鲜有研究结果报道。

表8.6.4 常用的寿命加速模型

加速模型名称	加速方程	加速应力	应用领域
阿伦尼斯(Arrhenius)模型	$L = A\exp(E/KT)$	温度	温度作为加速应力的场合(电子元器件、绝缘材料)
艾林(Eyring)模型	$L = (A/T)\exp(E/KT)$	温度	温度或湿度作为加速应力的场合,当采用温度加速时与Arrhenius模型相近
逆幂律模型	$L = AS - n$	非热应力(电、速度、载荷、腐蚀介质等)	用电(电压、电流、功率)、机械等非热应力作为加速应力的场合
温湿度模型	$L = A\exp(E/KT + B/H)$	温度、湿度	两个加速应力的情况,其中一个是温度,另一个是湿度
Peck模型	$L = AS - n\exp(E/KT)$	温度、非热应力(如电压)	两个加速应力的情况,其中一个是温度,另一个是湿度
Coffin-Manson模型	$N = A(1/\Delta T)\beta$	温度循环	
指数加速模型	$L = A\exp(-BS)$	电压等	电容器等

注:L为特征寿命;N为循环寿命;E为激活能;K为波尔兹曼(Boltzmann)常数;T为温度(K);ΔT为温度变化范围;H为湿度应力;S为非热应力;A、B、n、β为常数。

2007年法国Sofradir公司将温度、冲击和振动作为集成制冷机和杜瓦的焦平面组件的可靠性加速试验的主要应力,获得了其主要失效模式,并结合FMEA分析结果设计了焦平面探测器组件的加速试验,建立了可靠性增长模型,为改进设计和优化工艺提供了依据。刘大福等[32]对碲镉汞红外探测器芯片进行了加速失效试验研究,对低温工作的长波光导芯片和室温工作的短波光伏芯片分别采用不同的加速应力进行了加速试验,分析了不同工艺对芯片可靠性的影响以及不同应力加速下的失效模式和机理。朱宪亮等[18]报道了适用于低温碲镉汞红外探测器组件的多工位加速寿命试验设备。张亚妮等[24]研究了红外探测器组件杜瓦真空寿命失效机理，建立了加速寿命试验模型和试验装置，并以杜瓦烘烤温度为应力开展了红外探测器杜瓦组件加速寿命试验，获得了常温下杜瓦真空寿命的加速因子。

针对光纤通信领域 InGaAs 光电二极管，早在 20 世纪 80 年代就开展加速寿命试验及相关可靠性研究，由于其通常工作在较高的反向偏压下以获得更好的频响特性，所以大都是给器件施加恒定的反向偏压，再以温度为加速应力对其进行加速试验。朱宪亮等[18]以温度为加速应力，采用步进应力加速寿命试验方法，获得了 InGaAs 红外探测器的失效激活能，并开展了 800×2 双波段集成 InGaAs 红外焦平面探测器组件的恒定应力加速寿命试验，获得了重要的寿命特征参数，试验验证了其组件两年工作寿命下可靠度大于 0.97 的重要工程参数。

8.7 小　结

封装与可靠性技术是光电探测器及焦平面器件高可靠长寿命应用的重要技术，也是其自身学科发展的重要方向。

本章以铟镓砷光电探测器及焦平面为重点，较为全面和系统地介绍了光电探测器组件封装及其可靠性技术，从介绍封装技术概念、微电子与低温封装技术发展、铟镓砷探测器封装技术发展出发，完整介绍了组件封装的总体、封装涉及的光机电热各部分以及可靠性等相关设计技术，介绍了封装结构材料、封装密封与焊接材料、电极与引线材料以及组件关键元件等封装技术涉及的关键材料与元件。此外对模块化拼接与平面度控制、密封焊接工艺、电极引线技术等封装技术涉及的关键工艺进行了较为全面的介绍。最后对组件封装的漏热测试和漏率测试等封装特有的测试方法，以及组件可靠性试验、寿命试验等专项试验方法进行了介绍。

参考文献

[1] 王小坤，朱三根，龚海梅.星用红外探测器封装技术及其应用.红外，2005，26(11)：13－18.
[2] 徐勤飞.近室温多模块焦平面封装技术研究.上海：中国科学院上海技术物理研究所，2021.
[3] Balcerak R. Technology for infrared sensors produced in low volume. Proc. SPIE，1995，2397：172－179.
[4] 龚海梅，邵秀梅，李向阳，等.航天先进红外探测器组件技术及应用.红外与激光工程，2012，41(12)：3129－3140.
[5] 王小坤.长线列红外焦平面/杜瓦组件的工程化封装技术研究.上海：中国科学院上海技术物理研究所，2007.
[6] 中国电子学会生产技术学分会丛书编委会.微电子封装技术.合肥：中国科学技术大学出版社，2013.
[7] 匡定波，方家熊，等.红外常用术语.上海：中国科学院上海技术物理研究所，2015.
[8] 于春蕾，龚海梅，李雪，等.2560×2048 元短波红外 InGaAs 焦平面探测器.红外与激光工程，2022，51(3)：xxxxxxxx.
[9] 马旭，李云雪，黄润宇，等.短波红外探测器的发展与应用.红外与激光工程，2022，51(1)：20210897.
[10] Liobe J，Daugherty M，Bereznycky P. Ultra-large format，ultra-small pixel pitch extended response visible

through short-wave infrared (SWIR) camera. Proc. SPIE, 2019, 11002.

[11] Kai S, Lei J F, Petersen A, et al. Development of a hermetically packaged 13 μm pixel pitch 6000-element InGaAs linear array. Proc. SPIE, 2018, 10656: 106560 K.

[12] Manda S, Matsumoto R, Saito S, et al. High-definition visible-SWIR InGaAs image sensor using Cu - Cu bonding of Ⅲ - Ⅴ to silicon wafer. IEEE International Electron Devices Meeting (IEDM), 2019, San Francisco, CA, USA.

[13] Bentell J, Vermeiren J, Verbeke P. 3000 pixel linear InGaAs sensor for the Proba-V satellite. Proc. SPIE, 2010, 7862: 786206.

[14] Bentell J L, Verbeke P, Vanhollebeke K, et al. The design, manufacture and characterization of the SWIR channel detector for the Proba-V mission. Proc. SPIE, 2010, 7826: 78261M.

[15] Rutter J, Jungkman D, Stobie J, et al. A Multispectral Hybrid HgCdTe FPA Dewar Assembly for Remote Sensing in the Atmospheric Infrared Sounder (AIRS) Instrumen. Proc. SPIE, 1996, 2817: 200 - 213.

[16] 范广宇.直线脉管集成耦合杜瓦封装设计及其关键技术研究.上海：中国科学院上海技术物理研究所,2015.

[17] 张海燕.红外组件可靠性增长技术研究.上海：中国科学院上海技术物理研究所,2015.

[18] 朱宪亮.红外探测器组件可靠性试验研究.上海：中国科学院上海技术物理研究所,2014.

[19] 赵世臣.常用金属材料手册——有色金属的产品部分.北京：冶金工业出版社,1996.

[20] Peralta R J, Beuville E, Corrales E, et al. Recent focal plane arrays for astronomy and remote sensing applications at RVS. Proc. SPIE., 2010: 77421L - 12.

[21] Fowler A M, Merrill K M, Ball M, et al. Orion: A 1 - 5 micron focal plane for the 21st century. Experimental Astronomy, 2002, 14(61 - 68).

[22] 李俊.超大规模线列红外焦平面杜瓦封装关键技术研究.上海：中国科学院上海技术物理研究所,2021.

[23] 余利泉.适用于深低温封装的TC4与4J29合金的电子束焊接研究.上海：中国科学院上海技术物理研究所,2020.

[24] 张亚妮.红外探测器杜瓦组件的真空寿命研究.上海：中国科学院上海技术物理研究所,2008.

[25] 曹岚.碲镉汞红外探测器组件长期可靠性研究.上海：中国科学院上海技术物理研究所,2013.

[26] 黄星.短波红外InGaAs探测器辐照特性研究.上海：中国科学院上海技术物理研究所,2015.

[27] 黄杨程.短波红外探测器低频噪声及抗辐照性能研究.上海：中国科学院上海技术物理研究所,2005.

[28] Kleipool O L, Jongma R T, Gloudemans A M S, et al. In-flight proton-induced radiation damage to SCIMACHY's extended-wavelength InGaAs near-infrared detectors. Infrared Phys Technol, 2007, 50: 30 - 37.

[29] Kleipool Q L, Jongma R T, Gloudemans A M S, et al. In-flight proton-induced radiation damage to SCIAMACHY's extended-wavelength InGaAs near-infrared detectors. Infrared Phys. & Tech., 2007, 50(1): 30 - 37.

[30] Hopkinson G, Sorensen R H, Leone B, et, al. Radiation effects in InGaAs and microbolometer infrared sensor arrays for space applications. IEEE Trans. Nucl. Sci., 2008, 55(6): 3483 - 3493.

[31] 李淘.InGaAs短波红外探测器暗电流及低频噪声性能研究.上海：中国科学院上海技术物理研究所,2010.

[32] 刘大福.星载碲镉汞红外探测器的可靠性研究.上海：中国科学院上海技术物理研究所,2006.

第9章 短波红外InGaAs焦平面读出电路

9.1 引 言

红外焦平面阵列是获取红外信号的核心光电器件,是一种高性能的红外固体图像传感器。红外焦平面阵列主要由红外探测器阵列和读出电路芯片组成,其中读出电路是对红外探测器阵列光电信号进行采样、放大、串行读出的专用集成电路。红外焦平面的设计同时考虑来自读出电路芯片和光敏芯片的特性参数,这些参数主要包括阵列规模和像元间距(array size and pixel pitch)、注入效率(injection efficiency)、量子效率(quantum efficiency)、满阱容量(charge storage capacity)、噪声(noise)、动态范围(dynamic range)、探测率(detectivity)、帧频(frame rate)、功耗(power dissipation)和工作温度(operating temperature)等。这些特性参数并不是完全相互独立的,相反,不同参数间往往存在很强的关联。短波红外 InGaAs 焦平面的读出电路的发展历程,和其他材料体系,如 InSb、HgCdTe 焦平面读出电路的发展历程相似,和集成电路近年来的迅猛发展密切相关,从早期的 CCD 模式读出向 CMOS 模式读出发展。基于标准化 CMOS 工艺开展读出电路,具体包括输入级、采样保持电路、输出级、移位寄存器等部分,近年正在向数字化、系统化、智能化方向发展。然而,读出电路的设计一方面匹配仪器电子学需求,一方面需要和探测器匹配。短波红外波段的探测,主要来自探测目标对该波段的反射特性,具有弱信号的特点,在航天遥感中常常以极低的反照率下器件的信噪比来表征其探测能力,对应器件的指标是等效噪声功率,这个指标意味着短波红外器件分辨最弱的目标反射功率的能力。基于短波红外探测弱信号探测的应用需求,结合短波红外 InGaAs 探测器具有阻抗高、暗电流小的特点,短波红外 InGaAs 焦平面对读出电路的要求与中波、长波焦平面器件不同,前者匹配的读出电路需要具有较高的注入效率、较高的增益和极低的噪声,而后者由于受到背景辐射和器件的输入级参数的影响,对读出电路的注入效率、增益和噪声的要求没有如此苛刻,但也会面临背景信号和暗信号一致性引入的噪声波动难题。为此,本章介绍红外焦平面读出电路的设计基础,详细介绍短波红外 InGaAs 焦平面读出电路设计,并讨论了读出电路的发展。

9.2 红外焦平面读出电路

红外焦平面的性能不仅与探测器光敏阵列性能,如量子效率、光谱响应、噪声谱、均匀性、暗电流等有关,还与信号的读出传输性能相关,如电荷存储容量、线性度、读出电路噪声、注入效率、信号传输非均匀性、读出速率等。红外焦平面读出电路设计要综合考虑应用需求和探测器光敏阵列的接口参数进行优化。

9.2.1 CMOS 与 CCD 两种读出方式的比较

读出电路按读出方式可以分为 CMOS 读出电路和 CCD 读出电路。CCD 的基本结构是一种密排的 MOS(metal oxide semiconductor)电容器,能够存储由光生电子或外部注入的电荷,并能在适当的时钟脉冲驱动下,把存储的电荷以电荷包的形式定向传输转移和输出。但在经历了 PMOS、NMOS 工艺技术后,CMOS 工艺技术已成为当今集成电路的主流。除了同样的高密度、低功耗性能外,CMOS 集成电路还在低工作电压、抗辐射能力、像元数据随机访问(即可在焦平面上任意开窗)等方面有优势。

法国 SPOT 5 卫星和欧空局的 Proba - V 卫星上采用的 InGaAs 焦平面代表了 InGaAs 传感器在国外航天应用的技术发展路径,其中读出方式也从 CCD 模式向 CMOS 模式发展[1,2]。法国 SPOT 5 卫星于 2002 年 5 月发射,其主要载荷高分辨可见红外系统(HRG)和植被仪(Vegetation)中采用了近红外 InGaAs 传感器组件(图 9.2.1),光敏元结构呈品字型交错排列,每个像元大小为 30 μm×30 μm,相邻光敏元中心距为 26 μm,行间距为 52 μm;读出电路采用硅 CCD 读出,电路包括低噪声前放、同时积分以及抗击穿保护等;采用 10 个 300 元 InGaAs 焦平面子模块无盲元拼接形成 3 000 元焦平面组件。2013 年 7 月,欧空局发射 Proba - V 卫星代替工作寿命即将到期的 SPOT 5 植被观测任务,星上设置了一个近红外通道,采用比利时 XenIcs 公司研制的 3 000 元 InGaAs 线列焦平面传感器组件,其中光敏芯片结构成一字型排列,单片规模为 1 024 元,相邻光敏元中心距为 25 μm;读出电路采用 0.35 μm 硅 CMOS 工艺技术,读出电路内通过多个积分电容选取实现增益可调功能;由三个 1 024 元线列焦平面模块品字型拼接而成,功耗小于 900 mW。

随着集成电路设计与制造的发展,红外焦平面读出电路向 CMOS 工艺发展。与 CCD 读出电路相比,CMOS 是标准集成电路工艺制造,理论上所有图像传感器所需的功能,如时序控制、相关双采样技术、数模转换器、图像处理、数据压缩、标准电视和计算机 I/O 接口都可以集成在一颗芯片上,具体系统集成能力,依托日益发展进步的半导体制造线,可以持续提高性能,降低成本。

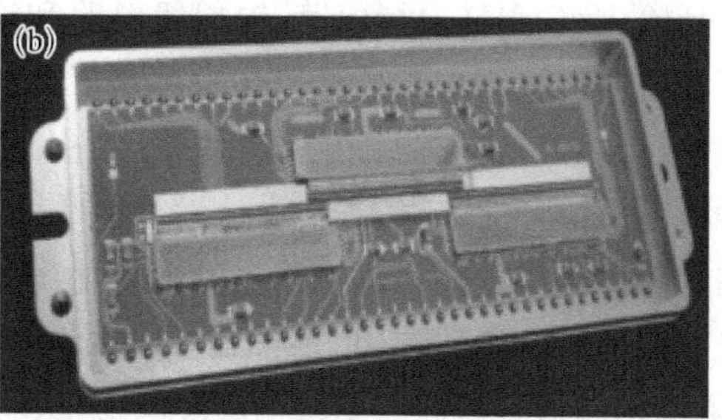

图 9.2.1　SPOT 5 和 Proba - V 上的 InGaAs 焦平面传感器组件

9.2.2 CMOS 读出电路设计与工艺

集成电路的设计流程分为自底向上和自顶向下两种。红外焦平面用 CMOS 读出电路是光敏芯片与电学系统的接口,属专用集成电路,它的主要功能是为光敏芯片提供合适的偏压,将光敏芯片产生的光电流信号转换成电压信号,并且进行信号的放大和处理,最后将成千上万个由光敏芯片产生的信号并串转化、按序通过有限的几个外引脚输出。读出电路处理的是模拟信号,而时序控制信号采用数字逻辑来实现,因此读出电路又属于数模混合电路。由于以上特点,读出电路一般采用自底向上的设计方法。

读出电路作为一个接口,其设计同时受光敏芯片与电学系统的约束。读出电路与光敏芯片间的接口设计包含电学接口设计和结构接口设计两部分,电学接口设计研究输入级电路对信号、噪声的放大与传输特性,降低电路对光敏芯片信噪比的影响。结构接口设计要考虑读出电路的输入级单元和光敏芯片的像元一一对应,读出电路输入级单元电路中互联 PAD 的位置、尺寸、结构,互联 PAD 附近的布线,铟柱的尺寸等。读出电路与后端电学系统间的接口设计包含输出信号的时序、种类,驱动信号的时序,工作模式或者读出方式的控制,片上集成功能的控制等。

随着集成电路工艺和技术的发展,读出电路设计与工艺得到了迅猛发展,大大提高了焦平面设计的灵活性。红外焦平面阵列向大规模、小间距方向发展,目前单片焦平面阵列的规模达到了 4 096×4 096,光敏芯片像元中心距 5 μm。红外焦平面的光敏元密度越来越高,像元尺寸越来越小,采用的集成电路特征尺寸也越来越小。

9.3 红外焦平面 CMOS 读出电路设计基础

9.3.1 读出电路的基本结构

焦平面用读出电路的基本功能是对光敏芯片产生的电流(电荷)进行读取、采样、预处理和输出,具备以下功能:为光敏芯片提供稳定合适的偏置;将光敏芯片产生的电流(电荷)转换电压信号,供后续信号处理电路处理;并行读取信号后串行读出。典型读出电路基本结构主要包括输入级、采样保持电路、输出级电路和移位寄存器四大部分,如图 9.3.1 和图 9.3.2 所示。其中输入级的功能是读取光敏芯片产生的信号电流,利用积分电路或电阻等将电流转换成电压,主要结构有源跟随器型、直接注入型、电容跨阻负反馈放大器型等;采样电路的功能是将电压值存储下来,主要设计参数包括采样电路的电压范围、精度、速度和噪声;输出级电路的功能是将采样保持电路上的电压输出到总线上,主要结构有电阻负载的源随输出以及电流源负载的源随输出、推挽输出等;移位寄存器的功能是负责顺序选通各单元输出级,将该单元的信号依次输出到输出总线上,实现并行读入串行读出。

读出电路按曝光方式可以分为两种,一种是 global shutter(亦称全局快门、全局曝光等),

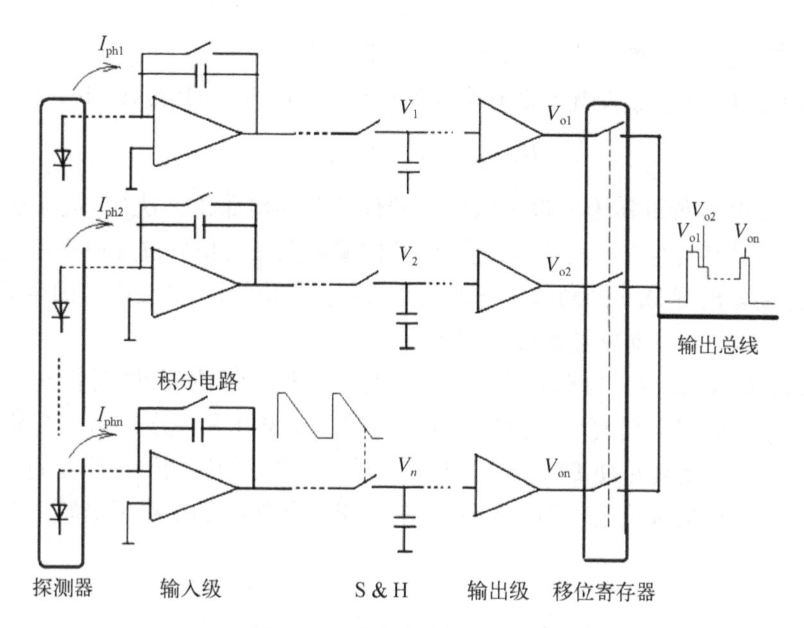

图 9.3.1　读出电路的基本结构

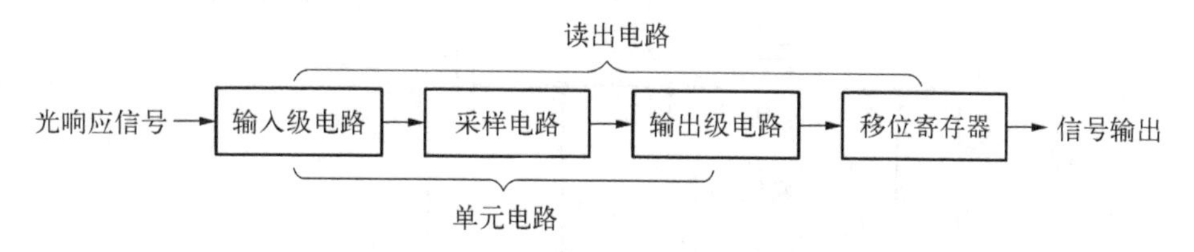

图 9.3.2　读出电路的信号传输框图

另一种是 rolling shutter(亦称卷帘快门、滚动曝光等);按读出方式分为两种,一种是先积分后读出模式(ITR),另一种是边积分边读出模式(IWR)。读出电路的积分过程相当于曝光,积分电容的复位开关管相当于传统相机的快门,读出模式直接影响焦平面的帧频指标。

9.3.2　读出电路的输入级结构

输入级结构作为读出电路与光敏芯片阵列的接口电路,其性能直接影响到读出电路、红外焦平面的性能。输入级结构的选择与探测器光敏芯片的电学特性和读出电路处理的信号特性相关。

1. 源跟随结构(SFD)

源跟随结构是一种简单的输入级电路,包括一个源随输出管、电流负载管、复位开关管,如图 9.3.3 所示。在电路开始积分之前,复位开关管 M - Rst 导通,将输入端电压复位至 V_{dd},然后 M - Rst 关断,器件电流开始在自身电容和 SFD 的输入寄生电容

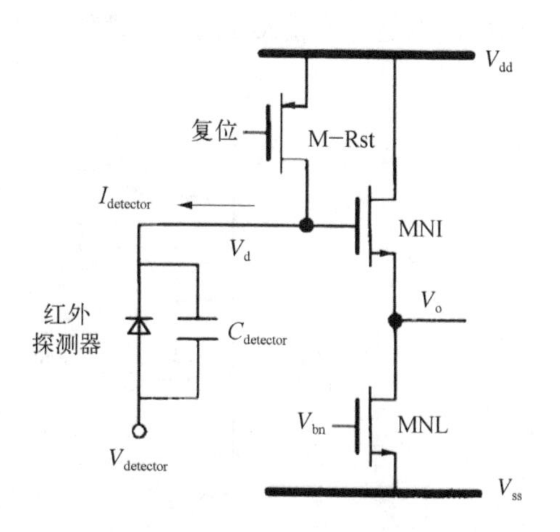

图 9.3.3　源随输出 SFD 电路

上积分，输入端电压 V_d 不断变化，通过源随管 MNI 输出到 V_o。

SFD 的积分电容 $C_{int, SFD}$ 是光敏芯片自身的电容 C_{det} 和 SFD 的输入寄生电容之和：

$$C_{int, SFD} = C_{det} + C_{p, SFD} \tag{9.3.1}$$

光敏芯片的电容和 SFD 输入寄生电容由器件工艺和电路工艺决定，均无法精确控制。光生电流在光敏芯片自身电容上积分，光敏芯片的偏置电压随积分过程而不断变化。此外，不同单元的源随输出管 MNI 的阈值电压因工艺而存在不均匀性，这会引入固定图形噪声。

2. 直接注入（DI）和缓冲直接注入（BDI）

如图 9.3.4 所示，DI 读出电路结构中，MDI 管用于偏置探测器，同时控制开关光电流。积分电容 C_{int} 通过 M－Rst 管复位。信号电压通过源随器 MPI 和多路选择开关 M－Scl 输出。DI 结构的优点是 M_{DI} 的作用使 DI 电路可以获得比 SFD 更好的探测器偏压控制；缺点是注入效率较低，M_{DI} 开关管的阈值电压不一致性带来的 FPN 噪声和 KTC 噪声仍然存在。

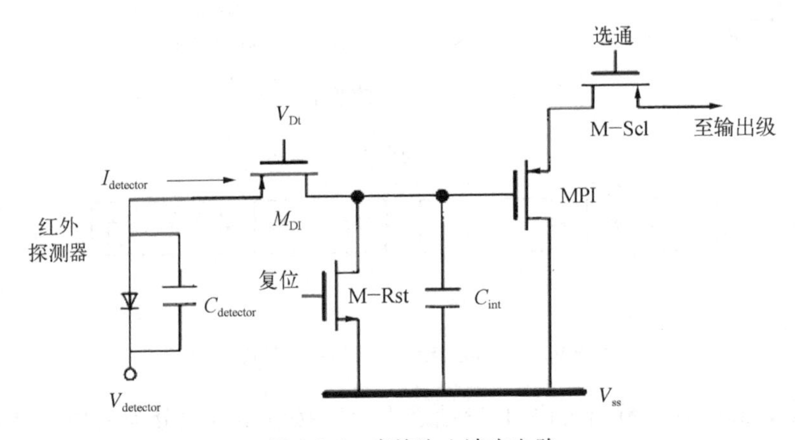

图 9.3.4　直接注入读出电路

如图 9.3.5 所示，BDI 电路结构在 DI 电路的基础上增加了一个跨在注入管 MBDI 和探测器之间的一个反向放大器。通常这个放大器可以由一个差分对或一个反相器构成。BDI 电路的优点是由于放大器的负反馈作用，注入效率可以接近 1，探测器的偏压由 V_{com} 控制，能提

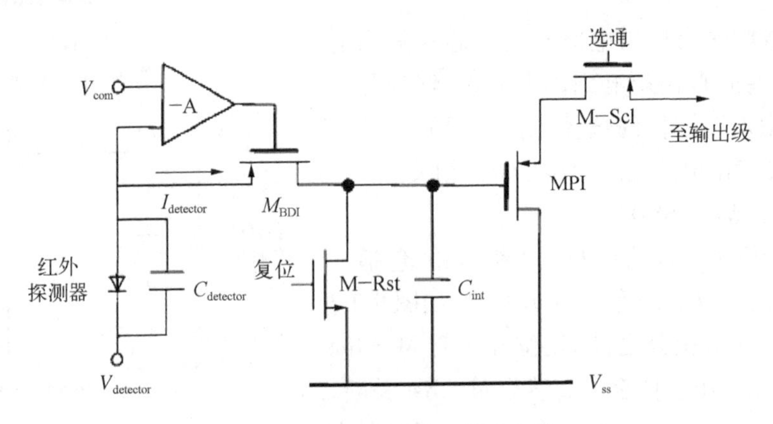

图 9.3.5　缓冲直接注入读出电路

供更好的探测器偏置。BDI 电路的缺点为具有较大的面积和稍高的功耗。

3. 电容跨阻抗放大器(CTIA)

如图 9.3.6 所示,CTIA 结构中,积分电容放在放大器的负反馈路径上,由 M - Rst 控制复位。CTIA 型输入级电路结构最复杂,功耗也相对较高,但其通用性很强,适用于各种材料的红外探测器件,能实现很宽范围信号的高效读出。CTIA 输入级的优点:探测器偏压由 V_{com} 通过虚地控制,因此可以获得和 BDI 输入级一样的探测器偏压控制,即使在弱信号区域也有接近 1 的线性度,通过积分电容的设计调整电荷存储量,获得很高的灵敏度。CTIA 的缺点:复位噪声的馈通效应会影响探测器偏压的稳定性和运放的工作点,为降低探测器失调偏压,需要较大的放大器增益,占用了更多的面积和功耗。

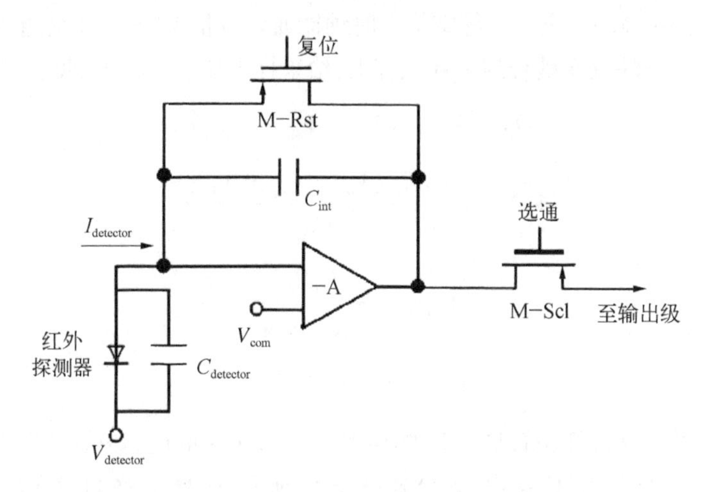

图 9.3.6 电容跨阻抗放大器

综上,探测器的结阻抗较高时,对探测器偏压控制能力的要求不高,一般选取结构最简、最容易实现高密度集成的源跟随器结构(SFD),此种结构的噪声、功耗水平也是最低的;探测器的信号较弱时,对偏置电压控制需求较高,则需要选用注入效率较高的 CTIA 型输入级电路;探测器结阻抗较低,信号较强时,采用直接注入型(DI)输入级电路,其与 CTIA 型相比功耗更低,结构也更简单。

9.3.3 采样电路

输入级电路将电流信号转换为电压信号后,由采样电路将电压信号采集并传输到输出级,采样电路的参数包括电压范围、精度和噪声。

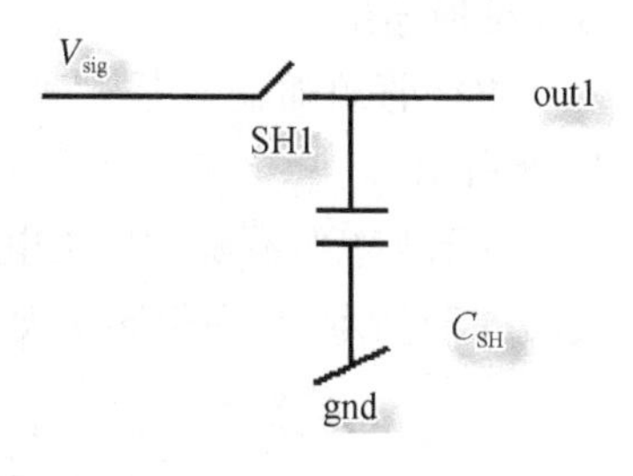

图 9.3.7 简单采样电路

采样电路的基本结构由一个开关管和一个采样电容组成(图 9.3.7)。作为开关,受导通阈值电压影响,PMOS 管传递电压范围为[V_{THp}, V_{dd}],NMOS 管传递电压范围为[0, $V_{dd} - V_{THn}$],PMOS 管和 NMOS 管结合成 CMOS 开关对可以传递接近[0, V_{dd}]满电源电压量程。

采样电路的精度主要来自MOS管采样开关误差机制,受到沟道电荷注入效应和时钟馈通效应影响。沟道电荷注入效应是指在开关断开时,残留在MOS管沟道里的电荷会部分注入采样电容上,引入电压误差[3]。以NMOS管为例,其沟道残留电荷见公式(9.3.2);器件关断后,沟道电荷部分被信号源吸收,部分存储在采样电容上,其分配比例和源极电容、采样电容、开关脉冲速度等有关,是个复杂函数[4, 5]。为考虑最坏情况,在此假设所有沟道电荷均存储在采样电容上,沟道电荷引入的电压误差为公式(9.3.3)。由式(9.3.3),电压误差和器件沟道面积呈正比,和采样电容呈反比。开展MOS器件尺寸设计时,需要折中考虑版图面积、采样电容、采样速度和电压误差等因素。抑制沟道注入电荷的方法有:源漏短接的dummy管、开关互补CMOS、全差分等结构。时钟馈通效应指MOS开关会通过其栅源或栅漏交叠电容将时钟电压的跳变耦合到采样电容上,给采样电压引入误差,见公式(9.3.4)。

$$Q_{ch} = WLC_{ox}(V_{dd} - V_{sig} - V_{THn}) \tag{9.3.2}$$

$$V_{err,\ ch} = \frac{WLC_{ox}(V_{dd} - V_{sig} - V_{THn})}{C_{SH}} \tag{9.3.3}$$

$$V_{err,\ ck} = \frac{V_{dd}C_{gs}}{C_{gs} + C_{SH}} \tag{9.3.4}$$

$$V_{n,\ KTC} = \sqrt{K_B T / C_{SH}} \tag{9.3.5}$$

采样电路的噪声来自开关管导通时的热噪声,在开关关断时,该噪声随信号瞬时电压保存在采样电容上,称之为KTC噪声,如公式(9.3.5)所示,采样电路的采样电容设计是KTC噪声的主要来源,采样电容实现对响应信号的采样保持功能,在版图面积、采样速率满足要求的情况下,电容值越大越好。电路设计时通常采用相关双采样电路,即采样电路分别在每帧积分开始时和每帧积分结束前进行采样,最终输出的是两次采样的差值,以抑制复位开关管的KTC噪声、$1/f$噪声以及固定图形噪声。

9.3.4 输出级电路

输出级电路的基本功能是将采样电容上的信号电压传输到输出总线上,输出级电路需要具备足够的驱动能力,常见的输出级电路有电阻负载的源随输出、电流源负载的源随输出以及推挽输出。

MOS管源随输出是一种很常见的输出级电路,源随管分PMOS和NMOS两种,如图9.3.8所示。

对于PMOS源随输出级电路,输入输出电压关系如公式(9.3.6)所示,输出级增益如公式(9.3.7)所示,其中跨导g_m如公式(9.3.8)所示。

$$\frac{K_p W}{2L}(V_{out}^p - V_{in}^p - V_{THp})^2 = \frac{V_{dd} - V_{out}^p}{R} \tag{9.3.6}$$

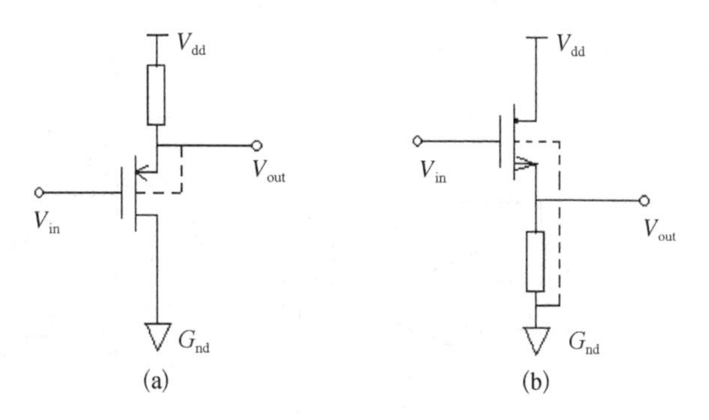

图 9.3.8 （a）PMOS 源随输出级 （b）NMOS 源随输出级

$$A_{sf}^{p} = \frac{dV_{out}}{dV_{in}} = \frac{g_m R}{g_m R + 1} \tag{9.3.7}$$

$$g_m = K_p W(V_{out}^{p} - V_{in}^{p} - V_{THp})/L \tag{9.3.8}$$

对于 NMOS 源随输出级电路，输入输出电压关系如式(9.3.9)所示，输出级增益表示为式(9.3.10)，其中跨导 g_m 见式(9.3.11)，η 为体效应系数。

$$\frac{K_n W}{2L}(V_{in}^{n} - V_{out}^{n} - V_{THn})^2 = \frac{V_{dd} - V_{out}^{n}}{R} \tag{9.3.9}$$

$$A_{sf}^{n} = \frac{dV_{out}}{dV_{in}} = \frac{g_m R}{(g_m + g_{mb})R + 1} \tag{9.3.10}$$

$$g_m = K_n W(V_{in}^{n} - V_{out}^{n} - V_{THn})/L,\ g_{mb} = \eta g_m \tag{9.3.11}$$

驱动能力是衡量输出级性能的非常重要的一个指标，驱动能力决定了信号的最大读出速率。当负载电容固定时，驱动电流越大，驱动能力越强。电阻负载源随输出电路，其驱动能力和输出摆幅互相矛盾。以 PMOS 源随输出为例，简化后，其输出摆幅如公式(9.3.12)所示：

$$\Delta V_{out} = \frac{g_m R}{g_m R + 1}(V_{dd} - V_{THp}) \tag{9.3.12}$$

上式表明，负载电阻越大，输出摆幅越大。其最大充电电流如式(9.3.13)：

$$I_{charge} = \frac{V_{dd} - V_{THp}}{R} \tag{9.3.13}$$

负载电阻越小，驱动电流越大，驱动能力越强，和输出摆幅变化趋势相反。

电流源也可以作为读出电路源随输出电路的负载，以 PMOS 源随器为例，其电路结构如图 9.3.9 所示。MOS 管电流源负载的源随输出电路的输入范围、增益的计算方法和电阻负载相同，其结果也近似相同，在此不重复计算。从工艺上比较，由于电阻误差较大，MOS 电流源负载比电阻负载易于准确控制。

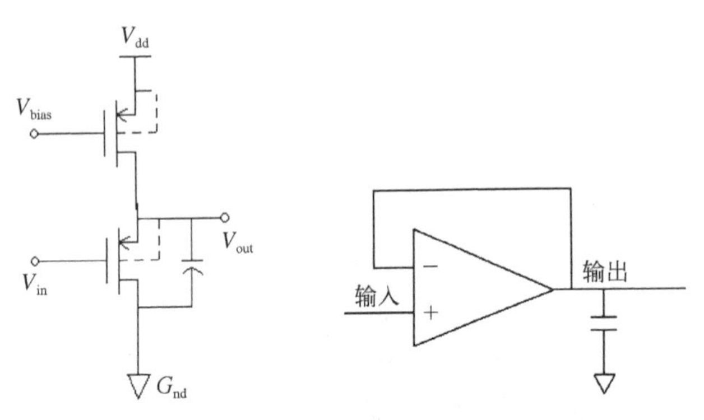

图 9.3.9 带 PMOS 电流源负载的 PMOS 源随输出

图 9.3.10 推挽输出级电路

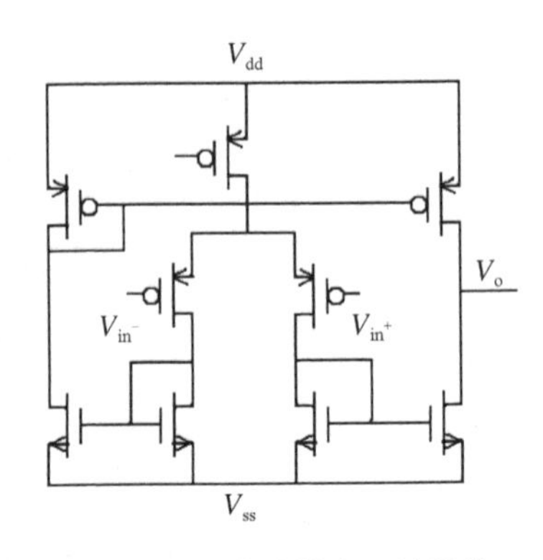

图 9.3.11 推挽输出运放结构

推挽(Pull－Push)输出电路采用 Pull－Push 运放作电压跟随器,常用作读出电路的总线输出级,输出级结构如图 9.3.10 所示。该输出级增益为 1,输出摆幅等于输入信号摆幅,对信号没有衰减。Pull－Push 运放一般采用二级级联运放结构,如图 9.3.11 所示。推挽输出比电阻负载源随输出的带宽大 $g_m R$ 倍,读出速率可达 10 MHz 以上。负载电容越大,相位裕度越大,运放越稳定,因此这种推挽输出电路很适合用于大负载电容的总线输出驱动电路。

9.3.5 移位寄存器

移位寄存器是读出电路控制单元信号依次开启的常用结构,其功能是依次开启各单元的选通开关,被选通的单元将采样电压输出到输出总线上。移位寄存器由一系列 D 触发器串联组成,基本结构如图 9.3.12。移位寄存器分前后两级,CLK1 和 CLK2 为互不重叠反相时钟脉冲,分别控制前后两级,D 端输入脉冲选通信号。当 CLK1 高电平时,M0 导通,D 触发器前级开始对输入信号进行采样,M1、M2、M3 组成的寄存器可以稳定保持输入信号;当 CLK1 低电平时,M0 关断,使触发器不受 D 端信号影响,此时 CLK2 为高电平,对前级保持的电平进行采样,M4、M5、M7 组成的寄存器将采样信号稳定地保持下来并送到触发器输出端。

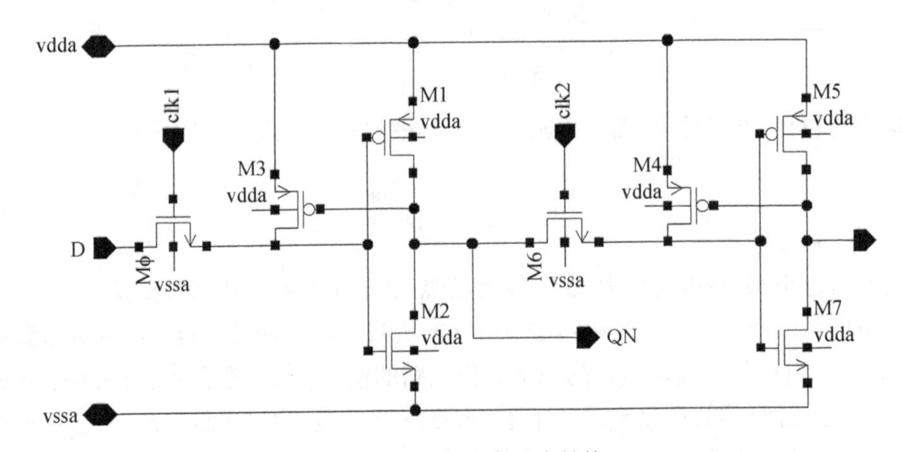

图 9.3.12 D 触发器基本结构

9.4 短波红外 InGaAs 焦平面读出电路设计

9.4.1 总体设计

短波红外 InGaAs 焦平面总体设计是依据光电仪器的输入条件，具体包括器件阵列、光电子数、积分时间、光谱带宽、信噪比以及帧频需求等。输出短波红外 InGaAs 焦平面探测器的总体技术指标，具体包括阵列规模、像元中心距、信号电子数、噪声电子数、量子效率、等效噪声功率、峰值探测率等，在此基础上，分解短波红外 InGaAs 探测器和读出电路的技术指标。其中，从总体技术指标中，可以直接分解的短波红外 InGaAs 探测器的技术指标有阵列规模、像元中心距、量子效率、峰值响应率、峰值探测率。但对噪声电子数和等效噪声功率的技术指标需要分解权衡，探测器暗电流是影响这两个指标的因素，读出电路噪声也是影响这两个指标的因素，明确探测器暗电流的技术指标，通过后续读出电路接口设计，明确探测器暗电流引入焦平面的暗电子数和噪声电子数，这是读出电路综合设计的一部分。从总体技术指标中，可以直接分解的读出电路的技术指标有阵列规模、像元中心距、电荷存储容量、帧频、读出速率、功耗等，结合探测器的参数设计，通过读出电路输入级设计，明确信号电子数占电荷存储容量的比例、分解读出电路和耦合接口引入的噪声电子数，从而优化读出电路的注入效率、输入级积分电容、相关双采样的采样电容、负载电容等参数，并对探测器的结阻抗、结电容和暗电流等参数提出反馈要求需求，从而实现短波红外 InGaAs 焦平面的总体设计。在总体技术指标中，还包括光谱带宽、多光谱集成、组件串音等组件级集成设计等。该小节重点讲述短波红外 InGaAs 焦平面的读出电路设计。

1. 阵列规模和像元间距

阵列规模和像元间距取决于红外焦平面的制造技术。短波红外 InGaAs 焦平面从线列发展到 320×256、640×512、1 280×1 024、2 560×2 048 等多个规格[6]，像元中心距从 30 μm 减小到 10 μm，正在向 5 μm 方向发展，读出电路随之扩大规模、缩小间距，在高密度小像素区域开展低噪声读出电路设计成为技术难点。图 9.4.1 为相同规模不同中心距电路的版图对比。

2. 注入效率

注入效率是读出电路输入级电路的一个重要性能参数指标，注入效率指光敏芯片的电流注入读出电路输入级的百分比，即注入读出电路积分电容的电荷与总的光生电荷之比，一般要求注入效率在 90%以上。读出电路的注入效率与读出电路的输入级电路相关，同时受光敏芯片的电学特性的影响。

3. 噪声电子数

噪声电子数表征了焦平面的噪声水平，以 CTIA 输入级为例，读出电路输入级积分电容、相关双采样的采样电容、负载电容都会影响焦平面的噪声电子数。设计中需要依据探测器的结阻抗、结电容和暗电流等参数，对读出电路设计参数及焦平面噪声电子数进行优化。

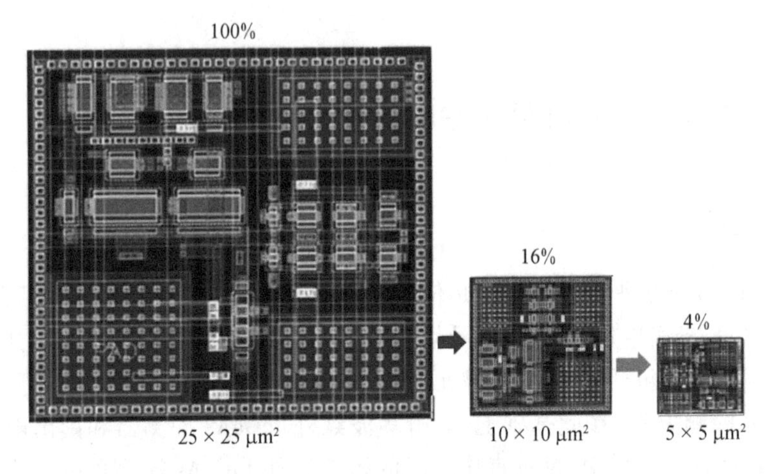

图 9.4.1　不同中心距电路单元阵列的版图对比

4. 信噪比、噪声等效功率和探测率

信噪比(SNR)是指探测器产生的信号输出与噪声输出的比值。噪声等效功率(NEP)是SNR 为 1 时的入射功率。探测率 D 定义为 NEP 的倒数,$D = 1/\mathrm{NEP}$。NEP 和探测率都是带宽和探测器面积的函数,所以由定义了归一化的探测率 $D^* = (A_d \Delta f)^{1/2}/\mathrm{NEP}$,探测率也可以 $D^* = \mathrm{SNR}\sqrt{A\Delta f}/P$,单位是 $\mathrm{cm}\sqrt{\mathrm{Hz}}/\mathrm{W}$,其中 A_d 为探测器面积,Δf 为信号带宽,P 为产生信号的辐射强度。

5. 电荷存储容量和饱和电压

短波红外焦平面读出电路中,以 CTIA 输入级为例,光信号产生的载流子被积分在积分电容上转换成电压信号。电荷存储容量取决于背景、红外探测器的暗电流和积分电容的大小及饱和电压的大小。饱和电压是读出电路输出的最大线性信号电压,其由读出电路结构、电源电压、参考电压等决定。

6. 动态范围

动态范围 D_r 可表示为 $D_r = 20\log(V_{sat}/V_{RMS})$。其中,$V_{sat}$ 为饱和电压;V_{RMS} 为噪声电压的均方根值,单位为 dB,定义为最大信号电压与噪声电压均方根的比,表明红外焦平面探测极强信号和极弱信号的能力。动态范围受到电荷存储容量、线性电压摆幅、噪声电子数的限制,与积分时间、工作温度等测试条件相关。

7. 帧频和读出速率

焦平面的工作帧频是系统应用十分关心的指标,在航天遥感应用中,系统的视场驻留时间是最长的积分时间,帧频和读出速率的设计需要结合系统的驻留时间、读出模式进行。边积分边读出的读出模式,积分时间的倒数约为帧频;先积分后读出的读出模式,积分时间和读出时间之和的倒数约为帧频。为了实现高帧频的读出电路设计,不仅需要工作在边积分边读出模式,还可以提高单元读出速率和增加多路输出通道。

8. 功耗

电路的功耗决定了每个操作消耗的能量及电路耗散的热量,会影响到电源容量、电池寿命、电源线尺寸、封装和冷却的要求。

9.4.2 读出电路输入级设计

短波红外 InGaAs 探测器具有结阻抗较大、暗电流较小的特点,从提高灵敏度的角度考虑,短波红外 InGaAs 焦平面读出电路多采用 CTIA 输入级结构,主要是因为 CTIA 适用于低背景探测,具有探测器偏压控制能力强、线性度好、注入效率高等特点。以系统的典型应用为输入需求,主要考虑的因素有灵敏度、噪声、积分时间、积分电流、注入效率、动态范围等,确定电路设计和制造线规则,结合饱和电压 V_{sat}、光电子数 N_p(对应光电流)、暗电子数 N_d(对应暗电流)以及电荷存储容量填充率 α 等参数,CTIA 输入级的积分电容 C_{int} 按式(9.4.1)计算,积分电容越小,在相同的光电流下,电路的输出电压越大,电路的灵敏度就越高。积分电容的最大电荷存储量 Q_{max} 通过饱和电压 V_{sat} 计算,如式(9.4.2)所示。

$$C_{int} = \frac{(N_p + N_d)q}{\alpha V_{sat}} \tag{9.4.1}$$

$$Q_{max} = \frac{V_{sat} C_{int}}{q} \tag{9.4.2}$$

$$\eta = \frac{I_{in}}{I_{ph}} = \frac{1}{\left(1 + \frac{C_d}{(1+A)C_{int}}\right) + \frac{T_{int}}{(1+A)C_{int}R_d}} \tag{9.4.3}$$

对于 CTIA 型输入级电路其注入效率可以由式(9.4.3)表示。A 是放大器的开环增益。在李尧桥的硕士论文[7]中,设运放的开环增益 A 为 89 dB,积分时间 T_{int} 为 25 ms,注入效率随探测器结阻抗和积分电容之间的关系如图 9.4.2 所示。由图可见,注入效率随着结阻抗的增大而增大。在相同的结阻抗下,积分电容越大,注入效率越大。

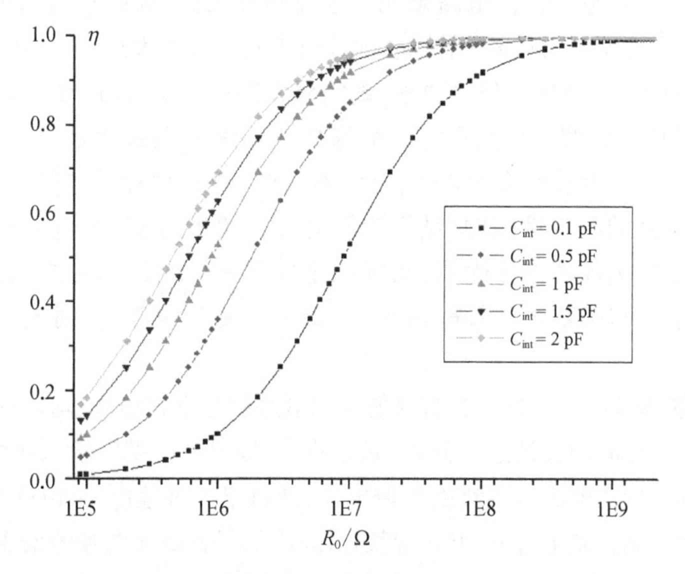

图 9.4.2 注入效率与探测器串联电阻、积分电容的关系

张伟[8]设计了积分电容 C_{int}为 0.1 pF（最大电荷存储量约 1×10^6 electrons），采用积分时间 T_{int}为 3 ms。对于 1.7 μm 和 2. 4 μm InGaAs 两种光敏芯片，其注入效率与放大器增益的关系如图 9.4.3 所示。对于 1.7 μm InGaAs 光敏芯片，若要求注入效率大于 90%，放大器增益需大于 50 dB。而对于 2.4 μm InGaAs 光敏芯片，若要求注入效率大于 90%，放大器增益需大于 65 dB。

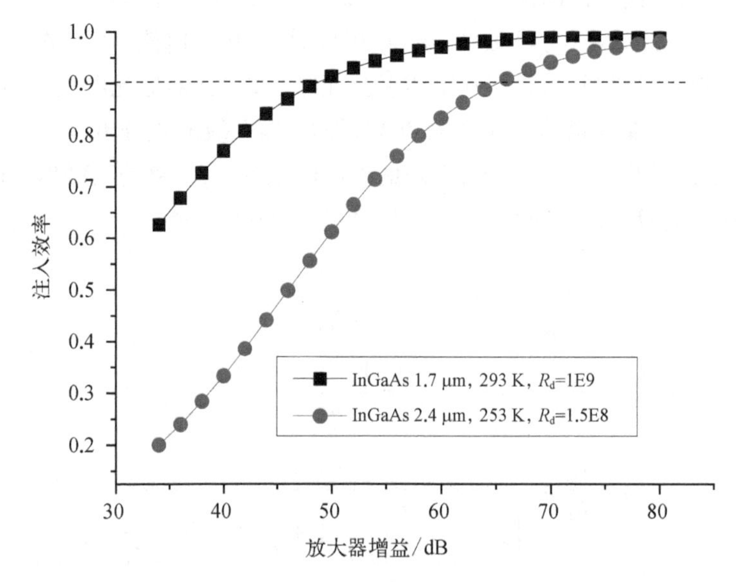

图 9.4.3　注入效率与放大器增益的关系

CTIA 型运放的设计参数（约束）还包括负载电容 C_L、静态功耗、开环增益、增益带宽积、相位裕量、等效输入噪声、输出摆幅、压摆率等。一般情况下放大器设计首先考虑版图面积与功耗，CTIA 的运放是读出电路单元的主要功耗来源，为减小高密度阵列单元输入级功耗，将 CTIA 的运放由饱和区工作改为亚阈值区工作，大大减小了读出电路单元阵列的功耗。在此基础上，结合版图尺寸要求，确定放大器的基本结构；然后根据增益、相位裕度、带宽确定各晶体管的宽长比及尺寸。黄张成[9]研究了负载电容 C_L对输入级的噪声和带宽的影响，分析了运放所有 MOS 管尺寸对 CTIA 型运放设计参数的仿真结果，研究了 CTIA 输入级电路的稳定性问题，结果表明复位开关管对 CTIA 电路稳定性有重要影响，当其导通电阻越接近理论最优值，系统稳定性越好。改进的 CTIA 输入级开关采用复位开关管、补偿管和串联管三管串联结构，最大化复位速度，同时消除沟道电荷注入效应。

围绕延伸波长 InGaAs 暗电流大、容易使读出电路积分电容饱和、均匀性差等特点，对焦平面噪声与温度、积分时间关系进行测量，黄松垒[10]提出一种基于输入级失调补偿的读出电路设计，用于补偿读出电路输入级的失调电压，通过增大补偿电容、改变放大器双端输出为单端输出、增大控制补偿电容的 MOS 管长宽比，降低了光敏元两端的偏压，达到抑制暗电流的目的。

9.4.3 相关双采样电路设计

相关双采样(correlated double sampling, CDS)电路在读出电路中已经广泛应用,相关双采样技术不仅可以消除 KTC 复位噪声,同时对低频噪声(如 $1/f$ 噪声)也有抑制作用[11]。设计相关双采样电路时的一个重要问题是在单元电路版图面积的限制条件下,积分电容和采样电容如何分配。张伟[8]对比了有无相关双采样结构电路的 KTC 噪声,结果表明,当不采用相关双采样结构时 KTC 噪声增加;在积分电容较小时,积分电容上的 KTC 噪声是主要噪声源,当积分电容较大、采样电容较小时,采样电容上的 KTC 噪声是主要噪声源。采用 CDS 结构后,积分电容上的 KTC 噪声被 CDS 电路去除。由图 9.4.4 可以看到,在积分电容较小的情况下,采用 CDS 后的总 KTC 噪声明显小于没有采用 CDS 的 KTC 噪声。

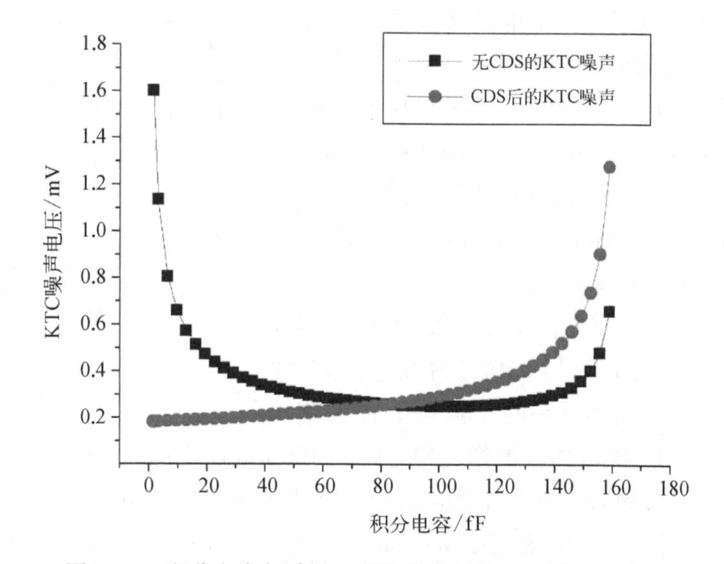

图 9.4.4 积分电容与采样电容的分配与总 KTC 噪声的关系

采样电路能否实现相关采样和电路工作模式密切相关。黄张成[9]为在边积分边读出下消除 KTC 噪声,设计了一种新型 CDS 电路结构,如图 9.4.5 所示。该采样电路中运放采用二级级联采样保持结构。为减小固定图形噪声,运放的输入失调电压应尽可能相等,在设计版

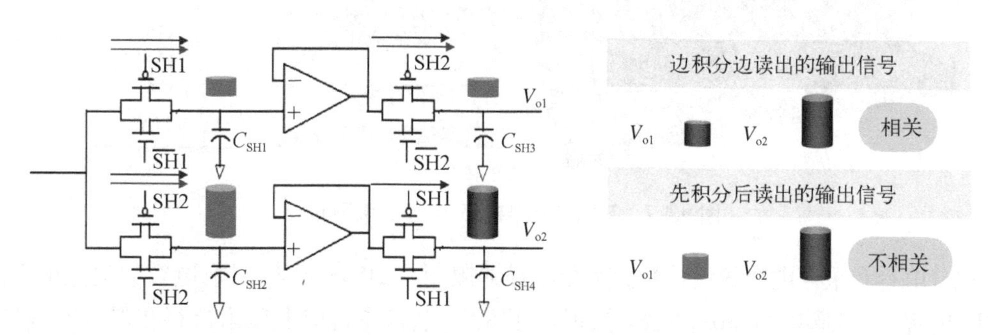

图 9.4.5 边积分边读出模式下的新型相关双采样电路结构

图时,两个运放的版图需尽可能对称,电路在边积分边读出时可有效抑制 KTC 噪声。

9.4.4 读出电路输出级设计

短波红外 InGaAs 焦平面的读出电路输出级设计主要关注大摆幅、大带宽的需求,因此常采用推挽输出的单位增益缓冲器结构,该结构增益接近 1,对信号没有衰减,同时还可以实现大负载、高速总线输出,读出速率达到 10 MHz 以上。同时,为了提高读出电路的帧频,也常采取多路抽头的输出方式。

9.4.5 读出电路版图设计

在混成红外焦平面中,读出电路通过直接倒焊或间接倒焊的方法与光敏芯片阵列互联。读出电路芯片包括输入输出 PAD、和光敏芯片的互联 PAD、模拟电路部分和数字电路部分。其整体布局如图 9.4.6 所示。

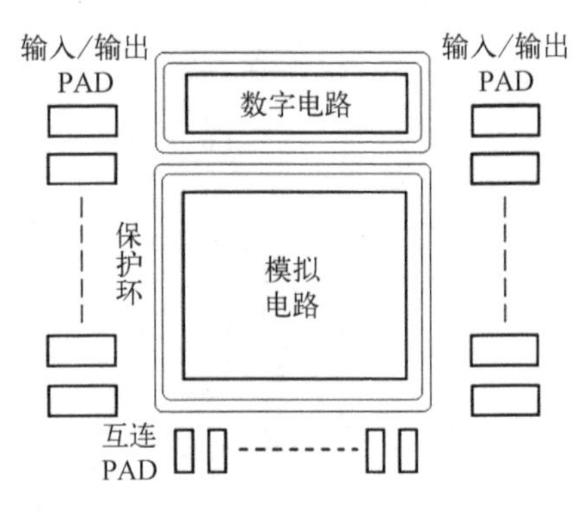

图 9.4.6 读出电路芯片布局

首先开展电路单元版图布局,从版图顶层向下垂直布局布线,如图 9.4.7 所示。互联 PAD 一般由顶层金属层与 PAD 标识层(CP)组成,结构简单位于电路芯片的最上层,虽然不具有任何电路功能,但这个区域直接将电路的输入级与 InGaAs 光敏芯片相连,每个像元对应一个互联 PAD,读出电路的互联 PAD 占据单元电路很大的版图面积。随着焦平面像元中心距从 100 μm 向 5 μm 方向发展,PAD 的尺寸也缩小,PAD 还需要兼顾倒焊互联的工艺。混成红外焦平面中常采用 In 柱作为电路与芯片的耦合互联,随着中心距向 5 μm 缩小,Cu - Cu 互联的方式也被采用,如何设计互联 PAD,合理、高效地利用版图是小尺寸单元电路版图设计的难点。

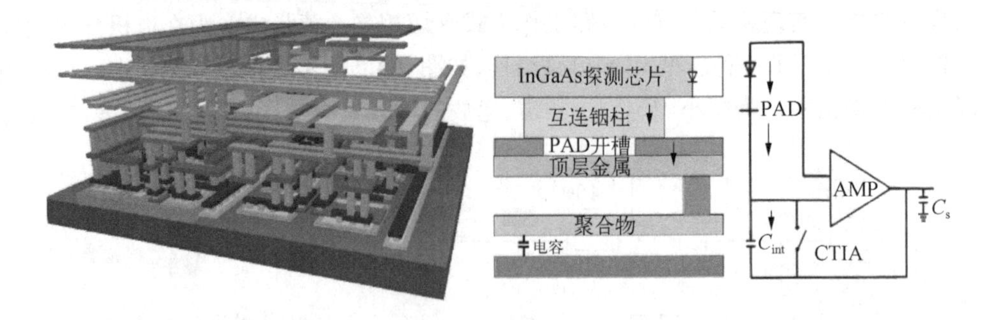

图 9.4.7 互联 PAD 与积分电容的版图布局

积分电容和采样电容的设计受到版图布局的限制。CMOS 工艺不同,电容的类型也不同,有 PIP 电容、MOS 管电容、MIM 电容等,但由于 MOS 电容在阈值电压附近存在严重非线性问题,因此 MOS 电容不适合作为积分电容。MIM 电容精度较高,常作为 CTIA 输入级的积分电容。

9.5 红外焦平面读出电路的发展

9.5.1 读出电路的研究发展

集成电路工艺规范以摩尔定律的方式向高密度方向发展,即集成电路上可以容纳的晶体管数目在每经过 18~24 个月便会增加一倍,工艺节点从 1995 年线宽 0.5 μm 标准 CMOS 工艺制程发展到 2020 年线宽 7 nm 标准 CMOS 工艺制程。红外焦平面像元数密度也以类似的方式也向千万像素方向发展,短波红外 InGaAs 焦平面探测器正在向单片大规模、长线列方向发展,以中国科学院上海技术物理研究所近 20 年的进展为例,如图 9.5.1 所示[12],读出电路的像素从 10 元发展到 500 万元像素,大约每半年翻一番,像素中心距从 100 μm 缩小到 10 μm。美国 SUI 公司(传感无限公司)被美国联合技术公司收购,后又被雷神公司收购,于 2018 年 10 月报道了单片4 096×4 096[13]、中心距为 5 μm 焦平面;美国 Judson 公司(嘉德森)报道了单片 6 000×1、中心距为 13 μm 焦平面[14](图 9.5.2)。红外焦平面读出电路正向 0.25 μm、0.13 μm、90 nm CMOS工艺发展[15]。

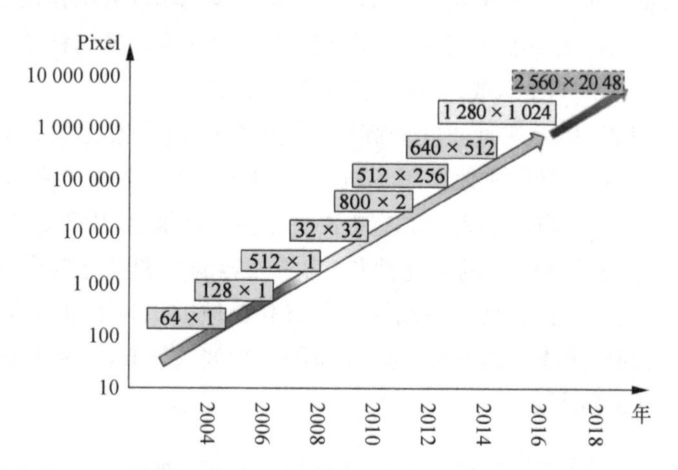

图 9.5.1 中国科学院上海技术物理研究所短波红外 InGaAs 焦平面读出电路特征尺寸的发展历程

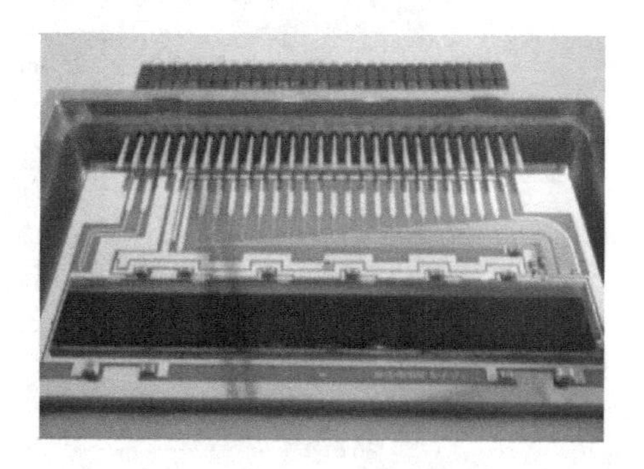

图 9.5.2 美国 SUI 公司 4 096×4 096@ 5 μm 焦平面(左)和美国 Jundson 公司 6 000×1@ 13 μm 焦平面(右)

现有典型的 CMOS 流片工艺，其允许最大分步重复(stepper)光刻尺寸为 25 mm×22 mm 或 30 mm×25 mm，在发展单片大规模读出电路时，电路尺寸超过单次 stepper 曝光尺寸，因此需要采用多次曝光/光刻的缝合(stitching)拼接流片工艺。stepper 光刻工艺每层不能一次性曝光，这就需要多次缝合曝光来完成一层光刻，缝接方案有一维和二维两种(图 9.5.3)，每个拼接块单独曝光，拼接块之间进行缝合曝光，以解决单片读出电路规模不受到 stepper 光刻区域的限制。

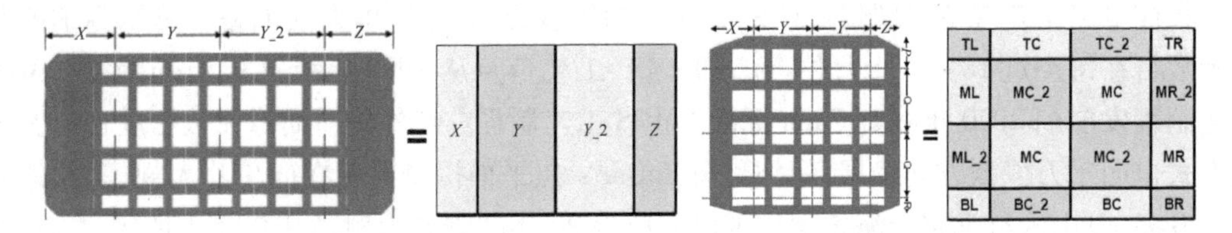

图 9.5.3　一维 stitching(左)和二维 stitching(右)光刻缝接示意图

读出电路特征尺寸也越来越小，像元中心距向 5 μm 及以下发展，需要面对以下难题：单个像元面积的减小意味着在相同材料和工艺条件下，读出电路的电容减小，从而导致电路存储电荷的能力降低，电路存储电荷的能力直接关系到焦平面的动态范围，期望采用高介质常数的绝缘材料以提高单位面积的电容。单元面积的大幅度减小，电路读出方式、结构都需要调整，文献[16]中采用行滚动曝光模式，将采样保持结构从单元阵列移动到列级电路中，同时采用 3 个 MOS 管构成 CTIA 运放，大幅度减小版图面积。

此外，短波红外 InGaAs 焦平面正在向高速、高灵敏度、高动态范围方向发展，其积分时间最短为百纳秒，提供激光层析成像使用，最长可达数秒，为天文探测使用。噪声电子数正在向 $10e^-$ 发展，这需要读出电路输入级具有极高的增益和灵敏度，用于微光夜视使用。短波红外 InGaAs 焦平面覆盖人眼安全的激光波长，为了兼容弱光和强光辐照，动态范围正在向 140 dB 需求发展，需要电路具有高动态范围时具有高灵敏度。为了进一步提高焦平面的帧频，希望将读出电路的单元读出速率发展到 40 MHz。短波红外 InGaAs 焦平面用读出电路发展的整体趋势如图 9.5.4 所示。

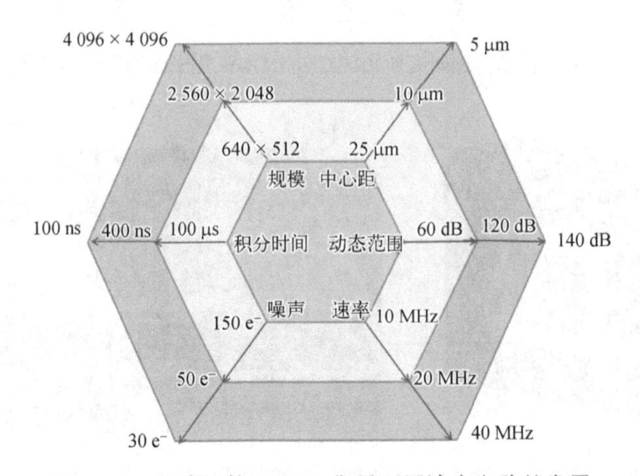

图 9.5.4　短波红外 InGaAs 焦平面用读出电路的发展

9.5.2 数字化读出电路研究进展

随着集成电路工艺继续进步,读出电路芯片内集成 ADC、信息处理电路成为可能。读出电路的数字化经历了芯片级、列级到像素级的发展历程。根据模数转换在信号链路中所处的位置,模数转换可以划分为芯片级、列级和像素级三种类型,电路结构如图 9.5.5 所示[17]。芯片级模数转换电路指的是整个读出电路在模拟输出级后只有一个模数转换单元,多用于长线列或者小面阵规模、对输出帧频要求不高的应用场景;列级模数转换电路则是对每一列输出采用一个模数转换单元,多用于中大规模面阵探测器中;像素级模数转换电路,是指每个像元内都使用一个模数转换单元直接将信号数字化,对 ADC 的版图面积和功耗要求很高,多用于高帧频传输等应用场景。

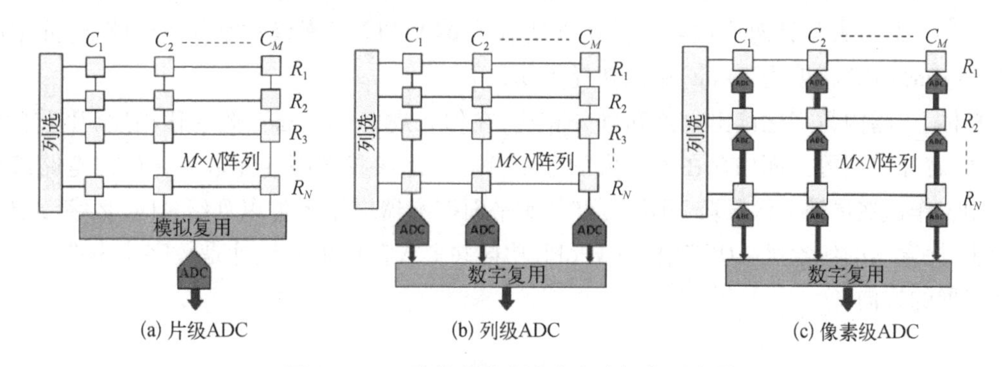

图 9.5.5 三种数字输出读出电路架构示意图

在 20 世纪 90 年代,劳伦尔红外成像系统(Loral Infrared & Imaging System)公司开发了 327×245 面阵读出电路,中心距为 46.25 μm,用于非制冷型红外探测器,它采用芯片级 ADC 结构,精度为 14 bit。芯片级 ADC 解决了读出电路数字化的有无问题,随着像元规模的不断增加,它的速率瓶颈问题开始凸显出来。进入 21 世纪后,国外各大主流红外探测器公司和科研机构开始投入精力研究列级 ADC 结构。

姚立斌等[18]详细介绍了列级 ADC 数字读出集成电路以及数字像元读出集成电路的架构及具体电路模块,分析了数字读出集成电路的各模块电路及与性能的关系。通过读出集成电路架构以及模块电路的技术提升,列级 ADC 数字读出集成电路将普遍应用于大面阵、小像元红外焦平面探测器,而数字像元读出集成电路将普遍应用于长波红外焦平面探测器。

在列级 ADC 读出电路方面,美国洛克希德马丁公司 2006 年就研制出了多款数字红外焦平面组件,规模从 320×256 到 1 024×1 024,ADC 精度 14 bit 到 16 bit 不等[19]。法国索法迪尔(Sofradir)公司于 2014 年研制出数字化焦平面探测器组件 Daphnis(牧神)[20],规模为 1 024×768,像元间距 10 μm,ADC 精度为 14 bit。2013 年,以色列 SCD(Semiconductor Device)公司推出了 1 280×1 024 面阵的数字成像组件 Heculers(大力神)[21],同年进一步推出了 1 920×1 536 超大规模面阵的高清数字成像组件 BlackBird(黑鸟)[22]。国内方面,北京大学 2012 年报道了一款规模为640×512 的数字读出电路,采用单斜率结构,ADC 精度为

14 bit[23]。2016 年,昆明物理研究所报道了一款基于 Δ－Σ 架构的数字焦平面电路,电路规模为 640×512,转换精度为 14 bit[24]。

随着更先进集成电路工艺的不断开发,研究机构们考虑在像素单元内集成更多的功能模块。美国麻省理工学院林肯实验室早在 2006 年就开展了像素级数字读出电路研究,并基于 90 nm 工艺研制出了多款像素级读出电路芯片[25]。2012 年法国原子能委员会电子与信息技术实验室(CEA－Leti)又报道出另一款 320×256 像素级数字焦平面探测器,中心距为 30×30 μm^2,采用 180 nm 标准 CMOS 工艺制造,采用扩展计数结构完成模数转换,精度为 16 bit,总功耗为 72 mW[26]。2017 年,SCD 公司推出 10 μm 像元中心距的新产品系列 BlackBird,面阵规格为 1 920×1 536,成为世界领先的数字红外成像组件[27]。国内方面,昆明物理研究所针对中长波面阵探测器开发了像素级数字读出电路,像元规模为 320×256,ADC 采用脉冲调制型,分辨率达到 16 bit,中心距为 30×30 μm^2,50 Hz 读出速率下的功耗约为 30 mW[28]。北京大学针对中波红外探测器研制了 640×512 像素级数字读出电路,像元中心距为 15 μm,ADC 精度为 16 bit,单元功耗为 0.21 μW[29]。

总体上,国内数字化读出电路和国外相比,在像元规模、中心距、数字化精度、片上智能化算法、芯片应用等方面均存在着较大的差距,因此,加快我国高性能数字化读出电路芯片的研制工作迫在眉睫。大面阵、小像元红外焦平面探测器应用还将以列级 ADC 数字读出电路为主,探索新的像素级 ADC 架构方案和低功耗共享式存储单元设计是数字化小像元读出电路发展的方向。

9.5.3 雪崩焦平面用读出电路研究进展

雪崩光电二极管(avalanche photon diode, APD)是雪崩倍增效应的光电探测器件,反偏 APD 的工作状态可分为两种模式,当 APD 两端反偏电压大于其雪崩击穿电压时称为盖革模式,反之为线性模式。线性模式下光电流大小与光强呈正比,电流增益非常有限;盖革模式下 APD 的增益理论上为无穷大,可实现单光子探测,见图 9.5.6。在盖革模式下,器件具有很强的内建电场。载流子在强内建电场作用下能够获得很大的能量并不断与原子碰撞形成电

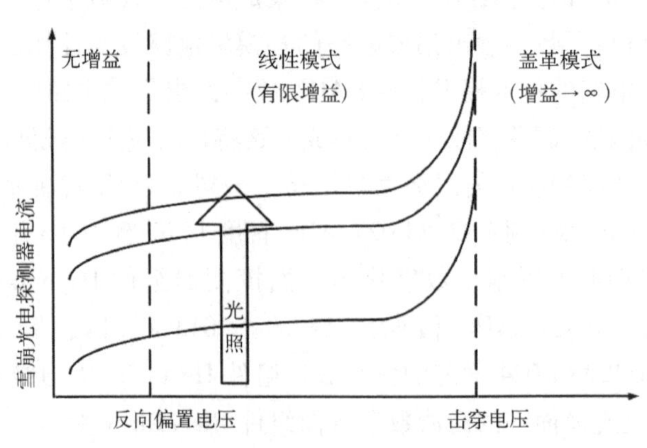

图 9.5.6　雪崩光电二极管 $I-V$ 曲线

流,越来越多的载流子不断重复该过程,形成很强的雪崩电流。电流能在极短时间内达到饱和,雪崩电流与反向偏压呈指数相关。即使只有单个光子照射到器件,也能在极短的时间内产生雪崩电流,实现单光子探测。

盖革模式雪崩光电二极管(Gm-APD)可以工作在人眼安全的激光波段,在三维成像激光雷达、空间激光通信等领域具有重要应用。盖革雪崩红外焦平面探测器用的读出电路芯片是其重要元件之一,主要包括淬灭电路、时间数字转换(time to digital convert, TDC)计数器、存储电路以及输出控制电路等。其中,淬灭电路为 ROIC 与传感器的前端接口,为后续电路提供电压脉冲,同时负责 Gm-APD 的偏置控制,接收来自 Gm-APD 的雪崩电流,并转换为电压信号,再通过电平转换模块作为 TDC 的输入信号。当雪崩倍增过程被触发后,由于雪崩电流具有自维持的特性,雪崩电流无法自动消除。为了保护器件免受高压损坏和继续探测下一个光信号,淬灭电路必须在雪崩信号检测完成后将雪崩电流淬灭,使 Gm-APD 器件两端偏置电压降低至雪崩电压以下,一段时间以后再通过复位电路使其重新工作在待测模式。TDC 计数器是读出电路中负责对光子飞行时间进行测量或者对光子到达时刻进行分辨的模块。TDC 是一种特殊的 ADC,对脉冲起始 START 时刻和淬灭结束 STOP 时刻之间的时间间隔进行测量,存储电路立即将此刻的计数码值存储下来,在此过程中,同步模式下 TDC 将会停止,而自由运转模式 TDC 将持续计数。

同步模式下,阵列内所有的像元归统一的门控调配,像元在探测门控起点同步偏置至盖革区,当检测到光子到达后,迅速完成淬灭,并记录下光子的飞行时间。门控模式下探测门控结束后,像元开始统一进行死时间计时,等待 hold off(保断)门控结束后又统一将 Gm-APD 恢复偏置至盖革区。门控模式阵列像元工作是以帧为单位周期进行的,数据读出要求在 hold off 时间内完成,因此探测和 hold off 时间周期共同组成了帧周期。自由运转模式下,当像元被触发雪崩后,淬灭电路对 Gm-APD 淬灭,同时启动 hold off 时间自延时,这个延时是通过像元内的数字计时器或者模拟延时电路完成的。等待 hold off 延时完成后,像元内的 Gm-APD 将会重新被偏置到盖革区,等待下一个光子到来。自由运转模式下各像元的延时、复位是异步且相互独立的,相互之间不影响,由像元自我管理和执行。

近年来,Gm-APD 焦平面 ROIC 研究技术正在迅速发展,长线列、中大规模面阵、高计时均匀性、低功耗、集成片上数据处理功能是发展的主要方向。美国麻省理工学院(Massachusetts Institute of Technology, MIT)的林肯实验室在该领域处于领先地位,从 4×4、32×32、32×128、256×64 发展到 256×128,设计能力从小规模阵列逐渐向中大规模阵列进步,像元中心距缩小至 50 μm,时间分辨率达到了 1 ns。其电路已由 350 nm 转向了 180 nm CMOS 工艺节点,并对电路架构进行了改进,显著地降低了功耗[30]。2019 年,英国爱丁堡大学使用 40 nm CMOS 工艺,设计一款 192×168 规模的 ROIC,读出电路内集成两段式 12 bit TDC,是目前报道的最小的像素 TDC 电路[31],采用 40 nm 较为先进工艺设计并流片,实现高时间分辨率。

9.5.4 读出电路的系统化智能化发展

从 20 世纪 90 年代开始,InGaAs 焦平面探测器技术经过前两个阶段的发展,逐渐从基础技术研究阶段经过产品发展阶段到达目前的全系多规格、多领域应用的新阶段。现阶段探测器技术研究主要集中在大面阵小像素、低噪声、大动态范围、多波段、智能化等方面。智能化焦平面技术主要基于模数 ADC 转换后,将系统级数字信号处理功能集成到焦平面读出电路上,包括缺陷像素剔除、片上非均匀性校正、积分时间及增益自调控、可编程探测器偏压控制、图像增强、目标识别、功耗动态管理电路等。图 9.5.7 为读出电路的系统化、智能化架构示意图,发展短波红外 InGaAs 探测器智能感知能力,包括图像场景预分类、短波红外目标数据集建立、目标识别算法开发、目标识别算法初步验证、目标识别算法移植和目标识别算法等,发展高灵敏度图像监测、高覆盖率光谱检测、持续监测大范围活动、高保真探测等能力,突出目标在场景中的细节特征信息,自主识别感兴趣的物体、行为和材料,从而降低红外系统的复杂程度。

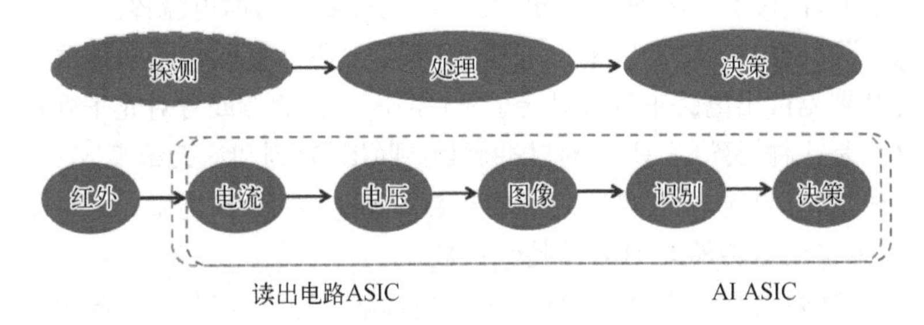

图 9.5.7　读出电路的系统化、智能化架构示意图

在新一代数字化红外焦平面成像应用中,需要采用大面阵高分辨率的探测器来提高红外图像和视频质量。目前为止,高分辨率探测器的像素阵列大小已经开始从 640×512、1 K×1 K 向 2 K×2 K、4 K×4 K 等规模发展。在基于传统读出电路的焦平面应用中,对原始图像的处理是在片外的板级系统进行的。由于片外图像处理电路,读出电路和光敏芯片之间存在多种形式的数据传输,模拟像素捕获的信号从单元像素到片外处理板必须经过很长的传输路径,信号完整性和系统信噪比容易受到干扰和影响,因此红外成像系统的整体性能较低。集成片上数字信号处理单元的读出电路可以在片上数字化的基础之上,进一步集成缺陷像素剔除、片上非均匀性校正、积分时间及增益自调控、可编程探测器偏压控制、图像增强、功耗动态管理电路等功能模块,可以显著提升红外成像系统的性能[32]。

在热成像应用中,艾睿光电基于自主研发的 ASIC 处理器芯片开发了 12 μm 小像元系列红外热成像模组,见图 9.5.8。该系列模组搭载自主研发的“猎鹰”ASIC 处理器芯片,取代了传统热成像模组的 FPGA 方案,具备更小体积、更轻重量、更低功耗、更优成本、更高性能等特点,即满足新一代红外探测器 SWaP3(Size,Weight and Power, Price,Performance)的应用要求。相比于基于 FPGA 的系统方案,ASIC 处理器芯片具有更小体积、更低功耗、更优成本,同时具有强大的专业性能,可以全面支持红外测温及点线框实时检测、电子变焦和多种伪彩、OSD 等功能;强大的专业红外图像处理能力,可进行非均匀性校正 NUC、支持 TEC - less、数字滤波降噪、数字细节增强等。

智能化焦平面技术是在读出电路片上数字信号处理功能集成的基础上,进一步实现了

图 9.5.8 艾睿光电基于专用 ASIC 的红外热成像模组系列

AI 算法的片上集成部署,通过将系统级的智能算法和功能集成到焦平面读出电路上,结合集成式的光谱、偏振等微结构,可以在焦平面传感器内实现目标的实时识别和多维度传感,实现探测器的智能化应用,有助于发展高覆盖率光谱检测、持续监测大范围活动、高保真探测等能力,自主识别感兴趣的物体、行为和材料,从而降低红外系统的复杂程度。在智能算法的硬件集成中,针对深度学习等 AI 运算而开发的嵌入式神经网络处理器(NPU)在近年来得到了飞速发展,并进一步借助以 Chiplet 为代表的先进封装技术实现了传感器的深度集成。在图像传感器的智能化发展中,索尼公司在 2020 年宣告发布了首款集成 AI 处理功能的智能图像传感器 IMX500/IMX501(图 9.5.9)。该传感器采用 3D 堆栈式结构,实现了感光像素阵列、ISP 图像信号处理单元和图像 AI 处理单元的集成,具备原始数据、图像预处理数据和识别结果等输出格式可选的功能[33]。为了方便用户进行传感器内的 AI 模型部署和更新,索尼配套研发了边缘人工智能传感平台 AITRIOS,以进一步实现智能图像传感器应用中的识别流程简化[34]。基于 IMX500 智能图像传感器和神经网络算法,Xailient 公司实现了人脸识别应用的 100%边缘智能处理,3 m 处的识别准确率达到了 97.8%,相比云端处理,极大提升了识别速度和隐私数据的安全性。

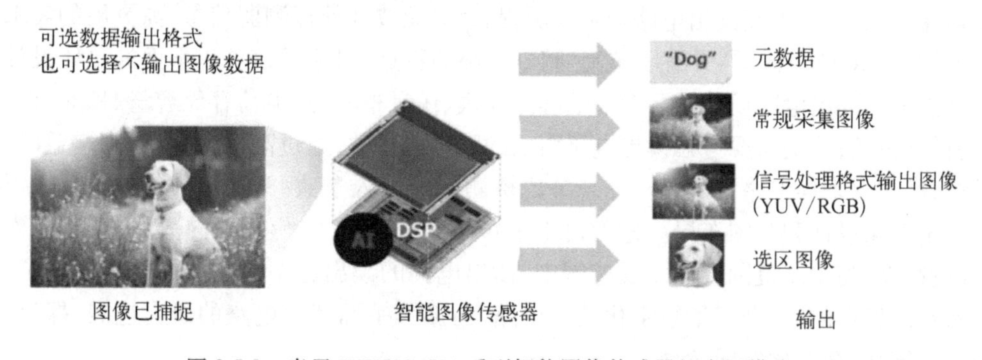

图 9.5.9 索尼 IMX500/501 系列智能图像传感器的应用模式

2021 年,索尼发布的 IMX661 大尺寸 CMOS 图像传感器,见图 9.5.10,配备了工业设备 CMOS 图像传感器所需的一系列信号处理功能,包括在快速检查过程中控制成像时间点的触发同步功能;仅读取所需区域,减少后期信号处理负载的 ROI(感兴趣区域)功能;渐变压缩功能,可在减少数据量的同时输出所需信息;多重曝光功能,可探测移动物体的轨迹;短曝光功能,保证物体高速移动的无模糊成像;像素组合读取功能,保证在低亮度条件下的灵敏度增强。法国普诺飞思(Prophesee)公司和索尼公司联合研发一种事件驱动型的人工智能AI 视觉传感器,见图 9.5.11。对于事件驱动系统,新传感器能够提供业界最小的像素尺寸和业界最高的高动态范围性能。类似于人眼视觉原理,Prophesee 开发的传感器只有在感知到场景变化时才会进行记录,不同于传统图像传感器以固定帧时钟记录图像信息。即仅在场景变化时,基于事件的视觉传感器上的像素才做出反应,场景中的动态部分都不会被捕捉。基于事件的视觉感知设计,产生的数据量更少、反应速度更快,以及实现更高的动态范围,大幅度减小通信带宽、存储容量与计算资源的需求。

图 9.5.10　索尼 CMOS 图像传感器 IMX661

图 9.5.11　法国 Prophesee 公司的事件驱动型 AI 视觉传感器

9.6 小　　结

本章基于标准化 CMOS 工艺介绍了红外焦平面读出电路的基本结构,具体涉及读出电路的输入级结构、采样电路、输出级电路以及移位寄存器等。重点是面向短波红外 InGaAs 焦平面探测器,介绍了其读出电路的发展历程,针对短波红外探测弱信号、高灵敏的需求,结合短波红外 InGaAs 探测器具有阻抗高、暗电流小的特点,讨论了该类焦平面的总体设计,指出该类焦平面读出电路设计需要考虑的阵列规模、像元中心距、电荷存储容量、帧频、读出速率、功耗等参数,特别需要考虑读出电路引入的噪声电子数,通过高注入效率、高增益的输入级结构、优化的采样电路设计以及综合考虑探测器的输入参数,开展短波红外 InGaAs 焦平面的读出电路设计和版图布局。进而讨论了短波红外 InGaAs 焦平面向大规模、小像素、高速、高灵敏度、高动态范围方向发展过程中,读出电路的读出速率、积分时间、噪声电子数等核心参数的发展趋势,介绍了数字化读出电路、雪崩焦平面读出电路的研究进展,探讨了读出电路系统化、智能化发展途径。

参考文献

[1] Hoffman A, Sessler T, Rosbeck J, et al. Megapixel InGaAs arrays for low background applications. Proc.

SPIE, 2005, 5783: 32 - 38.

[2] Bentell J, Xiong X, Kim C, et al. 3000 pixel linear InGaAs sensor for the Proba - V satellite. Proc. SPIE. 2010, 7862: 33 - 34.

[3] Razavi B.模拟 CMOS 集成电路设计.西安: 西安交通大学出版社,2003: 341.

[4] Sheu B J, Hu C M. Switch-induced error voltage on a switched capacitor. IEEE J. Solid-State Circuit,1984, 19(4): 519 - 525.

[5] Wegmann G. Charge injection in analog MOS switches. IEEE J. Solid-State Circuit, 1987, 22(6): 1091 - 1097.

[6] 李雪,龚海梅,邵秀梅,等.短波红外 InGaAs 焦平面研究进展.红外与毫米波学报,2022,41(1): 129 - 138.

[7] 李尧桥.512×1 铟镓砷红外焦平面组件读出电路设计.北京: 中国科学院研究生院,2008.

[8] 张伟.高光谱用 InGaAs 红外焦平面读出电路研究.北京: 中国科学院研究生院,2011.

[9] 黄张成.航天遥感用铟镓砷短波红外焦平面读出电路设计.北京: 中国科学院研究生院,2011.

[10] 黄松垒.延伸波长 InGaAs 红外焦平面暗电流及读出电路研究.北京: 中国科学院研究生院,2011.

[11] Johnson J F. Hybrid Infrared focal plane signal and noise model. IEEE T-ED, 1999, 46(1): 96 - 108.

[12] 李雪,龚海梅,邵秀梅,等.短波红外 InGaAs 焦平面研究进展.红外与毫米波学报,2022,41(1): 129 - 137.

[13] Liobe J, Daugherty M, Bereznycky P, et al. Ultra-large format, ultra-small pixel pitch extended response visible through short-wave infrared (SWIR) camera. Proc. SPIE, 2019, 11002: 11002.

[14] Song K, Lei J, Yuan H, et al. Development of a hermetically packaged 13 μm pixel pitch 6000-element InGaAs linear array. Proc. SPIE, 2018, 10656: 106560 K.

[15] Blank R, Beletic J W, Cooper D, et al. Development and production of the H4RG - 15 focal plane array. Proc. SPIE, 2012, 8453: 260 - 269.

[16] Dsouza A I, Bakulin A, Klem E, et al. ROIC for 3 μm pixel pitch colloidal quantum dot detectors. Proc. SPIE,2018, 10656: 1065614.

[17] 姚立斌,陈楠,胡窦明,等.数字红外焦平面探测器.红外与激光工程,2022,51(1): 20210995.

[18] 姚立斌,陈楠,张济清,等.数字化红外焦平面技术.红外技术,2016,38(5): 357 - 366.

[19] Schlesinger J O, Calahorra Z, Uri E, et al. Pelican-SCD's 640×512, 15 μm pitch InSb detector detector. Proc. of SPIE, 2007, 6542: 654231.

[20] Reibel Y, Pere-Laperne N, Augey T, et al. Getting small, new10 μm pixel pitch cooled infrared products. Proc. of SPIE, 2014,9070: 907034.

[21] Ilan E,Shiloah N,Elkind S, et al. A 3 Mpixel ROIC with 10 μm pixel pitch and 120Hz frame rate. Proc. of SPIE,2013, 8659: 86590A.

[22] Krashefski B, Elliott J, Hahn L, et al. A versatile, producible, digital, FPA architecture . Proc. of SPIE, 2006, 6206: 62062W.

[23] Zhang Y J,Lu W G,Chang Y K,et al.An optimal filter with optional resolution used in incremental ADC for sensor application.IEEE,2012.

[24] 郭强,陈楠,姚立斌.用于图像传感器的扩展计数模数转换器设计.红外技术,2016,38(3): 188 - 192.

[25] Guilvard A, Segura J, Magnan P, et al. A digital high dynamic range CMOS image sensor with multi-integration and pixel readout request. Proc. SPIE, 2007, 6501: 65010L.

[26] Peizerat A, Rostaing J P, Zitouni N, et al. An 88 dB SNR, 30 μm pixel pitch infrared image sensor with a 2 - step 16 bit A/D conversion. IEEE Symposium on VLSI Circuits, 2012, Digest: 6243823.

[27] Gershon G, Avnon E, Brumer M, et al. 10 μm pitch family of InSb and XBn detectors for MWIR imaging. Proc. SPIE, 2017, 1017: 101771.

[28] 白丕绩,姚立斌,陈楠,等.像素级数字长波制冷红外焦平面探测器研究进展.红外技术,2018, 40(4): 9.

[29] Huang Z F, Zhu Y J, Lu W G, et al.A 16 - bit hybrid ADC with circular-adder-based counting for 15 μm pitch 640×512 LWIR FPAs Chinese.Journal of Electronics, 2020, 29(2): 291 - 296.

[30] Aull B F, Duerr E K, Frechette J P, et al. Large-format geiger-mode avalanche photodiode arrays and readout circuits. IEEE JSTQE, 2018, 24(2): 1 - 10.

[31] Yip P, Henderson R K, Chen H, et al. A 192×128 time correlated single photon counting imager in 40 nm CMOS technology. IEEE 44th European Solid State Circuits Conference, 2018, Digest: 54 - 57.

[32] Faraz J, Muhammad R, Shafqat K. A configurable high resolution digital pixel readout integrated circuit with on-chip image processing. Computers and Electrical Engineering, 2020, 86: 106720.

[33] Ryoji E, Satoshi Y, Hiroyuki C, et al. A 1/2.3inch 12.3Mpixel with on-chip 4.97TOPS/W CNN processor back-illuminated stacked CMOS image sensor. IEEE International Solid-State Circuits Conference, 2021.

[34] Sony Semiconductor Solutions. Edge AI sensing platform-AITRIOS. www.sony-semicon.co.jp/cn/products/platform.html [2022 - 3 - 26].

第 10 章 InGaAs焦平面的特性参数及表征技术

10.1 引　　言

红外焦平面探测器组件主要由红外探测器阵列芯片、读出电路芯片和封装组成，其工作性能既与探测器性能(如量子效率、噪声、均匀性、盲元率等)有关，还与读出电路的性能有关，如电路输入级的电荷存储、均匀性、线性度、注入效率、电荷转移效率、电荷处理能力等。关于光电探测器单元器件的特性及表征在本书第 4 章中已有详细介绍，关于读出电路主要影响的技术参数在本书第 9 章中已有详细介绍。对于焦平面器件，其包括众多探测像元的光电探测芯片已与进行信号放大处理的硅读出电路进行了混成互联，其电路输出信号中既包含了探测像元的特性，也受到读出电路本身的影响，且一般情况下只能按照时序进行读出，这样用于单元器件和读出电路的一些测试表征及分析方法就可能已经不适用了。当然，通过在焦平面器件上制作一些专门用于表征的测试单元可以部分化解这一问题，但这一方面增加了复杂性等，另一方面也尚不能表征焦平面器件的整体性能。因此，针对焦平面器件需要发展一些特定的测试表征及分析方法。本章讨论了基于黑体辐射源的红外焦平面测试系统对其光电性能进行表征，包括将已封装的焦平面放入金属屏蔽盒中与电路板实现电学互联，并通过温控设备设置黑体温度，使用数据时序发生器和模块化电源系统分别为读出电路提供数字脉冲信号和偏置电压，在完成一定时间的积分后，使用接线盒和数据采集卡将读出电路的多路输出信号采集到电脑中，经对输出信号进行差分处理后测试获得焦平面的暗信号、响应信号和噪声，通过数据处理，计算焦平面的响应率、探测率、响应非均匀性、盲元率、动态范围等，并通过电路设计参数，计算 InGaAs 器件的量子效率。在短波红外 InGaAs 焦平面主要性能参数的基础上，详细介绍了该类焦平面的噪声特性、串音特性以及调制传递函数(MTF)的研究进展。

10.2 焦平面响应光谱

目前对单元光电探测器的响应光谱测试常采用傅里叶变换红外(FTIR)系统和光栅单色仪方式。其中，FTIR 系统具有较高的测试速度和良好的信噪比，适合于较宽光谱的测试需求，且光谱的测试精度较高；光栅单色仪的光谱测试精度依赖于光栅的精度，在较宽光谱测试时，还会面临光栅更换带来的光谱不连续问题。然而，由于 FTIR 方法本身是基于调制宽谱光源和傅里叶变换恢复的“间接”光谱方法，其宽谱光源受到大范围变化的傅里叶频率调制，而常规焦平面器件则需按一定的时钟频率读出响应信号，此傅里叶频率与时钟频率难以调和，因此 FTIR 方法在用于焦平面器件的响应光谱测试时受到一定限制。因此，焦平面响应光谱的表征采用传统的分光光谱方法，即测试时在每个光波长点上停留足够的时间完成响应信号采集，再通过波长扫描的方法得到完整的响应光谱。对于近红外/短波红外波段，采用白炽灯/卤钨灯类作为测量光源是合适的，也可采用大功率氙灯，传统用于分光光谱系统特性标定和校正的标准探测器传递或绝对能量测量等方法仍可以沿用。相较于 FTIR 方法中的调制光源和傅里叶变换方法，采用非调制的直流光源的分光方法后，背景光及电磁干扰等的影响会显著加强，这是焦平面测试表征中需要特别关注的，常需采取合适的措施加以抑制。

采用光栅单色仪结合红外焦平面测试系统即可进行焦平面器件的响应光谱表征，具体如图 10.2.1 所示，对红外焦平面阵列的响应光谱进行测试，初始化单色仪，通过单色仪为 InGaAs 焦平面探测器提供单色光照，在软件中设置好选用的光栅、狭缝宽度、光源进出口、起止波长和扫描步进等参数，先测试 InGaAs 标准器件不同波长下的响应信号，再测试待测焦平面的响应信号，通过标准器件的响应光谱进行光谱校正，获得待测焦平面的相对响应光谱。

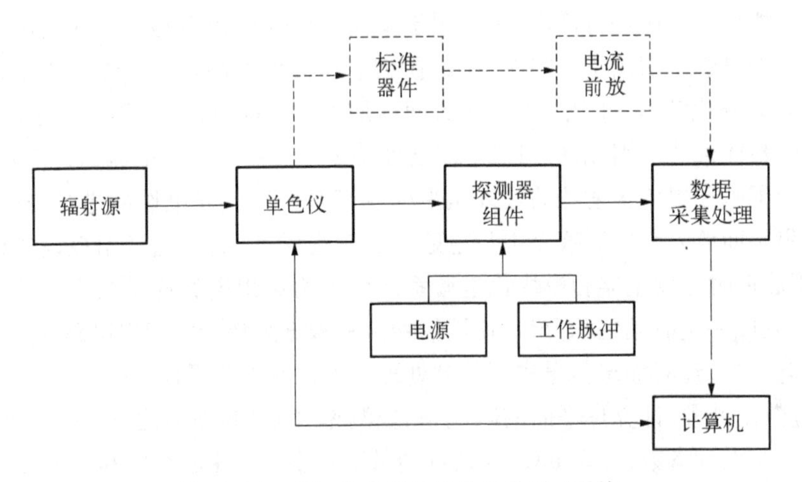

图 10.2.1　近红外焦平面响应光谱测试系统

焦平面测得的响应光谱需用标准器件测得的响应光谱做校准处理，处理方法如公式(10.2.1)所示：

$$R(\lambda_i)=\frac{R_{\mathrm{d}}(\lambda_i)}{R_{\mathrm{r}}(\lambda_i)}\cdot R_{\mathrm{std}}(\lambda_i) \tag{10.2.1}$$

其中，$R_{\mathrm{std}}(\lambda_i)$为标准器件的标定光谱。从归一化的相对响应光谱曲线 $R(\lambda_i)$ 中可提取光谱响应范围和峰值波长，G 因子的定义如式(10.2.2)[1]，其中 $\phi(\lambda)$ 是黑体的单色辐射功率，

$G(\lambda)$是响应光谱的测量曲线，λ_p表示峰值响应波长，G 因子由相对响应光谱与黑体辐射谱叉乘得到，如公式(10.2.2)所示：

$$G = \frac{G(\lambda_p)\int_0^{\infty}\phi(\lambda)\,d\lambda}{\int_0^{\infty}G(\lambda)\,\frac{C_1}{\lambda^5(e^{c_2/(\lambda T)}-1)}d\lambda} = \frac{\sigma T^4}{\int_0^{\infty}G(\lambda)\,\frac{C_1}{\lambda^5(e^{c_2/(\lambda T)}-1)}d\lambda} \tag{10.2.2}$$

其中，$G(\lambda_p)$为相对峰值响应率；$G(\lambda_p)$为相对单色响应率；$C_1 = 3.742\times10^4\ \text{W}\cdot\mu\text{m}^4/\text{cm}^2$，$C_2 = 1.439\times10^4\ \mu\text{m}\cdot\text{K}$。其中 $\phi(\lambda)$如公式(10.2.3)所示：

$$\phi(\lambda) = \frac{2\pi hc^2}{\lambda^5}\cdot\frac{1}{e^{\frac{hc}{\lambda kT}}-1} \tag{10.2.3}$$

式中，T 为焦平面测试时的黑体温度；λ 为波长；普朗克常数 $h = 6.626\times10^{-34}\ \text{J}\cdot\text{s}$；真空光速 $c = 2.998\times10^8\ \text{m/s}$；玻尔兹曼常数 $k = 1.381\times10^{-23}\ \text{J/K}$；斯特藩常数 $\sigma = 5.673\times10^{-12}\ \text{W}/(\text{cm}^2\cdot\text{K}^4)$。

通过相对响应光谱提取起始波长、截止波长和峰值波长，同时计算确定黑体温度下对应的 G 因子，为基于黑体辐射源建立焦平面测试系统，测量探测器信号提取器件量子效率提供依据。

在实际应用中，常常依据探测目标特性进行特定光谱带宽下的测试。例如，FY－4A 是中国第二代静止轨道气象卫星风云四号系列的首发星，多通道扫描成像辐射计是 FY－4A 核心载荷之一，成像观测通道从第一代风云二号的 5 个扩展到 14 个，用于获取目标不同光谱波段的辐射数据。其中新增的近红外通道 4 和通道 5 分别为 1.36～1.39 μm 和 1.58～1.64 μm，在卷云观测、低云/雪识别和水云/冰云判识以及开展沙尘、云相态快速变化跟踪等方面具有重要作用。为了提升 FY－4A 的光谱定量化应用水平，提高反演精度，其两个近红外通道对传感器组件的光谱提出了更高的要求。以 FY－4A 的 1.58 μm 通道为例，其中心波长为 1 610 nm，光谱带宽 60 nm，允许的偏差为±6 nm，如图 10.2.2 所示。因此特定光谱带宽下器件的性能，采用 $\Delta\lambda = \lambda_2 - \lambda_1$ 特定光谱带宽下，器件响应光谱与黑体辐射谱叉乘 G 因子进行计算，如公式(10.2.4)所示。

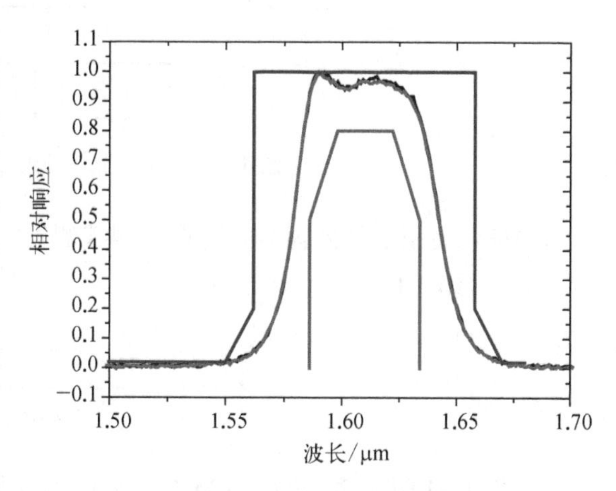

图 10.2.2　FY－4A 近红外传感器 1.58 μm 通道的相对响应光谱曲线

$$G = \frac{G(\lambda_p)\int_0^{\infty}\phi(\lambda)\,d\lambda}{\int_{\lambda_1}^{\lambda_2}G(\lambda)\phi(\lambda)\,d\lambda} \tag{10.2.4}$$

10.3 红外焦平面光电性能

焦平面的光电性能表征主要指测量其对特定波长光的响应度,以及获得响应度的光谱分布,并可结合读出电路的性能参数推算出探测器的量子效率等。采用宽谱的黑体辐射源作为测试光源是优先被采用的。黑体源的辐射参数由准确的普朗克辐射定律决定,其中的常数也足够精确,两个需要考虑的参数是易于准确测量的温度和几何尺寸,因此适合用于测量表征,也可避免功率的精确标定和标准传递等方面的困难。对单元器件也常采用黑体光源表征其光电特性,但为提高灵敏度和降低测量噪声常采用调制-解调方法,即对黑体光源进行特定频率的交流调制,但对按一定的时钟频率进行顺序读出的焦平面器件,这样的调制往往很难协调,采用非调制的直流光源后,选频放大或调制-解调方案就无法使用,这时背景光及电磁干扰等的影响会显著加强,这是焦平面测试表征中需要特别关注的,常需采取合适的措施抑制背景及电磁干扰。

通过红外焦平面测试系统进行焦平面光电参数测试,测试系统包括黑体辐射源、供电电源、脉冲发生器、数据采集卡以及测试软件等,如图 10.3.1 所示。在短波红外焦平面测试系统中,黑体辐射源可以采用点源黑体,一般黑体温度选择为 900~1 500 K,也可以采用面源黑体,一般低温 T_1为测试环境温度,高温 T_2选择在 550~650 K。

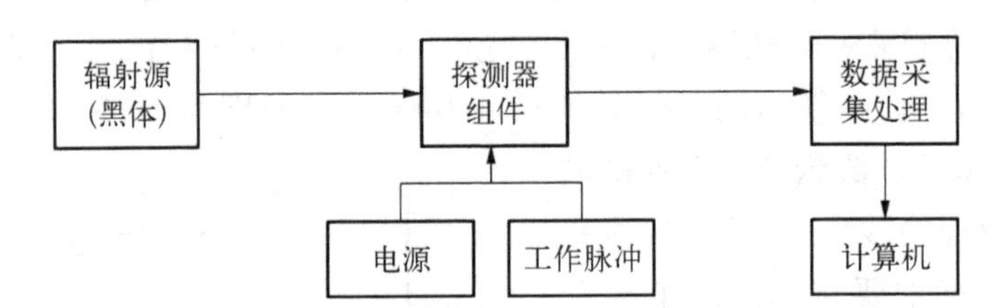

图 10.3.1　基于黑体的近红外焦平面测试系统

黑体源发出的红外辐射照射在待测探测器上。以点源黑体为例,照射在探测器上的功率为公式(10.3.1):

$$P = \frac{\sigma \times (T_2^4 - T_1^4) \times A_D}{4 \times (L/D)^2 + n} \tag{10.3.1}$$

当 $L/D>1$ 时,n 取值为 1;当 $L/D\leqslant 1$ 时,n 取值为 0。其中,σ 为斯特潘常数,5.673×10^{-12} W/(cm^2·K^4);T 为黑体温度,K;T_0为背景温度,K;d 为黑体辐射孔径,cm;A_D为光敏元面积,cm^2;L 为黑体出射孔至焦平面像元面垂直距离,cm;k 为玻尔兹曼常数,1.38×10^{-23} J/K;h 为普朗克常数,6.626×10^{-34} J·s;c 为光速,$2.997\,9\times 10^8$ m/s。

因为黑体辐射有连续波谱而且各波长的发射率不同,探测器产生的信号应是各个波长辐射产生的信号总和。在焦平面中,第(i, j)元黑体信号计算方法如式(10.3.2):

$$V_s(i,j)=\frac{1}{K}\left\{\frac{1}{F}\sum_{f=1}^{F}V_s[(i,j),f]-\frac{1}{F}\sum_{f=1}^{F}V_b[(i,j),f]\right\} \tag{10.3.2}$$

其中，$V_s[(i,j),f]$为第(i,j)像元的第f帧黑体信号；$V_b[(i,j),f]$为第(i,j)像元的第f帧背景信号；K为测试系统增益($K=1$)；F为采样帧数。

平均黑体信号计算方法如式(10.3.3)：

$$\bar{V}_s=\frac{1}{M\times N-(d+h)}\sum_{i=1}^{M}\sum_{j=1}^{N}V_s(i,j) \tag{10.3.3}$$

其中，M为焦平面行数；N为焦平面列数；d为死像元数；h为过热像元数。

第(i,j)元噪声计算方法如式(10.3.4)：

$$V_n(i,j)=\frac{1}{K}\sqrt{\frac{1}{F-1}\sum_{f=1}^{F}\{\overline{V_{ds}(i,j)}-V_{ds}[(i,j),f]\}^2} \tag{10.3.4}$$

其中，$V_{ds}[(i,j),f]$为第(i,j)像元的第f帧暗信号。

平均噪声计算方法如式(10.3.5)：

$$\bar{V}_n=\frac{1}{M\times N-(d+h)}\sum_{i=1}^{M}\sum_{j=1}^{N}V_n(i,j) \tag{10.3.5}$$

在焦平面测试系统中，直接测量的物理量为信号$V_s[(i,j),f]$和暗信号$V_{ds}[(i,j),f]$，通过F帧暗信号$V_{ds}[(i,j),f]$的均方根偏差，在扣除无效像元后计算获得$V_n(i,j)$，计算平均信号$\bar{V}_s$和平均噪声$\bar{V}_n$。红外焦平面的响应率是指输出信号电压或电流与入射光功率的比值，也就是单位入射光功率所生成的电流或电压信号，入射光功率一致，而入射光的波长不同所产生的响应也不尽相同，因此常结合器件响应光谱曲线，提取G因子，用峰值响应率表征探测器的光电转换能力。峰值电压响应率的计算方法如式(10.3.6)：

$$R_v=G\cdot\frac{\bar{V}_s}{P} \tag{10.3.6}$$

其中，G因子从相对响应光谱中获得；P为黑体辐照功率。例如，在短波红外 InGaAs 焦平面研制中，读出电路采用 CTIA 输入级结构，峰值电流响应率和峰值电压响应率的转换关系如式(10.3.7)：

$$R_\lambda=\frac{R_v\cdot C_{\text{int}}}{A_v\cdot\tau} \tag{10.3.7}$$

其中，C_{int}是 CTIA 输入级结构的积分电容；A_v是放大器的增益系数；τ为焦平面测试的积分时间。根据峰值电流响应率，结合探测器的相对响应光谱可以获得其绝对响应光谱，从而获得量子效率与波长的曲线，探测器的量子效率和响应率类似，不同波长入射光的量子效率也不相同。以λ_p为峰值波长为例，焦平面探测器的峰值量子效率如式(10.3.8)：

$$\eta=\frac{\lambda_p qR_\lambda}{hc} \tag{10.3.8}$$

从焦平面测试系统中另一个直接测量的物理量是平均噪声电压 $\bar{V}_n$，在焦平面工作温度、积分时间确定的情况下，噪声电压越小，表明焦平面的探测能力越强，关于焦平面的噪声特性将在后面的小节里详细介绍。考虑到器件光敏元面积的设计参数和测试过程的积分时间参数，为了方便比较不同探测器的性能，定义了归一化的探测率来表示探测器探测能力的强弱，即用测量系统的带宽 Δf 和结面积 A_D 乘积的平方根与噪声电压所引起的等效噪声功率的比值定义归一化的探测率，探测率是红外焦平面器件的核心参数之一。利用单色辐射源测试获得的探测率称为单色探测率。通常用峰值波长处的单色探测率 $D^*_{\lambda_p}$（峰值探测率）来描述器件的性能。峰值探测率的计算方法如式(10.3.9)：

$$D^*_{\lambda_p} = \sqrt{\frac{A_D}{2\tau}} \times \frac{R_v}{\bar{V}_n} \tag{10.3.9}$$

红外焦平面阵列的光电性能包括响应光谱、响应率、量子效率、探测率等指标，表征该器件在响应波段中的探测能力，作为焦平面阵列器件，还包括第 9 章中介绍的主要由读出电路影响的电荷存储容量、读出速率、帧频等。此外，表征红外焦平面阵列的均匀性和一致性的指标，还包括响应率非均匀性、盲元率和动态范围。

红外焦平面阵列的响应率不均匀性表征的是信号与平均信号的均方根偏差，计算方法如式(10.3.10)：

$$UR = \frac{1}{\bar{R}}\sqrt{\frac{1}{M \times N - (d + h)}\sum_{i=1}^{M}\sum_{j=1}^{N}[V_s(i, j) - \bar{V}_s]^2} \times 100\% \tag{10.3.10}$$

红外焦平面阵列的盲元率分为两类：一类是输出信号小于平均信号的 50%，称为死像元，其判定条件为 $V_s(i, j) < 0.5 \times \bar{V}_s$，记为 d，这类盲元有两种来源，一种是芯片和电路之间倒焊互联过程未连接的像元，一种是由于 pn 结异常导致的本底输出和信号输出都接近饱和，两路差分后信号很小的像元；另一类是输出信号大约平均信号的 1.5 倍，称为过热像元，其判定条件为 $V_s(i, j) > 1.5 \times \bar{V}_s$，主要是探测器暗电流过大引起的像元，记为 h。盲元率的计算方法如式(10.3.11)：

$$N_{bad} = \frac{d + h}{M \times N} \times 100\% \tag{10.3.11}$$

红外焦平面阵列的动态范围，通过测试饱和电压 V_{sat} 和噪声电压 $\bar{V}_n$ 后，其计算方法如式(10.3.12)：

$$DR = 20\log\frac{V_{sat}}{\bar{V}_n} \tag{10.3.12}$$

10.4 短波红外 InGaAs 焦平面的噪声特性

短波红外探测在航天遥感、微光夜视、空间天文等领域有重要需求，随着短波红外探测向更高的光谱分辨率、更高的成像分辨率方向发展，探测器的灵敏度是一个重要指标，主要受到量子效率和噪声的影响。焦平面器件的噪声中既包括了光电探测器芯片的噪声，也含有读出电路特别是其直接与光电探测器相连的前级噪声的影响，并且对于不同类型的器件，例如晶格匹配或波长扩展两种类型的 InGaAs 器件，二者可能有不同的主导因素，要由具体情况和工况决定。光电探测器芯片的噪声中暗电流的影响常起主导作用，而暗电流则直接受所处偏压的影响，航天遥感类应用常希望其工作在零偏压的状态。然而，读出电路输入级的输入端即使设定在零偏下，还是会存在一个较小但不为零的所谓失调电压 V_{offset}，此电压常在 mV 量级甚至可大于 10 mV，且每个单元的 V_{offset} 往往并不相等而具有离散性，例如呈高斯分布。探测器芯片的暗电流根据种类不同有可能是偏压敏感的，在甚低偏压下暗电流直接正比于 V_{offset}。这些因素的综合使得焦平面的噪声特性比单元器件更为复杂，离散性和均匀性也受到关注。当然，在可能的情况下引入低失调电压的读出电路也可以削弱这方面的影响，这也是焦平面读出电路设计的一个发展方向。对于 pin 型 InGaAs 探测器，量子效率通常在 80%左右，进一步提升的空间很小，因此降低焦平面探测器的噪声是一个重要研究方向。研究短波红外 InGaAs 焦平面探测器的噪声机理，对短波红外弱信号探测能力的提升具有十分重要的意义。构建短波红外 InGaAs 焦平面探测器的噪声物理模型，结合光敏芯片和读出电路设计和性能，明确其噪声来源和影响因素；揭示短波红外 InGaAs 焦平面的噪声机理，特别关注光敏芯片与读出电路耦合过程中，光敏芯片参数与读出电路参数耦合的适配性，提取耦合接口噪声，获得降低短波红外 InGaAs 焦平面探测器噪声的方法；分析焦平面的均匀性、串音等与噪声的关系，获得 InGaAs 焦平面探测器优化工作参数，为红外探测领域的发展提供理论基础。

10.4.1　短波红外 InGaAs 焦平面探测器的噪声研究进展

焦平面探测器通常由光电二极管和读出电路通过等平面耦合和倒焊耦合方式形成。影响焦平面噪声的因素包括光电器件的暗电流噪声、读出电路噪声以及耦合过程引入的噪声等。目前红外焦平面探测器从 CCD 耦合模式发展到 CMOS 耦合模式。在 CCD 噪声特性研究中，Janesick 采用光子转换曲线（PTC）表征器件噪声电子数和信号电子数的关系[2]，见图 10.4.1，从 PTC 图中可以较为明确地提取电路的读出噪声、探测器的散粒噪声以及由焦平面的响应不均匀性引起的固定图形噪声。

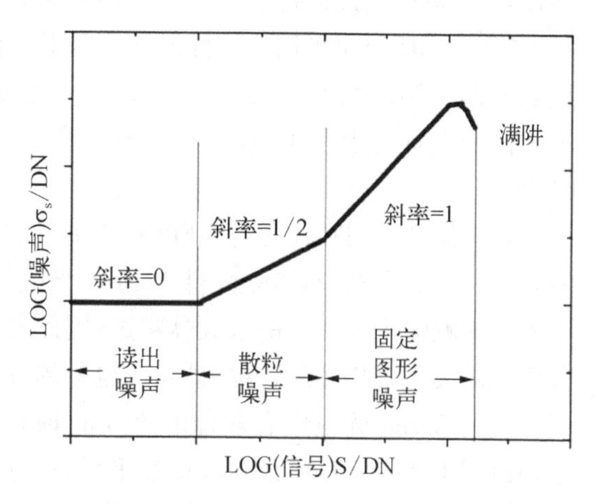

图 10.4.1　CCD 器件噪声与信号的 PTC 关系

短波红外 InGaAs 焦平面探测器的噪声研究主要从光敏芯片引入的噪声、读出电路引入的电子噪声以及光敏芯片与读出电路耦合噪声三个方面开展研究。如在航天遥感领域，法国陆地卫星（SPOT 4, SPOT 5）的高分辨可见近红外系统(HRG)和植被仪(Vegetation)均采用了3 000元InGaAs短波红外焦平面探测器,其读出采用CCD模式。2013年欧空局(ESA)发射Proba-V卫星接替SPOT系列卫星,采用了3 000元InGaAs短波红外焦平面探测器,其读出转变为CMOS模式,在研制过程中,研究了焦平面噪声与积分时间和积分电容的关系,表明高速工作时,噪声电压主要取决于读出电路的反馈电容,随反馈电容的增加而降低[3]。

欧空局(ESA)于2002年发射了新一代环境卫星(Envisat),其有效载荷大气分布扫描成像大气吸收光谱仪(SCIAMACHY)上采用了四个波段的短波红外InGaAs焦平面探测器组件,读出采用CMOS模式,根据大气中各种气体的光谱吸收特征测定气体数量,已在全球温室气体探测方面发挥了很大作用。Hoogeveen等[4]在2001年详细分析了典型应用条件下(积分时间为31.25 ms和1.0 s)四个波段的短波红外InGaAs焦平面探测器的噪声机理。从理论模型中推导出电子噪声中热噪声、前放噪声、模数转换(ADC)噪声、电源噪声的数值,从理论模型中推导出来源于光敏芯片的噪声,包括探测器的Johnson噪声、由探测器暗电流和热背景辐射引入的散粒噪声以及光子噪声。实验测试了不用温度和积分时间的噪声,结果表明理论模型和实验结果吻合得较好,低温区和短积分时间下,噪声主要受到电子噪声和探测器隧穿电流噪声限制,长积分时间下,探测器的Johnson噪声将起主要作用,少部分像元表现出较大偏离,可能来自探测器工艺过程引入的$1/f$噪声。发展的理论模型较好地分析了SCIAMACHY中的短波红外InGaAs焦平面探测器的噪声,为优化探测器组件的工作参数(如偏压、工作温度、积分时间等)提供了理论依据,也为进一步降低探测器组件的噪声提供了思路,提高了SCIAMACHY遥感仪器的探测精度,如CO总量精度控制在10%左右,CH_4总量精度控制在1%左右,这对全球温室气体探测具有重要意义。

在短波红外InGaAs焦平面研究领域,美国的古德里奇(GOODRICH)公司、爱聆思(Aerius)光电中心、波音公司,以及法国Ⅲ-Ⅴ实验室处于领先地位。GOODRICH公司在美国国防部高级研究计划局项目局(DARPA)和导弹防御局(MDA)等资助下,研制1 280×1 024元InGaAs焦平面探测器组件,采用CMOS模式耦合,其噪声谱和CCD模式读出类似,采用光子转换曲线(PTC)的方式,研究表明散粒噪声是焦平面探测器主要噪声来源,噪声本底比预期高3.3倍,研究中发现了一种未知的噪声源,其机理需要深入研究[5]。2011年,美国GOODRICH公司采用第一性原理发展了一种改进后的模拟模型[6],分析了高密度高占空比探测器抑制扩散电流的方法,而体内产生复合电流不是主要限制机制,探测器暗电流进一步降低在理论上是可能的,这为高密度大面阵低噪声焦平面探测器的实现提供了理论参考。

美国波音公司在光子计数阵列(PCAR)计划支持下,研究极低噪声的InGaAs焦平面探测器组件[7],研究的重点是降低InGaAs光敏芯片的暗电流至1 nA/cm^2@280℃,由于探测器电容将影响输入端相关的放大器噪声,因此采用不同的pn结测试结构研究探测器电容与扩散面积的关系,研究降低探测器输入电容的方法。

美国Aerius光电中心联合雷神(Raytheon)夜视系统和圣塔芭芭拉(Santa Barbara)仪器公司研制1 280×1 024元InGaAs焦平面,通过改进材料质量和优化扩散成结及表面钝化器件工艺,降低光敏芯片的暗电流,从而降低焦平面的噪声。为了实现天文观测应用,该中心研制低温应用的 InGaAs 焦平面,优化光敏芯片的电容参数,降低光敏芯片与读出电路耦合噪声,实现将焦平面的噪声降低到 20 个电子数以下[8]。2011 年,美国 Aerius 光电中心发表了其分析焦平面探测器的噪声来源的文章,提出降低光敏芯片的暗电流、降低工作温度和降低读出电路噪声是降低焦平面噪声的途径,其中读出噪声主要来自积分电容跨导共同作用的读出电路的场效应管,降低读出噪声需要改变读出电路的设计方案,因此,对比探测器暗电流引入的噪声和读出噪声[9],如图 10.4.2 所示,研究结果表明,光敏芯片的暗电流密度在 1 nA/cm^2@ 中心距 20 μm 的情况下,光敏芯片的暗电流是焦平面噪声的主要来源,光敏芯片的暗电流密度在 1 nA/cm^2@ 中心距 10 μm 的情况下,直到读出噪声低至 7 个噪声电子数以下才起作用。对于光敏芯片的研究重点是随着中心距的缩小,光敏芯片暗电流密度维持在一个相对低的水平,读出电路设计重点是随着中心距的缩小,进一步降低读出噪声。采用光子转换曲线(PTC)的方式研究了 640×512 元探测器暗电流噪声与积分时间、温度的关系,结果表明在60 Hz 使用情况下,噪声主要受到读出噪声影响,增加片外相关双采样(CDS)结构,大大降低读出噪声,但其噪声的来源尚不清楚。

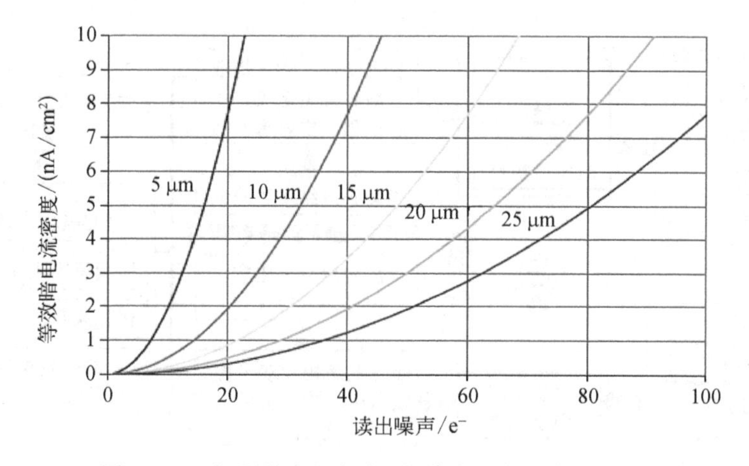

图 10.4.2　探测器暗电流引入的噪声和读出噪声的对比

法国Ⅲ-Ⅴ实验室近年来在法国和欧盟的资助下研究大动态范围短波红外 InGaAs 焦平面探测器,随着入射光强的增加,固定图样噪声(FPN)将略有增加,这主要来自读出电路的非线性和光敏芯片响应的非均匀性,但 FPN 噪声水平总体较低[10]。

中科院上海技术物理研究所关注航天遥感用短波红外 InGaAs 探测器的低频噪声,2005 年对响应波长在 1.7 μm 探测器低频噪声研究结果表明其主要表现为 $1/f$ 噪声,主要来源于表面的漏电流,高频噪声主要是散粒噪声,在优化表面钝化技术和扩散工艺参数的条件下,响应波长在 1.7 μm 探测器的暗电流随周长/面积比不变,这表明体内扩散电流成为器件的主要机制;2012 年,针对响应波长在 1.7 μm 的焦平面探测器,研究降低其读出电路噪声的方法,提出了提高电路的负载电容和降低输入端失调电压的方式,降低来自输入级放大器的热噪声[11]。2012 年,上海技术物理研究所研究了波长拓展到 2.5 μm 的 InGaAs 探测器,采用大周长面积比制备了延伸波长 InGaAs 焦平面探测器,光敏芯片表现出了较高的表面侧面漏电,在理论上分析了红外焦平面组件中光敏元、读出电路以及两者耦合的总噪声特性,在一定条件下组件噪声与积分时间的根号并不成正比，测量了不同温度下的组件暗信号、噪声，得到组件噪声与暗电流的关系，分析表明，该种组件噪声主要来自 $1/f$ 噪声及读出电路输入级电流噪声[12]。

10.4.2 短波红外 InGaAs 焦平面探测器的噪声模型

焦平面噪声包括光敏芯片噪声、读出电路噪声以及二者耦合过程中产生的耦合噪声。短波红外 InGaAs 探测器通常采用 pin 结构，其光敏芯片的噪声主要来源于光敏元探测器电阻产生的热噪声、探测器光电流和暗电流产生的散粒噪声以及闪烁噪声等[13]，如图 10.4.3 所示。短波红外 InGaAs 焦平面用读出电路常采用 CTIA 输入级，积分时间开始，探测器产生的光信号电流在积分电容上积累；积分时间结束后，输出信号正比于光电流与积分时间的乘积，其读出电路的噪声主要包括输入级放大器的热噪声、复位开关管的 KTC 噪声、采样电路的采样噪声以及读出电路 MOS 管的 $1/f$ 噪声等[14-16]。

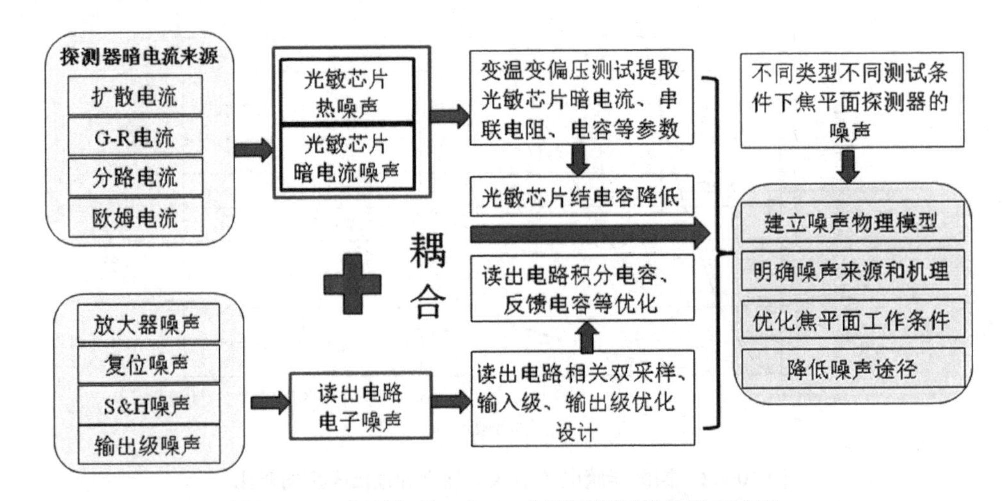

图 10.4.3 短波红外 InGaAs 焦平面探测器的噪声来源

中国科学院上海技术物理研究所于春蕾博士详细研究了短波红外 InGaAs 焦平面的噪声特性[17]，该类焦平面的读出电路采用 CMOS 设计，输入级采用 CTIA 结构。

热噪声是指光敏芯片探测器电阻中载流子的随机运动在电阻两端产生的电压相对平均值的涨落，又称为约翰逊(Johnson)噪声或尼奎斯特(Nyquist)噪声。热噪声是自由电荷载流子与晶格原子碰撞产生的，所有的电阻上都会产生热噪声，热噪声的大小与温度和电阻大小有关，与探测器工作点的偏置状态无关。热噪声是一种白噪声，与频率无关，热噪声的电流谱为

$$\overline{I(f)}^2_{\mathrm{pd,\ thermal}} = \frac{4kT}{R_{\mathrm{d}}}\Delta f \tag{10.4.1}$$

其中，k 是玻尔兹曼常数；T 是温度；R_{d} 是光敏芯片的电阻。

光敏芯片热噪声在读出电路输入端等效噪声电子数为

$$\bar{N}^2_{\text{in,int,pthe}} = \frac{2kT}{q^2 R_{\text{d}}} T_{\text{int}} \tag{10.4.2}$$

其中，T_{int}是积分时间。

光敏元热噪声电流经过积分电容转化为输出端噪声电压，输出的光敏芯片热噪声电压平方为

$$\bar{V}^2_{\text{out, int, pthe}} = \frac{2kT}{R_{\text{d}} C^2_{\text{int}}} T_{\text{int}} \tag{10.4.3}$$

其中，C_{int}是读出电路的积分电容。

散粒噪声是指探测器的离散性电流产生的信号涨落。由于光敏芯片 pn 结的少数载流子不断产生复合，在经过结区的时候又会不断受到散射而改变方向，因此载流子的数量和速度都会出现起伏，从而造成经过 pn 结的电流和其产生的电压的涨落。很明显，经过 pn 结的电流越大，电流的起伏也越明显，造成的信号涨落也越大，散粒噪声也就越大。散粒噪声在低频时是一种白噪声，与频率无关，但在高频时与频率有关。散粒噪声的噪声电流谱为

$$\overline{I(f)}^2_{\text{shot}} = 2q(I_{\text{c}} + I_{\text{dc}})\Delta f \tag{10.4.4}$$

其中，I_{c}是光敏芯片的光生电流；I_{dc}是暗电流。光敏芯片的暗电流由扩散电流、产生复合电流、隧道电流、表面漏电流、欧姆电流等成分构成，关于暗电流的分析，将会在后续章节展开。

散粒噪声在读出电路输入端的等效噪声电子数为

$$\bar{N}^2_{\text{in, shot}} = \frac{I_{\text{c}} + I_{\text{dc}}}{q} T_{\text{int}} \tag{10.4.5}$$

散粒噪声电流经过积分电容转化为输出端噪声电压，输出的散粒噪声电压平方为

$$\bar{V}^2_{\text{out, shot}} = \frac{q(I_{\text{c}} + I_{\text{dc}})}{C^2_{\text{int}}} T_{\text{int}} \tag{10.4.6}$$

光敏芯片的闪烁噪声产生的物理机理暂时没有非常完善的解释，目前认为闪烁噪声产生于半导体内部和表面存在的缺陷，在低频段影响较大。闪烁噪声的电流均方值与频率近似具有反比关系，因此常称为 $1/f$ 噪声。闪烁噪声的噪声电流谱为

$$\overline{I(f)}^2_{1/f} = \frac{A_f}{f} \Delta f \tag{10.4.7}$$

其中，A_f是闪烁噪声调制系数，在 0.8 到 2 之间。

闪烁噪声在读出电路的输入端等效噪声电子数为

$$\bar{N}^2_{\text{in, int, }1/f} = \frac{A_f \ln(N/2)}{q^2} T^2_{\text{int}} \tag{10.4.8}$$

闪烁噪声电流经过积分电容转化为输出端噪声电压，输出的闪烁噪声电压平方为

$$\bar{V}^2_{\text{out, int, }1/f} = \frac{A_2 \ln(N/2)}{C^2_{\text{int}}} T^2_{\text{int}} \tag{10.4.9}$$

读出电路输入端的热噪声除了取决于读出电路输入端的参数之外，与光敏芯片的电容也有密切关系，是由光敏芯片和输入端的耦合形成的。复位开关管的 KTC 噪声来自电路复位期间，此噪声可以采用相关双采样（CDS）电路进行消除[18, 19]。

相关双采样电路实际上就是对每个像元进行了两次采样，采样电路分别在每帧积分开始时和每帧积分结束前进行采样，最终输出的是两次采样的差值。采用相关双采样电路可以有效抑制复位开关管的 KTC 噪声、$1/f$ 噪声以及固定图形噪声。但同时由于进行了两次采样，采样开关管的 KTC 噪声也要相应地增大一倍。采样噪声电压平方为

$$\bar{V}^2_{\text{sample}} = \frac{2k_B T}{C_s} \tag{10.4.10}$$

式中，C_s 为采样电容。

耦合噪声是光敏芯片和读出电路耦合产生的热噪声，主要作用在读出电路积分时间内，耦合噪声的电压谱为

$$\overline{V(f)}^2_{\text{couple}} = \frac{8kT\alpha}{G_m} \Delta f \tag{10.4.11}$$

其中，α 为过剩噪声因子，描述运放的有源负载对噪声的贡献，α 的典型值在 1 到 2 之间，G_m 为运放的跨导。

运放热噪声经过同相放大$\left(增益为\dfrac{C_{\text{int}}+C_d}{C_d}\right)$在输出端产生噪声，其中 C_{int} 是积分电容，C_d 是探测器电容

$$\bar{V}^2_{\text{out, couple}} = \int_0^{\infty} \frac{8kT\alpha}{G_m} \left(\frac{C_{\text{int}} + C_d}{C_d}\right)^2 \times \left|\frac{1}{1 + j2\pi f R_{eq} C_{eq}}\right|^2 \mathrm{d}f \tag{10.4.12}$$

其中，R_{eq} 为输出端等效电阻，C_{eq} 为输出端等效电容

$$R_{eq} = \frac{1}{\beta G_m} \tag{10.4.13}$$

$$C_{eq} = C_L + (1 - \beta) C_{\text{int}} \tag{10.4.14}$$

其中，C_L 是负载电容；β 为电路的反馈系数，如公式（10.4.15）：

$$\beta = \frac{C_{\text{int}}}{(C_{\text{int}} + C_d)} \tag{10.4.15}$$

将公式（10.4.13）、（10.4.14）和（10.4.15）代入公式（10.4.12），可得输出耦合噪声电压平方为

$$\bar{V}^2_{\text{out, couple}} = \frac{\alpha}{\beta} \frac{kT}{C_{eq}} = \frac{2\alpha kT(C_{\text{int}} + C_d)^2}{C_{\text{int}}(C_L C_{\text{int}} + C_L C_d + C_d C_{\text{int}})} \tag{10.4.16}$$

由于一般运放采用全差分结构,因此以上结果要乘以 2:

$$\bar{V}^2_{\text{out, couple}} = 2\frac{\alpha}{\beta}\frac{kT}{C_{\text{eq}}} = \frac{4\alpha kT(C_{\text{int}} + C_{\text{d}})^2}{C_{\text{int}}(C_{\text{L}}C_{\text{int}} + C_{\text{L}}C_{\text{d}} + C_{\text{d}}C_{\text{int}})} \tag{10.4.17}$$

等效到输入端的噪声电子数为

$$\bar{N}^2_{\text{in, couple}} = \frac{4\alpha kT(C_{\text{int}} + C_{\text{d}})^2 C_{\text{int}}}{q^2(C_{\text{L}}C_{\text{int}} + C_{\text{L}}C_{\text{d}} + C_{\text{d}}C_{\text{int}})} \tag{10.4.18}$$

积分时间指的是在行周期或帧周期内,探测器累计接受信号辐射的有效时间。红外焦平面中的积分时间的概念类似于摄像机中的曝光时间。积分时间越短,则探测器的响应速度越快;积分时间越长,那么探测器接受辐射的时间越长,信号也就越大,在探测器信号未饱和情况下,灵敏度也就越高。根据上述对焦平面各项噪声来源的分析,焦平面总噪声电压的平方表达式为

$$\bar{V}^2_{\text{out, total}} = \frac{2k_{\text{B}}T}{C_{\text{s}}} + \frac{4\alpha kT(C_{\text{int}} + C_{\text{d}})^2}{C_{\text{int}}(C_{\text{L}}C_{\text{int}} + C_{\text{L}}C_{\text{d}} + C_{\text{d}}C_{\text{int}})} + \frac{2kT}{R_{\text{d}}C^2_{\text{int}}}T_{\text{int}} + \frac{q(I_{\text{c}} + I_{\text{dc}})}{C^2_{\text{int}}}T_{\text{int}} + \frac{A_{\text{f}}\ln(N/2)}{C^2_{\text{int}}}T^2_{\text{int}} \tag{10.4.19}$$

可以看出,各种噪声的成分与积分时间的关系是不同的,焦平面噪声电压的平方与积分时间的关系如式(10.4.20):

$$\bar{V}^2_{\text{total}}(T_{\text{int}}) = A + B \times T_{\text{int}} + C \times T^2_{\text{int}} \tag{10.4.20}$$

其中,常数项 A 主要包括读出电路噪声以及耦合噪声;线性项主要是光敏芯片噪声,包括暗电流带来的散粒噪声以及探测器电阻产生的热噪声;二次项主要包括 $1/f$ 噪声。对焦平面噪声电压和积分时间进行多项式拟合,可以得到焦平面各项噪声的大小,分析噪声的来源,对此已有总结[20]。

为了降低焦平面的噪声、提高信噪比,需要明确在不同积分时间下各部分噪声的作用。图 10.4.4(a)是积分时间较短时的各部分噪声随积分时间的变化,图 10.4.4(b)是积分时间 0~20 ms 内焦平面噪声的变化。由图可知,读出电路噪声和耦合接口噪声不随积分时间变化,来源于光敏芯片的热噪声和散粒噪声随积分时间增加而增加。因此,在读出电路噪声和光敏芯片热噪声较好的抑制情况下,在积分时间较短时,焦平面总噪声由耦合噪声主导,积分时间越长,来自光敏芯片的散粒噪声所占比例越大。

对自研焦平面噪声进行分析,耦合前,读出电路噪声在 5E − 4 V 以下,耦合后,分析焦平面噪声与积分时间的关系,将 $\log V_{\text{total}} - \log \tau_{\text{int}}$ 曲线进行线性拟合,如图 10.4.5 所示。短积分时间下,斜率为 0.047 接近于 0,其噪声由耦合噪声主导;长积分时间下,斜率为 0.42,焦平面总噪声由暗电流引入的散粒噪声主导。将焦平面噪声和积分时间的关系进行多项式拟合可以得到各种噪声的成分,如图 10.4.6 所示,常数项主要是耦合噪声和电路读出噪声,一次项为探测器散粒噪声,二次项为固定图形噪声。拟合值与实测值相符,且符合理论分析。因此在较短积分时间的应用中,降低耦合噪声是抑制噪声、提高探测率的关键,而降低耦合噪声的核心在于降低器件电容。长积分时间下,探测器散粒噪声占主导,降低散粒噪声的关键是降低器件的暗电流。

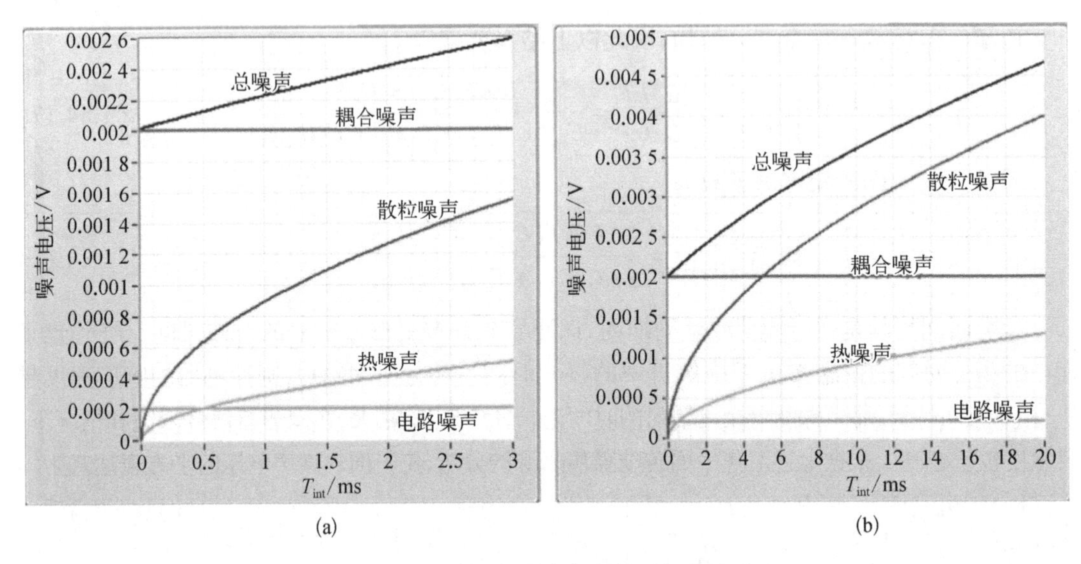

图 10.4.4 焦平面噪声与积分时间的关系

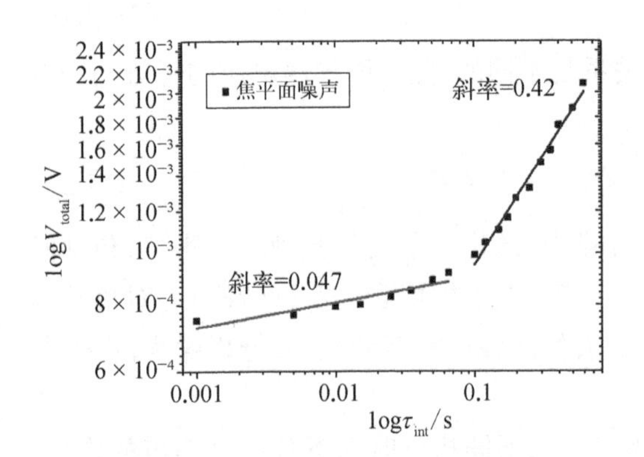

图 10.4.5 焦平面噪声电压与积分时间的关系

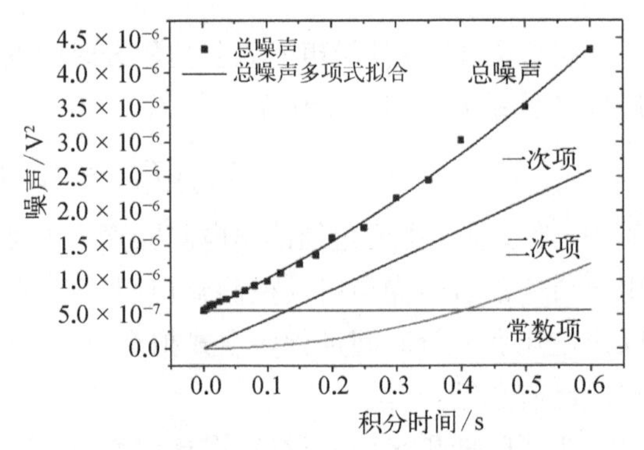

图 10.4.6 采用多项式拟合焦平面噪声和积分时间的关系

探测器的电容和暗电流分别影响着焦平面的耦合噪声和散粒噪声,在不同的应用环境下,二者对焦平面的噪声性能影响不同。探测器的暗电流决定了散粒噪声大小,耦合噪声与探测器的电容有关,图 10.4.7 为不同情况下探测器的暗电流和电容对焦平面噪声的影响。实线表示暗电流和电容对焦平面总噪声贡献相同,实线左侧代表耦合噪声大于散粒噪声的情况,即电容对总噪声影响更大;右侧代表散粒噪声大于耦合噪声,即暗电流对总噪声影响更大。

图 10.4.7(a)是不同像元大小的暗电流与电容对焦平面噪声的影响。由图可知,像元尺寸越小,直线斜率越小,电容对焦平面噪声的贡献越大。当像元尺寸为 30 μm 时,探测器电容为 100 fF,只有当暗电流低至 1 nA/cm^{2}时,耦合噪声才占据主导地位。然而当像元尺寸降至 10 μm 时,对于相同的电容大小,暗电流在 18 nA/cm^{2}以下时,耦合噪声就成为主要噪声来源了。因此在像元尺寸下降时,保持较低暗电流的同时降低探测器的电容十分重要。

图 10.4.7(b)表明,积分时间增大时暗电流的贡献增大。当积分时间为 50 ms 时,探测器

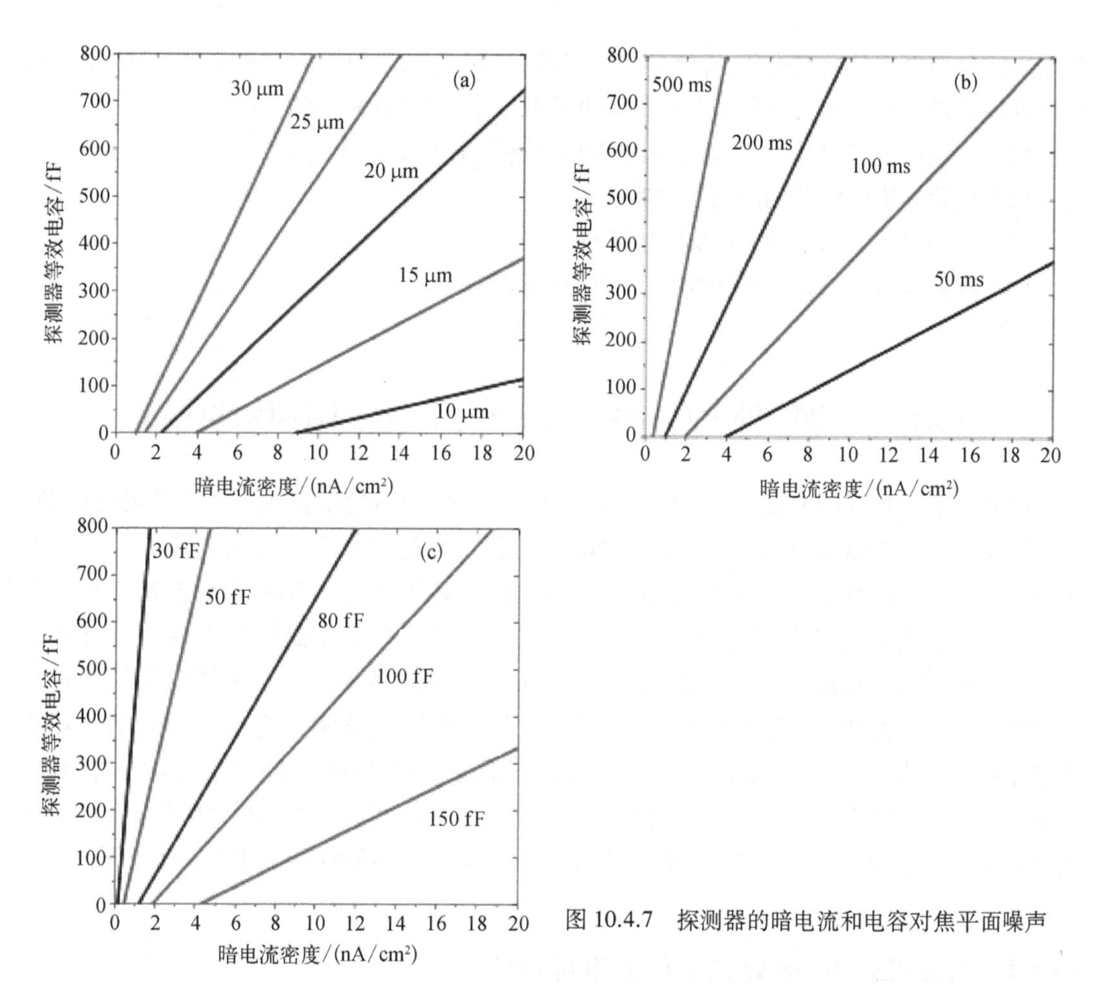

图 10.4.7　探测器的暗电流和电容对焦平面噪声

电容为 100 fF 时，当暗电流密度大于 12n A/cm^2时，散粒噪声成为焦平面噪声主要来源。而当积分时间为 500 ms 时，相同的电容水平下，当暗电流密度大于 1 nA/cm^2 时，暗电流就成为焦平面噪声的主要来源。因为耦合噪声与积分时间无关，而散粒噪声与积分时间呈正比，因此在积分时间较小时，降低探测器电容就显得更加重要了。

图 10.4.7(c)表明，积分电容越大，总噪声受暗电流的支配作用越明显。当积分电容为 30 fF 时，探测器电容为 100 fF，直到探测器的暗电流小于 0.5 nA/cm^2耦合噪声才成为影响噪声的主要因素。而当积分电容增大至 150 fF，对于相同的 100 fF 探测器电容，只要暗电流低于 13.6 nA/cm^2，耦合噪声就成为焦平面噪声的主要影响因素。

根据焦平面噪声模型的分析，降低探测器的电容是降低耦合噪声、进而减小短积分时间下的焦平面总噪声并提高探测率的关键，而对于长积分时间下的焦平面探测器，核心在于减小器件暗电流。

结合短波红外 InGaAs 焦平面探测器噪声的主要来源和机理，从光敏芯片角度研究了降低其关键参数(如暗电流、结电容、串联电阻等)的结构设计和工艺方法；结合读出电路噪声和耦合噪声来源，研究读出电路积分电容、负载电容、输出级、相关双采样等的优化设计，实现光敏芯片参数和读出电路参数耦合匹配，降低焦平面噪声。为抑制焦平面噪声，降低探测器暗电流和结电容是关键途径，探测器的暗电流和结电容被外延材料吸收层质量、吸收层掺杂浓度以及掺杂浓度均匀性所影响。具体可采取以下 4 项减小噪声的措施：

（1）在读出电路设计时，在符合满阱容量下选用小积分电容 C_{int}；

（2）优化读出电路单元内的运放参数；

（3）减小探测器结电容 C_{det} 和暗电流 I_{DK}；

（4）降低吸收层掺杂浓度和提高吸收层少子寿命。

10.5 短波红外 InGaAs 焦平面的串音与调制传递函数

随着焦平面阵列的发展，探测器的密度不断提高，探测器的串音成为一个重要的问题，也是影响焦平面探测器的调制传递函数（MTF）的重要因素，从而影响系统成像质量[21]。李永富等通过调节扩散孔尺寸、环形遮盖电极宽度、保护环距离光敏面距离、保护环工作状态等研究了器件有效光敏面有效定义问题[22, 23]；张可锋等证实了平面结 InGaAs 有效光敏面扩大的存在，并利用得到的实验数据拟合求出了器件少子扩散长度[24]。朱耀明等[25]通过小光点系统测试台面型线列焦平面的串音；李雪等[26,27]设计了小规模面阵器件结构，并采用激光诱导电流法（LBIC）确定光敏区的实际大小及填充因子、对阵列探测器响应信号的边缘效应，并测试了器件的 MTF。许中华[28]建立了近红外焦平面 MTF 测试装置，建立组件串音和 MTF 间的关系，实现了基于扫描狭缝法或扫描双刀口法的 InGaAs 焦平面组件 MTF 高精度评价。

10.5.1 短波红外 InGaAs 焦平面的串音特性

当对红外焦平面阵列（FPA）内某个特定光敏元投射信号光时，没有入射光信号的相邻光敏元也有电信号输出，这就是串扰现象。通常把相邻光敏元与特定中心光敏元输出的电信号的百分比称为百分比串音。它既包括焦平面组件内部对入射光的衍射、散射等引起的光学串音，又包括光敏元内载流子横向扩散等引起的电学串音。因此，在 FPA 的总串音中同时存在着光学的和电学的贡献，虽然可以在没有入射光时测量其中的电学贡献，即“电串音”，但反映 FPA 真实串扰大小的只能是 FPA 的总串音。

对总串音的测量常用到小光点系统，通过准直光学系统和聚焦装置将小的目标（如狭缝、圆孔等）成像到 FPA 的单个光敏元上，测出中心光敏元和邻近光敏元的响应信号就可以得出百分比表示的串音。激光诱导电流（LBIC）是一种高效、非破坏性的光学测试方法，用来研究材料空间结构和电活性区域以及缺陷，也是器件串音测试中常用的一种方法[29]。LBIC 方法采用短波红外半导体激光器作为光源，将探测器固定在二维电控精密位移平台上以实现扫描测量，将其中一元的信号引出并经电流放大器放大后由示波器读出，测量激光束照射在器件不同位置时待测器件的响应，测试系统如图 10.5.1 所示。该处器件的串音定义为公式

$$\text{Crosstalk}_{UDT} = 10\log(I_c/I_{UDT}) \tag{10.5.1}$$

其中,I_c为激光束在不同位置时待测器件的响应;I_{UDT}为激光束照射在待测器件上时待测器件的响应。

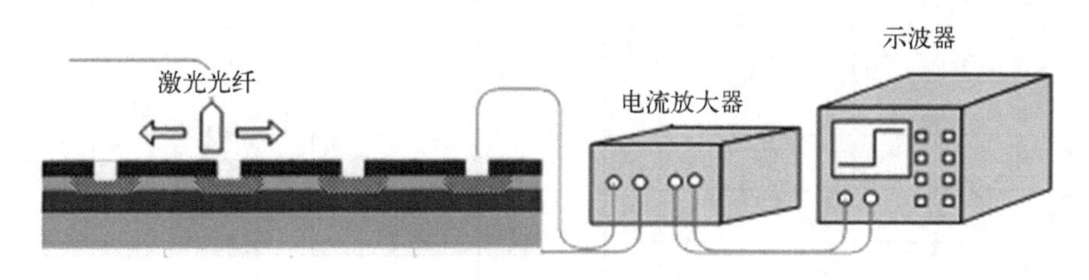

图 10.5.1　串音测试系统

中国科学院上海技术物理研究所李永富博士[30] 以三种结构的 InGaAs 器件作为对象进行串音特性研究,器件俯视图见图 10.5.2。一种是平面型 InGaAs 器件,如图 10.5.3(a)所示;一种是深台面型 InGaAs 器件,如图 10.5.3(b)所示;一种是浅台面型 InGaAs 器件,如图 10.5.3(c)所示。

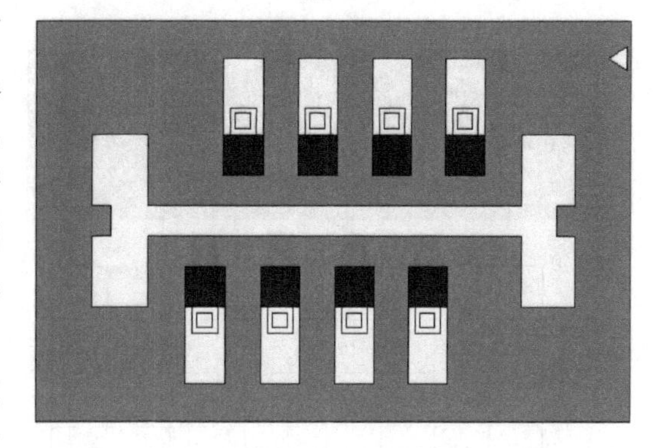

图 10.5.2　串音测试所用 InGaAs 器件的俯视图

对于平面型 InGaAs 器件,当测试光束照在所测光敏元上时,在其光敏元内响应是一致的,达到峰值。而随着光束远离该光敏元,该元的响应开始逐渐降低,在其相邻光敏元处,响应达到极小值,而在光敏元之间的位置,待测器件的响应出现几个小的峰值,且随着光束与待测光敏元距离的增大,峰值逐渐降低,响应的极小值也逐渐降低,如图 10.5.3(a)所示。对于平面型探测器(限于探测器芯片)串音的产生机理,其解释是器件内吸收层材料光生载流子的横向扩散效应[31,32],当光束照射在待测器件上时,由于 pn 结内建电场的作用,几乎所有的光生载流子都会被电场分离而被电极收集,光束照射在光敏元之间时,此处并没有电场作用,光生载流子会自由扩散到达临近的 pn 结区而被收集,随着激光束远离待测器件,光生载流子需要运动更长的距离才会被收集,使得待测器件的响应逐渐降低。

对于深台面型 InGaAs 探测器,当测试光束照在所测光敏元上时,在其光敏元内响应是一致的,达到峰值。而随着光束远离该光敏元,该元的响应出现一个突降,且在两光敏元之间出现一个信号响应“平台”,在其相邻光敏元处,响应达到极小值,而在光敏元之间的位置,待测器件的响应出现几个大的响应峰值,且随着光束与待测光敏元距离的增大,峰值逐渐降低,响应的极小值也逐渐降低,但峰-谷值相差很大,如图 10.5.3(b)所示。对于深台面型器件,通过将外延材料中的 p－InP/InGaAs 刻蚀成一个较深的台面,形成物理隔离,可以抑制侧向收集导致的光敏元之间的串音,但由于相邻光敏元之间的吸收层材料被完全刻除,入射到该处的光会受到衬底 InP 材料的反射、折射和散射效应,到达相邻光敏元,从而造成光敏元之间较大的响应“平台”。

浅台面型探测器情况与深台面型器件测试结果相似,但是相邻光敏元之间的响应峰值

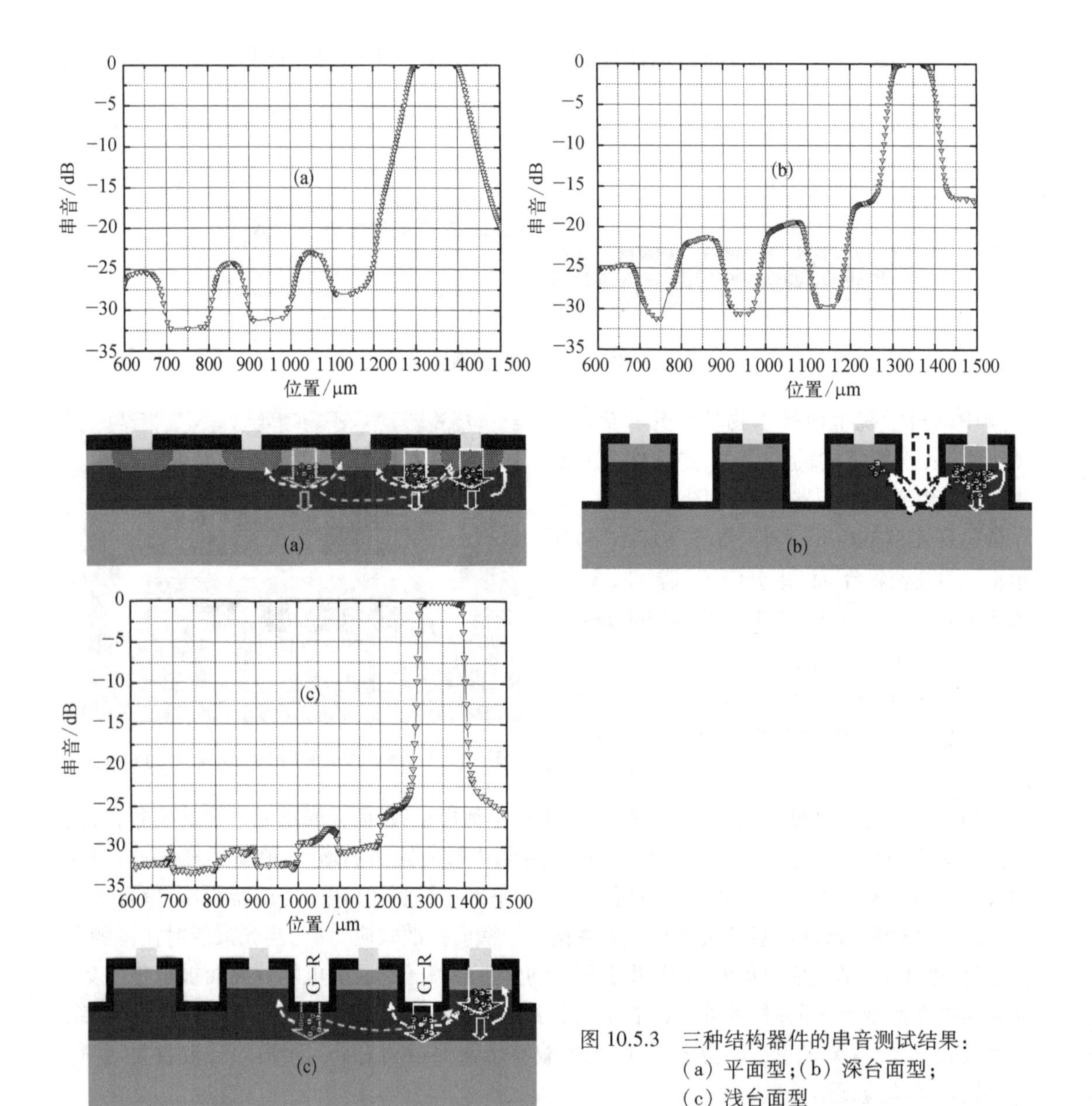

图 10.5.3　三种结构器件的串音测试结果：
（a）平面型；（b）深台面型；
（c）浅台面型

很小，所对应的峰-谷值相差也很小，如图 10.5.3（c）所示。对于浅台面型器件，相邻光敏元之间的吸收层材料被部分保留，降低深台面结构下的多次反射导致的杂散光现象，实现了光敏区外残余吸收的器件结构，抑制光敏元间的串音。

根据上述分析可得出以下结论：

（1）平面型器件，采用扩散成结的方式，有利于降低侧面漏电；利用 pn 结对光生载流子的侧向收集作用和自限制作用，有利于提高阵列的填充因子和抑制串音。但随着器件密度的提高，相邻光敏元的自限制作用变弱，串音问题会逐渐凸显。

（2）台面型器件，采用台面刻蚀的方式，特别是刻蚀到吸收层的浅隔离方式，通过光敏元的物理隔离，有利于串音的抑制。但台面刻蚀方式降低了填充因子，刻蚀过程的物理损伤也将引起暗电流的增加。

首先介绍台面型器件在串音方面的研究。中国科学院上海技物所朱耀明博士[33]采用平行光管系统形成边长为 25 μm 的小光点，如图10.5.4 所示，测量小光点沿线列台面型探测器垂直方向移动时光敏元的读出信号，探测器光敏元尺寸为 25 μm×23 μm，器件填充因子为 92%。

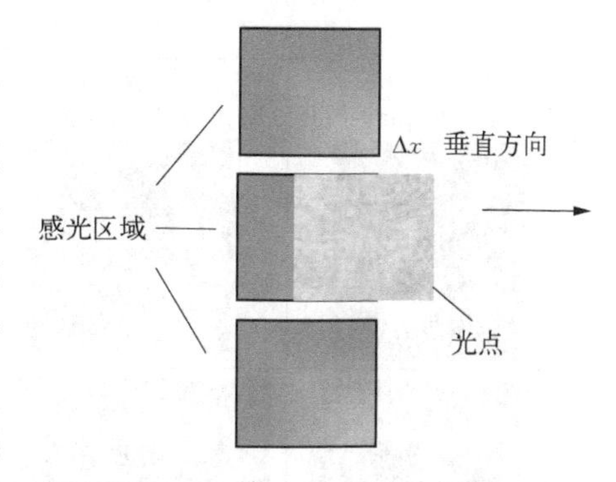

图 10.5.4　方形小光点移动过程的示意图

为了能够定量计算分析光敏元周围的保留吸收层对光敏元串音的贡献，做出以下三个假设：忽略读出电路以及光敏面自身对光点的反射与散射所引起的光学串音；光点照射到保留吸收层上所引起的光学串音，跟光点与光敏元的距离无关，仅与光点的强度有关；光点照射到保留吸收层上所产生的电串音是载流子横向扩散所引起的，在保留吸收层的表面载流子的复合概率是均匀分布的，不同距离下的电串音是满足指数衰减规律的。所测量的光敏元总的读出信号主要由光敏元的光响应信号、保留吸收层的光学串音以及电串音组成。研究结果表明，保留吸收层所产生的串音是以载流子横向扩散引起的电串音为主的，引入了保护环的结构，并且保护环电极接地，使得保护环吸收杂散光产生的光生载流子被直接导走。

其次介绍平面型器件串音方面的研究。中科院上海技术物理所研究团队[34]利用 LBIC 的方式研究短波红外 InGaAs 探测器的信号分布，分析了相邻像元和垂直方向对光敏元响应的影响，确定了光敏区外存在残余吸收的来源，提出消除光敏区外残余吸收的器件结构，在保持较高填充因子的同时实现光敏元扩大的抑制。通过在器件光敏元周围引入保护环结构有效地对光敏元进行定义，在研究中发展了多种保护环结构，如在航空机载光谱仪中传感器相邻光敏元之间设计了“S”形保护环(图 10.5.5)；在新一代气象卫星 FY－4(01)扫描辐射计中传感器相邻光敏元之间设计了“梳”形保护环，保护环电极与器件公共电极短接，以对器件光敏元进行定义并隔离。上述保护环技术方案有效抑制了光敏区外吸收，同时将传感芯片填充因子从 80%提高到 90%以上(图 10.5.6)。在保护环结构的基础上，通过刻蚀工艺在光敏元周围形成浅隔离槽，并生长环形遮盖电极，可以进一步抑制串音，实现光敏元有效定义。

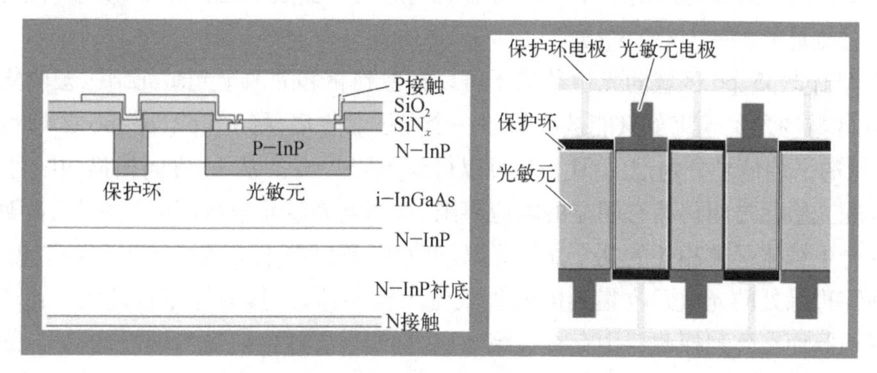

图 10.5.5　航空机载光谱仪中传感器相邻光敏元之间设计了“S”形保护环

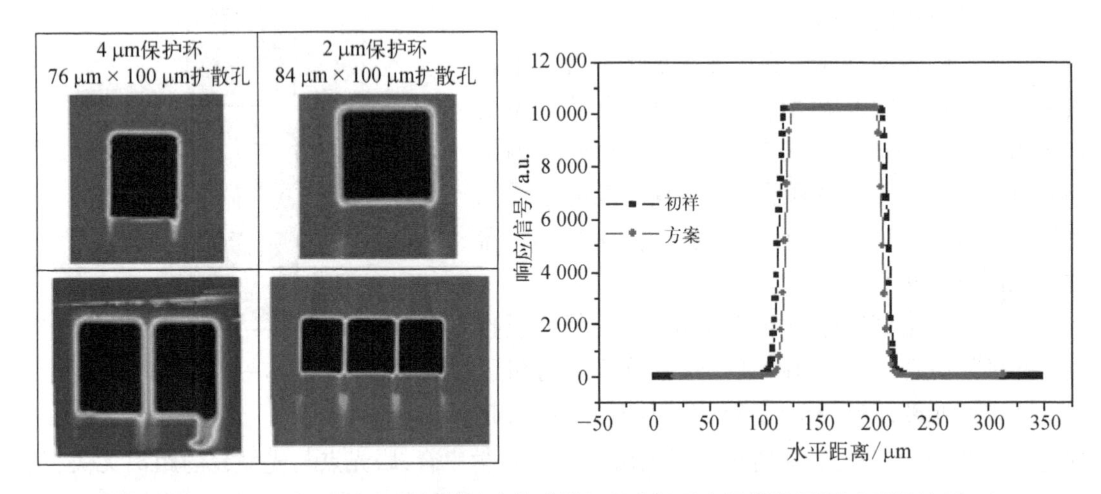

图 10.5.6 FY-4(01)扫描辐射计中传感器相邻光敏元之间设计了"梳"形保护环

进一步向面阵方向拓展,中科院上海技术物理所邓洪海博士[35]研究了 32×32 元 InGaAs 器件中某一元在 296 K 和 123 K 温度下的 LBIC 扫描图及信号等幅立体图,像素中心距为 30 μm。由图 10.5.7 看出,在温度为 296 K 时,测试元周围四个区域有明显的响应信号,是由测试元对载流子的侧向收集产生,侧向收集的载流子主要产生在两个区域:相邻光敏元之间的 7 μm 隔离区和相邻光敏元区域。在温度为 123 K 时,少子扩散长度随温度缩小,只有相邻光敏元之间未扩散区域产生的载流子才能扩散到所测元而后被收集产生信号,而相邻四个光敏元区域产生的载流子或被自身的结区收集,或在扩散过程中复合消失,所以测试元周围的四个响应信号区域消失,也就是相邻像元的光吸收对中间像元的自限制效应。

图 10.5.8 为 LBIC 信号电流响应曲线,取电流信号下降至最大值的 1/e 时的宽度并扣除测量误差,计算得到器件在 296 K 和 123 K 时的实际光敏区面积约为 29.5×29.5 μm^2、26.5×26.5 μm^2,说明在室温下探测器的填充因子可以达到 98%。

在 296 K 时,测试了器件五个相邻光敏元同时引出情况下的 LBIC 响应图(图 10.5.9),激光强度设置为总能量的 4%。根据图中响应信号强弱,不同的位置分别标记为 p1~p8,沿图中 $x1$、$x2$ 方向不同激光入射功率下探测器的响应信号曲线如图10.5.10 所示(激光强度分别设置为总能量的 1%、3%和 4%)。

由于 p1、p2、p5、p6 区域的光生载流子可以扩散到相邻的两个光敏元结区被收集,而 p3、p4、p7、p8 区域的光生载流子只能被相邻的一个光敏元收集,将 p1、p2、p5、p6 区域和 p3、p4、p7、p8 区域的平均信号分别记为 S1、S2,可以得到 S1/S2≈2。从 $x1$ 方向扫描曲线可以看出,三个紧邻的光敏元之间仍然有明显的响应界限,说明当光敏元信号同时被采集,阵列内部未扩散区的光生载流子被相邻的几个光敏元共同收集,所以在未扩散区域出现响应极小值;而阵列或面阵边缘处的光敏元收集到的光生载流子较多,因此其信号相对偏大。由于光敏元所处位置不同而在阵列探测器中存在边缘效应,在线列器件中表现为两端的信号偏大,在面阵器件中表现为行数或者列数的周期性。

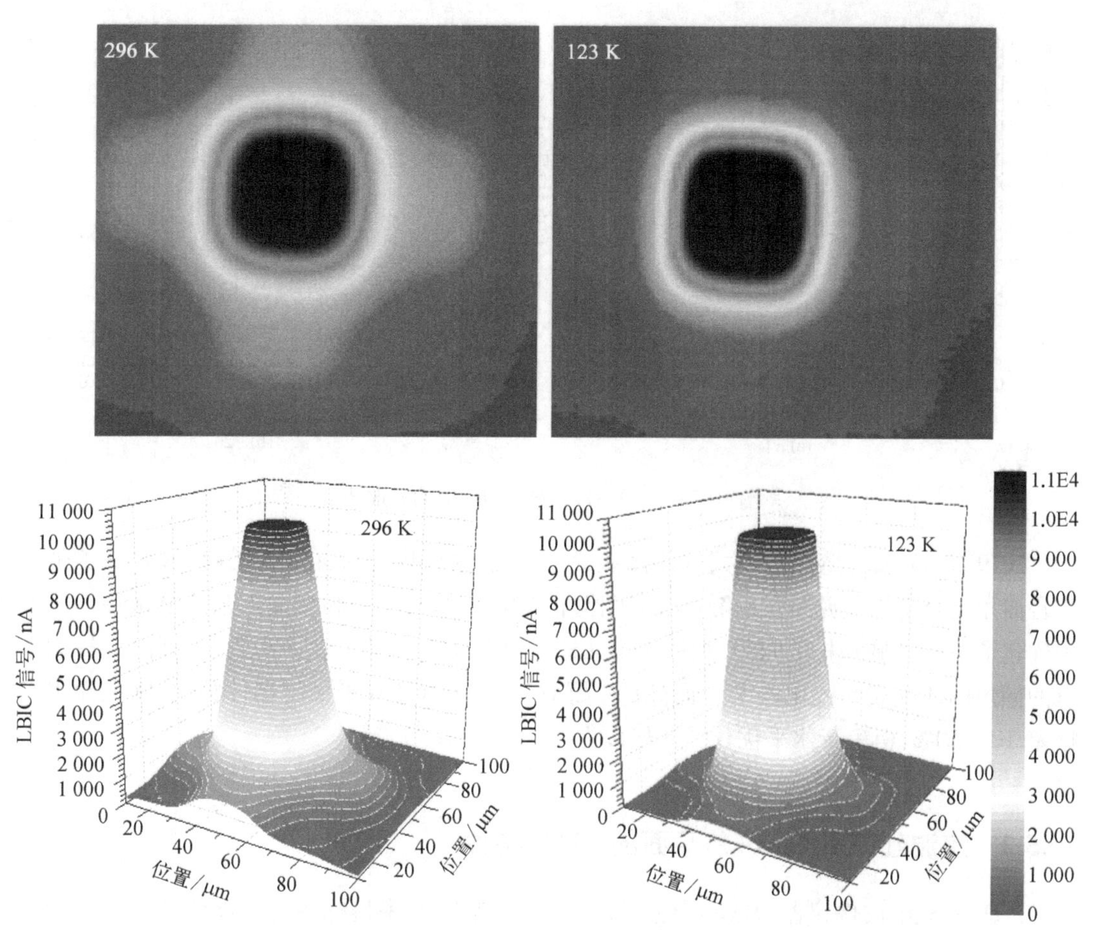

图 10.5.7　32×32 元 InGaAs 器件 LBIC（a）响应扫描图和（b）信号等幅立体图

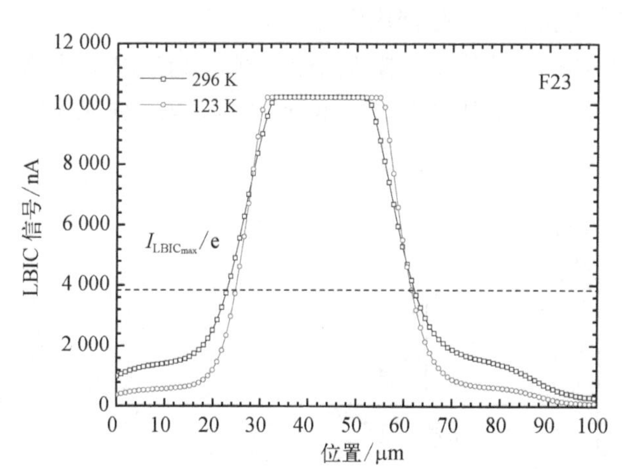

图 10.5.8　不同温度下器件的横向信号响应曲线

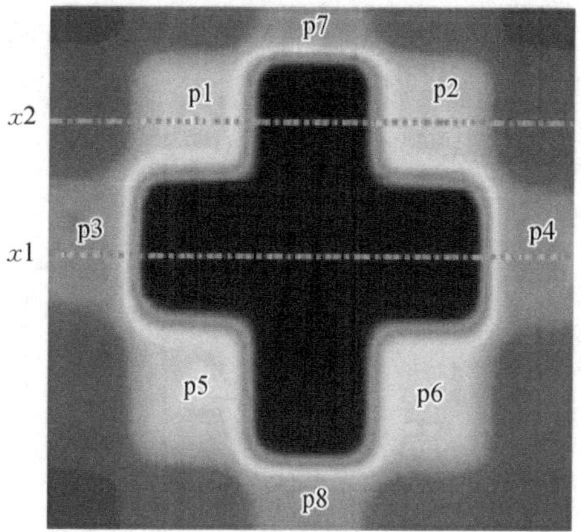

图 10.5.9　32×32 元 InGaAs 光敏芯片中相邻光敏元的 LBIC 图像

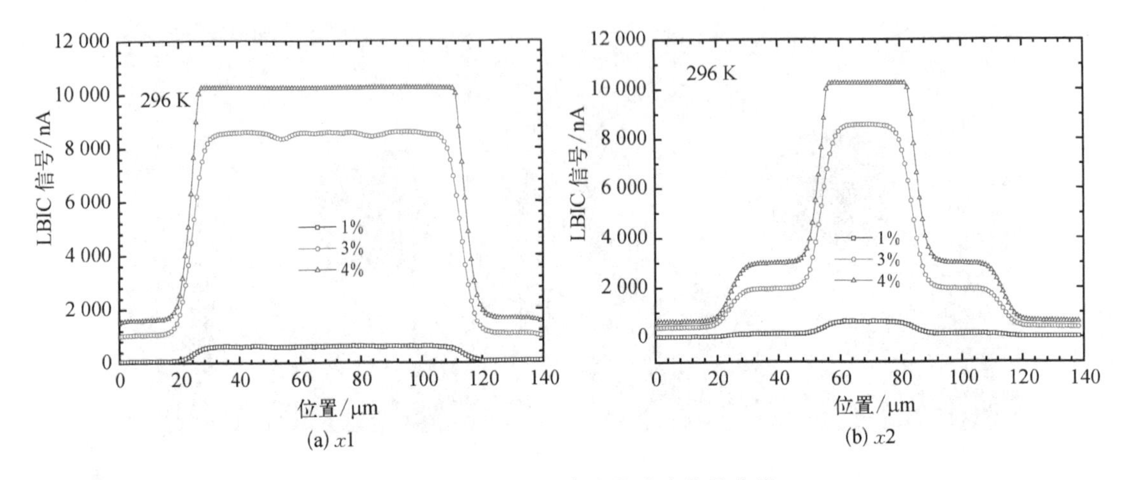

图 10.5.10　x1 和 x2 方向的响应信号曲线

2019 年，美国传感无限公司张伟团队[36]为抑制高密度光敏元阵列的串音，发展了平面与台面相结合的工艺路线，此路线兼容了器件暗电流、填充因子和台面工艺的复杂性。研究中优化了扩散区域和扩散间距，相邻光敏元通过 ICP 干法刻蚀出台面沟道进行隔离，控制沟道的倾角以匹配表面钝化技术。研制的台面型 InGaAs 器件和平面型器件相比，暗电流水平略差 5%～50%，但串音水平优化了 8 倍以上。

10.5.2　短波红外 InGaAs 焦平面的 MTF 特性

MTF 是光电成像仪器的核心指标，表征了不同空间频率目标的对比度传递特性。短波红外 InGaAs 焦平面常常用于对目标进行探测和成像，对这种成像器件，评估器件探测弱信号能力时，常使用探测率 D^*；而评估空间分辨能力时，则要用到调制传递函数（modulation transfer function, MTF），焦平面组件的 MTF 直接影响了仪器成像质量。

当一个光栅的能量在空间呈正弦函数分布时，称这个光栅为正弦光栅。如图 10.5.11 所示。正弦光栅周期为 T，其空间频率 $f = 1/T$，单位为线对/毫米（lp/mm）。定义正弦光栅的空间调制度 M 由公式（10.5.2）表示

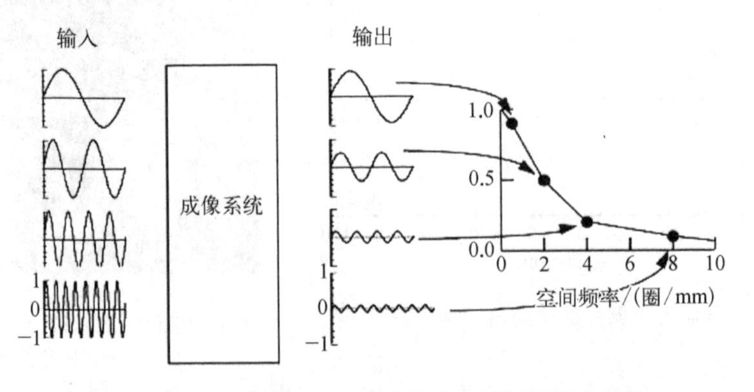

图 10.5.11　成像系统对正弦函数分布的调制传递函数

$$M = \frac{I_{max} - I_{min}}{I_{max} + I_{min}} \tag{10.5.2}$$

其中，I_{max}和I_{min}是能量分布的最大值和最小值，调制度是评估成像质量的重要参量。MTF定义为输出信号调制度M_{out}与输入信号调制度M_{in}的比值，MTF是空间频率的函数，其值介于0~1之间。MTF随着空间频率的增大而衰减，当频率升高到一定值时，MTF衰减到0，这表明光学系统或光电系统已不能通过高于此频率的信号，称之为截止频率，由式(10.5.3)表示：

$$\mathrm{MTF}(f) = \frac{M_{out}(f)}{M_{in}(f)} \tag{10.5.3}$$

MTF是一种在空间频率域内考察光学系统成像质量的方法，采用MTF可以定量计算和测试成像系统的分辨率，并对可分辨范围内的像质好坏给予全面评价[37]。

应用调制传递函数需要满足两个条件：一个应该是线性系统；另一个应该具有空间和时间的不变性。而光电成像器件，如CCD、IRFPA等，都是离散采样器件，不满足严格意义上的空间不变性要求，传统的MTF的概念限制了其在光电成像器件上的应用。在离散采样系统中，由香农采样定理，其可探测的最高空间频率为采样频率的1/2，该频率称为奈奎斯特(Nyquist)频率，记为f_N。当目标图像的最高频率大于f_N，会出现图像信号的混叠现象。若空间频率的最高频率小于f_N，空间信息不会产生频率混叠，对于这样的空间信息，光电成像器件的输出仍是简谐信息，且它们的空间频率和取向与输入信息相同，但信号具有离散性，这样称在Nyquist频率内具有不严格的线性空间不变性。因此，通过MTF定义和概念的拓展，解决了用MTF评价CCD、CMOS、FPA等离散采样的光电器件的主要问题。

MTF是光学传递函数的模。采用Lucke[38]创建的一套方法评估OTF，推导调制传递函数(MTF)、条纹传递函数(BTF)和对比度传递函数(CTF)，CTF是BTF的模。根据OTF定义的不同，其测试方法大致分为以下几种：

(1) 将光学传递函数定义为归一化的系统点扩散函数(PSF)的傅里叶变换，从而产生了以点光源为系统输入函数，通过对系统点扩散函数的探测器接收和频谱分析，测试光学传递函数的方法。

(2) 将光学传递函数定义为像强度的归一化频谱与物强度的归一化频谱的比值，从而产生了以不同空间频率的正弦目标作为系统的输入函数，通过检测同频率输出函数相对于输入函数的振幅变化和位相变化，测试光学传递函数，进而得到MTF的方法，又称直接测试法或对比度法。由于正弦目标制作比较困难，利用特定目标的频谱特性，又衍生出了以狭缝、刀口、矩形光栅等作为输入目标的测试方法并在实际中得到大量使用。

(3) 将光学传递函数定义为系统的归一化的出瞳函数的自相关函数，从而产生了利用剪切干涉技术测试瞳函数的自相关函数，从而经过归一化处理，实现光学传递函数测试的方法。

表10.5.1列举了几种典型的焦平面器件MTF测试方法，其中常用的是扫描狭缝法、扫描刀口法和条纹目标法。

表 10.5.1　典型的焦平面器件 MTF 测试方法对比

正弦光栅法	直接得到某频率下的 MTF,测试简单结果可靠;但需要准备大量不同频率的正弦光栅,而正弦光栅制作起来很不容易
小光点法	由器件响应得到二维点扩散函数(PSF);但实现小光点较困难,探测器接收到的能量小
扫描狭缝法	由器件响应得到一维线扩散函数(LSF);狭缝目标是实现理想线光源的重要手段,理想情况下狭缝应做的越小,能量也越小
扫描刀口法	由器件响应得到刀口响应函数(ESF),对 ESF 进行微分可以得到 LSF;目标不存在原理性误差,探测器接收到能量大,应用较广
条纹目标法	制作明暗相间的条纹目标,当离散采样器件对条形靶标进行扫描时,获得暗区和亮区交替变化响应,从而测出某一空间频率下的 MTF
激光散斑法	不需要成像光学,硬件构成简单;但测试波长由激光光源决定,不能改变,数据处理比较复杂

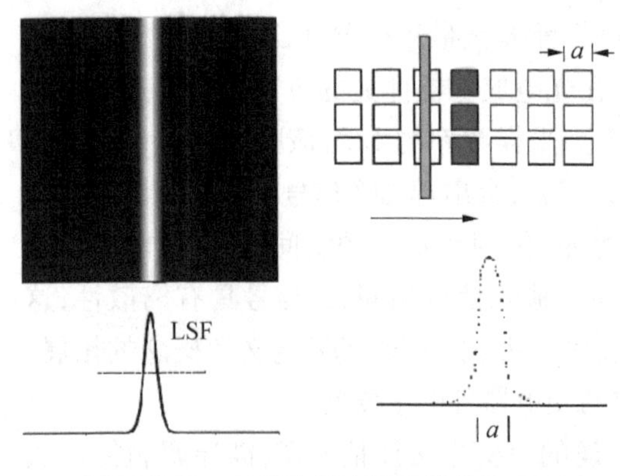

图 10.5.12　扫描狭缝法测试器件的 MTF

扫描狭缝法。狭缝可以看作一系列的理想点光源组成,线光源上的每个点在像面上产生一个点扩散函数,这些点扩散函数在与狭缝垂直的方向上叠加,得到探测器对理想线光源响应的线扩散函数(line spread function, LSF),对 LSF 进行傅里叶变换即可得到狭缝宽度方向上器件的 MTF,如图 10.5.12 所示。扫描狭缝法中,狭缝目标是实现理想线光源的重要手段,理想情况下狭缝越小越好。但是狭缝太小,通过它的光强就很小,信噪比太低,且会发生衍射效应。采用扫描狭缝法测试焦平面的 MTF,用公式(10.5.4)计算:

$$\mathrm{MTF}_{\mathrm{det}}=\frac{\mathrm{MTF}_{\mathrm{system}}}{\mathrm{MTF}_{\mathrm{optics}}\mathrm{MTF}_{\mathrm{slit}}} \tag{10.5.4}$$

其中,系统 $\mathrm{MTF}_{\mathrm{system}}$ 由测试系统直接得到,包含了待测器件、测试系统的综合贡献;光学系统 $\mathrm{MTF}_{\mathrm{optics}}$,主要指同心全反射式光学系统(Offner 型光学系统)的 MTF;狭缝 $\mathrm{MTF}_{\mathrm{slit}}$ 由狭缝的非理想性引起,是狭缝宽度的函数。

扫描刀口法。采用刀口作为目标,使刀口刃边与待测器件的行或列方向严格平行,然后移动刀口以亚像元步长对器件进行扫描,得到刃边的能量分布,如图 10.5.13 所示。其能量分布在刀口边缘处是一个阶跃的函数,即刀口扩散函数(ESF),对 ESF 进行微分可以得到 LSF,由 LSF 经傅里叶变换得到 MTF。

条纹目标法。按 MTF 的定义,测试 MTF 必须使用正弦光栅一类的目标。但是,单频的正弦光栅制作非常困难。采用图 10.5.14 所示的条形靶标,其空间频率ξ 为狭缝中心距 T 的

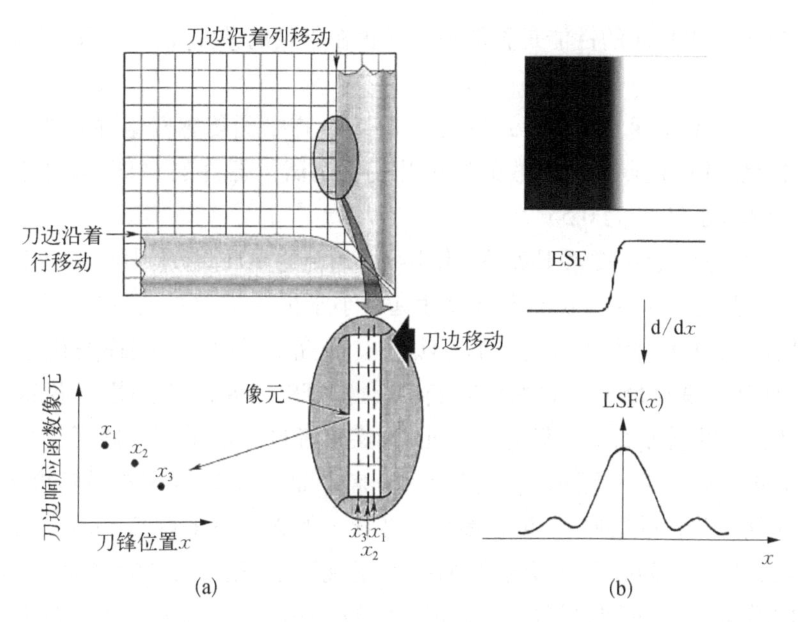

图 10.5.13　扫描刀口法测试 MTF

倒数。当离散采样器件对条形靶标进行扫描时，其能量会随着暗区和亮区的交替而发生高低变化。与基于正弦目标的调制度传递函数 MTF 的定义类似，定义条形靶标的输出调制度与输入调制度的比值为对比度传递函数 CTF，根据傅里叶变换定理，方波靶标的 CTF 可以转换为正弦波靶标的 MTF：

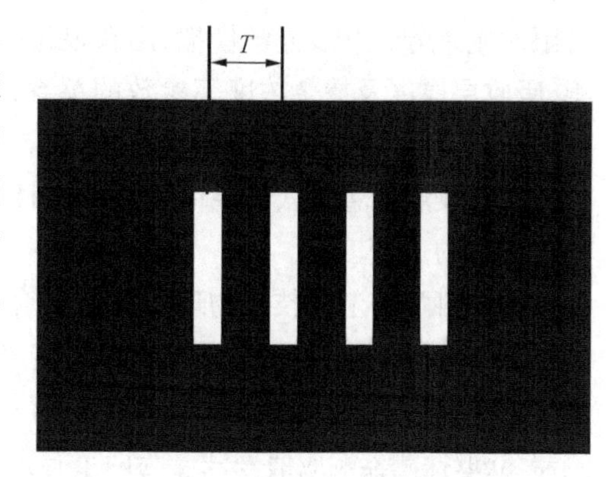

图 10.5.14　条形目标法在特定空间频率下测试器件的 MTF

$$\mathrm{MTF}(\xi)=\frac{\pi}{4}\left[\mathrm{CTF}(\xi)+\frac{\mathrm{CTF}(\xi)}{3}-\frac{\mathrm{CTF}(\xi)}{5}+\frac{\mathrm{CTF}(\xi)}{7}-\cdots\right] \tag{10.5.5}$$

由于 CTF 的高次谐波项很小，可以忽略，得到 MTF 与 CTF 的近似关系如式(10.5.6)

$$\mathrm{MTF}(\xi)=\frac{\pi}{4}\mathrm{CTF}(\xi)=\frac{\pi}{4}\frac{V_{\max}-V_{\min}}{V_{\max}+V_{\min}} \tag{10.5.6}$$

从式(10.5.6)可以看到，条形目标法同样只能测出某一空间频率下(如 Nyquist 频率)的 MTF；如果要得到离散采样器件整个频段范围内的 MTF，则需要在不同频率的条形靶标下进行测量。

国外从 20 世纪 90 年代开始逐步重视红外器件本身的 MTF 测试和标定工作。美国军方夜视机构对中长波红外线列及面阵探测器进行了 MTF 测试[39]。美国国家海洋和大气管理局要求林肯实验室对将在 GOES(同步应用资源卫星)上使用的中波和长波 HgCdTe 线列器件进行测试,以评估焦平面的性能是否能够替代正在服役的单元器件,MTF 作为主要的测试参数被选用[40]。

欧空间 Proba - V 卫星上 3 000 元近红外 InGaAs 焦平面传感器组件开展了沿轨和穿轨方向的 MTF 模型,并通过点扩散函数的傅里叶变化测试了器件的 MTF,和理论模型吻合较好,在 Nyquist 频率处 MTF 为 0.55[41]。

Gravrand 等评估了超小像素 HgCdTe 和 InSb FPAs 的 MTF,像素中心距小于 15 μm,其吸收层少子扩散长度达到 30~50 μm,像素尺寸远远小于少子扩散长度,仅仅通过相邻光敏元的自限制作用优化 MTF 并非十分有效的方法[42]。研究中采用刀口扫描法获得中波 HgCdTe 焦平面的响应信号,提取 LSF,通过傅里叶变换获得 MTF,研究结果表明,小像素的 MTF 随吸收层少子扩散长度的增加而明显降低。因此,论文作者进一步采用有限元分析方法(FEM)理论研究了不同像素尺寸下平面型中波 HgCdTe 焦平面 MTF 随少子扩散长度 L_d、内建电场 E、表面复合速度 S 和扩散层厚度 th 等参数的变化。像素尺寸的降低并非在特定频率下降低了 MTF,也就是说,空间频率并没有和 Nyquist 呈现线性关系,而是随着像素中心距的降低而更加缓慢地增加,通过内建电场的增加和薄扩散层的引入,可以提高器件的 MTF。

美国波士顿大学[43]研究了短波红外平面型 InGaAs 焦平面阵列 MTF 的数值分析,采用有限时域差分法开展光学模拟,用有限元模型模拟漂移-扩散过程,分析了 MTF 与像元中心距、吸收层厚度及掺杂浓度等参数的关系,小像素中心距的阵列,其 MTF 较低,通过吸收层厚度和掺杂浓度的降低,MTF 会有所改善,但需要平衡量子效率和暗电流等器件核心参数;聚焦了吸收层光生空穴的横向扩散对 MTF 的影响,衬底上单片微透镜的技术途径可以有效改善阵列的 MTF。

中国科学院上海技术物理研究所结合自主研制近红外 InGaAs 焦平面传感器组件 MTF 的测试需求,采用条纹目标法测试了特定频率(20 lp/mm)下器件的 MTF。采用平行光管测试系统,如图 10.5.15(a)和 10.5.15(b)所示,调整光源聚焦到焦平面探测器上,移动焦平面探测器,获取探测器响应信号,V_{max} 为两个有光照元的信号平均值,V_{min} 为中间无光照元的信号值。在扣除本底信号的情况下,含光学系统的焦平面在特定频率(20 lp/mm)下 MTF 值为 0.50。

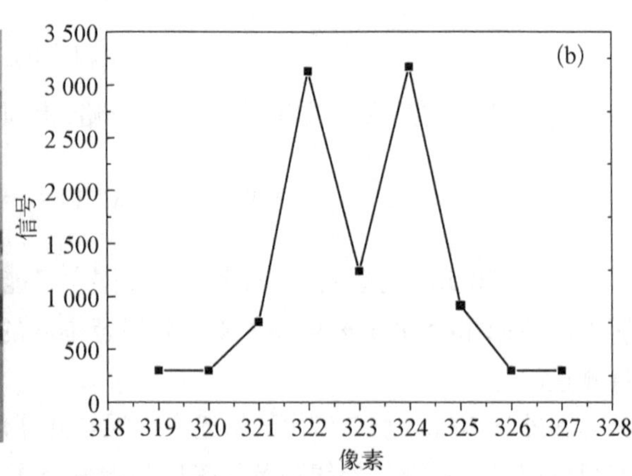

图 10.5.15 焦平面探测器组件 MTF 测试系统(a)和结果(b)

针对短波红外 InGaAs 焦平面 MTF 的测量要求，中国科学院上海技术物理研究所许中华博士[28]设计了一种全反射式 Offner 光学系统，由两块共轴的球面反射镜构成，如图 10.5.16 所示。在焦平面工作波长 1.7 μm 下对光学系统进行优化，设计结果表明，在高达 8 mm×30 mm 的宽视场内任一点，20 lp/mm(对应光敏元尺寸 25 μm×25 μm 的 Nyquist 频率)处的光学系统 MTF>0.8，接近衍射限。加工装校后利用 Zygo 激光干涉仪进行测量，在 0.632 8 μm 下系统的波前 RMS 值约为 1/20 波长，在 20 lp/mm 处 MTF 高于 0.93。将测量得到的波前差数据代入 CODEV 中计算，结果表明波长为 1.7 μm 时系统在 8 mm×30 mm 的视场内任一点，MTF 虽比设计值略低，但 20 lp/mm 处的实际 MTF 仍高于 0.8，满足设计要求。以光敏元中心距为 100 μm 的平面型短波红外 InGaAs 焦平面为对象，通过位移台带动器件以微米精度移动，实现光敏元对该光学系统产生的狭缝像的扫描，其中狭缝宽 20 μm，扫描间隔 4 μm。每个光敏元都能得到反映狭缝像能量分布的线扩散函数曲线(LSF)，对 LSF 进行离散傅里叶变换并剔除光学系统等的影响，可计算出器件的 MTF。中科院上海技术物理研究所研究了扫描狭缝法测试大光敏元器件 MTF 的硬件设计和数据处理方法，基于该方法对风云四号首发星近红外通道航天遥感用 8 元线列 InGaAs 焦平面器件(标称光敏元尺寸为 100 μm×100 μm)进行了测试，如图 10.5.17

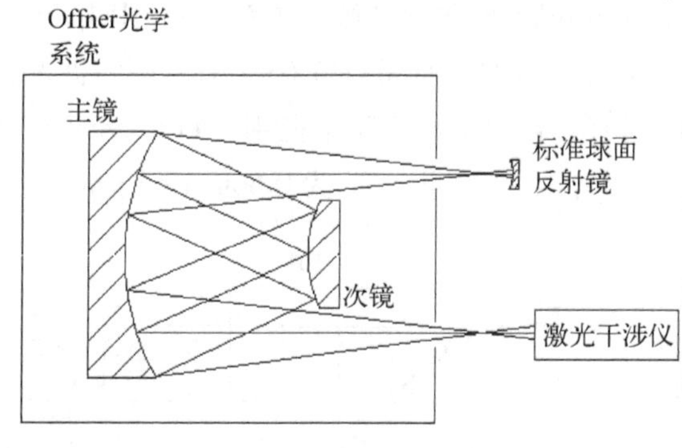

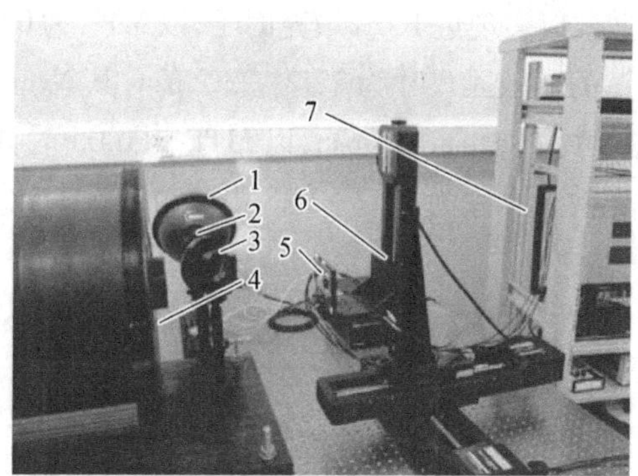

图 10.5.16 自主研制的短波红外焦平面 MTF 测量系统(1. 卤钨灯光源和积分球；2. 滤光片和狭缝；3. 45°反射镜；4. Offner 光学结构；5. 驱动电路板和待测器件；6. 四维电位移台；7. 电学设备和计算机)

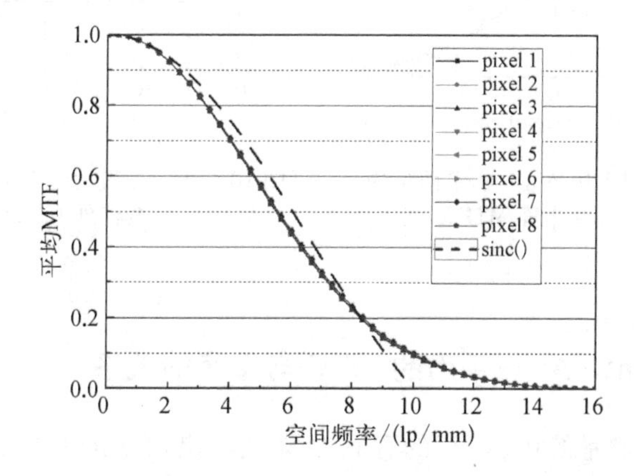

图 10.5.17 光敏元中心距为 100 μm 的平面型短波红外 InGaAs 焦平面 MTF 测试

所示，Nyquist 频率下 MTF 为 0.56。以公式(10.5.7)分析计算，测试的不重复性小于 2%，测试不确定度在 10 lp/mm 范围内小于 4.8%。误差分析发现，测试误差的主要来源是数据拟合过程中高斯拟合参数的误差，包含了器件输出电压误差和拟合算法本身误差的综合贡献。

$$\left|\frac{\Delta \mathrm{MTF}_{\mathrm{det}}}{\mathrm{MTF}_{\mathrm{det}}}\right|=\sqrt{\left(\frac{\Delta \mathrm{MTF}_{\mathrm{system}}}{\mathrm{MTF}_{\mathrm{system}}}\right)^{2}+\left(\frac{\Delta \mathrm{MTF}_{\mathrm{optics}}}{\mathrm{MTF}_{\mathrm{optics}}}\right)^{2}+\left(\frac{\Delta \mathrm{MTF}_{\mathrm{slit}}}{\mathrm{MTF}_{\mathrm{slit}}}\right)^{2}} \tag{10.5.7}$$

扫描狭缝法只能测试光敏元尺寸大于狭缝宽度的器件，而过窄的狭缝一方面测试的信噪比很差，另一方面会受到衍射效应的影响。对于像元中心距较小的器件，许中华博士在该光学测试系统上发展了双刀口法测试 MTF。双刀口法采用 2 个平行的刀口边作为特征目标。待测器件的光敏元对刀口边进行扫描，经历由暗区进入亮区、在亮区中移动、由亮区进入暗区三个过程，得到上升和下降两个对称的刀口扩散函数曲线 ESF。对 ESF 进行微分，得到两个线扩散函数 LSF；对 LSF 进行傅里叶变换并在零频处归一化，得到 MTF。图 10.5.18 和图 10.5.19 分别是光敏元中心距为 25 μm 的平面型和台面型短波红外 InGaAs 焦平面 MTF 测试，其中平面型探测器的扩散孔尺寸为 18 μm，扩散孔中心间距为 25 μm，利用载流子横向扩散效应实现近 100%填充因子，以 MTF 为 0.05 时截止频率，平面结截止频率为 43~45 lp/mm，推算的光敏元尺寸为 22.2~23.2 μm，其 Nyquist 频率下 MTF 为 0.65@ 1.63 μm；台面型器件台面尺寸为 23 μm×25 μm，以 MTF 为 0.05 时截止频率，台面结截止频率在 42~44 lp/mm，推算的光敏元尺寸为 22.7~23.8 μm，与设计一致，其 Nyquist 频率下 MTF 为 0.66@ 1.63 μm。

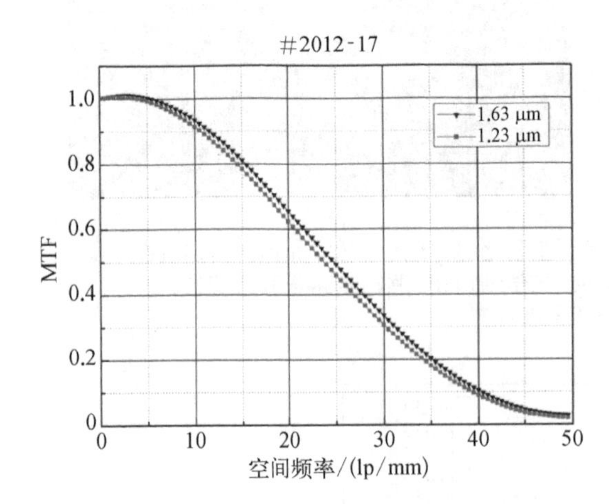

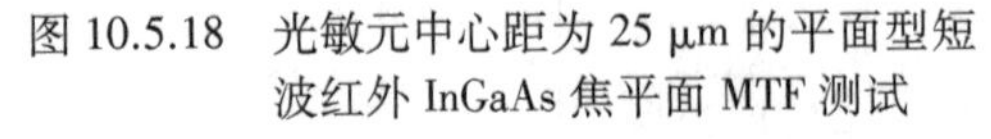
图 10.5.18　光敏元中心距为 25 μm 的平面型短波红外 InGaAs 焦平面 MTF 测试

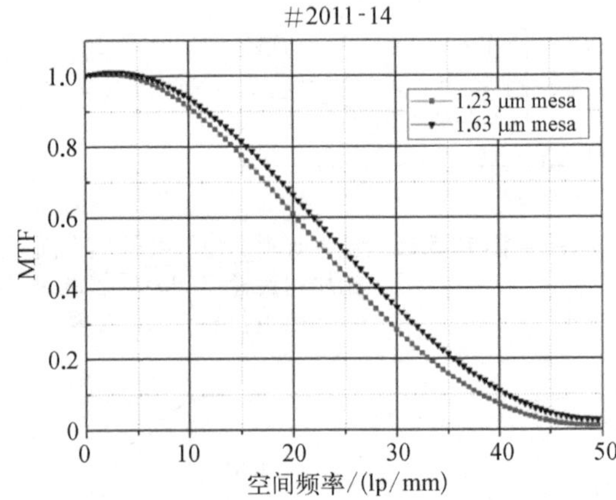

图 10.5.19　光敏元中心距为 25 μm 的台面型短波红外 InGaAs 焦平面 MTF 测试

10.5.3　短波红外 InGaAs 焦平面的 MTF 与串音的关系

在焦平面列阵成像系统中，串音的存在会降低输出信号的对比度，使系统的 MTF 下降。研究光学串音和载流子扩散引起的电学串音对 MTF 影响，讨论电学串音引起的 MTF

衰减,通过解连续性方程来定量计算载流子扩散引起的 MTF,可应用到红外焦平面器件中。

许中华博士[28]研究了短波红外 InGaAs 焦平面探测器的串音与 MTF 的关系。为简化计算,作如下几个假定:忽略不同光敏元间串音值的微小差别,令所有光敏元的串音值均为 c;串音仅存在于中心光敏元和它的最邻近光敏元之间;不考虑除串音外其他因素对 MTF 的影响;小光点串音测试中,投射到单个光敏元上的光斑能量分布为点扩散函数 PSF。在无串音影响的理想情况下,PSF 形状为宽度为 b_d、高度为 1 的矩形,如图 10.5.20 中实线所示,b_d 为光敏元的宽度。考虑串音为 c 的作用时,中心光敏元分别向两侧的最邻近光敏元转移了 c 的能量。PSF 曲线退化为图 10.5.20 左侧虚线所示,是宽度为 $3b_d$、高度为 c 的矩形和宽度为 b_d、高度为$(1-3c)$的矩形的组合。因此,计算 Nyquist 频率处 MTF 与理想的 MTF 的差值 $\Delta MTF_{Nyquist}$,串音值可由(10.5.8)式计算得到。

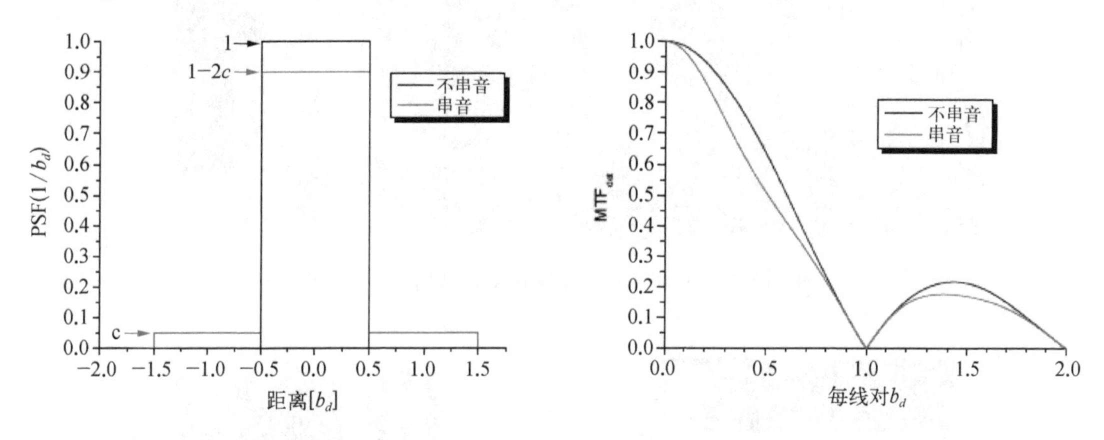

图 10.5.20 近红外 InGaAs 组件串音与 MTF 间的关系

$$\Delta MTF_{Nyquist} = 4c \times \sin c\left(\pi b_d \times \frac{0.5}{b_d}\right) = \frac{8}{\pi}c \tag{10.5.8}$$

在 Nyquist 频率处串音影响下的 MTF 与无串音时的 MTF 存在一最大差值,且该差值与串音呈正比例关系。据此得出了从实测 MTF 曲线计算串音的一种新方法,由该方法计算风云四号用 8 元线列 InGaAs 器件的串音值为 5.9%,与实验测得的串音值 3%~3.5% 相当。

为保证系统应用的成像质量,焦平面器件百分比串音控制在一定的范围内,一般为 5% 以下,而 MTF 测试提供了一种直接与系统应用相关的技术参数。例如,在宽波段成像光谱仪成像试验中,发现了近红外 InGaAs 焦平面传感器组件内存在杂散光。杂散光表现两种状态:一种是和真实像位置存在特定距离偏移的鬼像,该鬼像的存在与光阑、滤光片和窗口等结构无关,从光敏芯片的结构分析,该鬼像偏移像元数固定,表明该鬼像是光敏芯片引入的杂散光。项目设计采用高密度“一”字形排布,以 FY-4 扫描辐射计近红外传感器芯片 LBIC 扫描图片,其光敏元呈“一”字形排布,相邻光敏元间隔为 5 μm,设计有效填充因子优于 92%,相邻光敏元串音为 1.5%,该结构也应用到天宫二号近红外组件的设计中，在光敏元四周预留保护环区，在微光敏区外增加有效吸收结构，达到降低串音抑制杂散光的目的，成功地抑制了此类鬼影，如图 10.5.21 所示，该器件 MTF 测试值达到 0.65@1.63 μm。另一种是在器件串音得到较好的控制和器件 MTF 达到较高水平的情况下，器件目标成像的边缘发现了水纹状拖影，如图 10.5.22 所示，和第一种状态清晰的位移像不同，该拖影未呈现清晰的像。通过平行光管加光学系统，采用小光点方式移动光斑位置，研究该拖影的来源。结果表明，拖影的位置和双波段滤光片安装结构有关，而并非来自器件内部的串音。

图 10.5.21　初样先行件鬼影现象及结构对照分析图

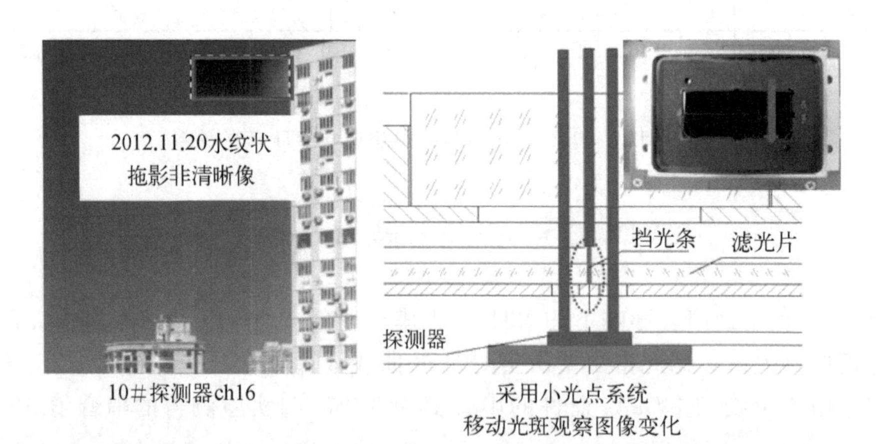

图 10.5.22　初样组件成像的水纹状拖影及抑制杂光后的正样组件成像图片

10.6 小结

本章结合作者在短波红外 InGaAs 焦平面的研究经验和有限的理解,以焦平面测试流程介绍其主要光电参数的提取。首先,介绍采用单色仪方法测试焦平面的响应光谱,获得相对响应光谱,通过相对响应光谱提取起始波长、截止波长和峰值波长,同时计算确定黑体温度下对应的 G 因子,为基于黑体辐射源建立焦平面测试系统,测量探测器信号提取器件量子效率提供依据。在此基础上,基于黑体辐射源的红外焦平面测试系统对其光电性能进行表征,从测试系统直接获得的信号电压和噪声电压两个物理量出发,结合获取的 G 因子,计算峰值电压响应率,结合电路设计参数,推导峰值电流响应率,进而推导峰值量子效率,厘清响应率、量子效率与波长的关系。考虑到器件光敏元面积的设计参数和测试过程的积分时间参数,推导红外焦平面器件的峰值探测率,计算响应率非均匀性,介绍盲元的类型及盲元率的统计和计算动态范围。上述光电性能从短波红外 InGaAs 焦平面的实际测试角度出发,也可以拓展应用于其他红外光电焦平面测试中。由于航天遥感应用迫切需求弱信号、高灵敏度、低串音的短波红外 InGaAs 焦平面探测器,本章还详细介绍了短波红外 InGaAs 焦平面探测器的噪声特性、串音特性以及和系统应用密切相关的器件 MTF 参数。在噪声特性中,构建短波红外 InGaAs 焦平面探测器的噪声物理模型,明确了来自 InGaAs 光敏芯片的噪声和来自读出电路的噪声,特别关注了光敏芯片和读出电路耦合接口噪声,指出了降低短波红外 InGaAs 焦平面探测器噪声的措施;在串音特性中,介绍了串音的表征方法,分析了器件结构、器件工艺对串音的影响,讨论了微台面刻蚀、保护环结构改进、扩散区精细控制等技术途径抑制串音;结合系统应用需求,详细介绍了红外焦平面器件的 MTF 研究进展,应用条纹目标法、扫描狭缝法以及刀口法提取了航天遥感用 InGaAs 焦平面器件的 MTF,讨论了 InGaAs 焦平面器件的 MTF 与串音的关系。

参考文献

[1] 康蓉, 李立华, 彭曼泽, 等. 由黑体 D^*_{bb} 确定峰值 D^*_λ 以及黑体波段 $D^*_{\Delta\lambda}$——G 因子的计算. 红外技术, 2005, 27(3): 263-265.

[2] Janesick J. Scientific charge-coupled devices. Washington: SPIE Press, 2001: 101-105.

[3] Bentell J, Vermeiren J, Verbeke P, et al. 3000 pixel linear InGaAs sensor for the Proba-V satellite. Proc. SPIE, 2010, 7862: 786206.

[4] Hoogeveen R W M, Ronald J A, Goede A P H. Extended wavelength InGaAs infrared (1.0~2.4 μm) detector arrays on SCIAMACHY for space-based spectrometry of the Earth atmosphere. Infrared Physics & Technology, 2001, 42: 1.

[5] Enriquez M D, Blessinger M A, Groppe J V, et al. Performance of high resolution visible-InGaAs imager for day/night vision. Proc. SPIE, 2008, 6940: 694000-1~9.

[6] Trezza J A, Masaun N, Ettenberg M. Analytic modeling and explanation of ultra-low noise in dense SWIR detector arrays. Proc. SPIE, 2011, 8012: 80121Y.

[7] Boisvert J, Isshiki T, Sudharsanan R, et al. Performance of very low dark current SWIR PIN arrays. Proc. SPIE, 2008, 6940: 69400L-1~8.

[8] MacDougal M, Geske J, Wang C, et al. Low dark current InGaAs detector arrays for night vision and astronomy. Proc. SPIE, 2009, 7298: 72983F-1~10.

[9] MacDougal M, Geske J, Wang C, et al. Short-wavelength infrared imaging using low dark current InGaAs detector arrays and vertical-cavity surface-emitting laser illuminators. Optical Engineering, 2011, 50(6): 061011.

[10] Reverchon J L, Decobert J, Djedidi A. High dynamic solutions for short-wavelength infrared imaging based on InGaAs. Optical Engineering, 2011, 50(6): 061014.

[11] Huang Z C, Huang S L, Fang J X. Design of 800×2 low noise readout circuit for near-infrared InGaAs focal plane array. Proc. SPIE, 2012, 8562: 856205-1~7.

[12] 黄松垒，张伟，黄张成，等. 大周长面积比延伸波长 InGaAs 红外焦平面噪声. 红外与毫米波学报，2012, 31(3): 235-238.

[13] Taubkin I I. Photoinduced and thermal noise in semiconductor p-n junctions. Physics-Uspekhi, 2006, 49(12): 1289-1306.

[14] Makarov Y S, Zverev A V, Mikhantiev E A, et al. The noise model of CTIA-based pixel of SWIR HgCdTe focal plane arrays. Proc. International Conference of Young Specialists on Micro/nanotechnologies & Electron Devices, 2016: 326-331.

[15] Liu N, Chen Q, Guo-Hua G U, et al. The Noise analysis and inhibition technology of the driving circuits of the 640×512 IR focal plane detector. Infrared Technology, 2010, 32(10): 572-575.

[16] Johnson J F, Lomheim T S. Focal-plane signal and noise model - CTIA ROIC. IEEE Transactions on Electron Devices, 2009, 56(11): 2506-2515.

[17] 于春蕾. 低噪声近红外 InGaAs 焦平面探测器研究.上海：中国科学院上海技术物理研究所，2019.

[18] Zhang Z, Yuan X H, Huang Y S, et al. New dark current suppresion CMOS readout circuit with novel CDS structure for largr format QWIP FPA. Journal of Electronics(China), 2004, 21(5): 384-391.

[19] Chen X. Theoretical analysis and experimental application of CDS CMOS integrated circuit for uncooled infrared focal plane arrays. Optik-International Journal for Light Electron Optics, 2011, 122(9): 792-795.

[20] Li X, Huang S L, Chen Y, et al. Noise characteristics of short wavelength infrared InGaAs linear focal plane arrays. Journal of Applied Physics, 2012, 112(6): 013202-1.

[21] Hood A D, MacDougal M H, Manzo J, et al. Large-format InGaAs focal plane arrays for SWIR imaging. Proc. SPIE, 2012, 8353: 83530A-1.

[22] Li Y F, Tang H J, Li T, et al. Study on suppression of extension of photo-sensitive area for planar-type front-illuminated InGaAs detector by LBIC technique. Journal of Semiconductors, 2010, 31(1): 013002-1-5.

[23] 李永富，唐恒敬，朱耀明，等. AFM /SCM 及 LBIC 技术在平面型保护环结构 InGaAs 探测器设计中的应用. 红外与毫米波学报，2010, 29(6): 401-405.

[24] 张可锋，吴小利，唐恒敬，等. LBIC 技术研究平面结与台面结 InGaAs 探测器. 红外与激光工程，2007, 36: 23-27.

[25] Zhu Y, Xue L, Wei J, et al. Analysis of cross talk in high density mesa linear InGaAs detector arrays using tiny light dot. Proc Spie, 2012, 8419(5): 260-264.

[26] Li X, Tang H J, Li T, et al. Crosstalk study of near infrared InGaAs detectors. Proc. 42 Conference on Infrared Technology and Applications XLII,2016, 9819: 1-7.

[27] Deng H H, Tang H J, Li T, et al. The temperature-dependent photoresponse uniformity of InGaAs sub-pixels infrared dete31ctor by LBIC technique. Semiconductor Science and Technology,2012, 27: 115018/1-5.

[28] 许中华. 短波红外 InGaAs 焦平面调制传递函数测试技术研究. 北京: 中国科学院大学,2013.

[29] Redfern D A, Thomal J A, Dell J M, et al. Diffusion length measurements using laser beam induced current. Conf on Optoelectron and Microelectron Mat and Dev, IEEE Proc,2000, 7468243: 463-466.

[30] 李永富. PIN 型 InGaAs 异质结短波红外探测器技术研究.北京: 中国科学院大学,2010.

[31] Musca C A, Dell J M, Faraone L, et al. Analysis of crosstalk in HgCdTe p-on-n heterojunction photovoltaic infrared sensing arrays. Journal of Electronic Materials,1999, 28(6): 617-622.

[32] Sanders T J, Caraway E L. Modeling and test of pixel crosstalk in HgCdTe focal plane arrays. Proc. SPIE, 2001, 4369: 458-466.

[33] 朱耀明. 高密度单片长线列 InGaAs 焦平面探测器研究.北京: 中国科学院研究生院,2012.

[34] 邵秀梅,李淘,邓洪海,等.平面型 24 元 InGaAs 短波红外探测器. 红外技术, 2011, 33(9): 501-504.

[35] 邓洪海. 高性能平面型 InGaAs 短波红外探测器研究. 北京: 中国科学院大学,2013.

[36] Zhang W, Michael E, Huang W, et al. Mesa pixel isolation with low dark current for improved MTF performance in SWIR photodiode array applications. Proc. SPIE, 2019, 11002: 1100213.

[37] 樊翔, 倪旭翔. 光学传递函数测试仪的现状和发展趋势. 光学仪器, 2003, 25(5): 48-52.

[38] Lucke R L. Deriving the Coltman correction for transforming the bar transfer function to the optical transfer function or the contrast transfer function to the modulation transfer function. Applied Optics, 1998, 37: 7248-7252.

[39] Lettington A H, Hong Q H, Macdonald J, et al. Measurement of the MTF and MRTD for focal plane array. Optical Engineering and Photonics in Aerospace Sensing, 1993, 1969: 217-224.

[40] Coakley M M, Berthia μme G D, Ringdahl E J, et al. Optical performance measurements of large IR focal plane array for GOES. Proc. SPIE, 2000, 4135: 129-139.

[41] Bentell J, Vermeiren J, Verbeke P, et al. 3000 pixel linear InGaAs sensor for the Proba-V satellite. Proc. SPIE, 2010, 7862: 786206.

[42] Gravrand O, Baier N, Ferron A, et al. MTF Issues in small-pixel-pitch planar quantum IR detectors. J. Elec. Mater, 2014, 43: 3025-3032.

[43] Appleton B, Hubbard T, Glasmann A, et al. Parametric numerical study of the modulation transfer function in small-pitch InGaAs/InP infrared arrays with refractive microlenses. Optics Express, 2018, 26(5): 5310-5326.

第11章 短波红外InGaAs光电探测新技术

11.1 引　言

Ⅲ-Ⅴ族InGaAs材料是一种重要的化合物半导体材料，基于与InP匹配的In组分x为0.53的$In_xGa_{1-x}As$材料研制的器件，常规响应波长覆盖范围为0.9~1.7 μm；将$In_xGa_{1-x}As$材料的In组分x提高，虽然面临$In_xGa_{1-x}As$与InP衬底的晶格将不再匹配的问题，但通过缓冲层、吸收层以及帽层结构设计和多层异质外延薄膜的生长方式改进，仍然可以实现高质量的InGaAs外延材料，实现响应波长向长波方向扩展的短波红外InGaAs探测器，响应波可以延伸到2.5 μm。基于短波红外InGaAs探测器具有较高的探测率、较好的稳定性以及与Si器件制备工艺兼容的特点，发展了新体制新功能InGaAs探测器。通过具有阻挡层结构的新型外延材料和片上集成微纳陷光结构，研发宽谱段响应InGaAs焦平面，向可见光方向拓展，响应波段覆盖0.4~1.7 μm；研发片上集成像素级亚波长金属光栅的InGaAs偏振焦平面，实现多方向偏振和高消光比；研发片上集成滤光微结构的InGaAs焦平面，实现多光谱探测应用。此外，由于近红外InGaAs探测器响应波段覆盖1.06 μm和1.55 μm的激光波长，研发线性模式InGaAs雪崩探测器和盖革模式InGaAs雪崩探测器，也是国内外研究的热点。

11.2 可见拓展的InGaAs探测器

11.2.1 可见拓展的InGaAs探测器研究意义

夜天光的主要能量分布如图11.2.1所示[1]，包括月光、大气辉光、星光等。其中，满月光覆盖波长在0.4~1.7 μm波段，辐亮度约500~80 nW/(cm^2·μm)；大气辉光主要是由海拔80~90 km大气层里的OH自由基因为发生光化学反应而产生，其能量主要集中在0.9~1.7 μm短波红外(SWIR)波段，辐亮度约60 nW/(cm^2/μm)[1,2]，在无月光的夜晚，来自大气辉光的短波红外辐射成为夜天光的主要辐射源；星光覆盖波长在0.4~1.3 μm波段，能量非常弱，辐亮度低于0.1 nW/(cm^2·μm)。图11.2.2是光电器件在不同照度条件下的微光成像[3]，在无月光的夜晚，来自大气辉光的短波红外辐射成为夜天光的主要辐射源,短波红外波段光子数是可见波段的 22 倍[4],星光级 CCD、超低照度 CMOS、EMCCD 等全固态 Si 基器件在可见-近红外波段具有很高的灵敏度,响应波长范围通常在 0.4~1.1 μm,在无月光的夜晚存在光谱响应局限性。常规响应波长的 InGaAs 探测器量子效率与夜天光辐射的对比如图 11.2.3 所示,在短波红外区域,与微光夜视的光谱范围吻合较好[5],利用夜天光的微光夜视技术可以进行隐蔽侦察,在国防、安全、交通等领域具有重大应用价值。针对微光夜视的应用需求,在不降低 InGaAs 探测器在短波红外波段优异性能的情况下,可以将其光谱向可见波段进行拓展,使其更好地覆盖微光夜视所需的光谱范围,进一步提升其在微光成像应用方面的综合性能和应用前景。因此,新型的全固态高灵敏度可见-短波红外宽谱段 InGaAs 探测器成为微光夜视应用的一个新的选择,图 11.2.4 是常规波长 InGaAs 探测

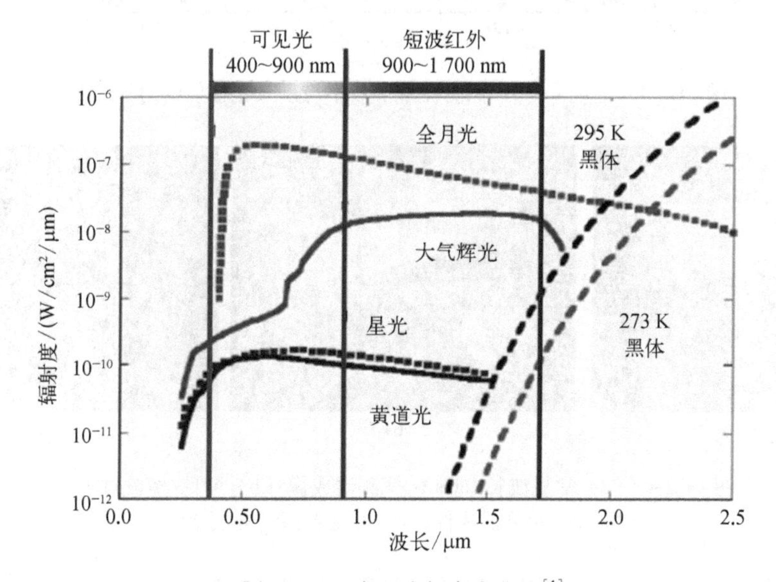

图 11.2.1　夜天光辐亮度曲线[1]

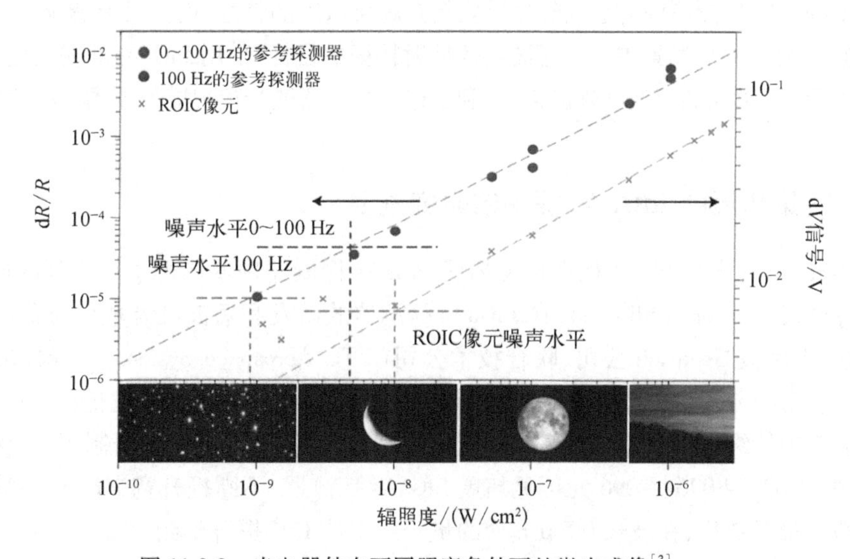

图 11.2.2　光电器件在不同照度条件下的微光成像[3]

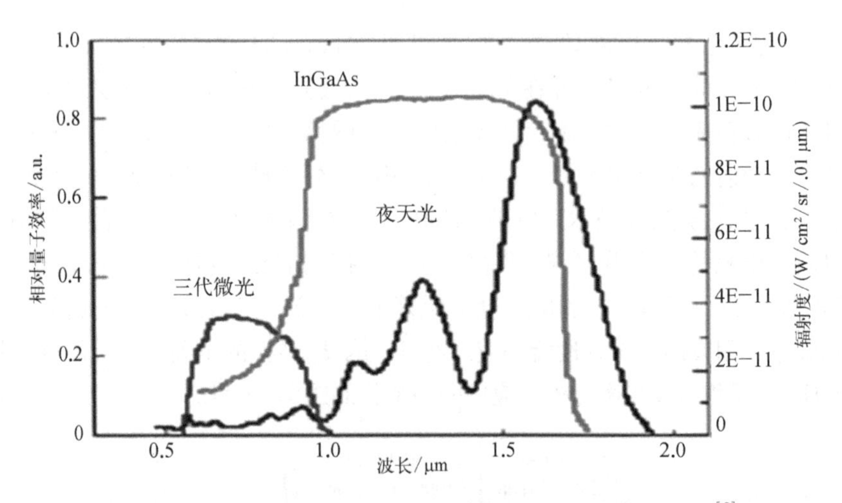

图 11.2.3 常规 InGaAs 探测器量子效率与夜天光辐射的对比[5]

图 11.2.4 (a) 常规波长 InGaAs 探测器成像;(b) 可见/短波红外 InGaAs 探测器成像;(c) 可见光探测器成像[6]

器成像、可见拓展的 InGaAs 探测器成像和可见光探测器成像的对比图[6],与 Si 基探测器相比,常规波长 InGaAs 探测器因为短波红外波段具有高灵敏度的特性,而且具有透烟尘、透雾霾、透水汽的能力,可以看见场景中具有短波红外反射特征的目标,采用 InGaAs 可见/短波红外探测器能同时探测可见光和短波红外波段,有利于进一步丰富微光夜视成像下场景的信息。

11.2.2 可见拓展的 InGaAs 探测器研究进展

近年来,国内外的研究机构在可见拓展 InGaAs 探测器领域取得了一系列的成果。美国无限传感公司(Sensors Unlimited)在 InGaAs 探测器的研发和短波红外成像方面处于世界领先的地位,先后被 Goodrich 公司、联合技术公司(UTC Aerospace Systems)并购,2020 年联合技术公司和雷神公司合并成雷神科技公司。该公司在可见-短波红外宽谱段 InGaAs 焦平面探测器研究中持续进步,技术态势上在焦平面规模扩大的同时,相继研制了 320×240、640×512、1 280×1 024、4 096×4 096 元可见拓展 InGaAs 探测器,不断提升宽谱段 InGaAs 探测器在可见波段的量子效率,在波长 0.5 μm 处的量子效率从 15%提升到约 40%,850 nm 时为 70%,1 310 nm 为 85%,1 550 nm 为 80%[7-9],如图 11.2.5 所示,其技术途径采用具有阻挡层结构的

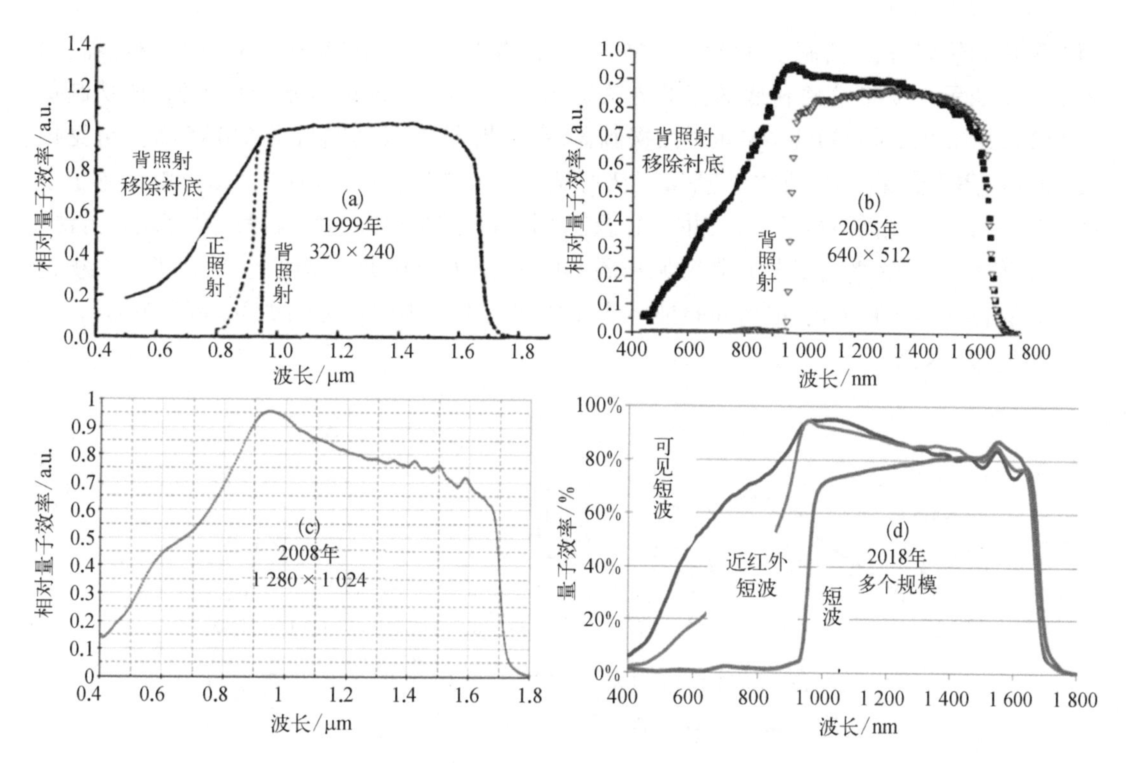

图 11.2.5　美国传感无限公司宽谱段 InGaAs 探测器的量子效率

InGaAs 外延材料、InP 衬底剥离、复合增透膜等。

法国Ⅲ-Ⅴ实验室在 2011 年公开报道了他们研发的面向微光夜视应用的可见-短波红外 InGaAs 焦平面探测器，规模为 640×512 元的宽谱段 InGaAs 探测器的量子效率在 0.5 μm 为 10%、在 0.7 μm 为 30%、在 1.5 μm 为 70%[10]。2013 年 1 月，法国Ⅲ-Ⅴ实验室将宽谱段 InGaAs 焦平面探测器技术转移到法国 Sofradir 公司，进一步降低器件暗电流、提升量子效率，其成像应用的图像质量不断提升[11,12]。此外，美国 Teledyne Judson Technologies 公司[13]、Aerius Photonics 公司[14]、Banpil Photonics 公司[15]、Spectrolab 公司[16]、FLIR Electro Optical Components 公司[17]、Indigo 公司[18]以及以色列 SCD 公司[19,20]、比利时 Xenics 公司[4]、德国弗劳恩霍夫应用固体物理研究所(Fraunhofer IAF)和德国 AIM 公司[21]等，均围绕微光成像应用持续开展宽谱段 InGaAs 焦平面探测器的研究。2020 年，日本索尼公司报道了 IMX990 型号 1 280×1 024、IMX991 型号 640×512 可见拓展的 InGaAs 焦平面探测器，如图 11.2.6 所示，大幅度提升 0.4～1.7 μm 的宽谱段的量子效率[22]。

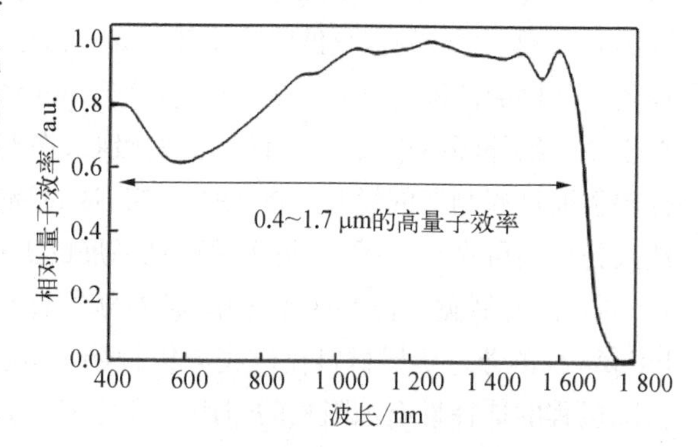

图 11.2.6　日本索尼公司可见拓展的 InGaAs 焦平面探测器的量子效率

中科院上海技术物理研究所 2000 年开始开展短波红外 InGaAs 焦平面探测器的研究，2010 年开展向可见拓展的 InGaAs 焦平面探测器的研究，相继研制了 320×240、640×512、1 280×1 024 元可见拓展 InGaAs 探测器，如图 11.2.7 所示。杨波[23]将衬底减薄的方法适用于大面阵 InGaAs 焦平面探测器，成功制备了 512×128 元可见拓展 InGaAs 焦平面探测器；邵秀梅等[24]成功制备了 640×512 元可见拓展 InGaAs 焦平面探测器；何玮[25]获得了从可见到短波红外波段（0.5～1.7 μm）整体量子效率超过 60%的宽光谱高量子效率，并探索了亚波长 InP 纳米柱阵列宽波段广角度增透方法；于一榛等[26]在衬底剥离工艺研制可见拓展 InGaAs 焦平面探测器基础上，优化了大面积自组装的胶体晶体掩膜工艺，提出并验证了集成微纳人工结构的可见拓展 InGaAs 探测器，提升宽谱段量子效率。

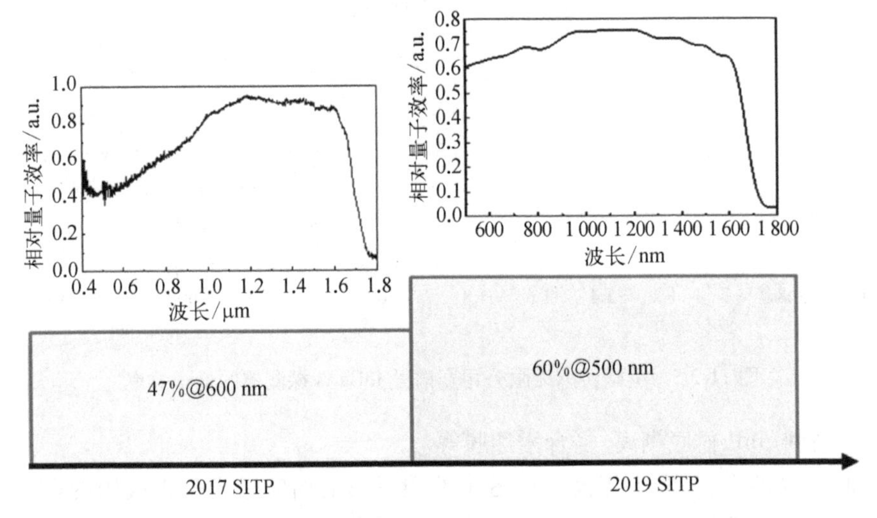

图 11.2.7　中科院上海技物所宽谱段 InGaAs 焦平面量子效率

11.2.3　可见拓展的 InGaAs 探测器的制备方法

常规波长 InGaAs 器件采用 pin 型 InGaAs 外延材料制备，包括 InP 衬底、InGaAs 吸收层和 InP 帽层。InP 的禁带宽度为 1.35 eV，对应的截止波长为 920 nm。$In_{0.53}Ga_{0.47}As$ 的禁带宽度为 0.75 eV，对应的截止波长为 1 700 nm。由于 InP 帽层或者衬底的吸收，常规波长 InGaAs 探测器的探测范围为 0.9～1.7 μm。要实现 pin 型 InGaAs 短波红外探测器的可见拓展，关键在于减小红外辐射进入 pn 结前的无效吸收，在背照射短波红外 InGaAs 焦平面探测器中，目标辐射通过探测器的衬底后进入吸收层，通过减薄或者去除 InP 衬底的方法使探测器响应波长拓展到可见光波段，这是实现可见拓展的 InGaAs 探测器的主要途径。

首先，开展宽光谱 InGaAs 探测器外延层材料结构设计。与常规材料不同的是，宽光谱 InGaAs 探测器外延层材料在衬底与接触层之间添加了 $In_{0.53}Ga_{0.47}As$ 刻蚀阻挡层，用于衬底去除过程的选择性腐蚀阻挡的作用。可见拓展 InGaAs 探测器外延材料结构如图 11.2.8(a)所示，具体包括 InP 帽层、n^-型 $In_{0.53}Ga_{0.47}As$ 吸收层、n^+型 InP 接触层、$In_{0.53}Ga_{0.47}As$ 刻蚀阻挡层以及 InP 衬底。宽光谱 InGaAs 探测器需要剥离衬底，衬底剥离后探测器结构仅有 InP 帽

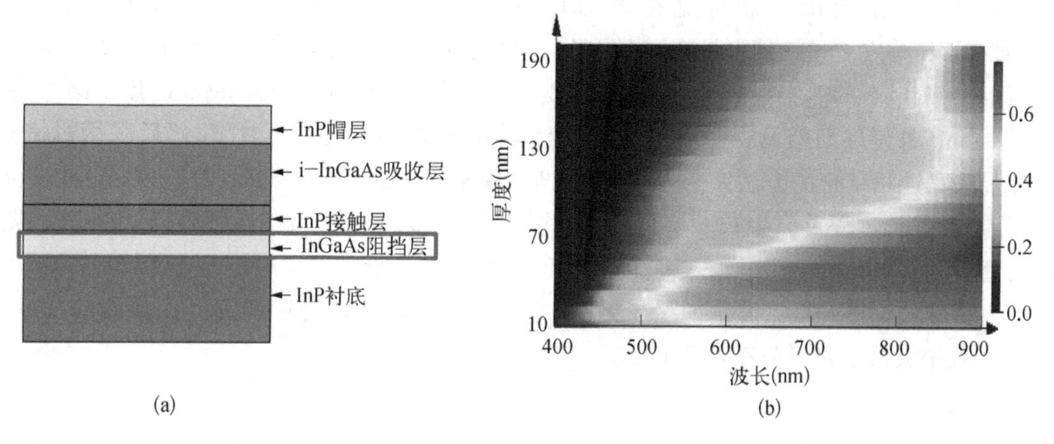

图 11.2.8 (a) 可见拓展 InGaAs 探测器外延材料结构和(b) InP 接触层厚度对可见光透过率的影响

层、n^-型 $In_{0.53}Ga_{0.47}As$ 吸收层、n^+型 InP 接触层。入射光从焦平面背面,即 n^+型 InP 接触层进入光芯片,因此接触层 InP 的吸收是影响量子效率的重要因素之一。如图 11.2.8(b)所示,接触层 InP 的厚度直接影响可见光波段的透过率,10 nm 厚的 InP 接触层在 0.5 μm 处的透过率接近 60%。

其次,开展宽光谱 InGaAs 探测器制备。该类器件的常规制备流程和常规波长 InGaAs 探测器类似,经过光刻、扩散、钝化、金属化等器件制备工艺后,形成探测器阵列,经划片后分割成阵列芯片,与读出电路倒焊形成焦平面模块,宽光谱器件后续工艺在焦平面模块上实现,如图 11.2.9 所示。采用机械抛光和湿法腐蚀相结合的方法去除 InP 衬底和 InGaAs 阻挡层,去除 InP 衬底的化学腐蚀液可以选用 HCl : H_3PO_4(3 : 1)混合液或者 37% HCl/H_2O 混合液,去除 InGaAs 阻挡层的腐蚀液采用酒石酸与双氧水(5 : 1)的混合液或者 H_3PO_4/H_2O_2/H_2O (2 : 3 : 30)混合液。由于 InP 接触层很薄,要保证减薄后芯片表面均匀一致,且对器件造成的损伤和产生的应力较小。在对器件进行衬底减薄之后,考虑表面漏电的增大而使器件的暗电流增大,需要考虑表面钝化和表面增透工艺,提高可见波段和近红外波段的量子效率。T. Pencheva 等在对 InGaAs 焦平面阵列进行衬底减薄后设计了不同的多层增透膜结构,包括采用不同的层数(2,3,4,5,6)和不同折射率(n_H = 2.2,2.25,2.30,2.40,2.45 和 n_L = 1.38,1.45,1.50,1.55,1.60)的材料,不同的排列结构(空气/LH……/衬底和空气/HL……/衬底),从理论上计算透过率,得到了较优的多层增透膜结构[27]。

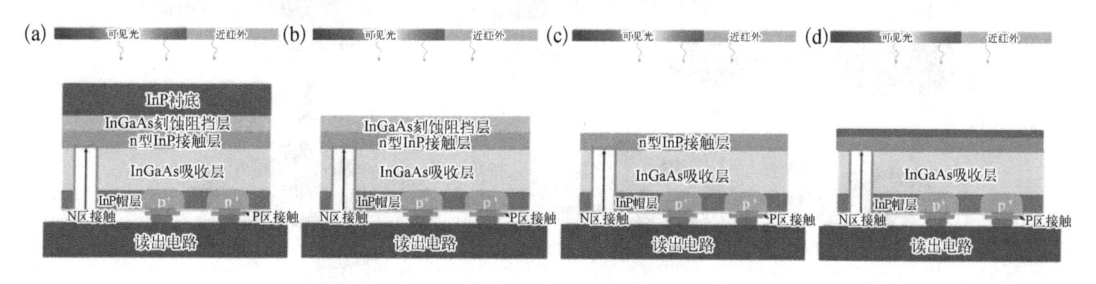

图 11.2.9 可见拓展 InGaAs 探测器制备方法

采用焦平面模块进行可见拓展器件制备的方法，存在效率较低的问题，为此 P. Esfandiari 等发展了一种可见拓展 InGaAs 器件的衬底转移技术[28]，如图 11.2.10 所示，和石英相比，蓝宝石的热胀系数与 InP 衬底较为接近，基于宝石衬底制备 InGaAs 焦平面，先将 InGaAs/InP 外延层面朝下放置，采用 BCB 胶键合到双面抛光的宝石片上，然后采用机械抛光和湿法腐蚀相结合的方法完全去除 InP 衬底，像素采用台面刻蚀到吸收层 InGaAs 中被定义，外延层生长过程首先生长 p 层材料，因此形成 p 区向上的光电二极管阵列，以匹配神经网络处理芯片 XENON v2 的输入极性电极，InGaAs 芯片和处理芯片通过 In 柱倒焊的方式互联。为了最大化提升可见波段的量子效率，采用了 n - InGaAs 薄层作为 n 区接触层，0.4 ~ 1.6 μm 处全波段的量子效率优于 60%。

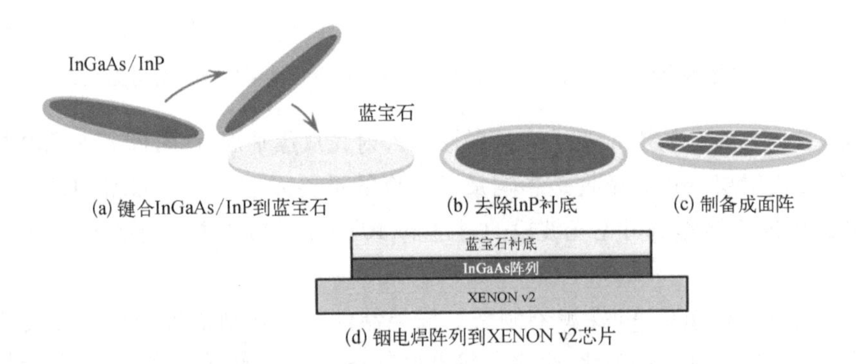

图 11.2.10　InGaAs 焦平面制备的衬底转移技术流程图

中科院上海技术物理研究所在焦平面模块可见拓展研制基础上，提出了一种可见拓展 InGaAs 焦平面模块临时键合技术，如图 11.2.11 所示，将倒焊好的多个焦平面模块临时键合在 8 英寸 Si 晶圆上，通过背面套刻工艺，确定衬底和阻挡层腐蚀区域，通过机械抛光和湿法腐蚀相结合的方法，结合解键合方法，实现可见拓展 InGaAs 焦平面。

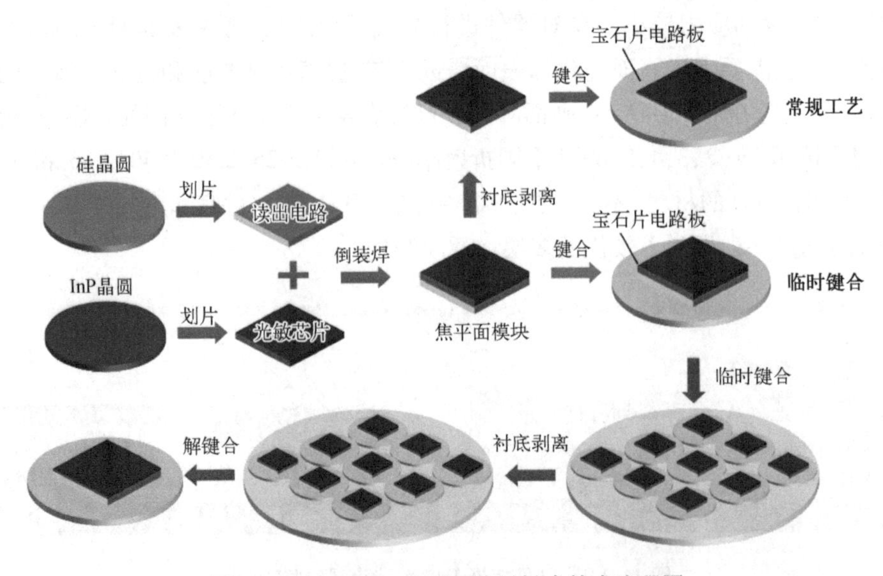

图 11.2.11　InGaAs 焦平面临时键合技术流程图

日本索尼公司报道的 1 280×1 024 可见拓展的 InGaAs 焦平面探测器[22]，融合了微电子工艺的发展，提出了新工艺架构，采用芯片到晶圆键合的工艺（Dies-to-Wafer），将Ⅲ－Ⅴ族材料切割后键合到 Si 晶圆，开展光电探测器阵列的工艺加工，采用 Cu－Cu 互联的方式进行晶圆级键合，移除支撑衬底后再减薄 InP 层，如图 11.2.12 所示。Cu－Cu 互联工艺的详细流程见图 11.2.13，在光电探测器阵列形成后，制备通孔，淀积 Cu 凸点并实现其平整化，相应的 ROIC 也进行 Cu 凸点制作，进行 Cu－Cu 互联键合后退火。

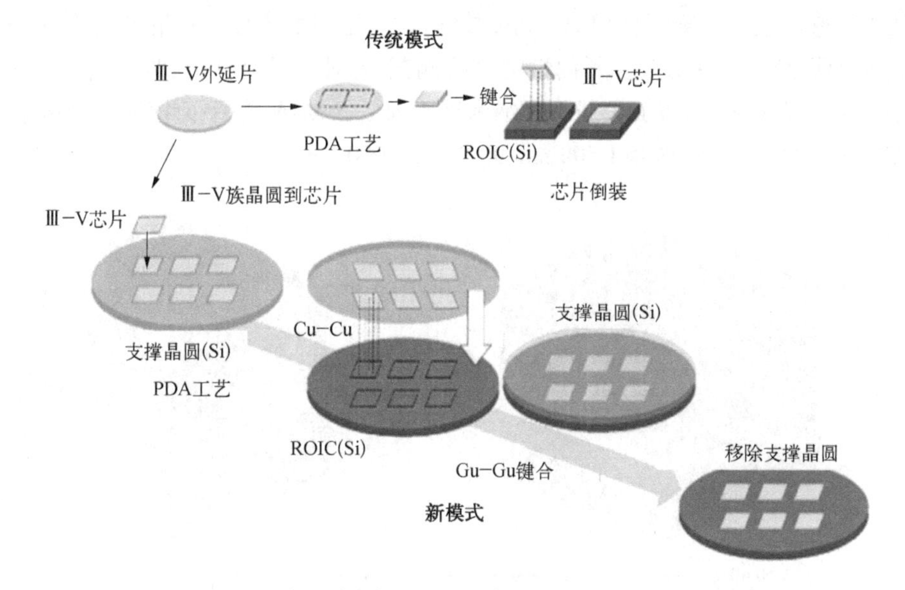

图 11.2.12　索尼公司提出的可见拓展 InGaAs 焦平面新架构

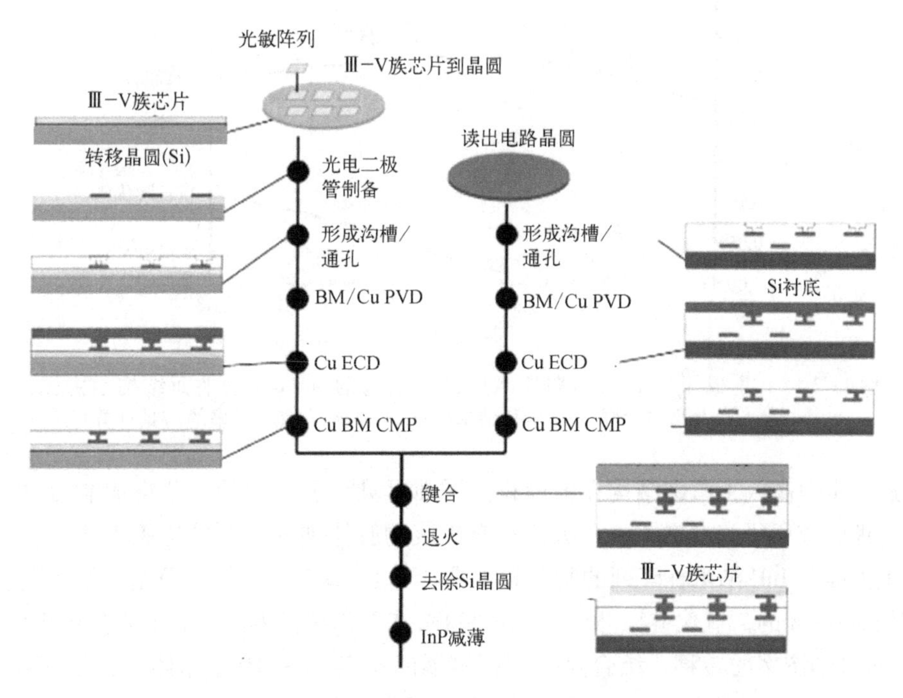

图 11.2.13　索尼公司提出的可见拓展 InGaAs 焦平面 Cu－Cu 互联流程图

为了提升可见-短波红外宽光谱 InGaAs 焦平面探测器的量子效率,中国科学院上海技术物理研究所探索采用三维全介质材料亚波长结构的增透新方法,计算模拟纳米球(SPNA)和纳米柱(CLNA)不同结构尺寸对反射率的影响[29]。发现 InP 纳米柱的周期为 600 nm、边长为 360 nm、高度为 200 nm 时,InGaAs 焦平面探测器的反射率最低,在 900~1 700 nm 之间平均反射率低达 3.07%,见图 11.2.14。结合米氏(Mie)理论散射模型,分析了 InP 纳米柱阵列宽波段广角度增透的物理机制。对比了不同的微纳结构制备工艺,最终采用电子束曝光(EBL)技术和感应耦合等离子体(ICP)刻蚀技术,制备了表面集成 InP 纳米柱的 160×120 元 InGaAs 焦平面探测器。并对其焦平面性能进行测试,对比了有无 InP 纳米柱阵列的信号电压与量子效率。结果显示,表面集成 InP 纳米柱阵列后,InGaAs 焦平面探测器的量子效率分别为 44.5%@ 1 200 nm、88.0%@ 1 500 nm、90.8%@ 1 600 nm。

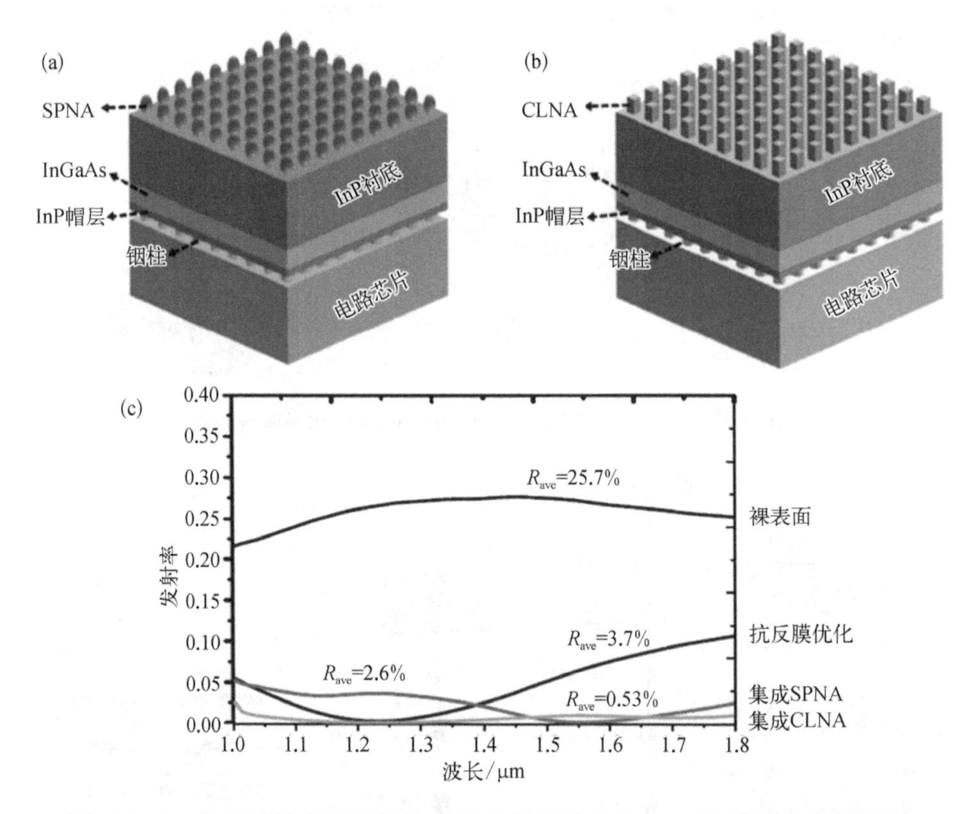

图 11.2.14 集成不同表面周期性米氏散射结构的 InGaAs 焦平面结构示意图:(a) InP 纳米球;(b) InP 纳米柱;(c) 不同结构反射率的仿真计算结果

为进一步提高人工微纳结构在大面积焦平面可见拓展方面的工艺集成能力,中科院上海技术物理研究所研究发展了一种大面积自组装的胶体纳米球颗粒掩膜工艺,实现在焦平面模块上大面积 InP 纳米柱阵列的制备和集成[26]。图 11.2.15(a)~(f)给出了工艺流程图。采用直径 500 nm 的二氧化硅微球作为刻蚀模板,在 InP 材料表面组装成六角密堆的胶体晶体,以实现微纳图案的转移。结合焦平面探测器的特点,采用胶体晶体刻蚀技术在 InGaAs 焦平面器件上集成亚波长结构,相比 EBL 和纳米压印等工艺,可避免高温工艺和接触式工艺,以确保可见拓展的器件无损伤。采用 FDTD 仿真技术对集成 InP 纳米柱阵列的 InGaAs 探测器进行了原理验证和结构设计,分析了 InP 微纳人工结构宽光谱增透的物理机制。优化了大面积自组装的胶体晶体掩膜工艺,将准周期结构的 InP 纳米柱人工结构集成于 320×256 可见拓展焦平面表面。结果表明,在探测器表面集成微纳人工结构具有宽谱段增透的能力,使探测器量子效率增加了 15%~20%。

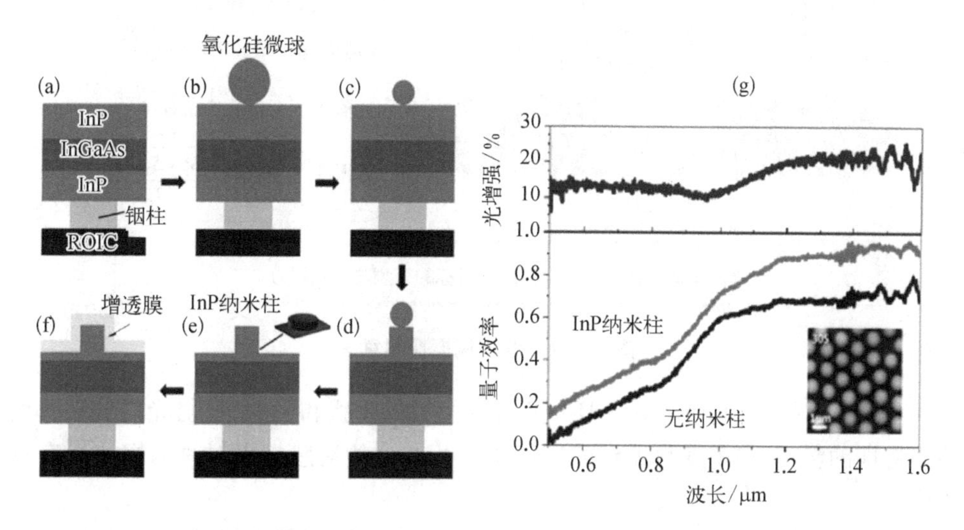

图 11.2.15　自组装的胶体纳米球颗粒掩膜工艺流程图[(a)~(f)];集成 InP 人工纳米结构的 320×256 可见拓展 InGaAs 焦平面量子效率增强效果(g)

11.3　集成偏振近红外 InGaAs 焦平面探测器

11.3.1　集成偏振近红外 InGaAs 焦平面探测器研究意义

作为光的基本属性之一,偏振能够提供有别于辐射强度的另一种关于物体的信息。不同物体或同一物体的不同状态在发射或反射红外辐射时都可能产生不同的偏振状态,并且一些物体的偏振态与波长存在密切关系。偏振探测技术作为强度探测的有益补充,可以把信息量从三维(光强、光谱以及空间)扩充到七维(光强、光谱、空间、偏振度、偏振方位角、偏振椭率和旋转的方向),如图 11.3.1 所示,通过对红外成像场景中偏振信号的探测,能够提取更丰富的目标物体信息,从而提高图像对比度,增强红外探测系统的目标探测与识别能力。20 世纪 90 年代初,法国里尔(LILIE)大学研发了 POLDER 偏振仪,后经法国航天局(CNES)支持进一步发展成航天偏振仪,并于 1996 年搭载日本的 ADEOS-I 卫星发射升空,9 个探测波段中有 3 个波段为偏振通道,在探测云和大气气溶胶以及陆地表面和海洋状况方面取得了丰硕的科学成果[30]。美国 90 年代为了利用偏振光研究云的特性(包括光学厚度、离子大小、相态和云顶气压),探索气溶胶粒径大小和光学性质的变化,解释地表特征与植被和土壤性质的关系等,研制了地球观测扫描偏振计 EOSP,装有 12 个探测通道,全部具有偏振分析

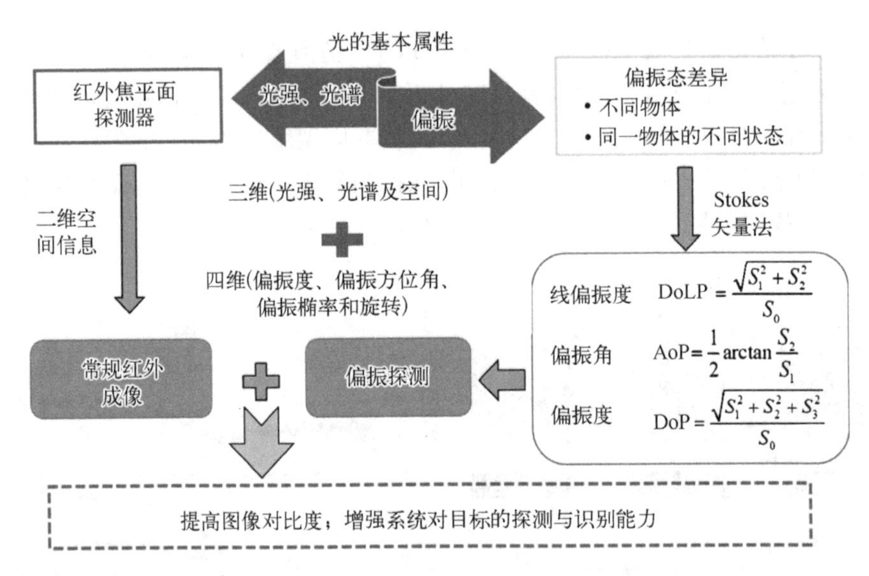

图 11.3.1 红外偏振探测意义

功能。在我国月球探测中,由于月球环境不存在大气的干扰和影响,反射光的偏振特性只受月球地物特性的影响,多角度与近红外偏振探测相结合的遥感技术对月球探测具有重要的研究价值[31]。

偏振成像方式主要包括分时偏振(division of time,DoT)成像和同时偏振成像两种,其中后者按照实现方式不同,又可分为分振幅(division of amplitude,DoAm)偏振成像、分孔径(division of aperture,DoA)偏振成像以及分焦平面(division of focal plane,DoFP)偏振成像三种,如图 11.3.2 所示。在传统的偏振探测系统中,使用独立偏振元件,通过旋转分时探测,其缺点是所成图像是时间分立的,目标的任何运动都会导致获得错误的偏振信息,在对移动的目标成像时受到限制,而且偏振元件的角度误差较大;在每个偏振方向的辐射使用一组镜头的多个镜头方式,其缺点是视场配准要求高,不同镜头的偏振特性差异为偏振定标和数据处理带来难度。分振幅(DoAm)偏振成像主要思路是将一束入射光分成多个不同的偏振光束,每束偏振光由独立的探测器进行成像,进而获得整个场景的偏振信息,该成像方式的优点为实时偏振成像,具有高分辨率,其缺点是能量利用率较低,且所需分光元件较多,光路复杂,体积较大。DoA 偏振成像与 DoAm 偏振成像的分光方式类似,同样是将一束入射光分成多路偏振光束,但区别在于这些光束将由同一个焦平面探测器上的不同区域进行探测,这使得 DoA 偏振成像系统同样能够实时成像,且具有更短的光路,其多个偏振通道的视场共轴,其缺点为损失了空间分辨率。DoFP 偏振成像是在焦平面探测器上集成具有不同偏振方向的微偏振片,使每个像元能够直接获得偏振信号,无需分光元件,有利于克服传统偏振探测系统中存在的光学系统复杂、运动部件多和角度定量化误差等问题。此外,不同偏振角度的偏振元同时成像,有利于对移动的目标获得准确的偏振信息。随着电子束曝光、纳米压印技术、反应离子刻蚀等微加工工艺的发展,让实现片上集成偏振光栅的焦平面阵列(FPA)成为可能[32]。徐参军等论证了红外偏振成像的几种技术方案,指出采用的探测器类型和性能直接决定了偏振成像系统最终的性能,未来的发展是将偏振片集成到探测器[33]。

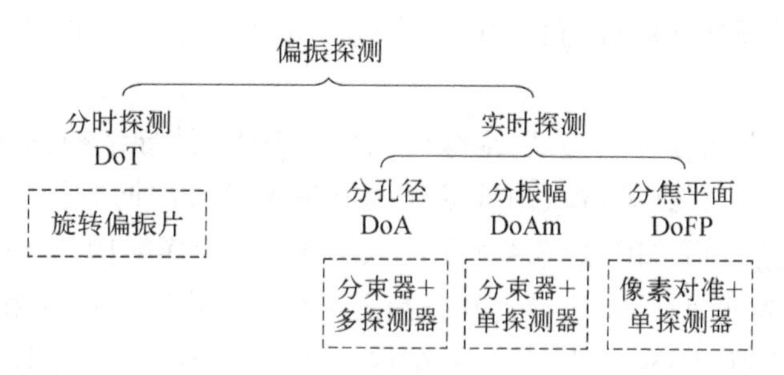

图 11.3.2 红外偏振探测的方式

11.3.2 集成偏振近红外 InGaAs 焦平面探测器研究进展

随着电子束曝光、纳米压印技术、反应离子刻蚀等微纳加工工艺的发展，在探测器像素单元上集成微偏振光栅成为半导体器件和纳米光学领域研究热点，如图 11.3.3 所示，该研究涉及亚波长金属偏振光栅的参数和设计偏振阵列的结构，构建集成偏振光栅近红外探测器的等效物理模型，仿真集成偏振光栅探测器的红外偏振特性，以及金属偏振光栅与探测器的工艺兼容性和可行性等。一个 DoFP 偏振探测单元由 2×2 像元超像元(super pixel)结构组成，每个像元可以获取不同的偏振信号，从而实现前三个 Stokes 矢量的实时偏振探测，也有利于探测器向小尺寸、低重量、低功率(SWaP)等方向发展。

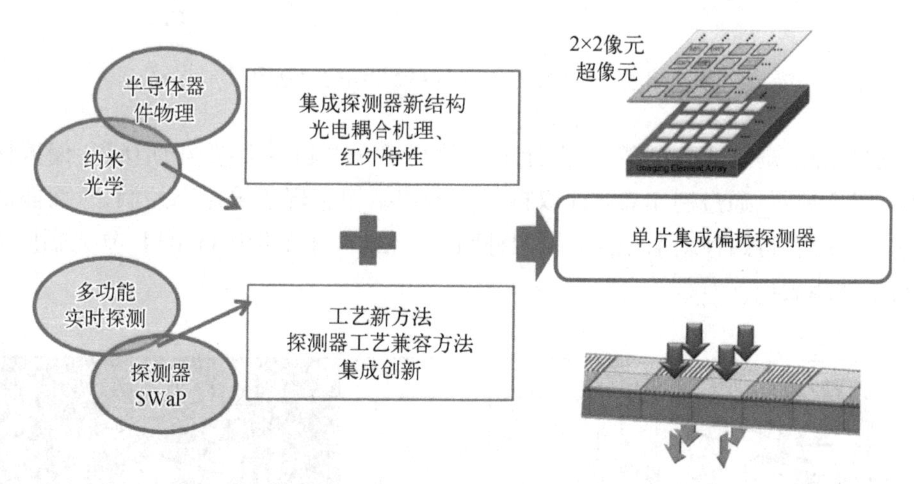

图 11.3.3 红外偏振探测的方式

美国桑迪亚(Sandia)国家实验室 Kemme 等[34]采用电子束光刻工艺在熔融石英上制作了两种超像元排布方式的中波红外 DoFP 偏振片，一种包括 0°、45°、90°和 135°四种角度的偏振光栅，另一种包括一个常规像元及 0°、45°、90°三种角度的偏振光栅，光栅周期 400 nm、线宽 200 nm、高度 150 nm，同时在 Au 光栅下方淀积了 10 nm 厚的 Ti 层。两种超像元结构光栅在波长 3.39 μm 处的消光比分别达到了 50 和 20。Yu 等[35]采用电子束光刻和刻蚀方式在石英玻璃上制作了 DoFP 偏振片，由 0°、45°、90°和 135°四种角度、线宽 100 nm 的铝光栅组成，结果表明周期 200 nm 和 170 nm 光栅对 630 nm 波长处的消光比分别达到 8.97 和 38.99。

Flammer 等[36,37]设计了一种金属-绝缘体-金属(MIM)波导结构，通过与焦平面探测器结合可以实现可见光及近红外波段内线偏振和圆偏振信号的同时探测。Bai 等[38]在单层 DoFP 偏振片基础上设计了如图 11.3.4 所示的双层亚波长金属结构，其中 P_1~P_4为四种不同角度的 Au 光栅，其周期 200 nm、占空比 0.5、高度 120 nm，而 P_5和 P_6的第一层为角度±45°的 Au 光栅，第二层为高度 50 nm 的十字形 Au 结构，两层金属结构中间生长了一层厚 350 nm 的氧化硅，从而实现了中波红外的全 Stokes 偏振探测。

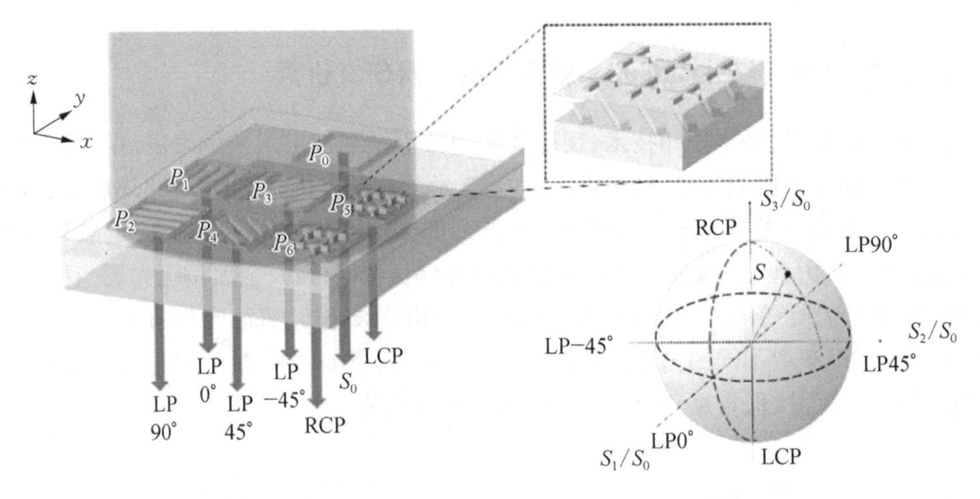

图 11.3.4 中波红外全 Stokes 探测结构示意图[38]

美国加州理工学院 Arbabi 等[39]设计了一种基于介电超表面结构的 DoFP 偏振探测结构，如图 11.3.5 所示，通过制作 α－Si 双折射纳米柱结构实现了偏振态控制，从而能够利用图像传感器同时获得四种线偏振信号及两种圆偏振信号，并在 850 nm 的 LED 光辐照下对该结构进行了性能表征。

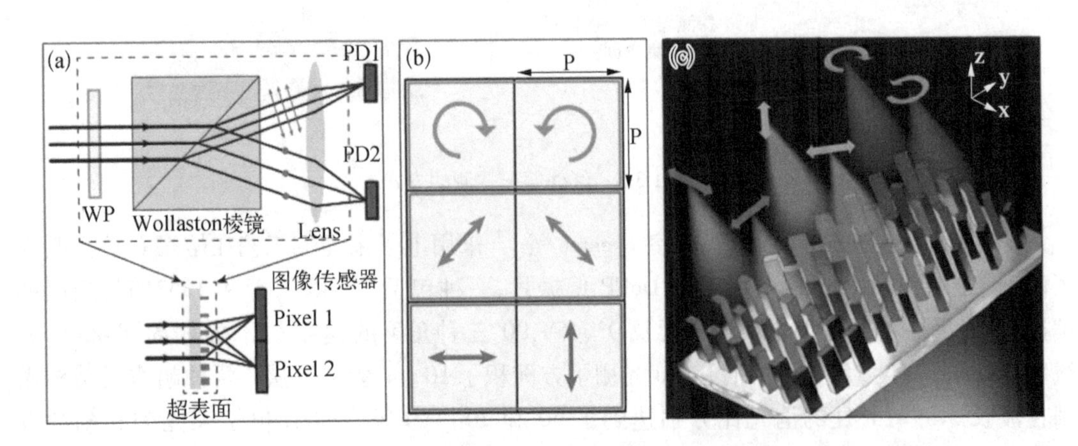

图 11.3.5 基于介电超表面结构的 DoFP 偏振探测结构示意图[39](彩图见书末)

在偏振成像的基础上，Tu 等[40]设计了一种基于 DoFP 结构的三色全 Stokes 偏振探测器，由图 11.3.6 所示的彩色滤光阵列、消色差椭圆偏振阵列及焦平面探测器组成，从而实现了可见光波段内的多光谱偏振信息实时探测。

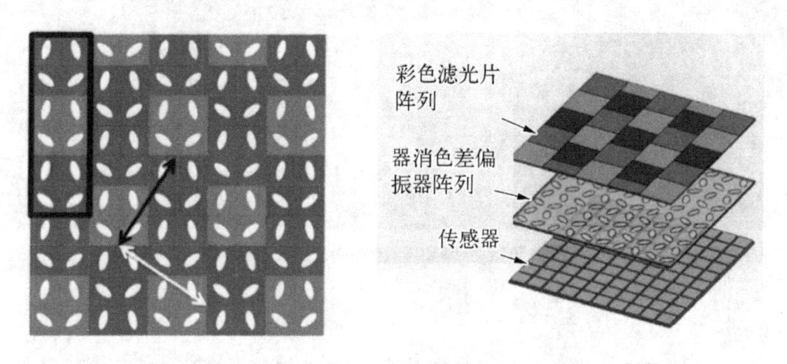

图 11.3.6　三色全 Stokes 偏振探测器结构示意图[40]

基于近红外探测的独特光谱特性和偏振特性，结合亚波长金属光栅的偏振特性和近红外 InGaAs 探测器制备工艺的稳定性，中国科学院上海技术物理研究所于 2012 年创新性地提出了一种亚波长微偏振光栅单片集成的近红外 InGaAs 探测器新结构，重点研究了金属偏振光栅与探测器有效匹配耦合方法，实现四个角度亚波长金属线偏振光栅、增透膜和短波红外 InGaAs 探测器的片上集成，研制成功了 135×(2×2)、160×128×(2×2) 和 512×4(3 行偏振和 1 行无偏振)、1 024×4(3 行偏振和 1 行无偏振) 两种集成线偏振功能的短波红外 InGaAs 探测器，如图 11.3.7 所示。

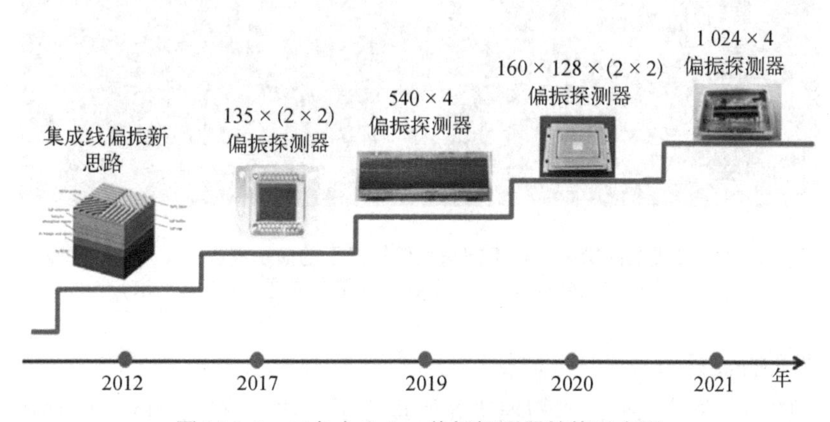

图 11.3.7　三色全 Stokes 偏振探测器结构示意图

2020 年，中国科学院上海技术物理研究所报道了集成四方向金属光栅 InGaAs 偏振焦平面[41]，分析了光栅的高度、角度、宽度和占空比等结构参数偏差对于偏振性能的影响，规模为 128×1(2×2 超像素)，在不同角度探测率均达 1×10^{12} cm·$Hz^{1/2}$/W，其中 0°、45°、90°、135° 四个角度偏振光敏元的消光比均达到了 20∶1 以上。采用该器件对小汽车模型及植物等进行可见光、短波红外以及短波红外偏振成像，如图 11.3.8 所示，短波红外偏振图像凸显了小汽车模型的边缘、短波红外反射区域较强的区域以及绿色植物的边缘，表明了具有目标短波

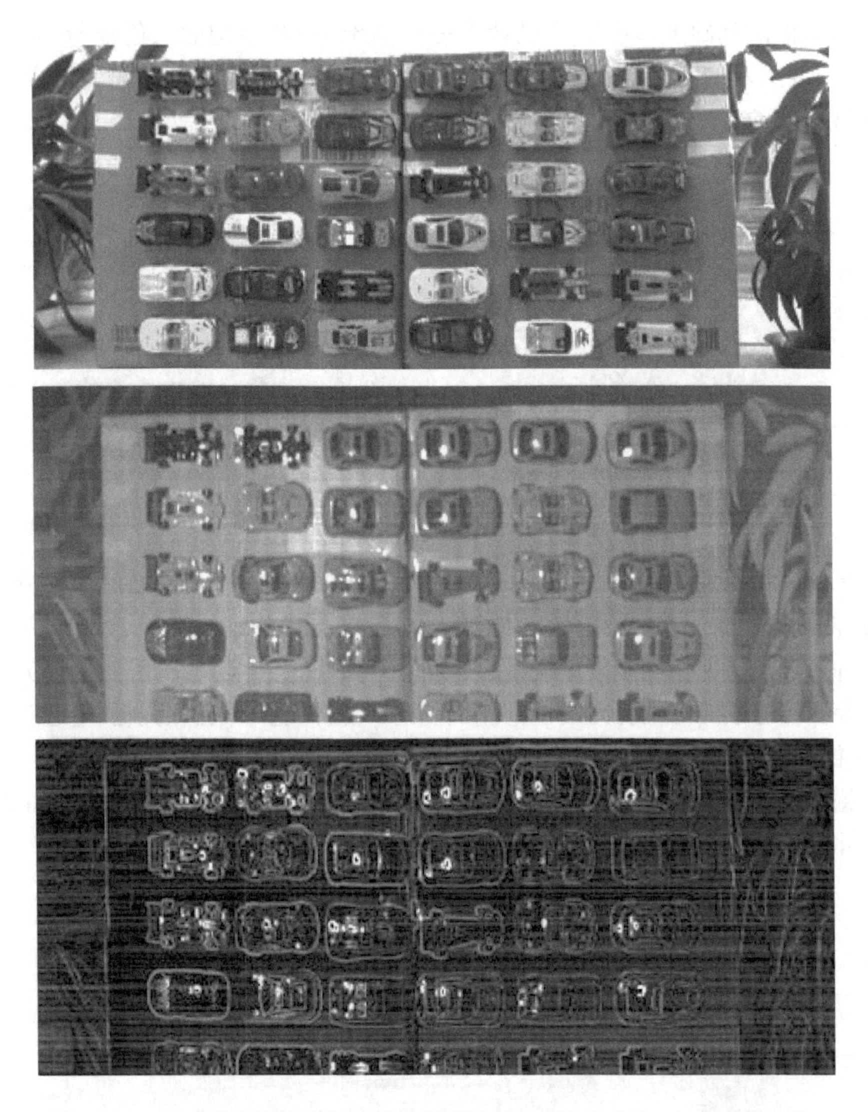

图 11.3.8 集成偏振探测器在不同角度偏振光下的演示成像：(a) 可见成像；(b) 短波红外成像；(c) 短波红外偏振成像(彩图见书末)

红外偏振特性的探测能力。

2022 年，中国科学院上海技术物理研究所报道了单片集成偏振 InGaAs 面阵探测器，像素规模为 160×128(其中 2×2 为一个偏振单元)元[42]，像元中心距 30 μm，有效像元率 99.2%，平均峰值探测率 1.42×10^{12} cm·Hz$^{1/2}$/W，在 0°、45°、90°和 135°的响应信号及透过率如图 11.3.9 所示，偏振光栅方向上的消光比分别为 36∶1、31∶1、37∶1 和 35∶1。

2020 年，孙夺等[43]创新性设计了集成线列结构金属光栅的 InGaAs 探测器，如图 11.3.10 所示，满足推扫式偏振成像应用需求。四种角度光栅各覆盖一行光敏元，最终实现了 540×4 元线列金属光栅的片上集成，后又进一步发展到 1 024×4 元。测试结果表明，四种角度偏振像元的峰值探测率均超过 1.05×10^{12} cm·Hz$^{1/2}$/W，消光比达到了 21。

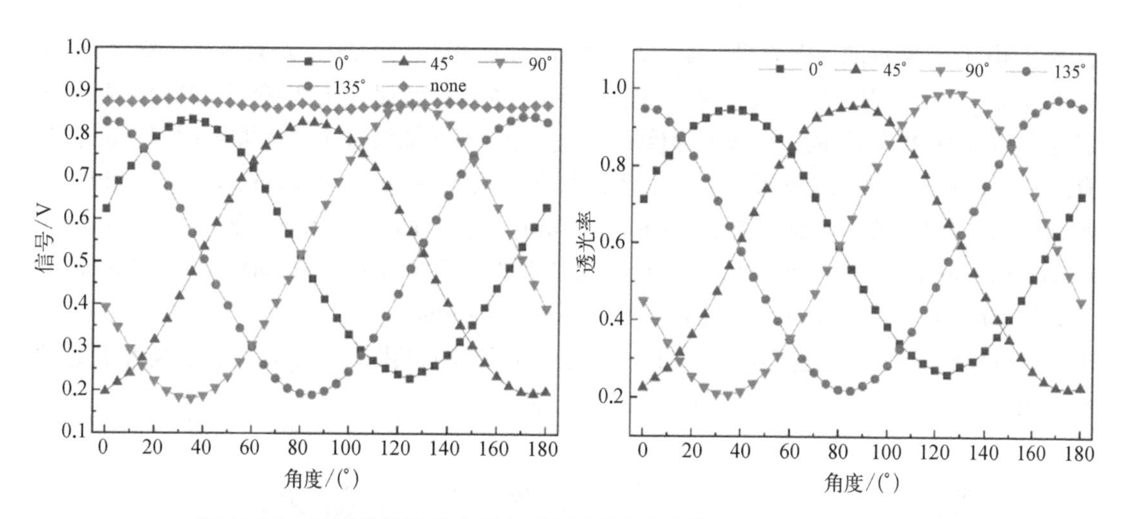

图 11.3.9 不同偏振角度入射光下探测器的响应信号(左)及透过率(右)

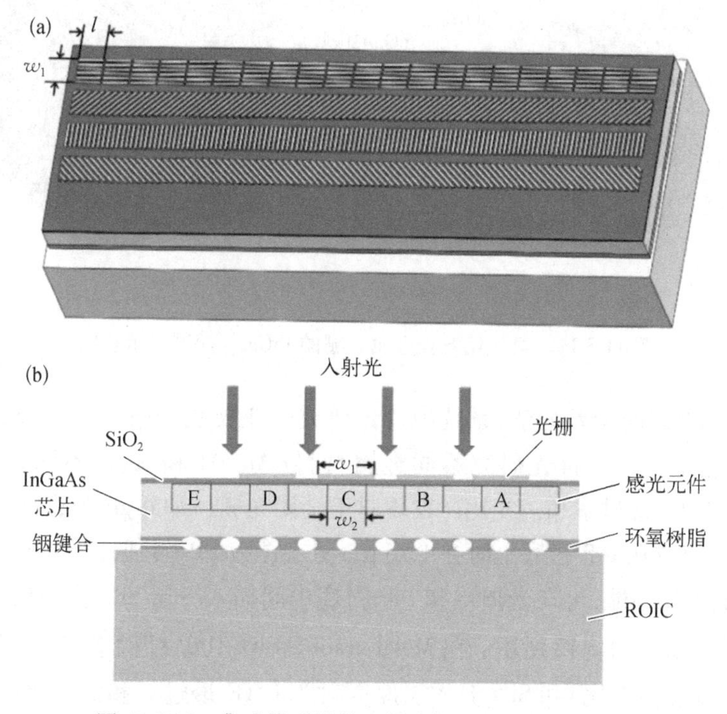

图 11.3.10 集成线列结构金属光栅的 InGaAs 探测器

11.3.3 亚波长金属光栅集成偏振的 InGaAs 探测器机理与制备

亚波长金属光栅集成偏振的 InGaAs 探测器如图 11.3.11 所示,一个偏振角度见图 11.3.11(a),超像素 2×2 作为一个偏振单元,每个像素对应一个亚波长金属光栅的角度,见图 11.3.11(b)。亚波长金属光栅中,TM 波是电场方向与光栅栅条垂直的偏振光,TE 波是电场方向与光栅栅条平行的偏振光。入射光通过与金属光栅结构之间的光电耦合,实现 TM

波透过而 TE 波屏蔽的偏振效果。亚波长金属光栅需集成于 InGaAs 光敏芯片的背面,从而让来自场景中的入射光先经过金属光栅转变为 TM 模式的线偏振光,再穿过 InP 衬底和缓冲层进入 InGaAs 吸收层,最后形成能够读取的电信号。对于亚波长金属光栅结构,TM 波主要有三种入射光与光栅的光电耦合机制：表面等离子激元(surface plasmon polariton, SPP)共振,有时也被称为传输表面共振(propagating surface resonance)或水平表面共振(horizontal surface resonance);共振腔模式(cavity mode),或者波导模式(waveguide mode)、法布里-珀罗共振(Fabry-Perot resonance)、垂直表面共振(vertical surface resonance);伍德-瑞利(Wood-Rayleigh)异常。三种光电耦合机制可同时存在,相互影响、共同决定了亚波长金属光栅总的偏振光学特性。

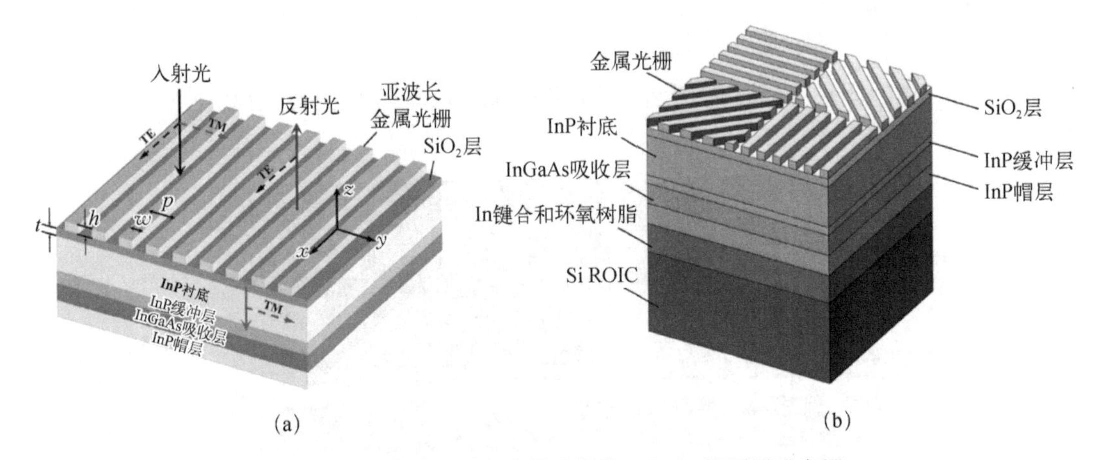

图 11.3.11　集成亚波长金属光栅的 InGaAs 探测器示意图

王瑞[44]利用有限时域差分法,系统地理论研究了亚波长金属偏振光栅和 InGaAs 探测器耦合的偏振光学特性。首先研究不同金属材料(Au、Al 和 Ag),不同光栅周期(0.1～1.2 μm)下的 TM、TE 透过率和消光比。发现对于金属光栅(metal grating)/InP 结构,当亚波长金属光栅直接集成在 InP 衬底上时在 1.35 μm 处会激发 SPP 共振,严重影响 TM 透过率和消光比。为提高偏振性能,可在光栅层和 InP 衬底中间插入一层 SiO_2 介质层,能够有效消除 SPP 共振现象[45],如图 11.3.12 所示。在 Metal grating/SiO_2/InP 结构基础上,研究了光栅参数(材料、周期、厚度和占空比)和 SiO_2 介质层厚度对 TM、TE 透过率和消光比的影响。发现金属光栅周期是影响其偏振性能的主要因素,并且通过调整 SiO_2 介质层厚度能对特定波长起到增透作用。

孙夺等[46]基于 InP/SiO_2/grating 结构建立了适用于背照射 InGaAs 探测器片上集成偏振光栅的仿真模型,TM 波和 TE 波的透过率与金属光栅的介电常数、周期 p、占空比 w/p、高度 h 和衬底的介电常数密切相关。利用有限时域差分法,明确了适用于近红外波段的铝光栅结构参数范围,实现较高的 TM 波透过率和消光比。分析了光栅高度、角度、光栅周期和光栅占空比等结构参数偏差对于光栅偏振性能的影响,如图 11.3.13 所示,结果表明,光栅周期及占空比偏差的影响显著,当光栅间的空隙大于设计值时,TE 波阻挡作用减弱,从而导致光

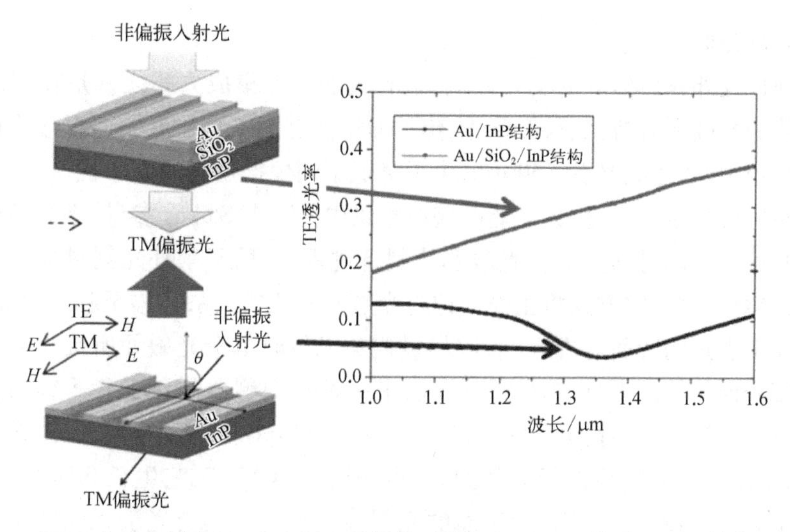

图 11.3.12 提出 Metal/SiO_2/InP 结构,消除 Metal/InP 界面上 SPP 效应

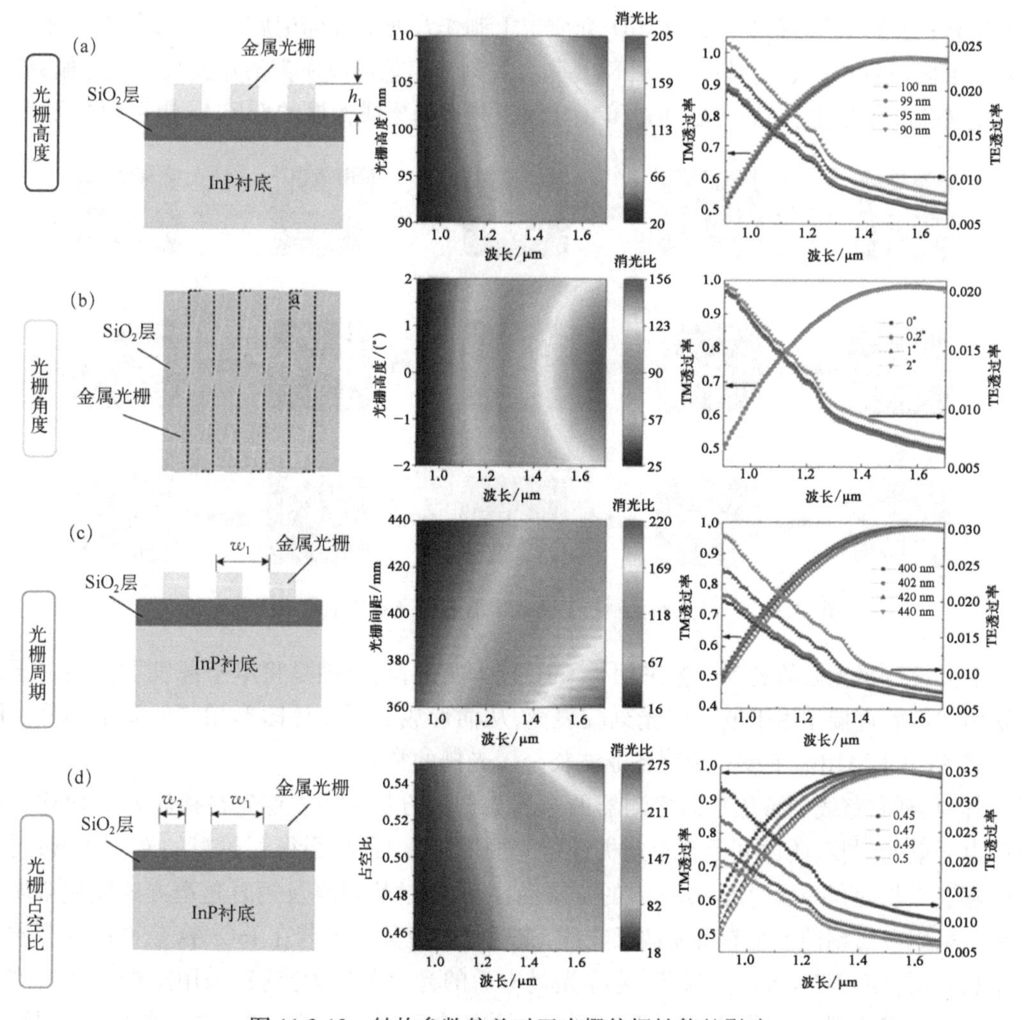

图 11.3.13 结构参数偏差对于光栅偏振性能的影响

栅消光比的明显降低。

为了实现近红外偏振信息的实时探测,最有效的片上集成方式之一是在不改变原有探测器制备工艺的基础上,在背照射 InGaAs 焦平面探测器的 InP 衬底表面直接集成亚波长金属光栅。InP 衬底厚度通常约为 350 μm,为了降低不同偏振角度的光串扰,在集成金属光栅前需要对衬底进行减薄。同时,为了能够获取场景中前三个 Stokes 参量,不同角度的金属光栅需与下方光敏元精确对准。但在光敏芯片制备过程中,用于紫外光刻对准的标记均位于正面,因此有必要通过一定方式将正面标记与光敏元的位置关系转移至芯片背面,并制作专门用于微纳加工识别的背面对准标记,以尽量避免成像时单个光敏元所接收的偏振光信号受到其他角度光栅信号的干扰。孙夺[47]提出了一种与探测器制备工艺兼容的金属光栅片上集成工艺方法,其工艺流程如图 11.3.14 所示,在原有 InGaAs 探测器制备工艺完成加厚电极生长后,对整个 2 英寸晶圆进行减薄抛光,再采用 ICPCVD 工艺生长 SiO_2介质层;然后引入背面套准工艺,通过对准光敏芯片正面的光刻标记直接将其与光敏元间的位置关系转移至芯片背面,以避免由倒装互联过程中所引入的对准偏差,同时也减小了原有对准工艺的难度与偏差;通过电子束蒸发工艺在 SiO_2介质层上制作背面对准标记后,利用溅射工艺在光栅实际覆盖区域生长一层金属;再采用 EBL 和金属刻蚀工艺形成所需的亚波长金属光栅;最后完成金属化与铟柱生长,划片后通过倒装互联工艺得到集成偏振的 InGaAs 焦平面探测器。

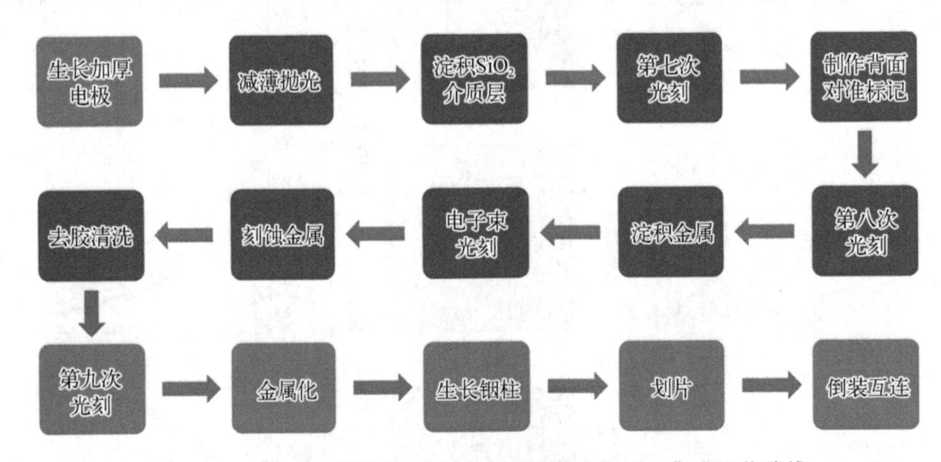

图 11.3.14 与探测器制备工艺兼容的金属光栅片上集成工艺路线

亚波长金属光栅的制备工艺采用了 EBL 技术实现,其原理是将电子源发射出的电子经过聚焦偏转后直接作用于电子束光刻胶表面,从而形成与所设计图形相符的微纳结构。图 11.3.15 给出了采用电子束光刻制备亚波长金属光栅的常规流程。

其中,剥离路线制备焦平面探测器的金属光栅的方法如下:首先在探测器表面均匀涂一层电子束光刻胶,通过电子束光刻机进行光栅图形直写,显影得到所需的光栅图形;再采用热蒸发工艺淀积一层厚度 100 nm 的金属铝;最后通过热丙酮及短时超声方式完成金属的剥离。采用金属刻蚀工艺制备亚波长光栅,先通过磁控溅射工艺在 InGaAs 焦平面探测器表面生长一层厚度 100 nm 的金属铝,将曝光显影后的光刻胶作为掩膜,采用刻蚀工艺实现金属光栅的线宽控制。如图 11.3.16 所示,从截面结构来看,金属光栅形貌较好,光栅间未见明显

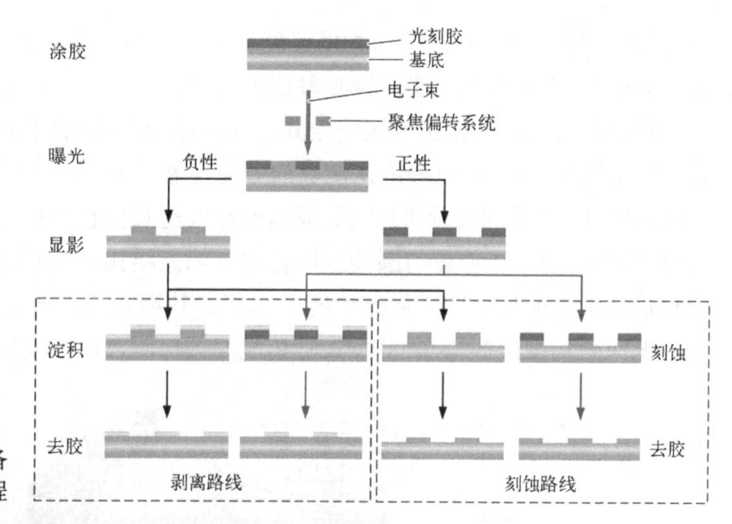

图 11.3.15 采用电子束光刻制备微纳结构的常规流程

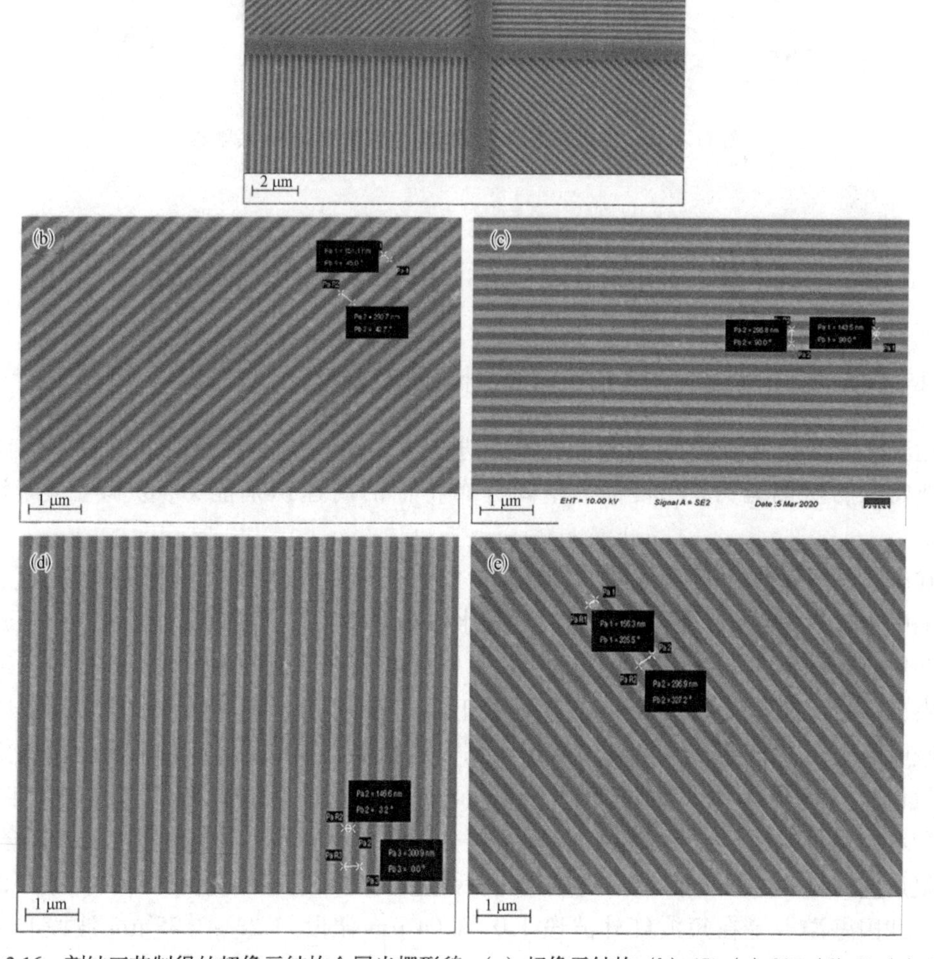

图 11.3.16 刻蚀工艺制得的超像元结构金属光栅形貌：(a) 超像元结构；(b) 45°；(c) 90°；(d) 0°；(e) 135°

金属残留，并且 SiO_2 介质层与光栅厚度相近。亚波长金属光栅的结构和形貌直接影响集成偏振 InGaAs 焦平面探测器的核心参数消光比。

在亚波长金属光栅集成线偏振 InGaAs 探测器研制的基础上，未来将向集成人工超表面结构的全偏振近红外 InGaAs 探测器的方向发展，如图 11.3.17，其中线偏振丰富对探测目标表面粗糙度、纹理、轮廓等的认识，圆偏振在人造圆柱状目标、大气效应扣除等方面具备特定的应用效果，建立线偏振与圆偏振耦合的全偏振结构设计理论模型和制备工艺方法，探测的偏振信息量由斯托克斯矢量分量的子集拓展到斯托克斯矢量的全部分量，全偏振器件融合线偏振探测和圆偏振探测的优点，是集成偏振探测器的重要发展方向。

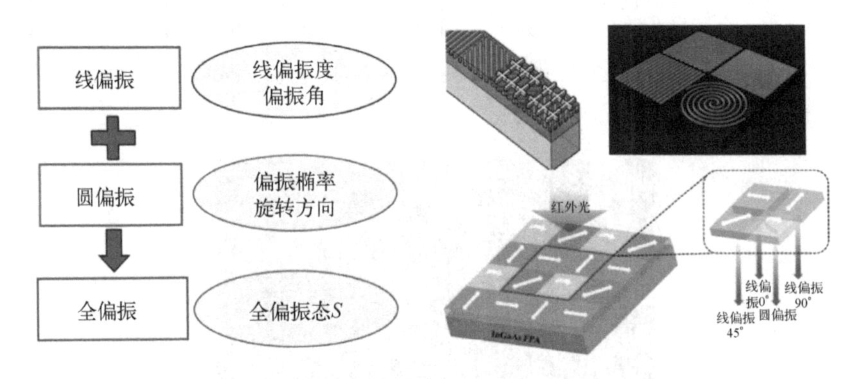

图 11.3.17　集成人工超表面结构全偏振 InGaAs 探测器

11.4　集成滤光微结构的 InGaAs 探测器

11.4.1　集成滤光微结构的 InGaAs 探测器研究意义

随着探测器技术的发展，探测器技术先进性可以用三个主要特征来概括：① 目标的多光谱特征的探测能力；② 目标的空间分布特征的高速识别能力；③ 微型化、集成化性能。

在航天遥感应用中，短波红外波段是重要的大气透射窗口之一，例如，我国气象卫星卷云探测中关心的 1.38 μm 通道位于短波红外水汽吸收带内，对流层底部或中部的雨云对太阳光辐射的反射比对流层上部的卷云弱得多，因此利用该通道的测量数据同样可以区分水云和卷云。卷云探测仪中的 1.67 μm 通道处于大气窗区，由于在此通道波段内冰的吸收比水的吸收强 4 倍多，从而利用该通道测量数据可区分水云和冰云。我国环境卫星在短波红外波段包含了 1.19~1.29 μm 波段和 1.55~1.68 μm 波段，用于地物遥感（如土壤湿度、植被的探测等），也可以用于农业和环境监测，可服务于我国及世界范围内的环境和灾害全天时、短重复周期的有效监测预报，为防灾减灾、灾后救援重建和生态环境治理等提供重要的科学依据。我国海洋卫星在短波红外波段 1.0~1.04 μm 波段、1.23~1.25 μm 波段和 1.62~1.66 μm 波段，利用短波红外和可见近红外波段构建归一化雪被指数，解决遥感图像云雪识别难题,揭示海湾空间资源利用的时空演变,在海洋观测尤其近岸水体观测方面发挥了重要作用。

传统的多色探测系统由滤光片和多个单色探测器阵列组成,将膜层镀在基片上,微型列阵滤光器是一个独立的器件,各通道的尺寸与探测器各通道面元的尺寸一一对应匹配,然后再将滤光器与探测器胶结在一起。这样做的缺点是明显的,即基片的加工和胶结工艺都有技术难度,遥感器整体系统也不够紧凑,而且容易产生"串色"。将滤光膜层直接镀在列阵探测器的表面上,系统的结构就十分紧凑。实现芯片内集成滤光微结构探测器,可有效地抑制杂散光的进入和控制组件存在的"串色"问题,有利于实现探测器组件结构微型化和改善遥感系统调制传递函数,对我国航天遥感用短波红外探测技术的发展有重要意义。

11.4.2 集成滤光微结构的 InGaAs 探测器研究进展

在 InGaAs 探测器上集成滤光微结构有两种技术方案:一种是采用传统的滤光膜设计,通过微 F-P 谐振腔结构,当两个反射镜具有同样的高反射率时,F-P 谐振腔对某一波段的波长实现高透,改变谐振腔间隔层的厚度可以改变透过波长;另一种采用金属表面等离子体微纳结构,开展滤光波长设计。

首先介绍 F-P 谐振腔结构,其特征的主要参数有:λ_0 中心波长,在该滤光片中也是峰值波长;T_{max} 中心波长的透射率,即峰值透射率;$2\Delta\lambda$ 透射率为峰值透射率一半的波长宽度,即通带的半峰宽;$2\Delta\lambda/\lambda_0$ 表示相对半峰宽度。

对于 F-P 谐振腔,有以下经典公式:

$$T = T_0/(1 + F\sin^2\theta) \tag{11.4.1}$$

$$T_0 = T_1T_2/(1 - \sqrt{R_1R_2})^2 \tag{11.4.2}$$

$$F = 4\sqrt{R_1 \cdot R_2}/(1 - \sqrt{R_1 \cdot R_2})^2 \tag{11.4.3}$$

$$\theta = (\phi_1 + \phi_2 - 2\delta)/2 \tag{11.4.4}$$

式中,R_1、R_2、T_1 和 T_2 表示上下反射膜系的反射率和透过率;ϕ_1 和 ϕ_2 为反射膜系的反射位相;δ 为间隔层的位相厚度。

透射率的极大值的位置,即中心波长 λ_0 由下式确定:

$$\theta_0 = \frac{1}{2}\left(\phi_1 + \phi_2 - 2 \cdot \frac{2\pi}{\lambda}nd\right) = -k\pi \quad (k = 0,\ 1,\ 2,\ \cdots) \tag{11.4.5}$$

$$\lambda_0 = \frac{2nd}{k + [(\phi_1 + \phi_2)/2\pi]} = \frac{2nd}{m} \tag{11.4.6}$$

式中,$m = k + (\phi_1 + \phi_2)/2\pi$。

滤光片半峰宽度是在 $T_{max}/2$ 处的波长位置之差,从式(11.4.7)可以推导出:

$$2\Delta\lambda = \frac{2\lambda_0}{m\pi}\sin^{-1}\left(\frac{1}{\sqrt{F}}\right) = \frac{2\lambda_0}{m\pi}\sin^{-1}\left(\frac{1-\bar{R}}{2\sqrt{\bar{R}}}\right) \tag{11.4.7}$$

式中,$\bar{R} = \sqrt{R_1R_2}$,或者相对半宽度表示为

$$\frac{2\Delta\lambda}{\lambda_0} = \frac{2}{m\pi}\sin^{-1}\left(\frac{1-\bar{R}}{2\sqrt{\bar{R}}}\right) \tag{11.4.8}$$

以上描述的是金属 F－P 滤光片的透射特性,由于金属的吸收较大,限制了滤光片的性能提高,可以采用多层介质反射膜代替金属反射膜,大大提高 F－P 滤光片的性能。上述对于金属-介质滤光片的特性分析也同样适用于全介质滤光片的情况。

王云姬[48]采用薄膜特征矩阵方法,开展微法-珀腔结构薄膜结构设计,采用 Si/SiO_2体系开展中心波长在 1.38 μm 和 1.60 μm 的微法-珀腔结构薄膜设计,膜系结构设计为 Sub | 1L 1H 1L (1L 1H 1L 1H 1L 1H 1L)^2 1L 1H 1L 1H 1L | A,Sub 表示基底材料;H 表示高折射率材料 Si;L 表示低射率材料 SiO_2,其中的 2L 层是谐振腔间隔层,研究滤光微结构与 InGaAs 探测器工艺兼容新方法,表征了滤光膜结构,光学显微照片和原子力显微镜表明滤光膜的表面形貌较完整,TEM、SEM 结合 EDX 谱成分图显示滤光膜是由高折射率层 Si 和低折射率层 SiO_2组成的三谐振腔结构,与理论设计基本符合,见图 11.4.1。滤光膜的傅里叶红外光谱图显示滤光膜的中心波长与设计值吻合, 滤光膜的透射率与界面形貌有关,较好界面状况的滤光膜透射率为 68%,滤光膜的中心波长随间隔层厚度的增大而增大。通过探测器与滤光膜工艺兼容方法,设计并制备了 400×2 元双谱段 InGaAs 焦平面探测器,见图 11.4.2,其中 1.38 μm 波段的探测率为 7.71×10^{11} cm·Hz$^{1/2}$/W,盲元率 0.25%,非均匀性 6.2%;1.60 μm 波段的探测率为 6.06×10^{11} cm·Hz$^{1/2}$/W,盲元率 0.25%,非均匀性 3.2%。

图 11.4.1　滤光微结构的 TEM 图和 SEM 图

其次,介绍金属表面等离子体微纳结构在 InGaAs 探测器上的集成。杨波[49]采用有限时域差分法(the finite-difference time-domain, FDTD)开展等离子体滤光微结构设计,对

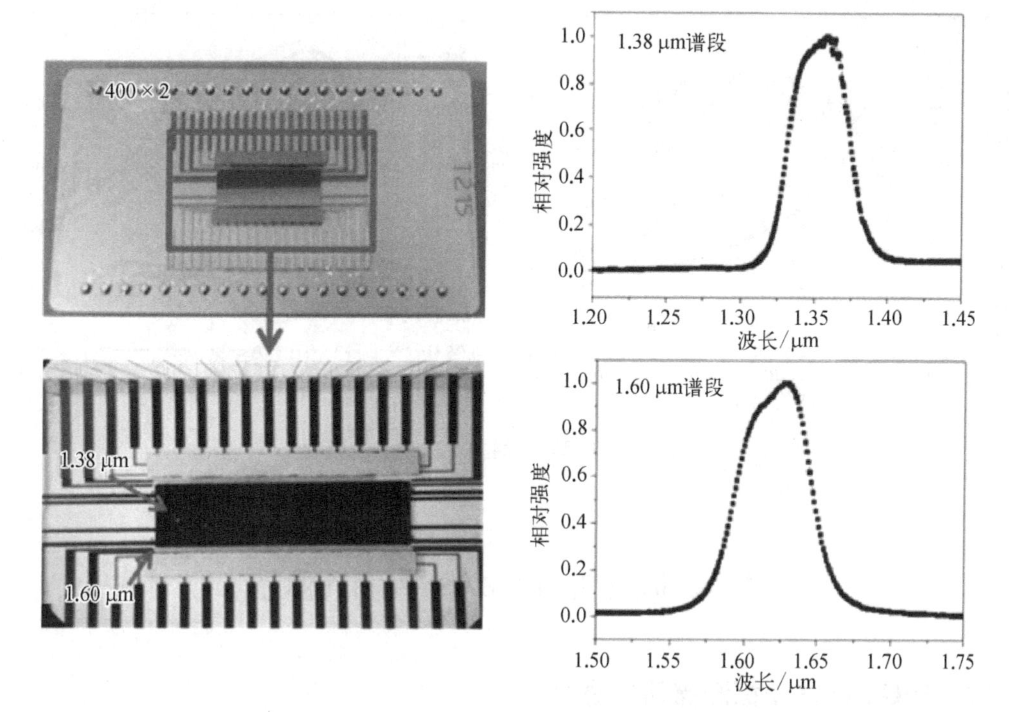

图 11.4.2　制备的 400×2 元双谱段 InGaAs 焦平面探测器

用于 0.9~1.7 μm 波段的金属表面等离子体滤光微结构进行了模拟仿真,建立等离子体滤光微结构物理模型,分析微结构内电磁场分布,对等离子体滤光微结构的结构参数(包括材料、形状、排布方式、周期、厚度等)与其性能参数(包括透射率、峰值波长等)的关系进行数值建模和仿真分析。研究了金属表面等离子体滤光微结构材料特性,建立模型对 Au、Ag 和 Al 三种金属材料的介电常数进行多系数拟合,Al 材料的滤光微结构选择透过性能明显优于 Au 和 Ag。研究了孔洞的形状以及排布方式对透射性能的影响,如图 11.4.3 所示,采用了正方形和三角形排布的圆孔结构,以及正方形排布的十字孔洞结构进行仿真分析。结果表明,在占空比不变的情况下,仿真了圆孔和十字孔两种滤光微结构的周期对透过性能的影响,如图 11.4.4 所示,可以看到,随着周期的减小,峰值波长发生蓝移,半峰高宽变大,这源于表面等离子激元调制下,相邻局域表面等离子体共振间耦合的增强。滤光微结构周期对透过波长影响明显,在占空比不变的情况下通过改变周期可以对透过波长进行调控。该表面等离子体滤光微结构,也可以采用前述的电子束曝光、光刻标记生长、金属结构制备等微结构生长工艺实现。

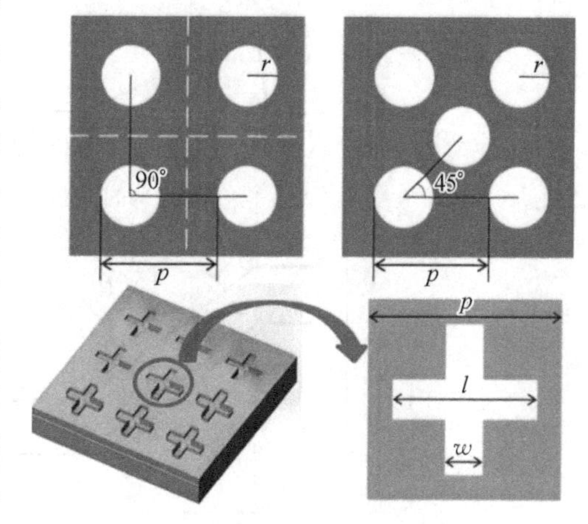

图 11.4.3　不同形状和排布方式的滤光微结构

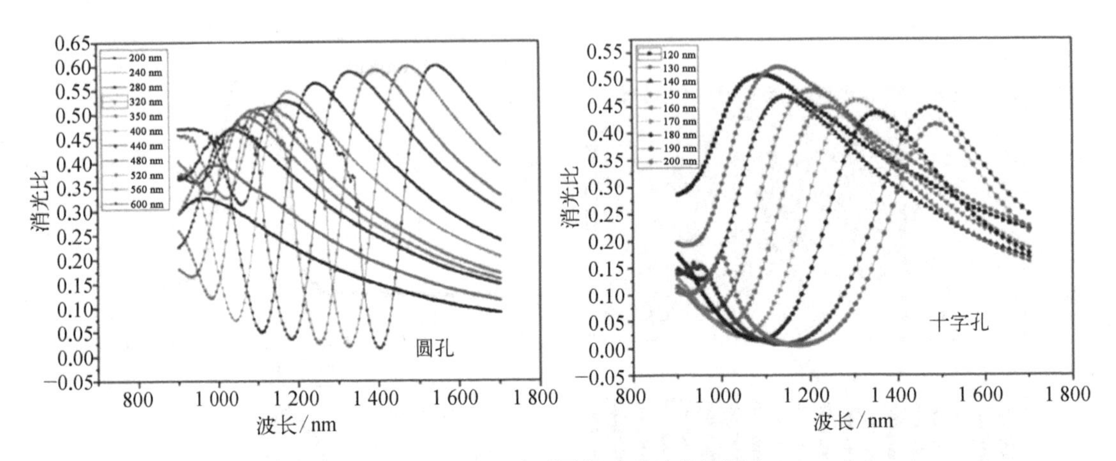

图 11.4.4　孔洞阵列周期对透过率的影响

11.5　近红外 InGaAs 雪崩探测器

11.5.1　InGaAs 雪崩探测器研究意义

雪崩光探测器(avalanche photodetector, APD)是一类利用半导体中载流子的雪崩倍增效应的半导体光电探测器,其基本物理原理如图 11.5.1 所示,对半导体 pn 结施加数十伏至数百伏的大反向偏压,使 pn 结耗尽区拉宽,同时在耗尽区中产生高达每厘米数百千伏的强电场,在电场的驱动下,电子和空穴分别朝向 n 区和 p 区加速漂移。在漂移的过程中,电子和空穴在运动过程中持续加速并与晶格原子不断发生碰撞。当电子和空穴在电场作用下加

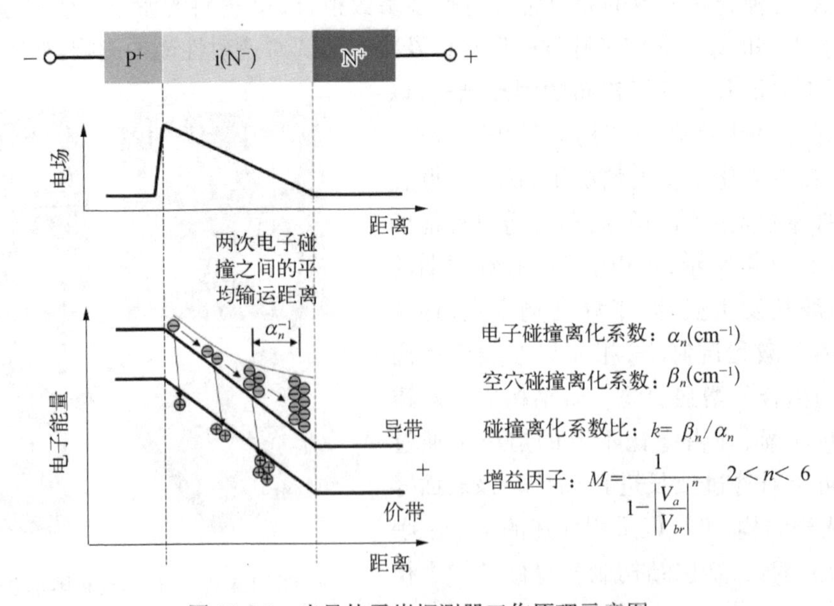

图 11.5.1　半导体雪崩探测器工作原理示意图

速到足够能量后，会将晶格原子的外层电子撞击脱离形成次生的自由电子，即碰撞离化或碰撞电离，其结果为一个电子空穴对变成 2 个电子-空穴对。该过程持续发生，则 2 个电子-空穴对进一步变成 4 个电子-空穴对、8 个电子空穴对、16 个电子空穴对，形成持续倍增，产生类似于雪崩的自由载流子数目放大效应。该过程使得探测器的光电流迅速放大，进而产生高的探测灵敏度。

两次电子碰撞之间的平均输运距离 α_n 的倒数 $1/\alpha_n$ 定义为电子的碰撞离化系数。类似地，空穴的碰撞离化系数为 $1/\beta_n$。在雪崩碰撞离化的过程中，因缺陷辅助隧穿、带间直接隧穿、产生复合等机制产生的暗载流子也同样会被电场加速，产生雪崩倍增，即探测器的暗电流也会被放大，相应地，探测器的暗噪声也将被一定程度放大。同时，载流子的碰撞离化过程还具有随机性的物理特点，即探测器即使在固定的反向偏压下，其雪崩增益仍然存在瞬态的不确定性涨落。该不确定性涨落进一步增加了器件的噪声，即额外噪声或过剩噪声（excess noise）。过剩噪声是表征 APD 器件探测灵敏度的一个重要特征参量，采用过剩噪声因子 F 来表征。对于由电子触发的雪崩过程，在耗尽区电场为近似均匀分布的情况下，F 表达式为[50]

$$F_e = k < M_e > + \left(2 - \frac{1}{< M_e >}\right)(1 - k) \tag{11.5.1}$$

对于由空穴触发的雪崩过程，在耗尽区电场为均匀分布的情况下，F 的表达式为

$$F_h = \frac{1}{k} < M_h > + \left(2 - \frac{1}{< M_h >}\right)\left(1 - \frac{1}{k}\right) \tag{11.5.2}$$

其中，k 定义为空穴与电子的额碰撞离化系数比（$k=\beta_n/\alpha_n$）；$\langle M_e \rangle$和$\langle M_h \rangle$为电子和空穴的平均增益因子。其物理意义是，在相同的平均雪崩增益下，F 因子越大雪崩引起的过剩噪声越高，对探测灵敏度的不利影响越大。反映的是 APD 器件在某一偏压下的雪崩增益时域涨落更大。由式（11.5.1）和（11.5.2）也可以看出，电子触发雪崩的情况下，k 越小，则 F_e 越小，额外噪声越低。空穴触发雪崩的情况下，k 越接近 1，则 F_h 越小，额外噪声越低。即，理想情况下，当 APD 内仅由一种类型的载流子参与雪崩过程，另一种载流子不参与雪崩，$F \leqslant 2$，雪崩过剩噪声最低。APD 的噪声谱密度 ϕ 可表达为[51]

$$\phi = 2q < I > < M >^2 F \tag{11.5.3}$$

其中，q 为电子电量；$<I>$为流过 APD 的平均暗电流或光电流，对应的噪声谱密度为暗电流噪声谱密度或光电流噪声谱密度。

当 pn 结的反向偏压持续增加，则最终将发生 pn 的击穿，相对应的电压称为雪崩击穿电压 V_{br}。雪崩击穿是一种可恢复的物理效应，当电压降低时，器件又回复到低增益的状态。从开始产生雪崩倍增到雪崩击穿之间的电压范围，称为 APD 的线性增益区（图 11.5.2）。

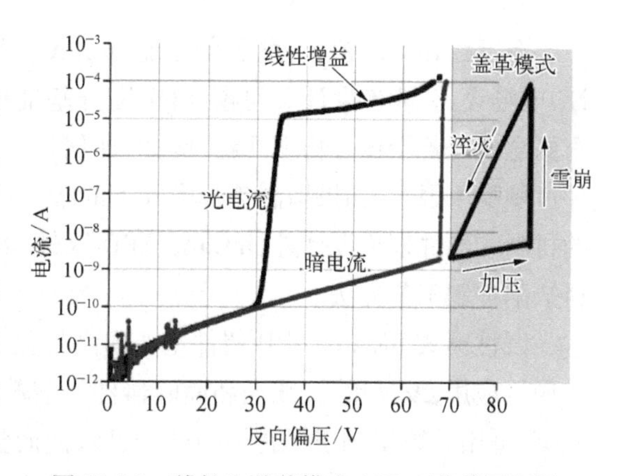

图 11.5.2　线性和盖革模式 APD 工作偏压区间

即在该范围内,APD 输出的光电流与入射光强呈线性正比关系。而当施加偏压高于击穿电压且持续较长时间后,探测器的 pn 结最终将因大电流产生的焦耳热效应使得晶格产生不可逆的损失,最终将引起整流特性的退化甚至呈现电阻特性。而若采取适当的抑制措施,及时降低反向偏压,或仅在较短时间内对探测器施加大于击穿电压的偏压,APD 可以在短的时间窗口内获得高达 10 的 5 至 6 次方的极高雪崩增益,甚至可产生对单个光子的极灵敏探测。类似于对辐射粒子的盖革计数器,因此将这种工作模式称为盖革模式(图 11.5.3)。盖革模式下,APD 的主要表征参量包括单光子探测效率(PDE)、暗计数率(DCR)、后脉冲概率(APP)、时间抖动(T_j)等。

InGaAs APD 探测器通常在 InP 衬底上外延获得,典型器件结构、电场分布和 *IV* 增益特性如图 11.5.3 所示。响应波段覆盖 900~1 700 nm 范围,与常规 InGaAs PIN 探测器相比,具有更高带宽和更高灵敏度。通过合理的器件结构设计,线性模式 InGaAs APD 的增益带宽积(GBP)可高达 300 GHz,在 1 310/1 550 nm 高速光纤通信接收器领域广泛应用。阵列结构的 InGaAs APD 器件是近红外激光三维成像的核心器件,在航天器交汇对接、地外天体着陆、自动驾驶导航、空间激光通信等领域存在重要应用需求。在空间激光通信领域,利用 InGaAs APD 焦平面探测器的高灵敏优势,可实现千公里量级的近红外激光跟瞄和高速通信。

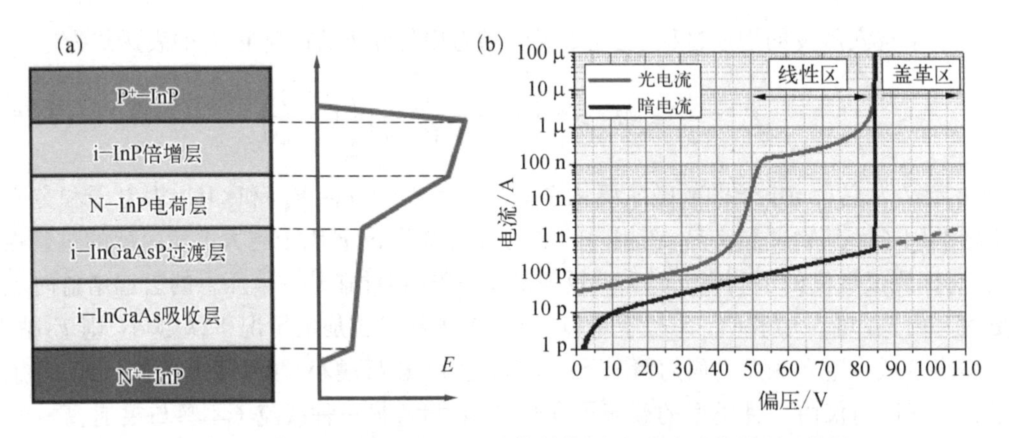

图 11.5.3　典型 InGaAs/InP APD 器件结构、电场分布及线性增益特性

在近红外探测领域,发展高性能 InGaAs APD 探测器,研究其材料的物理参数、器件设计、电场设计、能带设计等问题,对于提升基础物理认知水平和提升系统探测性能等都具有重要意义。若干核心物理问题,例如,如何进一步抑制强电场下的隧穿暗电流、如何降低器件过剩噪声因子、如果抑制盖革模式下的暗计数和后脉冲等,尚未被较好地解决。除更先进的材料和器件理论设计外,InGaAs APD 器件性能的提升也还有赖于发展新的Ⅲ-Ⅴ外延材料缺陷抑制工艺方法。

线性模式 InGaAs APD 器件主要向高带宽、低噪声方向发展,面向高速光通信、激光选通成像等应用,发展单元、线列和面阵器件。盖革模式 InGaAs APD 器件主要向高单光子探测效率、低暗计数率、低时间抖动方向发展,面向量子加密通信、自由空间光通信、激光雷达三维成像等应用,发展单元、线列、面阵成像器件。

11.5.2 线性模式 InGaAs 雪崩探测器研究进展

1. InGaAs APD 过剩噪声理论研究

线性 InGaAs APD 的过剩噪声与雪崩区材料的碰撞离化机制密切相关，经历了从早期 McIntyre 局域场碰撞离化理论[50] 到非局域场死空间倍增弛豫理论(DSMT)[51] 的发展(图 11.5.4)。1982 年，美国贝尔(Bell)实验室 Capasso 教授等提出超晶格结构中电子空穴碰撞离化系数比将增加，有利于降低 k，进而抑制 APD 过剩噪声[52]。

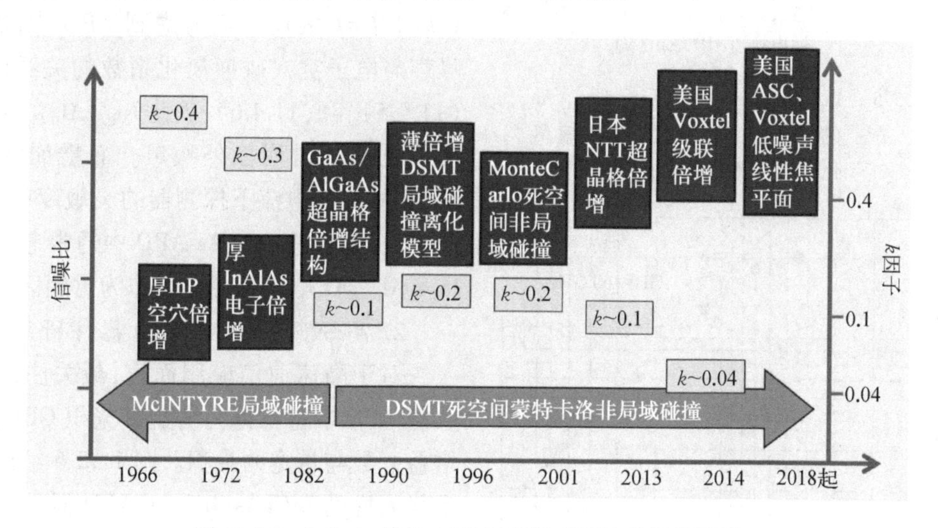

图 11.5.4 InGaAs 线性 APD 过剩噪声理论发展路线图

传统的 McIntyre 局域场碰撞离化模型认为，载流子的碰撞电离系数与电场强度和半导体材料自身相关，与雪崩区的结构无关。而非局域场模型则指出，除电场强度外，载流子发生碰撞电离与载流子的运动历史有关，而只是与电场强度相关。进一步地，死空间倍增理论的模型指出在薄层结构内，载流子碰撞离化系数会显著增加，雪崩过剩噪声会降低。完整的 InGaAs APD 雪崩理论模型，应当同时考虑热力学、动力学和量子力学等多个物理过程，将载流子的热产生和隧穿、加速运动、散射、复合、吸收、俄歇、缺陷束缚等主要物理过程均进行量化的理论描述，方可正确预测和分析盖革模式 APD 器件的光电行为。

2001 年，美国麻省理工学院林肯实验室发展了基于 15 个周期 InGaAs/InAlAs 超晶格雪崩结构的 32×32 元线性雪崩焦平面器件。基于电子倍增，有效碰撞离化系数比(k)降至约 0.1。在 $M=10$ 下 $F(M)$ 低至 2.8。初步验证了超晶格结构在抑制过剩噪声方面的潜力。随着 DSMT 和蒙特卡洛仿真技术的发展，2017 年，Voxtel 公司提出一种多级 InAlAs 电子倍增结构抑制过剩噪声，k 因子进一步降至 0.04 [53]。2017 年，Williams 研制成功 128×128 线性 InGaAs 雪崩焦平面器件 [54]。

为抑制强电场引起的隧穿暗电流，InGaAs APD 主流结构均采用吸收区和倍增区分离的器件结构(图 11.5.5)。为降低缺陷隧穿引起的暗电流，从晶格匹配的角度考虑，对 InP 基

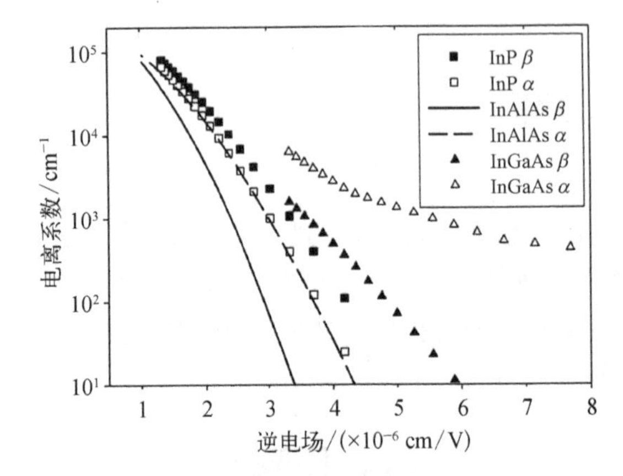

图 11.5.5 $In_{0.52}Al_{0.48}As$、InP、$In_{0.53}Ga_{0.47}As$ 的电子(α)和空穴(β)碰撞离化系数与电场倒数的关系[55]

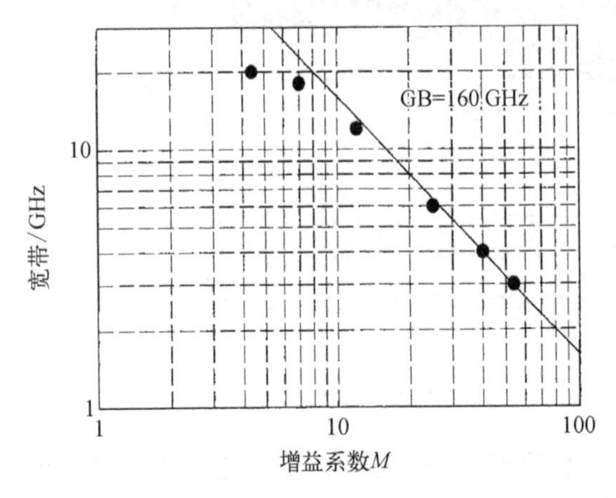

图 11.5.6 InGaAs APD 器件的增益带宽特性测试结果[56]

$In_{0.53}Ga_{0.47}As$ APD,考虑到材料的晶格匹配和雪崩碰撞离化系数,可选的雪崩区材料主要有 InP 和 $In_{0.52}Al_{0.48}As$。图 11.5.5 给出了 InP、InAlAs 两种材料内的电子、空穴碰撞离化系数与电场倒数的关系[55]。可以看出在高电场下,InP 中的电子、空穴碰撞离化系数虽稍高于 $In_{0.52}Al_{0.48}As$,但其电子、空穴碰撞离化系数之比 $k(k=\alpha/\beta)$ 比 $In_{0.52}Al_{0.48}As$ 的 $1/k(1/k=\beta/\alpha)$ 大,而考虑到 APD 内的雪崩噪声与电子空穴碰撞离化系数的关系[公式(11.4.5)]和(11.4.6),因此 $In_{0.52}Al_{0.48}As$ 可以提供更低的雪崩额外噪声。而雪崩噪声越低,则同样光电流下探测器的灵敏度越高,因此,高带宽通信 InGaAs APD 中通常考虑使用 $In_{0.52}Al_{0.48}As$ 电子倍增材料作为雪崩区。

2. 高带宽 InGaAs APD 器件研究

对于高速通信应用而言,最关注的一个关键 APD 器件指标为增益带宽积 GBP,即其增益系数与带宽的乘积。图 11.5.6 给出了一个代表性的 InGaAs/InAlAs APD 器件的增益带宽特性测试结果[56]。APD 的一个重要特性为其增益越大,带宽越低。增益越大,意味着探测响应度越高,而同时其带宽也下降。因此存在一个最佳工作增益系数和带宽,使得 APD 器件在光通信中可以实现最大系统效率。

近些年来,受 100 GbE 网络发展对高带宽 APD 需求的驱动,以阿尔卡特-朗讯公司[57]、NTT 公司[58]、Intel 公司[59]、HP 公司[60]、SiFotonics 公司[61]等为代表的半导体通信模块厂商和以美国得州大学[62]、弗吉尼亚大学[56]、英国谢菲尔德大学[63]、新加坡国立科技研究局[64]、比利时 IMEC[65]等为代表的学术研究机构,均在高速 APD 器件研究方面持续投入了大量的努力,并相继取得实质性的进展。目前,已经有多个厂商或研究机构报道实现了适用于 4 路 WDM 复用的 100 GbE 网络传输方案的 25 GHz 带宽的 1 550 nm InGaAs/InAlAs APD 器件[66, 67]。其中,以日本 NTT 公司为代表的部分光模块厂商则采用电子倍增结构的吸收倍增分离的 InGaAs/InAlAs 高速 APD 器件研制方面持续发力,不断改进器件结构,优化器件内电场设计和材料设计,也已实现接近商用的 25 GHz InGaAs/InAlAs 高速 APD 器件[68],并已经实现了 100 Gbps 的通信网络应用演示。图 11.5.7 给出了日本 NTT 公司研制的 25 GHz InGaAs/InAlAs 高速 APD 器件结构及其对应的 TO - can ROSA 模块。

采用吸收雪崩分立结构的 InGaAs/InAlAs APD 器件的带宽也可以通过减小材料层厚来

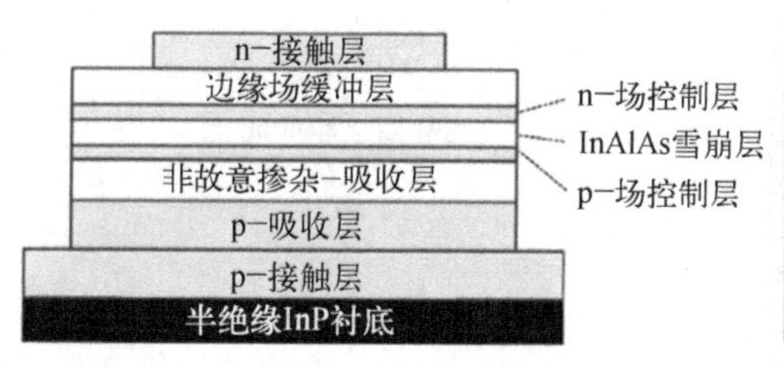

图 11.5.7 日本 NTT 研制 25 GHz InGaAs/InAlAs 高速 APD 器件及对应的 TO - can ROSA 模块[68]

减少载流子的渡越时间,进而提高带宽。在薄倍增的情况下,InGaAs、InAlAs 中电子最大饱和漂移速度可以近似为过冲漂移速度(overshoot velocity),分别约为 7×10^6 cm/s 和 2×10^7 cm/s。在 APD 器件内部电场设计合理的前提下,APD 拉通到单位增益偏压后 InGaAs 吸收层和 InAlAs 倍增层均完全耗尽,因此,可根据饱和漂移速率估算 APD 的理想最大带宽。对于 25 GHz 带宽,InGaAs、InAlAs 层厚应分别小于 900 nm 和 300 nm。而对于 50 GHz 带宽,则 InGaAs、InAlAs 层厚则应分别进一步减薄到 450 nm 和 150 nm 以下。

图 11.5.8 是日本 NTT 公司 2014 年实现的 25 GHz ROSA 中薄层 InGaAs/InAlAs APD 的器件结构、能带结构、反向光电流暗电流 *IV* 及增益曲线和高频响应测试结果[58]。器件材料是在 InP 衬底上通过 MOCVD 方法外延生长的。整体采用 NonP 台面型结构,InGaAs 吸收层总厚度 0.6 μm,包含 240 nm 的非掺杂 InGaAs 和 360 nm 的 p 型掺杂 InGaAs,以充分利用单向载流子输运的特性,最大限度地降低吸收区中的载流子渡越时间。InAlAs 倍增层上下分别设计了 p 型和 n 型电荷控制层,以最大化载流子在界面处的渡越时间。从器件的 *IV* 特性可以看到,其单位增益拉通电压为-13.5 V,击穿电压-30 V,增益系数最大可达 40。单位增益处响应度为 0.69 A/W。

高频响应测试结果表明,该器件的增益带宽积可达 270 GHz。最大-3 dB 带宽出现在 $M=3$ 处,达 35 GHz。而在增益 $M=4.6$ 时,带宽仍然可以维持在 30 GHz,对应的倍增后响应度为 3.17 A/W。该带宽性能已可以应用于单路 50 Gbps 的通信应用。此外,尽管该 APD 器件暗电流稍偏大,在 90%击穿电压处,暗电流 4~5 μA,对应增益为 5~10。而考虑到光纤通信应用中,光电流通常在数十微安量级。因此该器件的灵敏度仍然可以满足 30 GHz 带宽的通信使用。

3. 低噪声 InGaAs 阵列 APD 成像器件研究

对于晶格匹配体系的 $In_{0.53}Ga_{0.47}As$ 台面型 APD 焦平面而言,通常采用晶格匹配的 $In_{0.53}Al_{0.47}As$ 作为倍增层,采用 InGaAs 作为光吸收层,引入高掺杂浓度电荷层调节器件内电场分布,并引入 InAlGaAs 平滑能带带阶。利用电子的碰撞离化系数比更小的物理特点,降低雪崩增益引起的过剩噪声。图 11.5.9 为典型器件结构、电场分布、能带结构和反向击穿特性[69]。原理上,采用线性模式 InGaAs 雪崩焦平面的优势包括像元输出信号与回波光强呈正比,可连续探测,无死时间,受大气对激光背散射的影响更小。由于存在内雪崩增益,其成像信噪比将有显著提升。配合脉冲激光主动成像,利用光子飞行时间,还可实现三维激光立体成像,在先进主被动近红外成像应用领域有重要应用价值。

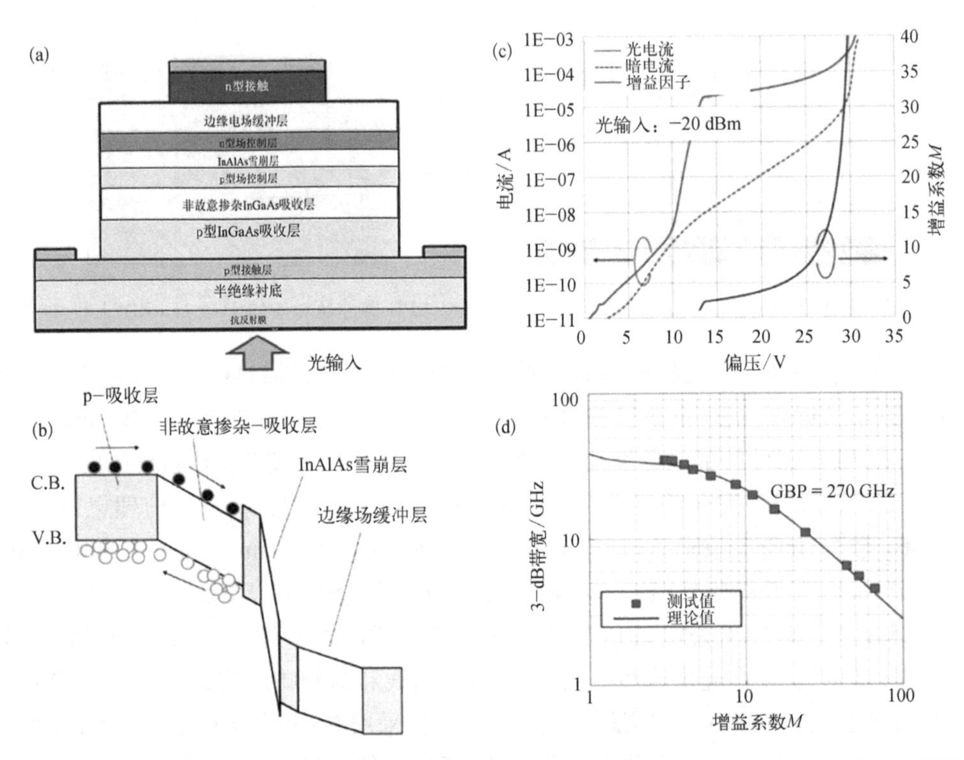

图 11.5.8 日本 NTT 公司 2014 年实现的 25 GHz ROSA 中薄层 InGaAs/InAlAs APD 的(a) 器件结构、(b) 能带结构、(c) 反向光电流暗电流 *IV* 及增益曲线和(d)高频响应测试结果[58]

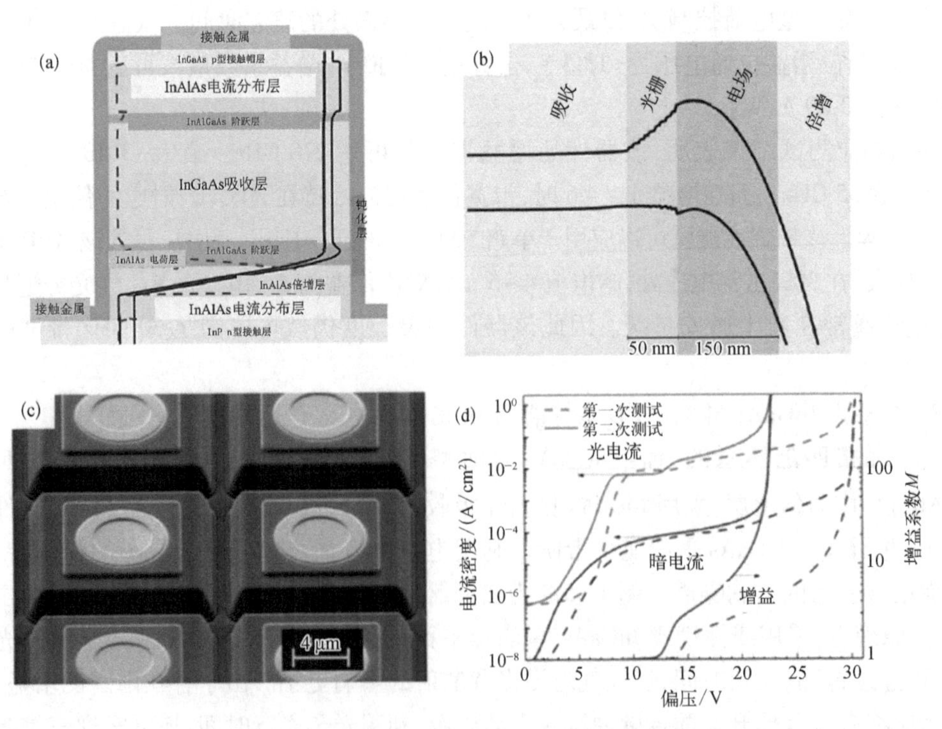

图 11.5.9 $In_{0.53}Ga_{0.47}As/In_{0.53}Al_{0.47}As$ 台面型线性雪崩焦平面的器件结构、能带结构、像元微结构和反向增益曲线[69]

国外从 20 世纪 80 年代开始投入大量精力开展 InGaAs 雪崩焦平面成像研究。主要研究单位包括美国麻省理工学院/林肯实验室、波音旗下 Spectrolab 公司、Princeton Lightwave 公司、Advanced Scientific Concepts 公司、Voxtel 公司以及德国弗朗霍夫研究所(IAF)和日本滨松公司。2016 年,NASA 在 Morpheus 月球着陆器上的激光雷达相机上率先采用 ASC 公司研制的 128×128 线性 InGaAs APD 焦平面,进行了着陆区精确避障技术验证,验证了避障效率的提升优势[70]。

2015 年德国弗朗霍夫研究所(IAF)报道了 640×512 规模的 InGaAs/InAlAs 线性雪崩焦平面器件[71]。在固定温度下,成像信噪比随偏压呈现先升后降的趋势(图 11.5.10)。其原因为高增益下,雪崩过剩散粒噪声的增加抵消了信号增益的增加,导致信噪比下降。同时,器件暗电流随着温度下降而下降。因此,过高暗电流引起的散粒噪声和高过剩噪声是线性 InGaAs 雪崩焦平面性能的关键限制因素之一。

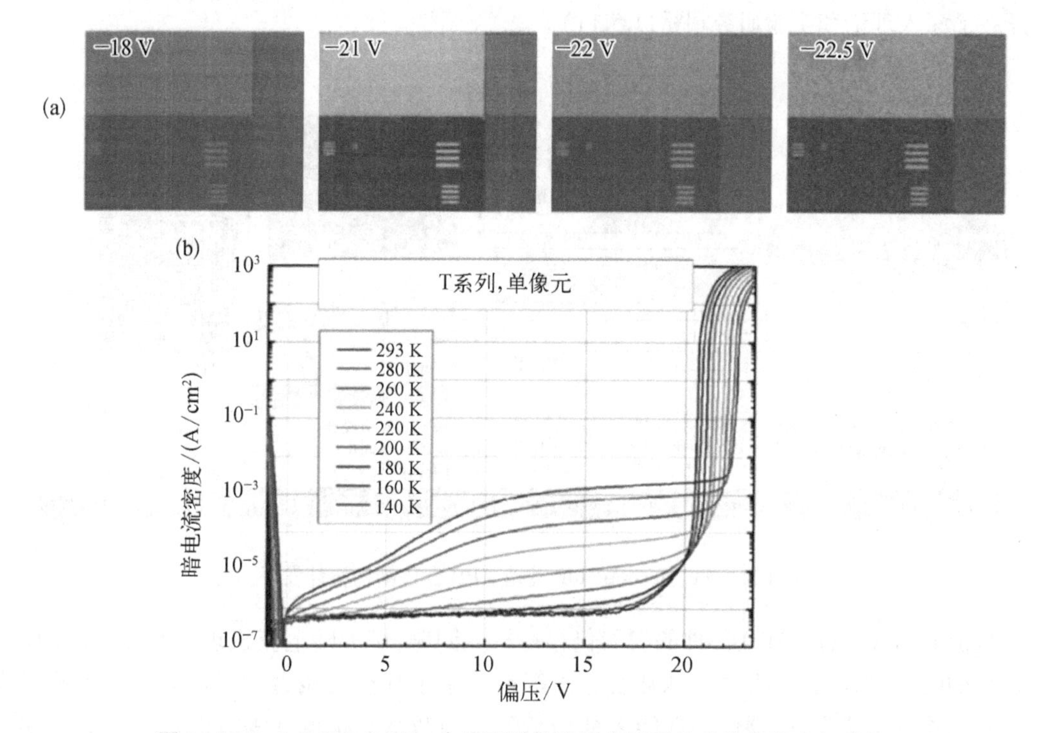

图 11.5.10 In0.53Ga0.47As 台面型线性雪崩焦平面的成像信噪比与反向偏压、温度、增益和暗电流的关系[71]

由于 APD 像元暗电流散粒噪声、pn 结热 R_0A 噪声均以均方根关系对总输出噪声形成贡献,低温下该类噪声分量被抑制,总噪声降低。因此,需持续抑制 APD 器件暗电流、提升结阻抗,以提升雪崩焦平面信噪比。包含两个方面科学问题:一方面,雪崩区多层异质材料在强电场下的隧穿电流产生,其多层异质界面、能带特性、隧穿行为及机理尚不清晰;另一方面,台面器件的侧壁表面及其与钝化膜的界面,在强表面电场下的表面态漏电行为及其机理,尚未明确解决,均是需进一步研究的关键重大科学问题。

11.5.3 盖革模式的 InGaAs 雪崩探测器研究进展

1. 盖革模式 InGaAs APD 技术发展

盖革模式 InGaAs 雪崩探测器由线性 InGaAs/InP 雪崩探测器发展而来。盖革模式雪崩探测器,因工作在高于击穿电压下,器件工作原理与线性模式有重大区别。即从线性的强度探测器件转变为 0、1 的脉冲开关探测器件,过剩噪声不再是限制因素。转而关注单光子探测效率、暗计数率、后脉冲概率,因而器件结构设计理论也有重要区别。

以 20 世纪 90 年代发展起来的平面 Zn 扩散结 InGaAs/InP 雪崩探测器结构为基础,2000 年前后,意大利米兰理工大学、意大利 MPD 公司开展了正照射型 InGaAs/InP 盖革雪崩探测器结构设计和器件制备,并对电荷层参数、电场结构、能带结构及暗计数和探测率的关联规律开展了深入理论和实验研究(图 11.5.11)。

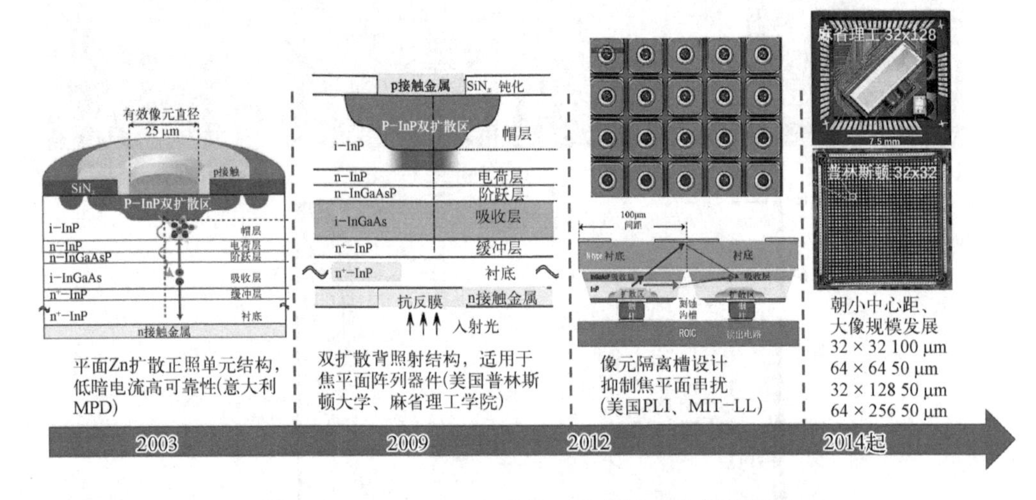

图 11.5.11 InGaAs/InP 盖革 APD 器件结构设计发展

目前 InGaAs 盖革 APD 器件的发展仍存在较多问题,例如暗电流机理不清楚、用于单光子探测的暗计数较大、淬灭时后脉冲及噪声等都限制了其探测能力。国际上对于盖革雪崩光电二极管的结构设计、器件的性能表征和新型表面微纳结构设计等方面进行了非常多的研究。意大利米兰理工大学的 F. Acerbi 等对 InGaAs/InP 盖革雪崩探测器的设计提供了详细的见解 [72],为了降低暗计数,优化探测器垂直层结构和扩散剖面具有重要意义。通过不同模型的器件结构仿真,包括自定义模型,讨论了倍增区厚度和掺杂、吸收区厚度和电场分布对雪崩探测器性能的影响。强倍增区厚度影响隧穿产生,而较厚的吸收区产生较高的吸收但会降低触发效率。它们的最佳值取决于 InP 和 InGaAs 的材料质量和工作模式。为了得到优化的器件性能,InGaAs 内部的电场必须在异质势垒传输效率和载流子产生之间进行权衡。

InGaAs 盖革 APD 器件的上述工作特点,使其研制难度远高于传统 pin 结构红外焦平面。难点主要体现在一系列关键技术环节:外延材料方面,因极高电场下存在缺陷辅助隧穿效应,需生长出具有极低缺陷密度的外延材料,是研制高性能器件的前提;器件设计方面,需实现高单光子探测效率的同时保持低暗计数率,抑制像元间光学和电学串扰;器件工艺方面,像素阵列需实现高均匀性击穿,实现零盲元。

阵列盖革 InGaAs/InP APD 器件,主要面向三维成像应用或自由空间激光通信应用,器件工作在高于击穿电压的高偏压下,以脉冲高压结合淬灭的方式驱动像素进入探测状态,读出电路采用帧同步或异步读出模式,内置时间-数字转换器,像素输出包含时间信息的“0”、“1”开关计数信号。通过高达 GHz 的驱动时钟频率,时间分辨率可达亚纳秒。应用于激光三维成像,读出电路工作在帧同步模式下,通过探测记录光子飞行时间,实现对目标距离信息的三维感知探测。通过与主动激光发射同步,可以距离门方式实现厘米级分辨率的高精度三维成像。应用于自由空间激光通信,读出电路工作在异步自由运转模式,基于脉冲调制编码方式,可实现远距离对激光的跟踪、捕获和通信一体探测。

盖革 InGaAs APD 焦平面探测器应用于三维成像时的特点和优势如下:

(1) 可以在 1 064 nm 和 1 550 nm 两个波段工作。1 550 nm 波段人眼安全,且具有良好的地物反演效果,可穿透植被、茂密森林等叶簇的覆盖,对其覆盖下的目标进行清晰三维成像。

(2) 由于具有单光子的敏感性,因此同样激光发射功率下成像距离更远。而得益于由 532 nm 倍频的 1 064 nm YAG DPSSL 固态激光器功率大、重频高、性能成熟,系统工作距离远,可达 10 km 以上,因此特别适用于远距离三维成像测绘应用。

(3) 基于盖革 APD 焦平面接收端的三维成像系统,可采用激光对目标场景泛光照明,无需收发扫描机构,可实现闪光式快速三维成像,在固定视场场景下的应用具有优势。

在高分辨率三维成像应用需求牵引下,Si、InGaAs/InP 盖革雪崩焦平面器件技术得到美国、欧洲、日本等发达国家和地区的广泛重视,取得了快速发展。自 2000 年起,美国麻省理工学院林肯实验室(MIT/LL)、普林斯顿光波(PLI)公司、波音光谱公司(Spectra Lab)、哈里斯公司(Harris)以及日本滨松公司、意大利 MPD 公司等纷纷研制发展 InGaAs 盖革 APD 焦平面器件技术,并取得显著技术进展。

图 11.5.12 为美国麻省理工学院林肯实验室的 InGaAs 盖革雪崩焦平面器件技术发展路线图。工作激光波长为 1 064 nm 或 1 500 nm。器件规模由早期的 32×32 元 [73],逐渐提升至 2020 年的 256×256 元 [74]。单光子探测效率也由早期的不足 10%提升至 20%~30%。暗计数率由早期的 30~50 kHz 持续下降至 5 kHz 以下。像元中心距由小规模器件的 100 μm 压缩到大规模焦平面的 30 μm。时间分辨率、累计串扰概率等指标也持续提升。美国普林斯顿光波公司、日本滨松公司的器件研究也呈相近的发展趋势,并正在向 512×512 元至 1 K×1 K 的更大规模发展,持续提升激光三维成像系统的图像分辨率。

2. 盖革模式 InGaAs APD 制备工艺和测试表征

对于平面结结构的 InGaAs/InP 盖革 APD 器件,InP 倍增层厚度直接由扩散工艺决定。图 11.5.13 为意大利 MPD 公司研制的 InGaAs/InP 盖革 APD 器件结构示意图,相应的器件内部电场分布和掺杂浓度、层厚等结构参数也一并给出 [72]。在小于 15 次方的 n 型 InP 中,采用二次 Zn_3P_2扩散工艺,形成中间深、外圈浅的梯度平面 pn 结结构。利用相同偏压下的电场

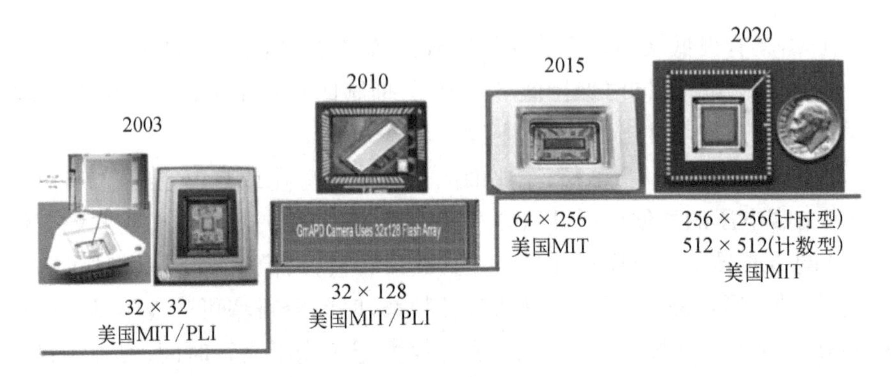

图 11.5.12 美国 InGaAs/InP 盖革雪崩焦平面探测器发展路线图

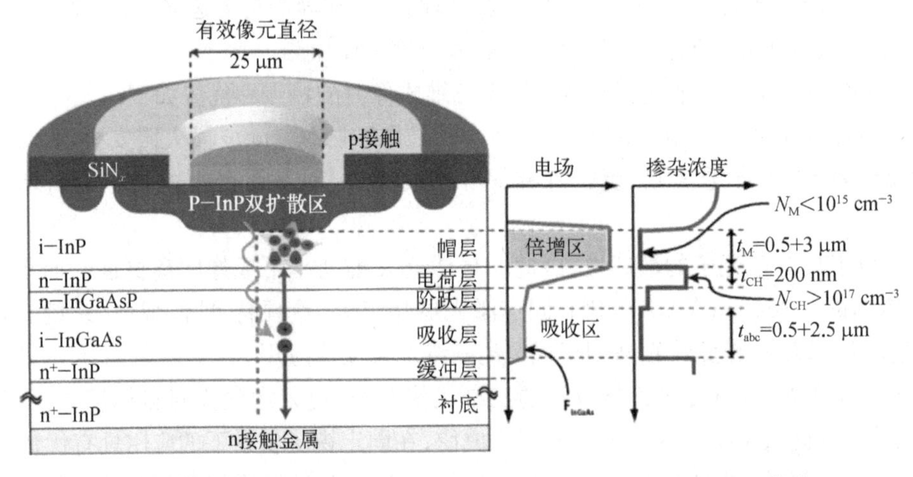

图 11.5.13 意大利 MPD 公司 InGaAs/InP 盖革 APD 器件结构参数[72]

梯度确保中心深结区域先于浅结区域击穿,进而在确保前向击穿和增益特性。同时,在浅扩散的外圈设置浅扩散保护环结构,形成物理上的 P − I − P 结构,利用电场的相互抵消,抑制边缘击穿效应。

实际工艺中,为保证阵列芯片器件性能的一致性,必须优化扩散工艺以保证 p 型区域的均一性。对于非故意掺杂的 n 型 InP,扩散深度的控制具有很高难度。采用 Zn_3P_2 作为扩散源,通过闭管真空扩散,Zn_3P_2 中的Ⅴ族元素 P 蒸气气氛对芯片表面起到一定保护作用,抑制 P 在高温下的脱附,从而实现 InP 的 P 型掺杂。在此,必须严格控制扩散的真空度、扩散时间和扩散温度等工艺参数。

对于微米量级尺寸的 APD 单光子探测器,重点是如何在纳米尺度内对影响器件性能的 p 区横向扩散和纵向扩散分布、载流子浓度分布以及电势分布进行电子学上的精确表征。需要研究扩散温度、扩散时间和真空度对扩散深度、载流子激活率的影响。扩散的结深和掺杂浓度通常采用电化学 CV(ECV)方法和 SIMS 方法测量。电化学方法是采用稀 HCl 腐蚀 InP 表面,从而测量不同厚度下的电容信息,还原得到空穴浓度随距离分布的曲线[75]。而 SIMS 是采用 Ar 离子持续对材料进行轰击,溅射出 Zn 原子,从而测得 Zn 原子随深度分布的曲线。图 11.5.14 是采用 ECV 所测得的两次扩散后的 InP 层中的 Zn 掺杂浓度曲线。

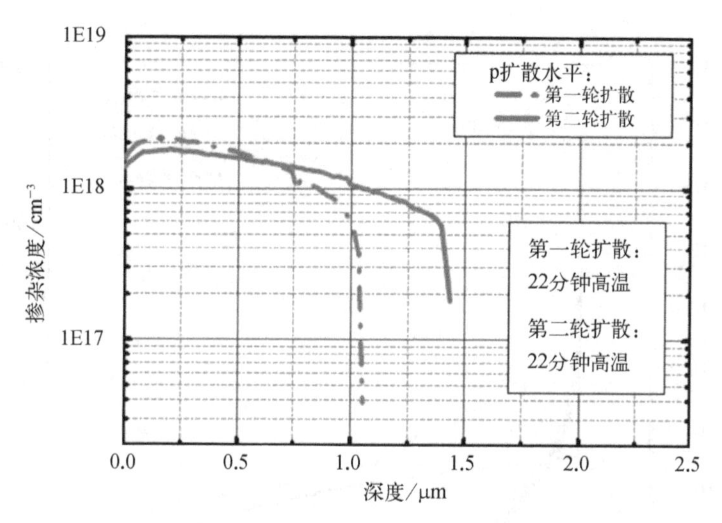

图 11.5.14 ECV 测量的两次扩散的 Zn 元素浓度分布曲线[75]

ECV 和 SIMS 方法只能测量掺杂浓度在纵向距离的分布，即只能测量扩散结深和掺杂浓度（空穴浓度）。而在 APD 的 p 区二次扩散和保护环工艺中，需要测量横向尺度上的扩散形貌和侧向扩散。这可以采用扫描电容显微镜（scanning capacitance microscopy, SCM）测量来完成。其扫描可达到 10 nm 的精度。图 11.5.15 为采用 SCM 对 InP 中 Zn 扩散结深的测试图[76]，SCM 可以清晰地反映扩散的形貌图。在盖革模式 APD 焦平面的制备过程中 Zn 扩散成结的精确表征和控制。

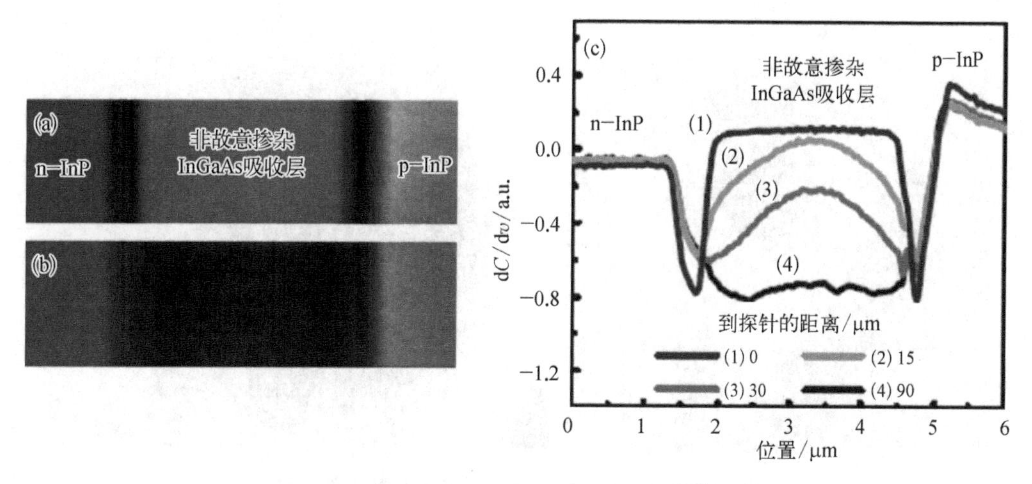

图 11.5.15 扩散结的 SCM 显微图[76]

图 11.5.16 给出了 InGaAsP 四元组分吸收层的 InGaAsP/InP 盖革雪崩探测器的线性区光电流和电流测试结果[42]。测试采用激光波长 1 064 nm。器件采用 Zn 扩散平面结工艺制备，通过高精度扩散控制和吸收、倍增、电荷层材料结构，形成低暗电流、高增益雪崩光电二极管，典型反向击穿电压约 70 V，线性区增益系数大于 30，90%击穿电压处暗电流约 260 pA（光敏面直径 25 μm）。

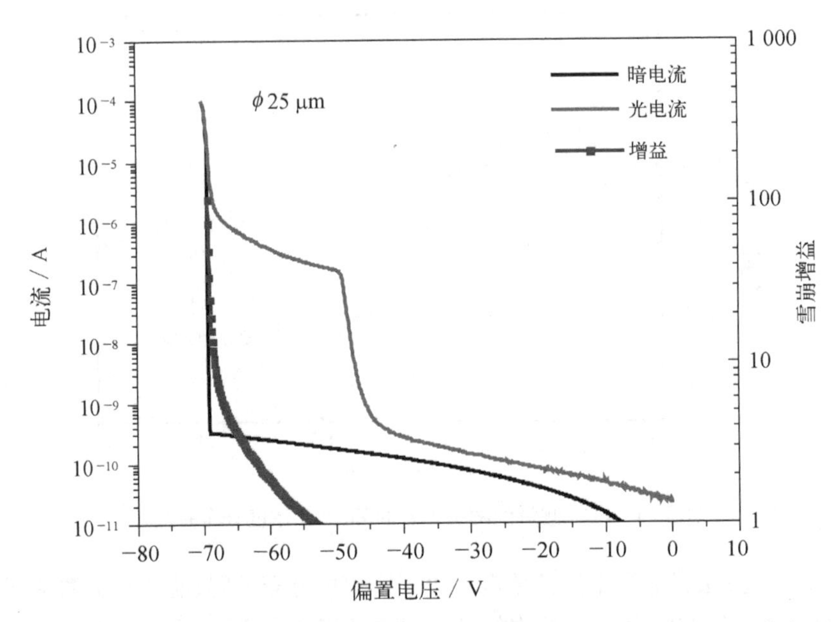

图 11.5.16　高性能盖革 InGaAsP/InP 雪崩探测器线性 *IV* 特性测试结果[42]

通过将光敏芯片与读出电路倒焊耦合,通过微透镜与模块耦合集成和 TEC 金属管壳封装,实现大面积均匀制冷与高精度温控组件封装,形成盖革 InGaAs 焦平面组件,如图 11.5.17 所示。组件在真空排气后,形成真空密封状态。芯片制冷温度最低可达-40℃。

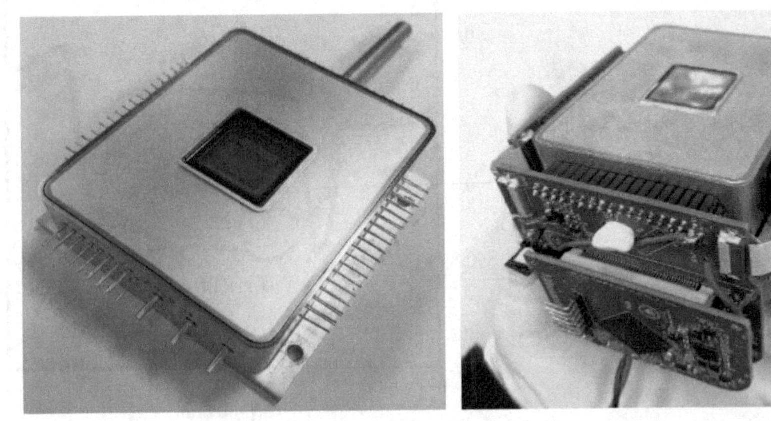

图 11.5.17　64×64 元盖革雪崩焦平面封装组件及机芯

在-20℃下对雪崩焦平面组件进行测试。光源采用 1 064 nm 的激光,光强衰减至小于 0.1 光子/(像素·帧)。采集焦平面组件的输出数据并进行统计,探测器的平均单光子探测效率达 32.3%,平均暗计数率小于 18 kHz。图 11.5.18 进一步给出了焦平面探测器的时间分辨率,即对于到达时间以 0.8 ns 递延的光波信号,组件输出的计时峰值可进行有效分辨,计算时间分辨率达到 0.8 ns。

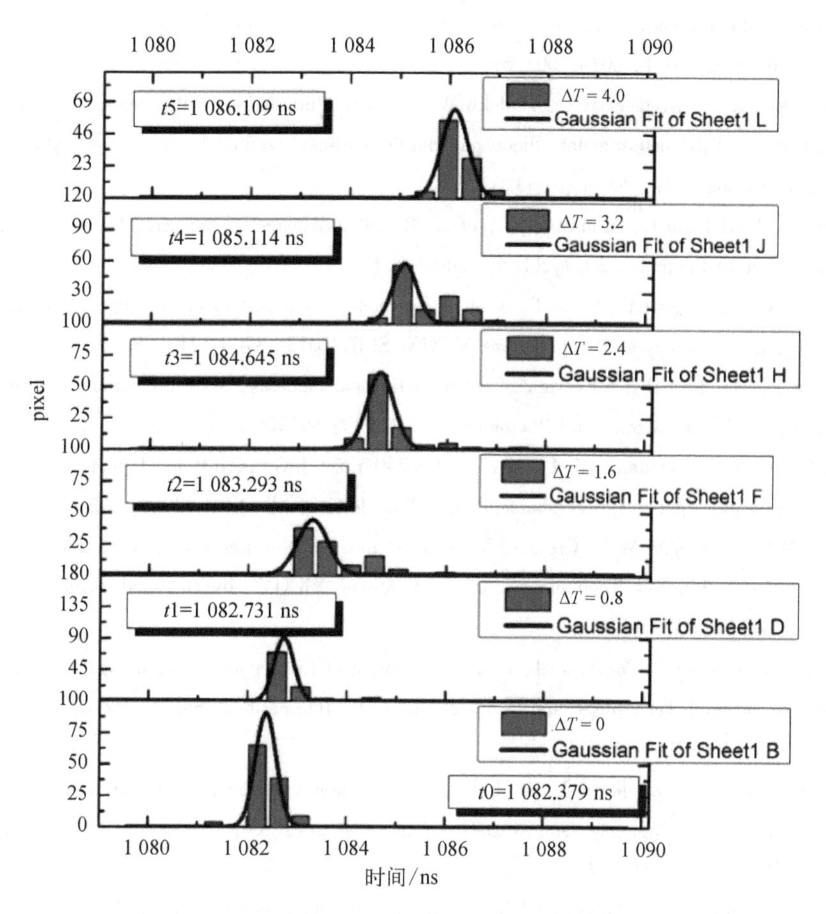

图 11.5.18　对到达时间 0.8 ns 递延的光波的计时探测输出直方图

11.6　小　　结

本章介绍了短波红外 InGaAs 光电探测器新技术，主要涉及可见近红外宽光谱 InGaAs 探测器，通过具有阻挡层结构的新型外延材料、片上集成微纳陷光结构以及衬底转移技术等，实现常规波长 InGaAs 探测器的响应光谱向可见光方向拓展；介绍片上集成像素级亚波长金属光栅的 InGaAs 偏振焦平面，实现近红外偏振实时探测；介绍片上集成滤光微结构的 InGaAs 焦平面，实现多光谱探测应用；介绍线性模式 InGaAs 雪崩探测器和盖革模式 InGaAs 雪崩探测器，实现激光三维成像。同时介绍了新体制新功能 InGaAs 探测器所涉及的关键技术参数（如可见光波段量子效率、偏振消光比、单光子探测灵敏度等），以及相关器件的进一步发展，将为新一代高空间分辨率、高时间敏感、多维度的短波红外光电仪器提供探测器技术基础。

参 考 文 献

[1] Dayton D C, Allen J, Nolasco R, et al. Passive SWIR airglow illuminated imaging compared with NIR-

visible for low-light nighttime observations. Infrared Imaging Systems: Design, Analysis, Modeling, and Testing XXII. SPIE,2011, 8014: 60 - 69.

[2] Vollmerhausen R H, Driggers R G, Hodgkin V A. Night illumination in the near-and short-wave infrared spectral bands and the potential for silicon and indium-gallium-arsenide imagers to perform night targeting. Optical Engineering,2013, 52(4): 043202.

[3] Goossens S, Navickaite G, Monasterio C, et al. Broadband image sensor array based on graphene-CMOS integration. Nature Photonics,2017, 11(6): 366 - 371.

[4] Vereecken W, van Bogget U, Colin T, et al. A low-noise, extended dynamic range 1.3 megapixel InGaAs array. Infrared Technology and Applications XXXIX. SPIE,2013, 8704: 21 - 28.

[5] Hansen M P, Malchow D S. Overview of SWIR detectors, cameras, and applications. Thermosense XXX. International Society for Optics and Photonics,2008, 6939: 69390I.

[6] Martin T, Dixon P, Gagliardi M A, et al. 320×240 pixel InGaAs/InP focal plane array for short-wave infrared and visible light imaging. Semiconductor Photodetectors II. SPIE,2005, 5726: 85 - 91.

[7] Enriquez M D, Blessinger M A, Groppe J V, et al. Performance of high resolution visible-InGaAs imager for day/night vision. Infrared Technology and Applications XXXIV. International Society for Optics and Photonics,2008, 6940: 694000.

[8] Zhang W, Bereznycky P, Morales M, et al. Fabrication of high aspect ratio bumps for focal plane arrays applications. Infrared Technology and Applications XLV. International Society for Optics and Photonics, 2019, 11002: 110022F.

[9] Rouvié A, Huet O, Reverchon J L, et al. 15 μm pixel-pitch VGA InGaAs module for very low background applications. Sensors, Systems, and Next-Generation Satellites XV. International Society for Optics and Photonics,2011, 8176: 81761A.

[10] Coussement J, Rouvié A, Oubensaid E H, et al. New developments on InGaAs focal plane array. Infrared Technology and Applications XL. SPIE,2014, 9070: 39 - 47.

[11] Frasse-Sombet S, Colin T, Bonvalot C, et al. The lowest cost and smallest footprint VGA SWIR detector with high performance. Infrared Technology and Applications XLV. International Society for Optics and Photonics,2019, 11002: 1100215.

[12] Yuan H, Meixell M, Zhang J, et al. Low dark current small pixel large format InGaAs 2D photodetector array development at Teledyne Judson Technologies. Infrared Technology and Applications XXXVIII. International Society for Optics and Photonics,2012, 8353: 835309.

[13] MacDougal M, Hood A, Geske J, et al. InGaAs focal plane arrays for low-light-level SWIR imaging. Infrared Technology and Applications XXXVII. International Society for Optics and Photonics,2011, 8012: 801221.

[14] Dutta J K, Oduor P, Dutta A K, et al. Analytical model for design-optimization and performances of fabricated broadband (VIS - SWIR) photodetector for image sensor and optical communication applications. Image Sensing Technologies: Materials, Devices, Systems, and Applications V. International Society for Optics and Photonics,2018, 10656: 106560N.

[15] Yuan P, Chang J, Boisvert J C, et al. Low-dark current 1024×1280 InGaAs PIN arrays. Infrared Technology and Applications XL. SPIE,2014, 9070: 56 - 61.

[16] Hood A D, MacDougal M H, Manzo J, et al. Large-format InGaAs focal plane arrays for SWIR imaging. Infrared Technology and Applications XXXVIII. SPIE,2012, 8353: 116 - 122.

[17] Hoelter T R, Barton J B. Extended short-wavelength spectral response from InGaAs focal plane arrays. Infrared Technology and Applications XXIX. International Society for Optics and Photonics, 2003, 5074: 481 - 490.

[18] Fraenkel R, Berkowicz E, Bykov L, et al. High definition 10 μm pitch InGaAs detector with asynchronous laser pulse detection mode. Infrared Technology and Applications XLII. International Society for Optics and Photonics, 2016, 9819: 981903.

[19] Fraenkel R, Berkowicz E, Bikov L, et al. Development of low-SWaP and low-noise InGaAs detectors. Infrared Technology and Applications XLIII. SPIE, 2017, 10177: 11 - 18.

[20] Rutz F, Kleinow P, Aidam R, et al. SWIR photodetector development at Fraunhofer IAF. Image Sensing Technologies: Materials, Devices, Systems, and Applications II. SPIE, 2015, 9481: 24 - 32.

[21] Rutz F, Aidam R, Bächle A, et al. Low-light-level SWIR photodetectors based on the InGaAs material system. Electro-Optical and Infrared Systems: Technology and Applications XVI. International Society for Optics and Photonics, 2019, 11159: 1115906.

[22] Manda S, Matsumoto R, Saito S, et al. High-definition Visible-SWIR InGaAs Image Sensor using Cu - Cu Bonding of III - V to Silicon Wafer. 2019 IEEE International Electron Devices Meeting (IEDM). IEEE, 2019: pp.

[23] 杨波.可见拓展的短波红外 InGaAs 探测器研究.北京：中国科学院大学, 2015.

[24] Shao X, Yang B, Huang S, et al. 640×512 pixel InGaAs FPAs for short-wave infrared and visible light imaging. Infrared Sensors, Devices, and Applications VII. International Society for Optics and Photonics, 2017, 10404: 104040D.

[25] 何玮.高量子效率可见-短波红外宽光谱 InGaAs 探测器研究.北京：中国科学院大学, 2020.

[26] Yu Y, Ma Y, Gu Y, et al. Mie-Type Surface Texture-Integrated Visible and Short-Wave Infrared InGaAs/InP Focal Plane Arrays. ACS Applied Electronic Materials, 2020, 2(8): 2558 - 2564.

[27] Pencheva T, Gyoch B, Mashkov P. Day and night vision detectors-Design of antireflection coatings. 2012 35th International Spring Seminar on Electronics Technology. IEEE, 2012: 312 - 317.

[28] Esfandiari P, Koskey P, Vaccaro K, et al. Integration of IR focal plane arrays with massively parallel processor. Infrared Technology and Applications XXXIV. International Society for Optics and Photonics, 2008, 6940: 69402E.

[29] He W, Shao X, Ma Y, et al. Ultra-low spectral reflectances of InP Mie resonators on an InGaAs/InP focal plane array. AIP advances, 2020, 10(6): 065233.

[30] Deschamps P Y, Bréon F M, Leroy M, et al. The POLDER mission: Instrument characteristics and scientific objectives. IEEE Transactions on geoscience and remote sensing, 1994, 32(3): 598 - 615.

[31] Guo J, Brady D. Fabrication of thin-film micropolarizer arrays for visible imaging polarimetry. Applied Optics, 2000, 39(10): 1486 - 1492.

[32] Ekinci Y, Solak H H, David C, et al. Bilayer Al wire-grids as broadband and high-performance polarizers. Optics express, 2006, 14(6): 2323 - 2334.

[33] 徐参军,赵劲松,蔡毅,等.红外偏振成像的几种技术方案.红外技术, 2009(5): 262 - 266.

[34] Kemme S A, Cruz-Cabrera A A, Nandy P, et al. Micropolarizer arrays in the MWIR for snapshot polarimetric imaging. Micro (MEMS) and Nanotechnologies for Defense and Security. International Society for Optics and Photonics, 2007, 6556: 655604.

[35] Yu M, Cao L, Li L, et al. Fabrication of division-of-focal-plane polarizer arrays by electron beam lithography. 2017 IEEE International Conference on Manipulation, Manufacturing and Measurement on the Nanoscale (3M-NANO). IEEE,2017: 79-82.

[36] Peltzer J J, Flammer P D, Furtak T E, et al. Ultra-high extinction ratio micropolarizers using plasmonic lenses. Optics Express,2011, 19(19): 18072-18079.

[37] Bachman K A, Peltzer J J, Flammer P D, et al. Spiral plasmonic nanoantennas as circular polarization transmission filters. Optics express,2012, 20(2): 1308-1319.

[38] Bai J, Wang C, Chen X, et al. Chip-integrated plasmonic flat optics for mid-infrared full-Stokes polarization detection. Photonics Research,2019, 7(9): 1051-1060.

[39] Xu C, Ma J, Ke C, et al. Full-Stokes polarization imaging based on liquid crystal variable retarders and metallic nanograting arrays. Journal of Physics D: Applied Physics,2019, 53(1): 015112.

[40] Arbabi E, Kamali S M, Arbabi A, et al. Full-Stokes imaging polarimetry using dielectric metasurfaces. Acs Photonics,2018, 5(8): 3132-3140.

[41] 李雪,邵秀梅,李淘,等.短波红外 InGaAs 焦平面探测器研究进展.红外与激光工程,2020,49(1): 8.

[42] 李雪,龚海梅,邵秀梅,等.短波红外 InGaAs 焦平面研究进展.红外与毫米波学报,2022,41(1): 129-138.

[43] Sun D, Feng B, Yang B, et al. Design and fabrication of an InGaAs focal plane array integrated with linear-array polarization grating. Optics Letters,2020, 45(6): 1559-1562.

[44] 王瑞.亚波长微偏振光栅探测器的研制方法及其偏振特性研究.北京: 中国科学院大学,2016.

[45] Wang R, Li T, Shao X M, et al. Subwavelength gold grating as polarizers integrated with InP-based InGaAs sensors. ACS Applied Matericals & Interfaces, 2015, 7(26): 14471-14476.

[46] Sun D, Li T, Yang B, et al. Research on polarization performance of InGaAs focal plane array integrated with superpixel-structured subwavelength grating. Optics Express,2019, 27(7): 9447-9458.

[47] 孙夺.集成偏振近红外 InGaAs 焦平面探测器研究.北京: 中国科学院大学,2020.

[48] 王云姬.集成滤光微结构的 InGaAs 短波红外探测器.北京: 中国科学院大学,2014.

[49] 杨波.单片集成金属滤光微结构的铟镓砷探测器.合肥: 2019 年中国光学学会学术大会,2019.

[50] McIntyre R J. Multiplication noise in uniform avalanche diodes. IEEE Transactions on Electron Devices, 1966 (1): 164-168.

[51] Yuan P, Anselm K A, Hu C, et al. A new look at impact ionization-Part Ⅱ: Gain and noise in short avalanche photodiodes. IEEE Transactions on Electron Devices,1999, 46(8): 1632-1639.

[52] Capasso F, Tsang W T, Hutchinson A L, et al. Enhancement of electron impact ionization in a superlattice: A new avalanche photodiode with a large ionization rate ratio. Applied Physics Letters, 1982, 40(1): 38-40.

[53] Williams G M, Compton M, Ramirez D A, et al. Multi-gain-stage InGaAs avalanche photodiode with enhanced gain and reduced excess noise. IEEE Journal of the Electron Devices Society, 2013, 1(2): 54-65.

[54] Williams G M. Optimization of eyesafe avalanche photodiode lidar for automobile safety and autonomous navigation systems. Optical Engineering,2017, 56(3): 031224.

[55] David J P R, Tan C H. Material considerations for avalanche photodiodes. IEEE Journal of Selected Topics in Quantum Electronics,2008, 14(4): 998-1009.

[56] Li N, Sidhu R, Li X W, et al. InGaAs/InAlAs avalanche photodiode with undepleted absorber. Applied Physics Letter,2003, 82: 2175-2178.

[57] Lahrichi M, Glastre G, Paret J F, et al. Waveguide AlInAs/GaInAs APD for 40Gb/s optical receivers. IPRM 2011-23rd International Conference on Indium Phosphide and Related Materials. IEEE,2011: 1-4.

[58] Nada M, Muramoto Y, Yokoyama H, et al. High-power-tolerant InAlAs avalanche photodiode for 25 Gbit/s applications. Electronics letters,2013, 49(1): 62-63.

[59] Kang Y, Huang Z, Saado Y, et al. High performance Ge/Si avalanche photodiodes development in Intel. Optical Fiber Communication Conference. Optical Society of America,2011: OWZ1.

[60] Huang Z, Liang D, Santori C, et al. Low-voltage Si-Ge avalanche photodiode.2015 IEEE 12th International Conference on Group Ⅳ Photonics (GFP). IEEE,2015: 41-42.

[61] Huang M, Cai P, Wang L, et al. High performance Ge/Si avalanche photodiode. 2015 IEEE Photonics Conference (IPC). IEEE,2015: 440-441.

[62] Kinsey G S, Campbell J C, Dentai A G. Waveguide avalanche photodiode operating at 1.55 μm with a gain-bandwidth product of 320 GHz. IEEE Photonics Technology Letters,2001, 13(8): 842-844.

[63] Xie S Y, Zhang S Y, Tan C H, et al. InGaAs/InAlAs avalanche photodiode with low dark current for high-speed operation. IEEE Photonics Technology Letters,2015, 27(16): 1745-1748.

[64] Zhu S, Ang K W, Rustagi S C, et al. Waveguided Ge/Si avalanche photodiode with separate vertical SEG-Ge absorption, lateral Si charge, and multiplication configuration. IEEE Electron Device Letters,2009, 30(9): 934-936.

[65] Verbist J, Lambrecht J, Moeneclaey B, et al. 40-Gb/s PAM-4 transmission over a 40km amplifier-less link using a sub-5V Ge APD. IEEE Photonics Technology Letters,2017, 29(24): 2238-2241.

[66] Nada M, Muramoto Y, Yokoyama H, et al. High-sensitivity 25 Gbit/s avalanche photodiode receiver optical sub-assembly for 40km transmission. Electronics Letters,2012, 48(13): 777-778.

[67] Nada M, Nakamura M, Matsuzaki H. 25-Gbit/s burst-mode optical receiver using high-speed avalanche photodiode for 100-Gbit/s optical packet switching. Optics Express,2014, 22(1): 443-449.

[68] Nada M, Muramoto Y, Yokoyama H, et al. Vertical illumination InAlAs avalanche photodiode for 50-Gbit/s applications. 26th International Conference on Indium Phosphide and Related Materials (IPRM). IEEE, 2014: 1-2.

[69] Rutz F, Kleinow P, Aidam R, et al. SWIR detectors for low photon fluxes. Infrared Sensors, Devices, and Applications VI. International Society for Optics and Photonics,2016, 9974: 99740G.

[70] Roback V E, Amzajerdian F, Bulyshev A E, et al. 3D flash lidar performance in flight testing on the Morpheus autonomous, rocket-propelled lander to a lunar-like hazard field. Laser Radar Technology and Applications XXI. International Society for Optics and Photonics,2016, 9832: 983209.

[71] Rutz F, Kleinow P, Aidam R, et al. SWIR photodetector development at Fraunhofer IAF. Image Sensing Technologies: Materials, Devices, Systems, and Applications Ⅱ. SPIE,2015, 9481: 24-32.

[72] Acerbi F, Anti M, Tosi A, et al. Design criteria for InGaAs/InP single-photon avalanche diode. IEEE Photonics Journal,2013, 5(2): 6800209-6800209.

[73] Itzler M A, Entwistle M, Owens M, et al. Inp-based geiger-mode avalanche photodiode arrays for three-dimensional imaging at 1.06 μm. Advanced Photon Counting Techniques Ⅲ. SPIE,2009, 7320: 130-141.

[74] Younger R D, Donnelly J P, Goodhue W D, et al. Crosstalk characterization and mitigation in Geiger-mode

avalanche photodiode arrays. 2016 IEEE Photonics Conference (IPC). IEEE,2016: 260-261.

[75] Acerbi F, Tosi A, Zappa F. Growths and diffusions for InGaAs/InP single-photon avalanche diodes. Sensors and Actuators A: Physical,2013, 201: 207-213.

[76] Yin H, Li T, Wang W, et al. Scanning capacitance microscopy investigation on InGaAs/InP avalanche photodiode structures: Light-induced polarity reversal. Applied Physics Letters,2009, 95(9): 093506.

汉英对照索引

INDEXES

H

I

J

K

L

M

N

O

P

Q

R

S

T

W

X

Y

Z

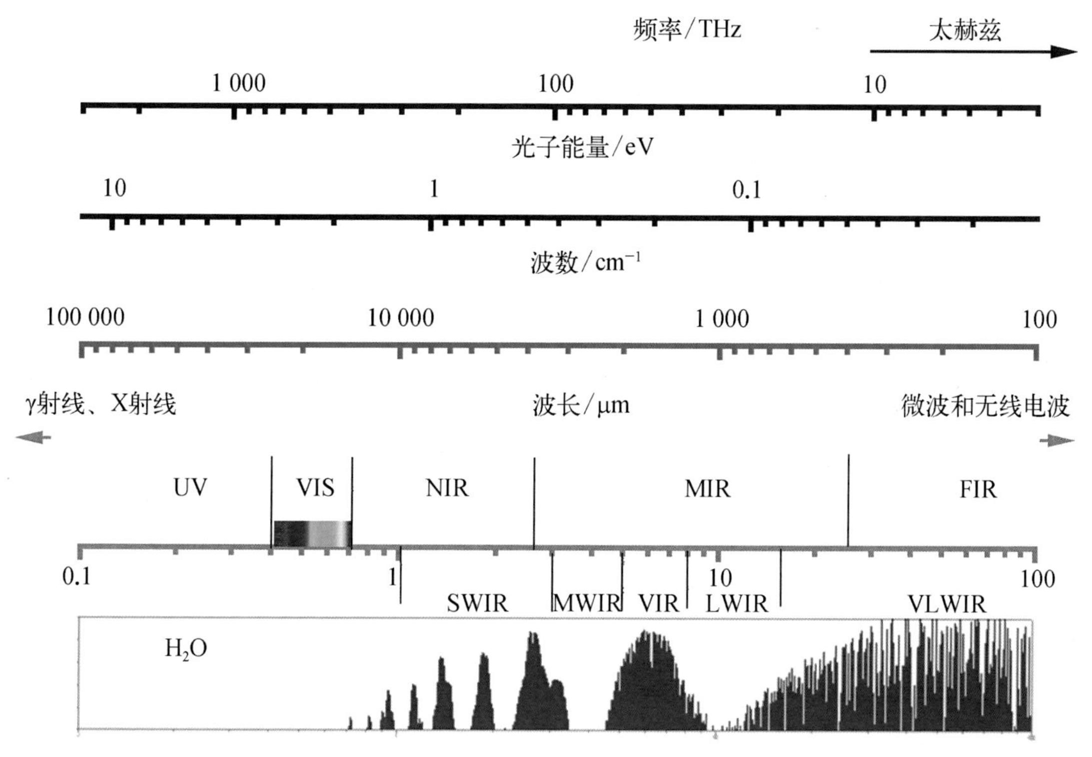

图 1.2.1　电磁波谱示意图，包括空间遥感领域和光谱学领域的两种常见波段划分和单位换算对应关系，下部为对数坐标下的水汽吸收光谱

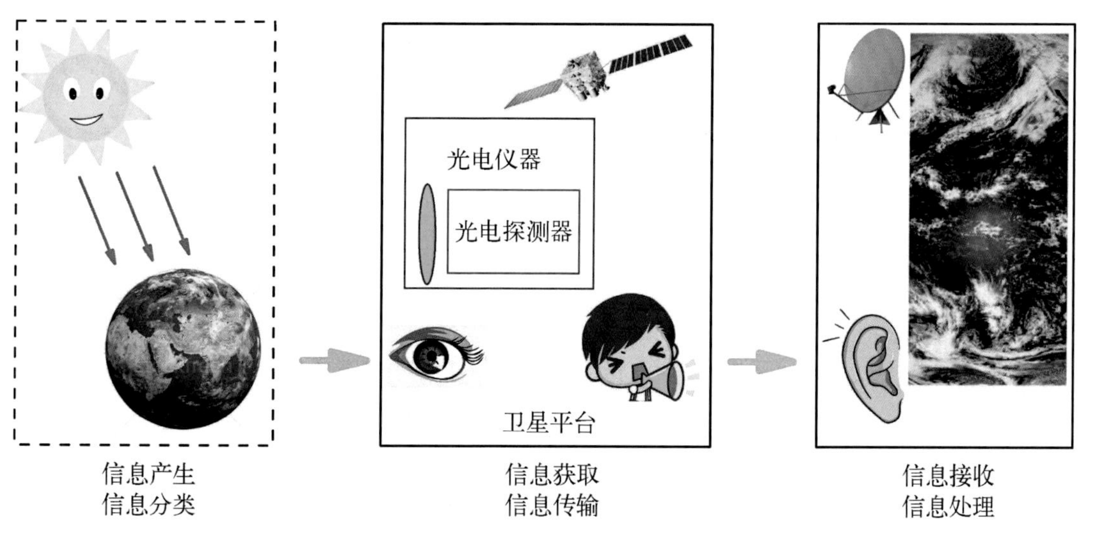

图 1.3.1　空间光电遥感探测的基本过程

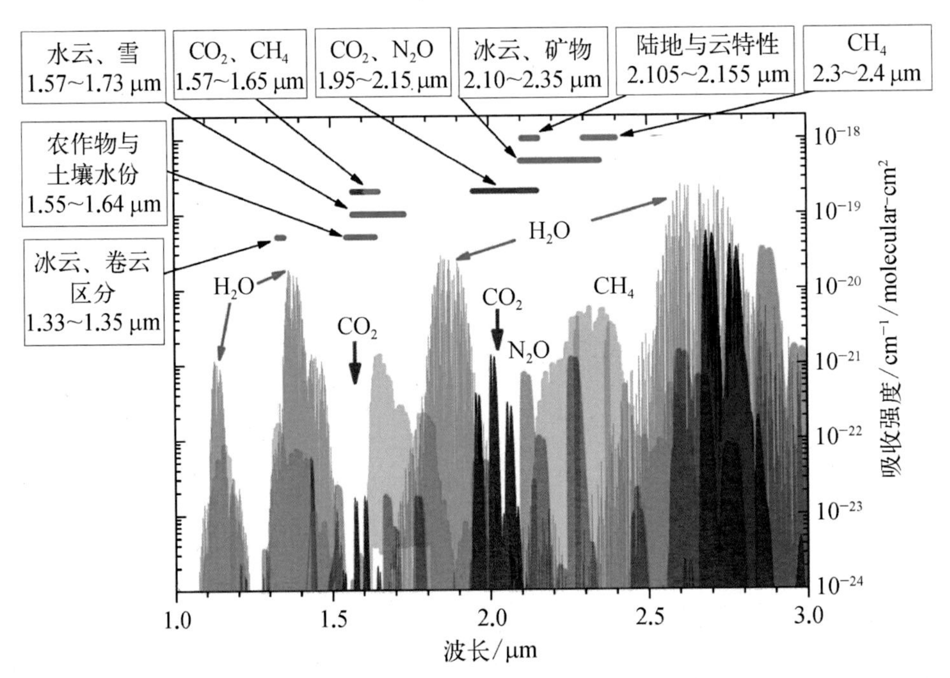

图 2.2.1　1 ~ 3 μm SWIR 波段上若干种与实际应用密切相关的气体的吸收特征，包括水汽和 CO_2、CH_4 及 N_2O 三种主要温室效应气体。SWIR 波段上的一些主要空间应用功能已标示在图中，主要涉及气象、资源和环境等方面

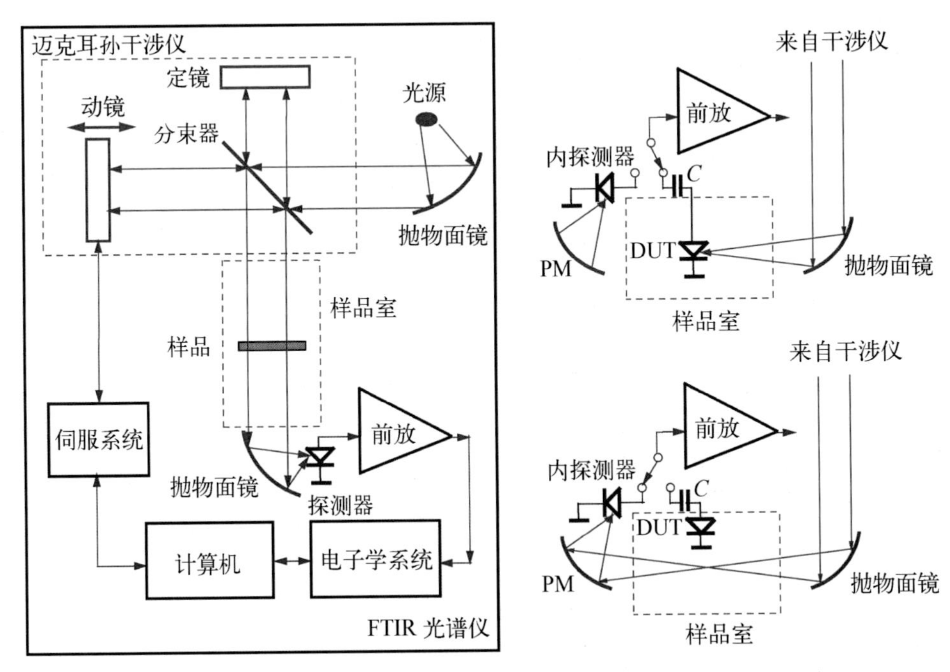

图 4.2.9　基于 FTIR 光谱仪进行光电探测器响应光谱测量示意图

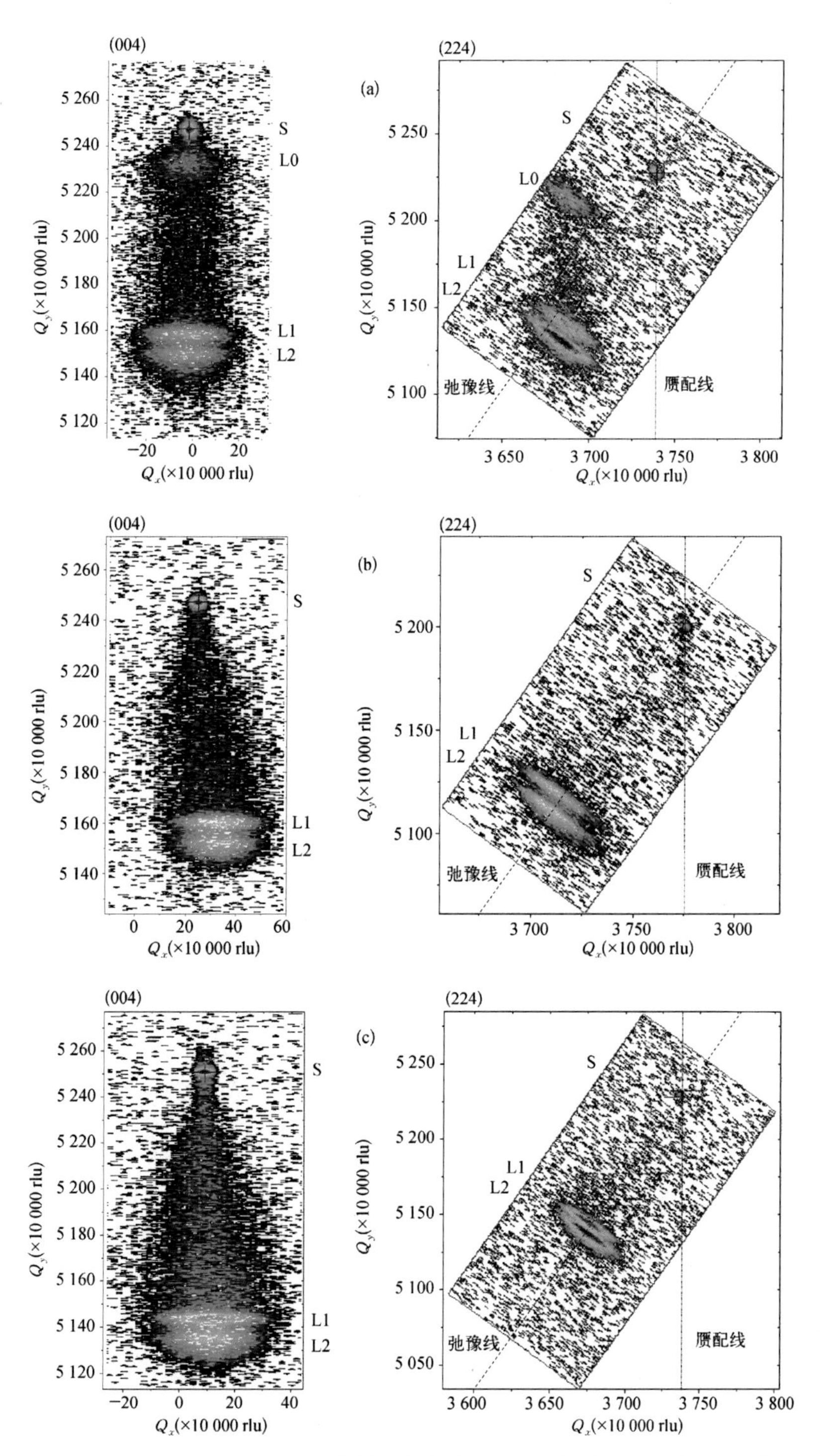

图 5.4.6　三个 GSMBE 生长的晶格失配探测器结构在对称（004）方向和非对称（224）方向上的 X 射线倒易空间测绘 RSM 结果，缓冲层厚度分别为 0.7 μm(a)、1.4 μm(b) 和 2.8 μm(c)

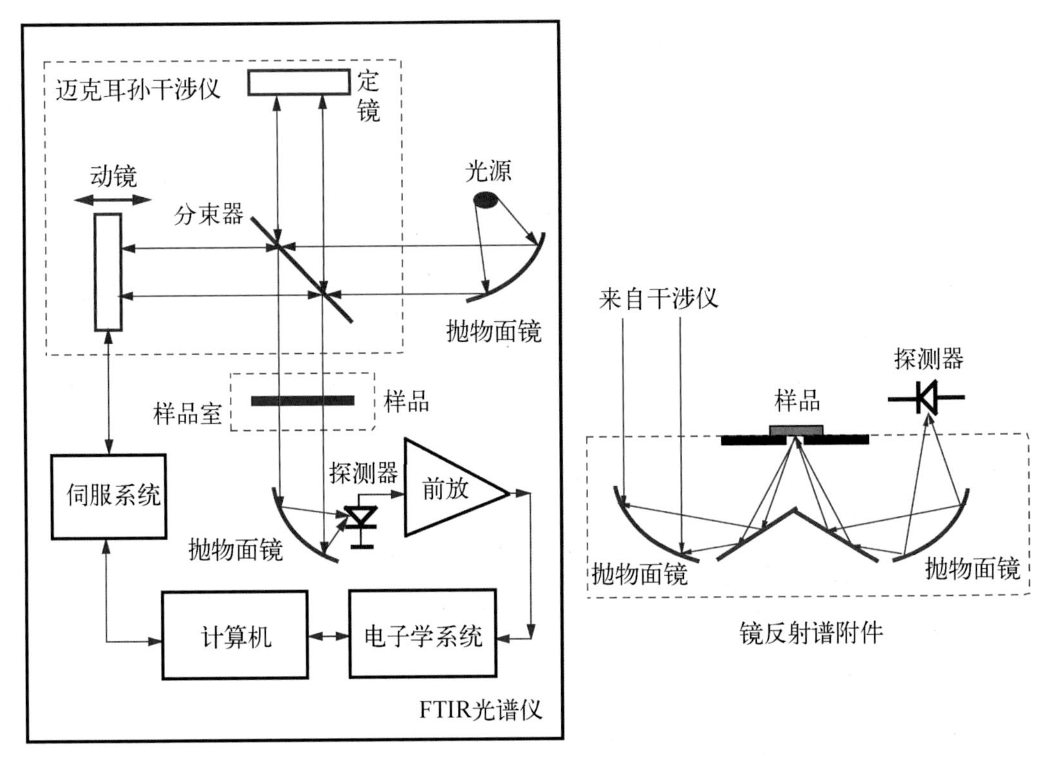

图 6.3.1　FTIR 光谱仪结构示意图，右侧为一种镜反射谱测量附件示意图

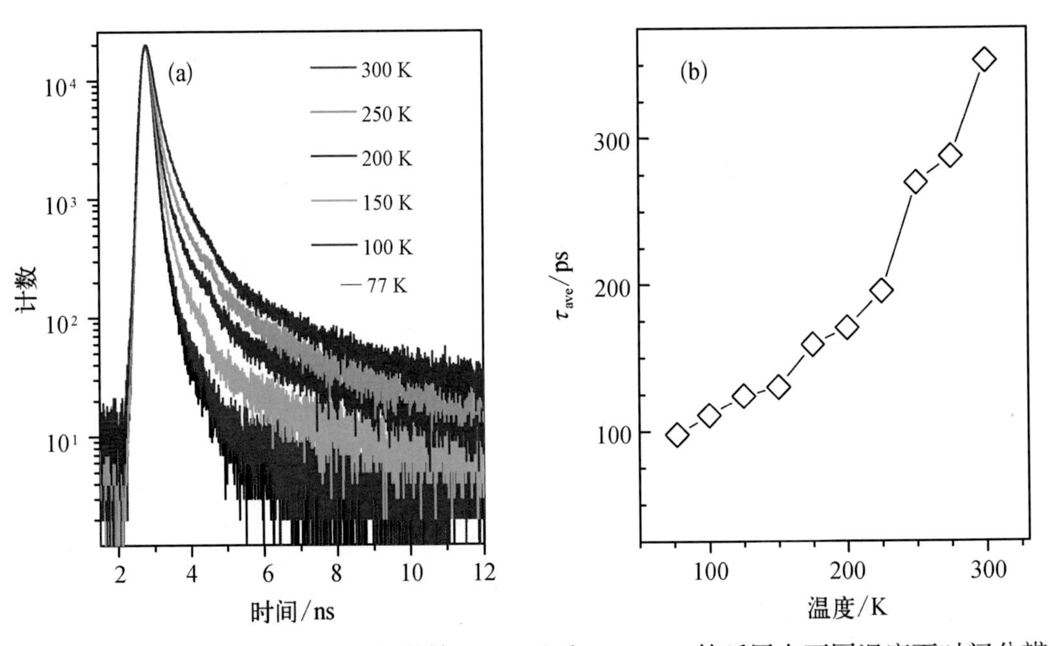

图 6.3.7　InP 衬底上 GSMBE 生长的掺 Be 四元系 InGaAsP 外延层在不同温度下时间分辨光荧光测试结果（a），及由其提取的载流子平均寿命随温度变化情况（b）

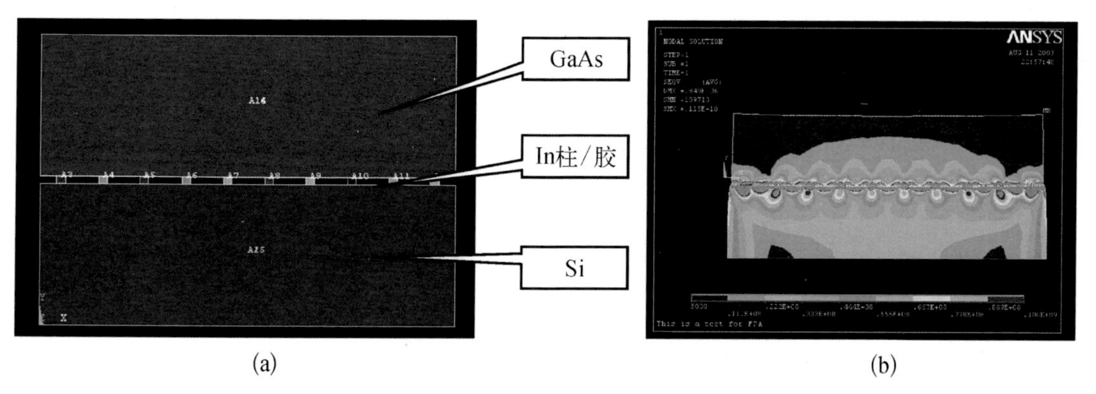

图 8.3.3　FPA 组件顶三层结构（a）及其力学分析结果（b）

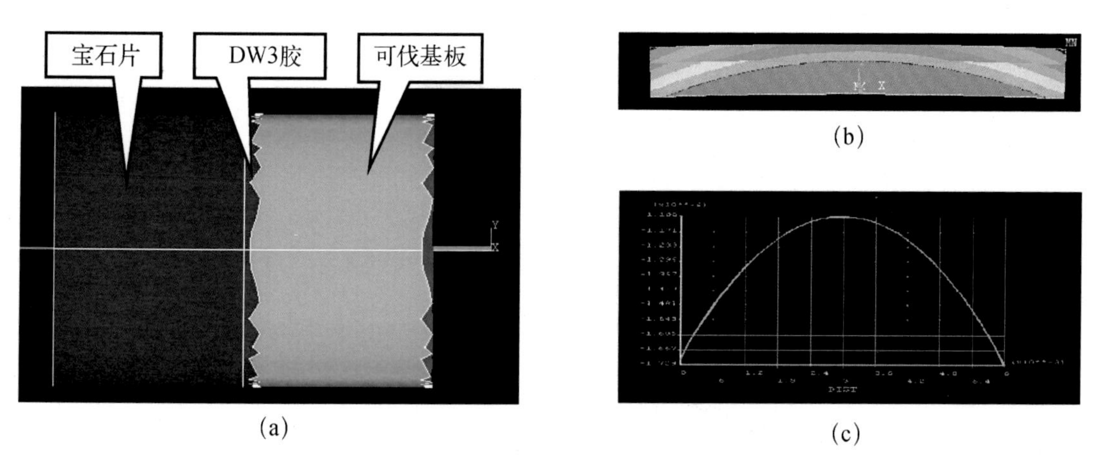

图 8.3.4　FPA 组件中间三层结构（a）及其力学分析结果（b）和表面形变的实测结果（c）

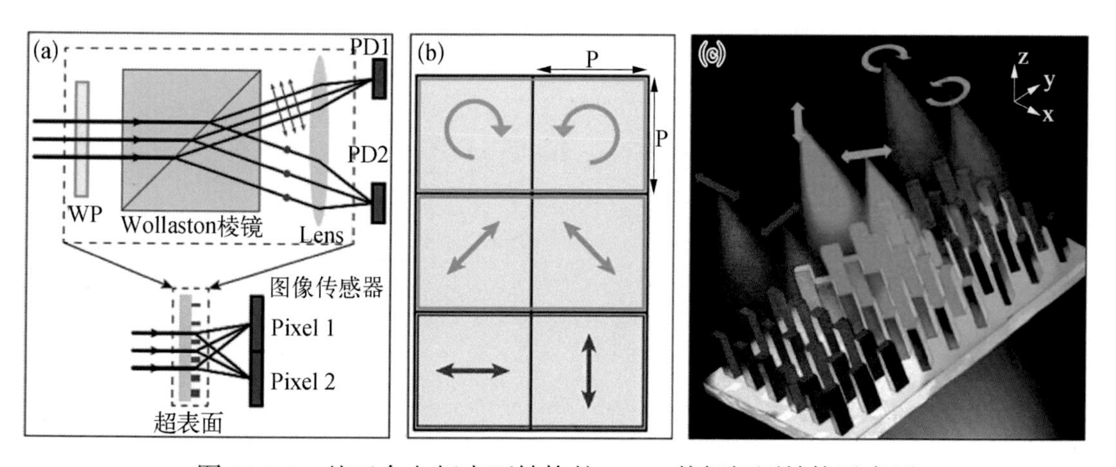

图 11.3.5　基于介电超表面结构的 DoFP 偏振探测结构示意图

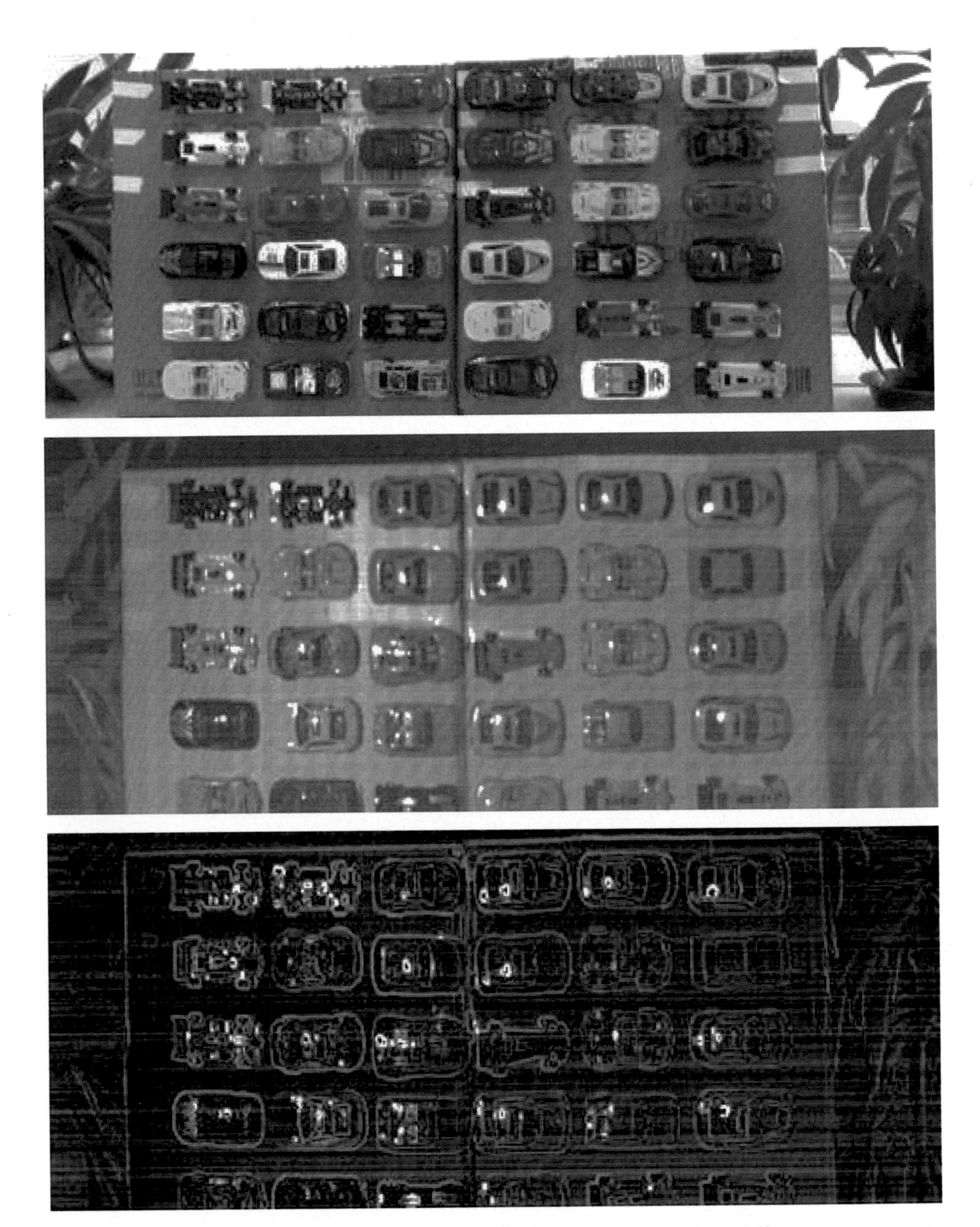

图 11.3.8　集成偏振探测器在不同角度偏振光下的演示成像：
（a）可见成像；（b）短波红外成像；（c）短波红外偏振成像